Head First Python

第2版

頭とからだで覚えるPythonの基本

Paul Barry 著
嶋田 健志 監訳
木下 哲也 訳

Head First Python

Second Edition

PCの前でコードを書くことから
解放されたいと思わせない
Pythonの本があったら素敵じゃない？
夢物語にすぎないかもしれないけど。

Paul Barry

Beijing • Boston • Farnham • Sebastopol • Tokyo

Pythonを今日の姿にするのを支援し続けた
Pythonコミュニティのすべての寛大な人々に
この本を捧げます。

また、学ぶのにこの本のような書籍が必要になるほど
Pythonの学習と技術を複雑にしてくれた
すべての人々に捧げます。

Head First Python第2版の著者

散歩中にPaulは
立ち止まって、
単語「タプル」の
正しい発音について
我慢強い妻と
議論します。

いつもの
Deirdreの
反応です。

Paul Barryは、アイルランドの首都ダブリンから80kmほど南西に位置する人口35,000人の小さな町カーローに住み、そこで働いています。

情報システムの理学士およびコンピューティングの理学修士のほか、学習および教育の大学院資格も持っています。

1995年からカーロー工科大学（The Institute of Technology, Carlow）に勤務し、1997年から講義を担当しています。教育に携わる前はアイルランドとカナダのIT業界に10年間身を置きました。ほとんどが医療分野にかかわる仕事でした。Deirdreと結婚し、3人の子供に恵まれました（そのうちの2人は現在大学在学中です）。

2007年以降、Paulの所属するコンピューティング・ネットワーク学部ではPython（とその関連分野）は、必修課程となっています。

Paulは、Head First Pythonの他に4冊の技術書を執筆（または共著）しています。2冊はPythonに関する本で、2冊はPerlに関する本です。過去には『Linux Journal Magazine』の寄稿編集者として多数の記事を書いていました。

北アイルランドのベルファストで育ったことが、彼の変わった物の見方とアクセントに影響を与えました（もちろん、「北アイルランド」出身者には、彼の物の見方とアクセントは**きわめて普通**です）。

彼について詳しくは、ツイッター（@barrypj）やWeb（http://paulbarry.itcarlow.ie）のホームページを調べてください。

目次（要約）

序章

脳をPyhonに向けましょう。あなたは何かを学ぼうとしていますが、脳は学習内容を定着させないようにしています。脳は「どの野生動物を避けるべきかや裸でスノーボードをすることは悪いことかどうかなど、もっと重要なことに考える余地を残しておく方がよい」と考えています。そこで、Pythonのプログラミング方法を学習することであなたの人生が大きく変わると脳が考えるように仕向けるためにどのような策を講じればよいでしょうか？

1章 基本

さっそく始める

一刻も早くPythonプログラミングに取りかかりましょう。

1章では、「とにかく始める」というHead Firstのスタイルで、Pythonを使ったプログラミングの基礎を紹介します。数ページ読むだけで最初のサンプルプログラムを実行できるようになります。1章を読み終える頃までには、サンプルプログラムを実行できるだけでなく、コード（とその他の多くのこと）も理解できるでしょう。その過程で、**Python**を現在のようなプログラミング言語にしている理由についても学びます。ですので、これ以上時間を無駄にしないようにしましょう。さっそくページをめくって始めましょう。

2章 リストデータ

順序付きデータを扱う

すべてのプログラムはデータを処理します。
Pythonのプログラムも例外ではありません。

実際に自分のまわりを見まわしてください。**データはどこにでもあります**。そして、多くのプログラミングはデータが要です。データの**入手**、データの**処理**、データの**理解**などです。データを効率的に扱うには、データを処理するときにデータをどこかに**入れておく**必要があります。Pythonは（少なからず）適用範囲の広いデータ構造（**リスト**、**辞書**、**タプル**、**集合**）を備えているので、特別です。この章では、この4つのデータ構造について概要を説明した後に、この章の大部分を費やして**リスト**について詳しく調べます（辞書、タプル、集合については3章で詳しく取り上げます）。Pythonで行うことはほとんどデータの扱いが中心となるでしょうから、データ構造については早めに説明しておきます。

0	1	2	3	4	5	6	7	8	9	10	11
D	o	n	'	t		p	a	n	i	c	!
−12	−11	−10	−9	−8	−7	−6	−5	−4	−3	−2	−1

章　構造化データ

構造化データを扱う

Pythonのリストデータ構造は優れていますが、データの万能薬ではありません。 **本当**の構造化データがあるとき（そして、リストが最良の選択肢ではないかもしれないとき）には、Python組み込みの**辞書**を使います。辞書は、**キーと値のペア**の任意のコレクションを格納し、それらを操作できます。この章ではPythonの辞書をじっくりと調べ、（その過程で）**集合**と**タプル**も取り上げます。（2章で取り上げた）**リスト**と一緒に、辞書、集合、タプルのデータ構造は、Pythonとデータを効果的に組み合わせることができる組み込みデータツールを提供します。

名前：フォード・プリーフェクト
性別：男性
職業：研究者
母星：ベテルギウス第7星

章 コードの再利用

関数とモジュール

保守可能なシステムを構築するにはコードの再利用が鍵です。

Pythonにおけるコードの再利用は、**関数**に始まり**関数**に終わります。数行のコードに名前を付けると、それは関数となります（関数は再利用できます）。一連の関数をファイルとしてパッケージ化すると、それは**モジュール**となります（モジュールも再利用できます）。「共有はいいこと」と言われるのは本当です。この章を読み終わる頃までには、Pythonの関数とモジュールの動作を理解し、コードの**共有**と**再利用**ができるようになるでしょう。

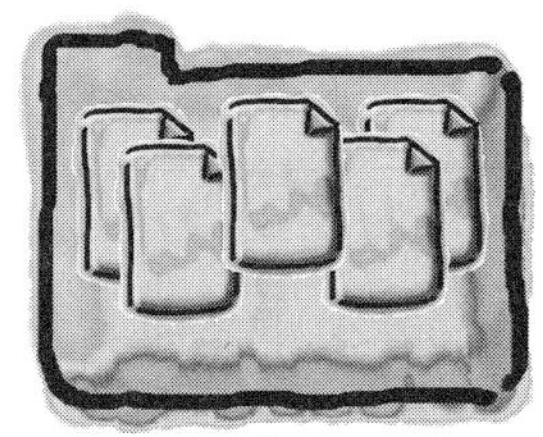

モジュール

5章 Webアプリケーションの構築

現実に目を向ける

この段階ではあなたは危険なほどPythonについての知識を備えています。 4章まで読み終えた時点で、さまざまな応用分野でPythonを生産的に使えるようになっています（Pythonにはまだ学ぶべきことはたくさんありますが）。5章と6章では、多くの応用分野ではなく、Pythonが特に得意な分野であるWebホスト型アプリケーションの開発について学習していきます。その過程で、Pythonについてもう少し深く学んでゆきます。始める前に、これまでに学んだことを簡単におさらいしておきましょう。

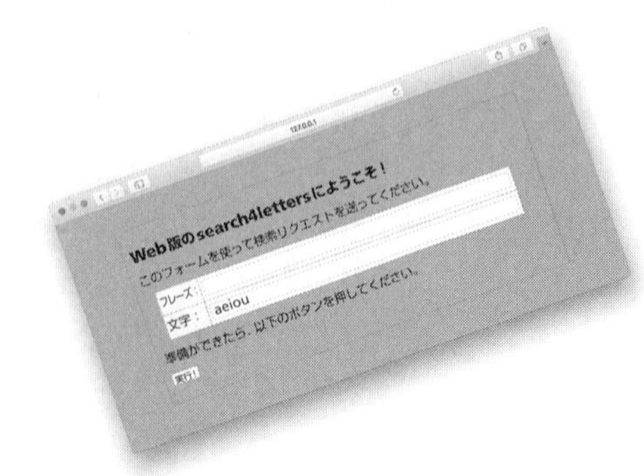

章 データの格納と操作

データをファイルに格納する

遅かれ早かれ、データをどこかに安全に格納する必要があります。
この章では、**テキストファイル**の格納と取得について学びます。テキストファイルでは少し単純すぎると思うかもしれません。しかしテキストファイルは多くの問題領域で使われます。ファイルからのデータの格納と取得だけでなく、データ操作のヒントも得ることができます。「深刻な問題」（データベースへデータを格納すること）は次の章に譲ります。ファイルを扱う際には気を付けることがたくさんあります。

フォームデータ	リモートアドレス	ユーザエージェント	結果
ImmutableMultiDict([('phrase' , 'hitch-hiker'), ('letters' , 'aeiou')])	127.0.0.1	Mozilla/5.0 (Macintosh; Intel Mac OS X 10_11_2) AppleWebKit/537.36 (KHTML, like Gecko) Chrome/47.0.2526.106 Safari/537.36	{ 'e' , 'i' }

7章 データベースの利用

PythonのDB-APIを使う

リレーショナルデータベースにデータを格納すると便利です。
この章では、汎用データベースAPIの**DB-API**を使って人気の**MySQL**データベースとやり取りするコードの書き方を学習します。DB-API（すべてのPythonに標準で付属しています）を使うと、あるデータベースから別のデータベースへの移植が簡単なコードを書くことができます（データベースではSQLが使われることを前提とします）。ここではMySQLを使いますが、DB-APIコードはどのリレーショナルデータベースでも使うことができます。これからPythonでリレーショナルデータベースを使う方法を紹介します。この章ではPythonについて新しい知識はあまり得られませんが、Pythonを使ったデータベースとのやり取りは**重要**なので、学習する価値は十分にあります。

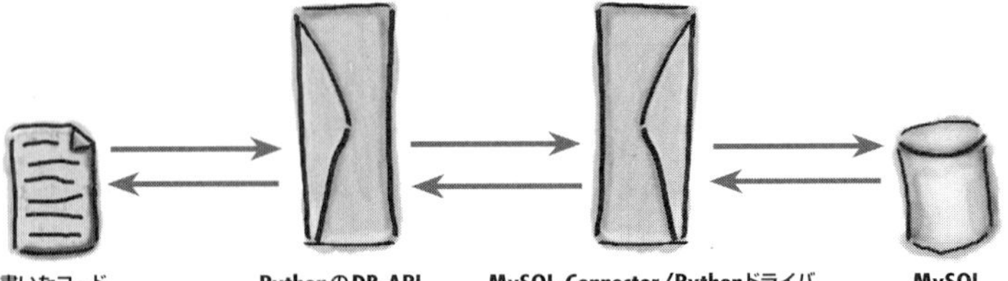

章 クラス入門
振る舞いと状態を抽象化する

クラスはコードの振る舞いと状態をまとめることができます。

この章では、Webアプリケーションからいったん離れ、**クラス**の作成について学びます。クラスを利用してコンテキストマネージャを作成することが目的です。詳しい知識があると便利なので、この章ではクラスの作成と利用に集中します。クラスのすべては取り上げませんが、Webアプリケーションに必要なコンテキストマネージャを作成できるように、必要なことはすべて説明します。さっそく始めましょう。

countfromby.py - /Users/paul/Desktop/_NewBook/ch08/countfromby.py (3.5.1)

```
class CountFromBy:

    def __init__(self, v: int, i: int) -> None:
        self.val = v
        self.incr = i

    def increase(self) -> None:
        self.val += self.incr
```

Ln: 2 Col: 0

章　コンテキストマネジメントプロトコル

with文を使う

これまで学んできたことをいよいよ使います。

7章ではPythonで**リレーショナルデータベース**について説明し、8章では**クラス**を紹介しました。この9章では、この両方を組み合わせ、リレーショナルデータベースを扱えるように`with`文を拡張できる**コンテキストマネージャ**を作成します。この章では、新しいクラスを作成し、Pythonの**コンテキストマネジメントプロトコル**に従うようにすることで、`with`文を使います。


```
ファイル  編集  ウィンドウ  ヘルプ  Checking our log DB
$ mysql -u vsearch -p vsearchlogDB
Enter password:
Welcome to MySQL monitor...

mysql> select * from log;
+----+---------------------+--------------------------+---------+-----------+----------------+----------------------+
| id | ts                  | phrase                   | letters | ip        | browser_string | results              |
+----+---------------------+--------------------------+---------+-----------+----------------+----------------------+
|  1 | 2016-03-09 13:40:46 | life, the uni ... ything | aeiou   | 127.0.0.1 | firefox        | {'u', 'e', 'i', 'a'} |
|  2 | 2016-03-09 13:42:07 | hitch-hiker              | aeiou   | 127.0.0.1 | safari         | {'i', 'e'}           |
|  3 | 2016-03-09 13:42:15 | galaxy                   | xyz     | 127.0.0.1 | chrome         | {'y', 'x'}           |
|  4 | 2016-03-09 13:43:07 | hitch-hiker              | xyz     | 127.0.0.1 | firefox        | set()                |
+----+---------------------+--------------------------+---------+-----------+----------------+----------------------+
4 rows in set (0.0 sec)


mysql> quit
Bye
```

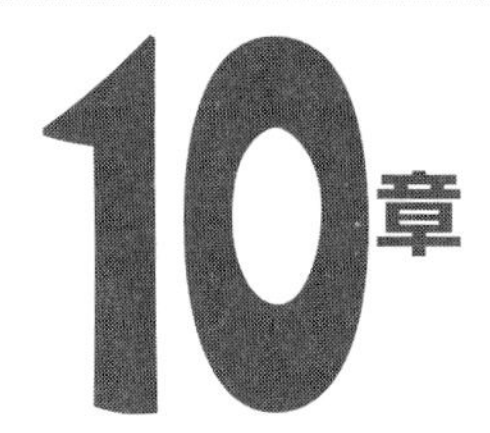

章 関数デコレータ

関数を包む

コードを補強する手段は、9章のコンテキストマネジメントプロトコルが唯一の手段ではありません。

Pythonでは関数**デコレータ**も用意されています。関数デコレータを使うと、既存の関数のコードを**変更せずに**既存の関数に機能を追加できます。これがある種の黒魔術のように思えるかもしれませんが、全然違います。しかし、関数デコレータの作成は多くの人にとっては敷居が高いと思われているようなので、不必要に使わないようにします。この章では、高度なテクニックと思われているデコレータの作成と使用が、それほど難しくないことを示したいと思います。

11章 例外処理

うまくいかないときに行うこと

コードがいかに優れていても、いつでも問題は生じます。

ここまでであなたは掲載された例をすべて実行できましたね？ 今のところ、すべて問題なく動作しているので、少し自信がついたと思います。しかし、コードは堅牢なのでしょうか？ たぶん、違います。悪いことが起こらないという前提で書いたコードは、実はもろいものです。最悪の場合、予期せぬことが起こるので危険です。コードを書くときは、楽観的よりも慎重になる方がずっとよいのです。予想どおりにコードを動作させ、そして失敗した際にうまく処理するには注意が必要です。この章では、起こりそうな問題だけでなく、問題が発生したときに（そして、多くの場合はその前に）行うべきことも学びます。


```
...
Exception
  +-- StopIteration
  +-- StopAsyncIteration
  +-- ArithmeticError
  |    +-- FloatingPointError
  |    +-- OverflowError
  |    +-- ZeroDivisionError
  +-- AssertionError
  +-- AttributeError
  +-- BufferError
  +-- EOFError
       ...
```

11 3/4章 スレッド入門

待ち時間を処理する

コードの実行に長い時間がかかることもあります。
誰が気付くかによって問題になる場合もあればならない場合もあります。あるコードが「水面下」で仕事を行うのに30秒かかっても、その待ち時間は問題にはならないかもしれません。しかし、ユーザがレスポンスを待っていて30秒かかったら、誰もが気付きます。この問題を解決するために何をすべきかは、何をするか（そして誰が待っているか）で決まります。この短い章ではいくつかの方法を簡単に説明し、「操作に時間がかかりすぎたら？」という問題の解決策を探っていきます。

章 高度なイテレーション

猛烈にループする

ループはとにかく時間がかかります。

ほとんどのループは何かを何回も実行するためのものなので、当然のこととも言えます。ループを最適化するには、2つの方法があります。1. 構文の改善（ループの指定を容易にする）と 2. 実行方法の改善（ループを高速にする）です。はるか昔、Python 2の初期に、言語設計者はこの両方を実現するような言語機能、**内包表記**を追加しました。この奇妙な名前を聞いただけでうんざりしたかもしれませんが、この章を読み終わる頃までには、今までずっと内包表記なしで済ませてきたことに驚くほど、内包表記の素晴らしさがわかるでしょう。

付録A インストール

Pythonのインストール

物事には順序があります。まずはPythonをインストールしましょう。

PythonはWindowsでもmacOSでもLinuxでも使うことができます。インストール方法はOSごとに異なります（ショックですか？）。Pythonコミュニティは一般的なシステムをすべて対象とするインストーラの提供に注力しています。この付録では、Pythonをインストールする方法を説明します。

付録B PythonAnywhere

Webアプリケーションのデプロイ

5章の最後でWebアプリケーションをクラウドにデプロイするには10分しかかからないと約束しました。

その約束をいま果たします。この付録では実際にWebアプリケーションをPythonAnywhereにデプロイしてみます。ゼロから始めてデプロイまで所要時間は約10分です。PythonAnywhereはとても人気があるのですが、その理由は簡単にわかるでしょう。PythonAnywhereは期待どおりの機能を持ち、Python（とFlask）をサポートし、さらにWebアプリケーションのホスティングサービスまで無料で利用できます。PythonAnywhereについて詳しく調べてみましょう。

付録C 取り上げなかった上位10個のトピック

いつでもさらに学ぶことがある

すべてを取り上げるつもりはありませんでした。

この本の目的は、Pythonをできるだけ早く理解できるように説明することでした。取り上げたかったのですが、あえて取り上げなかった話題もたくさんあります。この付録では、さらに600ページくらい余計に紙面があれば紹介していたと思われる上位10個のトピックを取り上げます。この10個のすべてに興味はないでしょうが、自分の目的に合う場合や、頭に残って離れない問題への答えになる場合もあるので、ぜひ目を通してください。この付録で紹介する機能はすべてPythonとPythonインタプリタが備えているものです。

付録D 取り上げなかった上位10個のプロジェクト

さらなるツール、ライブラリ、モジュール

この付録に対するあなたの反応は手に取るようにわかります。

一体どうして付録Cのタイトルを「取り上げなかった上位20個のトピック」としなかったのでしょうか？ なぜここでも10個なのでしょうか？ 付録Cでは、Pythonに組み込まれたもの（「バッテリー付属」の一部）の説明に限定しました。この付録では、さらに範囲を広げ、Pythonであるからこそ利用できる多くの優れた機能を取り上げます。付録Cと同様、短いので苦痛なく読むことができます。

付録E 参加する

Pythonコミュニティ

Pythonは優れたプログラミング言語であるだけではありません。
Pythonは素晴らしいコミュニティでもあります。Pythonコミュニティは快適で、多様性があり、オープンで、親切で、分かち合いの精神があり、寛大です。今まで誰もそのことをアピールしようと思わなかったことに驚いています。しかし、冗談抜きでPythonによるプログラミングには言語以上の意味があります。Pythonを取り巻くエコシステム全体が、優れた書籍、ブログ、Webサイト、カンファレンス、ミートアップ、ユーザグループ、人物という形で成長しています。この付録では、Pythonコミュニティが何を提供しているかを調べます。自力でプログラミングをするだけで満足していてはいけません。**参加するのです！**

この本の読み方

序章

この序章では、「Pythonの本にどうしてこんな
ことが書いてあるの？」という疑問に答えます。

この本が向いている人

次の3つの項目すべてに該当すれば、この本はあなたに向いています。

1. 別のプログラミング言語でプログラミングできる。
2. Pythonプログラミングのノウハウを知り、そのノウハウを自分の特技に加え、新たなことをしたい。
3. 何時間も話し続ける講義を聞くよりも、実際に何かを行ったり学んだことを応用したりする方が好き。

これはリファレンス本ではありません。またプログラミング経験が既にあることを前提としています。

この本が向いていない人

次の3つの項目のいずれかに該当する場合には、この本はあなたに向いていません。

1. Pythonでプログラミングするための知識をすでにほとんど備えている。
2. Pythonに関する詳細を細部までカバーするリファレンス本を探している。
3. 新しいことを学ぶより、楽しいおもちゃで遊んでいたい。Pythonの本は**すべて**を網羅すべきと考えていて、うんざりするような本ならなおさら好都合だと思っている。

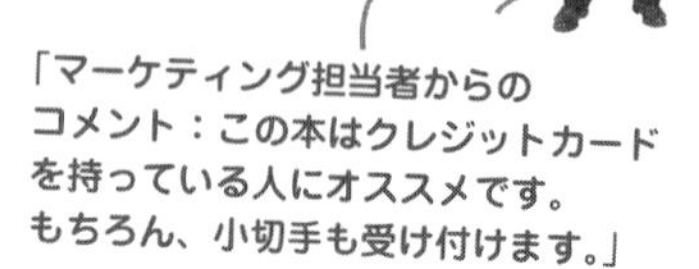

「マーケティング担当者からのコメント：この本はクレジットカードを持っている人にオススメです。もちろん、小切手も受け付けます。」

あなたの考えはわかっています

「このPythonの本のどこが真面目なの？」
「どうして絵や写真ばかりなの？」
「こんなので本当に**学べる**わけ？」

脳は「これ」を重要だと考えます。

あなたの「脳」がどう考えるかもわかっています

人間の脳は常に目新しいことを求めています。そして、いつも何か珍しいことがないかを**探し求めて**います。人間が生き延びるため、生来、脳はそのように作られているのです。

では、決まりきった、ありきたりの、平凡なことに対して、脳はどのように対応するのでしょうか？ **重要なこと**を記録するという脳の**本来の**仕事を平凡なことに邪魔されないように全力を尽くすのです。脳は退屈なことはわざわざ記憶しません。「たいして重要じゃないな」とフィルタが働くからです。

では、脳はどのようにして重要なことだと**わかる**のでしょうか？ 例えば、ハイキングに出掛けたときに突然トラが襲いかかってきた場合、頭と体の中では何が起こるでしょうか。

そんな時、脳の神経細胞が燃え上がり、感情が昂り、**化学物質が活性化します**。

そして、脳はこう判断するのです。

これは重要だ！ 絶対に忘れるな！

しかし、家や図書館という、トラに襲われる心配がない安全で暖かい場所で、試験勉強か、あるいは上司から1週間か10日間くらいかけて目を通しておくように言われた難しい技術テーマを学習しているとします。

ここでは1つだけ問題があります。脳はあなたの役に立とうとします。つまり**明らかに**重要でないことに脳の貴重なリソースが使われないようにするのです。脳のリソースは本当に**重要な**こと、例えばトラが襲ってくる、火事の危険がある、フェイスブックにパーティの写真を投稿してはいけない、といったことを覚えておくことに使う方がいいのです。「脳さん、いつも本当にありがとう。だけど、この本は退屈で今はまったく魅力もないんだけど、何とか頭の中に入れておいてよ」と脳に伝える簡単な方法はないのです。

まいったな、退屈で単調な内容があと560ページもあるのか。
脳はこれを記憶するまでもないことだと考えます。

「Head First」の読者は「学ぶ人」です。

学習には何が必要なのでしょうか？まず**習得**し、その上で**忘れない**ようにする必要があります。知識を頭に詰め込むことではありません。認知科学、神経生物学、教育心理学の最新の研究によると、**学習**には文字以外のものが必要なのです。必要なのは脳のスイッチを入れることです。

Head Firstには学習についての方針があります。

ビジュアル重視。画像は、文字だけよりもずっと記憶されやすいので、学習効果が高まります（最大89パーセント向上）。また、内容がより理解しやすくなります。この本では、**関連する絵や図、写真の中や近くに説明の文章を配置しています。**ページの下や別のページにまとめて配置してしまうと、内容に関連する問題を2度考えることにもなってしまいます。

会話のような親密な感じの文体。最近の研究では、無愛想な硬い文体よりも一人称を使って読者に直接語りかける会話的な文体の方が、学習後のテストで学生の成績が最大40%も向上することがわかっています。講義ではなく、物語を語るような砕けた文体を使っています。あまり深刻に受け取らないでください。ディナーパーティで仲間と会話する方が講義よりも話に身が入りますよね？

考えを深めながら学べるようにする。つまり、自らの脳細胞を活性化させない限り、頭の中は何も変わらないのです。読者に必要なのは、目的をはっきり持ち、熱心に楽しみながら問題の解決に集中し、結論をひねり出し、新しい知識を習得することです。そのためには、脳と感覚の両方を駆使する課題、エクササイズ（練習問題）、Q&Aなどに取り組みましょう。

読者の関心を引きつけ、飽きさせない。「本当に学びたいんだけど、1ページも読み終わらないうちに眠くなってしまう」という体験は誰にでもあるでしょう。人間の脳は、ありきたりでないもの、面白く、変わっていて目を引く、予想に反したものに関心を集めます。新しくて難しい技術的なテーマを学ぶことは必ずしも退屈ではないのです。退屈でなければ、脳は短時間で学習できます。

感情に訴える。何かを記憶する能力は、感情の動きに大きく左右されることがわかっています。気になることや何かを感じたことは記憶しやすいのです。何も「少年と愛犬の涙と感動の物語」のことを言っているのではありません。驚き、好奇心、楽しみ、「これは何だ？」といった感情や、パズルを解いたときに起こる「やったぞ！」という感覚、誰もが難しいと思っていることを習得したとき、エンジニアのボブより技術に詳しいことがわかったときなどの感情のことを差しているのです。

メタ認知：思考について考える

何かを心から学習したいと願っていて、しかも効率よく深く学習したいのであれば、関心の持ち方に注目するといいでしょう。考え方について考え、学び方について学ぶのです。

ほとんどの人は大人になるまでにメタ認知や学習理論の授業を受けたことがありません。私たちは学ぶことを**要求**されますが、学び方を**教わる**ことはまずありません。

この本を手に取った方は、Pythonでプログラミングする方法を本気で勉強したい人でしょう。でも、勉強にあまり時間をかけたくありませんよね。この本で読んだことを使いたければ、読んだ内容を**記憶**する必要があります。そのためには、**理解**する必要があります。この本に限らず本や学習体験を最大限に活用するためには、自分の脳に対して責任を持つようにします。脳が**学ぼうとする**ように仕向けるのです。

これを記憶するには
脳にどう働きかければ
いいんだろう？

学習の秘訣は、学んでいる新しい物事が「本当に重要」なものだと脳に思わせることです。つまり、学習している内容がトラに関することと同様に、あなたが幸せになるために重要なことであると認識させるのです。そうしないと、新しい内容を脳に留めるために脳と常に格闘することになります。

では、飢えたトラと同じようにプログラミングを脳に扱わせるにはどうしたらいいのでしょうか？

そのためには退屈で時間のかかる方法と、効率的で時間のかからない方法があります。退屈で時間のかかる方法とは、ひたすら繰り返すことです。どれほどつまらなく関心のないことでも、何度も繰り返し学べば覚えられるという経験は誰でもあるでしょう。十分に繰り返せば、脳は「これは重要とは**思えない**が、これだけ**繰り返して**いるのだから重要だと思うことにしよう」と判断するのです。

効率的で時間のかからない方法とは、**脳の働きを活性化させる**ことです。特に、さまざまな**種類**の脳の働きを活性化させるのです。前のページに示した項目はそのための重要な役割を担い、脳を望みどおりに働かせるのに役立つことがわかっています。例えば、絵や写真の**中に**内容を説明する言葉を入れておくと、表題や本文のような別の箇所に入れるよりも言葉と絵や写真との関係を理解しようとして神経細胞がより活発に働くという研究報告もあります。神経細胞が活発に働けば働くほど、関心を払い記憶するにふさわしいものであると脳が考える可能性が高くなります。

会話のような文体が効果的なのは、人は自分が会話の中に入っていると感じると、話に遅れないようにして会話における責任を果たすことが期待されるため、より多くの関心を払うからです。面白いのは、会話が本との間で行われていても脳は一向に**構わない**という点です。逆に、文体がかしこまった無味乾燥なものであると、脳は大勢の受け身な聞き手と一緒に座って講義を受けている状態と同じように受け止めます。居眠りしても構わないと考えるのです。

しかし、ビジュアル化や会話的な文体は最初の一歩にすぎません。

この本で工夫したこと

この本では**絵や写真**を多用しています。これは、人間の脳が文字よりも視覚要素に反応するからです。脳の観点から見れば、1枚の絵や写真は1000文字の言葉に匹敵します。また、テキストと絵や写真を組み合わせるときは、関係するテキストを絵や写真の**中に**埋め込みました。テキストが関連するものの**中に**ある方が、表題や本文のどこかに埋もれているよりも脳がずっと効果的に働くからです。

また、同じことを**繰り返し**説明しています。同じことを**さまざまな**表現や素材で表現して**複数の意味**を持たせることで、学んだ内容が脳のさまざまな領域に記憶される可能性が高くなります。

脳は目新しいものに向かうようになっているので、概念と絵や写真を**予想外の**方法で使うようにしました。また、脳は感情の動きに注目するという特性があるので、少なくとも何らかの**感情に訴えるような**形で使いました。その感情がちょっとした**ユーモア**、**驚き**、**興味**にすぎなくても、何かを**感じさせた**内容は記憶される可能性が高くなるのです。

読者個人に**話しかけるような文体**を使いました。脳は、受け身の姿勢で説明を聞いているときより会話をしているときの方が注意を払うようになっているからです。こうした脳の働きは本を**読む**場合でも同じです。

脳は何かを**読んで**いるときより何かを**行っている**ときの方が学習効果が高いので、80問以上の**練習問題**を収めました。エクササイズ（練習問題）のレベルは「難しいけれども実行可能」というくらいにしてあります。ほとんどの人がそのくらいのレベルの問題を好むからです。

複数のアプローチで学べるようにしています。基礎から順を追って学習する方がいいという人もいれば、ともかくまずだいたいの概要をつかみたいという人、例だけが見たいという人もいるからです。好きなアプローチはそれぞれに異なっていても、同じ内容を複数のアプローチで表現していれば**誰もが**納得するでしょう。

左脳と右脳の両方を使う内容を盛り込んでいます。脳を使う箇所が多いほど、学習や記憶の効果が高まり、集中力も持続します。一方の脳が働いているときには他方の脳を休ませられるので、長い目で見ると学習の生産性が上がります。

複数の観点を示す**話題**やエクササイズを含めるようにしています。脳は、評価や判断を強いられたときの方がより深く学習するようになっているからです。

エクササイズを用意したり、必ずしも簡単な答えが出ないような**質問**をしたりすることで、**課題**が生じるようにしています。なぜなら、脳は何かに**取り組む**必要があるときに学習し記憶する特性があるからです。ジムで人を**見ている**だけでは**体**を鍛えることはできません。しかし、努力しているときは、**確実に力が付く**ように最善を尽くしているのです。難解な例を挙げたり、難しい専門用語を多用したり、逆にあまりに当たり前すぎる説明をしたりして、**脳細胞を余計に使わせることはありません**。

説明、例、絵や写真などに**人物**を登場させています。**あなた**もやはり人なので、脳は**物**よりも**人**に関心を持つからです。

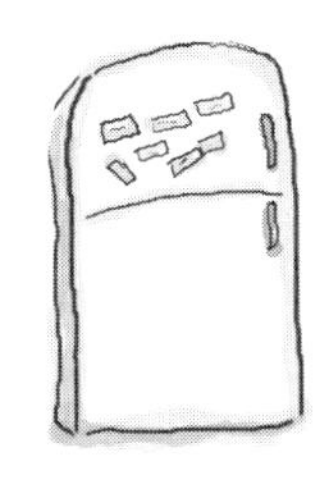

ここから下を切り取って、冷蔵庫にでも貼っておくといいでしょう。

脳を思いどおりにさせるためにできること

この本は最善を尽くしていますので、あとはあなた次第です。次のヒントは第一歩にすぎません。脳に耳を傾け、何が役に立ち何が役に立たないかを把握してください。新しいことに挑戦してみましょう。

1 じっくり読みましょう。理解すればするほど、覚えなければならないことは少なくなります。

ただ**読む**だけでなく、ときどき読むのを止めて考えましょう。本の中で問題が出されても、すぐに答えを見ないでください。誰かから本当に質問されていると思いましょう。脳に深く考えさせればさせるほど、学習や記憶の効果が高まるのです。

2 問題を解きましょう。自分のノートに書き込んでください。

この本にはエクササイズ(練習問題)を載せていますが、私たちが問題を解いてあげてしまったら、あなたのために他人がトレーニングしているようなものです。エクササイズを**見て**いるだけではいけません。**実際に鉛筆を使って取り組んでください**。学習**中**に体を動かすと学習効果が高まります。

3 「素朴な疑問に答えます」を読みましょう。

このコーナーはとても大切です。これは内容を補足するものではなく、むしろ**核心となる内容の一部なのです！** 読み飛ばさないようにしましょう。

4 この本を読んだ後は寝るまで他の本を読まないようにしましょう。少なくとも、難しいものは読まないようにしましょう。

学習の一部、特に学習内容の長期記憶への転送は、本を閉じた**後に**行われます。脳が次の処理を行うには時間が必要です。この処理中に新たに別のことを学習すると、前に学習したことが一部失われてしまいます。

5 内容をはっきりと声に出してみましょう。

話すことは脳の別の部分を活性化します。何かを理解したい場合や後で思い出しやすくしたい場合には、はっきりと声に出してください。さらにいいのは、それを他の誰かに明確に説明してみることです。そうすると、学習の効率が上がり、読んでいるときにはわからなかった概念がはっきりするかもしれません。

6 水をたくさん飲みましょう。

脳は十分な水分がある状態で最もよく働きます。脱水状態(のどが渇いたと感じる前に起こります)になると認知機能は衰えます。

7 脳に耳を傾けましょう。

脳に負担をかけ過ぎないように注意しましょう。内容を表面的にしか理解できなくなったり、読んだばかりのことを忘れるようになったりしたら休憩してください。ある限界を超えると、それ以上詰め込もうとしても学習の効率は上がらず、かえって学習を妨げることもあります。

8 感情を持ちましょう。

脳は**重要**であるかどうかを判断する必要があります。話に集中しましょう。写真や絵などに自分なりのコメントを入れるのもよい方法です。くだらないジョークに文句を言うだけでも、何も感じないよりずっといいのです。

9 たくさんのコードを書きましょう。

Pythonのプログラミングを学ぶ方法は1つしかありません。とにかく**たくさんのコードを書く**ことです。この本を通じてあなたはたくさんのコードを書きます。コーディングはスキルです。得意になるには実践するしかありません。この本には多くの練習問題があります。各章にはあなたが解決すべき課題を提起する練習問題があります。練習問題を飛ばさないでください。練習問題を解くときに多くのことを学べます。練習問題には解答を示しています。行き詰ったら遠慮なく**答えをのぞいてみてください**(些細なことで引っかかることがよくあります)。とはいえ、答えを見る前に問題を解くように努力してください。また、次に進む前に必ず内容を理解するようにしてください。

初めに読んでね（1/2）

この本は順を追って読みながら学習を進めていく本で、辞書のようなリファレンスではありません。そのため、学習の妨げになりそうな内容についてはあえて割愛しています。この本を初めて読む場合には、1章から順番に読んでください。それまでの章で学んだことを前提に話を展開しているからです。

この本はできるだけ早く理解することを目的としている。

知る必要があるから教えるのです。そのため、技術資料の長いリスト、Python演算子の表、演算子の優先順位規則などは登場しません。必要なトピックはできるだけ十分に取り上げるようにし、Pythonをできるだけ**早く**脳に取り込み、定着させられるようにします。前提条件は、他のプログラミング言語でプログラミングの経験があることだけです。

この本の対象はPython 3

この本ではPythonのリリース3を使います。付録AでPython 3を入手してインストールする方法を説明しています。この本ではPython 2は**使いません**。

Pythonを即戦力にする。

1章で便利なテクニックを紹介し、そこから発展させます。Pythonを使って生産性を上げてもらいたいので、時間を無駄にしません。

エクササイズを省略しない。

エクササイズは付け足しではありません。この本の重要な本文の一部です。記憶や理解を助けるものもあれば、学んだことを応用する際に役立つものもあります。**エクササイズは飛ばさないでください。**

あえて冗長にしている。これは重要。

Head Firstシリーズは、読者に内容を**本当に**理解してほしいという点が他の本と異なります。本を読み終えたときに、学習したことを覚えていてほしいのです。ほとんどのリファレンス本は、記憶することや思い出すことを目的としていません。本書は目的を**学習**においているため、同じ概念を何度も取り上げることがあります。

例はできるだけ簡潔にしてある。

理解する必要のある2行のコードを探すのに、200行の例を苦労して読まなければいけないとイライラすると読者から言われました。この本のほとんどの例は最小限のコンテキストで示しているので、学習したい部分が明確で単純になっています。しかし、すべての例が完璧であるとは思わないでください。学習しやすいように作成したものなので、必ずしも完全に機能するわけではありません（ただし、できるだけ機能するように努めています）。

初めに読んでね（2/2）

まだあります。

この第２版は第１版とは全く異なる。

この本は、2010年後半に出版された『Head First Python』第1版の改訂版です（訳注：第1版は翻訳されていません）。第1版と第2版の著者は同じですが、6年間で（願わくは）少し賢くなったので、第1版の内容を完全に書き直してこの第2版を出すことにしました。そのため、**すべて**が新しくなっています。順序を変え、内容を最新にし、例を改善し、話も割愛したり置き換えています。あまり波風立てないようにしたかったので、表紙は（少しの修正だけで）そのままにしました。第1版から6年も経っていますが、私たちの書いたものを楽しんでもらえれば幸いです。

コードはどこにあるのか？

コード例はWebからダウンロードできるので、必要に応じてコピー＆ペーストできます（しかし、この本に書いてある通りにコードを入力しながら実行することをお勧めします）。コード例は次の場所にあります。

http://bit.ly/head-first-python-2e
http://python.itcarlow.ie

ダグラス・アダムスの小説が大好き（訳注）

この本の例には、ダグラス・アダムスの小説、『銀河ヒッチハイクガイド』、『宇宙の果てのレストラン』、『宇宙クリケット大戦争』に登場する人物や場所が数多く使われています。例えば、「Don't panic!」（パニくるな）は『銀河ヒッチハイク・ガイド』の表紙に書かれているフレーズ。そして42は「人生、宇宙、すべての答え」です。彼の小説を読んだことがあるなら、この本をより楽しむことができるでしょう。

テクニカルレビューチーム

Bill Lubanovic

40年間にわたり開発と管理を行っています。また、O'Reilly Mediaから出版された『Linux System Administration』（共著、邦題『Linuシステム管理』）と『Introducing Python』（邦題『入門Python 3』）の著者です。ミネソタ州のサングレ・デ・サスカッチ山脈の氷結湖の近くに、すてきな奥さん、2人の可愛い子供、3匹のモフモフの猫と一緒に住んでいます。

Edward Yue Shung Wong

2006年に初めてHaskellでコードを書いて以来、コーディングのとりこになっています。現在は、ロンドン市中心でイベント駆動型取引処理に関わっています。ロンドンJavaコミュニティ（London Java Community）とソフトウェアクラフトマンシップコミュニティ（Software Craftsmanship Community）の発展のために情熱を分かち合うことを楽しんでいます。キーボードから離れると、サッカーの競技場やYouTubeでのゲーム（@arkangelofkaos）に姿を現します。

Adrienne Lowe

アトランタ出身のパーソナルシェフでしたが、料理とコーディングのブログCoding with Knives（http://codingwithknives.com）で記事、カンファレンスのまとめ、レシピをシェアするPython開発者に転身しました。彼女はPyLadiesATLとDjango Girls Atlantaを組織し、Python界の女性に向けて毎週のDjango Girlsの「Your Django Story」インタビューシリーズを運営しています。Adrienneは、Emma Inc.社のサポートエンジニア、Django Software Foundationの振興担当ディレクターを務めるほか、Write the Docsのコアチームにも所属しています。彼女はメールより手書きの手紙の方が好きで、子供の頃から切手収集を続けています。

Monte Milanukは貴重なフィードバックを提供してくれました。

謝辞

編集者：この第2版の編集者は**Dawn Schanafelt**です。Dawnが関わったことでこの本は数段優れた本になっています。Dawnは優れた編集者であるだけでなく、詳細に対する彼女の目と物事を適切に表現する能力のおかげで、内容が大幅に改善されました。O'Reilly Media社は頭の切れる親切で有能な人材を雇うのが常で、Dawnはまさにその典型的な人材です。

Dawn

O'Reilly Mediaチーム：『Head First Python第2版』は、執筆に4年間かかりました（長い話です）。当然ながら、O'Reilly Mediaチームの多くの人々が携わりました。**Courtney Nash**は第2版のスタート当時の編集者で、2012年に私を説得して書き直させ、このプロジェクトの規模が大きくなっているときにも近くにいてくれました。Courtneyは最悪の事態が襲い、この本が絶望的のように見えたときにも応援してくれました。**徐々に**再び軌道に乗ってきたときに、Courtneyは社内のより大規模で優れたプロジェクトに移り、2014年に編集の仕事を多忙な**Meghan Blanchette**に引き継ぎました。Meghanは遅延がどんどん遅れていくのを（おそらく恐怖を募らせながら）見守ってくれました。そして、この本は定期的に横道に逸れては戻るのを繰り返しました。Meghanが新しい部署に移ると、Dawnが編集を引き継ぎました。それが1年前のことで、この本の12プラス3/4章のほとんどをDawnの注意深い監視下で書きました。何度も言いますが、O'Reilly Media社は優れた人材を抱えています。CourtneyとMeghanの編集作業における貢献とサポートには大変感謝しています。他にも、**Maureen Spencer**、**Heather Scherer**、**Karen Shaner**、**Chris Pappas**には「陰で」尽力してくれたことに感謝しています。また、**制作部門**の人目にはつかない陰のヒーローにも感謝しています。彼らは、私がInDesignで作ったページを最終製品にしてくれました。素晴らしい仕事をしてくれました。

Bert Batesにも感謝の意を表します。彼は、**Kathy Sierra**と一緒に優れた『Head First Java』を作成しました。多くの時間を費やしてBertはこの第2版を正しい方向に導いてくれました。

友人と同僚：**Nigel Whyte**（カーロー工科大学のコンピューティング学部長）には、この書き直し作業をサポートしてくれたことに感謝しています。私の生徒の多くにこの本を教材として用いました。印刷された書籍に授業で教わった例を見つけて喜んでくれればよいと思っています。

David Griffiths（『Head First Programming』の共謀者）には、特に最悪な状況のときに思い悩むのは一切止めて、ただ**素晴らしいものを書く**ようにアドバイスしてくれたことに改めて感謝します。これは完璧なアドバイスで、DaividとDawn（Davidの妻でありHead Firstの共著者）にメールで連絡できるのは素晴らしいことでした。DavidとDawnの優れたHead First書籍をぜひ読んでください。

家族：私の家族（妻の**Deirdre**と子供の**Joseph**、**Aaron**、**Aideen**）は、4年間にも及ぶ浮き沈み、発作、憤慨、人生を変えるような経験に耐えなければなりませんでしたが、何とか切り抜け、幸い何も変わらずいてくれます。この本は何とか出版され、私も乗り切り、家族も乗り切りました。家族全員にとても感謝し、愛しています。言う必要はないことはわかっていますが、言います。**私は家族みんなのためにやっています**。

なくてはならない人リスト：テクニカルレビューチームは素晴らしい仕事をしてくれました。前ページの短いプロフィールを確認してください。彼らがくれたすべてのフィードバックを検討し、間違いをすべて修正し、私がよい仕事をしているとわざわざ言いに来てくれたときには感激でした。テクニカルレビューチーム全員にとても感謝しています。

1章　基本

さっそく始める

一刻も早くPythonプログラミングに取りかかりましょう。

1章では、「とにかく始める」というHead Firstのスタイルで、Pythonを使ったプログラミングの基礎を紹介します。数ページ読むだけで最初のサンプルプログラムを実行できるようになります。1章を読み終える頃までには、サンプルプログラムを実行できるだけでなく、コード（とその他の多くのこと）も理解できるでしょう。その過程で、**Python**を現在のようなプログラミング言語にしている理由についても学びます。ですので、これ以上時間を無駄にしないようにしましょう。さっそくページをめくって始めましょう。

型にとらわれない

ほとんどのプログラミング言語の本で最初に登場するのは、Hello Worldの例です。

いいえ、そんなことはしません。

この本はHead Firstシリーズなので、別のやり方をします。他の書籍なら、対象となる言語でHello Worldプログラムを書く方法を示すという従来どおりの説明から始まるでしょう。Pythonだと普通は組み込み`print`関数を呼び出す1行を書き、従来の「Hello, World!」というメッセージを画面に表示します。これでは面白くないし、それにほとんど学ぶことはありません。

だからこの本では、一番最初にHello Worldプログラムを示すことはしません。Hello Worldから学ぶことがないからです。わたしたちは別のアプローチをとります。

もっと手ごたえのある例から始める

この章では、Hello Worldよりも少し大きくて、Hello Worldより役立つ例から始めます。

最初に、これから紹介する例は少し**わざとらしい**ことを伝えておきます。何らかの動作をしますが、最終的には全く役立たないかもしれません。とはいえ、できるだけ短時間でPythonの多くを取り上げるためにこの例を選んでいます。また、この最初のプログラム例を克服した後には、独力でPythonでHello Worldを書けるくらい十分な知識が得られていることを約束します。

とにかく始める

Python 3をまだインストールしていなければ、先に進むのをとりあえずやめて、巻末の付録Aの手順を参考にインストールします（たった数分でインストールは完了します）。

最新のPython 3をインストールしたら、いつでもPythonのプログラミングを開始できます。また、ここではプログラミングを助けてくれるPython組み込みの統合開発環境（IDE：Integrated Development Environment）を使います。

PythonのIDLEさえあれば大丈夫

Python 3をインストールすると、IDLEというシンプルながらも便利なIDEも手に入ります。Pythonコードを実行するにはさまざまな方法がありますが（そして、この本でその多くに触れます）、IDLEさえあれば始められます。

IDLEを起動したら、［File］メニューの［New File］オプションで新しい編集ウィンドウを開きます。すると、2つのウィンドウが表示されることになります。Python ShellとUntitledというウィンドウです。

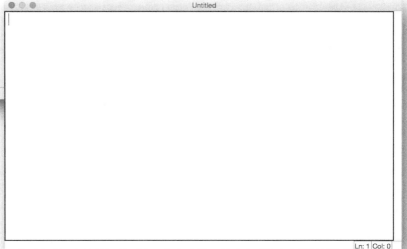

まずこのウィンドウが表示されます。このウィンドウを「第1ウィンドウ」とします。

［File］の［New File］を選ぶと、このウィンドウが表示されます。このウィンドウを「第2ウィンドウ」とします。

Python 3.6.4 Shell

```
Python 3.6.4 (v3.6.4:d48ecebad5, Dec 18 2017, 21:07:28)
[GCC 4.2.1 (Apple Inc. build 5666) (dot 3)] on darwin
Type "copyright", "credits" or "license()" for more information.
>>>
```

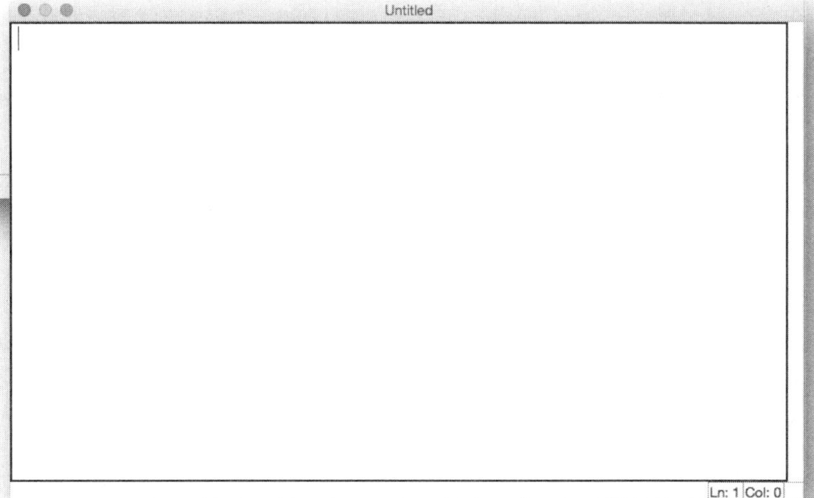

IDLEを起動して［File］の［New File］を選ぶと、画面にウィンドウが2つ表示されます。

IDLEのウィンドウを理解する

2つのIDLEウィンドウはどちらも重要です。

1つ目のウィンドウのPython ShellはPythonコードを実行するREPL環境です。通常は1文ずつ実行します。Pythonを使えば使うほどPython Shellが好きになり、この本では何度も使うことになるでしょう。しかし、ここでは2つ目のウィンドウの方に注目します。

2つ目のウィンドウのUntitledは、Pythonプログラムを書くためのテキスト編集ウィンドウです。これは世の中にある最高のエディタではありませんが(その栄誉は<ここにはお気に入りのテキストエディタの名前を入れる>に与えられるので)、IDLEのエディタはかなり使いやすく、カラーのシンタックスハイライトなど多くの最新機能を備えています。

さっそく始めましょう。Untitledウィンドウに小さなPythonプログラムを入力します。次のコードを入力したら、[File]メニューから[Save]を選んでプログラムを`odd.py`という名前で保存します。

まずは次のコードを**正確に**入力しましょう(訳注:Macで日本語を入力するには、ActiveTclのバージョン8.5.18をインストールする必要があります:https://www.activestate.com/activetcl/downloads)。

REPLは何を意味する?

REPLは「Read-Eval-Print-Loop」の略で、コードを思う存分試すことができる対話的なプログラミングツールです。さらに詳しい情報は、http://en.wikipedia.org/wiki/Read-eval-print_loopを参照してください。

odd.py - /Users/paul/Desktop/_NewBook/ch01/odd.py (3.6.4)

```
from datetime import datetime

odds = [1,  3,  5,  7,  9, 11, 13, 15, 17, 19,
        21, 23, 25, 27, 29, 31, 33, 35, 37, 39,
        41, 43, 45, 47, 49, 51, 53, 55, 57, 59]

right_this_minute = datetime.today().minute

if right_this_minute in odds:
    print("分の値は奇数。")
else:
    print("分の値は奇数ではない。")
```

Ln: 14 Col: 0

ここでは、このコードが何を実行するかはわからなくても大丈夫です。編集ウィンドウにこの通りに入力しましょう。先に進む前に必ず「odd.py」として保存します。

では、**これからどうするのでしょうか**。我々と同じ考えなら、このコードを実行したくてたまらないでしょうね。ではさっそく実行してみましょう。編集ウィンドウに、上のようにコードを入力したら、キーボードの[F5]キーを押します。いろんなことが起こるでしょう。

次に起こること

コードを実行してエラーが出なかったら、うまくいっています。ページをめくって**先に進んでください**。

実行**前**にコードが保存されていないと、IDLEから新しいコードを保存するように言われます。こんなメッセージが出るでしょう。

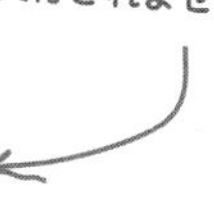

IDLEのデフォルトでは、保存されていないコードは実行されません。

［OK］ボタンをクリックし、ファイル名を指定します。このファイル名はoddとして、.pyという拡張子を付けます（この拡張子はPythonのお約束です）。

Save As: odd.py
Tags:
Where: ch01
Cancel　Save

このプログラムにはどんな名前を付けても構いませんが、同じ名前にしておいた方が後々便利です。

保存してコードが実行できたら、ページをめくって**先に進みましょう**。しかし、どこかで構文エラーが発生すると、次のようなメッセージが表示されます。

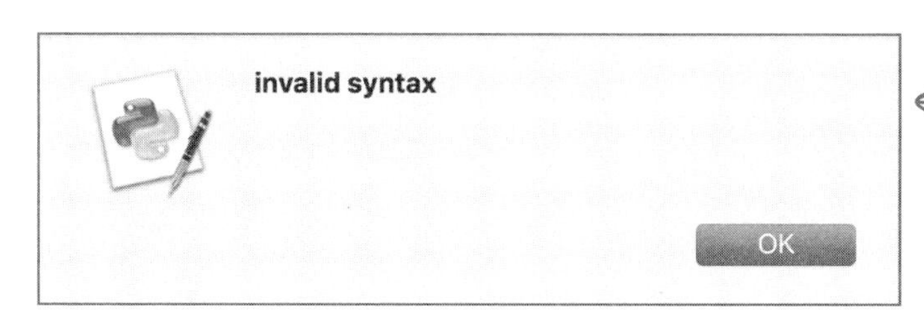

ご存知かもしれませんが、IDLEではどのような種類の構文エラーなのかはわかりません。でも［OK］をクリックすると、問題の場所を大きな赤いブロックで示してくれます（訳注：Windowsでは「SyntaxError」というメッセージが表示されます）。

［OK］ボタンをクリックすると、IDLEが構文エラーの場所を示してくれます。編集ウィンドウの大きな赤いブロックを探してください。4ページのコードと異なるところがあれば修正して全く同じにし、再びファイルを保存します。そして［F5］を押してコードを再度実行します。

[F5]を押してコードを実行する

[F5]を押すと、現在選択されているIDLEテキスト編集ウィンドウのコードを実行します。もちろん、コードに実行時エラーがないことが前提です。実行時エラーが起こると、**トレースバック**エラーメッセージが（赤で）表示されます。このメッセージを読んだら、編集ウィンドウに戻って入力したコードが4ページのコードと全く同じかどうかを確認し、異なる場所があれば修正します。修正したコードを保存して、再び[F5]を押します。[F5]を押すと、Python Shellがアクティブウィンドウになり、次のように表示されるでしょう。

これからは、「IDLEテキスト編集ウィンドウ」を単に「編集ウィンドウ」と呼ぶことにします。

```
Python 3.6.4 Shell
Python 3.6.4 (v3.6.4:d48ecebad5, Dec 18 2017, 21:07:28)
[GCC 4.2.1 (Apple Inc. build 5666) (dot 3)] on darwin
Type "copyright", "credits" or "license()" for more information.
>>>
============= RESTART: /Users/paul/Desktop/_NewBook/ch01/odd.py =============
分の値は奇数。
>>> |
                                                          Ln: 7   Col: 4
```

異なるメッセージが表示されても心配ありません。読んでいくうちにその理由がわかります。

現在の時刻によって、「分の値は奇数」ではなく「分の値は奇数ではない」というメッセージが表示されるでしょう。このプログラムはコンピュータの現在時刻の分の値が奇数かどうかによってどちらかのメッセージを表示するので、「分の値は奇数ではない」が表示されても心配しないでください（この例は**わざとらしい**と言いましたよね）。少し待ってから編集ウィンドウをクリックして選択して再び[F5]を押すと、コードが再度実行されます。今回は別のメッセージが表示されるでしょう（別のメッセージを表示するのに必要な数分を待った場合）。何度でも好きなだけこのコードを実行してみてください。（我慢強く）待つと次のように表示されるでしょう。

編集ウィンドウでコードを実行しているときに[F5]を押すと、その結果の出力がPython Shellに表示されます。

```
Python 3.6.4 Shell
Python 3.6.4 (v3.6.4:d48ecebad5, Dec 18 2017, 21:07:28)
[GCC 4.2.1 (Apple Inc. build 5666) (dot 3)] on darwin
Type "copyright", "credits" or "license()" for more information.
>>>
============= RESTART: /Users/paul/Desktop/_NewBook/ch01/odd.py =============
分の値は奇数。
>>>
============= RESTART: /Users/paul/Desktop/_NewBook/ch01/odd.py =============
分の値は奇数ではない。
>>> |
                                                          Ln: 10   Col: 4
```

このコードがどのように動作しているかを、これから詳しく説明します。

コードはすぐに実行する

IDLEがPythonに編集ウィンドウのコードを実行するように指示すると、Pythonはファイルの先頭からコードをすぐに実行します。

Cのような言語からPythonに移った人の場合、Pythonには`main()`関数やメソッドの概念がないことに注意してください。また、Cでは当たり前の、編集、コンパイル、リンク、実行という流れの概念もありません。Pythonでは、コードを編集して保存したら**すぐに**実行できます。

ちょっと待って。「IDLEがPythonにコードを実行するように指示する」と言ったけど、Pythonはプログラミング言語でIDLEはIDEなんじゃないの？それなら、実際にはここで実行しているのは何？

よく気付きました。紛らわしいのはそこなんです。

「Python」はプログラミング言語に付けられた名前で、「IDLE」は組み込みのPython IDEに付けられた名前なのです。

つまり、Python 3をインストールすると、**インタプリタ**もインストールされます。このインタプリタがPythonコードを実行します。さらに紛らわしいことに、このインタプリタも「Python」という名前です。正確には「Pythonインタプリタ」という名前を使うべきですが、残念ながら誰も使いません。

今後この本では、言語を指すのに「Python」という用語を使い、Pythonコードを実行するものを「インタプリタ」と呼びます。「IDLE」はIDEを指し、Pythonコードをインタプリタで実行します。ここで実際のすべての作業を行っているのはインタプリタです。

Q：Pythonインタプリタは Java VMのようなものですか？

A：そうとも言えますが、そうでないとも言えます。インタプリタがコードを実行するという点ではそのとおりです。でも、その実行の仕方という観点では違います。Pythonでは、ソースコードを「実行可能コード」にコンパイルするという概念がありません。Java VMとは異なり、インタプリタは`.class`ファイルを実行するのではなく、単にコードを実行するだけです。

Q：でも、ある段階でちゃんとコンパイルするのですよね？

A：コンパイルするのですが、そのプロセスはPythonプログラマからは見えません。コンパイルの詳細はすべてPythonが行ってくれます。IDLEが面倒な処理やインタプリタとのやり取りをすべて行ってくれるので、プログラマからはコードが実行されているところしか見えません。このプロセスに関する詳細を1つずつ説明していきます。

1行ずつコードを実行する

ここで4ページのプログラムコードを再び示します。

```
from datetime import datetime

odds = [1, 3, 5, 7, 9, 11, 13, 15, 17, 19,
        21, 23, 25, 27, 29, 31, 33, 35, 37, 39,
        41, 43, 45, 47, 49, 51, 53, 55, 57, 59]

right_this_minute = datetime.today().minute

if right_this_minute in odds:
    print("分の値は奇数。")
else:
    print("分の値は奇数ではない。")
```

モジュールは「関連する関数の集合」と考える。

Pythonインタプリタになってみよう

インタプリタになったつもりで、ファイルの**先頭**から**終わり**まで1行ずつコードに目を通してみましょう。

1行目は、Pythonの**標準ライブラリ**から既存の機能を**インポート**します。標準ライブラリは、一般的に必要とされる(高品質の)コードを提供する、大規模なソフトウェアモジュール群です。

このコードでは、標準ライブラリのdatetimeモジュールからサブモジュール1つを明示的に要求しています。このサブモジュールもdatetimeという名前なので混乱しますが、1行目はこのように動作します。datetimeサブモジュールは、次の数ページからわかるように時間を扱うメカニズムを備えています。

この本では、特に注意してもらいたいコードの行には、このようにハイライトします。

インタプリタはファイルの先頭から順番に処理しながら、Pythonコードの各行を実行していきます。

```
from datetime import datetime

odds = [1, 3, 5, 7, 9, 11, 13, 15, 17, 19,
        21, 23, 25, 27, 29, 31, 33, 35, 37, 39,
        41, 43, 45, 47, 49, 51, 53, 55, 57, 59]
            ...
```

インポートする標準ライブラリの名前。

インタプリタはファイルの先頭から終わりまで下向きに処理しながら、Pythonコードの各行を実行していきます。

関数 + モジュール = 標準ライブラリ

Pythonの**標準ライブラリ**はとても**豊富**です。OSに依存しないコードを数多く用意しています。

例えば、osというモジュールを調べてみましょう（すぐにdatetimeモジュールに戻ります）。osモジュールは、オペレーティングシステムとやり取りするためのプラットフォームに依存しない手段を持っています。osモジュールのgetcwdという関数は、**現在の作業ディレクトリ**を返します。

Pythonプログラムでこの関数を**インポート**して**呼び出す**、一般的な方法を挙げます。

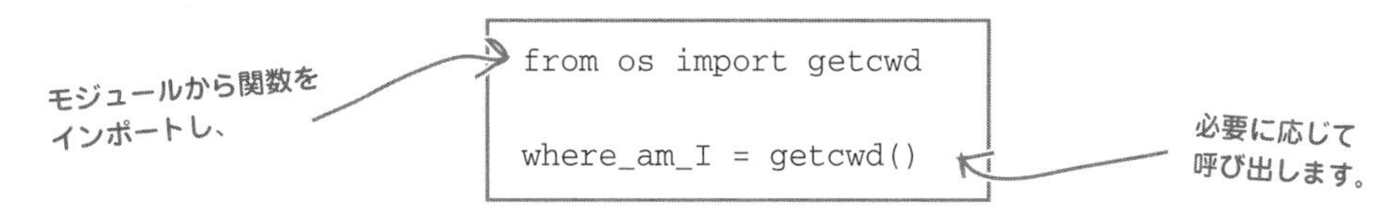

from os import getcwd
where_am_I = getcwd()
モジュールから関数をインポートし、
必要に応じて呼び出します。

関連する関数の集合がモジュールです。標準ライブラリには**多くの**モジュールがあります。

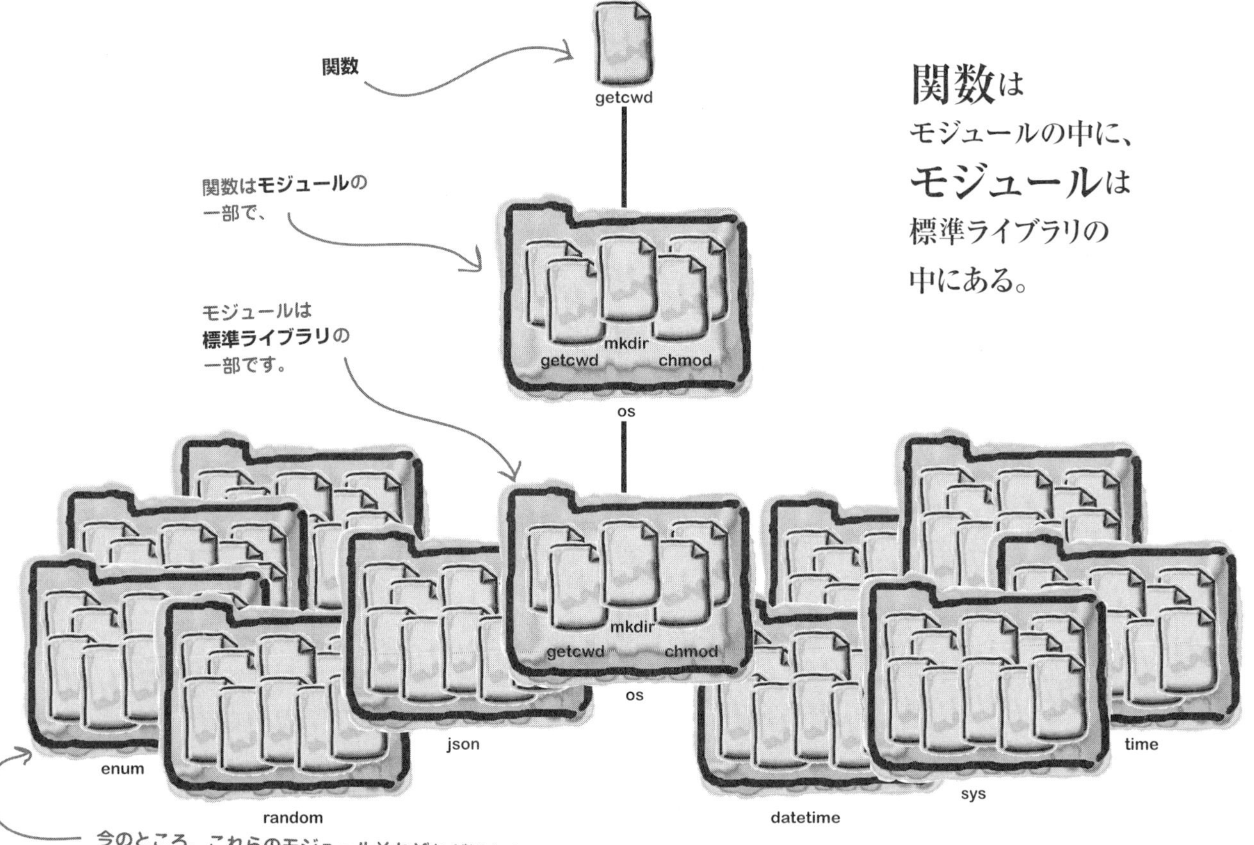

今のところ、これらのモジュールそれぞれが何をするかは気にしないでください。次のページでその一部を簡単に紹介し、残りの多くは後で説明します。

標準ライブラリクローズアップ

標準ライブラリはPythonの財産です。例えばデータの処理からZIPアーカイブの操作、メールの送信、HTMLへの対応などのすべてに使う再利用可能なモジュールを持っています。さらに、Webサーバや人気のSQLiteデータベースまであります。このクローズアップでは、最もよく使われるモジュールをいくつか紹介します。内容を理解するために、ここで示す例を（IDLEの）>>>プロンプトに入力してみてください。現在IDLEの編集ウィンドウが表示されている場合には、メニューの[Run]から[Python Shell]を選ぶと>>>プロンプトが表示されます。

まずは、インタプリタが動作しているシステムについて知ることから始めましょう。Pythonの強みはクロスプラットフォームです。あるプラットフォームで書いたコードを（通常は何も変更せずに）別のプラットフォームでも実行できるのですが、OSを知りたい場合もあります。インタプリタのシステムについて詳しく知るにはsysモジュールを使います。OSを確認するには、まずsysモジュールをインポートしてからplatform属性にアクセスします。

```
>>> import sys
>>> sys.platform
'darwin'
```

必要なモジュールをインポートしたら、調べたい属性にアクセスします。「darwin」が稼働しているようです。darwinはmacOSカーネルの名前です。

sysモジュールは、主にあらかじめ設定された属性（platformなど）にアクセスするための再利用可能なモジュールの代表的な例です。他の例を示しましょう。次は動作しているPythonのバージョンを調べています。print関数に渡して画面に表示します。

```
>>> print(sys.version)
3.4.3 (v3.4.3:9b73f1c3e601, Feb 23 2015, 02:52:03)
[GCC 4.2.1 (Apple Inc. build 5666) (dot 3)]
```

使用しているPythonのバージョン（本書の場合は3.4.3）をはじめ、多くの情報が表示されます。

osモジュールは移植可能なモジュールの代表的な例です。実際のOSが何であれPythonコードでOSとやり取りするためのシステムに依存しない手段となります。

例えば、次のコードはgetcwd関数を使ってプログラムが動作しているフォルダ名を調べています。他のモジュールの場合と同様に、まずはモジュールをインポートしてから関数を呼び出します。

```
>>> import os
>>> os.getcwd()
'/Users/HeadFirst/CodeExamples'
```

モジュールをインポートした後、必要な機能を呼び出します。

environ属性を使ってシステムの環境変数全体に、またはgetenv関数を使って個別の環境変数にアクセスします。

```
>>> os.environ
'environ({'XPC_FLAGS': '0x0', 'HOME': '/Users/HeadFirst', 'TMPDIR': '/var/
 folders/18/t93gmhc546b7b2cngfhz10l00000gn/T/', ... 'PYTHONPATH': '/Applications/
 Python 3.4/IDLE.app/Contents/Resources', ... 'SHELL': '/bin/bash', 'USER':
'HeadFirst'})'
>>> os.getenv('HOME')
'/Users/HeadFirst'
```

environ属性は多くのデータを含んでいます。

getenvを使って（environに含まれるデータから）特定の名前の属性にアクセスできます。

標準ライブラリクローズアップ（続き）

日付（および時刻）を扱うことは多いので、標準ライブラリには日付や時刻のデータの処理に使うdatetimeモジュールが用意されています。

```
>>> import datetime
>>> datetime.date.today()
datetime.date(2015, 5, 31)
```

← 今日の日付

日付の表示は年、月、日の順です。そこでdate.todayの呼び出しに属性アクセスを追加します。すると、日、月、年の値を別々に取得できます。

訳注：米国では日／月／年という表記が一般的です。

```
>>> datetime.date.today().day
31
>>> datetime.date.today().month
5
>>> datetime.date.today().year
2015
```

← 今日の日付の構成要素

また、date.isoformat関数を呼び出して今日の日付を渡すと、わかりやすく表示できます。

```
>>> datetime.date.isoformat(datetime.date.today())
'2015-05-31'
```

← 文字列としての今日の日付

そして、誰もが足りないと思っている時刻があります。**標準ライブラリ**を使って現在の時刻がわかるでしょうか？はい、わかります。timeモジュールをインポートしてから、strftime関数を呼び出して、表示したいフォーマットを指定します。以下の例では、24時間フォーマットによる現在時刻の時（%H）と分（%M）の値が対象です。

```
>>> import time
>>> time.strftime("%H:%M")
'23:55'
```

← えっ！これが時刻？（訳注：米国では12時間表記が一般的で、24時間表記は使われません）

曜日、そして午前または午後かを調べるには、strftimeで%A %pを指定します。

```
>>> time.strftime("%A %p")
'Sunday PM'
```

← 日曜の夜の午前零時の5分前であることがわかりました。もう寝る時間ですよね？

標準ライブラリで使える機能の例を最後にもう1つ示します。危険性のある<script>タグが含まれる可能性があるHTMLがあるとします。HTMLをパースして<script>タグをいちいち探し出して削除するのは大変です。htmlモジュールのescape関数で山かっこ（<>）をすべてエンコードする方が楽です。または、元の形式に戻したいエンコード済みのHTMLは、unescape関数を使います。この両方の例を以下に示します。

```
>>> import html
>>> html.escape("This HTML fragment contains a <script>script</script> tag.")
'This HTML fragment contains a &lt;script&gt;script&lt;/script&gt; tag.'
>>> html.unescape("I &hearts; Python's &lt;standard library&gt;.")
"I ♥ Python's <standard library>."
```

← エンコードされたHTMLテキストへの変換とその逆変換

バッテリー付属

これが
「Pythonはバッテリー付属」
と言われる理由だよね？

そうです。そういう意味です。

Pythonの**標準ライブラリ**は**とても**豊富です。Pythonをインストールするだけで**生産性が上がります**。

クリスマスの朝に新しいおもちゃの包装を開けたところで「電池別売り」に気付いてがっかりしたことはありませんか？ Pythonはそんな思いはさせません。必要なすべてを備えています。しかも**標準ライブラリ**のモジュールだけではなく、IDLEまであります。IDLEは、小規模ながらもすぐに使えるIDEを備えています。

わたしたちはコードを書くだけでいいのです。

素朴な疑問に答えます

Q：標準ライブラリのモジュールが何を行うかはどうすればわかるのですか?

A：Pythonドキュメントが標準ライブラリに関するすべての質問に答えてくれます。https://docs.python.jp/3/library/index.htmlで調べてください。

マニア向け情報

優れたモジュールは標準ライブラリだけではありません。Pythonコミュニティは数多くのサードパーティモジュール群もサポートしています。その一部は後で取り上げます。前もって知りたければ、コミュニティ運営のリポジトリhttp://pypi.python.orgを参照してください。

データ構造を備えている

Pythonには最高の**標準ライブラリ**だけでなく、強力な**データ構造**も備えています。その1つが**リスト**です。リストはとても強力な**配列**と考えることができます。他の多くの言語の配列と同様に、Pythonのリストは角かっこ([])で囲みます。

(以下に示す)このプログラムの次の3行に分かれているコードは、oddsという変数に奇数の数字をそのままのリスト、つまり**リテラル**リストを代入します。このコードではoddsは**整数のリスト**ですが、Pythonのリストには**任意**の型の**任意**のデータを格納することができ、リストには(必要なら)さまざまなデータ型を混在させることもできます。oddsリストは1文であるのに、3行にまたがっています。インタプリタは開きかっこ([)に対応する閉じかっこ(])があるまで1文が終わったと判断しないので、問題ありません。通常は、**Pythonでは行の終端が文の終端を示します**が、この原則には例外があり、複数行リストはその例外の1つです(その他の例外については後で取り上げます)。

配列と同様に、リストは任意の型のデータを持てる。

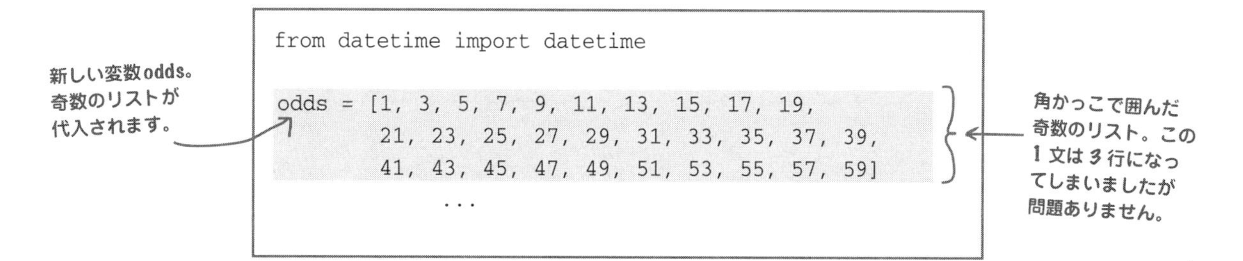

新しい変数odds。奇数のリストが代入されます。
from datetime import datetime
odds = [1, 3, 5, 7, 9, 11, 13, 15, 17, 19,
21, 23, 25, 27, 29, 31, 33, 35, 37, 39,
41, 43, 45, 47, 49, 51, 53, 55, 57, 59]
...
角かっこで囲んだ奇数のリスト。この1文は3行になってしまいましたが問題ありません。

リストを使うと多くのことを実行できますが、詳細は後の章で述べます。ここでは、このようなリストが**あり**、(**代入演算子=**を使うことで)odds変数に**代入され**、そこには上の数値が**含まれる**ことだけを知っておけば大丈夫です。

Python変数は動的に型付けされる

次の行のコードに進む前に、特に(静的型付けプログラミング言語の場合と同様に)変数を使う**前**に型情報で変数をあらかじめ宣言することに慣れているプログラマには、もう少し説明が必要でしょう。

Pythonでは変数の**型をあらかじめ宣言する必要はありません**。Pythonの変数は、代入するオブジェクトの型から型情報を取得します。このプログラムではodds変数に数値のリストが代入されるので、oddsはリストになります。

他の変数を代入する文を調べてみましょう。幸運にも、このプログラムの次の行でも代入が行われています。

Pythonは<、>、<=、>=、==、!=や代入演算子=など、一般的な演算子をすべて備えている。

メソッドを呼び出すと結果が得られる

このプログラムの3番目の文は、また別の**代入文**です。

前に登場した代入文とは異なり、変数にデータ構造を代入するのではなく、その代わりにメソッド呼び出しの**結果**をright_this_minuteという別の新しい変数に代入します。3番目の文をもう一度眺めてみましょう。

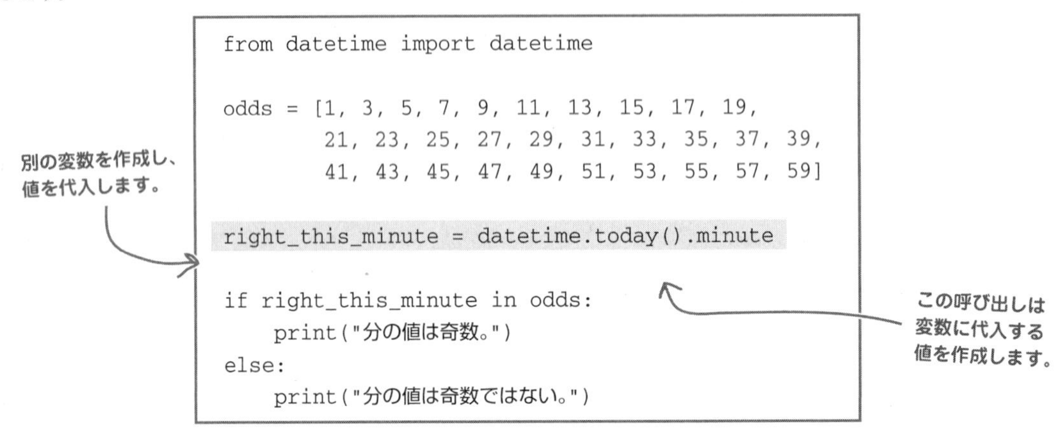
```
from datetime import datetime

odds = [1, 3, 5, 7, 9, 11, 13, 15, 17, 19,
        21, 23, 25, 27, 29, 31, 33, 35, 37, 39,
        41, 43, 45, 47, 49, 51, 53, 55, 57, 59]

right_this_minute = datetime.today().minute

if right_this_minute in odds:
    print("分の値は奇数。")
else:
    print("分の値は奇数ではない。")
```


組み込みモジュールの呼び出し

3番目のコードは、datetimeサブモジュールに含まれるtodayというメソッドを呼び出します。datetimeサブモジュール**自体**はdatetimeモジュールの一部です(この名前が紛らわしいことは前にも述べました)。todayが呼び出されていることは、標準的な接尾辞の丸かっこ()からわかります。

ドット表記構文は後で何回も登場する。

todayを呼び出すと(datetime.datetime型の)「時間オブジェクト」を返します。時間オブジェクトには現在の時刻に関する多くの情報が含まれます。この情報には現在の時刻の**属性**があり、お決まりの**ドット表記**構文で取得できます。このプログラムでは分属性を知りたいので、上記に示したようにメソッド呼び出しに.minuteを追加して取得します。そして、その結果の値をright_this_minute変数に代入します。この行は、「今日の時刻を表すオブジェクトを作成し、分属性の値を取得してそれを変数に代入する」という意味です。そのため次のようにこの1行のコードを2行に**分割**して、「理解しやすく」してみましょう。

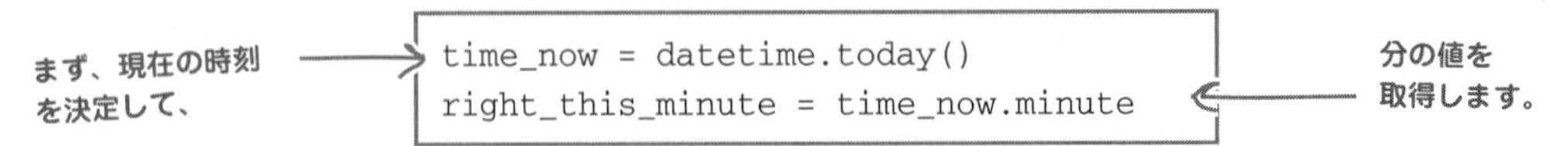
```
time_now = datetime.today()
right_this_minute = time_now.minute
```


しかし、ほとんどのPythonプログラマは一時変数(この例ではtime_now)が後で必要にならない限りは一時変数を作成したくないでしょう。

コードブロックをいつ実行するかを決める

この段階で、oddsという数値のリストができています。また、right_this_minuteという分の値もあります。right_this_minuteに格納されている現在の分の値が奇数かどうかを判断するには、その値がoddsリストにあるかどうかを判定する方法が必要です。さて、どうするのでしょうか。

Pythonではこのような処理が簡単です。Pythonには他のプログラム言語にありそうな一般的な比較演算子（>、<、>=、<=など）をすべて備えているだけでなく、独自の「スーパー」演算子も備えています。その1つがinです。

in演算子は、一方が他方に**含まれている**かどうかを調べます。4番目の文を見てください。この文ではin演算子を使ってright_this_minuteがoddsリストに**含まれている**かどうかを調べます。

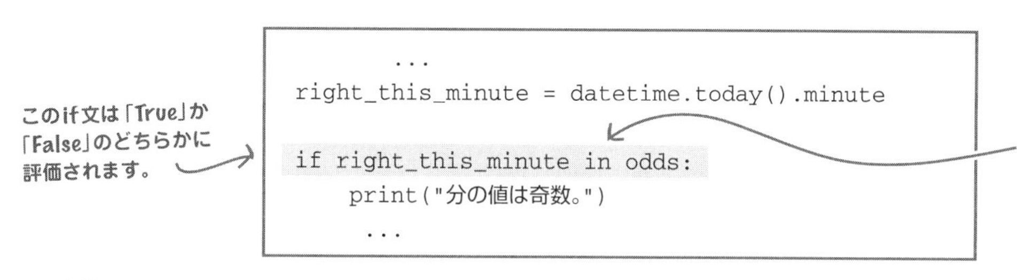

in演算子はTrueかFalseのどちらかを返します。予想どおりにright_this_minuteがoddsに含まれている場合には、このifはTrueと評価され、このif文に関連するコードブロックを実行します。

Pythonのブロックは必ずインデントされるので探しやすくなっています。

このプログラムにはブロックが2つあり、それぞれにはprint関数の呼び出しが1つあります。この関数はメッセージを画面に表示します（この本のいたるところでprint関数を数多く使います）。このプログラムコードを編集ウィンドウに入力するときに、IDLEが自動的にインデントしてくれることに気付いたかもしれません。これはとても便利な機能ですが、IDLEのインデントが期待どおりであるかを必ず確認してください。

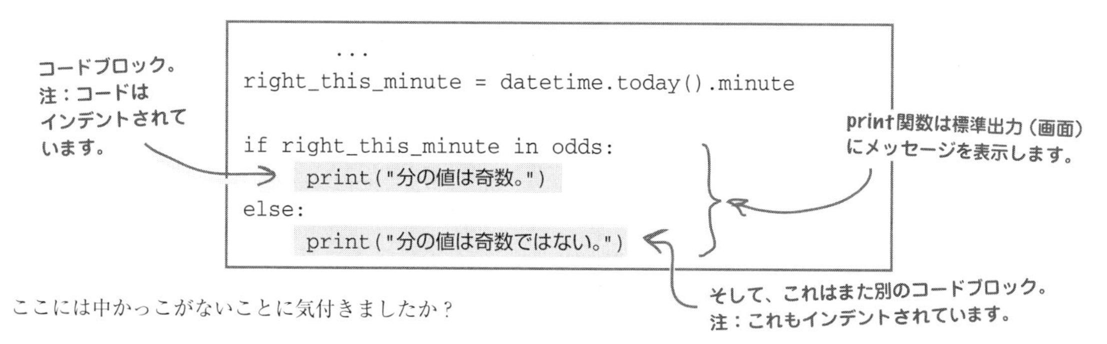

ここには中かっこがないことに気付きましたか？

中かっこに何があったの？

中かっこ（{と}）を使ってコードブロックを区切るようなプログラミング言語に慣れていると、Pythonではコードブロックの区切りに中かっこを使わないので、初めてPythonのコードブロックに出会ったときに混乱することがあります。Pythonは**インデント**でコードブロックを区別します。また、コードブロックのことを、Pythonでは**スイート**（suite）*と呼ぶこともあります。

Pythonでは中かっこを使わないわけではありません。使うのですが、（3章で説明するように）中かっこはコードブロックの区切りではなくデータの区切りに関係します。

Pythonプログラム内のブロックは、必ずインデントされるので探しやすいです。そのおかげで、コードを読む際は脳がブロックを簡単に識別できます。他にもコロン（`:`）という視覚的な手がかりがあります。コロンを使って、Pythonの制御文（`if`、`else`、`for`など）に関連するブロックを導いています。この本を読み進めていくと、同様の使い方をしている多くの例に出会います。

＊ 訳注
公式ドキュメント（https://docs.python.jp/3/reference/compound_stmts.html）では、「スイートは、節によって制御される文の集まりです。スイートは、ヘッダがある行のコロンの後にセミコロンで区切って置かれた1つ以上の単純文、または、ヘッダに続く行で1つ多くインデントされた文の集まりです。」と定義しています。

コロンはインデントされたコードブロックを導く

コロン（`:`）は、右にインデントしなければいけない新しいコードブロックを導くので重要です。コロンの後でコードのインデントを忘れると、エラーとなります。

この例ではコロンがあるのは`if`文だけではなく、`else`にもあります。コード全体を再び見てみましょう。

```
from datetime import datetime

odds = [1, 3, 5, 7, 9, 11, 13, 15, 17, 19,
        21, 23, 25, 27, 29, 31, 33, 35, 37, 39,
        41, 43, 45, 47, 49, 51, 53, 55, 57, 59]

right_this_minute = datetime.today().minute

if right_this_minute in odds:
    print("分の値は奇数。")
else:
    print("分の値は奇数ではない。")
```

コロンを置くと自動的にブロックのインデントが挿入されます。

もう少しで終わりです。あとは最後の1文の説明だけです。

ifでは他（else）に何が使えるの？

この例はもう少しで終わりです。最後の1文の説明だけが残っています。あまり長いコードではありませんが、重要です。if文からFalse値が返されたときに実行するコードブロックを指定するelse節です。

このelse節を詳しく調べてみましょう。else節はインデントせずに上のifの部分と揃える必要があります。

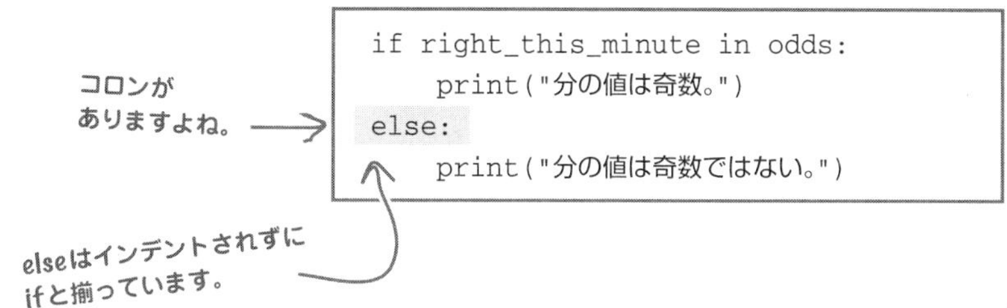

初めてコードを書く際の
コロンの付け忘れは、
Python初心者に多い。

「else」があったら「else if」もなければいけないんじゃないの？それとも、Pythonでは「elseif」と書くのかな？

どちらも違います。Pythonではelifと書きます。

if文の一環として複数の条件を調べる必要がある場合、Pythonではelseの他にelifも使えます。elif文はいくつでも使えます。（各elif文はそれぞれのブロックを持ちます）。

次に、todayという変数に今日を表す文字列があらかじめ代入されている小さな例を挙げます。

```
if today == 'Saturday':
    print('パーティ！！')
elif today == 'Sunday':
    print('リフレッシュ')
else:
    print('仕事、仕事、仕事')
```

それぞれ異なる3つのブロック：ifのためのブロック、elifのためのブロック、そしてelseのための最後のその他すべてのブロック。

ブロックにブロックを埋め込むことができる

ブロックは任意の数の埋め込みブロックを持つことができます。さらに埋め込んだブロックもインデントしなければいけません。Pythonプログラマが埋め込みブロックについて話すときには、**インデントのレベル**について話していることが多いでしょう。

プログラムのインデントの初期レベルは、一般に**第1**または(多くのプログラミング言語で数える際に一般的であるように)インデントレベル**ゼロ**と呼びます。それ以降のレベルは第2、第3、第4などと呼びます(または、レベル1、レベル2、レベル3など)。

次のコードは、前ページのtodayサンプルコードを変形させたものです。todayが'Sunday'である場合に実行するif/elseをif文にどのように追加しているかに注意してください。また、conditionという別の変数には現在の気分を表す値が入っています。それぞれのブロックの場所と、どのレベルのインデントに現れるかを示しています。

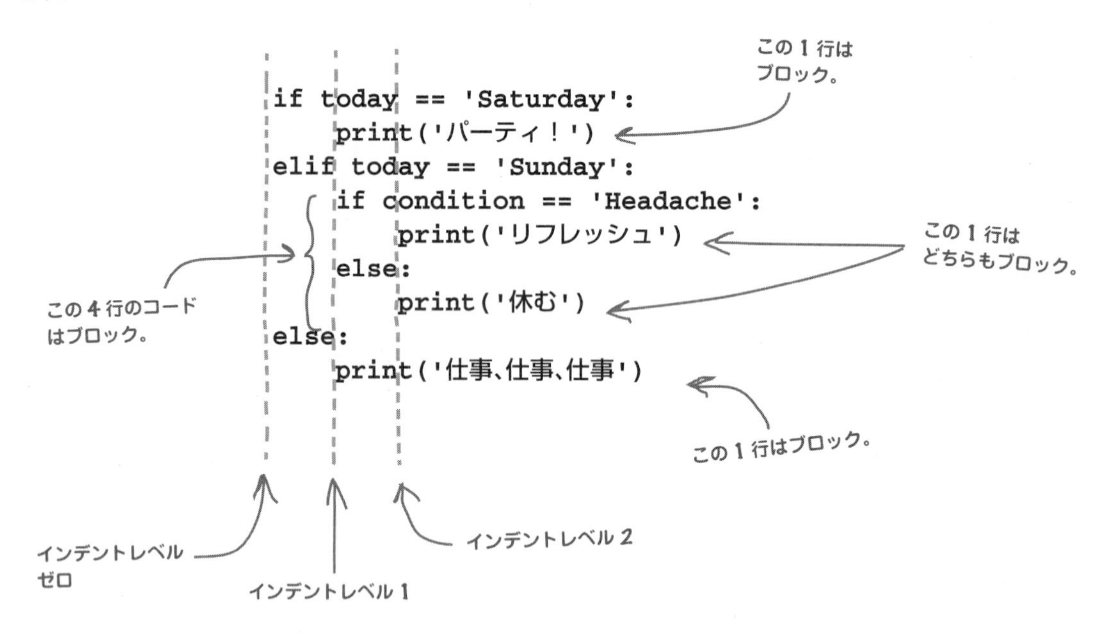

コードがすべて**同じブロック内**にある場合、インデントレベルが同じコードは関連があります。ブロックが別であれば、インデントレベルが同じであっても関係がありません。重要なのは、Pythonではインデントはコードブロックを示すために使うということです。

学んだこと

コードを一通り説明しました。ここで一息ついてodd.pyプログラムで学んだことをおさらいしてみましょう。

- Pythonには IDLEという組み込みIDEが付随し、Pythonコードの作成、編集、実行を行える。コードを入力して保存してから[F5]を押すだけでOK。
- IDLEはPythonインタプリタとやり取りし、Pythonインタプリタはコンパイル、リンク、実行の工程を自動化してくれる。そのため、コードを書くことに専念できる。
- インタプリタは、(ファイルに格納された)コードを先頭から終わりまで1行ずつ実行する。Pythonにはmain()関数/メソッドという概念はない。
- Pythonは強力な標準ライブラリを備えていて、多くのモジュールを利用できる(datetimeはその一例)。
- Pythonでは、標準的なデータ構造を利用できる。リストはその1つで、配列の概念によく似ている。
- 変数の型を宣言する必要はない。Pythonでは変数に値を代入するときに、変数が参照するデータ型を動的に採用する。
- if/elif/elseで判定を下す。if、elif、elseキーワードの次にはコードブロックが続く。
- コードブロックは必ずインデントされるので、簡単にわかる。インデントはPythonが備えている唯一のコードをグループ化するメカニズムである。
- コードブロックの前にはインデントだけでなくコロン(:)も出現する。これはPython言語の構文に必要な決まりである。

こんな短いプログラムにしては長いリストだな！この章の残りはどうするつもり？

このプログラムを拡張してさらに多くのことを実行しましょう。

確かに、この短いプログラムの動作を説明するには、コードよりも多くの行数が必要です。でも、それがPythonの大きな強みの1つなのです。**少ない行数のコードで多くのことを実行できるのです。**

上のリストをもう一度見直したら、ページをめくってこのプログラムをどのように拡張するのかを見ていきましょう。

プログラムを拡張してもっと多くの処理を行う

Pythonについてもう少し詳しく知りたいので、このプログラムを拡張してみます。

現時点では、このプログラムは1回動作して終了します。このプログラムを何度か実行したいとします。例えば5回実行するとします。具体的に言うと、「分確認コード」と`if/else`を5回実行し、(面白くするために)毎回ランダムな秒数を待ってからメッセージを表示するようにしましょう。プログラムの終了時には、メッセージは1つではなく5つ画面に表示されるでしょう。

次にコードを再び示します。複数回実行したいコードを丸で囲みました。

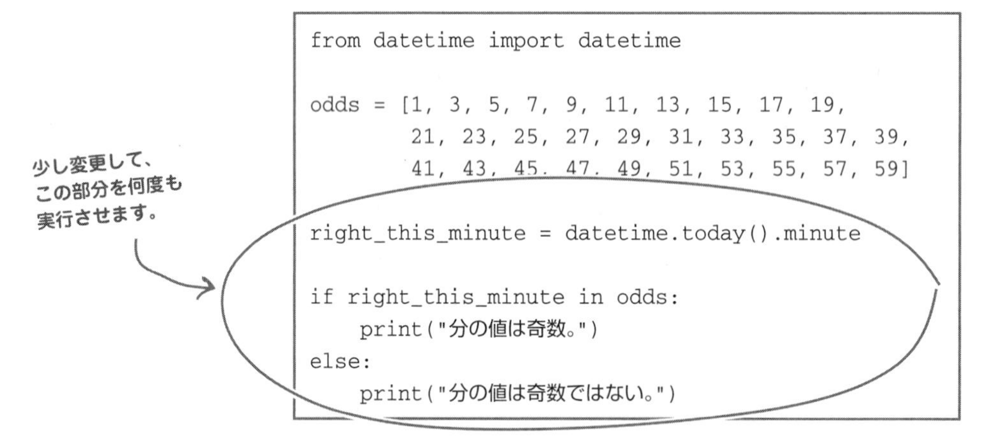

少し変更して、
この部分を何度も
実行させます。

```
from datetime import datetime

odds = [1, 3, 5, 7, 9, 11, 13, 15, 17, 19,
        21, 23, 25, 27, 29, 31, 33, 35, 37, 39,
        41, 43, 45, 47, 49, 51, 53, 55, 57, 59]

right_this_minute = datetime.today().minute

if right_this_minute in odds:
    print("分の値は奇数。")
else:
    print("分の値は奇数ではない。")
```

行うこと：

1. **丸で囲んだコードを繰り返す。**
   ループはブロックを反復できます。Pythonは反復の手段を複数用意しています。この例では、Pythonの`for`ループを使って反復します(その理由には触れません)。
2. **実行を一時停止する。**
   Pythonの標準`time`モジュールは、指定した秒数だけ実行を一時停止できる`sleep`という関数を用意しています。
3. **乱数を生成する。**
   幸い、別のPythonモジュール`random`には乱数を発生させる関数`randint`があります。`randint`を使って1から60の間の数値を生成し、その数値を使って反復のたびにプログラムの実行を一時停止します。

何がしたいかがわかりました。この変更を行うための、何かいい方法はあるでしょうか。

問題を解決するための最善の方法とは?

することはわかっているよ。机に
向かってドキュメントを読み、問題の
解決に必要なPythonコードを書くんだ。
こうすれば、いつでも必要に応じて
プログラムを変更できるよ。
そのやり方でもいいけど、私はもっと実験
的な手法を取るわ。小さなコードを試して
から、動作するプログラムに変更を加えて
いくほうが好きだわ。ドキュメントを読む
のもいいけど、試行錯誤も好きなの。
ボブ
ローラ

Pythonではどちらの方法でもうまくいく

Pythonでは**どちらの**方法でもいいのですが、多くのPythonプログラマはある特定の状況に必要なコードを開発する際、**試行錯誤**しながらコードを書くほうを選ぶでしょう。

でも誤解しないでください。ボブの方法が間違っていてローラが正しいと言っているわけではありません。Pythonプログラマはどちらの方法を選んでも構いません。(この章の最初に少し触れた) Python Shellを使うとPythonプログラマには試行錯誤が自然な選択肢になると言っているだけです。

>>>プロンプトで試行錯誤して、このプログラムを拡張するために必要なコードを見つけましょう。

>>>プロンプトを使って試行錯誤すると必要なコードを書くことができる。

Python Shellに戻る

前回Python Shellを使った際の様子をもう一度示します(メッセージが逆の順番に現れることがあるので、少し異なって表示されるかもしれません)。

```
Python 3.6.4 Shell
Python 3.6.4 (v3.6.4:d48ecebad5, Dec 18 2017, 21:07:28)
[GCC 4.2.1 (Apple Inc. build 5666) (dot 3)] on darwin
Type "copyright", "credits" or "license()" for more information.
>>>
============= RESTART: /Users/paul/Desktop/_NewBook/ch01/odd.py =============
分の値は奇数。
>>>
============= RESTART: /Users/paul/Desktop/_NewBook/ch01/odd.py =============
分の値は奇数ではない。
>>> |
Ln: 10 Col: 4
```

Python Shell(または略して「シェル」)はプログラムのメッセージを表示しますが、それだけではありません。>>>プロンプトにコードを入力すると、そのコードを**すぐに**実行できます。文が出力を作成する場合、シェルがその出力を表示します。文の結果が値の場合、シェルはその値を表示します。しかし、新しい変数を作成して値を代入した場合、変数に含まれる値を表示するには>>>プロンプトに変数の名前を入力する必要があります。

以下に示すやり取りの例をよく見てください。**自分**のシェルでこの例を試して理解できればさらによいでしょう。必ず[Enter]キーを押してプログラムの各文を終了します。また、[Enter]キーはコードを**すぐに**実行するようにシェルに指示します。

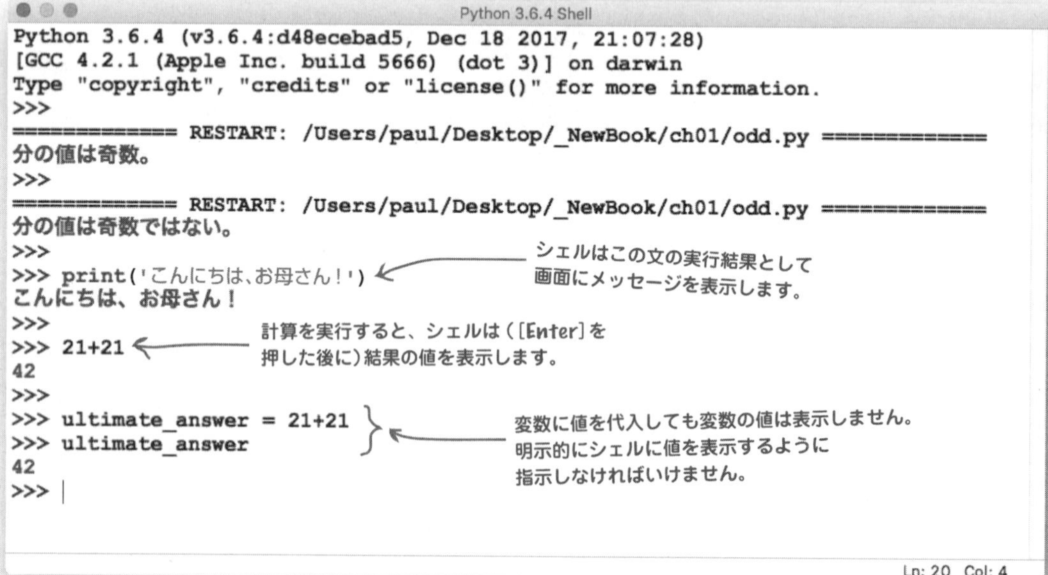

シェルで試す

>>>プロンプトにPython文を入力するとすぐに実行できることがわかりました。では、プログラムを拡張するために必要なコードを考えてみましょう。

新しいコードで実行したい課題は次のとおりです。

- [ ] 指定した回数だけ**ループ**する。今回はすでにPythonのforループを使うことに決めている。
- [ ] 指定した秒数だけプログラムを**一時停止**する。標準ライブラリのtimeモジュールのsleep関数を使う。
- [ ] 指定した2つの値の間の乱数を**生成**する。randomモジュールのrandint関数を使う。

ここではIDLEのスクリーンショット全体ではなく、>>>プロンプトと、表示される出力だけを示します。ここまではスクリーンショット全体を示していましたが、以降は次のように該当するコードのみを表示します。

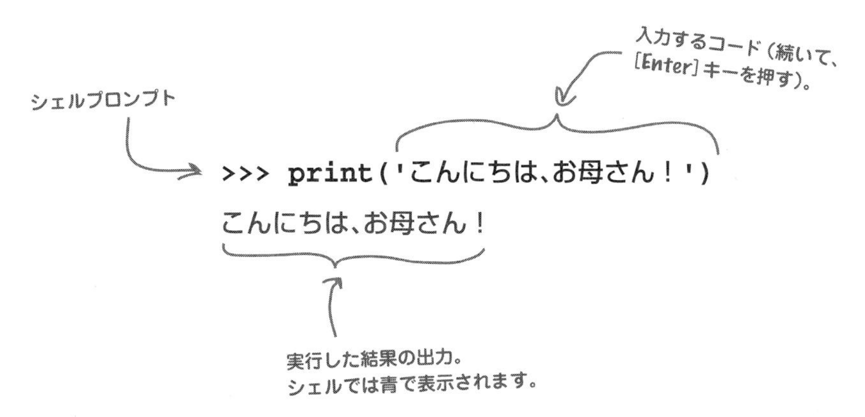

次の数ページでは、試しながら上の3つの機能を追加する方法を探っていきます。どのような文をプログラムに追加すればよいかがわかるまで、>>>プロンプトでいろいろとコードを**試してみましょう**。とりあえずodd.pyはそのままにして、シェルウィンドウを選択してアクティブにします。するとカーソルが>>>の右側で点滅し、コード入力を待つ状態になります。

準備ができたらページをめくってください。試してみましょう。

オブジェクトのシーケンスを反復処理する

20ページで、forループを使うと言いました。forループは、事前に必要な反復回数がわかっている場合に**最適**です（反復回数がわからないときにはwhileループがお勧めですが、whileループについては、実際に必要になったときに詳細を説明することにします）。いま必要なforの動作を>>>プロンプトで確認してみます。

forの一般的な用法を3つ示します。ここでのニーズを満たすものは、3つの用法のうちのどれになるでしょうか。

ループする回数がわかっているときだけforを使うこと。

用法例1.

次のforループは数値のリストを取り、リストの各数値を反復処理して現在の数値を画面に表示します。つまり、forループは各数値を**ループ反復変数**に代入します。このコードでは、変数にiという名前を付けています。

このコードは複数行にわたるので、コロンの後に[Enter]を押すと、シェルが自動的にインデントしてくれます。コード入力が終わったことをシェルに伝えるには、ループのブロックの最後で[Enter]を**2回**押します。

```
>>> for i in [1, 2, 3]:
        print(i)

1
2
3
```

この例ではループ反復変数として「i」を使っていますが、任意の名前を付けることができます。でもこの状況では「i」、「j」、「k」が使われることがほとんどです。

これはブロックなので、文を終了して実行するにはこの行を入力した後に［Enter］キーを２回押す必要があります。

インデントと**コロン**に注意しましょう。if文と同様に、for文に関連するコードは**インデント**する必要があります。

用法例2.

次のforループは文字列を反復処理し、反復ごとに文字列内の各文字を処理します。これが正しく機能するのは、Pythonで扱う文字列が**シーケンス**だからです。シーケンスはオブジェクトの順序付きコレクションです（この本ではシーケンスの例を多く取り上げます）。Pythonのシーケンスはインタプリタで反復処理できます。

シーケンスはオブジェクトの順序付きコレクション。

```
>>> for ch in "Hi!":
        print(ch)

H
i
!
```

この文字列をPythonが１文字ずつうまく反復処理していることがわかります（ここではループ変数名に「ch」を使いました）。

forループには**文字列の大きさ**を指定する必要はありません。Pythonはとても賢いので文字列の**終端**がわかり、シーケンス内の全オブジェクトの終端まで行ったらforループを終了してくれます。

指定した回数だけ反復処理する

forを使ったシーケンスの反復処理だけでなく、rangeという組み込み関数のおかげでさらに正確に反復回数を指定することもできます。

rangeの3つ目の方法を紹介しましょう。

用法例3.

rangeの最も基本的な形式では、forループを実行する回数を指示する整数引数を1つ取ります（rangeの別の使い方を後で説明します）。このループでは、rangeを使ってnum変数に1つずつ代入する数値のリストを作成します。

```
>>> for num in range(5):
        print('Head First Rocks!')

Head First Rocks!
Head First Rocks!
Head First Rocks!
Head First Rocks!
Head First Rocks!
```

5つの数値の範囲を要求したので5回反復し、その結果、メッセージが5つ表示されました。ブロックがあるコードを実行するには[Enter]を2回押します。

今回は、ループのブロック内の**どこにも**numループ反復変数を使いませんでした。numをブロックで使うかはプログラマ次第なので、numがなくてもエラーは発生せず、問題はありません。この例では、numで何もしなくても構いません。

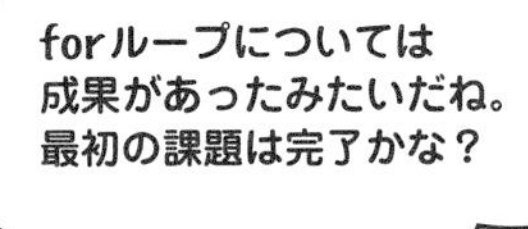

forループについては
成果があったみたいだね。
最初の課題は完了かな？

確かに課題1は完了です。

いままでの説明から、**用法例3**を使えばよいことがわかります。さっそく**用法例3**を使って使ってforループを使って指定した回数だけ反復処理をしましょう。

課題1の結果をコードに適用する

これは課題1を始める前のIDLEの編集ウィンドウです。

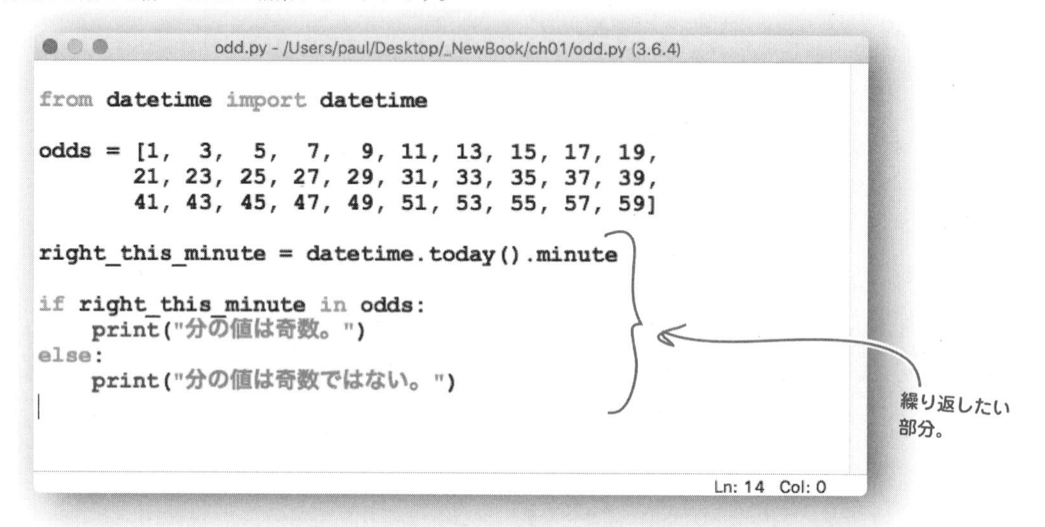

forループを使うと、このプログラムの最後の5行を5回繰り返せることがわかりました。この5行はループのブロックとなるので、forループの下で**インデント**する必要があります。具体的には、コードの1行1行を**1段階**インデントする必要があります。しかし、1行ずつインデントしないでください。IDLEでブロック全体を**一気に**インデントします。

まず、インデントしたいコードをマウスで選択します。

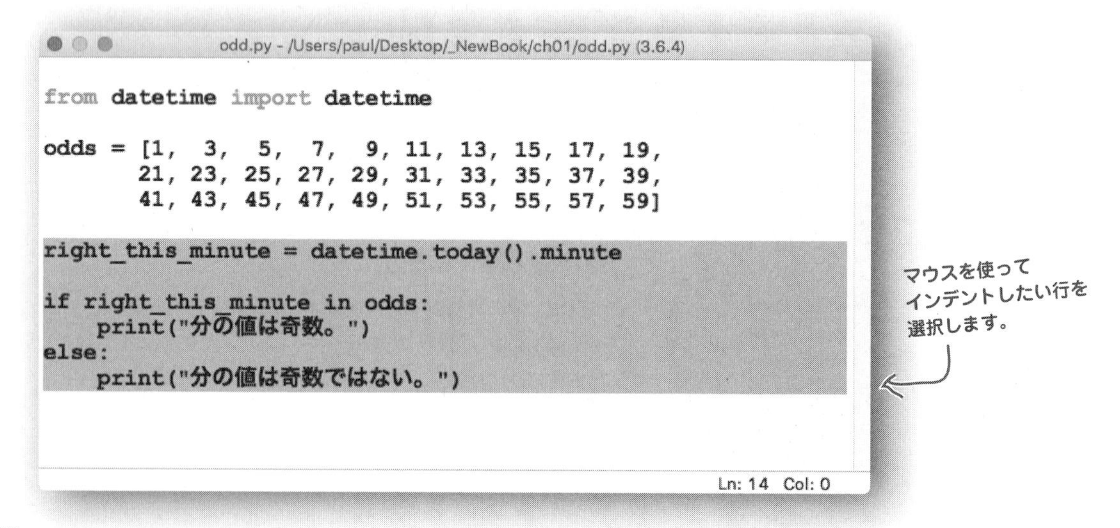

[Format]の[Indent Region]でブロックをインデント

5行のコードを選択したので、IDLEの編集ウィンドウの[Format]メニューから[Indent Region]を選びます。すると、ブロック全体がインデントレベル1つ分だけ右に移動できます。

odd.py - /Users/paul/Desktop/_NewBook/ch01/odd.py (3.6.4)

```
from datetime import datetime

odds = [1,  3,  5,  7,  9, 11, 13, 15, 17, 19,
       21, 23, 25, 27, 29, 31, 33, 35, 37, 39,
       41, 43, 45, 47, 49, 51, 53, 55, 57, 59]

    right_this_minute = datetime.today().minute

    if right_this_minute in odds:
        print("分の値は奇数。")
    else:
        print("分の値は奇数ではない。")
```

Ln: 14　Col: 0

[Format]メニューの[Indent Region]は選択したコード全体を一気にインデントします。

なお、IDLEにはブロックのインデントを解除する[Dedent Region]もあります。IndentとDedentメニューコマンドにはどちらもキーボードショートカットがありますが、OSによって少し異なります。自分が使っているシステムのキーボードショートカットを覚えておいてください（ショートカットの方が使いやすいので）。ブロックをインデントしたので、いよいよforループを追加します。

odd.py - /Users/paul/Desktop/_NewBook/ch01/odd.py (3.6.4)

```
from datetime import datetime

odds = [1,  3,  5,  7,  9, 11, 13, 15, 17, 19,
       21, 23, 25, 27, 29, 31, 33, 35, 37, 39,
       41, 43, 45, 47, 49, 51, 53, 55, 57, 59]

for i in range(5):
    right_this_minute = datetime.today().minute

    if right_this_minute in odds:
        print("分の値は奇数。")
    else:
        print("分の値は奇数ではない。")
```

Ln: 8　Col: 18

forループの行を追加します。

forループのブロックは正しくインデントされています。

実行を一時停止する

このコードで行うべきことを思い出しましょう。

- [x] 指定した回数だけ**ループ**する。
- [ ] 指定した秒数だけプログラムを**一時停止**する。
- [ ] 指定した2つの値の間の乱数を**生成**する。

次に、シェルに戻って「指定した秒数だけプログラムを一時停止する」という2つ目の課題のコードを試します。

でも、その前にプログラムの1行目を思い出してください。この行は、特定の名前のモジュールから特定の名前の関数をインポートします。

```
from datetime import datetime
```

「import」で指定の関数をプログラムに取り込むと、ドット表記構文を使わずにその関数を呼び出せます。

これはプログラムに関数をインポートする一般的な方法の1つです。他に、使用したい関数を特定**せずに**モジュールをインポートする方法も一般的です。これから登場する多くのPythonプログラムでインポートを使います。ここでは後者の方法を使ってみます。

この章で前に述べたように、`sleep`関数では実行を指定した秒数だけ一時停止できます。標準ライブラリの`time`モジュールで`sleep`関数は使うことができます。`sleep`を指定せずに、**まず**モジュールを**インポート**してみます。

```
>>> import time
>>>
```

シェルに「time」モジュールをインポートするように指示します。

上に示した`time`モジュールのように`import`文を使うと、インポートするものを明確に指定せずに、モジュールの機能を利用できます。このようにインポートしたモジュールが提供する関数を使うには、次のようにドット表記構文で指定します。

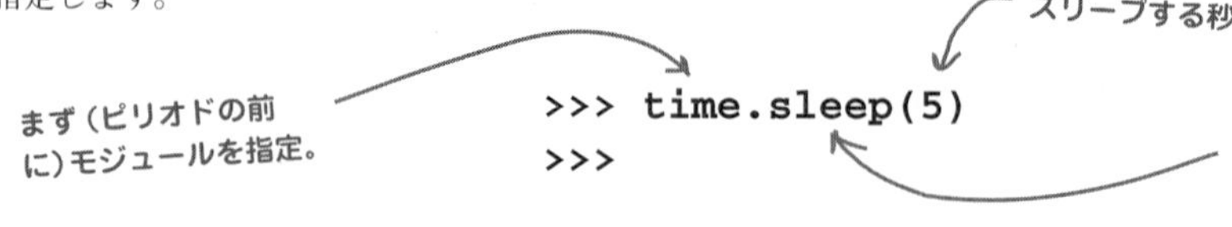

スリープする秒数。
まず（ピリオドの前に）モジュールを指定。
>>> time.sleep(5)
>>>
呼び出したい関数を（ピリオドの後に）指定。

このように`sleep`を呼び出すと、5秒間一時停止してから>>>プロンプトが再度表示されます。**試してみましょう**。

インポートの混乱

ちょっと待って。Pythonはインポート
メカニズムを2つサポートしているというの？
少し紛らわしいんじゃないかしら？

いい質問ですね。

はっきりさせておきましょう。Pythonには**1つ**のimport文しかないので、**2つ**のインポートメカニズムはありません。しかし、import文を**2つの方法で**使うことができるということです。

このプログラム例で最初に紹介した1つ目の方法はプログラムの**名前空間**に指定の関数をインポートし、関数をインポートしたモジュールに**関連付け**なくても必要に応じて関数を呼び出せます（Pythonでは、名前空間の概念はコードが動作するコンテキストを決めるので重要です）。

このプログラム例では、1番目のインポート方法を使ってdatetime.datetime()ではなくdatetime()でdatetime関数を呼び出します。

2番目の**インポート**方法では、timeモジュールを試したときのようにモジュールだけをインポートします。2番目の方法でインポートした場合は、time.sleep()のようにドット表記構文を使ってモジュールの機能を利用します。

素朴な疑問に答えます

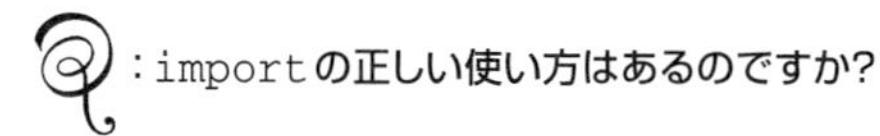

Q：importの正しい使い方はあるのですか？

A：プログラマによっては明確にしたい人もいれば明確でなくても構わない人もいるので、個人的な好みになることが多いものです。でも、別々のモジュール（AとBと呼びます）が同じ名前（Fと呼びます）の関数を持つ場合もあります。コードにfrom A import Fとfrom B import Fがある場合、F()を呼び出したときにPythonはどのようにしてどちらのFかを判断するのでしょうか？ 確実な方法は、非特定のimport文を使い（つまり、コードにimport Aとimport Bを使います）、必要に応じてA.F()かB.F()のどちらかを使って特定のFを呼び出すしかありません。そうすれば紛らわしさはなくなります。

Pythonで乱数整数を生成する

プログラムの先頭にimport timeを追加してforループでtime.sleep(5)を呼び出したいところですが、まだ止めておきます。まだ十分試していないからです。5秒間の一時停止だけでは十分ではありません。**ランダムな時間**一時停止できなければいけません。これを念頭において、完了したことと残っていることを思い出してみましょう。

- [x] 指定した回数だけ**ループ**する。
- [x] 指定した秒数だけプログラムを**一時停止**する。
- [ ] 指定した2つの値の間の乱数を**生成**する。

この最後の課題が完了したら、プログラムを変更して大丈夫です。試行錯誤から学んだことをすべて取り入れましょう。しかし、まだ最後の課題が残っています。乱数を生成する最後の課題を考えてみましょう。

スリープの場合と同様、標準ライブラリにはrandomというモジュールが用意されているので、ここでも**標準ライブラリ**を使います。この情報だけを頼りに、シェルで試してみましょう。

オブジェクトを問い合わせるには「dir」を使うこと。

```
>>> import random
>>>
```

それでどうするのでしょうか？ Pythonのドキュメントや参考書籍を調べればよいのですが、シェルから離れたくありません。偶然にも、シェルはここで別の関数を用意しています。この関数はプログラムのコードの中で使うためのものではなく、>>>プロンプトで使うものです。まずはdirを使って、Pythonのモジュールなどあらゆるものに関連する**属性**をすべて表示しましょう。

この長いリストの中ほどに必要な関数の名前が埋もれています。

```
>>> dir(random)
['BPF', 'LOG4', 'NV_MAGICCONST', 'RECIP_BPF',
'Random', ... 'randint', 'random', 'randrange',
'sample', 'seed', 'setstate', 'shuffle', 'triangular',
'uniform', 'vonmisesvariate', 'weibullvariate']
```

これは簡略化したリスト。画面にはもっと長く表示されます。

このリストには多くのものが入っています。調べたいのはrandint関数です。randintについて詳しく調べるために、シェルに**助け**を求めましょう。

インタプリタに助けを求める

Pythonドキュメントを読むには「help」を使うこと。

名前がわかったら、シェルに**助け**を求めましょう。シェルはPythonドキュメントから調べたい名前に関連するセクションを表示してくれます。

>>>プロンプトでrandomモジュールのrandint関数の**ヘルプ**を要求してこのメカニズムの動作を確認してみましょう。

>>>プロンプトでヘルプを要求すると、

```
>>> help(random.randint)
Help on method randint in module random:

randint(a, b) method of random.Random instance
    Return random integer in range [a, b], including
    both end points.
```

関連するドキュメントがシェルに表示されます。

randint関数の表示されたドキュメントにざっと目を通すと、知りたいことが確認できます。randintに整数を2つ指定すると、その値を含む範囲から乱数整数を返します。

>>>プロンプトで何回か試してみると、randint関数の動作がわかります。

```
>>> random.randint(1,60)
27
>>> random.randint(1,60)
34
>>> random.randint(1,60)
46
```

「randint」が返す整数はランダムに生成されるので、画面に表示される値は実行のたびに変化します。

「import random」を使って「random」をインポートしたので、「randint」の呼び出しの前にモジュール名とドットを付けます。つまり、「randint()」ではなく「random.randint()」となります。

マニア向け情報

LinuxやWindowsでは、IDLEの>>>プロンプトで[Alt]+[P]を押すと、直前に入力したコマンドが表示されます。macOSでは、[Ctrl]+[P]を使います。「P」は「previous（前の）」という意味です。

これで2つの指定値の間の乱数の生成について十分に理解できましたよね。最後の課題に満足のいくチェックマークを入れられますね。

- [x] 指定した2つの値の間の乱数を**生成**する。

では、プログラムに戻って変更しましょう。

試したことのおさらい

プログラムの変更に進む前に、シェルで試したことの結果を簡単におさらいしてみましょう。

最初に5回反復するforループを書きました。

```
>>> for num in range(5):
        print('Head First Rocks!')

Head First Rocks!
Head First Rocks!
Head First Rocks!
Head First Rocks!
Head First Rocks!
```

5つの数値の範囲を求めたので、5回反復しました。その結果、メッセージを5回表示しました。

そして、timeモジュールのsleep関数を使って、コードの実行を指定した秒数だけ、一時停止しました。

```
>>> import time
>>> time.sleep(5)
```

シェルはtimeモジュールをインポートするので、sleep関数を呼び出せます。

さらに、randint関数を試して指定した範囲の乱数の整数を生成しました。

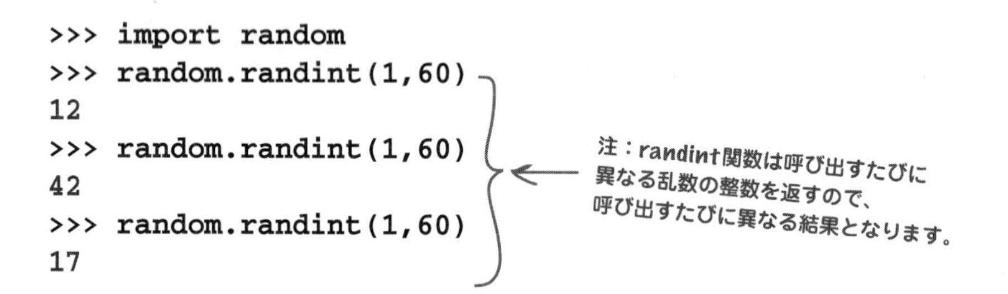

>>> import random
>>> random.randint(1,60)
12
>>> random.randint(1,60)
42
>>> random.randint(1,60)
17
注：randint関数は呼び出すたびに異なる乱数の整数を返すので、呼び出すたびに異なる結果となります。

そしてすべての条件を満たすようにプログラムを変更します。

この章で前に決めておいたことがありましたね。プログラムを反復処理して「分確認コード」とif/elseの実行を5回行い、反復のたびにランダムな秒数だけ一時停止します。その結果、画面にメッセージが5つ表示されてプログラムが終了するでしょう。

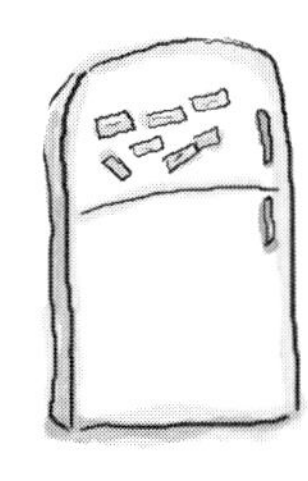

コードマグネット

前ページの最後の仕様と試した結果に基づいて、必要な作業に取りかかったのですが、コードマグネットを冷蔵庫に並べているときに、誰か（聞かないでください）がドアを急に閉めてしまったのでコードの一部が床に散らばってしまいました。

すべてを元通りにし、修正したプログラムを実行して要件どおりに動作しているかを確認する必要があります。

それぞれの点線の位置に入るコードマグネットを判断します。

```
from datetime import datetime

..............................
..............................

odds = [1, 3, 5, 7, 9, 11, 13, 15, 17, 19,
        21, 23, 25, 27, 29, 31, 33, 35, 37, 39,
        41, 43, 45, 47, 49, 51, 53, 55, 57, 59]

..............................
    right_this_minute = datetime.today().minute
    if right_this_minute in odds:
        print("分の値は奇数。")
    else:
        print("分の値は奇数ではない。")
    wait_time = ..............................
    ....................(....................)
```

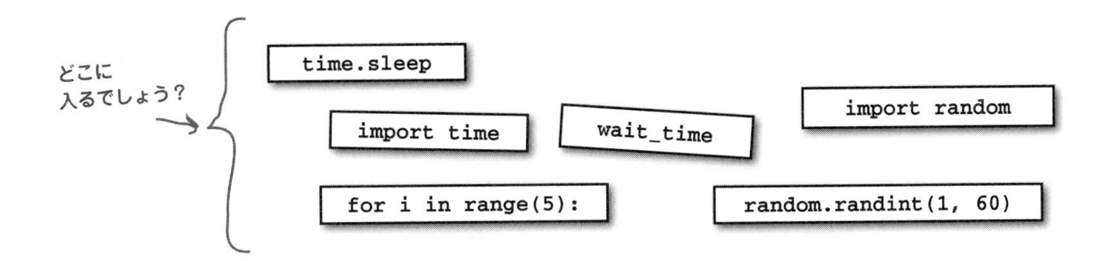

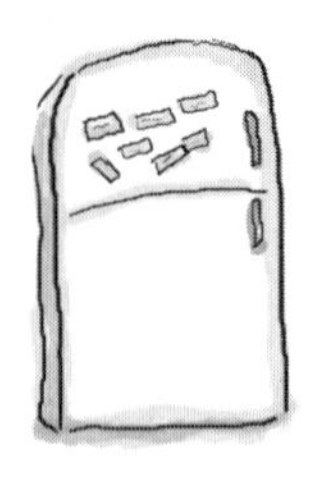

コードマグネットの答え

前ページの最後の仕様と試した結果に基づいて、必要な作業に取りかかったのですが、コードマグネットを冷蔵庫に並べているときに、誰か(聞かないでください)がドアを急に閉めてしまったのでコードの一部が床に散らばってしまいました。

すべてを元通りにし、修正したプログラムを実行して要件どおりに動作しているかを確認する必要がありました。

インポートはコードの先頭に置く必要はありませんが、Pythonプログラマの間では先頭に置くことが慣例として定着しています。

```
from datetime import datetime

import random
import time

odds = [1, 3, 5, 7, 9, 11, 13, 15, 17, 19,
        21, 23, 25, 27, 29, 31, 33, 35, 37, 39,
        41, 43, 45, 47, 49, 51, 53, 55, 57, 59]

for i in range(5):
    right_this_minute = datetime.today().minute
    if right_this_minute in odds:
        print("分の値は奇数。")
    else:
        print("分の値は奇数ではない。")
    wait_time = random.randint(1, 60)
    time.sleep(wait_time)
```

このforループはちょうど5回反復処理します。

ここはすべてfor文のブロックの一部なので、for文の下でインデントされています。Pythonはブロックの区切りに中かっこではなく、インデントを使います。

このrandint関数は乱数整数を生成して新しい変数wait_timeに代入し、

その変数をsleep関数の呼び出しで使ってプログラムの実行をランダムな秒数の間一時停止します。

試運転

修正したプログラムをIDLEで実行してどうなるか確認してみましょう。odd.pyを必要に応じて変更し、新しいプログラムをodd2.pyとして保存します。準備ができたら、[F5]を押してコードを実行します。

[F5]を押して
このコードを実行すると、

odd2.py - /Users/paul/Desktop/_NewBook/ch01/odd2.py (3.6.4)

```
from datetime import datetime

import random
import time

odds = [1,  3,  5,  7,  9, 11, 13, 15, 17, 19,
        21, 23, 25, 27, 29, 31, 33, 35, 37, 39,
        41, 43, 45, 47, 49, 51, 53, 55, 57, 59]

for i in range(5):
    right_this_minute = datetime.today().minute
    if right_this_minute in odds:
        print("分の値は奇数。")
    else:
        print("分の値は奇数ではない。")
    wait_time = random.randint(1, 60)
    time.sleep(wait_time)
```

Ln: 19　Col: 0

このように出力されるでしょう。プログラムが生成する乱数はこの本の場合とは異なるので、読者の手元では異なる出力になると思います。

Python 3.6.4 Shell

```
>>>
============= RESTART: /Users/paul/Desktop/_NewBook/ch01/odd2.py ============
分の値は奇数。
分の値は奇数ではない。
分の値は奇数ではない。
分の値は奇数。
分の値は奇数。
>>>
```

Ln: 27　Col: 4

上記とは異なるメッセージが表示されても心配ありません。
このループは5回実行されるので、メッセージが5つ
表示されます。

すでにわかったことを更新する

odd2.pyが正常に動作したので、再び立ち止まってこれまでの15ページでPythonについて新たに学んだことを復習してみましょう。

重要ポイント

- 特定の問題を解決するために必要なコードを得るために、Pythonプログラマはシェルでコードを試すことが多い。
- >>>プロンプトが表示されていれば、シェルが起動している。1文入力し、実行時に何が起きるかを確認する。
- シェルはコードをインタプリタに送り、インタプリタがそのコードを実行する。そしてその結果がシェルに返されて画面に表示される。
- forループは指定した回数だけ反復処理できる。必要なループ回数が事前にわかっている場合にはforを使う。
- 反復回数が事前にわからないときには、Pythonのwhileループを使う(まだ説明していないが、心配はいらない。後で動作を説明する)。
- forループは任意のシーケンス(リストや文字列など)を反復処理できるだけでなく、(range関数のおかげで)指定した回数だけ実行することもできる。
- プログラムの実行を指定した秒数だけ一時停止する必要がある場合には、標準ライブラリのtimeモジュールのsleep関数を使う。
- モジュールから特定の関数をインポートできる。例えば、from time import sleepはsleep関数をインポートし、そのまま呼び出せる。
- 単にモジュールをインポートすると(例えばimport time)、time.sleep()のようにモジュール名を付けてモジュールの関数を使わなければいけない。
- randomモジュールには、指定した範囲内の乱数整数を生成するrandintという便利な関数がある。
- シェルでは、>>>プロンプトで使える2つの対話型関数を使うことができる。dir関数はオブジェクトの属性を表示し、helpはPythonドキュメントを表示する。

Q:これらをすべて覚えないといけませんか?

A:いいえ。これまでに説明したすべてを記憶できなくても心配しないでください。まだ最初の章です。この1章の目的はPythonプログラミングの世界を簡単に紹介することです。このコードで何が行われているか、おおまかにわかれば十分です。

少ないコードで多くの処理を行う

はい。でもうまくいっています。

確かに、これまで少ししかPythonに触れていませんが、とても便利だということはわかったと思います。

これまでの説明は、Pythonの大きなセールスポイントの1つである**少ないコードで多くの処理を行う**ということを証明しています。Pythonにはセールスポイントがもう1つあります。**コードが読みやすい**ことです。

いかに読みやすいかを証明するために、全く異なる簡単なPythonプログラムを次のページに示します。

冷えたおいしいビールを飲みたい気分なのは誰でしょうか？

本格的なビジネスアプリケーションのコードを書く

『Head First Java』に感謝しつつ、古典的な最初の本格的なアプリケーションである「ビールの歌」のPythonバージョンを考えてみます。

下の図はビールの歌のコードのPythonバージョンのスクリーンショットです。rangeの関数の使い方が少し異なること以外は（詳しくはすぐに説明します）、このコードのほとんどを理解できるはずです。IDLEの編集ウィンドウにはコードが表示され、プログラムの出力の末尾がシェルウィンドウに表示されています。

beersong.py - /Users/paul/Desktop/_NewBook/ch01/beersong.py (3.6.4)

```
word = "bottles"
for beer_num in range(99, 0, -1):
    print(beer_num, word, "of beer on the wall.")
    print(beer_num, word, "of beer.")
    print("Take one down.")
    print("Pass it around.")
    if beer_num == 1:
        print("No more bottles of beer on the wall.")
    else:
        if (beer_num - 1) == 1:
            word = "bottle"
        print(beer_num - 1, word, "of beer on the wall.")
    print()
```

このコードを実行するとシェルに下のように出力されます。

Python 3.6.4 Shell

```
3 bottles of beer on the wall.
3 bottles of beer.
Take one down.
Pass it around.
2 bottles of beer on the wall.

2 bottles of beer on the wall.
2 bottles of beer.
Take one down.
Pass it around.
1 bottle of beer on the wall.

1 bottle of beer on the wall.
1 bottle of beer.
Take one down.
Pass it around.
No more bottles of beer on the wall.

>>>
```

Ln: 623 Col: 4

すべてのビールを扱う

上のコードをIDLEの編集ウィンドウに入力して保存してから［F5］を押すと、シェルに多くの行が出力されます。このビールの歌は壁に99本のビールがあるところから始まり、ビールがなくなるまでカウントダウンしていきます。右側のウィンドウに出力結果の一部だけを示しました。実際には、このコードでは、「カウントダウン」について工夫しています。コードを詳しく調べる前にカウントダウンの仕組みを調べてみましょう。

Pythonのコードは読みやすい

罠は１つもありません！

Pythonが初めての人の多くは、このビールの歌のようなコードを初めて見ると、何か裏があるのではないかと思ってしまいます。

罠があるに違いないと思うでしょう？

いいえ、本当にないのです。Pythonコードが読みやすいのは偶然ではありません。Pythonは、「読みやすさ」を念頭に設計されています。開発者のGuido van Rossumは保守が容易なコードを生成する強力なプログラミング言語を作成したかったのです。つまり、Pythonで作成するコードは読みやすくなければいけないのです。

インデントにイライラ?

ちょっと待って。こういう
インデントにはイライラするの。
きっと罠よね？

インデントに慣れるには時間がかかります。

心配いりません。「中かっこ言語」からPythonに移ってきた人は誰でも**最初は**インデントで苦労します。Pythonを数日使ってみると、無意識にブロックをインデントするようになります。インデントで問題となるのは、**タブ**と**スペース**が混在しているときです。インタプリタの**ホワイトスペース**の数え方が原因で問題になることがあり、コードが「問題なく見える」けれども動作しません。Python初心者はこれにイライラさせられます。

アドバイスとしては、「Pythonコードではタブとスペースを混在させない」ということです。

慣れてきたら**タブ**キーを1回押したら**スペース**4つに置き換えるようにエディタを設定することをお勧めします（そうすると、末尾のホワイトスペースも自動的に取り除いてくれます）。これは多くのPythonプログラマが実践していることなので、あなたも従うとよいでしょう。インデントについては、この章の最後で改めて取り上げます。

ビールの歌のコードに戻る

ビールの歌の`range`の呼び出しを見ると、（最初のプログラム例の場合のように）1つだけではなく**3つ**の引数を取っています。

コードをよーく見てください。そして、次のページの説明を読む前にこの`range`の呼び出しで何が起こるかを考えてみてください。

beersong.py - /Users/Paul/Desktop/_NewBook/ch01/beersong.py

```
word = "bottles"
for beer_num in range(99, 0, -1):
    print(beer_num, word, "of beer on the
    print(beer_num, word, "of beer.")
    print("Take one down.")
    print("Pass it around.")
    if beer_num == 1:
```

新しい使い方です。
この`range`は、引数を1つではなく、3つ取ります。

関数について助けを求める

Pythonに関する**ヘルプ**はシェルから得られたことを思い出してください。さっそく、range関数のヘルプを求めてみましょう。

IDLEでヘルプを要求すると、結果のドキュメントは画面より大きいので、すぐに画面がスクロールしてしまいます。そこで、シェルにヘルプを要求した部分にスクロールバックします（そこにrangeに関する内容が表示されているからです）。

```
>>> help(range)
Help on class range in module builtins:

class range(object)
 |  range(stop) -> range object
 |  range(start, stop[, step]) -> range object
 |
 |  Return a sequence of numbers from start to stop by step.
        ...
```

range関数は2つの方法のうちどちらかで呼び出せます。

これが必要な情報のようです。

開始、終了、刻み

開始、**終了**、**刻み**を使うのはrangeだけではないので、少しそれぞれの意味を説明してから、次のページで代表的な例を紹介します。

1. **開始値は範囲を開始する位置を指定できる。**
   これまではrangeの引数は1つだけ指定していました。（ドキュメントによると）その引数は**終了**値を指定するものです。rangeは引数を1つしか指定しない場合、デフォルトで**開始**値は0となりますが、この開始値にも好きな値を指定できます。開始値を指定したら、**終了**値も指定しましょう。rangeは複数の引数を指定できます。

2. **終了値は範囲を終了する位置を指定できる。**
   25ページでrange(5)を呼び出したときにすでにこの機能を使っています。**終了**値は生成される範囲には含まれないので、範囲は**終了**値未満になります。

3. **刻み値は範囲を指定できる。**
   開始値と**終了**値の他に、（オプションで）**刻み**値も指定できます。**刻み**値はデフォルトでは1です。その場合、**間隔**1で値を生成するようにrangeに指示します。つまり、0、1、2、3、4となります。**刻み**値には任意の値を使って間隔を指定できます。また、**刻み**値に負の値を設定すると**向き**指定できます。

rangeを試してみる

開始、**終了**、**刻み**について少しわかったので、range関数でさまざまな範囲の整数を作成する方法を、シェルで試してみましょう。

何が起こっているかを調べるために、別の関数listでrangeの出力を人間が画面で確認できるリストに変換します。

```
>>> range(5)          ← 1番目のプログラムではrangeをこう使いました。
range(0, 5)

>>> list(range(5))    rangeの出力をlistに渡してリストを作成。
[0, 1, 2, 3, 4]

>>> list(range(5, 10))   ← rangeの開始値と終了値を指定します。
[5, 6, 7, 8, 9]

>>> list(range(0, 10, 2))   刻み値も指定します。
[0, 2, 4, 6, 8]

>>> list(range(10, 0, -2))   刻み値を負の値に設定して範囲を指定すると興味深い結果となります。
[10, 8, 6, 4, 2]

>>> list(range(10, 0, 2))   ← Pythonではおかしなことでもできてしまいます。開始値が終了値より大きく、刻み値が正の値の場合、何も得られません（この例は空のリストとなっています）。
[]

>>> list(range(99, 0, -1))
[99, 98, 97, 96, 95, 94, 93, 92, ... 5, 4, 3, 2, 1]
```

いろいろ試した結果、99から1に減る値のリストを作成するrangeになりました。これはまさにビールの歌のforループの動作です。

```
beersong.py - /Users/Paul/Desktop/_NewBook/ch01/beersong.p

word = "bottles"
for beer_num in range(99, 0, -1):     ← このrangeは開始、終了、刻みの3つの引数を取ります。
    print(beer_num, word, "of beer on the
    print(beer_num, word, "of beer.")
    print("Take one down.")
```

自分で考えてみよう

以下に再びビールのコードを示します。今回はページ全体に表示してこの「本格的なビジネスアプリケーション」を構成するコードの1行1行を**注意して**読むためです。それぞれのコードの動作の説明を空いているスペースに書き込んでください。次のページの答えを見る**前**に、必ず自分で考えてみてください。例として、1行目のコードの説明は書いておきました。

```
word = "bottles"

for beer_num in range(99, 0, -1):

    print(beer_num, word, "of beer on the wall.")

    print(beer_num, word, "of beer.")

    print("Take one down.")

    print("Pass it around.")

    if beer_num == 1:

        print("No more bottles of beer on the wall.")

    else:

        new_num = beer_num - 1

        if new_num == 1:

            word = "bottle"

        print(new_num, word, "of beer on the wall.")

    print()
```

新たな変数wordに文字列の値bottlesを代入する。

自分で考えてみようの答え

以下に再びビールのコードを示します。今回はページ全体に表示してこの「本格的なビジネスアプリケーション」を構成するコードの1行1行を**注意して**読むためです。それぞれのコードの動作の説明を空いているスペースに書き込む必要がありました。例として、1行目のコードの説明は書いておきました。
どうでしたか？ このページの答えと同じように説明できましたか？

```
word = "bottles"

for beer_num in range(99, 0, -1):

    print(beer_num, word, "of beer on the wall.")

    print(beer_num, word, "of beer.")

    print("Take one down.")

    print("Pass it around.")

    if beer_num == 1:

        print("No more bottles of beer on the wall.")

    else:

        new_num = beer_num - 1

        if new_num == 1:

            word = "bottle"

        print(new_num, word, "of beer on the wall.")

    print()
```

- word = "bottles"：新たな変数wordに文字列の値bottlesを代入する。
- for beer_num in range(99, 0, -1):：99から0まで1ずつ減らしながらループする。ループ反復変数としてbeer_numを使う。
- print …（4行）：print関数の4つの呼び出しで現在の反復の歌詞「99 bottles of beer on the wall. 99 bottles of beer. Take one down. Pass it around.」などを反復ごとに表示する。
- if beer_num == 1:：最後のビールの回し飲みかを確認する。
- print("No more bottles of beer on the wall.")：最後なら、歌詞を終わりにする。
- else:：最後でなければ、
- new_num = beer_num - 1：次のビールの数を別の変数new_numに格納する。
- if new_num == 1:：まさに最後のビールを飲もうとしているなら、
- word = "bottle"：「word」変数の値を変更して歌詞の最後の行が意味をなすようにする。
- print(new_num, word, "of beer on the wall.")：この反復の歌詞を完成させる。
- print()：この反復の最後に空行を出力する。すべての反復が完了したら、プログラムを終了する。

忘れずにビールの歌のコードを試す

ビールの歌のコードをIDLEに入力して**beersong.py**として保存し、[F5]を押して試してみましょう。
ビールの歌が正しく動作するまで次の章には進まないでください。

Q：ビールの歌のコードを実行すると、エラーが出続けます。でも、コードは問題ないように見えるので、ちょっとイライラしています。何かアドバイスはありますか？

A：まず最初に、インデントが正しいかを確認します。インデントが正しければ、コードにタブとスペースが混在していないか調べてください。人間には問題ないように見えても、インタプリタは実行を拒否します。簡単に修正するにはコードをIDLE編集ウィンドウに入力し、メニューから[Edit]→[Select All]を選び、[Format]→[Untabify Region]を選びます。タブとスペースが混在している場合には、すべてのタブがスペースに一気に変換されます（これで、インデントの問題は解消します）。そして、コードを保存してから[F5]を押して再びコードを実行します。それでもエラーが出るなら、自分のコードと本書のコードが**全く**同じであるかどうかを確認します。変数名のスペルを間違えていないか十分に注意してください。

Q：`new_num`のスペルを`nwe_num`と間違えたとしてもインタプリタは警告しないのですか？

A：警告しません。変数に値が代入されている限り、Pythonはプログラマが何を行っているのかをわかっているとみなし、実行を続けます。でも、これは注意しなければならないことなので油断しないでください。

わかったことのまとめ

ビールの歌のコードに触れた（そして実行した）結果として新たに学んだことを次にまとめます。

- インデントに慣れるには少し時間がかかる。Pythonが初めてのプログラマはどこかの時点でインデントに不満を持つが、心配無用。すぐに無意識にインデントできるようになる。
- 決して行ってはいけないことが1つあるとすれば、インデントするときにタブとスペースを混在させてしまうことである。将来の頭痛の種をなくすために、タブとスペースは混在させてはいけない。
- `range`関数の呼び出し時には複数の引数を指定できる。この引数で、生成する範囲の開始値と終了値だけでなく、刻み値も制御できる。
- `range`関数の刻み値には負の値も指定できる。これは生成する範囲の向きを変える。

ビールがすべてなくなった。さて次は？

これで1章は終わりです。次の章では、Pythonのデータの操作についてもう少し学習します。この章では**リスト**に触れただけだったので、もう少し掘り下げてみましょう。

1章のコード

```
from datetime import datetime

odds = [1, 3, 5, 7, 9, 11, 13, 15, 17, 19,
        21, 23, 25, 27, 29, 31, 33, 35, 37, 39,
        41, 43, 45, 47, 49, 51, 53, 55, 57, 59]

right_this_minute = datetime.today().minute

if right_this_minute in odds:
    print("分の値は奇数。")
else:
    print("分の値は奇数ではない。")
```

odd.pyから始めました。

上のコードを拡張してodd2.pyを作成。右のコードは、forループを使って「分確認コード」を5回実行しました。

```
from datetime import datetime

import random
import time

odds = [1, 3, 5, 7, 9, 11, 13, 15, 17, 19,
        21, 23, 25, 27, 29, 31, 33, 35, 37, 39,
        41, 43, 45, 47, 49, 51, 53, 55, 57, 59]

for i in range(5):
    right_this_minute = datetime.today().minute
    if right_this_minute in odds:
        print("分の値は奇数。")
    else:
        print("分の値は奇数ではない。")
    wait_time = random.randint(1, 60)
    time.sleep(wait_time)
```

```
word = "bottles"
for beer_num in range(99, 0, -1):
    print(beer_num, word, "of beer on the wall.")
    print(beer_num, word, "of beer.")
    print("Take one down.")
    print("Pass it around.")
    if beer_num == 1:
        print("No more bottles of beer on the wall.")
    else:
        new_num = beer_num - 1
        if new_num == 1:
            word = "bottle"
        print(new_num, word, "of beer on the wall.")
    print()
```

1章は、Head Firstの古典的な「ビールの歌」のPythonバージョンで締めくくりました。このコードを動かすときは思わず歌ってしまいます。

2章　リストデータ

順序付きデータを扱う

このデータはリストとして
用意するだけでずっと
扱いやすいのに。

すべてのプログラムはデータを処理します。Pythonのプログラムも例外ではありません。

実際に自分のまわりを見まわしてください。**データはどこにでもあります。**そして、多くのプログラミングはデータが要（かなめ）です。データの**入手**、データの**処理**、データの**理解**などです。データを効率的に扱うには、データを処理するときにデータをどこかに**入れておく**必要があります。Pythonは（少なからず）適用範囲の広いデータ構造（**リスト**、**辞書**、**タプル**、**集合**）を備えているので、特別です。この章では、この4つのデータ構造について概要を説明した後に、この章の大部分を費やして**リスト**について詳しく調べます（辞書、タプル、集合については3章で詳しく取り上げます）。Pythonで行うことはほとんどデータの扱いが中心となるでしょうから、データ構造については早めに説明しておきます。

数値、文字列、そしてオブジェクト

Pythonではデータをあなたが想像するとおりに扱います。変数に値を代入するだけで準備完了です。シェルを使って、1章で学んだことを思い出してみましょう。

数値

すでにrandomモジュールはインポートされているとします。そして、random.randint関数を呼び出して1から60の間の乱数を作成し、wait_time変数に代入します。作成された数値は**整数**なので、この例では、wait_timeの型は整数となります。

```
>>> wait_time = random.randint(1, 60)
>>> wait_time
26
```

変数は代入された値の型となる。

wait_timeに整数が含まれることをインタプリタに伝える必要はありません。変数に整数を**代入**したら、インタプリタが細かいことは処理してくれます（他のプログラミング言語はこのように機能するわけではありません）。

文字列

変数に文字列を代入すると、数値と同じことが起こります。インタプリタが細かいことを処理してくれます。やはり、この例のword変数に**文字列**が含まれることを事前に宣言する必要はありません。

```
>>> word = "bottles"
>>> word
'bottles'
```

この変数に**動的**に値を代入できることが、Pythonの変数と型の概念の強みとなります。実際には、Pythonでは変数に**何でも**代入できるので、もっと汎用的です。

オブジェクト

Pythonではすべてがオブジェクトです。つまり、数値、文字列、関数、モジュール（**すべて**）はオブジェクトです。このおかげで、すべてのオブジェクトを変数に代入されます。実はこれには予期せぬ影響があって、詳しくは次のページで説明します。

Pythonではすべてがオブジェクト。あらゆるオブジェクトを変数に代入できる。

「すべてがオブジェクト」

Pythonでは任意のオブジェクトを動的に変数に代入できます。そこで、「Pythonのオブジェクトとは何か？」と疑問に思うでしょう。答えは、**すべてがオブジェクトである**ということです。

（表面上は）「Don't panic!」は文字列で42は数値ですが、すべての値はPythonではオブジェクトです。Pythonプログラマにとっては、「Don't panic!」は**文字列オブジェクト**で、42は**数値オブジェクト**です。他のプログラミング言語と同様に、オブジェクトは**状態**（属性や値）と**振る舞い**（メソッド）を持ちます。

この「オブジェクト」についての話は
どれも同じことを言っているだけだよね。
Pythonはオブジェクト指向なんでしょ？

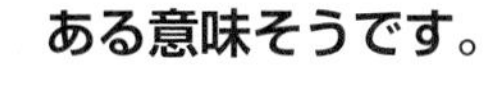

ある意味そうです。

確かに、クラス、オブジェクト、インスタンスなど（この本の後半で詳しく取り上げます）を使ってオブジェクト指向的にプログラミングできますが、オブジェクト指向的に行う必要はありません。1章のプログラムではクラスは使いませんでした。しかし、いずれもクラスがなくても正しく機能していました。

他のプログラミング言語（特にJava）とは異なり、Pythonで最初にコードを作成するときにクラスから始める必要はありません。必要なコードを書くだけでいいのです。

そうは言っても（油断させないためにも）、Pythonではすべてがクラスから**派生**したオブジェクトであるかのように**振る舞います**。このように、Pythonは純粋なオブジェクト指向とは対照的に、**オブジェクトベース**であると考えることができます。つまり、Pythonではオブジェクト指向プログラミングはオプションです。

つまり実際にはどういう意味？

Pythonではすべてがオブジェクトなので、任意の「もの」を任意の変数に割り当てることができ、変数には**何でも**代入されます（数値、文字列、関数、ウィジェットなどにかかわらずすべてのオブジェクト）。とりあえずは、このことを頭の奥にしまっておいてください。このテーマは、この本のいたるところで何度も取り上げます。

変数には1つのデータを格納するだけでなく、実際には複数のデータを格納することも多いのです。次は、値の**コレクション**を格納するためにPythonに組み込まれている機能を調べてみましょう。

4つの組み込みデータ構造

Pythonは、オブジェクトの**コレクション**を格納できる**4つ**の組み込み**データ構造**を備えています。それは**リスト**、**タプル**、**辞書**、**集合**です。

「組み込み」とは**使う前にインポートする必要がない**ことを意味しています。リスト、タプル、辞書、集合などはインポートせずに利用できます。

50ページから53ページで、この4つの組み込みデータ構造について概要を説明します。読み飛ばしたくなっても、必ず目を通してください。

さて、**リスト**とは何かについて、よくわかっているつもりなら、考えを改めた方がよいでしょう。Pythonのリストは、プログラマが「リスト」という用語を聞いて思い浮かべる**連結リスト**よりも、**配列**に近いものです(連結リストについて知らなければ、幸運に感謝しましょう)。

Pythonには順序付きのデータ構造が2つあります。リストはそのうちの1つです。

1 リスト:オブジェクトの順序付き可変コレクション

Pythonのリストは、関連するオブジェクトのインデックス付きのコレクションと考えることができます。リストの各要素にはゼロから昇順に番号が付けられていて、他の言語の**配列**の概念によく似ています。

ただし、他の多くのプログラミング言語の配列とは違い、Pythonではリストは**動的**です。動的なリストは要求に応じて拡張(および縮小)できます。オブジェクトを格納する前に、リストのサイズを事前に宣言する必要はありません。

また、格納するオブジェクトの型を事前に宣言する必要がないため、異なる型で構成することもできます。1つのリストに異なる型のオブジェクトを組み合わせることもできます。

リストは**可変**(mutable)なので、オブジェクトの追加、削除、変更によっていつでも変えることができます。

リストは配列に似ています。格納されたオブジェクトはスロット内に連続順に並びます。

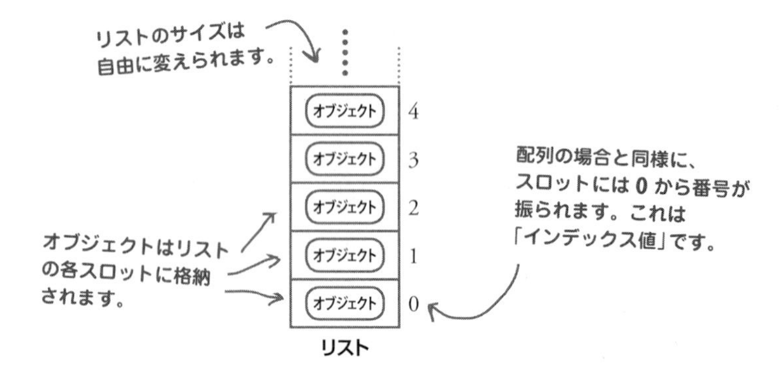

順序付きコレクションは可変/不変

Pythonのリストは実行時に変更できるため、**可変**データ構造の一例です。必要に応じてオブジェクトの追加や削除を行い、リストの大きさを自由に変えることができます。また、スロットに格納されたオブジェクトを変更することもできます。以降ではリストの使い方全般を紹介します。54ページからさらに詳しく説明します。

順序付きリストのようなコレクションが**不変**(immutable)の場合(つまり、変更できない場合)、**タプル**と呼ばれます。

② タプル：オブジェクトの順序付き不変コレクション

タプルは不変リストです。つまり、タプルにオブジェクトを割り当てたら、そのタプルはどのような状況でも変更できません。

タプルは固定リストと考えると便利です。

ほとんどの初心者Pythonプログラマは、最初にタプルに出会ったときにタプルの目的がわかりにくいため困惑して頭を抱えてしまうでしょう。では、変更できないリストの用途は何でしょうか？オブジェクトを自分(や他の人)が書いたコードで変更できないようにしたい場合です。タプルについては、次の章(およびこの本の後半)でもう少し詳しく説明します。

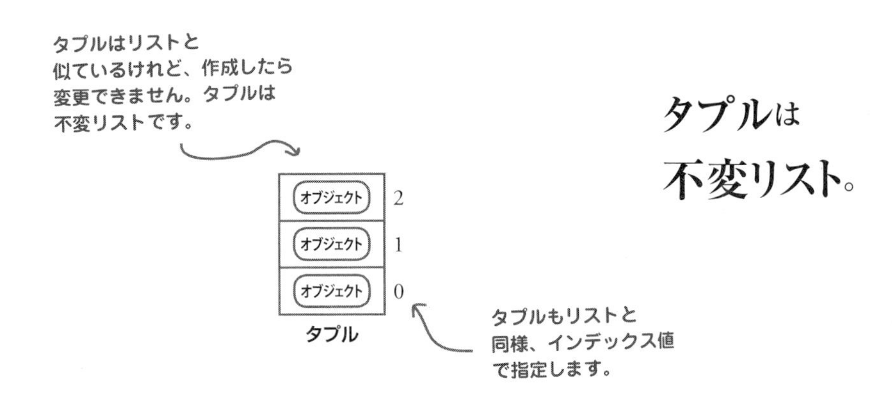

リストとタプルは、順序付きでデータを表したいときに適しています(旅行の行程表の目的地のリストなど、訪問する順序が重要な場合)。しかし、データを表す順序が重要**でない**場合もあります。例えば、ユーザの詳細(IDやパスワードなど)を格納したい場合がありますが、格納する順序は重要ではないでしょう(あるだけで十分です)。このようなデータでは、Pythonのリストやタプルに代わるデータ構造が必要です。

順序なしデータ構造：辞書

データを格納する順番ではなく、構造が重要な場合には、Pythonには2つの順序なしデータ構造が用意されています。**辞書**(dictionary)と**集合**(set)です。順に詳しく説明しますが、まずは辞書から始めましょう。

③ 辞書：キーと値のペアの順序なしコレクション

みなさんのプログラミングの経験によっては、すでに**辞書**とは何かを知っているかもしれません。あるいは、連想配列、マップ、シンボルテーブル、ハッシュなどの別の名前で知っているかもしれません。

他の言語と同様に、Pythonの辞書には一連のキーと値のペアを格納できます。一意の**キー**は辞書内にそれぞれに関連する**値**を持ち、辞書には任意の数のペアを持つことができます。キーに関連する値は、(任意の型の)任意のオブジェクトにすることができます。

辞書は順序なしで可変です。Pythonの辞書は、2列の複数行データ構造と考えると便利です。リストと同様に、辞書は自由にサイズが変えられます。

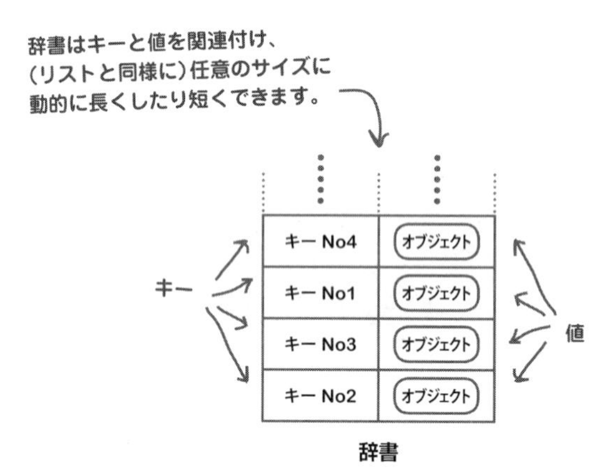

辞書は
キーと値の
ペアを格納する。

辞書では、インタプリタが使う内部順序を当てにはできません。具体的には、インタプリタはキーと値のペアを辞書に追加した順番を格納しないため、Pythonにとって順番は意味がありません。このことは辞書を初めて使うときにプログラマを困らせるので、ここで知っておいてもらって次の章で再び(詳細に)触れるときにショックをあまり受けないようにします。辞書データを特定の順序で表示することもできます。それについては、次の章で説明するので安心してください。

重複を防ぐデータ構造：集合

最後の組み込みデータ構造は**集合**です。他のコレクションから素早く重複を取り除きたいときに役立ちます。集合という用語が高校の数学の授業を思い出させ、急に冷や汗が出てきたかもしれませんが、心配いりません。Pythonの集合は多くの状況で利用できます。

❹ 集合：重複のないオブジェクトの順序なしコレクション

Pythonでは、**集合**は一連の関連するオブジェクトを重複することなく格納するための便利なデータ構造です。

さらに、集合に対して和集合、積集合、差集合を求められるというメリットがあります（特に集合論が好きな人の場合）。

リストや辞書と同様に、集合は必要に応じて拡張（および縮小）できます。集合は、辞書と同様に順序なしなので、集合内のオブジェクトの順序を推測することはできません。タプルや辞書と同様に、集合の動作は次の章で説明します。

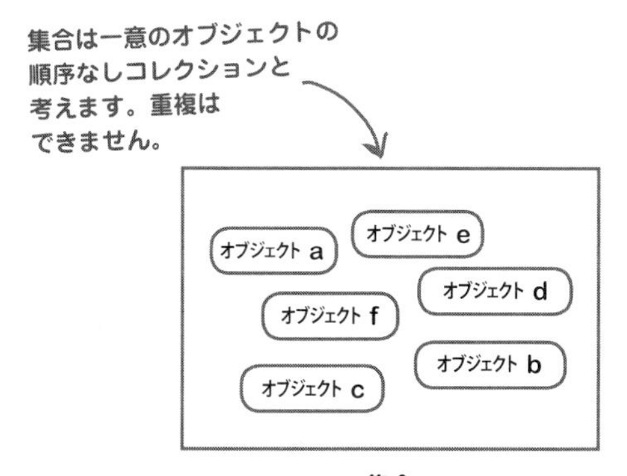

集合

集合は
オブジェクトの
重複ができない。

80/20のデータ構造経験則

この4つの組み込みデータ構造は便利です。これだけでは必要となるデータをすべてカバーすることはできませんが、大部分はカバーできます。これは、汎用性を目的とした技術では普通のことです。必要なことの約80%をカバーし、残りの特殊な20%についてはさらに作業が必要となります。この本では、特殊なデータ要件をサポートできるようにPythonを拡張する方法を後の章で学ぶのですが、とりあえずこの2章と次の3章では、ニーズの高い80%に重点を置きます。

ここからは、4つの組み込みデータ構造の1つ目の**リスト**について詳しく説明します。残りの3つの**辞書**、**集合**、**タプル**については3章で説明します。

リストはオブジェクトの順序付きコレクション

一連の関連オブジェクトを、コードのどこかに格納する必要があるときには、**リスト**を使います。例えば、1カ月間の気温の測定値があるとします。この測定値の格納にはリストが向いています。

他のプログラミング言語では配列要素は同じ型からなる傾向があり、整数の配列、文字列の配列、または気温の測定値の配列を作成できますが、Pythonの**リスト**はそのような制限がありません。**オブジェクト**のリストを作成でき、それぞれのオブジェクトは異なる型に変換できます。このように**異なる**型で構成されるだけでなく、**動的**です。必要に応じて長くしたり短くできます。

リストについて学習する前に、Pythonのコードからリストを探してみましょう。

コード内のリストを探す方法

リストは必ず**角かっこ**で括られています。そしてリストの中のオブジェクトは**カンマ**で区切ります。

例えば、1章のoddsリストには、次のように1から60までの奇数が入っていました。

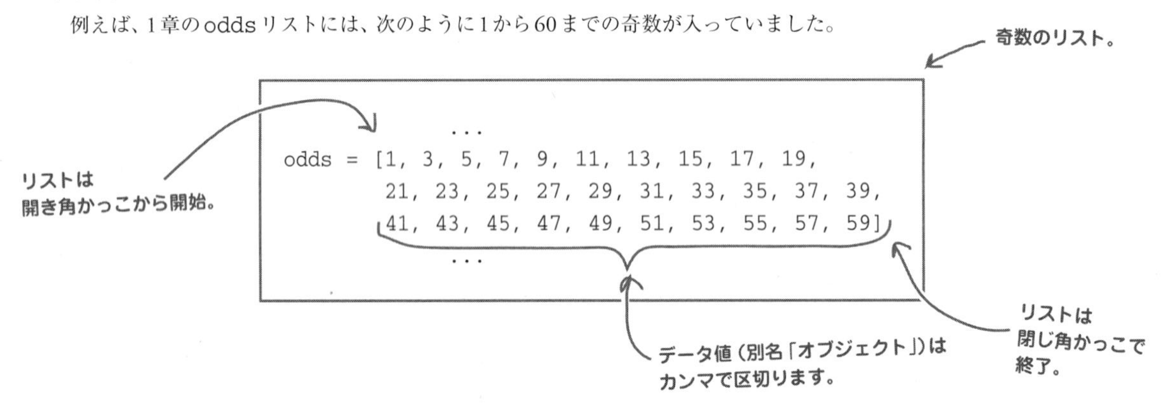

上のようにリストを作成してオブジェクトを直接代入する場合、このリストは作成と代入が一気に行われます。このようなリストは**リテラルリスト**と呼ばれます。

リストの作成とデータの追加を行うには別の方法もあります。コード内でリストを「拡張」するのです。拡張ではコード実行時にオブジェクトをリストに追加します。拡張の例は、この章で後に取り上げます。

リテラルリストの例を調べてみましょう。

リストはリテラルで作成することもできるし、「**拡張**」することもできる。

リテラルでリストを作成する

最初の例では、pricesという変数に[]を代入して**空**のリストを作成します。

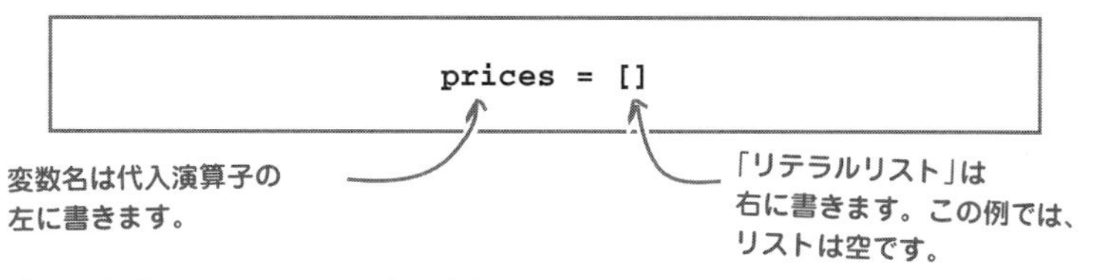

prices = []
変数名は代入演算子の左に書きます。
「リテラルリスト」は右に書きます。この例では、リストは空です。

オブジェクト 4
オブジェクト 3
オブジェクト 2
オブジェクト 1
オブジェクト 0
リスト

以下は華氏(°F)で表した気温のリストで、浮動小数点数です。

```
temps = [32.0, 212.0, 0.0, 81.6, 100.0, 45.3]
```

オブジェクト（この例では浮動小数点数）をカンマで区切り、角かっこで括ると、リストになります。

プログラミングで最も有名なこの単語のリストはどうでしょうか。

```
words = ['hello', 'world']
```

文字列オブジェクトのリスト

次に挙げるのは自動車の詳細のリストです。リストに異なる型のデータを格納しても問題ありません。リストは、「関連するオブジェクトのコレクション」でしたね。この例では2つの文字列、1つの浮動小数点数、1つの整数は**すべて**Pythonオブジェクトなので、1つのリストに格納できます。

```
car_details = ['Toyota', 'RAV4', 2.2, 60807]
```

異なる型のオブジェクトのリスト

最後に挙げるリテラルリストの2つの例では、（一番最後の例のように）Pythonではすべてがオブジェクトであることを利用します。文字列、浮動小数点数、整数と同様に、**リストもオブジェクトです**。以下は、リストオブジェクトのリストの例です。

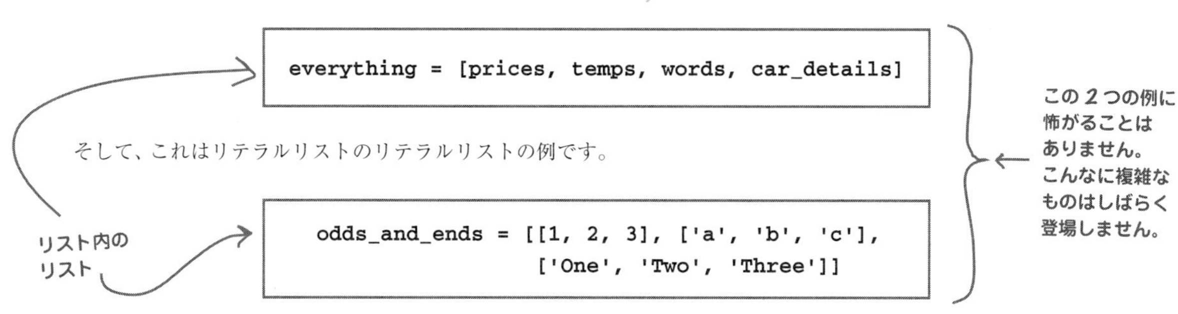

everything = [prices, temps, words, car_details]

odds_and_ends = [[1, 2, 3], ['a', 'b', 'c'],
['One', 'Two', 'Three']]

この2つの例に怖がることはありません。こんなに複雑なものはしばらく登場しません。

リストを使う

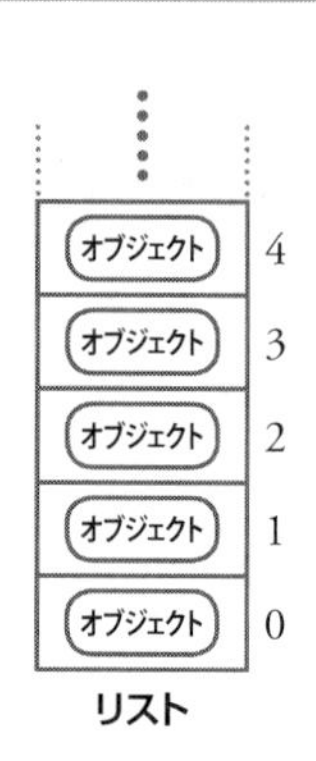

前ページのリテラルリストは、リストの作成とデータの追加がコードで簡単にできることを示しています。データを入力するだけでリストを使い始めることができます。

この数ページで、プログラムの実行中にリストを拡張（または縮小）できるメカニズムを説明します。やはり、格納するデータや必要となるオブジェクトの数が事前にわからない状況も多くあります。その場合には、リストを拡張（または作成）しなければいけません。その方法は数ページ後で紹介します。

ここでは、ある単語に母音（a、e、i、o、uの文字）が含まれるかどうかを判別する場合を考えてください。リストを使ってこの問題を解決するコードを書けますか？ シェルで試行錯誤して解決策が得られるか試してみましょう。

リストを定義する

まずシェルを使ってリストvowels（母音という意味）を定義し、単語の各文字がvowelsリストにあるかどうかを調べます。母音のリストを定義しましょう。

5つの母音のリスト

```
>>> vowels = ['a', 'e', 'i', 'o', 'u']
```

vowelsを定義したら調べる対象の単語が必要なので、wordという変数を作成して"Milliways"を設定しましょう。

調べる単語

```
>>> word = "Milliways"
```

文字yは母音と子音のどちらでもあると考えられていますが、ここではaeiouの文字のみを母音とします。

あるオブジェクトが別のオブジェクトに含まれるかは「in」で調べる

1章のプログラムを覚えていれば、Pythonのin演算子を使ってあるオブジェクトが別のオブジェクトに含まれるかどうかを調べたことを思い出すでしょう。ここでもinを使います。

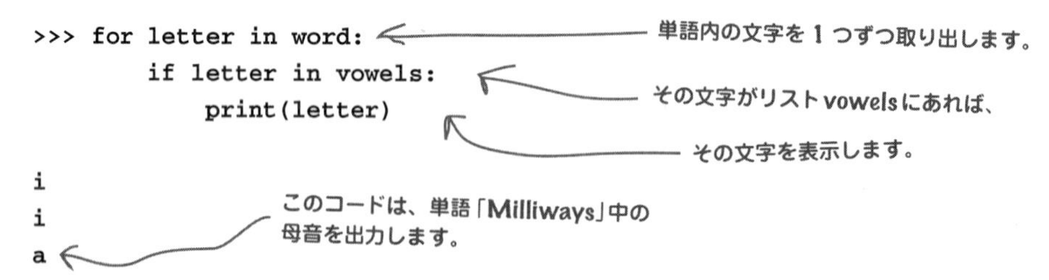

リストを扱うための土台としてこのコードを使いましょう。

コードが数行以上のときはエディタを使う

リストについてもう少し詳しく知るために、このコードを拡張して母音をそれぞれ1回だけ表示させるようにしましょう。このコードは現在、対象の単語にある母音が複数含まれていたら、その母音を複数回表示します。

まず、先ほどシェルに入力したコードをコピーして新しいIDLE編集ウィンドウにペーストしましょう（IDLEのメニューから[File]の[New File]を選択します）。このコードを変更していくので、エディタに移すは当然です。原則として、>>> プロンプトで試すコードが数行以上になったら、エディタの方が便利です。コピー＆ペーストした5行のコードをvowels.pyとして保存します。

コードをシェルからエディタにコピーする際には、>>> プロンプトをコピー**しないように注意します**。>>> プロンプトがあるとコードは動作しません（インタプリタは>>> があると構文エラーを起こします）。

コードをコピーしてファイルを保存した後のIDLE編集ウィンドウはこのようになるでしょう。

オブジェクト 4
オブジェクト 3
オブジェクト 2
オブジェクト 1
オブジェクト 0
リスト

IDLEの編集ウィンドウでvowels.pyとして保存したリストの例。

vowels.py - /Users/paul/Desktop/_NewBook/ch02/vowels.py (3.6.4)

```
vowels = ['a', 'e', 'i', 'o', 'u']
word = "Milliways"
for letter in word:
    if letter in vowels:
        print(letter)
```

Ln: 6　Col: 0

[F5] を押してプログラムを実行する

編集ウィンドウにコードを入力したら、[F5]を押してIDLEがシェルウィンドウを再起動してプログラムの出力を確認します。

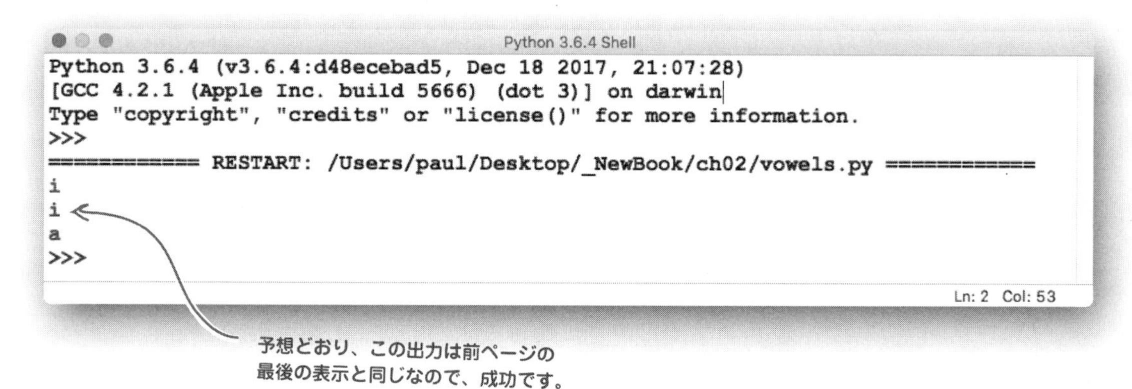

実行時にリストを「拡張」する

現在のプログラムは、重複している母音も含めてすべての母音を画面に**表示**します。最初に見つかった母音を1回だけ表示するには(つまり重複を避けるには)、表示する前に、それまでに見つけた母音を覚えておく必要があります。そのために2つ目のデータ構造を使います。

既存のvowelsリストは現在処理している文字が母音かどうかを判断するためのものなので使えません。別の2つ目の空のリストが必要です。実行時に見つけた母音をそのリストに入れていきます。

1章で行ったように、コードを変更する**前に**シェルで実験してみましょう。新たな空のリストを作成するには、新しい変数名を決めて空のリストを代入します。この2つ目のリストにfoundという名前を付けましょう。空のリスト([])をfoundに代入し、Pythonの組み込み関数lenを使ってコレクションにいくつのオブジェクトがあるかを調べます。

オブジェクト 4
オブジェクト 3
オブジェクト 2
オブジェクト 1
オブジェクト 0
リスト

```
>>> found = []
>>> len(found)
0
```

空のリスト

インタプリタはlenを使ってオブジェクトがないことを確認します。

組み込み関数lenはオブジェクトのサイズを示す。

リストには、オブジェクトを操作できる組み込み**メソッド**が備わっています。メソッドを呼び出すには、リスト名の後にドットを付けてメソッドを指定する**ドット表記構文**を使います。メソッドはこの後多く登場するのですが、ここでは、appendメソッドを使って、作成した空のリストの末尾にオブジェクトを追加します。

```
>>> found.append('a')
>>> len(found)
1
>>> found
['a']
```

appendメソッドで実行時に既存のリストに追加します。

リストが長くなっています。

リストの中身を表示するようにシェルに指示すると、オブジェクトがリストに追加されたことを確認できます。

appendメソッドを繰り返し呼び出すと、リストの末尾にさらにオブジェクトを追加できます。

```
>>> found.append('e')
>>> found.append('i')
>>> found.append('o')
>>> len(found)
4
>>> found
['a', 'e', 'i' 'o']
```

実行時にさらに追加。

再びシェルを使ってオブジェクトが順番に含まれていることを確認。

リストは多くの組み込みメソッドを備えている。

次に、リストにオブジェクトが含まれるかどうかをどのように調べるのか見てみましょう。

「in」でメンバーであるかを調べる

この方法はもう知っていますね。数ページ前の「Milliways」の例と1章のodds.pyコードを思い出してください。odds.pyでは、取得した分の値がoddsリストに含まれているかどうかを調べました。

オブジェクト 4
オブジェクト 3
オブジェクト 2
オブジェクト 1
オブジェクト 0
リスト

「in」演算子はメンバーであるかを調べます。

```
    ...
if right_this_minute in odds:
    print("分の値は奇数。")
    ...
```

オブジェクトが「含まれる」か「含まれない」か？

in演算子でオブジェクトがリストに含まれるかどうかを調べられるだけでなく、not in演算子でオブジェクトが**リストに含まれない**かどうかを調べることもできます。

not inを使って、追加するオブジェクトが既存のリストにまだ含まれていない場合にだけそのオブジェクトを追加できるようにしましょう。

```
>>> if 'u' not in found:
        found.append('u')

>>> found
['a', 'e', 'i' 'o', 'u']
>>>
>>> if 'u' not in found:
        found.append('u')

>>> found
['a', 'e', 'i' 'o', 'u']
```

現在「u」はfoundリストにはないので（前のページで説明したように、foundリストには['a', 'e', 'i' 'o']があるため）、この1番目のappendは正常に動作します。

「u」はすでにfoundにあるので追加する必要がありません。そのためこの次のappendは実行されません。

ここでは集合を使うべきなんじゃないの？ 重複を避けたければ集合を選ぶ方がいいんじゃないかな？

いい考えです。ここでは集合の方がいいかもしれません。

しかし、集合は3章までおあずけとします。3章で再びこの例に戻ります。ここでは、appendメソッドで実行時にリストを作成する方法に集中します。

いよいよコードを変更します

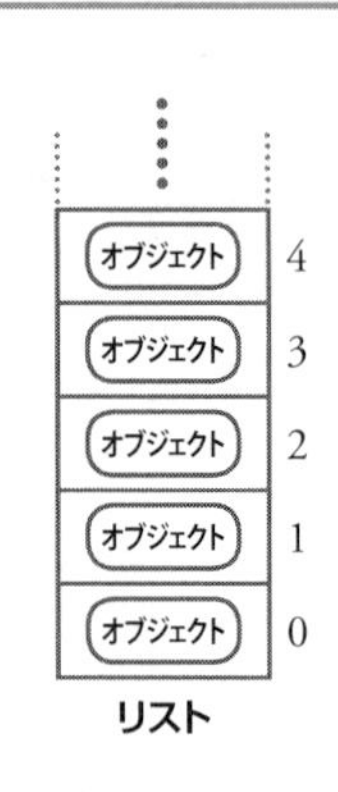

オブジェクト 4
オブジェクト 3
オブジェクト 2
オブジェクト 1
オブジェクト 0
リスト

not inとappendがわかったので、自信を持ってコードを変更しましょう。vowels.pyの元のコードを再び示します。

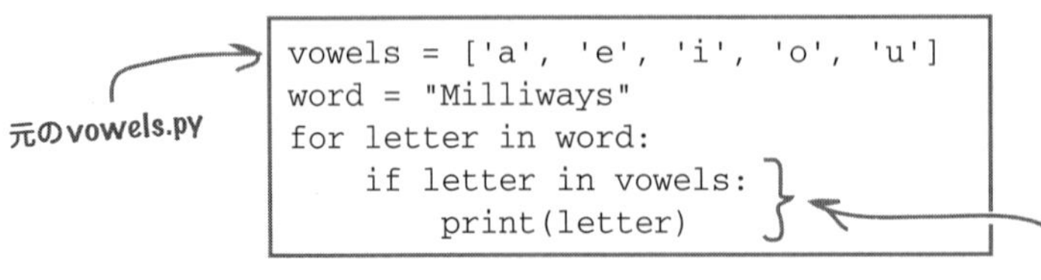

元のvowels.py
word内に母音があればその母音を表示します。

```
vowels = ['a', 'e', 'i', 'o', 'u']
word = "Milliways"
for letter in word:
    if letter in vowels:
        print(letter)
```

このコードのコピーをvowels2.pyとして保存し、元のコードはそのままにして、コピーのほうを変更しましょう。

まず空のfoundリストを作成するコードを追加しましょう。そして、実行時にfoundリストにデータを追加するコードも書きます。母音があってもその母音を表示するコードがまだないので、found内の文字を処理する別のforループが必要です。この2つ目のforループは最初のループの**後**に実行しなければいけません（以下の両方のループのインデントのレベルを揃えます）。追加したコードをハイライトしています。

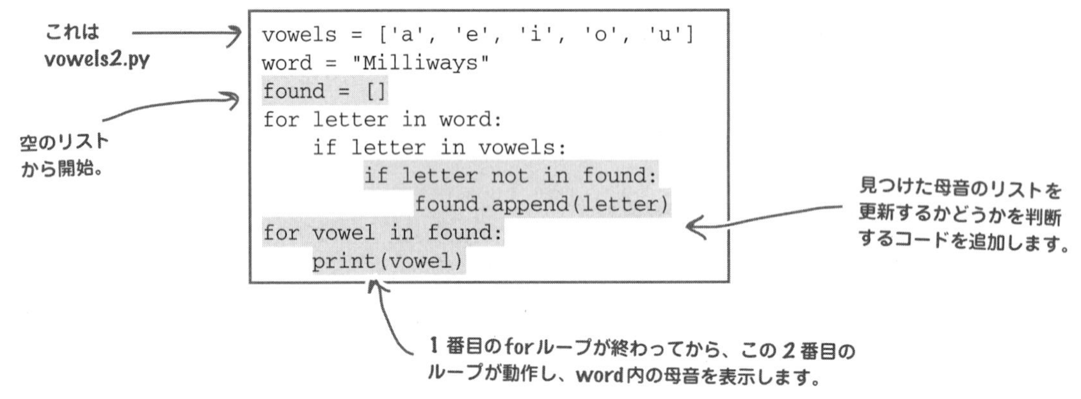

これは vowels2.py
空のリストから開始。
見つけた母音のリストを更新するかどうかを判断するコードを追加します。
1番目のforループが終わってから、この2番目のループが動作し、word内の母音を表示します。

```
vowels = ['a', 'e', 'i', 'o', 'u']
word = "Milliways"
found = []
for letter in word:
    if letter in vowels:
        if letter not in found:
            found.append(letter)
for vowel in found:
    print(vowel)
```

最後にこのコードを微調整しましょう。wordに「Milliways」を代入する行をもっと**汎用的**かつ**対話的**になるようにしたいと思います。

```
word = "Milliways"
```

このコードを次のように変更します。

```
word = input("単語を入力してください。母音を探します。")
```

母音を探す対象となる単語の入力をユーザに**促す**コードになりました。ここで使っているinput関数は、Pythonの優れた組み込み関数の1つです。

やってみよう!

左側で提案した変更を行い、更新したコードをvowels3.pyとして保存しましょう。

試運転

前ページの変更を行った最新バージョンのプログラムをvowels3.pyとして保存し、IDLEで試してみましょう。プログラムを何度も実行する際は、[F5]キーを押す**前**にIDLEの編集ウィンドウに戻る必要があります。

input関数を使うように修正したvowels3.py。

vowels3.py - /Users/paul/Desktop/_NewBook/ch02/vowels3.py (3.6.4)

```
vowels = ['a', 'e', 'i', 'o', 'u']
word = input("単語を入力してください。母音を探します。")
found = []
for letter in word:
    if letter in vowels:
        if letter not in found:
            found.append(letter)
for vowel in found:
    print(vowel)
```

Ln: 11　Col: 0

そして、これはテストの実行結果

Python 3.6.4 Shell

```
>>>
=========== RESTART: /Users/paul/Desktop/_NewBook/ch02/vowels3.py ===========
単語を入力してください。母音を探します。Milliways
i
a
>>>
=========== RESTART: /Users/paul/Desktop/_NewBook/ch02/vowels3.py ===========
単語を入力してください。母音を探します。Hitch-hiker
i
e
>>>
=========== RESTART: /Users/paul/Desktop/_NewBook/ch02/vowels3.py ===========
単語を入力してください。母音を探します。Galaxy
a
>>>
=========== RESTART: /Users/paul/Desktop/_NewBook/ch02/vowels3.py ===========
単語を入力してください。母音を探します。Sky
>>>
```

Ln: 26　Col: 4

上の出力からこの小さなプログラムが期待どおりに動作していることを確認できました。単語に母音が含まれないときにも**問題なく動作しています**。あなたのIDLEで実行するとどのようになりましたか？

リストからオブジェクトを削除する

Pythonのリストは他の言語の配列に似ていますが、それだけではありません。

さらにスペースが必要なときに(appendメソッドのおかげで)リストを動的に拡張できることは、生産性における大きなメリットです。Pythonでは、リストに追加のメモリが必要なら、インタプリタが必要なメモリを動的に**割り当て**ます。同様に、リストを縮小すると、インタプリタが必要なくなったメモリを動的に**解放**します。

他にもリストを操作するメソッドがあります。次の4ページで、リスト操作で最も便利な4つのメソッドremove、pop、extend、insertを紹介します。

1 remove：唯一の引数としてオブジェクトの値を取る

removeメソッドは、最初に出現する指定のデータ値をリストから削除します。データ値がリストにあれば、その値を含むオブジェクトをリストから削除します(そして、リストのサイズを1減らします)。データ値がリストに**なければ**、インタプリタはエラーを**発行**します(詳しくは後で説明します)。

```
>>> nums = [1, 2, 3, 4]
>>> nums
[1, 2, 3, 4]
```

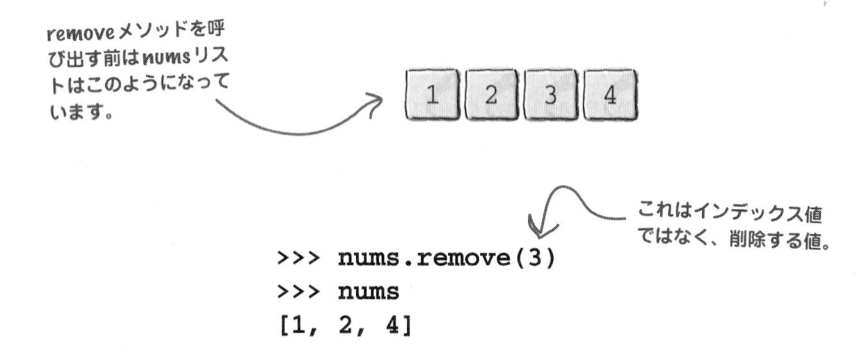


```
>>> nums.remove(3)
>>> nums
[1, 2, 4]
```

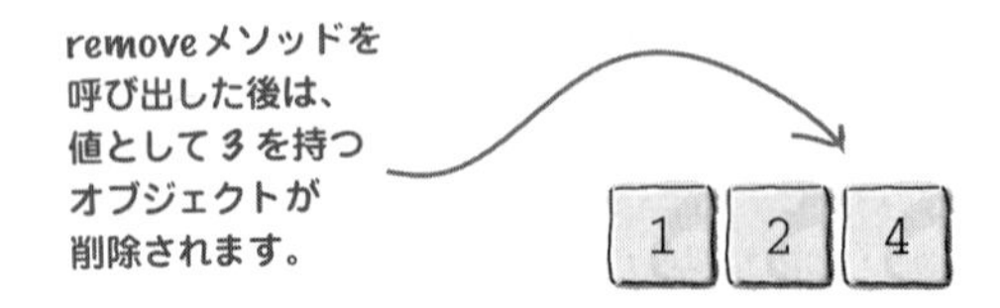

リストからオブジェクトを取り出す

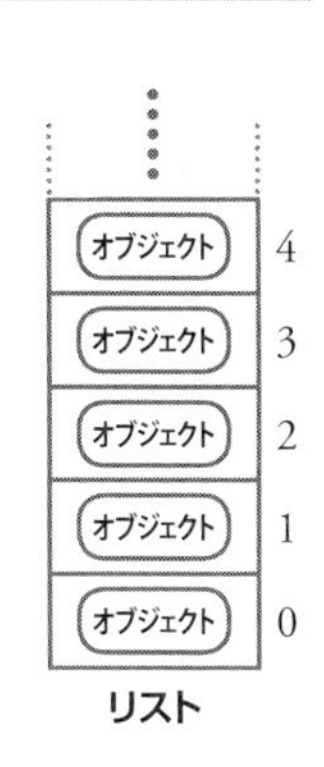

削除したいオブジェクトの値があらかじめわかっているときに、removeメソッドは向いています。しかし多くの場合、特定のインデックススロットのオブジェクトを削除したいでしょう。

そのために、Pythonはpopメソッドを用意しています。

❷ pop：引数としてオプションのインデックス値を取る

popメソッドは、オブジェクトのインデックス値に基づいて既存リストからオブジェクトを取り出してそのオブジェクトを**返します**。インデックス値を指定せずにpopを呼び出すと、リストの末尾のオブジェクトを取り出して返します。リストが空の場合や存在しないインデックス値でpopを呼び出した場合には、インタプリタは**エラーを発行**します（詳しくは後で説明します）。

popが返すオブジェクトは、変数に代入できます。しかし、取り出したオブジェクトが変数に代入されなければ、そのオブジェクトのメモリは解放され、オブジェクトは消えます。

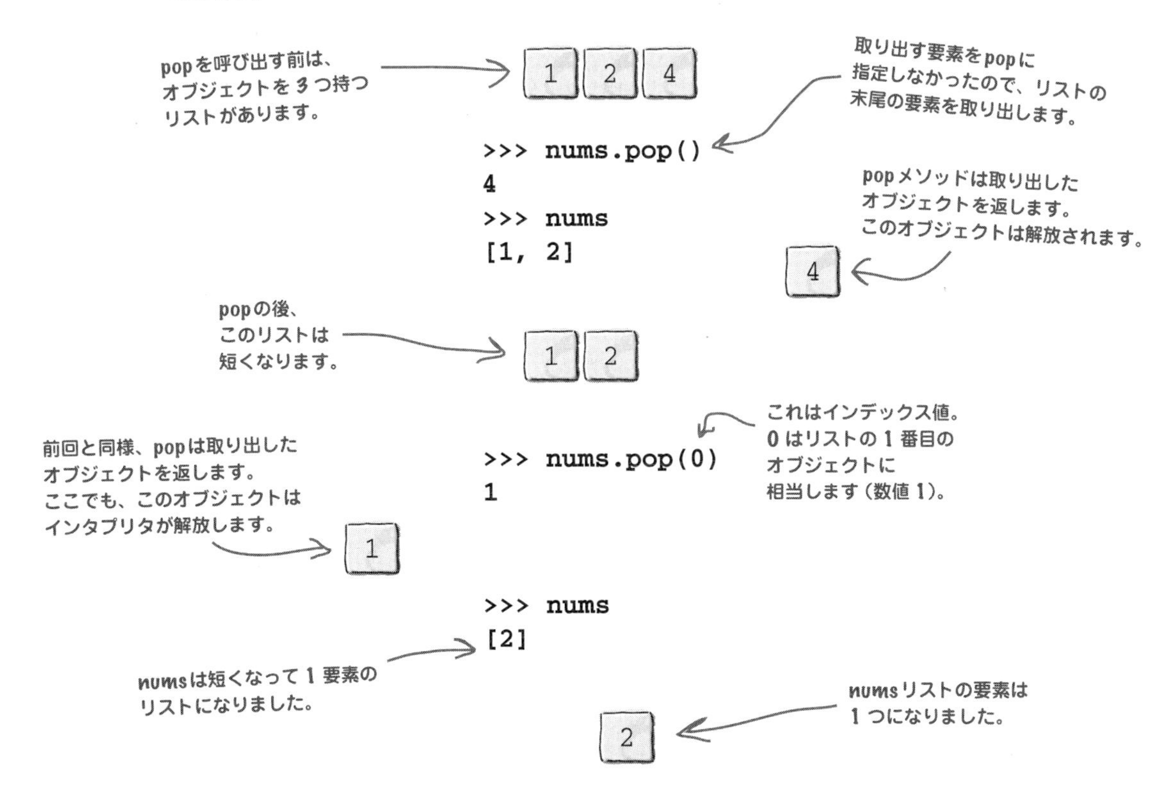

リストをオブジェクトで拡張する

appendを使うと既存のリストに1つのオブジェクトを追加できることはもう知っていますね。別のメソッドでもリストに動的にデータを追加できます。

❸ extend：唯一の引数としてオブジェクトのリストを取る

extendメソッドは2つ目のリストを取り、そのリストの各オブジェクトを既存のリストに追加します。2つのリストを1つに結合したいときにとても便利です。

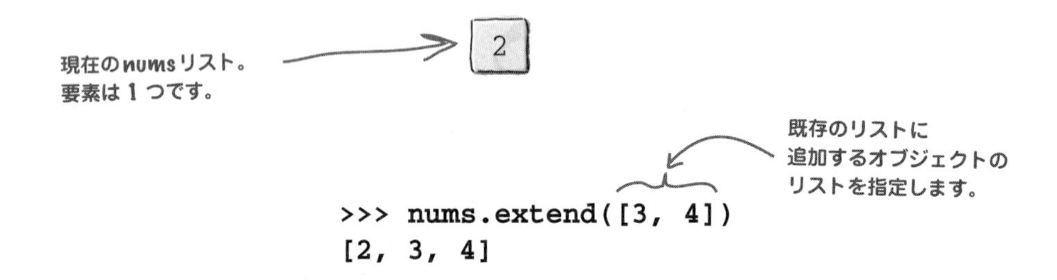


```
>>> nums.extend([3, 4])
[2, 3, 4]
```

指定したリストの各オブジェクトを追加してnumsリストを拡張しています。

2 3 4

少し変でも（既存のリストの末尾に何も要素を追加しないので）、空のリストを使うことは有効です。代わりにappend([])を呼び出すと、既存のリストの末尾に空のリストを追加しますが、この例ではextend([])を使っているので何も行いません。

```
>>> nums.extend([])
[2, 3, 4]
```

numsリストを拡張するために使った空のリストはオブジェクトを含まないので、変化はありません。

2 3 4

リストにオブジェクトを挿入する

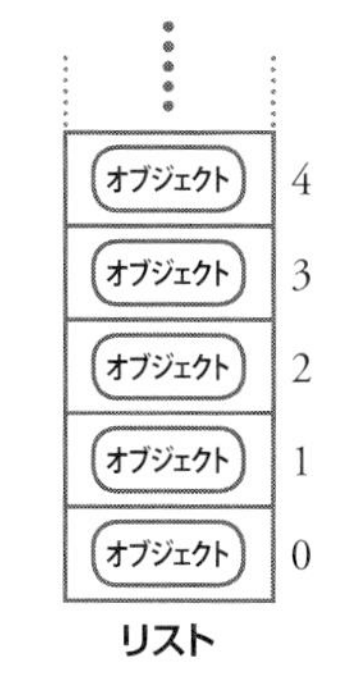

appendメソッドやextendメソッドはよく使われますが、既存のリストの末尾にしかオブジェクトを追加できません。しかし、リストの先頭に追加したいこともあるでしょう。そのような場合には、insertメソッドを使います。

4 insert：引数としてインデックス値とオブジェクトを取る

insertメソッドは、指定したインデックス値の**前**にオブジェクトを挿入します。そのため、既存リストの先頭やリストの任意の場所にオブジェクトを挿入できます。リストの末尾には挿入できませんが、挿入はappendメソッドで行います。

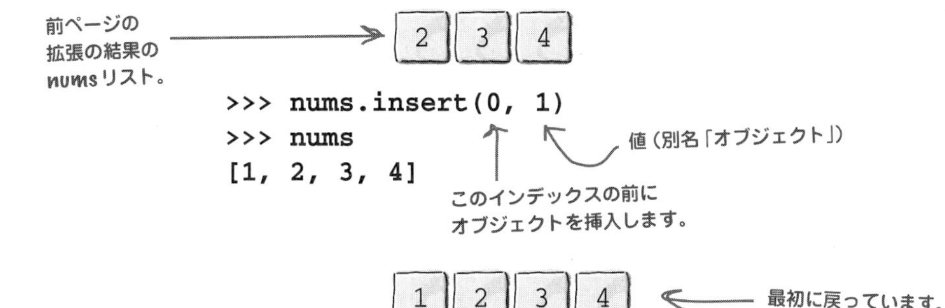


```
>>> nums.insert(0, 1)
>>> nums
[1, 2, 3, 4]
```

これまでの削除、取り出し、拡張、挿入の結果、数ページ前の最初のリスト[1, 2, 3, 4]と同じになりました。

なお、insertを使うと既存リストの任意の要素にオブジェクトを追加することもできます。上の例では、リストの先頭にオブジェクト（数値1）を追加することにしましたが、任意のスロット番号を使ってリストに挿入することも簡単です。次の例では、（面白半分で）insertの第1引数に値2を使ってnumsリストの中央に文字列を追加しています。

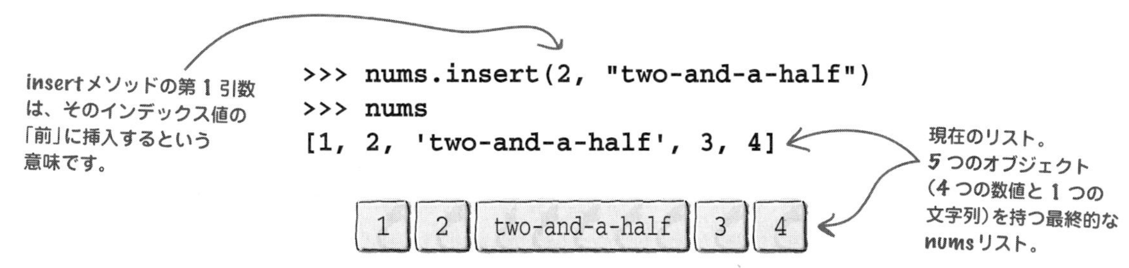


```
>>> nums.insert(2, "two-and-a-half")
>>> nums
[1, 2, 'two-and-a-half', 3, 4]
```

これから徐々にリストメソッドに慣れていきましょう。

角かっこの使い方

ちょっと混乱しているの。リストは「他の言語の配列のようなもの」と言い続けているけど、私の好きな他のプログラミング言語の配列で使う角かっこ表記についてまだ何も聞いていないわ。どうなっているの？

心配しないでください。それについてはすぐに説明します。

他のプログラミング言語の配列でいつも使っている角かっこ表記は、実はPythonのリストでも使えます。しかし、その方法を説明する前に、これまでに登場したリストメソッドを使って少し楽しんでみましょう。

Q：リストメソッドやその他のリストメソッドに関する詳細を知りたいのですが。

A：ヘルプで調べてください。>>>プロンプトで**`help(list)`**と入力してPythonのリストドキュメントを入手するか、**`help(list.append)`**と入力してappendメソッドのドキュメントのみを要求します。appendを任意のリストメソッド名に変更すればそのメソッドのドキュメントが得られます。

自分で考えてみよう

課題の時間です。

まず、次に示す7行のコードを新しいIDLEの編集ウィンドウに入力してください。このコードをpanic.pyとして保存して実行します([F5]を押します)。1行目から4行目は(phraseに)文字列を格納し、それをリスト(plist)に変換してからphraseとplistの両方を画面に表示します。

5行目から7行目はplistを取得して文字列に変換しなおしてから(new_phrase)、plistとnew_phraseを画面に表示します。

あなたの課題は、ここまでに示したリストメソッドだけを使って文字列「Don't panic!」を「on tap」に**変換**することです(この2つの文字列を選んだことに特に意味はありません。単に「Don't panic!」に「on tap」という文字が現れるからです)。

現時点では、panic.pyは「Don't panic!」を**2回**表示します。

ヒント:操作を複数回実行したいときにはforループを使います。

文字列から開始します。
文字列をリストに変換。
文字列とリストを画面に表示。

```
phrase = "Don't panic!"
plist = list(phrase)
print(phrase)
print(plist)
```

ここにリストを操作するコードを追加。

```
..............................................
..............................................
..............................................
..............................................
..............................................
..............................................
..............................................
```

この行はリストを文字列に戻します。
変換したリストと新しい文字列を画面に表示。

```
new_phrase = ''.join(plist)
print(plist)
print(new_phrase)
```

課題の時間でした。

まず、前のページに示した7行のコードを新しいIDLEの編集ウィンドウに入力してpanic.pyとして保存し、([F5]を押して)実行しました。

あなたの課題は、ここまでに示したリストメソッドだけを使って文字列「Don't panic!」を「on tap」に**変換**することでした。変更前、panic.pyは「Don't panic!」を**2回**表示しました。

「on tap」を表示する新しい文字列を、new_phrase変数に格納します。

ここにリストを操作するコードを追加する必要がありました。これは著者が考えた例です。あなたの答えと違っていてもOKです。リストメソッドを使って変換を行う方法は複数あるからです。

```
phrase = "Don't panic!"
plist = list(phrase)
print(phrase)
print(plist)

for i in range(4):
    plist.pop()
plist.pop(0)
plist.remove("'")
plist.extend([plist.pop(), plist.pop()])
plist.insert(2, plist.pop(3))

new_phrase = ''.join(plist)
print(plist)
print(new_phrase)
```

この小さなループは、plistから4つの末尾のオブジェクトを削除。「nic!」が消えます。

リストの先頭の「D」を取り出します。

リストからアポストロフィーを削除。

末尾の2つのオブジェクトを入れ替えます。まず、リストから2つのオブジェクトを取り出し、取り出したオブジェクトを使ってリストを拡張します。この行は少し考える必要があるでしょう。重要な点は、まず取り出し(pop)を指定の順に行ってから拡張(extend)していことです。

リストからスペースを取り出し、リストのインデックス位置2に挿入し直します。直前のコードと同様、まず取り出し(pop)てから挿入(insert)します。なお、スペースも文字です。

この練習問題の答えでは多くのことを行っています。69～70ページで詳しく説明します。

「plist」に何があったのか？

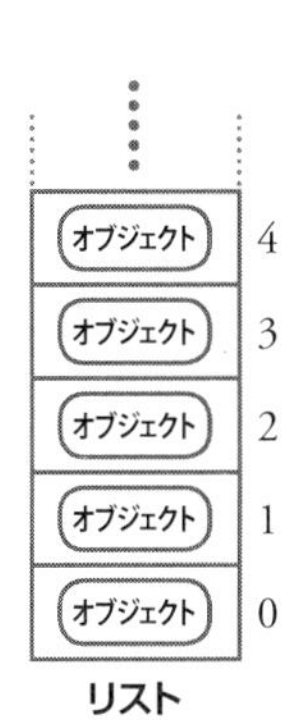

panic.pyを実行するとplistに実際に何が起こるのでしょうか。

このページ（および次のページ）の左側はpanic.pyのコードです。他のすべてのPythonプログラムと同様に上から下に実行されます。このページの右側は、plistを視覚的に表し、何が起こっているかを説明しています。

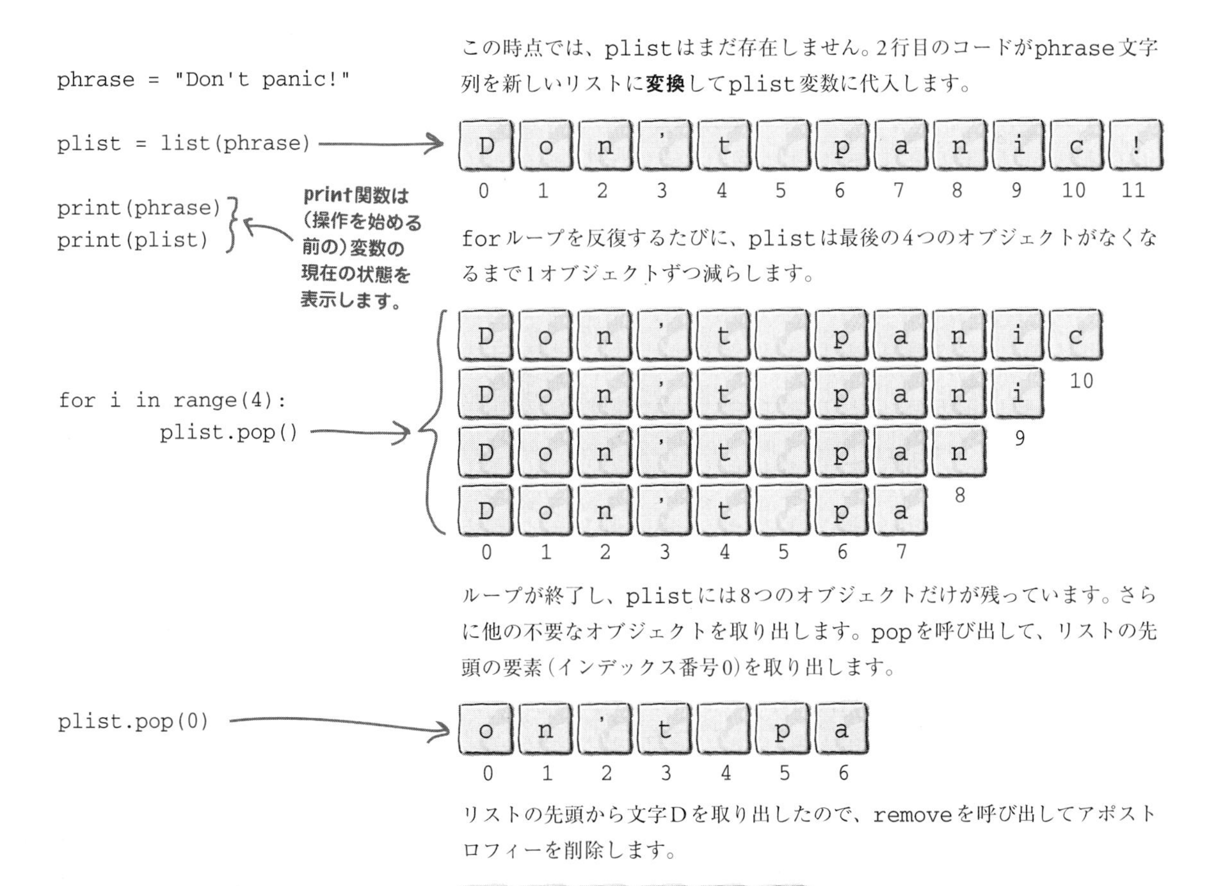

コード　　　**plistの状態**

```
phrase = "Don't panic!"
plist = list(phrase)
```

この時点では、plistはまだ存在しません。2行目のコードがphrase文字列を新しいリストに**変換**してplist変数に代入します。


```
print(phrase)
print(plist)
```

print関数は（操作を始める前の）変数の現在の状態を表示します。

```
for i in range(4):
    plist.pop()
```

forループを反復するたびに、plistは最後の4つのオブジェクトがなくなるまで1オブジェクトずつ減らします。

ループが終了し、plistには8つのオブジェクトだけが残っています。さらに他の不要なオブジェクトを取り出します。popを呼び出して、リストの先頭の要素（インデックス番号0）を取り出します。

```
plist.pop(0)
```


リストの先頭から文字Dを取り出したので、removeを呼び出してアポストロフィーを削除します。

```
plist.remove("'")
```

「plist」に何があったのか？（続き）

panic.pyを実行するとplistに実際に何が起こるのかを考えています。

前ページのコードを実行した結果、現在は文字o、n、t、スペース、p、aの6つの要素が残っています。実行を続けましょう。

コード / **plistの状態**

前ページのコードを実行した結果、plistは次のようになっています。

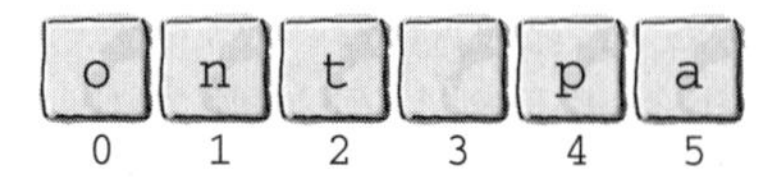

次の行では**3つ**のメソッドを呼び出しています。2つのpopメソッドと1つのextendメソッドです。popが先に呼び出されます（左から右の順）。

```
plist.extend([plist.pop(), plist.pop()])
```

extendメソッドは、取り出したオブジェクトをplistの最後に追加します。extendは、appendメソッドの複数呼び出しの省略形と考えると便利です。

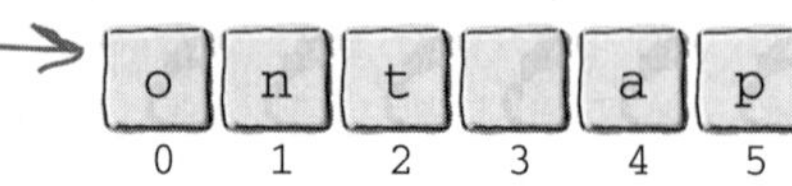

あとは、（plistの）インデックス2の文字tをインデックス3のスペース文字と入れ替えるだけです。次の行では**2つ**のメソッドを呼び出しています。まずpopを使ってスペース文字を取り出します。

```
plist.insert(2, plist.pop(3))
```

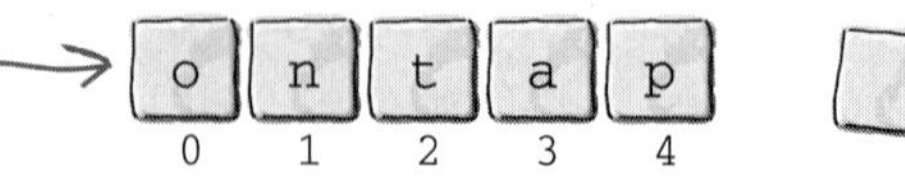

そして、insertメソッドでスペース文字を正しい位置（インデックス2の**前**）に入れます。

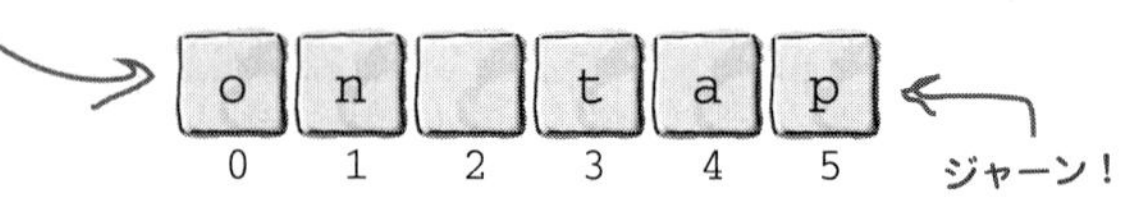

plistを文字列に戻します。

```
new_phrase = ''.join(plist)
print(plist)
print(new_phrase)
```

print関数を呼び出して、操作後の変数の状態を表示します。

リスト：わかったこと

かなり進みました。ここで少し休憩して、リストについておさらいしましょう。

重要ポイント

- リストは、関連するオブジェクトを格納するのに適している。一連の同様のものがあって、それを1つのものとして扱いたい場合には、リストに入れるのが最適である。
- リストは他の言語の配列と似ている。しかし、（サイズが固定である傾向がある）他の言語の配列とは異なり、Pythonのリストは必要に応じて動的に拡張や縮小ができる。
- オブジェクトのリストは [] で囲み、リストのオブジェクトはカンマで区切る。
- 空のリストは [] のように表す。
- あるオブジェクトがリストに含まれるかどうかを調べる一番の近道は、Pythonの`in`演算子を使うことである。`in`はメンバーかどうかを調べる。
- `append`、`extend`、`insert`などのリストメソッドで実行時にリストを拡張できる。
- `remove`や`pop`などのメソッドで実行時にリストを縮小できる。

僕には全部問題ないことだけど、リストを操作するときに注意することはあるの？

ありります。いつも注意が必要です。

Pythonでは、リストが使えると多くの場面でとても便利です。しかし自分のやりたいことをインタプリタが正確に実行するように注意する必要があります。

その好例が、あるリストを別のリストにコピーする場合です。リストをコピーするのですか、それともリスト内のオブジェクトをコピーするのですか？その答えややりたいことによって、インタプリタは異なる振る舞いをします。ページをめくってこれがどういうことかを学びましょう。

コピーのように見えるがコピーではない

あるリストを別のリストにコピーするときには、代入演算子を使いたくなってしまいます。

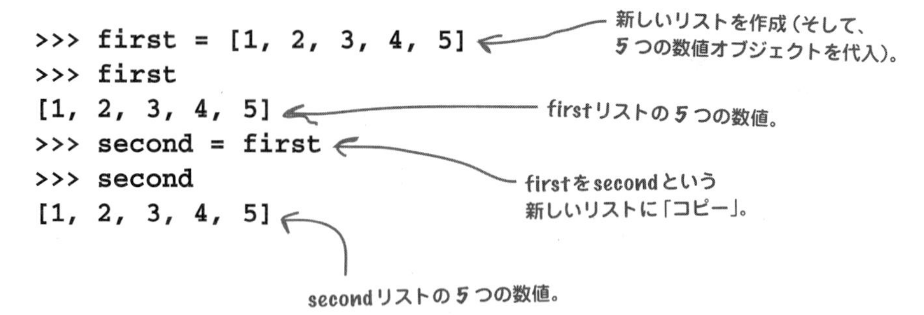

ここまでは問題ありません。firstの5つの数値オブジェクトがsecondにコピーされているので、これは正しく動作しているようです。

コピーされているのでしょうか？ secondに新たな数値をappendしたときに何が起こるでしょうか？ この操作は正しそうな気がしますが、実は問題を引き起こします。

```
>>> second.append(6)
>>> second
[1, 2, 3, 4, 5, 6]
```

問題なさそうですが、実は問題あり。

やはりここまでは問題ありませんが、ここには**バグ**があります。シェルにfirstの内容を表示するように指示すると何が起こるか調べてみましょう。なんと、新たなオブジェクトがfirstにも追加されています！

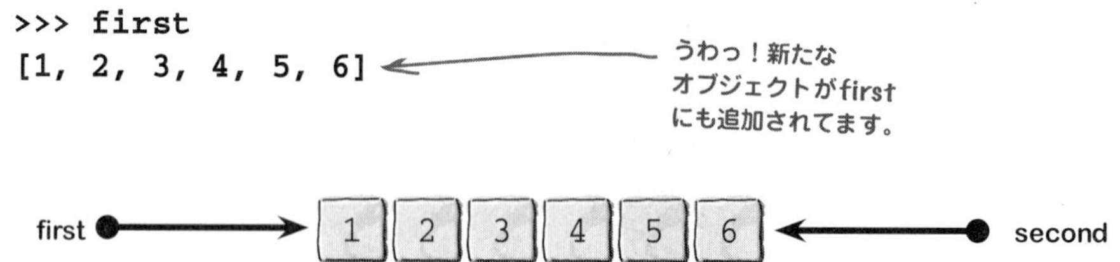

これは問題です。firstとsecondがどちらも同じデータを指しているからです。一方のリストを変更すると、もう一方も変更されてしまうのです。

データ構造のコピー方法

代入演算子を使う方法ではコピーができていないというのなら、では何が行われているのでしょうか？実は、リストへの**参照**をfirstとsecondで**共有**しているのです。

この問題を解決するために、リストにはcopyメソッドがあります。copyメソッドでは正しくコピーできます。動作を調べてみましょう。

```
>>> third = second.copy()
>>> third
[1, 2, 3, 4, 5, 6]
```

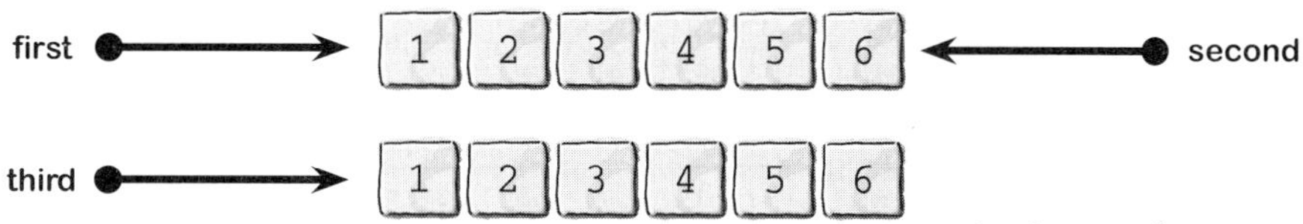

リストのコピーには代入演算子を使ってはいけない。copyメソッドを使うこと。

（copyメソッドのおかげで）thirdを作成できました。thirdにオブジェクトを追加して何が起こるか確認しましょう。

```
>>> third.append(7)
>>> third
[1, 2, 3, 4, 5, 6, 7]
>>> second
[1, 2, 3, 4, 5, 6]
```

thirdリストはオブジェクト1つ分だけ大きくなっています。

かなり改善されました。既存のリストは変更されていません。

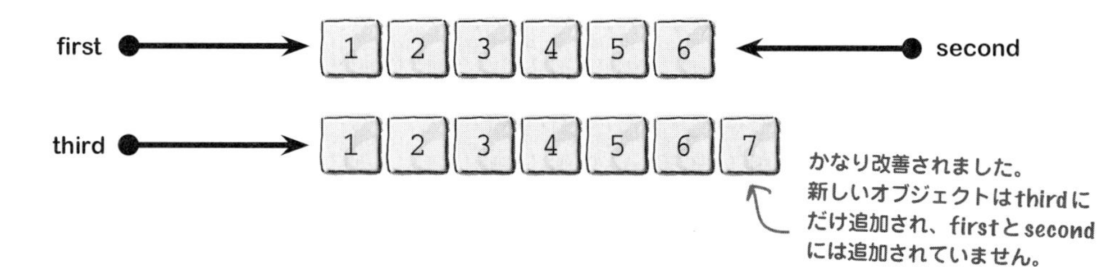

あちこちに角かっこ

前のページには信じられないくらい多くの
角かっこがあるのに、Pythonリストで
角かっこを使ってデータを選択したり
入手する方法をまだ知らないの。

Pythonは角かっこ表記に加えてさらに多くをサポートしています。

他のプログラミング言語の配列で角かっこを使ったことがあれば、namesという配列の1番目の値はnames[0]であることは知っていますね。2番目の値はnames[1]、3番目はnames[2]となります。Pythonでは、この方法でもリストのオブジェクトを取得できます。

しかし、Pythonでは**負のインデックス値**(-1、-2、-3など)とリストからオブジェクトの**範囲**を選ぶ表記を使って、角かっこの表記を拡張し、標準的な振る舞いを改善しています。

リスト：覚えたことを更新する

Pythonがどのように角かっこ表記を拡張しているかを詳しく説明する前に、重要ポイントのリストに覚えたことを追加しましょう。

重要ポイント

- あるリストを別のリストにコピーするときには注意する。別の変数から既存のリストを参照したい場合は、代入演算子(=)を使う。既存のリストのオブジェクトのコピーを作成し、そのコピーを使って新しいリストを初期化したい場合には、代入演算子ではなくcopyメソッドを使う。

リストの角かっこ表記の使い方

Pythonのリストは他のプログラミング言語の配列と似ていると言ったのは、ただの無駄話ではありません。他の言語と同様に、Pythonはインデックス位置に番号を付けるときにはゼロからカウントし、有名な**角かっこ表記**を使ってリストのオブジェクトにアクセスします。

他のプログラミング言語とは**異なり**、Pythonでは末尾から相対的にリストにアクセスできます。正のインデックス値は左から右にカウントしますが、負のインデックス値は右から左にカウントします。

オブジェクト 4
オブジェクト 3
オブジェクト 2
オブジェクト 1
オブジェクト 0
リスト

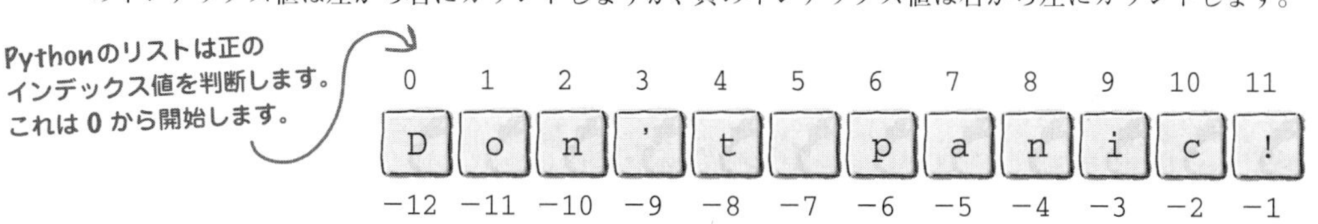

負のインデックス値も使えます。こちらは−1から開始します。

シェルを使って試してみましょう。

```
>>> saying = "Don't panic!"
>>> letters = list(saying)
>>> letters
['D', 'o', 'n', "'", 't', ' ', 'p', 'a', 'n', 'i',
'c', '!']
>>> letters[0]
'D'
>>> letters[3]
"'"
>>> letters[6]
'p'
>>> letters[-1]
'!'
>>> letters[-3]
'i'
>>> letters[-6]
'p'
```

文字のリストを作成。

正のインデックス値で左から右にカウント。

負のインデックス値で右から左にカウント。

Pythonでは実行中にリストの大きさが変えられるので、負のインデックス値でリストにアクセスできると便利なのです。例えば、インデックス値に0を指定すると先頭のオブジェクトに戻るのと同様に、−1を使うと**リストの大きさにかかわらず**必ずリストの末尾のオブジェクトに戻ります。

Pythonの角かっこ表記は、負のインデックス値が指定できるだけではありません。リストは**開始**、**終了**、**刻み**も理解します。

リストの先頭と末尾のオブジェクトは簡単に得られます。

```
>>> first = letters[0]
>>> last = letters[-1]
>>> first
'D'
>>> last
'!'
```

リストは開始、終了、刻みを理解する

1章で3つの引数を取るrangeについて説明した際、初めて**開始**、**終了**、**刻み**という言葉が登場しました。

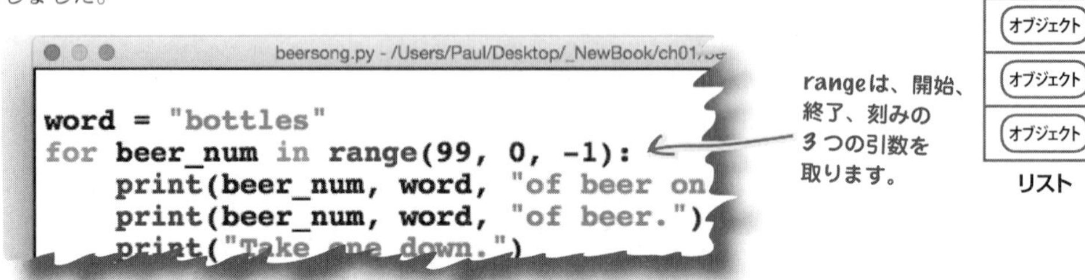

オブジェクト 4
オブジェクト 3
オブジェクト 2
オブジェクト 1
オブジェクト 0
リスト

開始、**終了**、**刻み**の意味をもう一度思い出してください（そして、その意味をリストと関連付けてみましょう）。

- **開始値は範囲を開始する位置を指定できる。**
  リストでは、**開始**値は開始するインデックス値を指定します。

- **終了値は範囲を終了する位置を指定できる。**
  リストでは、**終了**値は終了するインデックス値を指定しますが、**終了値は含みません**。

- **刻み値は範囲を指定できる。**
  リストでは、**刻み**値は**間隔**を表します。

角かっこの中に開始、終了、刻みを指定できる

リストでは、**開始**、**終了**、**刻み**を角かっこの**中**に指定し、それぞれコロン（:）で区切ります。

これは多少直感に反しているように思えるかもしれませんが、この3つの値はどれも省略できます。

開始を指定しないと、デフォルト値は0。
終了を指定しないと、リストで利用可能な最大値を取る。
刻みを指定しないと、デフォルト値は1。

リストスライスの動作

数ページ前に登場したリストlettersで考えてみましょう**開始**、**終了**、**刻み**の値はさまざまな方法で指定できます。

```
>>> letters
['D', 'o', 'n', "'", 't', ' ', 'p', 'a', 'n', 'i', 'c', '!']

>>> letters[0:10:3]
['D', "'", 'p', 'i']

>>> letters[3:]
["'", 't', ' ', 'p', 'a', 'n', 'i', 'c', '!']

>>> letters[:10]
['D', 'o', 'n', "'", 't', ' ', 'p', 'a', 'n', 'i']

>>> letters[::2]
['D', 'n', 't', 'p', 'n', 'c']
```

すべての文字

インデックス位置10(これを含まない)までの2つおきの文字

最初の3文字を飛ばし、残りすべてを取得します。

インデックス位置10(これを含まない)までのすべての文字

1つおきのすべての文字

オブジェクト 4
オブジェクト 3
オブジェクト 2
オブジェクト 1
オブジェクト 0
リスト

リストで開始、終了、刻みの**スライス表記**を使えると非常に効果的です(本当に便利ですよ)、上の例の動作をしっかりと理解しておきましょう。>>>プロンプトでこの表記を試してみてください。

素朴な疑問に答えます

Q: このページには、シングルクォート(')で囲まれている文字とダブルクォート(")で囲まれている文字があります。従うべき何らかの基準があるのですか?

A: いいえ、基準はありません。Pythonでは、1文字だけの文字列(このページの例のような文字列。厳密には複数の文字ではなく1文字の文字列です)を含め任意の長さの文字列を囲むのにシングルクォートとダブルクォートのどちらでも使えます。ほとんどのPythonプログラマはシングルクォートを使います(しかし、これはルールではなく好みです)。文字列にシングルクォートが含まれている場合には、ダブルクォートを使うとバックスラッシュ(\)で文字をエスケープする必要がなくなります。ほとんどのプログラマは、'\''より"'"の方が読みやすいと感じるようです。次の78~79ページでは、両方のクォートを使う例をさらに紹介します。

リストの開始と終了

このページ（および次のページ）の例を>>>プロンプトで試し、同じ出力になることを確認してください。

まずは、文字列を文字のリストに変換します。

```
>>> book = "The Hitchhiker's Guide to the Galaxy"
>>> booklist = list(book)
>>> booklist
['T', 'h', 'e', ' ', 'H', 'i', 't', 'c', 'h', 'h', 'i', 'k',
'e', 'r', "'", 's', ' ', 'G', 'u', 'i', 'd', 'e', ' ', 't',
'o', ' ', 't', 'h', 'e', ' ', 'G', 'a', 'l', 'a', 'x', 'y']
```

文字列をリストに変換し、そのリストを表示します。

元の文字列にはシングルクォートが含まれていました。賢いPythonはこのシングルクォートをダブルクォートで囲みます。

オブジェクト	4
オブジェクト	3
オブジェクト	2
オブジェクト	1
オブジェクト	0

リスト

新たに作成したリスト（上のbooklist）を使って、リストからある範囲の文字を選択します。

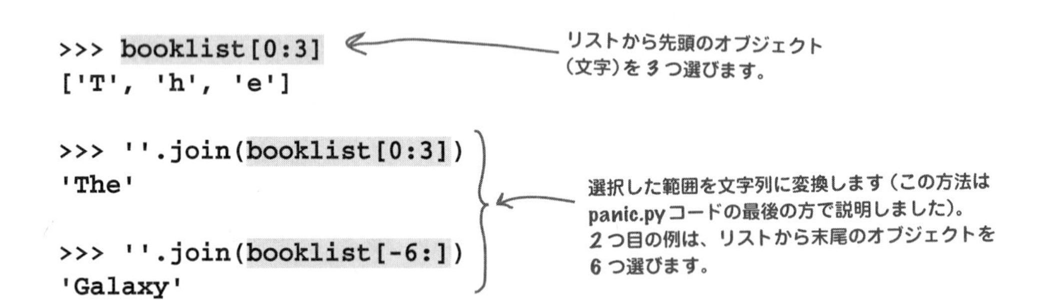

>>> booklist[0:3]
['T', 'h', 'e']
リストから先頭のオブジェクト（文字）を3つ選びます。
>>> ''.join(booklist[0:3])
'The'
>>> ''.join(booklist[-6:])
'Galaxy'
選択した範囲を文字列に変換します（この方法はpanic.pyコードの最後の方で説明しました）。2つ目の例は、リストから末尾のオブジェクトを6つ選びます。

それぞれの例がどのように機能するかを確実に理解するまで、このページ（および次のページ）を時間をかけて学習し、例をIDLEで試してみてください。

このページの最後の例では、**開始**、**終了**、**刻み**のデフォルト値が使われていることに気付きましたか？

リストの刻み

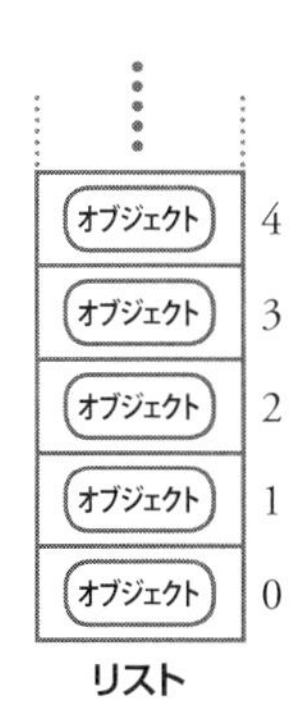

リストの**刻み**の例をさらに2つ示します。

1番目の例ではリストの末尾から始めてすべての文字を選択し（つまり、**逆順**に選択します）、2番目の例ではリストの文字を1つおきに選択します。**刻み**値がこの振る舞いをどのように制御するかに注意しましょう。

```
>>> backwards = booklist[::-1]
>>> ''.join(backwards)
"yxalaG eht ot ediuG s'rekihhctiH ehT"
```

意味不明に思えますが、実は元の文字列を逆にしたものです。

```
>>> every_other = booklist[::2]
>>> ''.join(every_other)
"TeHthie' ud oteGlx"
```

これもわけがわからないように見えますが、every_otherは先頭から末尾までの1つおきのオブジェクト（文字）からなるリストです。「開始」と「終了」はデフォルトを使っている点に注意します。

最後の2つの例では、リストのどこでも開始や終了ができ、オブジェクトを選択できることを確かめます。このような処理で返されるデータは**スライス**と呼ばれます。スライスは、既存リストの**断片**と考えてください。

どちらの例も、booklistから'Hitchhiker'という文字を選びます。1番目の例は'Hitchhiker'を選択し、2番目は'Hitchhiker'を逆順に表示します。

```
>>> ''.join(booklist[4:14])
'Hitchhiker'
```

「Hitchhiker」という単語をスライスします。

「スライス」はリストの断片。

```
>>> ''.join(booklist[13:3:-1])
'rekihhctiH'
```

「Hitchhiker」という単語をスライスしますが、逆順に行います。

スライスはどこにでもある

ここではリストからスライスしましたが、Pythonでは **[開始値：終了値：刻み値]** であらゆるシーケンスからスライスできます。

リストからスライスする

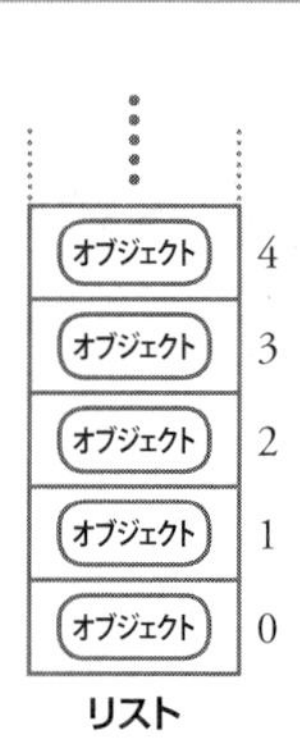

Pythonでは角かっこを使ったスライスがよく行われます。多くの場所で使うことができます。この本を読み進めていくと、スライスをたくさん使っていることがわかります。

ここでは、Pythonの角かっこ表記(スライスを含む)の動作を確認しましょう。67ページで登場したpanic.pyプログラムを書き直し、前にリストメソッドで行ったことを角かっことスライスを使って行います。

実際に作業する前に、panic.pyはどんなことをするプログラムであったかをおさらいしてみましょう。

「Don't panic!」を「on tap」に変換する

このコードは、リストメソッドを使って既存リストを操作し、ある文字列を別の文字列に変換します。このコードは"Don't panic!"を"on tap"に変換しました。

これはpanic.py

文字列とリストの初期状態を表示します。

一連のリストメソッドを使ってオブジェクトのリストを変換します。

その結果の文字列とリストの状態を表示します。

```
phrase = "Don't panic!"
plist = list(phrase)
print(phrase)
print(plist)
for i in range(4):
    plist.pop()
plist.pop(0)
plist.remove("'")
plist.extend([plist.pop(), plist.pop()])
plist.insert(2, plist.pop(3))
new_phrase = ''.join(plist)
print(plist)
print(new_phrase)
```

このプログラムをIDLEで実行すると、次のように出力されます。

```
Python 3.6.4 Shell
============ RESTART: /Users/paul/Desktop/_NewBook/ch02/panic.py ============
Don't panic!
['D', 'o', 'n', "'", 't', ' ', 'p', 'a', 'n', 'i', 'c', '!']
['o', 'n', ' ', 't', 'a', 'p']
on tap
>>> |
Ln: 32   Col: 4
```

リストメソッドにより、文字列「Don't panic!」が「on tap」に変換されます。

リストからスライスする（続き）

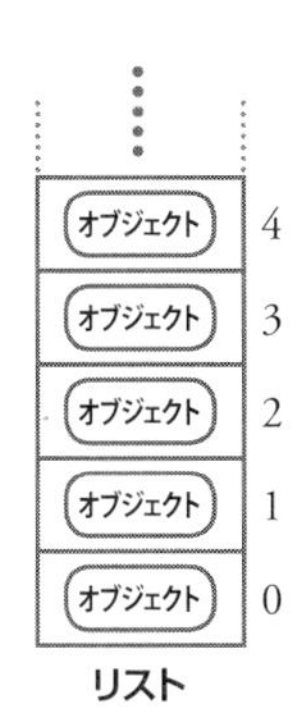

いよいよ実際に作業してみましょう。以下にpanic.pyコードを再び示します。変更が必要なコードをハイライトしています。

```
phrase = "Don't panic!"
plist = list(phrase)
print(phrase)
print(plist)
for i in range(4):
    plist.pop()
plist.pop(0)
plist.remove("'")
plist.extend([plist.pop(), plist.pop()])
plist.insert(2, plist.pop(3))
new_phrase = ''.join(plist)
print(plist)
print(new_phrase)
```

変更が必要なコード。

自分で考えてみよう

この練習問題では、上のハイライトした部分を角かっこ表記を使ったコードに置き換えてください。なお、適宜リストメソッドも使えます。先ほどと同様に、"Don't panic!"を"on tap"に変換します。空欄にコードを追加してください。新しいプログラム名はpanic2.pyにします。

```
phrase = "Don't panic!"
plist = list(phrase)
print(phrase)
print(plist)
....................
....................
....................
....................
....................
print(plist)
print(new_phrase)
```

この練習問題では、前のページのハイライトした部分を角かっこ表記を使ったコードに置き換える必要がありました。なお、適宜リストメソッドも使えます。前と同様に、"Don't panic!"を"on tap"に変換します。空欄にコードを追加してください。新しいプログラム名はpanic2.pyにします。

```
phrase = "Don't panic!"
plist = list(phrase)
print(phrase)
print(plist)

new_phrase = ''.join(plist[1:3])
new_phrase = new_phrase + ''.join([plist[5], plist[4], plist[7], plist[6]])

print(plist)
print(new_phrase)
```

まず「plist」から「on」をスライスし、

追加する各文字（スペース、「t」、「a」、「p」）を選びます。

panic.pyとpanic2.pyはどちらの方がいいのかな？

いい質問です。

2つのプログラムの出力が同じであるとき、7行のコードよりも2行の方がよいと判断するプログラマもいます。コードの長さは優劣の判断基準として適切ですが、panic2.pyとpanic.pyを比較する場合はあまり適切とは言えません。

どういう意味かを理解するために、2つのプログラムから生成される出力を調べてみましょう。

試運転

IDLEでpanic.pyとpanic2.pyを別々の編集ウィンドウを開きます。まずpanic.pyウィンドウを選んで[F5]を押します。次にpanic2.pyウィンドウで[F5]を押します。シェルで両方のプログラムの結果を比較してください。

panic.py

panic.py - /Users/paul/Desktop/_NewBook/ch02/panic.py (3.6.4)

```
phrase = "Don't panic!"
plist = list(phrase)
print(phrase)
print(plist)

for i in range(4):
    plist.pop()
plist.pop(0)
plist.remove("'")

plist.extend([plist.pop(), plist.pop()])
plist.insert(2, plist.pop(3))

new_phrase = ''.join(plist)
print(plist)
print(new_phrase)
```

Ln: 18　Col: 0

panic2.py

panic2.py - /Users/paul/

```
phrase = "Don't panic!"
plist = list(phrase)
print(phrase)
print(plist)

new_phrase = ''.join(plist[1:3])
new_phrase = ''.join([new_phrase, plist[5], plist[4], plist[7], plist[6]])

print(plist)
print(new_phrase)
```

Python 3.6.4 Shell

```
============ RESTART: /Users/paul/Desktop/_NewBook/ch02/panic.py ============
Don't panic!
['D', 'o', 'n', "'", 't', ' ', 'p', 'a', 'n', 'i', 'c', '!']
['o', 'n', ' ', 't', 'a', 'p']
on tap
>>>
============ RESTART: /Users/paul/Desktop/_NewBook/ch02/panic2.py ============
Don't panic!
['D', 'o', 'n', "'", 't', ' ', 'p', 'a', 'n', 'i', 'c', '!']
['D', 'o', 'n', "'", 't', ' ', 'p', 'a', 'n', 'i', 'c', '!']
on tap
>>>
```

Ln: 38　Col: 4

panic.pyを実行した結果

panic2.pyを実行した結果

この出力の違いに注目！

どちらがいいか？それは場合による

IDLEでpanic.pyとpanic2.pyの両方を実行し、この2つのどちらが「優れている」かを判断します。両方のプログラムの最後から2行目の出力を調べてみましょう。

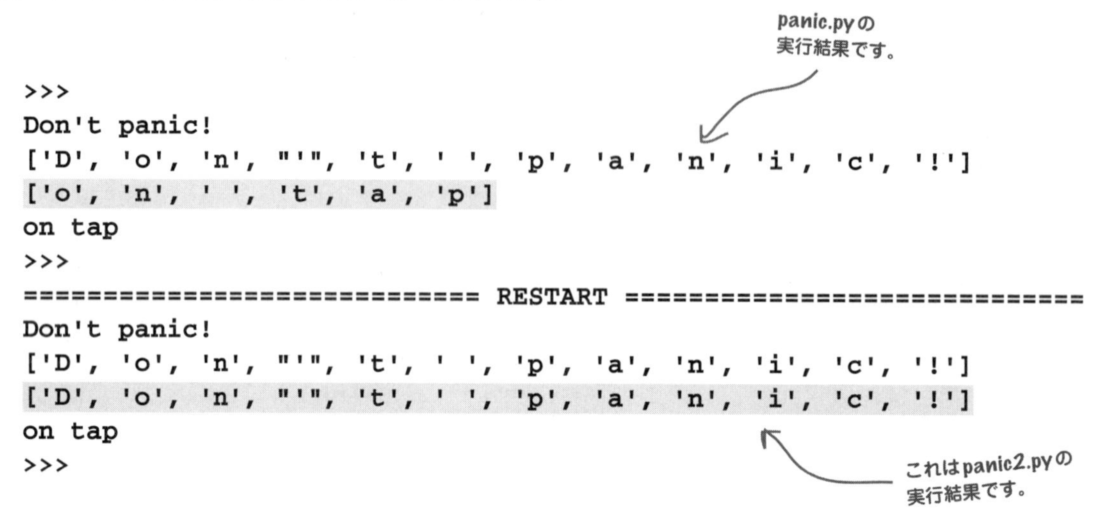

```
>>>
Don't panic!
['D', 'o', 'n', "'", 't', ' ', 'p', 'a', 'n', 'i', 'c', '!']
['o', 'n', ' ', 't', 'a', 'p']
on tap
>>>
============================== RESTART ==============================
Don't panic!
['D', 'o', 'n', "'", 't', ' ', 'p', 'a', 'n', 'i', 'c', '!']
['D', 'o', 'n', "'", 't', ' ', 'p', 'a', 'n', 'i', 'c', '!']
on tap
>>>
```


どちらのプログラムも最後に文字列"on tap"を表示しますが（最初はどちらも文字列"Don't panic!"です）、panic2.pyはplistを全く変更しないのに対し、panic.pyは変更しています。

このことについて少し考えてみましょう。

前にこの章の「「plist」に何があったのか？」で説明しています。

そこでは、次なようなリストがありました。

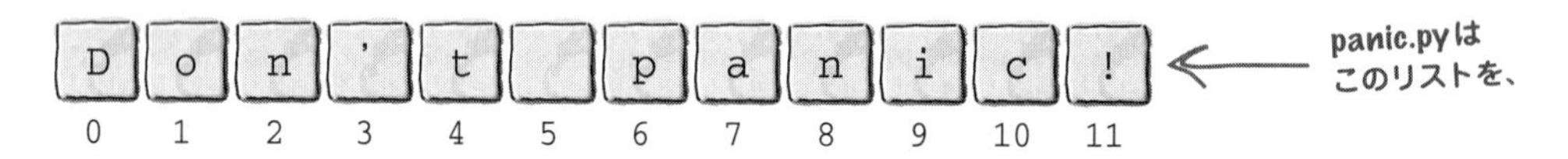

それを次のような短いリストに変換する手順を詳しく説明しました。

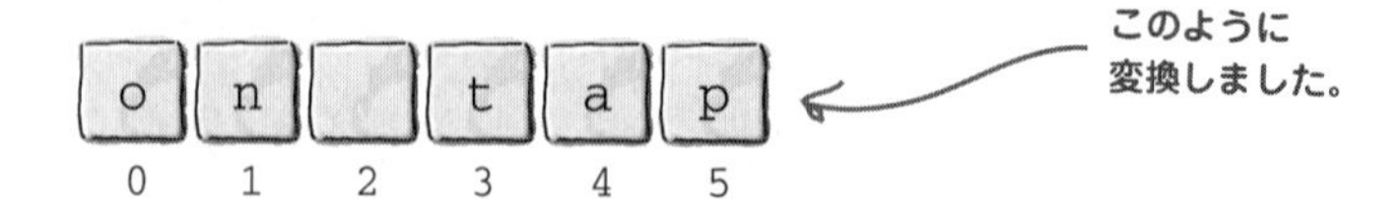

pop、remove、extend、insertメソッドではどれもリストを変更しましたが、それで問題ありません。リストメソッドは、リストを変更することが主な目的だからです。しかし、panic2.pyはどうでしょうか？

リストのスライスは非破壊的

panic.pyがある文字列を別の文字列に変換するために使うリストメソッドは、リストの元の状態を変更するという点で**破壊的**(destructive)です。既存リストからオブジェクトを抽出してもリストは変更されないので、リストのスライスは**非破壊的**(nondestructive)です。元のデータはそのまま変更されません。

オブジェクト 4
オブジェクト 3
オブジェクト 2
オブジェクト 1
オブジェクト 0
リスト

panic2.pyで使うスライスを以下に示します。リストからデータを抽出しますが、リストは変更しません。このすべての処理を行う2行のコードと、スライスで抽出するデータを次に示します。

コード

```
new_phrase = ''.join(plist[1:3])
new_phrase = new_phrase + ''.join([plist[5], plist[4], plist[7], plist[6]])
```

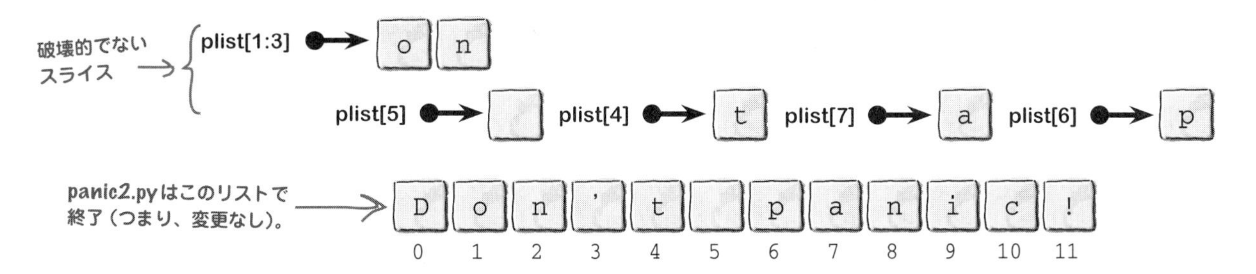

では、どちらがいいの？

リストメソッドを使って既存リストを変換すると、リストを操作し、**かつ**変換します。プログラムでリストの元の状態は利用できなくなります。何をするかによっては、これが問題になる場合があります(問題にならない場合もあります)。Pythonの角かっこ表記は、既存のインデックス位置に新たな値を代入しない限り、一般に既存リストを変更**しません**。スライスを使ってもリストを変更しません。元のデータは変わりません。

この2つの方法のどちらが「優れている」かの判断は、何をしたいかによります(どちらも好きでなくても全く問題ありません)。実現方法は必ず複数あり、Pythonリストは柔軟なので、リストに格納したデータを扱う多くの方法をサポートしています。

リストの基本の紹介はほぼ終わりです。でもここで紹介したいことがもう1つだけあります。それは**リストの反復**です。

リストメソッドはリストの状態を変更するが、角かっこやスライスを使うと(通常は)リストを変更しない。

forループはリストを理解する

Pythonのforループはリストを知っているので、リストを指定すると、リストの開始位置、含まれるオブジェクトの数、終了位置を理解します。ですからforループにこれらを通知する必要はありません。

例を使って説明しましょう。IDLEで新しい編集ウィンドウを開き、次のコードを入力しましょう。この新たなプログラムをmarvin.pyとして保存し、[F5]を押して実行してみます。

オブジェクト 4
オブジェクト 3
オブジェクト 2
オブジェクト 1
オブジェクト 0
リスト

marvin.pyのコードを理解する

marvin.pyの最初の2行には見覚えがあるでしょう。変数（paranoid_android）に文字列を代入し、その文字列を文字オブジェクトのリストに変換します（lettersという新たな変数に代入します）。

着目してもらいたいのは次の行（forループ）です。

forループは、反復のたびにlettersリストの各オブジェクトを取り出してcharという別の変数に1つずつ代入します。インデントされたループ本体では、charはforループで処理しているオブジェクトの現在値を取ります。forループは、反復の**開始**位置と**終了**位置だけでなくlettersリストにあるオブジェクトの**数**もわかっています。そのため、これらについて心配する必要はありません。それはインタプリタの仕事です。

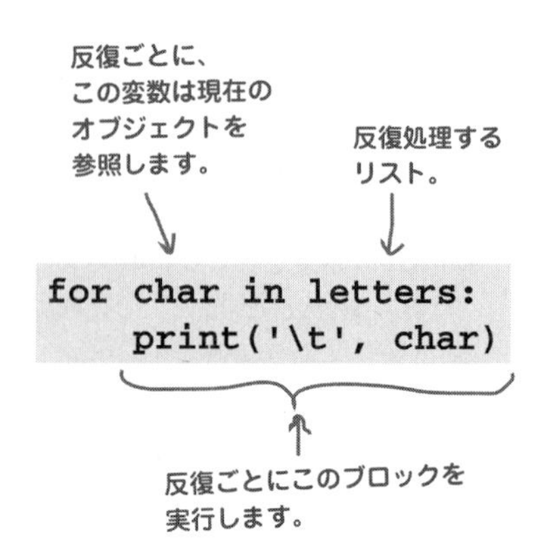

Pythonの「for」ループはスライスを理解する

角かっこ表記を使ってリストからスライスを選ぶと、forループは「適切に判断」し、スライスしたオブジェクトだけを反復処理します。先ほどのプログラムを更新してみましょう。marvin.pyのコピーをmarvin2.pyとして保存し、コードを次のように変更します。

Pythonの**乗算演算子**（*）を使っている点に着目してください。乗算演算子は、2番目と3番目のforループで各オブジェクトの前に出力するタブ文字の数を制御しています。ここでは、*を使ってタブを出力したい回数だけ「かけて」います。

Marvinのスライスの詳細

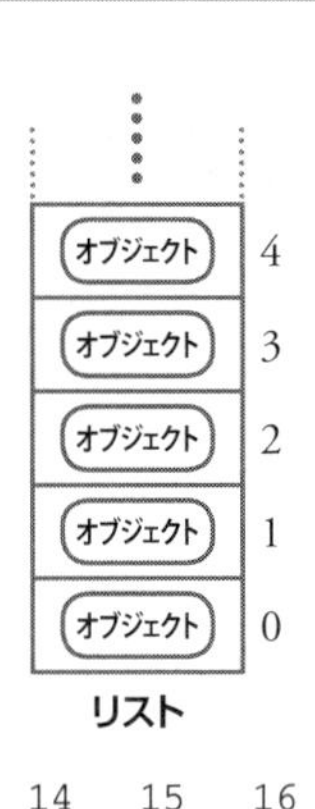

先ほどのプログラムのスライスを詳しく調べてみましょう。このテクニックはPythonプログラムに数多く見られます。以下にスライスコードの各行を再度示し、何が起こっているかを図で表します。

3スライスを調べる前に、このプログラムは変数(`paranoid_android`)への文字列の代入とリスト(`letters`)への変換から始まっていることに注意してください。

```
paranoid_android = "Marvin, the Paranoid Android"
letters = list(paranoid_android)
```

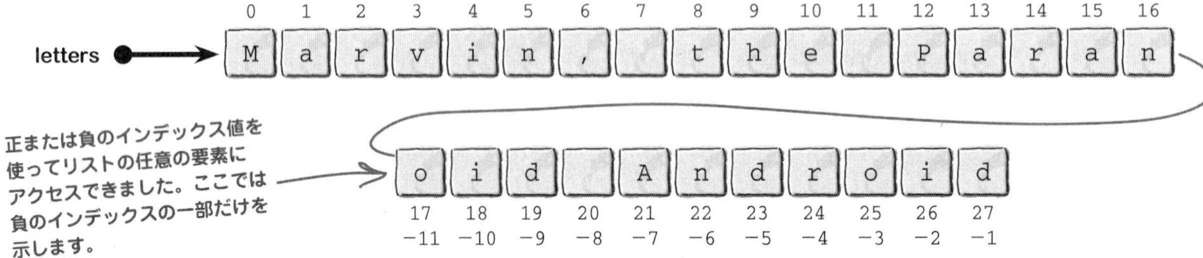

`marvin2.py`プログラムのスライスを調べ、何を作成するかを確認します。インタプリタがスライス指定を検出すると、`letters`からスライスしたオブジェクトを抽出してそのオブジェクトのコピーを`for`ループに返します。元の`letters`リストはスライスの影響を受けません。

最初のスライスは、リストの最初から6番目(インデックス5)のオブジェクトまで(このオブジェクトは含まない)を抽出します。

```
for char in letters[:6]:
    print('\t', char)
```

letters[:6] → M a r v i n

2番目のスライスは、`letters`リストの末尾から7番目(インデックス-7)から`letters`の末尾までを抽出します。

```
for char in letters[-7:]:
    print('\t'*2, char)
```

letters[-7:] → A n d r o i d

最後に、3番目のスライスはリストの中ほどの12番目(インデックス11)から20番目(インデックス19)までのすべて(20番目は含まない)を抽出します。

```
for char in letters[12:20]:
    print('\t'*3, char)
```

letters[12:20] → P a r a n o i d

リスト：わかったことを更新する

リストとforループの関係はわかりましたね。この数ページで学んだことをざっとおさらいしてみましょう。

重要ポイント

- リストは角かっこ表記を理解する。角かっこ表記を使ってリストからオブジェクトを1つずつ選択できる。
- 他のプログラミング言語と同様、Pythonはリストをゼロから数えるので、リストの1番目のオブジェクトはインデックス0、2番目は1となる。
- 他のプログラミング言語とは異なり、Pythonではリストの両側からインデックスを付けることができる。–1はリストの末尾の要素、–2は末尾から2番目となる。
- リストは角かっこ表記で開始、終了、刻みの指定が可能で、リストからスライスできる。

確かに僕はPythonプログラムで
多くのリストを使っているけど、
リストが得意じゃないことってあるの？

リストはよく使われますが……

リストは万能のデータ構造では**ありません**が、さまざまな状況で使います。類似した一連のオブジェクトをデータ構造に格納したい場合には、リストが最適です。

しかし、（おそらく多少直感に反していますが）データに何らかの**構造**がある場合には、リストは**好ましくない**かもしれません。この問題（およびその対応策）については次のページで詳しく調べます。

素朴な疑問に答えます

Q：リストについては、これで全部ではありませんよね？

A：はい、これだけではありません。この章の主題は、Pythonの組み込みデータ構造とその機能の簡単な入門と考えてください。リストについて終わったわけではなく、この本の残りの部分のいたるところでリストを取り上げます。

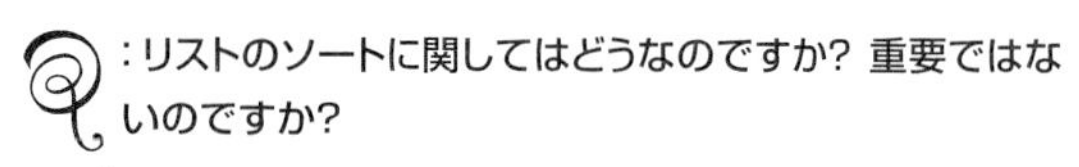

Q：リストのソートに関してはどうなのですか？ 重要ではないのですか？

A：重要ですが、実際に必要になるまでは心配しないでおきましょう。基本を正しく理解すればこの段階では十分です。そのうちソートを取り上げるので心配しないでください。

リストは何が問題か？

Pythonプログラマが、似たような連続するオブジェクトを格納する必要があるとき、大抵はリストが自然な選択肢です。実際にこの章ではリストしか使っていません。

リストは、vowelsリストの場合のように関連する連続した文字の格納が得意でした。

```
vowels = ['a', 'e', 'i', 'o', 'u']
```

また、データが数値の場合にもリストが最適です。

```
nums = [1, 2, 3, 4, 5]
```

実際には、**何であっても**関連する一連のものにはリストが最適です。

ところが、人物に関するデータを格納する必要があるとします。以下のようなサンプルデータが与えられたとしましょう。

名前：フォード・プリーフェクト
性別：男性
職業：研究者
母星：ベテルギウス第７星

ナプキンに書かれたデータ

このデータには左側に**タグ**、右側に**関連するデータ値**があるので、確かにリスト構造に向いていそうです。それでは、なぜこのデータをリストに格納しないのでしょうか？ だってこのデータは人物に関連していますよね？

なぜリストに格納しないのかを理解するために、次のページのリストを使ってこのデータを格納する2つの方法を調べてみましょう。ここでは包み隠さずお話しますが、**どちらの**方法にも問題があってリストが向かないのです。しかし、多くの場合、旅の楽しみの半分は目的地に向かって進むことなので、とにかくリストを試してみます。

1番目の試みではナプキンの右側のデータ値に注目しますが、2番目の試みでは左側のタグと関連するデータ値を使います。リストを使ってこの種の構造化データをどのように扱うかを考えてから、ページをめくって確認しましょう。

リストが向かないとき

ナプキンの裏に書かれたサンプルデータをリストに格納することにしました（現時点でPythonがしなければならないことはこれだけです）。

とりあえず、データ値をリストに入れます。

```
>>> person1 = ['フォード・プリーフェクト', '男性',
'研究者', 'ベテルギウス第7星']
>>> person1
['フォード・プリーフェクト', '男性', '研究者',
'テルギウス第7星']
```

person[1]は
性別だったかな？
いや職業だったかな？
覚えられないよ！

名前：フォード・プリーフェクト
性別：男性
職業：研究者
母星：ベテルギウス第７星

この結果は文字列オブジェクトのリストで、正しく機能します。上に示したように、シェルでデータ値がperson1というリストに入っていることを確認できます。

ところが、問題があります。最初のインデックス位置（インデックス値0）は人物の名前で、次の位置は人物の性別（インデックス値1）であることなどを覚えておく必要があります。データ項目が少ないときには覚えていられるでしょうが、（おそらく、Facebookのプロファイルページをサポートするために）より多くのデータ値を含む場合はどうなるでしょうか。このようなデータでは、インデックス値を使ってperson1リストのデータを参照するのは脆弱なので避けるようにしましょう。

次に、リストにタグを追加し、データ値の前に関連するタグを置きます。person2リストは次のようになります。

```
>>> person2 = ['名前', 'フォード・プリーフェクト', '性別',
'男性', '職業', '研究者', '母星',
'ベテルギウス第7星']
>>> person2
['名前', 'フォード・プリーフェクト', '性別',
'男性', '職業', '研究者', '母星',
'ベテルギウス第7星']
```

これも正しく機能しますが、問題が2つに増えてしまいます。引き続きそれぞれのインデックス位置に何が入っているのかを覚えておかなければいけませんが、さらにインデックス位置0、2、4、6などはタグで、インデックス値1、3、5、7などはデータ値であることも覚えておく必要があります。

格納するデータがはっきりした構造を持つ場合には、リスト以外のものを使うことを検討する。

このような構造を持つデータを扱うには、きっともっとよい方法がありますよね？

はい、あります。このような構造化データにはリストは向きません。**辞書**と呼ばれる別のデータ構造を使う必要があります。辞書については次の章で取り上げます。

2章のコード（1/2）

```
vowels = ['a', 'e', 'i', 'o', 'u']
word = "Milliways"
for letter in word:
    if letter in vowels:
        print(letter)
```

「Milliways」にあるすべての母音（重複を含む）を表示する母音プログラムの最初のバージョン。

vowels2.pyでは、リストを使って重複を避けるコードを追加しました。このプログラムは、単語「Milliways」に含まれる母音を重複なしで表示します。

```
vowels = ['a', 'e', 'i', 'o', 'u']
word = "Milliways"
found = []
for letter in word:
    if letter in vowels:
        if letter not in found:
            found.append(letter)
for vowel in found:
    print(vowel)
```

```
vowels = ['a', 'e', 'i', 'o', 'u']
word = input("単語を入力してください。母音を探します。")
found = []
for letter in word:
    if letter in vowels:
        if letter not in found:
            found.append(letter)
for vowel in found:
    print(vowel)
```

この章の母音プログラムの第3（最終）バージョンのvowels3.pyは、ユーザが入力した単語に含まれる母音を重複なしで表示します。

全世界で最高のアドバイス。「パニくるな！」（Don't Panic!）panic.pyはこのアドバイスを含む文字列を、リストメソッドを使ってHead First編集者が好むビールを表す文字列「on tap」（樽出し）に変換します。

```
phrase = "Don't panic!"
plist = list(phrase)
print(phrase)
print(plist)

for i in range(4):
    plist.pop()
plist.pop(0)
plist.remove("'")
plist.extend([plist.pop(), plist.pop()])
plist.insert(2, plist.pop(3))

new_phrase = ''.join(plist)
print(plist)
print(new_phrase)
```

2章のコード（2/2）

```
phrase = "Don't panic!"
plist = list(phrase)
print(phrase)
print(plist)

new_phrase = ''.join(plist[1:3])
new_phrase = new_phrase + ''.join([plist[5], plist[4], plist[7], plist[6]])

print(plist)
print(new_phrase)
```

リストの操作に関しては、メソッドが唯一の選択肢ではありません。panic2.pyではPythonの角かっこ表記で同じことができました。

```
paranoid_android = "Marvin"
letters = list(paranoid_android)
for char in letters:
    print('\t', char)
```

この章で最も短いプログラムmarvin.pyでは、リストがforループと相性がよいことを示しました。でもマーヴィンには言わないでね。彼のプログラムがこの章で最も短いことを聞いたら、さらに被害妄想がひどくなります。

marvin2.pyは、スライスを3つ使って文字のリストから断片を抽出して表示し、Pythonの角かっこ表記の威力を示しました。

```
paranoid_android = "Marvin, the Paranoid Android"
letters = list(paranoid_android)
for char in letters[:6]:
    print('\t', char)
print()
for char in letters[-7:]:
    print('\t'*2, char)
print()
for char in letters[12:20]:
    print('\t'*3, char)
```

3章　構造化データ

構造化データを扱う

リストは素晴らしいけど、
人生にはもっと構造が
必要なときもあるわね。

Pythonのリストデータ構造は優れていますが、データの万能薬ではありません。

本当の構造化データがあるとき（そして、リストが最良の選択肢ではないかもしれないとき）には、Python組み込みの**辞書**を使います。辞書は、**キーと値のペア**の任意のコレクションを格納し、それらを操作できます。この章ではPythonの辞書をじっくりと調べ、（その過程で）**集合**と**タプル**も取り上げます。（2章で取り上げた）**リスト**と一緒に、辞書、集合、タプルのデータ構造は、Pythonとデータを効果的に組み合わせることができる組み込みデータツールを提供します。

辞書はキーと値のペアを格納する

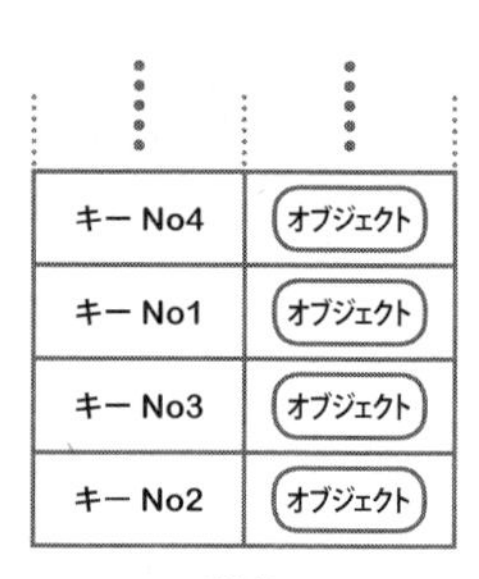

関連するオブジェクトの集まりであるリストとは異なり、**辞書**は**キーと値のペア**のコレクションを格納するために使います。一意な**キー**がそれぞれ対応する**値**を持ちます。コンピュータ科学者は辞書を**連想配列**と呼ぶことが多く、他のプログラミング言語では辞書に別の名前(マップ、ハッシュ、テーブルなど)をよく使います。

Pythonの辞書のキーの部分は通常は文字列です。対応する値の部分は任意のPythonオブジェクトにすることができます。

辞書モデルに向くデータを探し出すのは簡単です。**カラム(列)**2つを持ち、**複数行**になるデータです。この点を念頭に置き、2章の最後の「データナプキン」をもう一度見てください。

C++とJavaでは辞書は「マップ」と呼ばれ、PerlとRubyでは「ハッシュ」と呼ばれる。

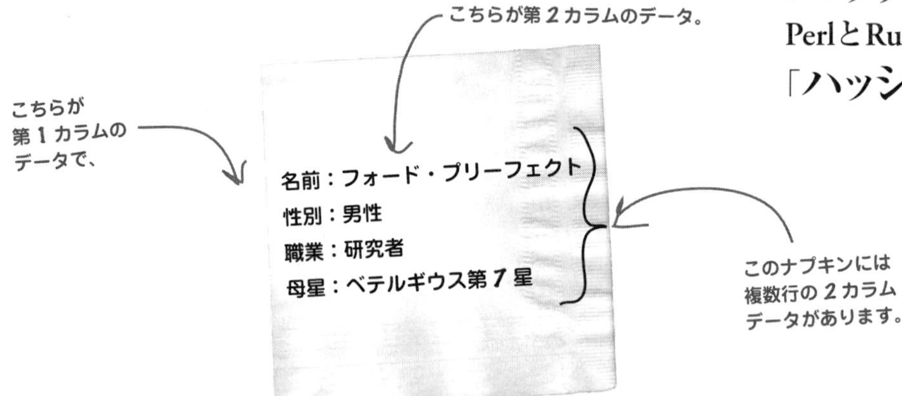

このナプキンのデータはPython辞書にぴったりのようです。

>>>シェルに戻って、このナプキンのデータを使って辞書の作成方法を確認してみましょう。辞書は1行のコードとして入力したいかもしれませんが、そのようには入力しません。辞書コードを読みやすくしたいので、1行ではなく各行のデータ(キーと値のペア)は異なる行に入力します。確認してみましょう。

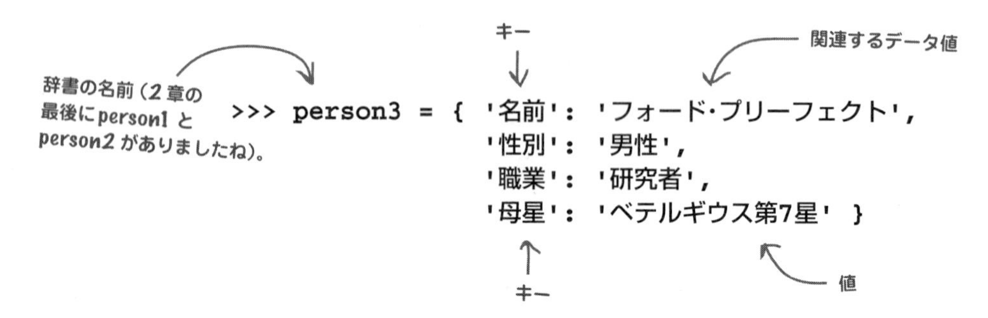


```
>>> person3 = { '名前': 'フォード・プリーフェクト',
                '性別': '男性',
                '職業': '研究者',
                '母星': 'ベテルギウス第7星' }
```

辞書を読みやすくする

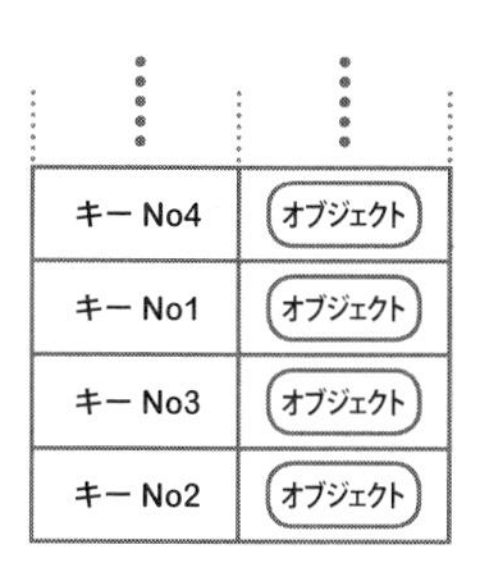

前ページの最後の4行のコードを次のようにシェルに入力したくなってしまうかもしれません。

```
>>> person3 = { '名前': 'フォード·プリーフェクト', '性別':
'男性', '職業': '研究者', '母星':
'ベテルギウス第7星' }
```

インタプリタにはどちらの方法を使っても同じですが、1行の長いコードとして辞書を入力すると読みにくいので、できる限り避けるようにします。

読みにくい辞書があちこちにあると、他のプログラマ(6か月後の**自分自身**も含む)が混乱するので、時間をかけて読みやすいように辞書を整列させてください。

この辞書代入文を実行した後のPythonメモリ内での辞書がどのようになっているかを次に示します。

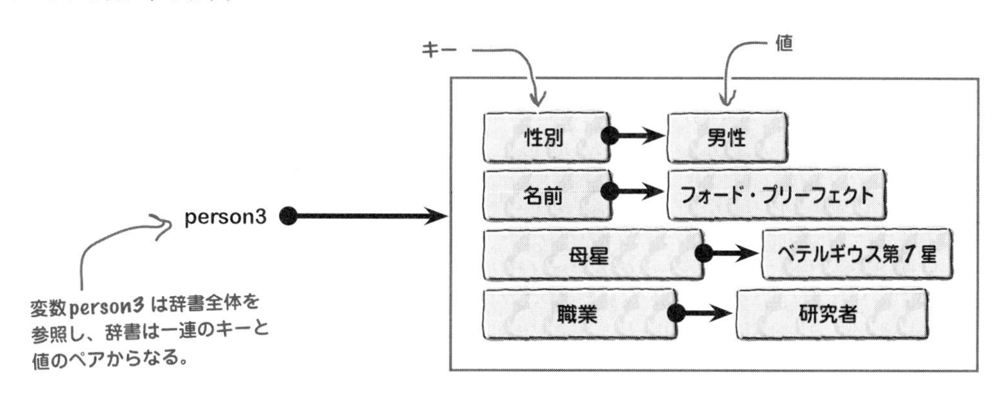

これは配列に似たリストよりも複雑な構造です。Pythonの辞書の背景にある考え方に慣れていない場合は、**ルックアップテーブル**と考えるとわかりやすいでしょう。(紙の辞書で単語を探すのと同様に)左側のキーを使って右側の値を**探す**のです。

少し時間を割いてPythonの辞書をさらに詳しく理解しましょう。まずはコード内の辞書を見分ける方法を詳しく説明してから、辞書の特性と用途について説明します。

コード内の辞書の見分け方

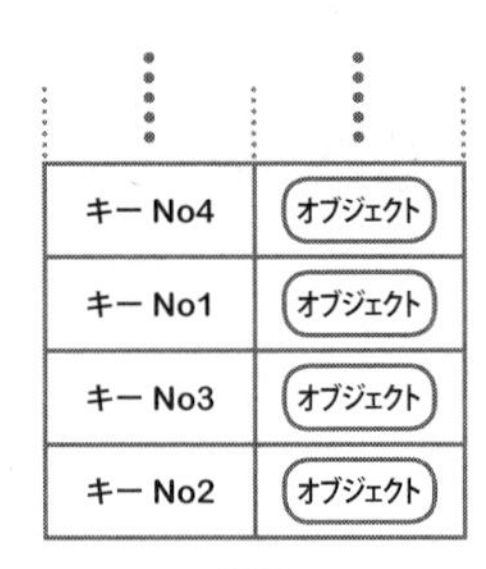

辞書

>>>シェルでどのようにperson3辞書を定義したかを詳しく見てみましょう。まず、**全体**を{}で囲みます。この例では**キー**も**値**も文字列なのでクォートで囲みます（しかし、キーと値は文字列以外でもOKです）。キーと対応する値は**コロン**（:）で区切り、それぞれのキーと値のペア（別名「行」）は**カンマ**で区切ります。

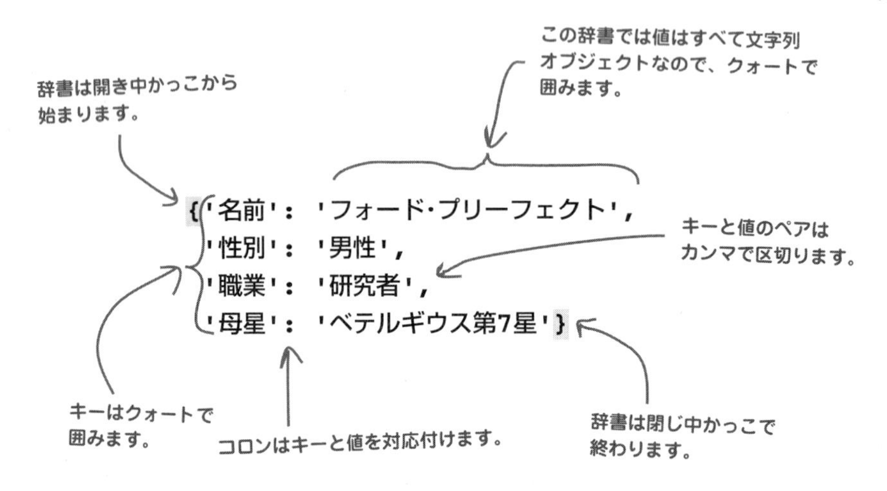

前に述べたように、このナプキンのデータはPythonの辞書にうまく対応します。実際には、ナプキンのデータと同様の構造を持つデータなら辞書に向いています。ただし、辞書は優れていますが、高くつきます。>>>プロンプトに戻ってその理由を説明しましょう。

辞書の内容を表示するようにシェルに指示すると、

```
>>> person3

{'名前': 'フォード・プリーフェクト', '性別': '男',
'職業': '研究者', '母星': 'ベテルギウス第7星'}
```

このようになります。キーと値のペアがすべて表示されます。

挿入順序は保証されない

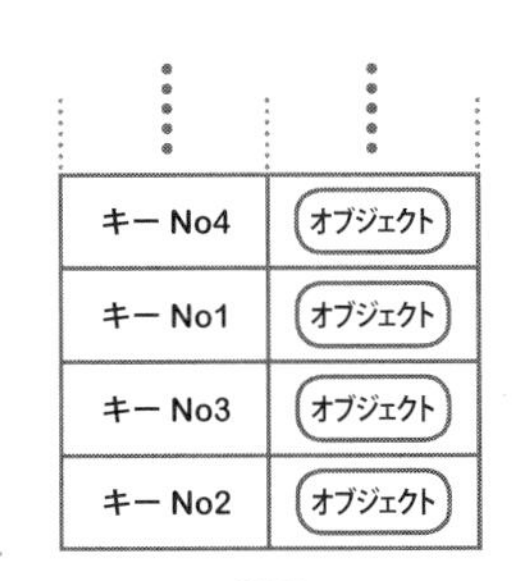

辞書

挿入した順番にオブジェクトを並べておくリストとは違い、Pythonの辞書は順序を**保証しません**。つまり、辞書の行が特定の順序になっているとみなすことはできません。辞書はあらゆる意味で**順序付けされません**。

```
>>> person3 = {'名前': 'フォード・プリーフェクト',
               '性別': '男性',
               '職業': '研究者',
               '母星': 'ベテルギウス第7星'}
```

ある順番でデータを辞書に挿入したけれど、

```
>>> person3

{'名前': 'フォード・プリーフェクト', '性別': '男',
'職業': '研究者', '母星': 'ベテルギウス第7星'}
```

インタプリタは順序の保証をしていません。

頭をかきむしってなぜ貴重なデータをこのような順序なしデータ構造に任せなければいけないのだろうかと思っても、順序で違いが生じることはほとんどないので心配ありません。辞書に格納したデータを選ぶときには、辞書の順序とは関係がなく、使用するキーと大いに関係があります。キーを使って値を探すと2章で言いましたよね。

辞書は角かっこを理解する

リストと同様に、辞書は角かっこ表記を理解します。しかし、数値インデックス値を使ってデータにアクセスするリストとは異なり、辞書はキーを使って関連するデータ値にアクセスします。この動作をインタプリタの>>>プロンプトで確認してみましょう。

辞書ではキーを使ってデータにアクセスする。

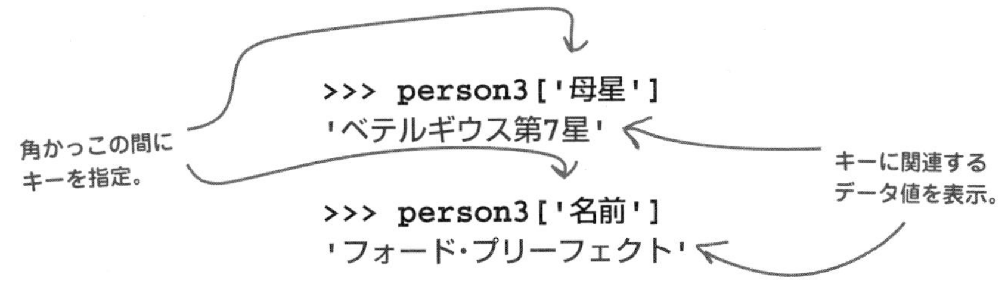

このようにデータにアクセスできることを考えると、インタプリタがデータを格納する順番は重要ではないことがわかります。

[] を使った値の検索

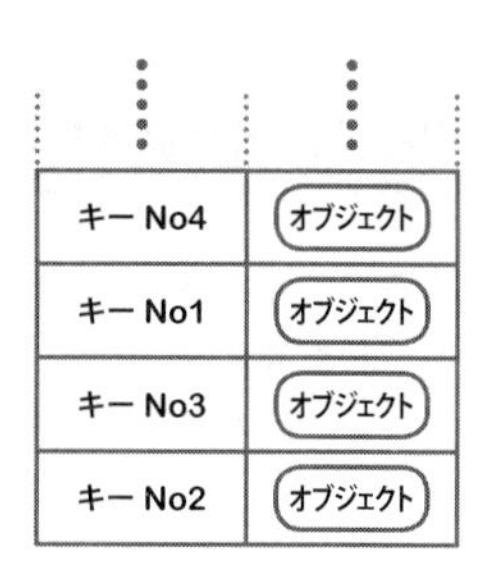

辞書

辞書の角かっこはリストの場合と同様に機能します。しかし、インデックス値を使って指定のスロットのデータにアクセスする代わりに、辞書では対応するキーでデータにアクセスします。

前ページの最後に示したように、辞書の角かっこの中にキーを指定すると、インタプリタはそのキーに対応する値を返します。前述の例を再び検討し、この考え方を頭に刻み込みましょう。

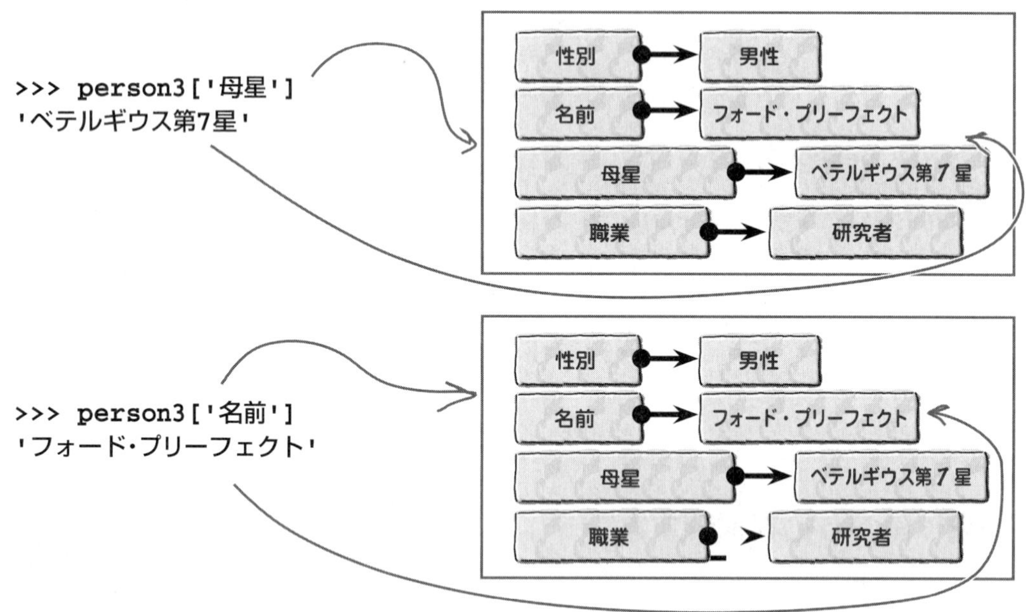

辞書検索は速い！

キーを使って辞書から値を抽出することが必要な状況はよくあるので、Pythonの辞書は便利です。例えば、プロフィールからのユーザ詳細の検索などは、基本的にperson3辞書に対してここで行っていることと同じです。

辞書の格納順は重要ではありません。重要なことは、インタプリタがキーと関連のある値に（辞書がどんなに大きくなっても）**素早く**アクセスできることです。ありがたいことに、インタプリタは高度に最適化された**ハッシュアルゴリズム**を採用しているおかげでこれが可能です。Pythonの多くの内部構造と同様、ここでの細部の処理はすべてインタプリタに安心して任せて、辞書の機能を利用できます。

Pythonの辞書はサイズ変更可能なハッシュテーブルとして実装されており、多くの状況に対して十分最適化されています。その結果、辞書の検索は高速です。

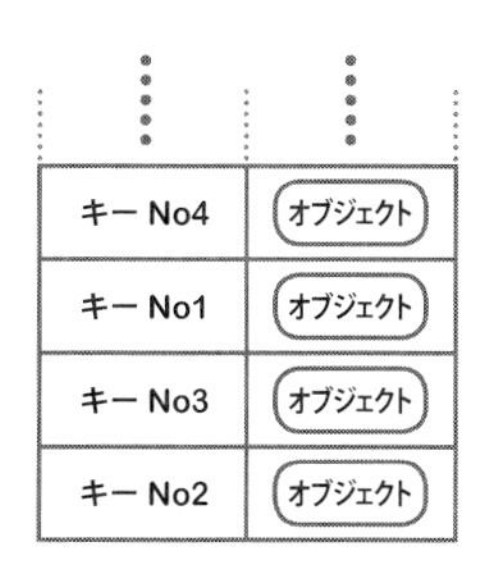

実行時に辞書を使う

辞書における角かっこ表記の動作を理解することは、実行時に辞書がどのように拡張するかを理解するために重要です。既存の辞書がある場合、新しいキーにオブジェクトを割り当てることで新たなキーと値のペアを追加できます。新しいキーは、[] 内に指定します。

例えば、次ではperson3辞書の現在の状態を表示し、「年齢」というキーに33を関連付ける新たなキーと値のペアを追加しています。そして、person3辞書を再び表示し、新しい行が問題なく追加されていることを確認します。

新たな行を追加する前

```
>>> person3
{'名前': 'フォード・プリーフェクト', '性別': '男性',
'母星': 'ベテルギウス第7星',
'職業': '研究者'}
```

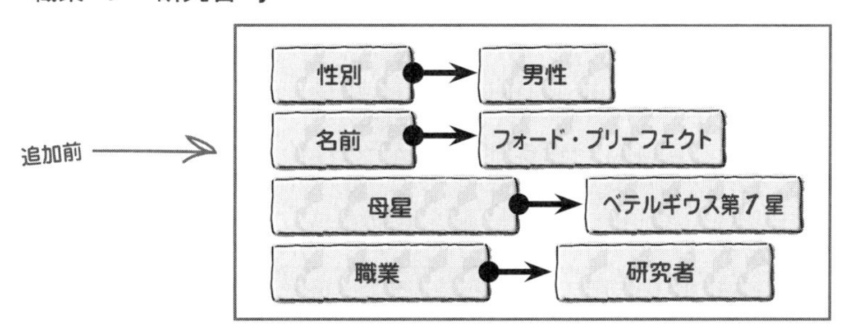


```
>>> person3['年齢'] = 33
```

新しいキーにオブジェクト（この例では数値）を割り当て、辞書に１行のデータを追加。

```
>>> person3
{'名前': 'フォード・プリーフェクト', '性別': '男性',
'年齢': 33, '母星': 'ベテルギウス第7星',
'職業': '研究者'}
```

新たな行を追加した後

性別	男性
名前	フォード・プリーフェクト
年齢	33
母星	ベテルギウス第７星
職業	研究者

新たな行。「33」が「年齢」に対応しています。

追加後

おさらい：見つかった母音の表示（リスト）

前のページでも言いましたが、このように辞書を拡張してさまざまな状況で利用することができます。例えば、**頻度**をカウントする際によく使われます。つまり、あるデータを処理して出現回数を格納するのです。辞書を使った頻度のについて説明する前に、2章の母音カウントの例に戻ってみましょう。

`cvowels3.py`は単語内に含まれる母音の重複しないリストを探し出すものでした。さて、このプログラムを拡張し、単語内に各母音が何回出現するかの詳細を出力したい場合は、どうすればよいでしょうか？

以下は2章のコードです。単語を指定すると、単語内に含まれる母音の重複しないリストを表示します。

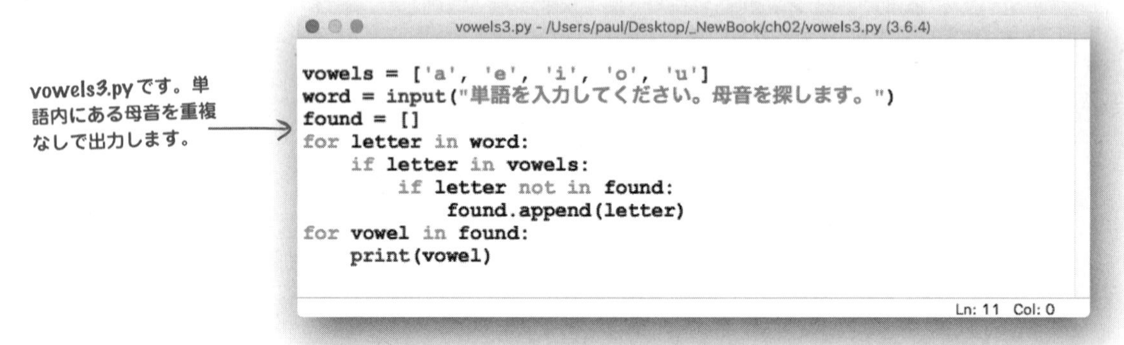

IDLEでこのコードを何度も実行しましたね。

Python 3.6.4 Shell

```
>>>
=========== RESTART: /Users/paul/Desktop/_NewBook/ch02/vowels3.py ===========
単語を入力してください。母音を探します。Millways
i
a
>>>
=========== RESTART: /Users/paul/Desktop/_NewBook/ch02/vowels3.py ===========
単語を入力してください。母音を探します。Hitch-hiker
i
e
>>>
=========== RESTART: /Users/paul/Desktop/_NewBook/ch02/vowels3.py ===========
単語を入力してください。母音を探します。Galaxy
a
>>>
=========== RESTART: /Users/paul/Desktop/_NewBook/ch02/vowels3.py ===========
単語を入力してください。母音を探します。Sky
>>> |
```

Ln: 64 Col: 4

辞書はどのように機能するの?

わからないな。vowels3.pyは問題なく
動作しているよ。なのに、なぜ問題ないものを
直そうとしているの?

直そうとはしていません。

vowels3.pyは期待どおりに動作しています。この場合にはリストが最適です。

しかし、単語内の母音だけでなく、出現回数も調べたい場合を考えてください。単語内に母音がそれぞれ何回出現するかを数えるときはどうしますか?

母音の出現回数をリストだけで数えるのは少し困難ですが、辞書を使うとうまくいくのです。

次の数ページでは、母音プログラムで辞書を使ってこの新たな要件を満たす方法を調べてみましょう。

素朴な疑問に答えます

Q:「辞書」という用語を、基本的にはテーブルであるデータ構造の名前として用いることを、変だと感じるのは私だけでしょうか?

A:あなただけではありません。「辞書(dictionary)」という用語はPythonドキュメントで使われています。実際には、ほとんどのPythonプログラマはそのままの「dictionary」ではなく、短く「dict」と言います。最も基本的な形式の辞書は2つのカラムと任意の数の行を持つテーブルです。

頻度カウント用のデータ構造を選ぶ

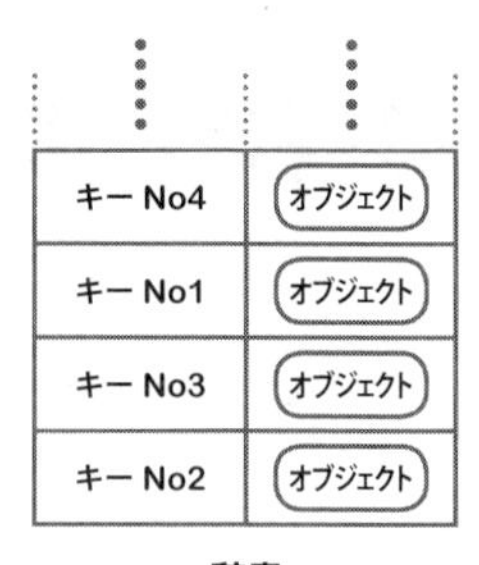

単語内に現れる各母音の回数（頻度）を格納するようにvowels3.pyを変更します。つまり、各母音の頻度はいくつなのでしょうか？このプログラムに期待する出力の概略を考えてみましょう。

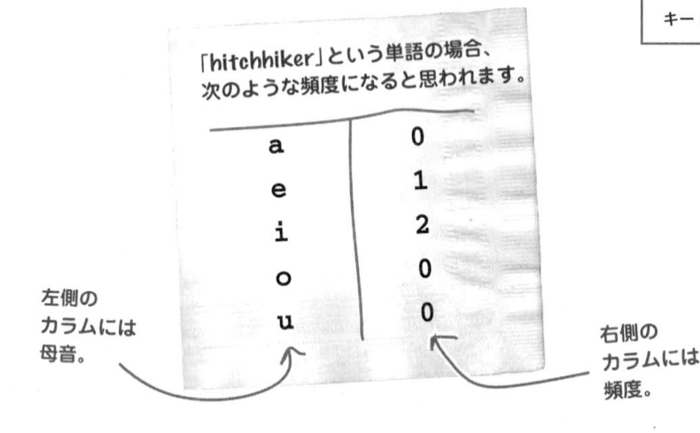

この出力は、インタプリタの辞書に対する見方と完全に一致しています。（vowels3.pyのように）探した母音をリストに格納する代わりに、辞書を使ってみましょう。引き続きこのコレクションをfoundと呼ぶことができますが、空のリストではなく空の辞書に初期化します。

いつものように、>>>プロンプトで試してからvowels3.pyに変更を加えましょう。空の辞書を作成するには、変数に{}を代入します。

```
>>> found = {}
>>> found
{}
```

中かっこだけだと辞書が空から始まることを意味します。

それぞれの母音の行を作成して対応する値を0に初期化しておきます。

```
>>> found['a'] = 0
>>> found['e'] = 0
>>> found['i'] = 0
>>> found['o'] = 0
>>> found['u'] = 0
>>> found
{'o': 0, 'u': 0, 'a': 0, 'i': 0, 'e': 0}
```

母音の数をすべて0に初期化。挿入順は保証されません（しかし、ここでは問題ではありません）。

あとは、指定された単語内の母音を探して必要に応じてそれぞれの頻度を更新するだけです。

頻度を更新する

頻度を更新するコードを書く前に、辞書の初期化コードを実行した後にメモリ内でfound辞書がインタプリタにどのように見えているかを考えます。

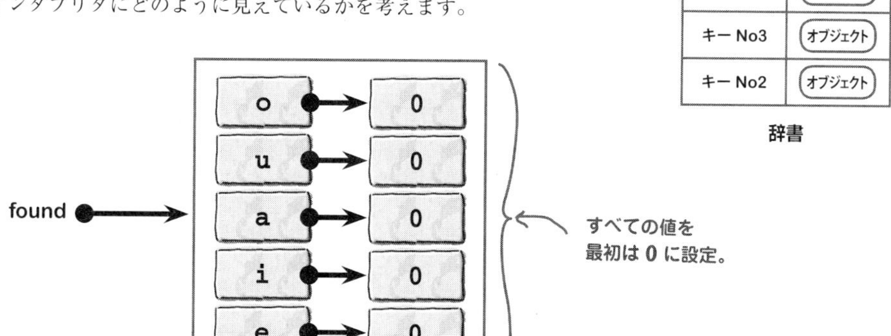

頻度が0に初期化されているので、特定の値を簡単に増やすことができます。例えば、以下はeの頻度を増やす方法です。

```
>>> found
{'o': 0, 'u': 0, 'a': 0, 'i': 0, 'e': 0}
>>> found['e'] = found['e'] + 1
>>> found
{'o': 0, 'i': 0, 'a': 0, 'u': 0, 'e': 1}
```

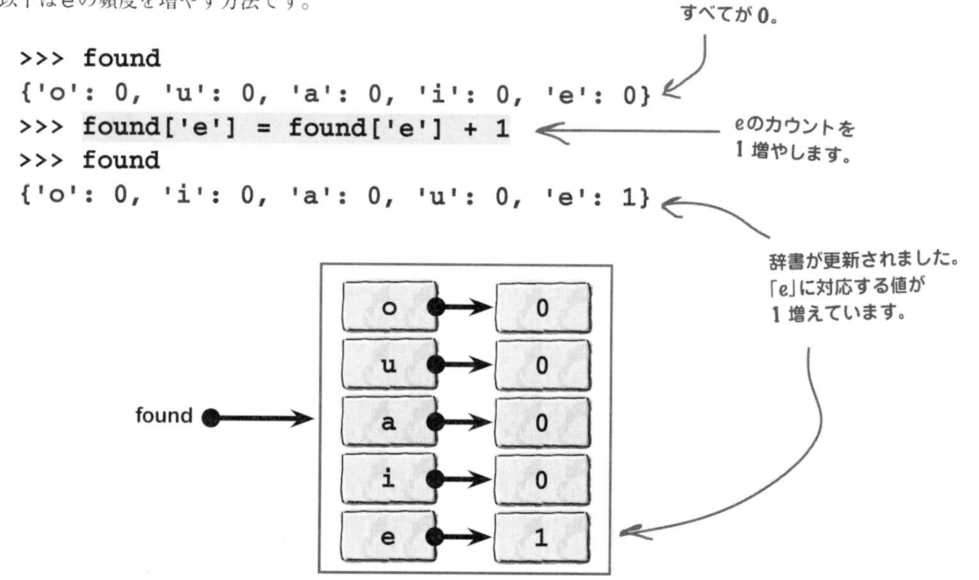

上のハイライトされたコードは正しく動作しますが、代入演算子の両側にfound['e']を書く方法は時代遅れです。そこで、この演算をもっと簡単にしたものを次のページで紹介します。

頻度を更新するv2.0

キー No4 オブジェクト
キー No1 オブジェクト
キー No3 オブジェクト
キー No2 オブジェクト
辞書

代入演算子(=)の両側にfound['e']を書くのは面倒です。Pythonでも他の言語で一般的な+=演算子が使えます。+=演算子は、同じことをもっと簡潔な方法で行います。

```
>>> found['e'] += 1
>>> found
{'o': 0, 'i': 0, 'a': 0, 'u': 0, 'e': 2}
```

eのカウントを(もう一度)1増やします。

辞書が再び更新。

この時点では、eキーに関連する値を2回増やしているので、現在インタプリタ内部で辞書は次のようになっています。

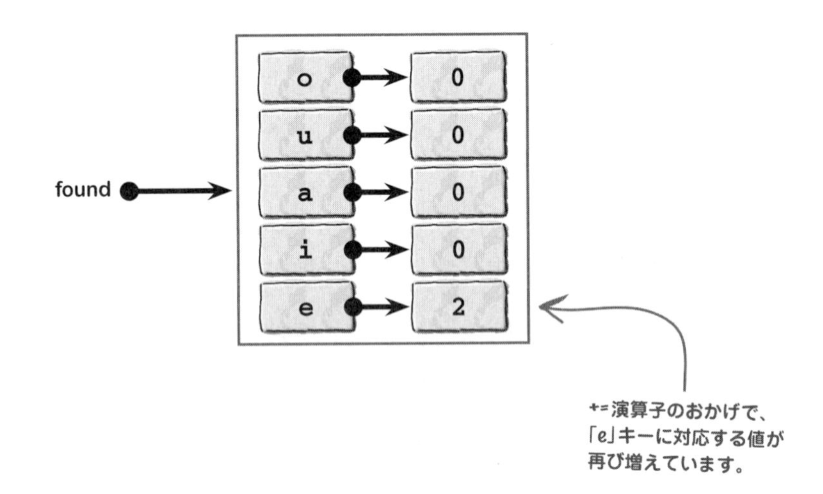

素朴な疑問に答えます

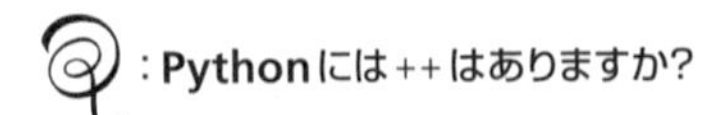

: Pythonには++はありますか?

A: 残念ながらありません。他のプログラミング言語の++インクリメント演算子のファンなら、代わりに+=に慣れなければいけません。--デクリメント演算子が好きな人もいます。Pythonには--もありません。代わりに-=を使う必要があります。

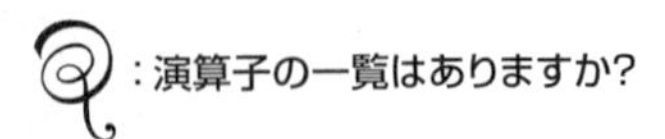

: 演算子の一覧はありますか?

A: あります。演算子の一覧はhttps://docs.python.jp/3/reference/lexical_analysis.html#operatorsを、Pythonの組み込み型における演算子の詳しい説明はhttps://docs.python.jp/3/library/stdtypes.htmlを参照してください。

辞書を反復処理する

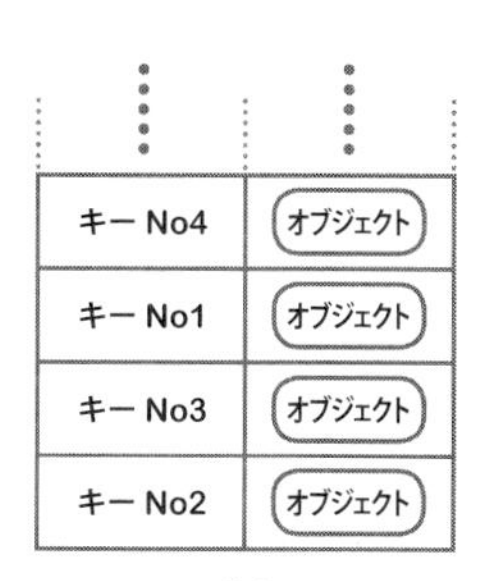

現在のところ、辞書をゼロデータで初期化する方法と、キーに対応する値をインクリメントして辞書を更新する方法を示しました。vowels3.pyを更新し、単語内に出現する母音の回数をカウントする準備がほぼ整いました。しかし、その前に、辞書を反復処理したときに何が起こるかを明らかにしましょう。辞書にデータを追加した後で、回数を画面に表示する手段が必要になるからです。

ここではforループで辞書を使うだけなのにと考えても仕方ありませんが、そうすると予期せぬ結果が生じます。

forループを使っていつもの方法で辞書を反復処理します。ここでは、「キーと値のペア(key/value pair)」の略として「kv」を使います（別の変数名でも構いません）。

```
>>> for kv in found:
        print(kv)

o
i
a
u
e
```

機能したのですが、キーだけが表示され、期待していた結果ではありません。頻度はどこに行ってしまったのでしょうか？

この出力は何かおかしいな。キーが表示されているけど、頻度は表示されていないぞ。どうなっているの？

ページをめくって頻度の値がどうなったのか確認しましょう。

キーと値を反復処理する

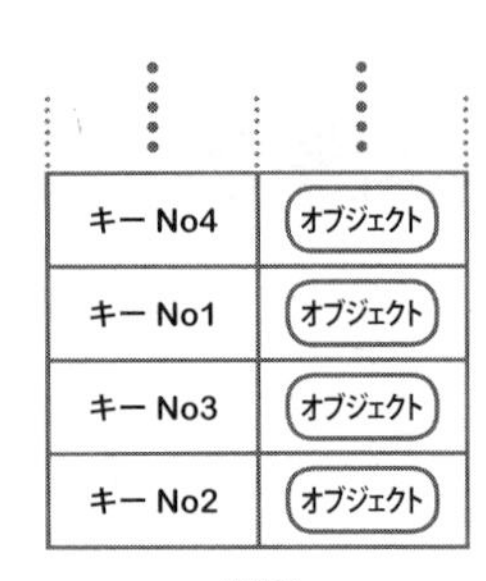

辞書

forループで辞書を反復処理すると、辞書のキーだけが表示されました。

キーに対応する値にアクセスするには、角かっこ内で辞書のキーを指定する必要があります。

次に示すループでは、キーだけでなく対応する値も表示します。このブロックを変更し、forループに指定したそれぞれのキーに対応する値にアクセスするようにします。

forループで辞書内のキーと値のペアを反復処理する際は、現在の行のキーをkに代入し、found[k]を使って対応する値にアクセスします。また、print関数に2つの文字列kとfound[k]を渡し、人間が理解しやすい形で出力しています。

kを使ってキーを表し、found[k]で値にアクセスします。

```
>>> for k in found:
        print(k, 'の出現回数は', found[k], '回。')

o の出現回数は 0 回。
i の出現回数は 0 回。
a の出現回数は 0 回。
u の出現回数は 0 回。
e の出現回数は 2 回。
```

この方がいいです。キーと値をループで処理して画面に表示しています。

>>>プロンプトの実行結果の順序が上の例と異なっていても心配しないでください。ここでは辞書を使っているため、インタプリタはランダムな内部順序になります。辞書は順序が保証されません。読者の順序はおそらく上とは異なるでしょうが、心配ありません。重要なのはデータが辞書に安全に格納されていることです。実際には安全に格納されています。

上のループは正しく機能していますが、言っておきたいことが2つあります。

その1：出力の順序がランダムではなくa、e、i、o、uの順の方が良いと思いませんか？

その2：このループは正しく機能しますが、辞書の反復処理をこのように書くのはお勧めできません。ほとんどのPythonプログラマは別の方法を使います。

（簡単に復習した後で）この2つの点をもう少し詳しく調べてみましょう。

辞書：すでにわかったこと

Pythonの辞書データ構造についてこれまでにわかったことをまとめてみましょう。

重要ポイント

- 辞書は、各行に2つのカラムを持つ行のコレクションと考える。1番目のカラムは**キー**を格納し、2番目のカラムには**値**を格納する。
- 各行は**キーと値のペア**からなり、辞書は任意の数のキーと値のペアを含むように拡張できる。リストと同様、辞書は必要に応じてサイズを変えられる。
- 辞書は簡単に見分けられる。辞書は{}で囲まれ、キーと値の各ペアはカンマで、キーと値はコロンで区切られる。
- 辞書では挿入順は**保証されない**。行の挿入順は、行の格納方法とは関係ない。
- 辞書のデータにアクセスするには**角かっこ表記**を使う。[]内にキーを指定して対応する値にアクセスする。
- forループを使って辞書を反復処理できる。それぞれの反復では、キーをループ変数に代入し、そのループ変数を使ってデータ値にアクセスする。

辞書の出力順を指定する

forループの出力をランダムな順序ではなく、a、e、i、o、uの順に変更しましょう。Pythonの組み込み関数sortedを使えば並べ替えることができます。sorted関数はfound辞書をソートされたリストとして返します。

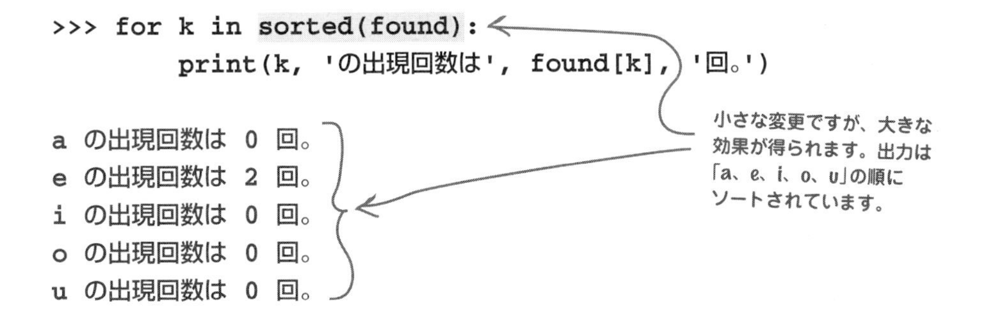

```
>>> for k in sorted(found):
        print(k, 'の出現回数は', found[k], '回。')

a の出現回数は 0 回。
e の出現回数は 2 回。
i の出現回数は 0 回。
o の出現回数は 0 回。
u の出現回数は 0 回。
```


ここでは2つある方法のうちの1つを紹介しました。ただし、ほとんどのPythonプログラマは、上の方法よりも次に紹介する方法を使います（しかし、このページで紹介した方法はよく使うので、覚えておきましょう）。

「items」を使って辞書を反復処理する

前ページでは、次のコードで辞書内のデータ行を反復処理できることを確認しました。

```
>>> for k in sorted(found):
        print(k, 'の出現回数は', found[k], '回。')

a の出現回数は 0 回。
e の出現回数は 2 回。
i の出現回数は 0 回。
o の出現回数は 0 回。
u の出現回数は 0 回。
```

リストと同様、辞書にも多くの組み込みメソッドがあります。その1つがitemsメソッドです。このメソッドはキーと値のペアのリストを返します。辞書を反復処理するには、多くの場合、forと一緒にitemsを使うのが好ましいとされています。なぜなら、ループ変数としてキーと値にアクセスし、それをブロック内で使えるからです。その結果、ブロックの見た目と読みやすさが向上しいます。

次のコードは、上のループをitemsで書き換えたものです。書き換え後のコードは2つのループ変数(kとv)を使ってここでもsortedで出力順を制御しています。

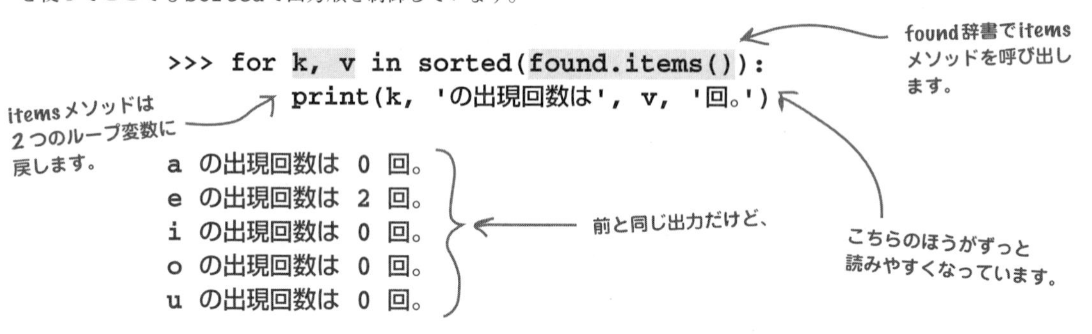


```
>>> for k, v in sorted(found.items()):
        print(k, 'の出現回数は', v, '回。')

a の出現回数は 0 回。
e の出現回数は 2 回。
i の出現回数は 0 回。
o の出現回数は 0 回。
u の出現回数は 0 回。
```

Q：2番目のループでなぜsortedを再び呼び出しているのですか？ 1回目のループで辞書が希望どおりに並べられたので、2回目ではソートする必要がないのではないですか？

A：いいえ、そうではありません。組み込み関数sortedは指定したデータの順序を変えるのではなく、ソートされた新たなリストとして返します。辞書はランダム順のままなので、キーと値のペアをある特定の順に反復処理するたびにsortedを呼び出す必要があります。

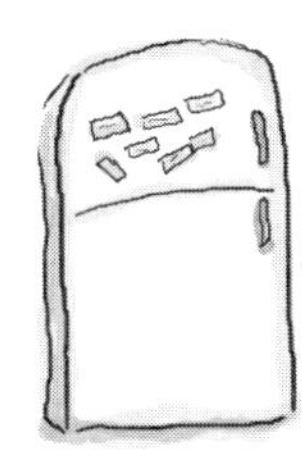

頻度マグネット

>>>プロンプトでひと通り試したので、いよいよvowels3.pyを変更してみましょう。以下はコード全体です。マグネットを並べ替え、指定した単語に含まれる各母音の出現回数をカウントするプログラムを作成してください。

点線の位置に入るコードを選んでvowels4.pyを作成。

```
vowels = ['a', 'e', 'i', 'o', 'u']
word = input("単語を入力してください。母音を探します。")
..........................................
..........................................
..........................................
..........................................
..........................................
..........................................
..........................................
for letter in word:
    if letter in vowels:
..........................................
for .................. in sorted(..................):
    print(.................., 'の出現回数は', .................. , '回。')
```

どこに入るでしょう？
注：使わないマグネットもあります。

```
found = {}
found[letter]
k, v
k
found = []
found['a'] = 0
found['e'] = 0
found['i'] = 0
found['o'] = 0
found['u'] = 0
value
+= 1
key
found
v
found.items()
```

正しいと思う場所にマグネットを置いたら、vowels3.pyをIDLEの編集ウィンドウに入力して名前をvowels4.pyに変更し、このプログラムの新しいバージョンに変更を適用してください。

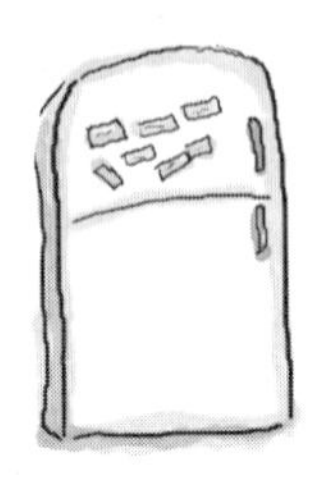

頻度マグネットの答え

>>>プロンプトでひと通り試したので、いよいよvowels3.pyを変更してみましょう。以下はコード全体です。マグネットを並べ替え、指定した単語に含まれる各母音の出現回数をカウントするプログラムを作成する必要がありました。

正しいと思う場所にマグネットを配置したら、vowels3.pyをIDLEの編集ウィンドウに入力して名前をvowels4.pyに変更し、新しいファイルに変更を適用します。

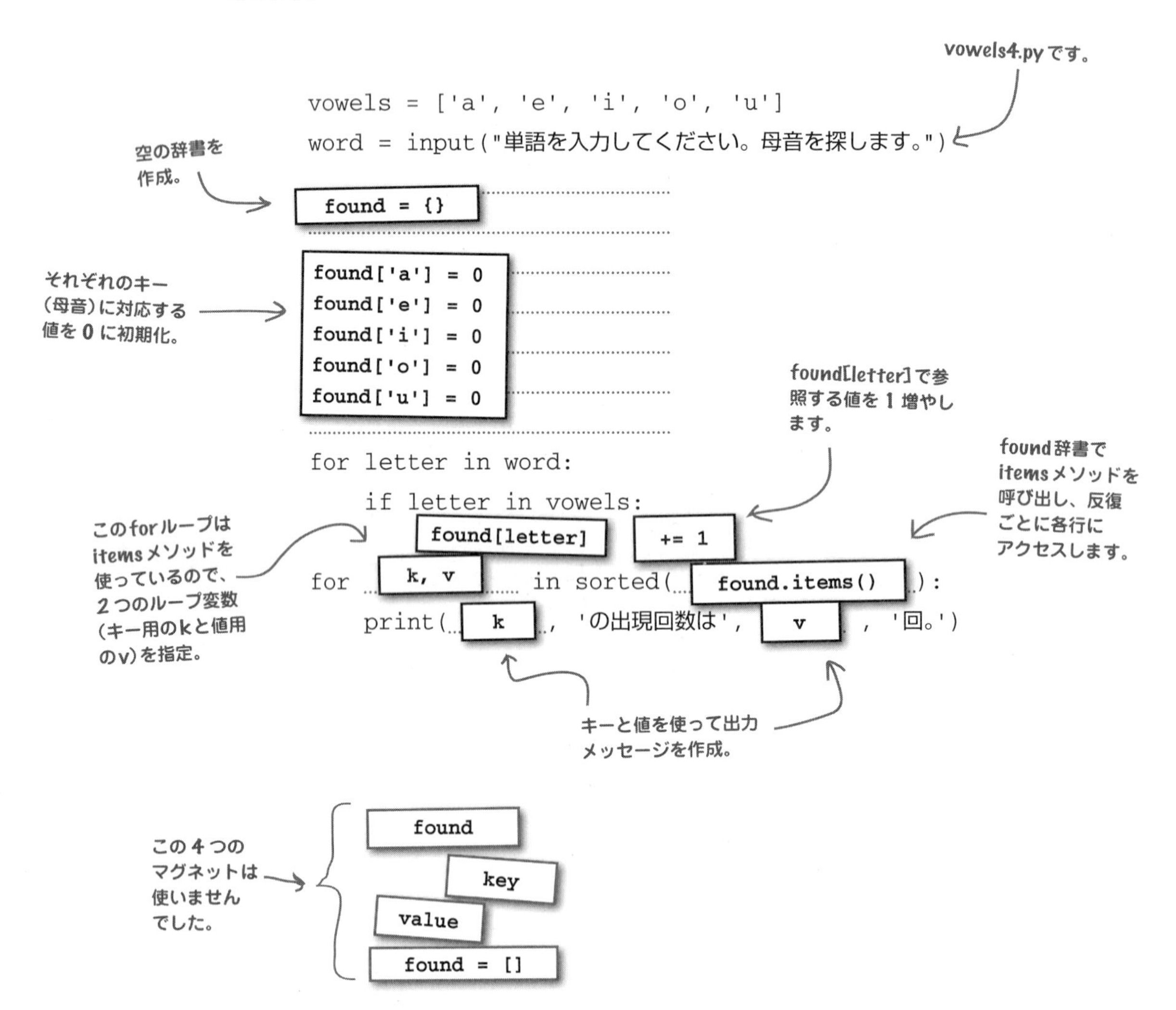

試運転

vowels4.pyを試してみましょう。IDLEの編集ウィンドウにコードを入力したら、[F5]を押して何が起こるか確かめてみましょう。

「vowels4.py」コード

vowels4.py - /Users/paul/Desktop/_NewBook/ch03/vowels4.py (3.6.4)

```
vowels = ['a', 'e', 'i', 'o', 'u']
word = input("単語を入力してください。母音を探します。")
found = {}

found['a'] = 0
found['e'] = 0
found['i'] = 0
found['o'] = 0
found['u'] = 0

for letter in word:
    if letter in vowels:
        found[letter] += 1

for k, v in sorted(found.items()):
    print(k, 'の出現回数は', v, '回。')
```

このコードを3回実行してうまくいくか確認しました。

Python 3.6.4 Shell

```
>>>
=========== RESTART: /Users/paul/Desktop/_NewBook/ch03/vowels4.py ===========
単語を入力してください。母音を探します。Hitch-hiker
a の出現回数は 0 回。
e の出現回数は 1 回。
i の出現回数は 2 回。
o の出現回数は 0 回。
u の出現回数は 0 回。
>>>
=========== RESTART: /Users/paul/Desktop/_NewBook/ch03/vowels4.py ===========
単語を入力してください。母音を探します。life, the universe, and everything
a の出現回数は 1 回。
e の出現回数は 6 回。
i の出現回数は 3 回。
o の出現回数は 0 回。
u の出現回数は 1 回。
>>>
=========== RESTART: /Users/paul/Desktop/_NewBook/ch03/vowels4.py ===========
単語を入力してください。母音を探します。Sky
a の出現回数は 0 回。
e の出現回数は 0 回。
i の出現回数は 0 回。
o の出現回数は 0 回。
u の出現回数は 0 回。
>>>
```

この3回の「実行」の結果は期待どおりです。

うまくいっていると思うけど、0回のときは知らせる必要があるのかな？

辞書はどれくらい動的なのか？

vowels4.pyは、母音の出現回数が0回のときでもすべての母音を表示します。これで困ることはないかもしれませんが、**実際に**その母音が含まれるときだけ結果を表示させたいとします。つまり、「出現回数は0回」というメッセージは見たくないのです。

この問題を解決するにはどうしますか？

Pythonの辞書は動的だよね。それなら、母音の出現回数を初期化する5行を削除するだけでいいんじゃないの？この行がなければ、含まれる母音だけをカウントするよね？

うまくいきそうな気がします。

現在は、vowels4.pyの冒頭に**最初に**母音の頻度を0に設定する5行のコードがあります。このコードは、たとえ使われないものがあっても各母音に対応するキーと値のペアを作成します。この5行を削除し、出現する母音の回数だけを記録して残りは無視するようにすべきです。

このアイデアを試してみましょう。

vowels4.pyをvowels5.pyとして保存します。そして、5行の初期化コードを削除します。IDLEの編集ウィンドウはこのページの右側のようになっているでしょう。

初期化コードを削除したvowels5.py

vowels5.py - /Users/paul/Desktop/_NewBook/ch03/vowels5.py (3.6.4)

```
vowels = ['a', 'e', 'i', 'o', 'u']
word = input("単語を入力してください。母音を探します。")

found = {}

for letter in word:
    if letter in vowels:
        found[letter] += 1

for k, v in sorted(found.items()):
    print(k, 'の出現回数は', v, '回。')
```

Ln: 7 Col: 0

試運転

手順はわかっていますね。IDLEの編集ウィンドウにvowels5.pyがあることを確認し、[F5]を押してプログラムを実行します。すると、実行時エラーに直面します。

```
Python 3.6.4 Shell
>>>
=========== RESTART: /Users/paul/Desktop/_NewBook/ch03/vowels5.py ===========
単語を入力してください。母音を探します。hitch-hiker
Traceback (most recent call last):
  File "/Users/paul/Desktop/_NewBook/ch03/vowels5.py", line 9, in <module>
    found[letter] += 1
KeyError: 'i'
>>>
                                                          Ln: 71  Col: 4
```

これはうまくいきません。

5行の初期化コードの削除は適切ではなかったことは明らかです。しかし、なぜこのようになったのでしょうか？ Pythonの辞書は実行時に動的に拡張するためこのコードはクラッシュするはずがないのですが、クラッシュしてしまいました。なぜこのエラーが起こったのでしょうか？

辞書のキーは初期化しなければいけない

初期化コードを削除したら実行時エラーが起こってしまいました。具体的にはKeyErrorでした。このエラーは存在しないキーに対応する値にアクセスすると発生します。キーがないため、そのキーに対応する値も見つからないからです。

これは初期化コードを復活すべきということでしょうか？たった5行の短いコードの何が悪いのでしょうか？もちろん初期化コードは簡単に復活できますが、元に戻したらどうなるかを少し時間をかけて考えてみましょう。

現在は5つの文字の出現回数をカウントするだけですが、例えばこれが1000(以上)の文字になったとしたら、いきなり**膨大な数**の初期化コードが必要になります。ループを使って初期化を「自動化」することはできますが、やはり行数の多い大きな辞書を作成することになり、その多くは使わずじまいになる可能性があります。

必要になった時点でキーと値のペアを作成する方法があればいいのですが。

この問題の対応策は他にもあります。ここで発生した実行時例外（この例では「KeyError」）を処理することです。Pythonの実行時例外の対応については11章で詳しく説明します。ここでは我慢してください。

辞書でin演算子を使えないのかな？

いい質問です。

リストに値があるかを調べるときにinが初めて登場しました。おそらく、辞書でもinを使えるのではないでしょうか？

>>>プロンプトで試してみましょう。

実行時のKeyErrorを避ける

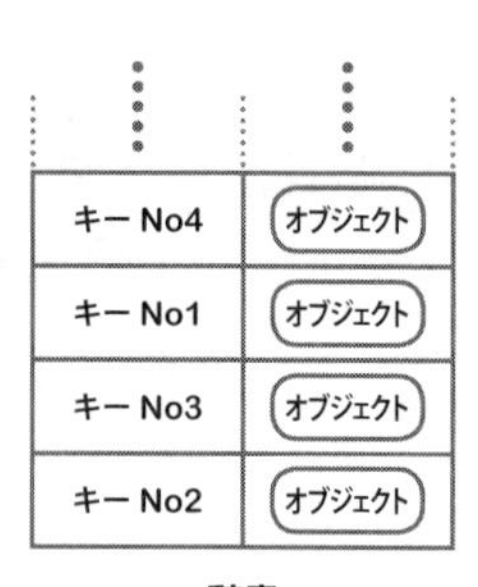

リストの場合と同様、in演算子を使って辞書にキーがあるかどうかを調べることができます。インタプリタは、キーの有無によってTrueまたはFalseを返します。

これを利用してKeyError例外を回避してみましょう。実行時に辞書にデータを追加しようとしている最中に、このエラーが生じた結果としてコードが止まると迷惑だからです。

このテクニックを実証するために、fruitsという辞書を作成し、in演算子を使って存在しないキーにアクセスしたときにKeyErrorが起こらないようにします。まず、空の辞書を作成します。そして、キーapplesに値10を対応させて、辞書に追加します。in演算子を使ってキーapplesの有無を確認できます。

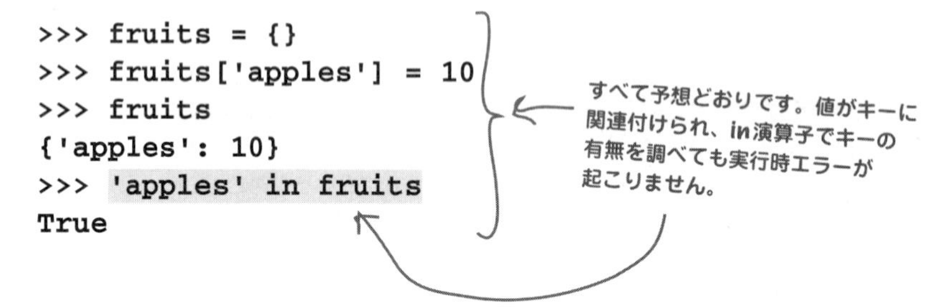
```
>>> fruits = {}
>>> fruits['apples'] = 10
>>> fruits
{'apples': 10}
>>> 'apples' in fruits
True
```


上のコードを実行した後にインタプリタにはメモリ内のfruits辞書がどのように見えるかを考えてみましょう。

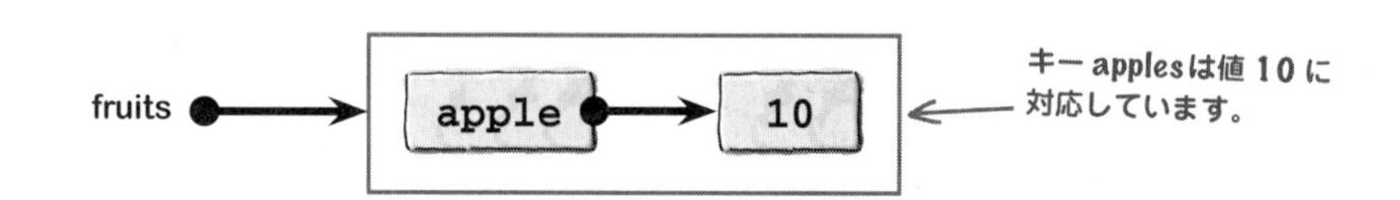

fruits
apple
10
キー applesは値 10 に対応しています。

素朴な疑問に答えます

Q：このページの例から、Pythonはtrueに定数Trueを使っているのですよね？ Falseもあるのですか？ また、これらの値を使うときに大文字小文字は重要なのですか？

A：すべての質問に対してそのとおりです。Pythonでブール値を指定する必要があるときには、TrueかFalseのどちらかを使えます。これはインタプリタが提供する定数です。先頭は大文字です。先頭が小文字のtrueやfalseは、ブール値ではなく変数名として扱われてしまうので、注意が必要です。

「in」を使ってメンバーかどうかを調べる

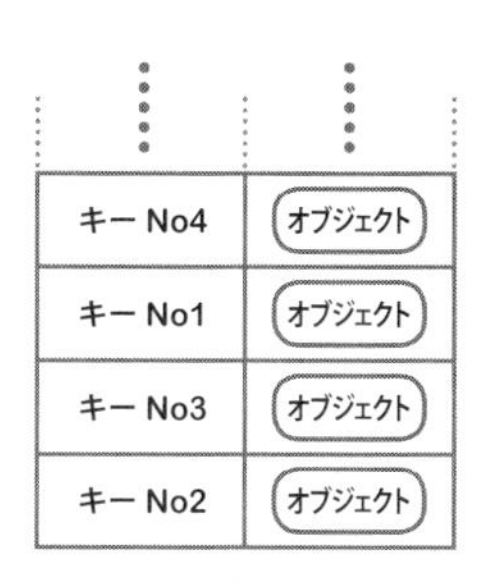

fruits辞書にbananas用のデータ行を追加してみましょう。しかし、(applesの場合と同様に)bananasに直接割り当てる代わりに、fruits辞書にbananasが存在する場合にはbananasに対応する値を1増やし、存在しない場合はbananasを1で初期化しましょう。これは特に辞書を使って頻度をカウントするときには一般的です。ここで採用するロジックはうまくいけばKeyErrorを避けることができるでしょう。

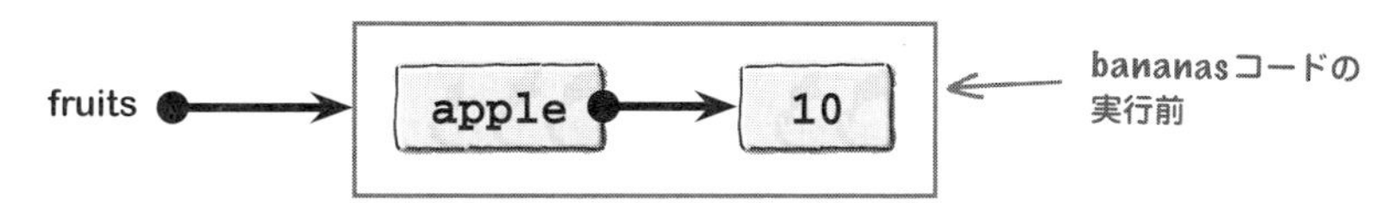

次のコードでは、in演算子をif文と一緒に使ってbananasで間違えないようにしています(この間違いはあとで大変なことになります)。

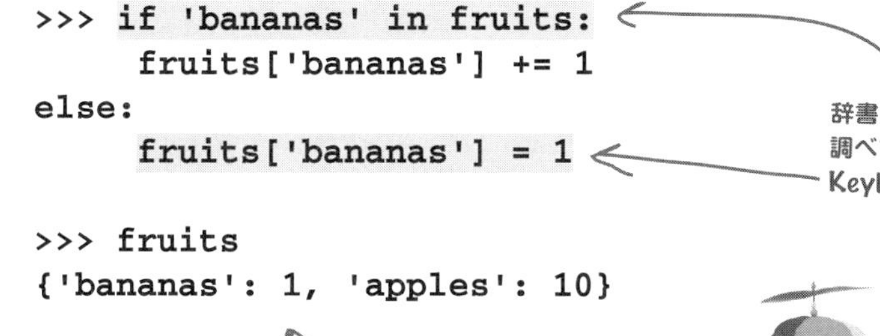

```
>>> if 'bananas' in fruits:
        fruits['bananas'] += 1
else:
        fruits['bananas'] = 1

>>> fruits
{'bananas': 1, 'apples': 10}
```

辞書にキーbananasがあるかどうかを調べて、なければ値を1で初期化します。KeyErrorを回避するのです。

bananasの値を1に設定。

上のコードは、インタプリタのメモリ内のfruits辞書の状態を次のように変更します。

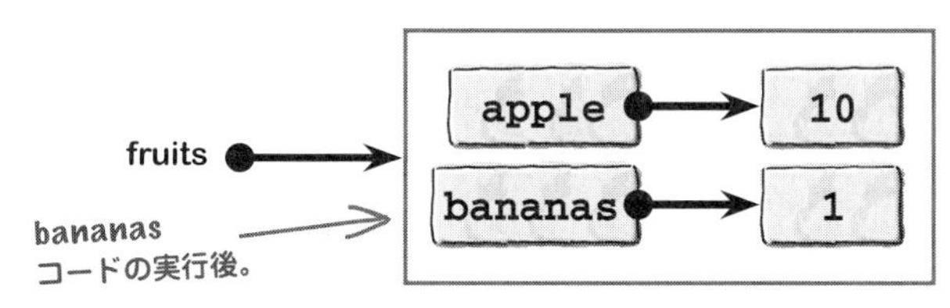

予想どおり、fruits辞書は1つのキーと値のペアの分だけ拡張され、bananasの値は1で初期化されています。このようになるのは、if文に関連する条件がFalseに評価され、代わりに2番目のブロック(つまり、elseに対応するブロック)を実行したからです。このコードを再び実行したときに何が起こるかを確認してみましょう。

他の言語で**三項演算子**`?:`を使ったことがありますか。Pythonは同様の構造をサポートしています。yの値が3より大きいかどうかによってxに10か20のどちらかを設定するには、次のようにします。

```
x = 10 if y > 3 else 20
```

しかし、ほとんどのPythonプログラマは同等の`if... else...`の方が読みやすいと考えているので、三項演算子はあまり使いません。

使う前には必ず初期化

このコードを再度実行すると、fruits辞書にはすでにbananasキーが存在するので今回はifブロックを実行するため、bananasに対応する値は1増えるはずです。

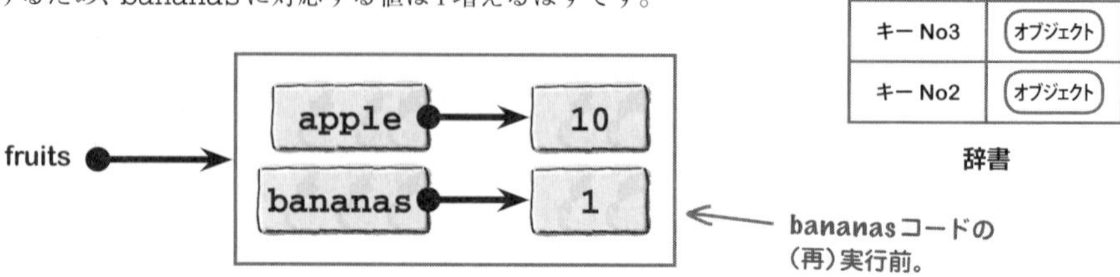

このコードを再度実行するには、[Ctrl]+[P](Mac)か[Alt]+[P](LinuxまたはWindows)を押し、IDLEの>>>プロンプトで過去に入力したコード文を復元します(IDLEの>>>プロンプトでは上矢印を使って入力を復元できないため)。再度コードを実行するには、忘れずに[Enter]を**2回**押します。

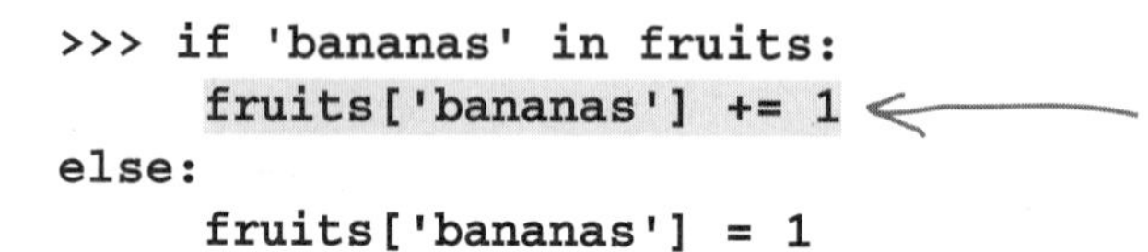

```
>>> if 'bananas' in fruits:
        fruits['bananas'] += 1
else:
        fruits['bananas'] = 1
```

今回は辞書にキーbananasがあるので、値を1増やします。前のときと同様、ifとinを一緒に使うとKeyError例外でこのコードがクラッシュするのを防ぎます。

```
>>> fruits
{'bananas': 2, 'apples': 10}
```

今回はif文に関連するコードを実行するので、インタプリタのメモリ内ではbananasに対応する値が1増えます。

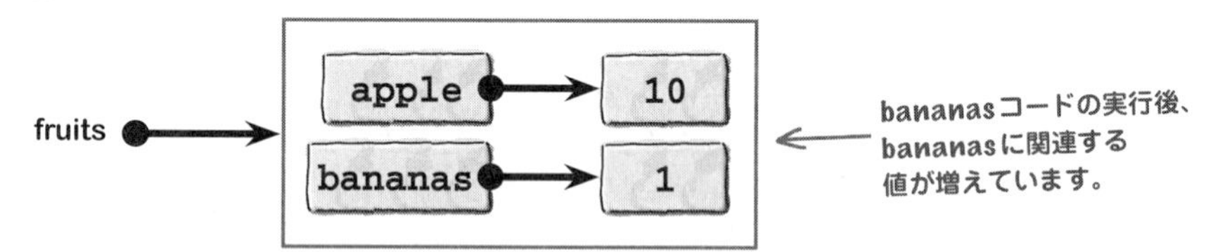

これは一般的な手法です。しかも多くのPythonプログラマは条件を逆にしてこの4行のコードをさらに短くします。inではなく、not inを使って調べます。すると、キーが見つからなかった場合はデフォルト値(通常は0)に初期化し、その直後にインクリメントを実行できます。

このメカニズムの動作を調べてみましょう。

「in」の代わりに「not in」を使う

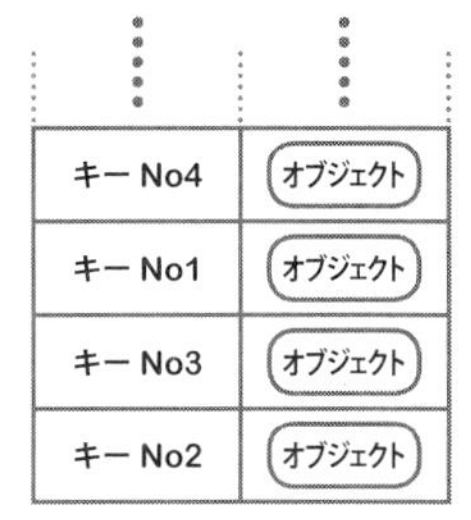

前のページの最後で、ほとんどのPythonプログラマはinの代わりにnot inを使うように元の4行のコードを書き直すと述べました。そこでpearsキーの値をインクリメントする前にpearsキーを0に設定し、その動作を確認してみましょう。

```
>>> if 'pears' not in fruits:
        fruits['pears'] = 0        ← 初期化（必要な場合）

>>> fruits['pears'] += 1           ← インクリメント
>>> fruits
{'bananas': 2, 'pears': 1, 'apples': 10}
```

この3行で辞書が再び大きくなりました。現在、fruits辞書にはキーと値のペアが3つあります。

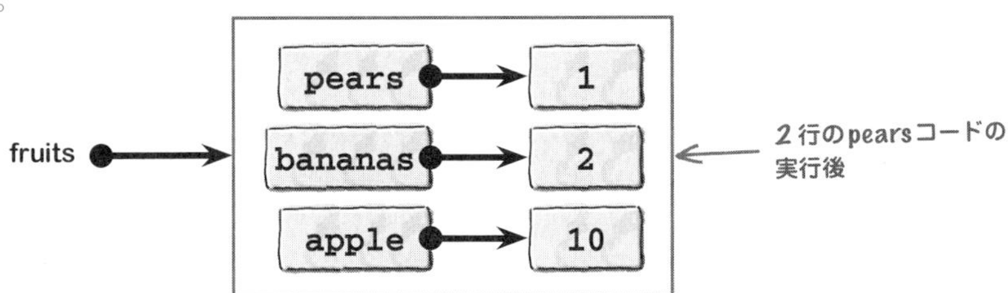

上の3行のコードはPythonでは一般的ですが、このif/not inの組み合わせをもっと便利で間違いを起こしにくくする辞書メソッドを提供しています。setdefaultメソッドはこの2行のif/not in文と同じことを行いますが、コードは**1行**で済みます。

以下は、このページの先頭のpearsコードをsetdefaultを使って書き換えたものです。

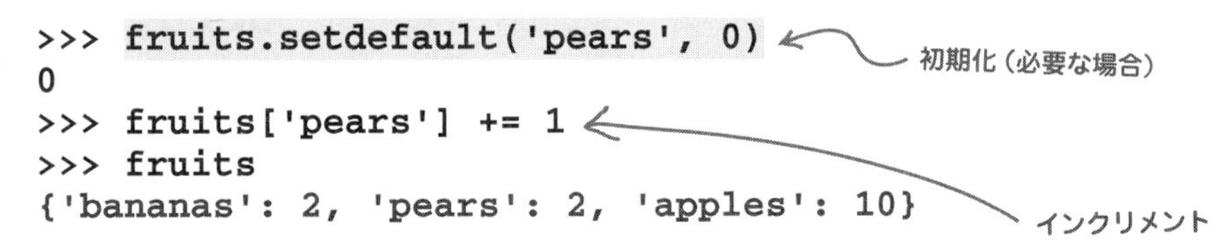

```
>>> fruits.setdefault('pears', 0)   ← 初期化（必要な場合）
0
>>> fruits['pears'] += 1            ← インクリメント
>>> fruits
{'bananas': 2, 'pears': 2, 'apples': 10}
```

setdefaultの1回の呼び出しで2行のif/not in文を置き換え、キーを使う前に必ずデフォルト値に初期化することを保証します。KeyError例外の起こる可能性はなくなります。現在のfruits辞書の状態を右側に示します。（pearsの場合のように）キーが既に存在するときにsetdefaultを呼び出しても影響がないことが確認できます。これはまさにこの例で望んでいる動作です。

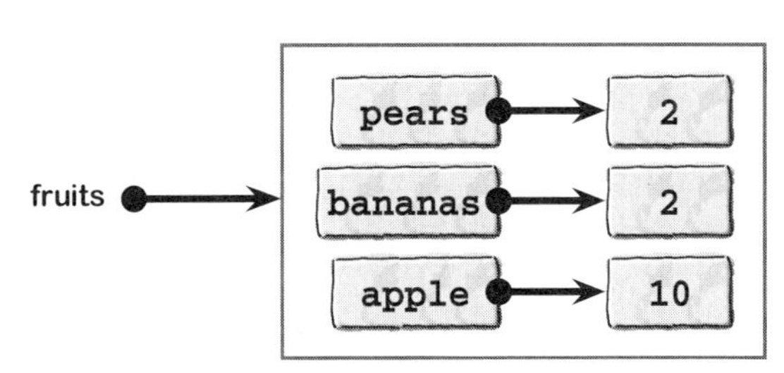

setdefaultメソッドを使う

キー No4	オブジェクト
キー No1	オブジェクト
キー No3	オブジェクト
キー No2	オブジェクト

辞書

現在のバージョンのvowels5.pyは実行時エラーになっていました。具体的にはKeyErrorでした。このエラーは存在しないキーの値にアクセスするために起こります。

このコードではエラーが出ます。

vowels5.py - /Users/paul/Desktop/_NewBook/ch03/vowels5.py (3.6.4)

```
vowels = ['a', 'e', 'i', 'o', 'u']
word = input("単語を入力してください。母音を探します。")

found = {}

for letter in word:
    if letter in vowels:
        found[letter] += 1

for k, v in sorted(found.items()):
    print(k, 'の出現回数は', v, '回。')
```

Python 3.6.4 Shell

```
>>>
=========== RESTART: /Users/paul/Desktop/_NewBook/ch03/vowels5.py ===========
単語を入力してください。母音を探します。hitchhiker
Traceback (most recent call last):
  File "/Users/paul/Desktop/_NewBook/ch03/vowels5.py", line 9, in <module>
    found[letter] += 1
KeyError: 'i'
>>> 
```

Ln: 78 Col: 4

fruitsを試した結果から、面倒なエラーを心配せずにsetdefaultを何度でも呼び出せることがわかりました。setdefaultは存在しないキーを指定のデフォルト値に初期化するか、または何もしません(つまり、既存のキーに対応する既存の値はそのままになります)。vowels5.pyでキーを使う直前にsetdefaultを呼び出せば、キーは存在するかしないかのどちらかなのでKeyErrorを確実に避けられます。いずれにせよ(setdefaultのおかげで)プログラムは動作を続け、クラッシュしなくなります。

setdefaultでKeyError例外を回避できる。

IDLEの編集ウィンドウで、vowels5.pyの最初のforループを次のように変更し(setdefaultを追加します)、vowels6.pyとして保存します。

```
for letter in word:
    if letter in vowels:
        found.setdefault(letter, 0)
        found[letter] += 1
```

1行のコードが状況を一変させてしまうこともあります。

試運転

IDLEの編集ウィンドウに最新のvowels6.pyを入力し、[F5]を押します。何度か実行し、厄介なKeyError例外が起こらないことを確認してください。

```
Python 3.6.4 Shell
>>>
=========== RESTART: /Users/paul/Desktop/_NewBook/ch03/vowels6.py ===========
単語を入力してください。母音を探します。hitch-hiker
e の出現回数は 1 回。
i の出現回数は 2 回。
>>>
=========== RESTART: /Users/paul/Desktop/_NewBook/ch03/vowels6.py ===========
単語を入力してください。母音を探します。life, the universe, and everything
a の出現回数は 1 回。
e の出現回数は 6 回。
i の出現回数は 3 回。
u の出現回数は 1 回。
>>>
Ln: 89  Col: 5
```

よさそうです。KeyErrorが消えています。

setdefaultメソッドを使うことで、KeyError問題が解決しました。setdefaultを使うと、実行時に辞書を動的に拡張し、実際に必要なときにだけ新しいキーと値のペアを作成するので安心です。

このようにsetdefaultでは、事前に辞書のすべての行を初期化する必要が**ありません**。

辞書：すでにわかったことを更新する

Pythonの辞書について現在わかっていることのリストに追加しましょう。

重要ポイント

- デフォルトでは、すべての辞書には順序がなく、挿入順は保証されない。出力時に辞書をソートする必要がある場合には、組み込み関数sortedを使う。
- itemsメソッドは行（つまり、キーと値のペア）ごとに辞書を反復処理できる。それぞれの反復では、itemsメソッドは次のキーと対応する値をforループに返す。
- 既存の辞書内の存在しないキーにアクセスしようとするとKeyErrorになる。KeyErrorが発生すると、プログラムは実行時エラーでクラッシュする。
- キーにアクセスする前に辞書内のすべてのキーに対応する値があればKeyErrorを回避できる。in演算子やnot in演算子を使うが、setdefaultメソッドを使うことも一般的。

辞書（とリスト）で十分じゃないの?

データ構造についてずいぶん長く聞いてきたけど、まだあるの？ きっと、ほとんどの場合は辞書（とリスト）があれば十分ってことよね？

辞書（とリスト）はすごい

すごいのは辞書とリストだけではありません。

確かに辞書とリストで多くのことが実行できるので、Pythonプログラマの多くは他のデータ構造をあまり必要とはしません。しかし正直に言うと、辞書とリストしか使わないプログラマは大事なことを見逃しています。**特定の状況**では他の組み込みデータ構造（**集合**と**タプル**）が便利です。状況によってはこのデータ構造を使うとコードがずっとシンプルになります。

この特定な状況がいつ発生するかを見極めることがポイントです。そのために、集合とタプルの両方の一般的な例を調べてみましょう。まずは集合からです。

Q: **辞書はこれで終わりですか? きっと、辞書の値の部分が例えばリストや別の辞書であることはよくありますよね?**

A: はい、一般的です。しかし、この章の最後でその方法を説明します。その間に、辞書についての知識をしっかり身に付けてください。

集合は重複を許さない

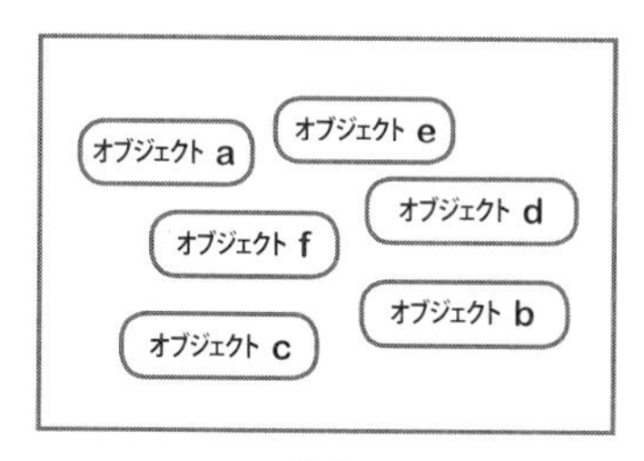

集合

Pythonの**集合**データ構造は、学校で習った集合と同様です。ある数学的な特性を持つもので、主な特徴は**重複値を禁止している**ことです。

大きな組織全員の姓の長いリストがありますが、それよりもずっと短い重複のない姓のリストだけがほしいとします。その場合は姓の長いリストから重複を取り除く手早く確実な方法が必要です。集合はこのような問題の解決が得意です。姓の長いリストを集合に変換し、その集合をリストに変換し直すだけで、重複のない姓のリストとなります。

Pythonの集合データ構造は高速な検索用に最適化されていて、検索が主な目的である場合には集合の方がリストよりもずっと高速です。リストは遅い逐次検索なので、検索には集合の方が向いています。

コード内の集合を探す

コード内の集合は簡単に探し出すことができます。集合内のオブジェクトはカンマで区切られ、さらに{}で囲まれています。

例えば、次の例は母音の集合です。

集合は中かっこで括ります。

```
>>> vowels = { 'a', 'e', 'e', 'i', 'o', 'u', 'u' }
>>> vowels
{'e', 'u', 'a', 'i', 'o'}
```

順序に注目。元の挿入順と違います。重複も解消されています。

オブジェクトはカンマで区切ります。

集合も辞書も{}で囲むため、間違えられることも多いのですが、決定的な違いは、辞書ではコロン(:)を使ってキーと値を区切ることです。集合ではコロンは使われず、カンマだけです。

(辞書と同様に)集合の利用時にインタプリタは、重複を禁止するだけでなく、挿入順を**保証しません**。しかし、他のデータ構造と同様、`sorted`関数で出力時に集合をリストに変換してソートできます。また、リストや辞書と同様、集合も必要に応じて拡張や縮小ができます。

集合なので、このデータ構造は**差集合**、**積集合**、**和集合**などの集合的な操作を行うことができます。集合の動作を説明するために、この章の最初の母音カウントプログラムを再び使います。(2章で)最初に`vowels3.py`を書いたときに、このプログラムの主要データ構造としてリストではなく集合を検討すると約束しました。ここでこの約束を守りましょう。

効率的に集合を作成する

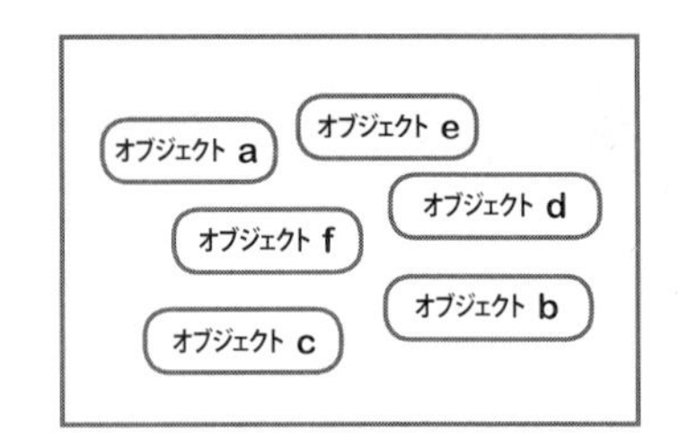

集合

vowels3.pyをもう一度見てみましょう。vowels3.pyでは、リストを使って単語に現れる母音を表示します。

以下にコードを再び示します。このプログラムは、探した母音を1回だけ記憶しています。つまり、重複した母音をfoundリストに追加しないようにしています。

これはvowels3.pyです。単語内にある母音を重複なしで表示します。データ構造としてリストを使います。

vowels3.py - /Users/paul/Desktop/_NewBook/ch02/vowels3.py (3.6.4)

```
vowels = ['a', 'e', 'i', 'o', 'u']
word = input("単語を入力してください。母音を探します。")
found = []
for letter in word:
    if letter in vowels:
        if letter not in found:
            found.append(letter)
for vowel in found:
    print(vowel)
```

Ln: 11 Col: 0

foundリストでは重複を絶対許しません。

先に進む前に、IDLEを使ってこのコードをvowels7.pyとして保存し、(正しく機能することがわかっている)リストが基本とした解決策をリストを壊す心配なく変更できるようにします。この本での標準的なやり方となってきているように、vowels7.pyコードを修正する前に>>>プロンプトで試してみましょう。必要なコードがわかったら、IDLEの編集ウィンドウでコードを編集します。

シーケンスから集合を作成する

前ページの中ほどにあるコードを使って母音の集合を作成してみましょう(>>>プロンプトにすでにこのコードを入力済みなら、この手順は省略できます)。

```
>>> vowels = { 'a', 'e', 'e', 'i', 'o', 'u', 'u' }
>>> vowels
{'e', 'u', 'a', 'i', 'o'}
```

任意のシーケンス(文字列など)をset関数に渡して手軽に集合を作成できます。次のコードは、set関数を使って母音の集合を作成しています。

```
>>> vowels2 = set('aeeiouu')
>>> vowels2
{'e', 'u', 'a', 'i', 'o'}
```

この2行のコードは同じことを行っています。どちらも新しい集合オブジェクトを変数に代入しています。

集合のメソッドを使う

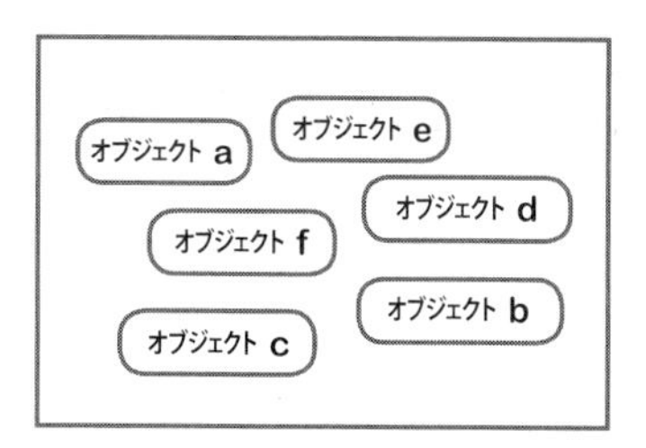

集合

集合に母音を追加したので、次は指定した単語の文字に母音があるかどうかを判別します。これは、その単語の各文字が集合に含まれるかどうかを調べるだけです。in演算子は、集合でも辞書やリストの場合と同様に動作します。つまり、inを使って集合に任意の文字が含まれるかどうかを判断できるので、forループで単語内の文字を反復処理します。

しかし、ここではこの戦略には従わないでおきましょう。というのは、集合メソッドを使えばこのループ作業の多くを実行できるからです。

集合でこの種の操作を行うにはずっと優れた方法があります。すべての集合に用意されているメソッドを使って、和集合、差集合、積集合などの操作を行います。vowels7.pyのコードを変更する前に、>>>プロンプトで実験してインタプリタから集合データがどのように見えるかを検討し、これらの集合メソッドの動作を学びましょう。必ず自分のコンピュータで試してみてください。まずは母音の集合を作成してから、word変数に値を代入しましょう。

```
>>> vowels = set('aeiou')
>>> word = 'hello'
```

インタプリタは、集合と文字列という2つのオブジェクトを作成します。インタプリタのメモリ内では、vowels集合は次のようになっています。

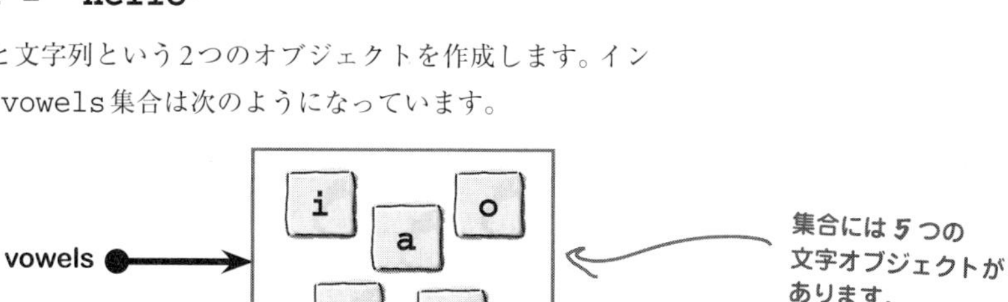

vowels集合とword変数の値からなる文字の集合の和集合を取るときに何が起こるかを調べてみましょう。word変数をset関数に渡してその場で2つ目の集合を作成します。そして、その集合をvowelsが提供するunionメソッドに渡します。この呼び出しの結果は別の集合になり、その結果の集合を別の変数（ここではuという名前）に代入してます。この新しい変数は、両方の集合内のオブジェクトの**組み合わせ**（和集合）です。

Pythonがword内の値を文字オブジェクトの集合に変換します（その際に重複を取り除きます）。

```
>>> u = vowels.union(set(word))
```

unionメソッドはある集合と別の集合を結合し、それを「u」という新たな変数（別の集合）に代入します。

unionメソッドを呼び出した後には、vowelsとu集合はどのようになるでしょうか？

unionは集合を結合する

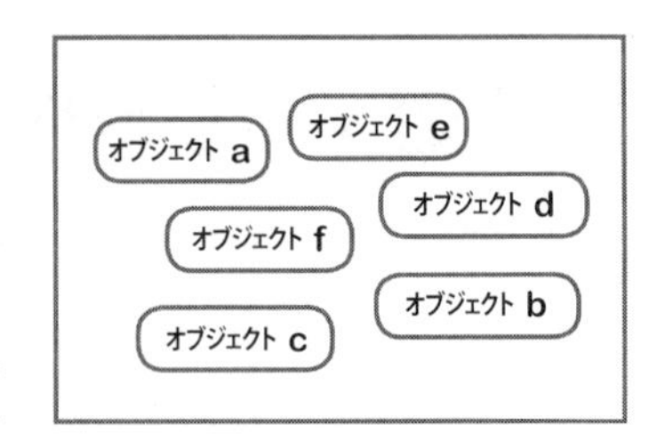

集合

前ページの最後では、unionメソッドを使ってuという新しい集合を作成しました。この集合は、vowels集合の文字とword内の一意の文字を組み合わせたものです。この新しい集合を作成してもvowelsには影響を与えず、vowelsは和集合を取る前のままです。しかし、u集合は和集合の結果として作成されるので、新たな集合です。

次のようなことが起こっています。

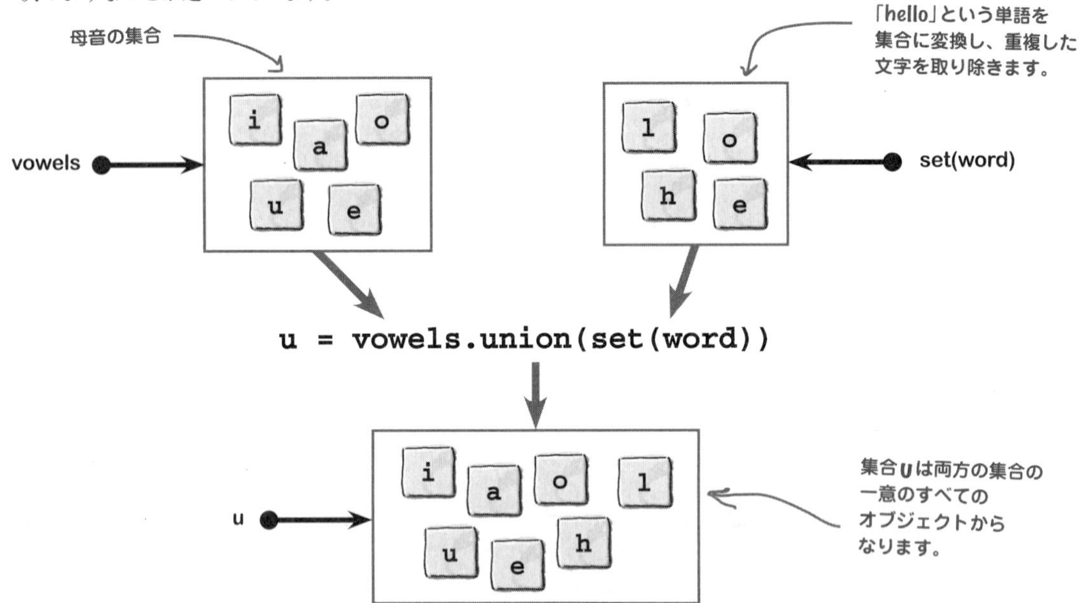

ループはどうなったの？

この行はかなりの効き目があります。インタプリタに明確にループを実行するようには指示していません。その代わりに、インタプリタに（**どのように**行ってほしいかではなく）行ってほしい**こと**を伝え、インタプリタは目的のオブジェクトを含む新しい集合を作成しています。

（和集合を作成した後の）よくある要件は、この結果の集合をソート済みリストに変換することです。sorted関数とlist関数があるのでこれは簡単です。

```
>>> u_list = sorted(list(u))
>>> u_list
['a', 'e', 'h', 'i', 'l', 'o', 'u']
```

重複のない文字のソート済みリスト

differenceは共有していないものを示す

オブジェクト a
オブジェクト e
オブジェクト d
オブジェクト f
オブジェクト b
オブジェクト c

集合

他にも、differenceというメソッドがあります。このメソッドは、2つの集合を指定すると一方の集合にはあっても他方にはないものを表示します。unionと同様にdifferenceを使って動作を確認してみましょう。

```
>>> d = vowels.difference(set(word))
>>> d
{'u', 'i', 'a'}
```

differenceはvowelsのオブジェクトとset(word)のオブジェクトを比較し、vowelsにはあってset(word)には**ない**オブジェクト（ここではd）の新しい集合を返します。

次のようなことが起こっています。

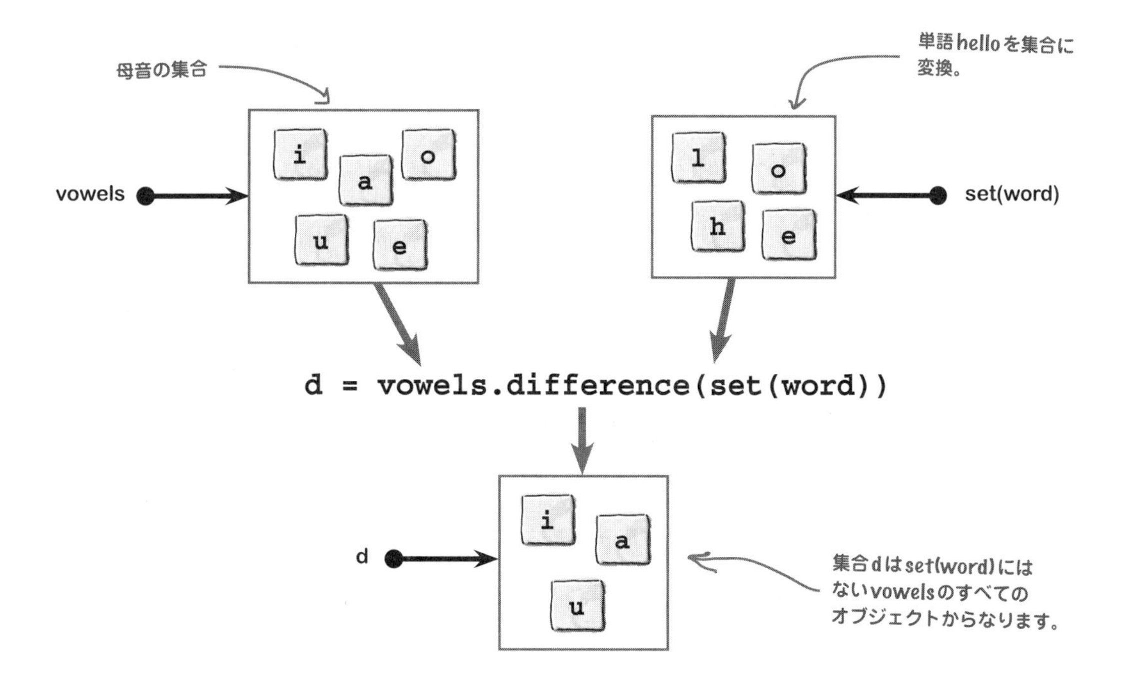

ここではforループを使っていないことに再び注目してください。differenceが単調でつらい作業をすべて行ってくれています。私たちは必要なことを伝えただけです。

ページをめくり、最後の集合のメソッドintersectionを調べてみましょう。

intersectionは共通点を示す

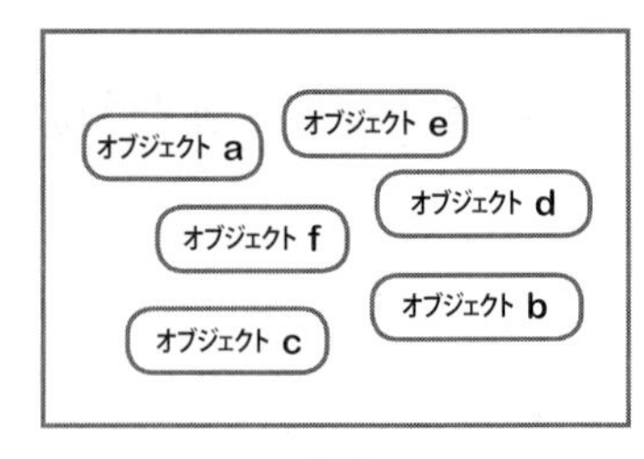

集合

ここでは3つ目の集合メソッドintersectionを調べます。intersectionはある集合のオブジェクトを別の集合のオブジェクトと比較して、共通するオブジェクトを表示します。

vowels7.pyでは、ユーザが入力した単語のどの文字が母音であるかを知りたかったので、intersectionメソッドには期待できそうです。

word変数に文字列"hello"があり、vowels集合に母音があることを思い出してください。intersectionメソッドの動作は次のようになります。

```
>>> i = vowels.intersection(set(word))
>>> i
{'e', 'o'}
```

word変数に母音eとoが含まれていることが確認できます。以下のようなことが起こっています。

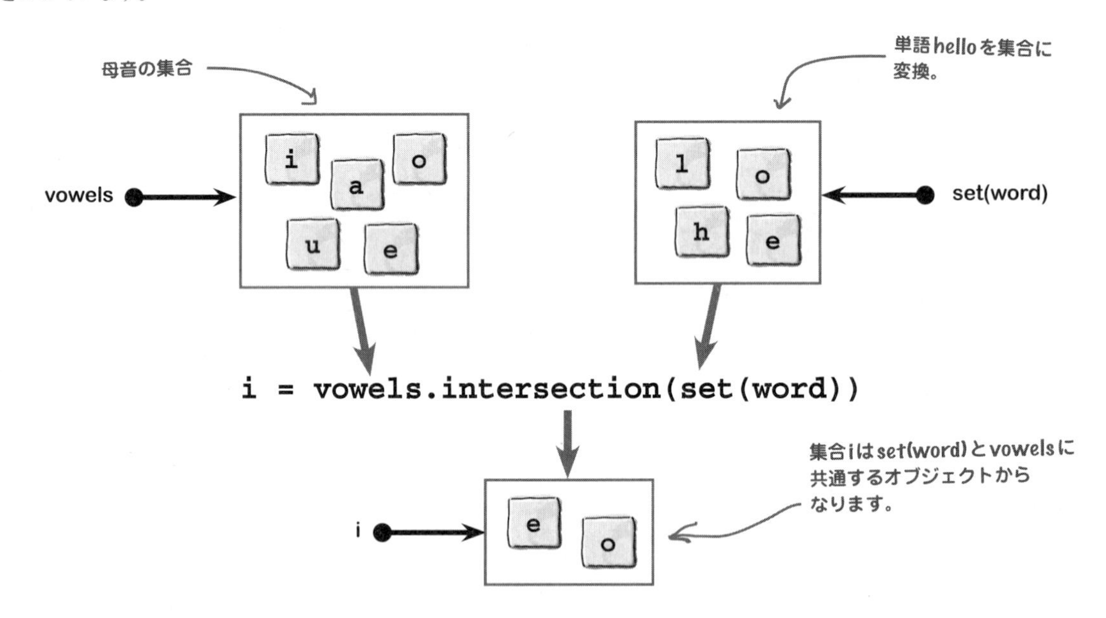

union、difference、intersection以外にも集合のメソッドはありますが、ここではintersectionに注目します。2章の最初に課した「**任意の文字列内の母音を特定する**」という課題を、ここではintersectionを使った1行のコードで解決しています。さらに、ループは使いません。vowels7.pyに戻り、ここで覚えたことを使ってみましょう。

集合：すでにわかったこと

Pythonの集合についてすでにわかったことを以下に簡単にまとめます。

重要ポイント

- Pythonの集合は重複を許さない。
- 集合は辞書と同様に中かっこで囲むが、キーと値のペアは存在しない。その代わりに、集合内のオブジェクトはそれぞれカンマで区切る。
- 集合は、やはり辞書と同様に挿入順を保証しない（しかし、sorted関数で順序付けできる）。
- set関数に任意のシーケンスを渡すと、シーケンス内のオブジェクトを要素とする（重複を除く）集合を作成できる。
- 集合には、和集合、差集合、積集合を作成するメソッドなどの多くの組み込み機能が用意されている。

自分で考えてみよう

vowels3.pyのコードを再度示します。
集合が使えるようになったので、リストを使っていたvowels3.pyを、集合を使うように書き直しましょう。不要なコードに取り消し線を引き、集合を使ったコードを右側の空欄に書いてみましょう。
ヒント：行数がかなり減ります。

```
vowels = ['a', 'e', 'i', 'o', 'u']
word = input("単語を入力してください。母音を探します。")
found = []
for letter in word:
    if letter in vowels:
        if letter not in found:
            found.append(letter)
for vowel in found:
    print(vowel)
```

終わったら、必ずファイル名をvowels7.pyに変更してください。

自分で考えてみようの答え

vowels3.pyのコードを再度示します。
集合が使えるようになったので、リストを使っていたvowels3.pyの不要なコードに取り消し線を引き、集合を使ったコードを右側の空欄に書く必要がありました。
ヒント：行数がかなり減ります。

多くのコードを削除。

```
vowels = ['a', 'e', 'i', 'o', 'u']
word = input("単語を入力してください。母音を探します。")
found = []
for letter in word:
    if letter in vowels:
        if letter not in found:
            found.append(letter)
for vowel in found:
    print(vowel)
```

（取り消し線：vowels = ['a', 'e', 'i', 'o', 'u']、found = []、for letter in word:、if letter in vowels:、if letter not in found:、found.append(letter)）

母音の集合を作成。

```
vowels = set('aeiou')

found = vowels.intersection(set(word))
```

リストを処理する5行を集合を使った1行に置き換えます。

終わったら、必ずファイル名をvowels7.pyに変更します。

だまされた気がするわ。これまでリストと辞書を学んできた時間はまったくの無駄で、この母音問題を解決する最善の方法は初めから集合を使うことだったの？ 本気？

時間の無駄ではありません。

どのようなときにどの組み込みのデータ構造を使うべきかを判断できることは重要です（必ず正しい選択をするようにしたいため）。そのためには、**すべて**のデータ構造を使って経験を積むしかありません。どのデータ構造にも長所と短所があるため、「1つであらゆる場面に通用する」ようなデータ構造はありません。これらのデータ構造を理解すると、アプリケーションのデータ要件に従って正しいデータ構造を選びやすくなります。

試運転

集合を使ったvowels7.pyが予想どおりに動作することを確認しましょう。

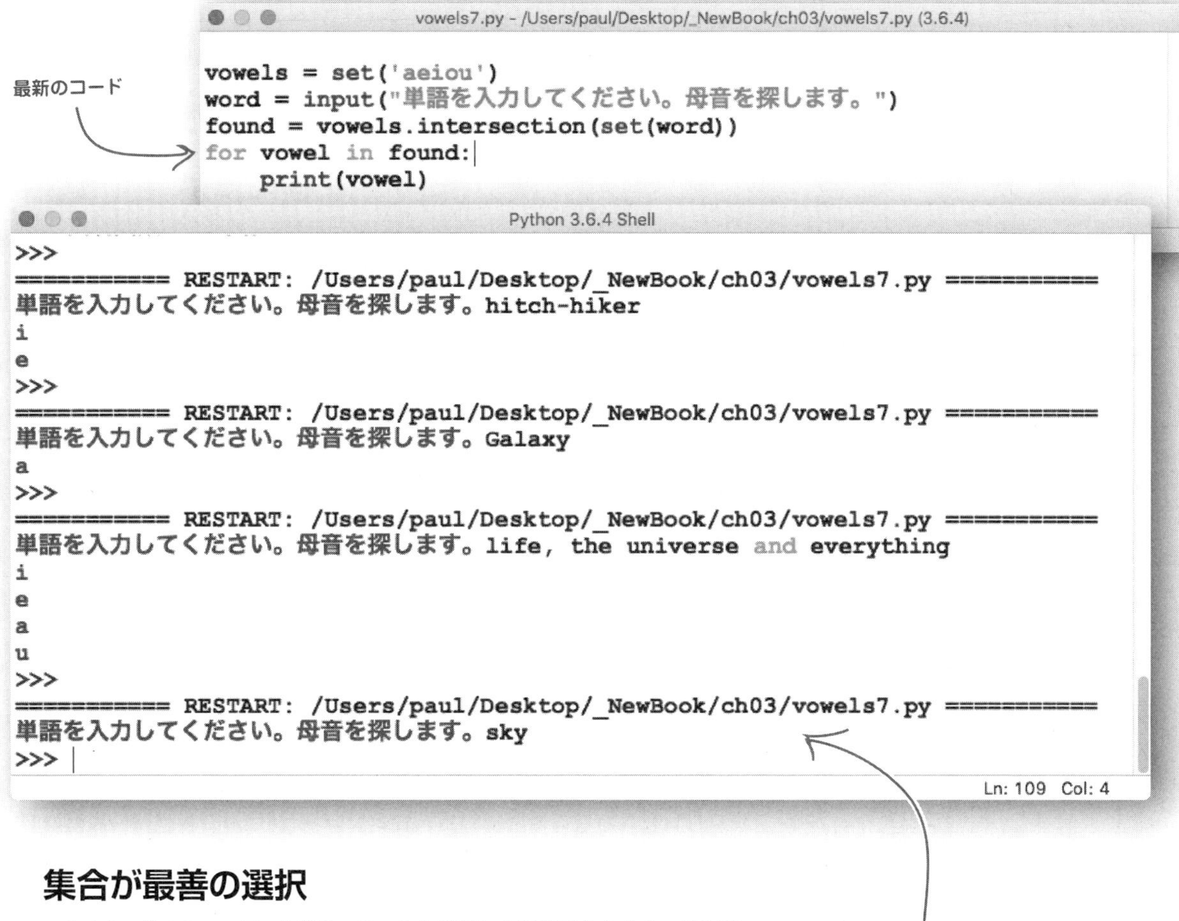

集合が最善の選択

しかし、他の2つのデータ構造、リストと辞書にも用途はあります。例えば、頻度を数える場合には、辞書が最適です。しかし、挿入順を保証する場合に頼りになるのはリストだけと言えるでしょう。しかしリスト以外にも挿入順を保証できる組み込みデータ構造があります。それがこれから説明する**タプル**です。

ここからはタプルの説明をしていきます。

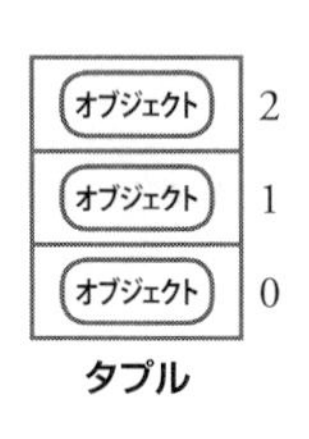

タプルの存在理由

Python経験の浅いほとんどの人は、**タプル**を初めて見たときに、なぜこのようなデータ構造がそもそも存在するのか疑問に思うようです。タプルは一度作成してデータを入れたら、変更できないリストのようなものです。実際、タプルは不変です。つまり、**変更できないのです**。では、なぜタプルが必要なのでしょうか？

不変データ構造は実はとても便利です。副作用を防ぐために、プログラム内のデータを変更されないようにする場合や、大きな定数リストがある場合（変更がないことがわかっている）、性能が気になる場合もあるでしょう。変更するつもりがないのに、なぜ余計な（可変）リスト処理を使うのでしょうか？ このような場合にタプルを使うと不要なオーバーヘッドがなくなり、（以前なら生じていた）データの副作用を防いでくれます。

Q：「タプル」という名前はどこから来ているのですか？

A：これは誰に聞くかによりますが、この名前の起源は数学にあります。https://en.wikipedia.org/wiki/Tupleを調べると知りたいと思ったこと以上のことがわかります。

コード内のタプルの見分け方

タプルはリストと密接な関係があるので、似て見える（そして、同様に振る舞う）のも当然です。タプルは丸かっこで囲むのに対し、リストは角かっこを使います。>>>プロンプトを使ってタプルとリストを比較できます。なお、type組み込み関数を使って作成したオブジェクトの型を確認しています。

```
>>> vowels = [ 'a', 'e', 'i', 'o', 'u' ]
>>> type(vowels)
<class 'list'>
>>> vowels2 = ( 'a', 'e', 'i', 'o', 'u' )
>>> type(vowels2)
<class 'tuple'>
```

目新しいことは何もありません。母音のリストを作成します。

組み込み関数typeはオブジェクトの型を返します。

リストのように見えますが、リストではありません。タプルは[]ではなく()で囲みます。

vowelsとvowels2ができました（そして、データを追加しました）。シェルで内容を表示してみましょう。すると、タプルはリストと全く同じではないことが確認できます。

```
>>> vowels
['a', 'e', 'i', 'o', 'u']
>>> vowels2
('a', 'e', 'i', 'o', 'u')
```

中かっこはタプルであることを示しています。

では、タプルを変更しようとしたらどうなるでしょうか？

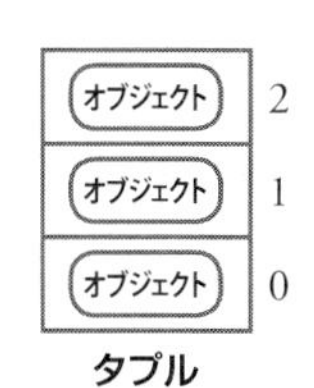

タプルは不変

タプルはリストのようなものなので、通常はリストで使えるような角かっこ表記が使えます。角かっこでリストの内容を変更できることはもう知っていますよね。リストvowelsの小文字のiを大文字のIに変更してみましょう。

```
>>> vowels[2] = 'I'
>>> vowels
['a', 'e', 'I', 'o', 'u']
```

大文字の「I」をvowelsリストの3番目の要素に代入します。

予想どおり、リストの3番目（インデックス位置2）の要素が変更されています。リストは可変なので、これは問題ありません。しかし、タプルvowels2で同じことを行ったら何が起こるでしょうか。

タプルを変更しようとすると、インタプリタは文句を言います。

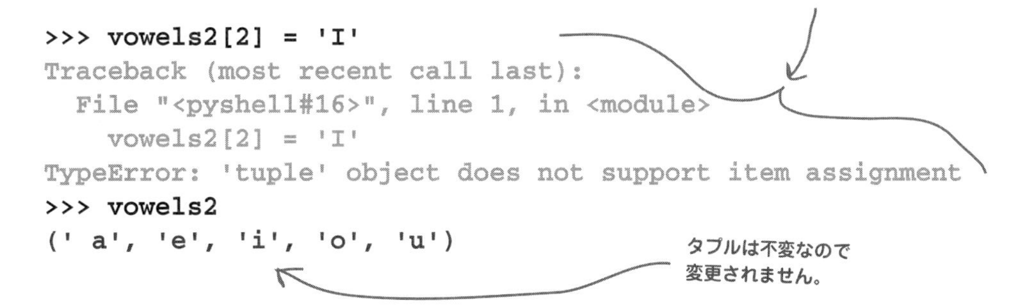

タプルは不変なので変更されません。


```
>>> vowels2[2] = 'I'
Traceback (most recent call last):
  File "<pyshell#16>", line 1, in <module>
    vowels2[2] = 'I'
TypeError: 'tuple' object does not support item assignment
>>> vowels2
('a', 'e', 'i', 'o', 'u')
```

タプルは不変なので、タプルに格納されたオブジェクトを変更しようとしたときにインタプリタが拒絶しても文句を言えません。これがタプルにおいて重要な点です。一旦作成してデータを入れたら、タプルは変更できないのです。

この振る舞いは、特にあるデータを変更したくないときには便利です。変更を防ぐにはデータをタプルに入れます。すると、タプルのデータの変更を防ぐようにインタプリタに指示したことになります。

データを変更しない場合には、タプルに格納する。

今後、この本ではタプルを使うべきときには必ずタプルを使います。母音処理コードに関しては、vowelsデータ構造はリストではなく常にタプルに格納すべきことは明らかです。この場合に可変データ構造を使うのは意味がないからです（5つの母音を変更する必要は**ない**ため）。

タプルについては他にはあまりありません。不変のリストと考えてください。しかし、多くのプログラマをつまずかせる用法が1つあるので、その用法を学んでつまずかないようにしましょう。

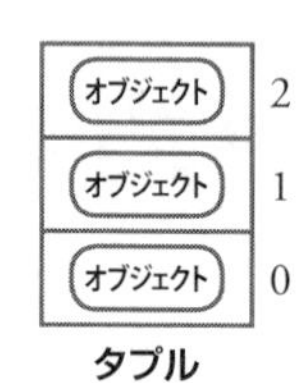

要素が1つのタプルに注意する

タプルに文字列を1つ格納したいとしましょう。文字列を丸かっこに入れて変数に代入したくなりますが、それでは期待した結果にはなりません。

次の>>>プロンプトで試した結果を見てください。

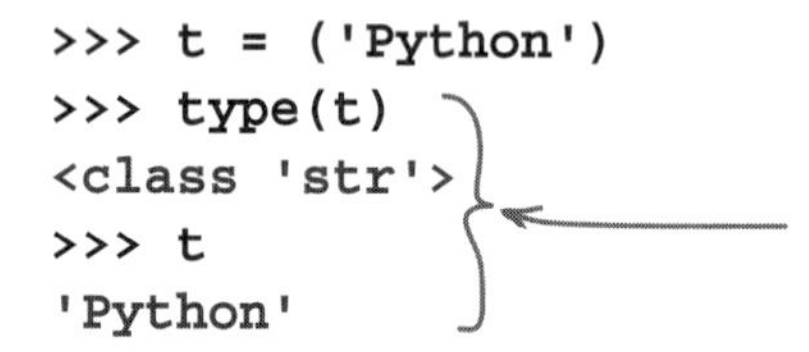

期待した結果とはなりません。タプルではなく文字列になっています。タプルに何が起こったのでしょうか。

要素が1つのタプルとして表示されません。文字列です。このようになったのは、Pythonの構文上の癖のためです。タプルをタプルにするには、たとえタプルに1つのオブジェクトだけが含まれる場合でも丸かっこの間に少なくとも1つのカンマが必要なのです。つまり、タプルに1つのオブジェクトを代入するには(この場合は文字列オブジェクトを代入しています)、次のように最後にカンマを追加します。

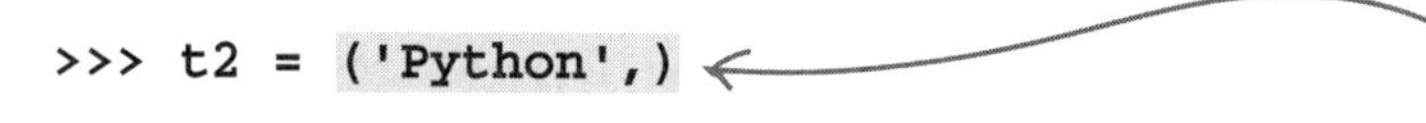

最後のカンマはインタプリタにこれがタプルであることを伝えています。先ほどの例との大きな違いです。

少し奇妙に思われるかもしれませんが、気にしないでください。このルールを覚えておけば問題ありません。**タプルでは丸かっこ内に少なくとも1つのカンマが必要です**。これでインタプリタにt2の型を尋ねると(また、値を表示するように指示すると)、t2がタプルであることがわかり、これは期待どおりの結果となります。

```
>>> type(t2)
<class 'tuple'>
>>> t2
('Python',)
```

改善されました。今回はタプルになっています。

インタプリタは最後にカンマの付いた単一オブジェクトタプルを表示します。

関数がオブジェクトを受け取ったり返したりする場合に、引数としてタプルを受け取り、タプルを返すのはごく一般的で、この構文はよく見かけます。関数とタプルの関係について、まだ話したいことがあるので、次の4章を使って関数を説明します。

これで4つの組み込みデータ構造がわかったので、関数の章に進む前に少し回り道をして、さらに複雑なデータ構造の小さな(そして楽しい)例に取り組んでみましょう。

組み込みデータ構造を組み合わせる

これまでのデータ構造を、もっと
複雑にすることもできるのか
知りたいな。具体的には、辞書に
辞書を格納できるのかな？

この質問はよく聞かれます。

プログラマは、数値、文字列、ブール値をリストや辞書に格納するのに慣れてくると、組み込みデータ構造にもっと複雑なデータを格納できるのか疑問に思うようになります。つまり、組み込みデータ構造自体が組み込みデータ構造を格納できるのでしょうか？

答えは「**できます**」。その理由は「**Pythonではすべてがオブジェクト**」だからです。

これまで組み込みデータ構造に格納してきたものはすべてオブジェクトです。「単純なオブジェクト」（数値や文字列など）であったことは重要ではありません。組み込みデータ構造は**あらゆる**オブジェクトを格納できます。組み込みデータ構造も（複雑であっても）すべてオブジェクトなので、好きなように組み合わせることができます。単純なオブジェクトのように組み込みデータ構造を代入するだけでいいのです。

辞書の辞書を使う例を調べてみましょう。

素朴な疑問に答えます

Q: これから行うことは辞書だけを扱うのですか？ リストのリスト、リストの集合、辞書のタプルなどもできるのですか?

A: できます。ここでは辞書の辞書がどのように動作するのかを説明しますが、好きなように組み込みデータ構造を組み合わせることができます。

データのテーブルを格納する

Pythonではすべてがオブジェクトなので、組み込みデータ構造はあらゆる組み込みデータ構造に格納でき、(どうなるかを実際に思い浮かべる脳の能力次第では)任意の複合データ構造を作成できます。例えば、**辞書の集合を含むタプルを含むリストの辞書**はいいアイデアのように聞こえるかもしれませんが、この複雑さは度を越えているのでいいアイデアではないかもしれません。

よく登場する複合データ構造は辞書の辞書です。この構造を使うと**可変テーブル**を作成できます。次のような人物を表すテーブルがあるとします。

名前	性別	職業	母星
フォード・プリーフェクト	男性	研究者	ベテルギウス第7星
アーサー・デント	男性	サンドイッチ職人	地球
トリシア・マクミラン	女性	数学者	地球
マーヴィン	不明	偏執症アンドロイド	不明

この章の最初でperson3という辞書を作成してフォード・プリーフェクトのデータを格納した方法を思い出してください。

```
person3 = {'名前': 'フォード・プリーフェクト',
           '性別': '男性',
           '職業': '研究者',
           '母星': 'ベテルギウス第7星'}
```

テーブルの各行用に4つの辞書変数をそれぞれ作成するのではなく、1つの辞書変数peopleを作成しましょう。そして、peopleを使って任意の数の他の辞書を格納します。

最初に空の辞書peopleを作成してから、フォード・プリーフェクトのデータをキーに代入します。

```
>>> people = {}
>>> people['フォード'] = {'名前': 'フォード・プリーフェクト',
                          '性別': '男性',
                          '職業': '研究者',
                          '母星': 'ベテルギウス第7星'}
```

新しい空の辞書から開始。

キーは「フォード」で、値は別の辞書。

辞書を含む辞書

people辞書を作成して1行のデータ（フォード）を追加したので、>>>プロンプトでpeople辞書を表示しましょう。出力は少しわかりにくいのですが、すべてのデータが存在します。

辞書に埋め込まれた辞書。追加の中かっこに注意。

```
>>> people
{'フォード': {'職業': '研究者', '性別': '男性',
'母星': 'ベテルギウス第7星', '名前': 'フォード・プリーフェクト'}}
```

ここではまだpeopleには1つの辞書だけしかないので、これを「辞書の辞書」と呼ぶには少し無理があります。peopleはインタプリタには次のように見えています。

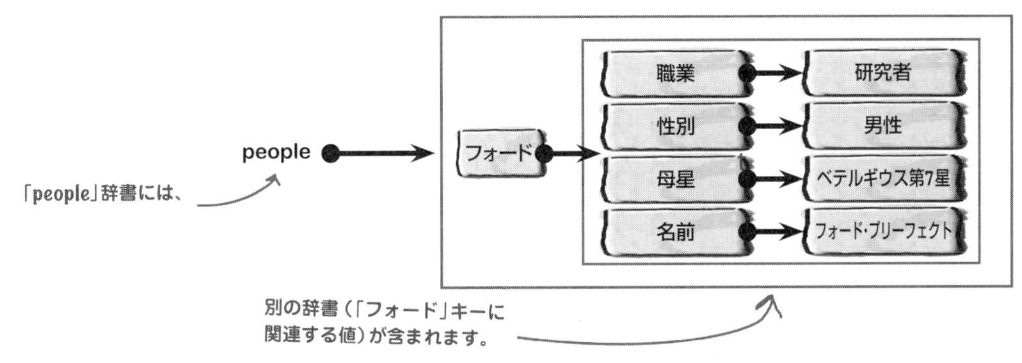

これで、テーブルの他の3行からのデータを追加できます。

アーサーのデータ

```
>>> people['アーサー'] = {'名前': 'アーサー・デント',
                          '性別': '男性',
                          '職業': 'サンドイッチ職人',
                          '母星': '地球'}
>>> people['トリリアン'] = {'名前': 'トリシア・マクミラン',
                            '性別': '女性',
                            '職業': '数学者',
                            '母星': '地球'}
>>> people['ロボット'] = {'名前': 'マーヴィン',
                          '性別': '不明',
                          '職業': '偏執症アンドロイド',
                          '母星': '不明'}
```

トリシアのデータは「トリリアン」キーに対応しています。

マーヴィンのデータは「ロボット」キーに対応しています。

辞書の辞書（別名テーブル）

people辞書に4つの辞書を入れたので、>>>プロンプトでpeople辞書を表示してみましょう。

すると、画面にひどく乱雑なデータが表示されます（以下を参照）。

乱雑ではありますが、すべてのデータが表示されています。{でそれぞれ新たな辞書が始まり、}で辞書を終了します。{と}を数えてみてください（5つずつあります）。

読みずらいですが、データがすべて表示されています。

```
>>> people
{'フォード': {'職業': '研究者', '性別': '男性',
'母星': 'ベテルギウス第7星', '名前': 'フォード・プリーフェクト'},
'トリリアン': {'職業': '数学者', '性別':
'女性', '母星': '地球', '名前': 'トリシア・
マクミラン'}, 'ロボット': {'職業': '偏執症アンドロイド',
'性別': '不明', '母星': '不明', '名前':
'マーヴィン'}, 'アーサー': {'職業': 'サンドイッチ職人',
'性別': '男性', '母星': '地球', '名前': 'アーサー・
デント'}}
```

インタプリタはデータを画面に出力しているだけだね。もっと体裁よくできるかな？

はい、もっと読みやすくできます。

>>>プロンプトを使って、people辞書のキーを反復処理する簡単なforループのコードを書くことができます。その際に、入れ子のforループで埋め込み辞書を処理して画面に読みやすく表示できます。

でも、他の誰かがすでにこの作業をやってくれているので、ここでは行いません。

複合データ構造を整形して出力する

標準ライブラリには、任意のデータ構造を読みやすい形式で表示できるpprintというモジュールが含まれています。pprintという名前は「pretty print」の略です。

people辞書でpprintモジュールを使ってみましょう。以下では、>>>プロンプトで「そのままの」データを再度表示した後、pprintモジュールをインポートしてからpprint関数を呼び出して出力します。

```
>>> people
{'フォード': {'職業': '研究者', '性別': '男性',
'母星': 'ベテルギウス第7星', '名前': 'フォード・プリーフェクト'},
'トリリアン': {'職業': '数学者', '性別':
'女性', '母星': '地球', '名前': 'トリシア・
マクミラン'}, 'ロボット': {'職業': '偏執症アンドロイド',
'性別': '不明', '母星': '不明', '名前':
'マーヴィン'}, 'アーサー': {'職業': 'サンドイッチ職人',
'性別': '男性', '母星': '地球', '名前': 'アーサー・デント'}}
>>>
>>> import pprint
>>>
>>> pprint.pprint(people)
{'アーサー': {'性別': '男性',
              '母星': '地球',
              '名前': 'アーサー・デント',
              '職業': 'サンドイッチ職人'},
 'フォード': {'性別': '男性',
             '母星': 'ベテルギウス第7星',
             '名前': 'フォード・プリーフェクト',
             '職業': '研究者', },
 'ロボット': {'性別': '不明',
             '母星': '不明',
             '名前': 'マーヴィン',
             '職業': '偏執症アンドロイド'},
 'トリリアン': {'性別': '女性',
               '母星': '地球',
               '名前': 'トリシア・マクミラン',
               '職業': '数学者'}}
```

この「辞書の辞書」は読みにくいですね。

pprintモジュールをインポートしてから、pprint関数を呼び出して出力します。

こちらのほうがずっとすっきりしています。こちらも{と}が5つずつあります。pprintのおかげでずっと見やすく（そして数えやすく）なりました。

複合データ構造を可視化する

people辞書にデータを入れたときにインタプリタにどのように「見える」かを示す図を新しくしましょう。

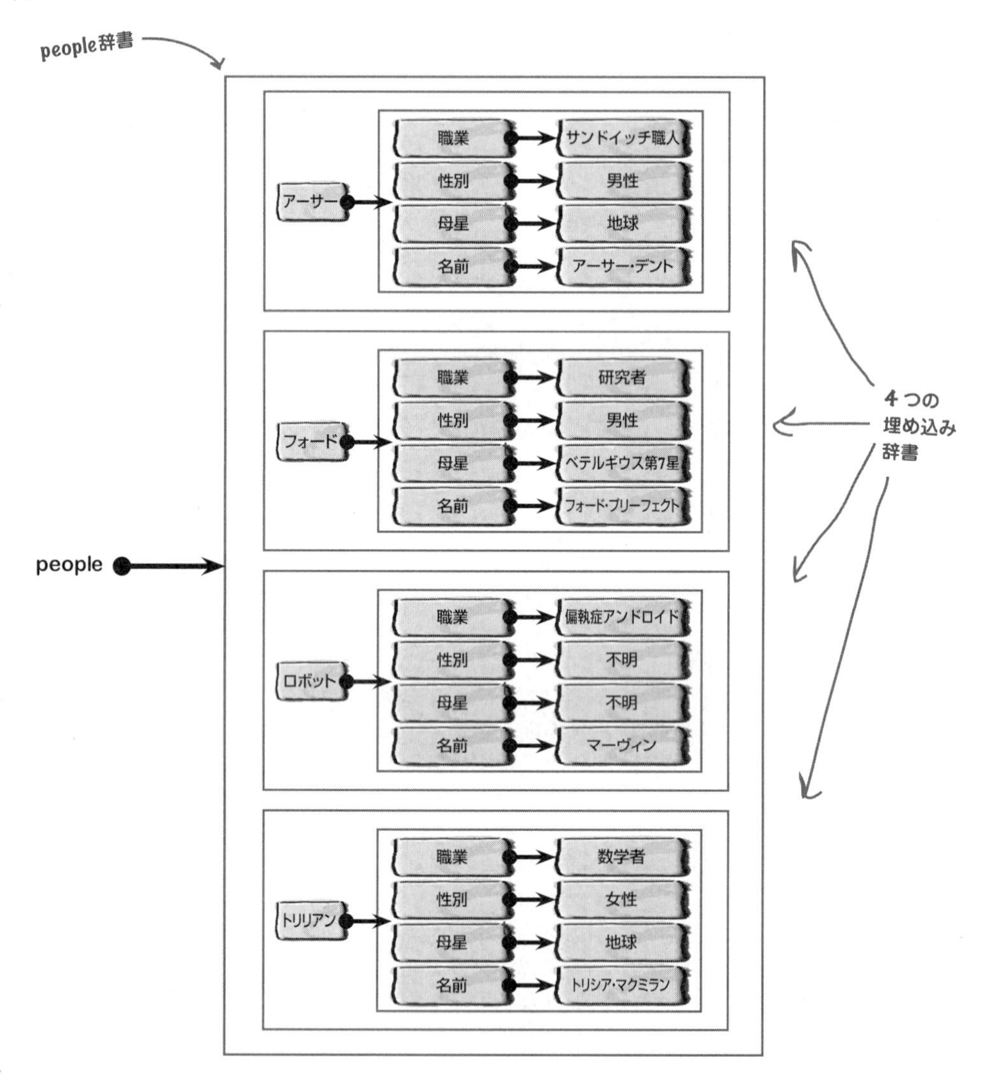

この時点で、「**すべてのデータを辞書の辞書に格納したけど、どうやってデータを取得するのだろう**」という疑問を持つのは当然です。次のページでこの疑問に答えましょう。

複合データ構造のデータにアクセスする

データテーブルをpeople辞書に格納しました。元のデータテーブルがどのようなものであったかを思い出してみましょう。

名前	性別	職業	母星
フォード・プリーフェクト	男性	研究者	ベテルギウス第7星
アーサー・デント	男性	サンドイッチ職人	地球
トリシア・マクミラン	女性	数学者	地球
マーヴィン	不明	偏執症アンドロイド	不明

アーサーの職業を調べる場合は、まず**名前**カラムでアーサーの名前を探し、その行のデータの**職業**カラムを調べて「サンドイッチ職人」であることを知ります。

複合データ構造（辞書の辞書peopleなど）のデータにアクセスするには、同様の手順に従います。その手順を>>> プロンプトで実際に示します。

まず、people辞書のアーサーのデータを探します。[] にアーサーのキーを指定します。

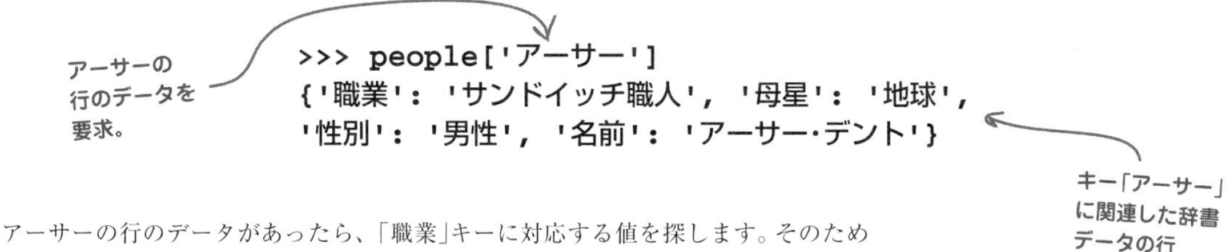

アーサーの行のデータがあったら、「職業」キーに対応する値を探します。そのために、**2つ目**の [] を使ってアーサーの辞書のインデックスを指定し、該当データにアクセスします。

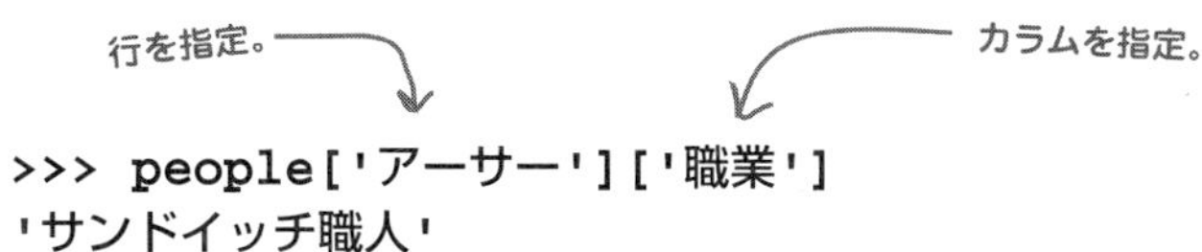

2つの [] を使うと、対象となる行とカラムを指定してテーブルから任意のデータ値を取得できます。行には辞書peopleのキーを指定します。カラムにはpeople['アーサー']で取得できる辞書のキーを使います。

データはいくらでも複雑になる

データが少し(単純なリスト)であっても複雑(辞書の辞書)であっても、Pythonの4つの組み込みデータ構造で対応できることがわかりました。特に、作成するデータ構造が動的であることは素晴らしい性質です。タプル以外のデータ構造は必要に応じて拡張や縮小ができ、Pythonのインタプリタがメモリの割り当てや解放を行ってくれます。

データについてはまだ終わりではありません。この本の後半で再びデータに戻ります。しかし、とりあえずは先に進む知識は身に付いています。

次の章では、Pythonで効率的にコードを再利用するテクニックについて説明します。最も基本的なコード再利用技術である関数について学びます。

3章のコード（1/2）

```
vowels = ['a', 'e', 'i', 'o', 'u']
word = input("単語を入力してください。母音を探します。")

found = {}

found['a'] = 0
found['e'] = 0
found['i'] = 0
found['o'] = 0
found['u'] = 0

for letter in word:
    if letter in vowels:
        found[letter] += 1

for k, v in sorted(found.items()):
    print(k, 'の出現回数は', v, '回。')
```

vowels4.pyのコードです。頻度を数えます。このコードは、2章の冒頭に登場したvowels3.pyを（ほぼ）ベースにしています。

辞書の初期化コードを取り除くためvowels5.pyを作成しました。これは実行時エラーでクラッシュしました（頻度カウントを初期化しなかったため）。

```
vowels = ['a', 'e', 'i', 'o', 'u']
word = input("単語を入力してください。母音を探します。")

found = {}

for letter in word:
    if letter in vowels:
        found[letter] += 1

for k, v in sorted(found.items()):
    print(k, 'の出現回数は', v, '回。')
```

```
vowels = ['a', 'e', 'i', 'o', 'u']
word = input("単語を入力してください。母音を探します。")

found = {}

for letter in word:
    if letter in vowels:
        found.setdefault(letter, 0)
        found[letter] += 1

for k, v in sorted(found.items()):
    print(k, 'の出現回数は', v, '回。')
```

vowels6.pyではsetdefaultを使って実行時エラーを修正しました。setdefaultはすべての辞書に用意されています（値がまだ設定されていない場合にキーにデフォルト値を設定します）。

3章のコード（2/2）

```
vowels = set('aeiou')
word = input("単語を入力してください。母音を探します。")
found = vowels.intersection(set(word))
for vowel in found:
    print(vowel)
```

母音プログラムの最終バージョンvowels7.pyは、Pythonの集合データ構造を使います。リストを使ったvowels3.pyと比べ、行数が大幅に削減されましたが、機能は同じです。

タプルを利用した
サンプルプログラムは
なかったの？

ありませんでした。でも問題ありません。

タプルは関数のところでないと真価を発揮しないので、この章ではサンプルにタプルを使いませんでした。すでに述べたように、次の4章や別のページで再びタプルを取り上げます。タプルが登場するたびに、詳しく使い方を説明します。Pythonの旅を続けていくと、あちこちでタプルに出会います。

4章　コードの再利用

どんなにたくさんコードを書いても、しばらくすると全く手に負えなくなってしまう…。

保守可能なシステムを構築するにはコードの再利用が鍵です。

Pythonにおけるコードの再利用は、**関数**に始まり**関数**に終わります。数行のコードに名前を付けると、それは関数となります（関数は再利用できます）。一連の関数をファイルとしてパッケージ化すると、それは**モジュール**となります（モジュールも再利用できます）。「共有はいいこと」と言われるのは本当です。この章を読み終わる頃までには、Pythonの関数とモジュールの動作を理解し、コードの**共有**と**再利用**ができるようになるでしょう。

関数を使ってコードを再利用する

Pythonでは数行のコードで多くのことが可能です。でもいつの間にかプログラムの行数が増えてしまい、あっという間に手に負えなくなってしまうでしょう。最初は20行だったコードが、どういうわけか500行以上になってしまうのです。こうなったら、コードをシンプルにする手段を考える時期です。

他の多くのプログラミング言語と同様、Pythonは**モジュール方式**をサポートしているので、大きなコードの塊を小さな管理しやすい部品に分割することができます。実際には**関数**を作成します。関数は名前付きのコードの塊と考えてよいでしょう。1章の図を思い出してください。この図は関数、モジュール、標準ライブラリの関係を示しています。

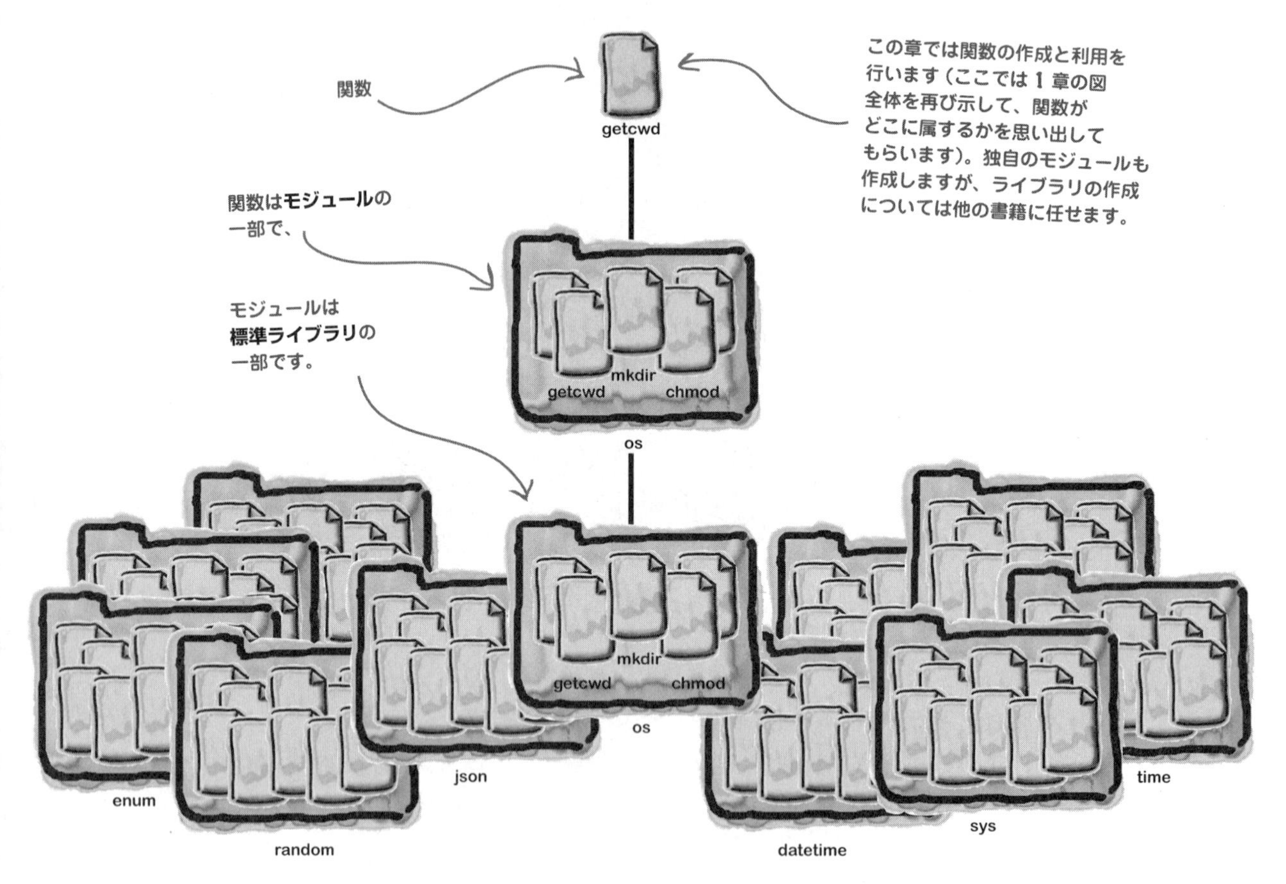

この章では、一番上にある`getcwd`関数を作成します。この関数が作成できたら、モジュールも作成してみます。

関数入門

既存のコードを関数に変換する前に、Pythonの関数を詳しく調べてみましょう。その後で、既存のコードを再利用可能な関数に変換するために必要な手順を調べます。

ここでは細かいことは気にしないでください。ここでは、このページと次のページで説明するようにPythonの関数がどのようなものであるかの感覚をつかむだけで十分です。徐々に覚えておくべき詳細を掘り下げていきます。下のIDLEウィンドウに示したのは、関数の作成に使用できるテンプレートです。次のことに注意してテンプレートを見てください。

1. **関数では2つの新しいキーワードdefとreturn使う。**
   この両方のキーワードは、IDLEではオレンジ色になっています。defキーワードは関数に名前（青で示されています）を付け、関数が取る引数を示します。returnキーワードは、関数を呼び出したコードに値を返すために使いますが、省略できます。

2. **関数は引数データを受け取れる。**
   関数は引数データ（関数への入力）を受け取れます。def行の関数名の後の()内に引数のリストを指定できます。

3. **関数にはコードと（通常は）ドキュメント（説明）を入れる。**
   コードはdef行よりも1段階インデントし、適宜コメントを補います。コメントを追加する2つの方法を説明します。"""で囲んだ文字列を使う方法（テンプレートでは緑で表示された**docstring**）と、#記号を前に付けて単一行コメントにする方法（赤で表示）です。

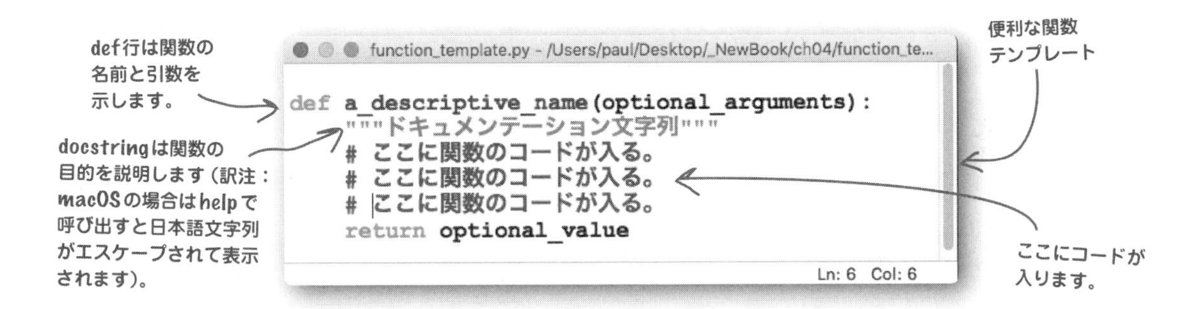

マニア向け情報

Pythonでは、再利用可能なコード群を「関数」という名前で呼びます。他のプログラミング言語では「プロシージャ」、「サブルーチン」、「メソッド」という名前です。関数がクラスの一部であるときには、「メソッド」と呼ばれます。Pythonのクラスとメソッドについては8章以降で学習します。

型情報はどうなっているの？

関数のテンプレートをもう一度見てください。コード以外に、何か足りないと思いませんか？指定すべきであるのにないものはありませんか？見直してみましょう。

```
def a_descriptive_name(optional_arguments):
    """ドキュメンテーション文字列"""
    # ここに関数のコードが入る。
    # ここに関数のコードが入る。
    # ここに関数のコードが入る。
    return optional_value
```

Ln: 7　Col: 25

この関数テンプレートに何か足りないものはありませんか？

この関数テンプレートには少し驚いているよ。インタプリタは引数の型や戻り値の型をどうやって判断するのだろうか？

インタプリタにはわかりませんが、心配しないでください。

Pythonインタプリタでは、関数の引数や戻り値の型を指定する必要はありません。Pythonの前に使っていた言語によっては、これには驚くかもしれません。しかし、驚かないでください。

Pythonでは引数としてあらゆる**オブジェクト**を渡し、戻り値としてあらゆる**オブジェクト**を返せます。インタプリタは、オブジェクトの型を気にしたり調べたりしません（オブジェクトがあるかないかだけ調べます）。

Python 3では引数や戻り値に期待する型を**示す**ことができます。この章の後半ではそのようにします。しかし、Pythonは引数や戻り値の型を調べるわけではないので、型を指定しても「魔法のように」型チェックが有効になるわけでは**ありません**。

「def」を使って関数を定義する

再利用したいコードがあれば、そろそろ関数を作る時間です。関数はdef（defineの略）キーワードを使って作成します。defキーワードの次には関数の名前、オプションで（丸かっこで囲んだ）引数の空のリスト、コロン、そしてインデントされた1行以上のコードが続きます。

例えば3章の最後のvowels7.pyは、単語を指定するとその単語に含まれる母音を出力するプログラムでした。

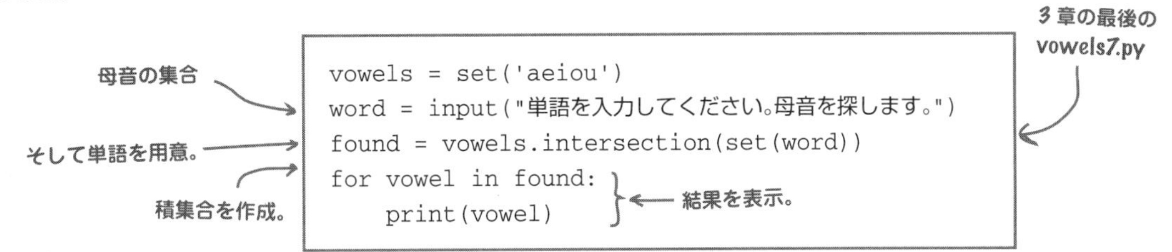

この5行をもっと大規模なプログラムの中で何回も使いたいと考えています。必要になるたびにあちこちでこのコードをコピペすることは全力で避けたいことなので、管理しやすいように、このコードの**コピーを1つだけ**保守すればいいように、関数を作成しましょう。

ここではPythonシェルで関数を作成します。上の5行のコードを関数にするには、次のようにdefキーワードを使って関数が始まることを示し、関数に説明的な名前を付けます。オプションで中かっこ内に引数の空のリストを指定し、行末にコロンを付けます。そのあとにインデントしたdefキーワードに関連するコードを書きます。

関数には説明的で適切な名前を選ぶ。

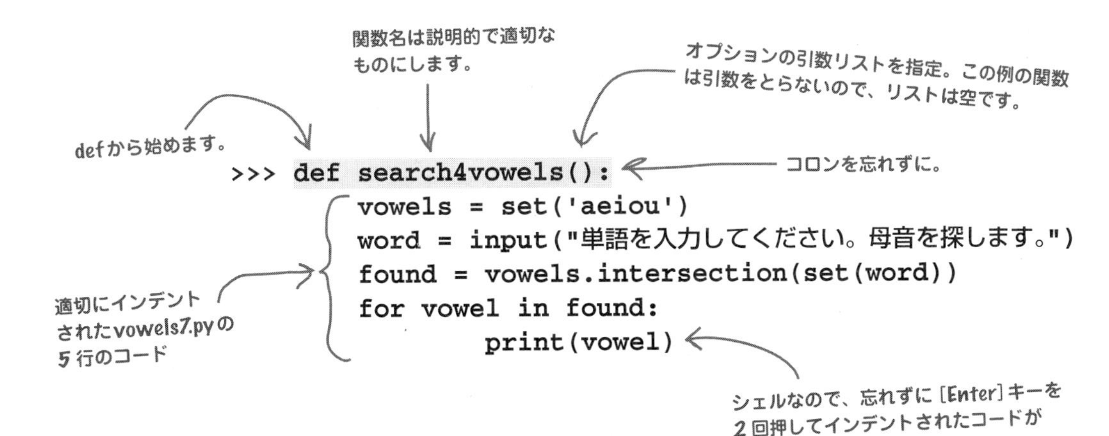

これだけで関数は完成です。この関数を呼び出して期待どおりに動作するか確かめてみましょう。

関数を呼び出す

関数を呼び出すには、関数名と関数が取る引数の値を指定します。search4vowels関数は（現在は）引数を取らないので、次のように引数を指定せずに呼び出します。

```
>>> search4vowels()
単語を入力してください。母音を探します。hitch-hiker
e
i
```

関数を再び呼び出すと、再度実行します。

```
>>> search4vowels()
単語を入力してください。母音を探します。galaxy
a
```

特に驚くようなことはありません。関数を呼び出すとその関数のコードを実行します。

関数をプロンプトではなくエディタで編集する

現在は、search4vowels関数のコードを次のように>>>プロンプトに入力しています。

```
>>> def search4vowels():
        vowels = set('aeiou')
        word = input("単語を入力してください。母音を探します。")
        found = vowels.intersection(set(word))
        for vowel in found:
            print(vowel)
```

シェルプロンプトで入力した関数

このあともこのコードを使い続けたいとします。その場合、>>>プロンプトでコードを編集してもよいのですが、わりと早い段階で面倒になってしまうでしょう。コードが数行以上になる場合はIDLEの編集ウィンドウにコピーして編集した方がずっと楽です。先に進む前にさっそくIDLEの編集ウィンドウにコピーしてみましょう。

新たな空のIDLE編集ウィンドウを開いたら、>>>プロンプトから関数のコードをコピーして（>>>文字は**コピーしない**ように）、編集ウィンドウにペーストします。フォーマットとインデントが正しいことを確認したら、ファイルをvsearch.pyとして保存してから作業を進めます。

シェルから関数のコードをコピーしたら、必ずvsearch.pyとして保存する。

IDLEを使って変更する

IDLEではvsearch.pyは次のように表示されます。

関数のコードはIDLEの編集ウィンドウにコピペし、vsearch.pyとして保存しました。

```
vsearch.py - /Users/paul/Desktop/_NewBook/ch04/vsearch.py (3.6.4)
def search4vowels():
    vowels = set('aeiou')
    word = input("単語を入力してください。母音を探します。")
    found = vowels.intersection(set(word))
    for vowel in found:
        print(vowel)

Ln: 1   Col: 4
```

[F5]を押したときにIDLEがエラーを表示しても落ち着いてください。編集ウィンドウに戻ってコードがこの通りであることを確認して、再度[F5]を押します。

編集ウィンドウで[F5]を押すと、2つのことが起こります。IDELシェルが前面に表示され、シェルが再起動します。しかし、画面には何も現れません。[F5]を押して確認してみてください。

何も表示されない理由は、まだ関数を呼び出していないからです。すぐに呼び出しますが、ここでは先に進む前に関数に1つ変更を加えましょう。小さいけれども重要な変更です。

関数の先頭にドキュメントを追加します。

コードに複数行のコメント（**docstring**）を追加するには、コメントのテキストを"""で囲みます。

関数の先頭にdocstringを追加したvsearch.pyを次に再び示します。自分のコードも同様に変更してください。

関数にdocstringを追加。この関数の目的を簡単に述べています。

```
vsearch.py - /Users/paul/Desktop/_NewBook/ch04/vsearch.py (3.6.4)
def search4vowels():
    """単語内の母音を表示する。"""
    vowels = set('aeiou')
    word = input("単語を入力してください。母音を探します。")
    found = vowels.intersection(set(word))
    for vowel in found:
        print(vowel)

Ln: 9   Col: 0
```

このすべての文字列はどうなっているの？

関数の現在の状況をもう一度確認してみましょう。IDLEで緑色で表示されている3つの文字列に特に注目してください。

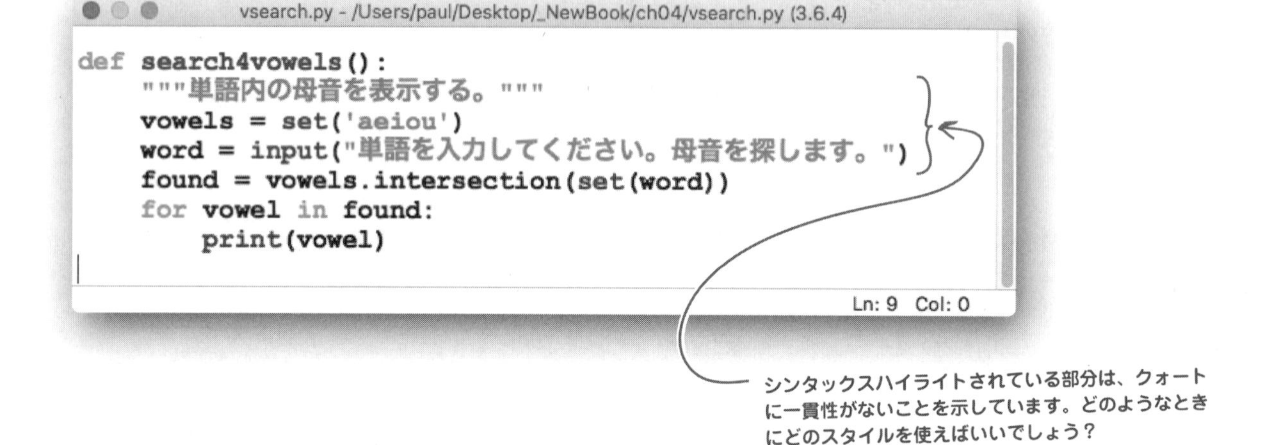

クォートの使い方を理解する

Pythonでは、文字列はシングルクォート（'）、ダブルクォート（"）、または三重クォート（"""または'''）で囲むことができます。

前にも述べたように、文字列を囲む三重クォートは（上記に示したように）主に関数の目的を示すために使い、docstringと呼ばれます"""または'''でdocstringを囲むことができるのに、ほとんどの人は"""の方を使います。docstringには、複数行にわたって書けるという特徴があります（他のプログラミング言語は同じ概念に「heredoc（ヒアドキュメント）」という名前を使います）。

シングルクォート（'）やダブルクォート（"）で囲んだ文字列は複数行にまたがって書くことは**できません**。1行の中で対応するクォートで文字列を終了させる必要があります。

文字列を囲むのにどのクォートを使うかは読者次第ですが、圧倒的にシングルクォートが使われます。とにかく統一することが第一です。

上に示したコードは（たった数行であるのに）クォートに**一貫性がありません**。このコードは正しく動作しますが（インタプリタは使用するスタイルを気にしないため）、スタイルに一貫性がないとコードが読みにくくなってしまいます。

クォートは統一すること。可能な限り、シングルクォートを使う。

PEPのベストプラクティスに従う

（文字列だけではなく）コードのフォーマットに関しては、Pythonプログラミングコミュニティは長い時間を費やしてベストプラクティスを確立して文書化しています。このベストプラクティスは**PEP 8**と呼ばれます。PEPは「Python Enhancement Protocol」の略です。

多数のPEPドキュメントが存在し、主にPythonに対して提案され実装された機能強化について詳しく書かれていますが、（何をすべきで何をすべきでないかに関する）勧告やさまざまなPythonプロセスも記述されています。PEPドキュメントの詳細は技術的すぎて、多くの場合難解です。そのため、大多数のPythonプログラマはPEPの存在を知っていますが、PEPに詳細に立ち入ることはほとんどありません。これはPEP 8**以外**のほとんどのPEPに当てはまります。

PEPのリストはhttps://www.python.org/dev/peps/を参照。

PEP 8は**最高**のスタイルガイドです。すべてのPythonプログラマが読むべきとされており、前ページで説明したクォートの「一貫性を持たせる」ことを推奨しています。別のドキュメントPEP 257は、docstringの書式に関する規約について書かれています。一読の価値があります。

PEP 8とPEP 257に準拠した`search4vowels`関数を再び示します。大きな変更ではありませんが、文字列を囲む文字をシングルクォートに統一したため少し見やすくなっています（ただしdocstringはシングルクォートで囲んでいませんが）。

vsearch.py - /Users/paul/Desktop/_NewBook/ch04/vsearch.py (3.6.4)

```
def search4vowels():
    """単語内の母音を表示する。"""
    vowels = set('aeiou')
    word = input("単語を入力してください。母音を探します。")
    found = vowels.intersection(set(word))
    for vowel in found:
        print(vowel)
```

Ln: 9　Col: 0

PEP 257準拠のdocstring

PEP 8の勧告に従い、シングルクォート文字で統一しています。

もちろん、PEP 8に**厳密に**準拠していなくても構いません。例えば、`search4vowels`という関数名はPEP 8に準拠していません。PEP 8では、関数名の単語はアンダースコアで区切るべきとしているので、PEP 8に従った名前は`search_for_vowels`となります。PEP 8は規則ではなく指針です。強制ではなく、考慮すればいいものなので、この本では`search4vowels`を使うことにします。

しかし、PEP 8に準拠したコードを書いた方が喜ばれます。多くの場合において、準拠していないコードよりも読みやすいからです。

それでは、`search4vowels`関数の改良に戻り、引数を受け取るようにしましょう。

関数は引数を取る

search4vowels関数を変更して、ユーザに検索する単語の入力を求める代わりに、引数として単語を渡せるようにしましょう。

引数の追加は簡単です。def行の()の中に引数の名前を挿入するだけです。すると、この引数名は関数のブロックの変数となります。これは編集も簡単です。

ユーザに単語の入力を求める行も削除しましょう。これも簡単です。

現在のコードはこうなっています。

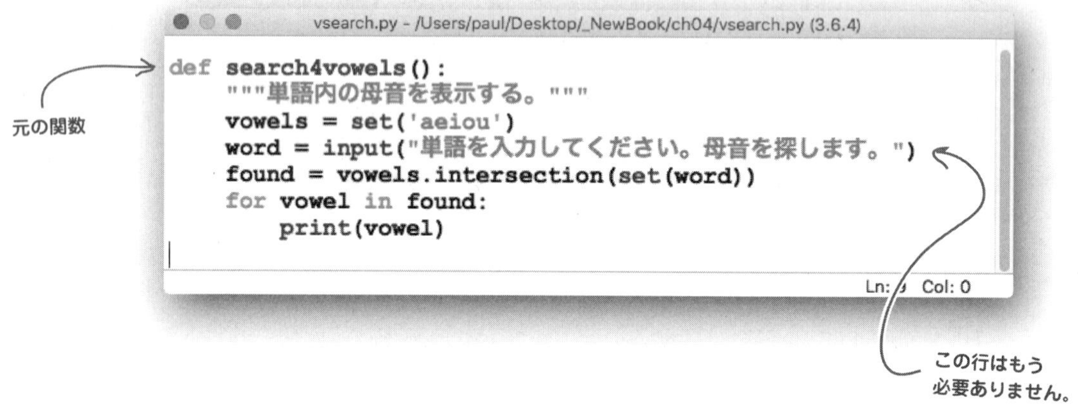

この2つの編集を行うと、IDLEの編集ウィンドウは次のようになります（注：docstringも常に更新するようにします）。

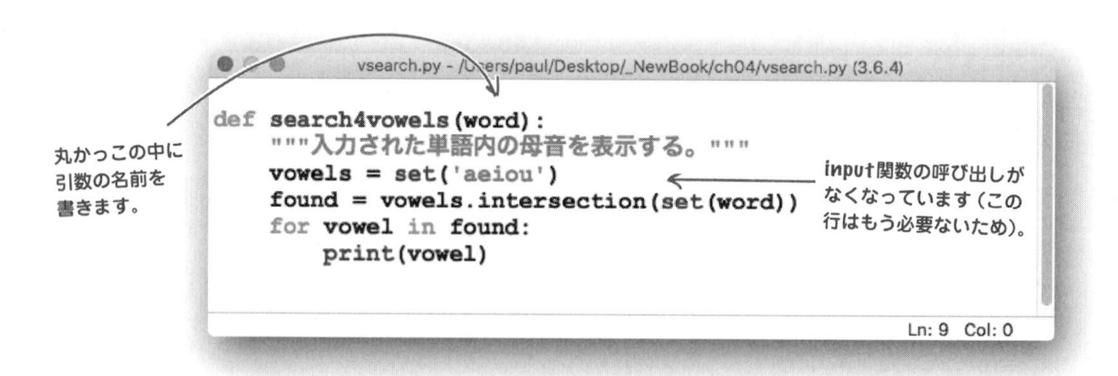

コードを変更したら必ずファイルを保存してから、[F5]を押して試してください。

試運転

IDLEの編集ウィンドウにコードを読み込んで保存したら、[F5]を押して関数を数回呼び出し、どうなるか確認してください。

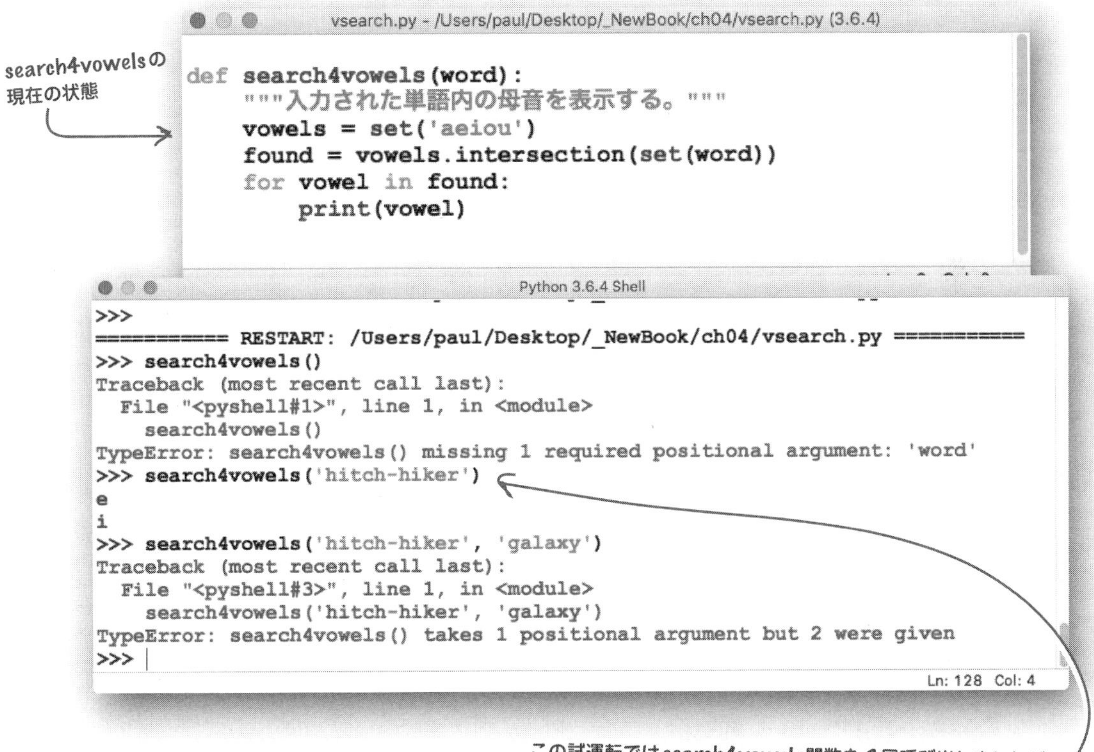

この試運転ではsearch4vowels関数を3回呼び出しましたが、実行が成功したのは文字列引数を1つ渡した場合だけでした。2回は失敗しました。エラーメッセージを読んで間違った呼び出しが失敗した理由をそれぞれ理解してください。

素朴な疑問に答えます

Q：Pythonの関数には引数は1つしか使えないのですか?

A：いいえ。関数が提供する機能によっていくつでも引数を使えます。意図的に単純な例から始めて、徐々に複雑な例に挑戦します。引数を使うと、関数では多くのことができます。どんなことができるかをこれから説明していきます。

関数は結果を返す

プログラマは通常、関数を使ってコードを抽象化して名前を付けるだけでなく、関数が計算した値を返すようにし、その関数を呼び出したコードでその値を使えるようにしたいでしょう。関数からの戻り値を使えるように、Pythonはreturn文を用意しています。

インタプリタが関数のブロックでreturn文を見つけると、2つのことが起こります。return文で関数を終了し、return文に与えられた値を呼び出し側コードに返します。この振る舞いは、他の大多数のプログラミング言語のreturnの動作と同じです。

search4vowels関数から値を1つ返すような単純な例から始めましょう。具体的には、引数として指定されたwordに母音が含まれるかどうかによってTrueかFalseを返してみましょう。

あまり難しくないと思われるかもしれませんが、すぐにもっと複雑な(そして便利な)関数を作っていくので我慢してください。簡単な例から始めることで、まず基本を身に付けるようにします。

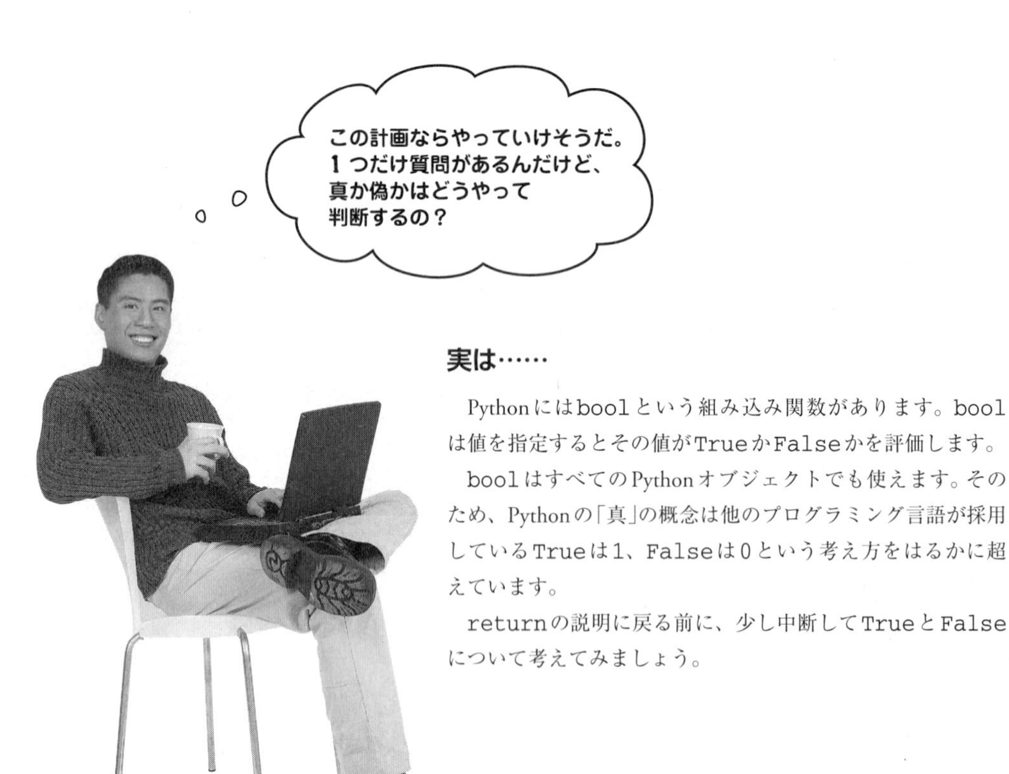

この計画ならやっていけそうだ。
1つだけ質問があるんだけど、
真か偽かはどうやって
判断するの？

実は……

Pythonにはboolという組み込み関数があります。boolは値を指定するとその値がTrueかFalseかを評価します。

boolはすべてのPythonオブジェクトでも使えます。そのため、Pythonの「真」の概念は他のプログラミング言語が採用しているTrueは1、Falseは0という考え方をはるかに超えています。

returnの説明に戻る前に、少し中断してTrueとFalseについて考えてみましょう。

ブール値クローズアップ

Pythonのすべてのオブジェクトは対応するブール値を持っており、オブジェクトはTrueかFalseのどちらかに評価されます。

0、None、空の文字列、空の組み込みデータ構造と評価されるとFalseになります。つまり、次の例はすべてFalseとなります。

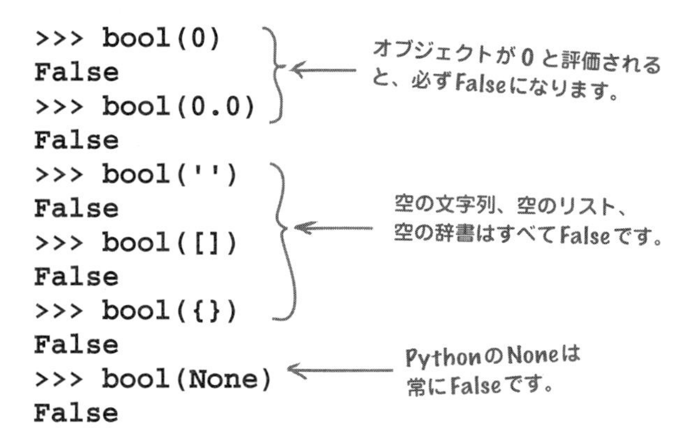
>>> bool(0)
False
>>> bool(0.0)
False
>>> bool('')
False
>>> bool([])
False
>>> bool({})
False
>>> bool(None)
False
オブジェクトが0と評価されると、必ずFalseになります。
空の文字列、空のリスト、空の辞書はすべてFalseです。
PythonのNoneは常にFalseです。

Pythonではその他のすべてのオブジェクトはTrueと評価されます。次にTrueとなるオブジェクトの例を挙げます。

```
>>> bool(1)
True
>>> bool(-1)
True
>>> bool(42)
True
>>> bool(0.0000000000000000000000000000001)
True
>>> bool('Panic')
True
>>> bool([42, 43, 44])
True
>>> bool({'a': 42, 'b':42})
True
```

0でない数値は、負の値のときでも必ずTrue。

小さすぎるかもしれませんが、0ではないのでTrue。

空でない文字列は常にTrue。

空でない組み込みデータ構造はTrue。

bool関数に任意のオブジェクトを渡すと、TrueかFalseかを判断します。
空でないデータ構造はTrueと評価されます。

値を１つ返す

search4vowels関数のコードをもう一度見てみましょう。現在は引数として任意の値を取り、その値から母音を探して見つけた母音を画面に表示します。

```
def search4vowels(word):
    """入力された単語内の母音を表示する。"""
    vowels = set('aeiou')
    found = vowels.intersection(set(word))
    for vowel in found:
        print(vowel)
```

この２行を変更します。

母音があるか否かでTrueまたはFalseを返すようにこの関数を変更するのは簡単です。最後の2行のコード（forループ）を次のように置き換えるだけです。

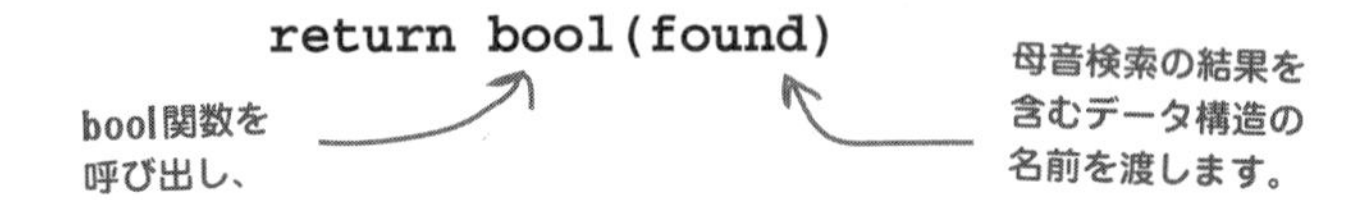

母音が1つもなければ、この関数はFalseを返します。それ以外の場合はTrueを返します。このように変更したら、Pythonシェルで変更後の関数をテストしてどうなるかを確認します。

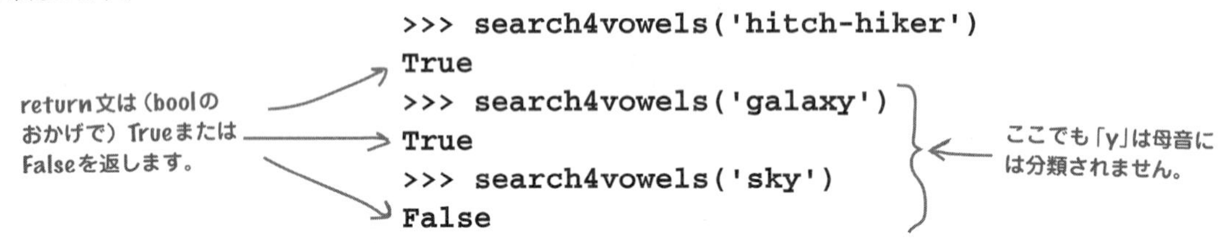

>>> search4vowels('hitch-hiker')
True
>>> search4vowels('galaxy')
True
>>> search4vowels('sky')
False
return文は（boolの
おかげで）Trueまたは
Falseを返します。
ここでも「y」は母音に
は分類されません。

修正前の動作が表示される場合には、必ず修正後の関数を保存し、編集ウィンドウから[F5]を押すようにしてください。

returnが呼び出し側コードに返すオブジェクトを()で囲んではいけません。その必要もありません。return文は関数呼び出しではないので、構文的に()は必要はありません。（**どうしても**というなら）使うことはできますが、ほとんどのPythonプログラマは()を使いません。

複数の値を返す

関数は1つの値を返すように設計されていますが、複数の値を返さなくてはいけないこともあります。複数の値を返す唯一の方法は、複数の値を1つのデータ構造にまとめてそのデータ構造を返すことです。すると、やはり1つのものを返していますが、複数のデータとなり得ます。

次は関数の現在の状態です。ブール値を1つ（つまり、1つのもの）を返します。

注：コメントを書き直しました。

```
def search4vowels(word):
    """母音が見つかったかどうかによってブール値を返す。"""
    vowels = set('aeiou')
    found = vowels.intersection(set(word))
    return bool(found)
```

少し変更しただけで、関数がブール値ではなく（1つの集合内の）複数の値を返すようになりました。あとはboolの呼び出しを取り除くだけです。

```
def search4vowels(word):
    """指定された単語内の母音を返す。"""
    vowels = set('aeiou')
    found = vowels.intersection(set(word))
    return found
```

コメントを再び変更しました。

結果をデータ構造（集合）として返します。

不要なfound変数を取り除くと、上の4行目と5行目をまとめて1行にできます。intersectionの結果をfound変数に代入してから返すのではなく、直接intersectionを返しています。

```
def search4vowels(word):
    """指定された単語内の母音を返す。"""
    vowels = set('aeiou')
    return vowels.intersection(set(word))
```

不要な変数foundを使わずにデータを返します。

関数は単語内にある母音の集合を返すようになりました。目的達成です。

しかし、テストしたところ、困惑するような結果が1つ…。

試運転

修正後のsearch4vowels関数を試し、どのように動作するか確認してみましょう。最新のコードをIDLE編集ウィンドウに読み込んだら、[F5]を押してPythonシェルに関数をインポートしてからこの関数を何度か呼び出してください。

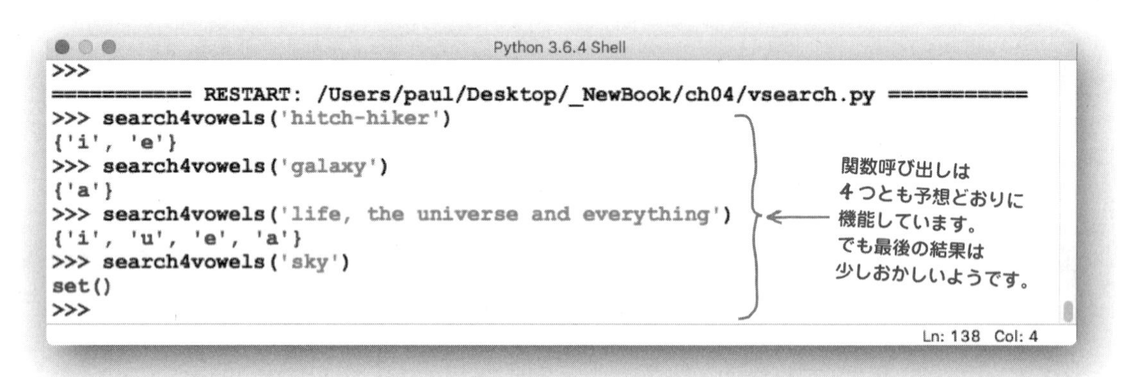

set()とは？

上の試運転の例は正常に機能しています。この関数は引数として1つの文字列値を取り、見つかった母音の集合を返します。集合は多くの値を含みます。しかし、最後の結果は少し奇妙に思えますよね。詳しく調べてみましょう。

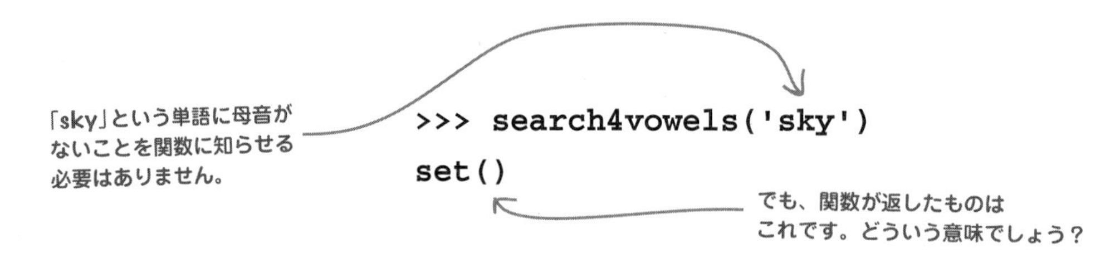

関数が空の集合{}を返すと予想していたかもしれません。でも、{}は空の集合**ではなく**空の辞書です。これはよくある誤解です。

空の集合はset()と表現されます。

これは少し奇妙に見えるかもしれませんが、これがPythonの動作です。インタプリタがそれぞれの空のデータ構造はどのように表現されるかに注目して、4つの組み込みデータ構造をおさらいしてみましょう。

組み込みデータ構造をおさらいする

4つの組み込みデータ構造を思い出してみましょう。リスト、辞書、集合、タプルの順におさらいします。

シェルでデータ構造についての組み込み関数を使って空のデータ構造を作成し、各データ構造にデータをいくつか代入してみましょう。代入したら内容を表示してみます。

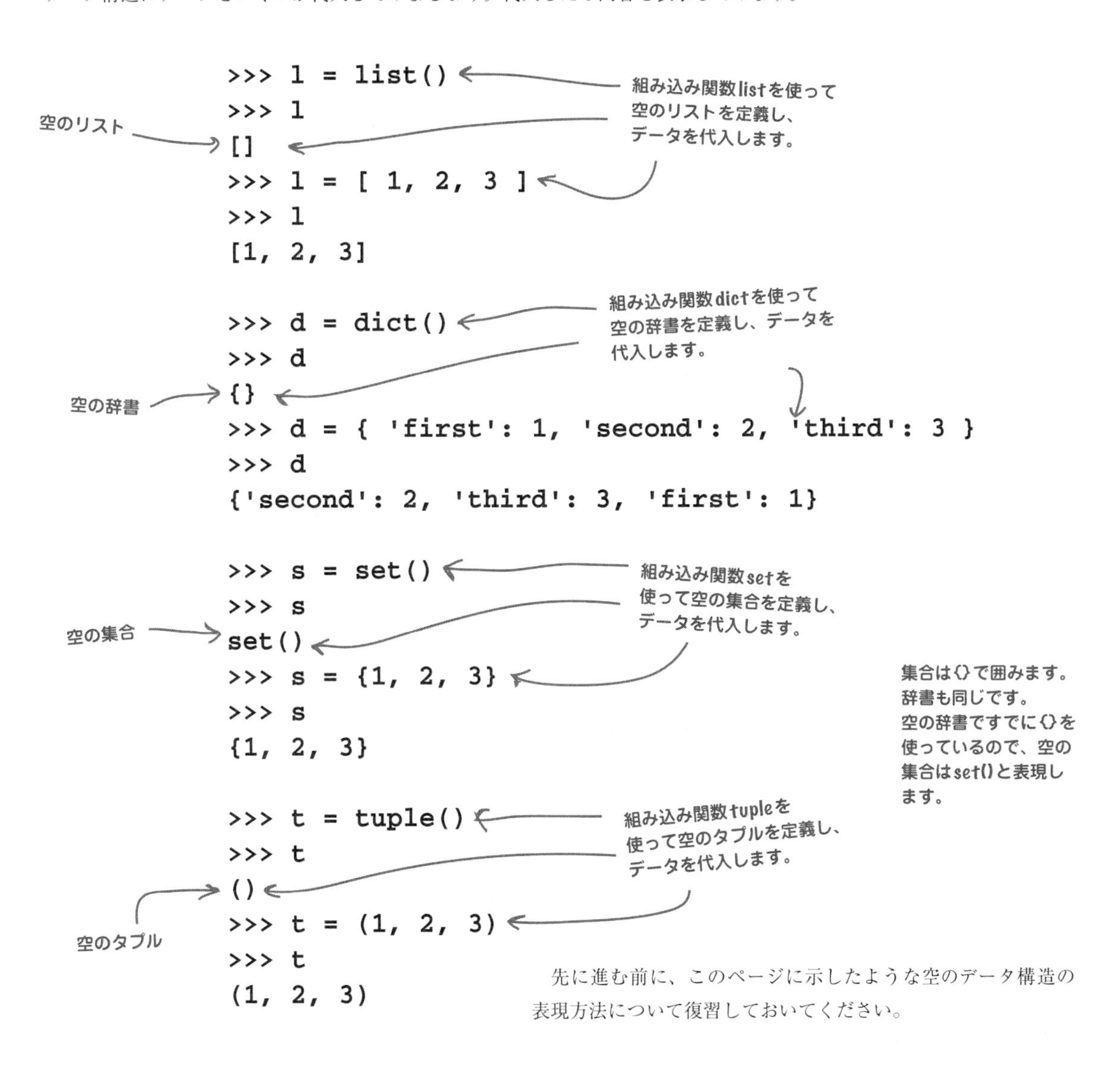

先に進む前に、このページに示したような空のデータ構造の表現方法について復習しておいてください。

アノテーションを使ってドキュメントを改善する

4つのデータ構造の復習で、search4vowels関数が集合を返すことを確認しました。しかし、関数を呼び出して戻り値の型を調べる以外に、どのようにすれば事前に戻り値の型がわかるのでしょうか？何が返されるかをどのようにして知るのでしょうか？

この情報をdocstringに追加すれば解決します。引数と戻り値が何になるかをdocstringに明確に示し、その情報を探しやすくするのです。プログラマに関数の文書化の標準に合意してもらうのは難しいので(PEP 257はdocstringの**フォーマット**を提案しているだけです)、現在Python 3は**アノテーション**(**型ヒント**とも呼ばれています)という概念をサポートしています。アノテーションを使うと、戻り値の型と引数の型を(標準的な方法で)記述します。次の点を覚えておいてください。

1. **関数アノテーションはオプション。**
   アノテーションを使わなくても問題ありません。実際に、多くの既存のコードではアノテーションを使っていません(Python 3の最新バージョンでしかアノテーションを使えないため)。
2. **関数アノテーションは情報を含む。**
   アノテーションから関数に関する詳細がわかりますが、その他の振る舞い(型チェックなど)はしません。

search4vowels関数の引数にアノテーションを付けてみましょう。1番目のアノテーションはこの関数が引数wordの型として文字列を期待していることを示し(:str)、2番目のアノテーションは呼び出し側に集合を返すことを示しています(-> set)。

```
def search4vowels(word:str) -> set:
    """指定された単語内の母音を返す。"""
    vowels = set('aeiou')
    return vowels.intersection(set(word))
```

アノテーション構文は単純です。関数引数にはコロンを追加して期待する型を示します。この例では、:strはこの関数が文字列を期待していることを示しています。戻り値の型は引数リストの後に示します。矢印に続いて引数の型を示し、行末にコロンを付けます。-> set:はこの関数が集合を返すことを示しています。

ここまでは問題ありません。

関数に標準的な方法でアノテーションを付けました。そのため、この関数が引数として何を期待し、何を返すかがわかるようになりました。しかし、インタプリタはこの関数が必ず文字列で呼び出されているかを**調べず**、関数が常に集合を返すかもチェック**しません**。これではアノテーションを付けた意味がわかりません。

アノテーションに関する詳細は、https://www.python.org/dev/peps/pep-3107/のPEP 3107を参照のこと。

なぜ関数アノテーションを使うのか？

インタプリタがアノテーションを使って関数の引数や戻り値の型を調べないのなら、そもそもなぜアノテーションに頭を悩ませる必要があるのでしょうか？

アノテーションの目的はインタプリタを楽にさせることでは**ありません**。関数を使う人を楽にすることです。アノテーションは型強制メカニズムでは**なく、ドキュメンテーション標準**です。

実際に、インタプリタは引数の型や関数が返す型も気にしません。インタプリタは（どんな型であっても）指定した任意の引数で関数を呼び出し、関数のコードを実行してreturn文で指定された任意の値を呼び出し側に返します。インタプリタは、返すデータや渡すデータの型は考慮しません。

プログラマにとってのアノテーションの役割は、関数に渡す型や関数から返される型を調べるために関数のコードを読まなくていいようにすることです。アノテーションを使わないと、プログラマは関数のコードを読まなければいけません。最適に書かれたdocstringでさえ、やはりアノテーションが含まれていないと読まなければいけません。

すると、別の疑問が生じます。関数のコードを読まずにどのようにアノテーションを確認するのでしょうか？ IDLEの編集ウィンドウで[F5]を押してから、>>>プロンプトでhelpと入力するとアノテーションが表示されます。

関数の説明にアノテーションを使う。アノテーションは組み込み関数helpで表示する。

試運転

まだ試していなければ、IDLEの編集ウィンドウを開いてsearch4vowelsのコピーにアノテーションを付けてコードを保存し、[F5]キーを押してください。Pythonシェルが再起動し、>>>プロンプトが実行を待機する状態になります。次のように、helpでsearch4vowelsのドキュメントを表示してみましょう。

```
Python 3.4.3 Shell
>>> ============================== RESTART ==============================
>>>
>>> help(search4vowels)
Help on function search4vowels in module __main__:

search4vowels(word:str) -> set
    指定された単語内の母音を返す。

>>> |
Ln: 51 Col: 4
```

「help」はアノテーションだけでなくdocstringも表示します（訳注：macOSでは日本語文字列がエスケープされて表示されます）。

関数：すでにわかったこと

一息ついて関数について（これまでに）わかったことをおさらいしてみましょう。

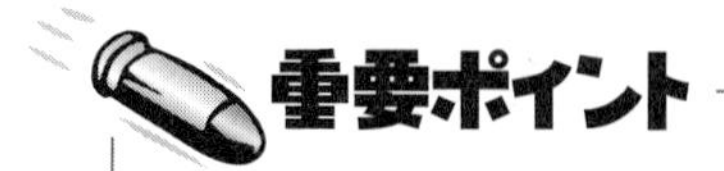

- 関数は名前の付いたコード群である。
- defキーワードを使って関数に名前を付け、動作を示す関数のコードはdefキーワードから1レベルインデントする。
- Pythonの三重クォートで囲んだ文字列を使うと、関数に複数行のコメントを追加できる。このように使った文字列はdocstring（ドキュメンテーション文字列）と呼ばれる。
- 関数は任意の数（ゼロを含む）の引数を取れる。
- return文を使うと、関数で任意の数（ゼロを含む）の値を返すことができる。
- 関数アノテーションを使うと、関数の引数の型や戻り値の型を説明できる。

search4vowels関数のコードをもう一度見直してみましょう。この関数は引数を取って集合を返すので、この章の冒頭の初期バージョンよりも便利になっています。さまざまな場所でこの関数は使えます。

```
def search4vowels(word:str) -> set:
    """指定された単語内の母音を返す。"""
    vowels = set('aeiou')
    return vowels.intersection(set(word))
```

最新バージョンの関数

単語を指定するだけでなく、2つ目の引数で何を探すかを指定できれば、この関数はさらに便利になるでしょう。しかも、母音だけでなく任意の文字列を探すことができます。

さらに、1つ目の引数名をwordとしても問題はありませんが、この関数は引数として1つの単語ではなく**任意**の文字列を取るので、phraseに変えた方がよさそうです。phraseの方が何を受け取るのかを適切に表しています。

この最後の提案を反映するように関数を変更してみましょう。

汎用性のある便利な関数を作成する

前ページで話したように、変数名をwordからphraseに変更したsearch4vowels関数を次に示します（IDLEで表示）。つまり、変数名はwordからより適したphraseに変更しています。

変数名をwordからphraseに変更しました。

```
*vsearch.py - /Users/paul/Desktop/_NewBook/ch04/vsearch.py (3.6.4)*

def search4vowels(phrase:str) -> set:
    """指定された単語内の母音を返す。"""
    vowels = set('aeiou')
    return vowels.intersection(set(phrase))

Ln: 6  Col: 0
```

前ページでは、母音だけでなく任意の文字列を探すことができると便利になるとも言いました。これについては、phraseから探す文字列を指定する第2引数を関数に追加するだけで可能です。この変更は簡単です。しかし、この変更を行うと、この関数は母音ではなく任意の文字列を探すことになるので、現在の関数名では適切ではありません。現在の関数は変更せずそのままにしておいて、元の関数をベースに新たな関数を作成しましょう。次のことを行います。

1. **新しい関数に、より汎用的な名前を付ける。**
   search4vowelsに変更を加え続けることはせず、search4lettersという新しい関数を作成しましょう。この名前の方が新しい関数の目的を適切に表しています。
2. **第2引数を追加する。**
   第2引数を追加すると、文字列から探し出す文字を指定できます。この第2引数をlettersとします。そして、忘れずにlettersにアノテーションを付けるようにしましょう。
3. **変数vowelsを削除する。**
   母音ではなく、指定された文字を探すので、vowelsという名前は適切ではありません。
4. **docstringを書き直す。**
   docstringも書き直さないと、コードをコピーして変更する意味がありません。新しい関数の動作を反映するようにドキュメントを変更する必要があります。

上の4項目をすべて行いましょう。それぞれの説明を読み、vsearch.pyファイルを編集して指示どおりに変更してください。

別の関数を作成する(1/3)

IDLEの編集ウィンドウでvsearch.pyファイルを開いていますか? まだなら今すぐ開いてください。

手順1では、新たな関数を作成します。関数の名前はsearch4lettersとします。PEP 8はトップレベル関数では2行の空行を開けるように推奨しています。この本のダウンロード用コードはこの指針に従っていますが、本に掲載するコードはこの指針には従っていません(紙面が限られているためです)。

まず、defの後に新しい関数名を入力してください。

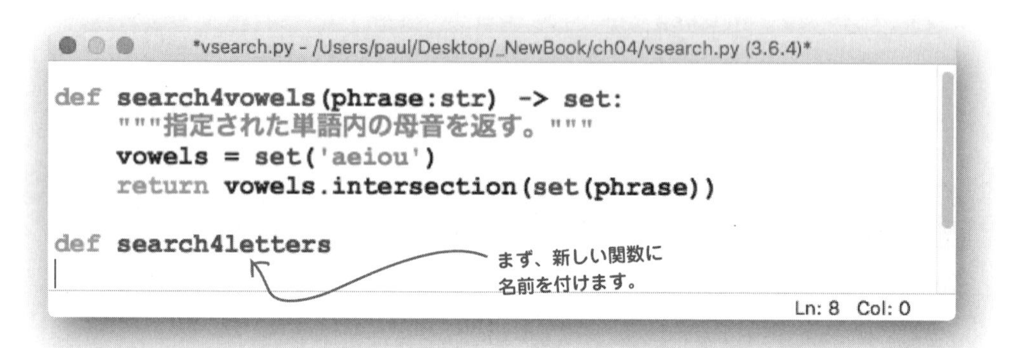

手順2では、必須の引数phraseとlettersを追加して関数のdef行を完成させます。引数のリストは()で囲み、末尾にコロン(およびアノテーション)を忘れずに付けます。

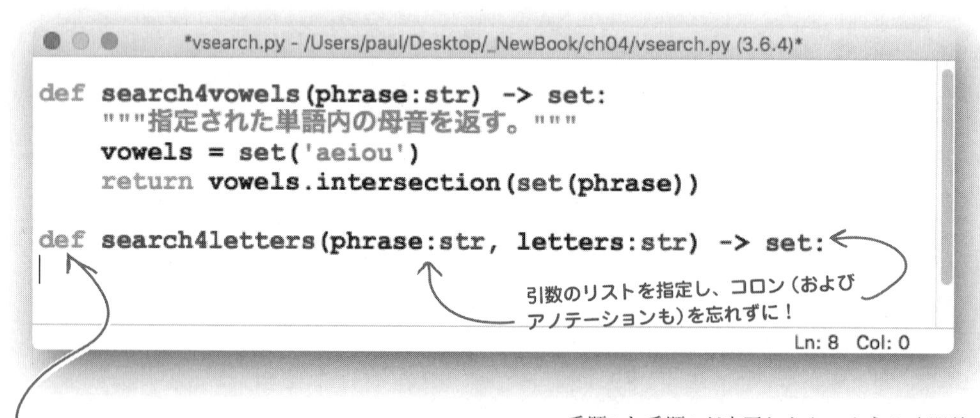

手順1と手順2が完了したら、ようやく関数のコードを書くことができます。このコードはsearch4vowels関数と似ていますが、変数vowelsに頼らないようにするつもりです。

別の関数を作成する（2/3）

手順3では、変数vowelsを使わないコードに書き直します。vowelsを使い続けてもよかったのですが、新しい名前に変更します（もはやvowelsでは変数の意味を正しく表していないため）。159ページで変数foundを取り除いたのとほぼ同じ理由で、ここでは一時変数は使いません。新しいsearch4lettersを見てください。このコードは、search4vowelsの2行と同じ処理を行います。

vsearch.py - /Users/paul/Desktop/_NewBook/ch04/vsearch.py (3.6.4)

```
def search4vowels(phrase:str) -> set:
    """指定された単語内の母音を返す。"""
    vowels = set('aeiou')
    return vowels.intersection(set(phrase))

def search4letters(phrase:str, letters:str) -> set:
    return set(letters).intersection(set(phrase))
```

Ln: 9　Col: 0

2行のコードが1行になっています。

search4lettersのこの1行のコードの意味がわからなくても心配ありません。このコードは実際よりも複雑に見えます。詳しく調べて、正しく理解しましょう。まず、引数lettersの値を集合に変換します。

set(letters)
「letters」から
集合オブジェクトを作成。

この組み込み関数setの呼び出しで、変数lettersの文字から集合オブジェクトを作成します。この文字の集合は後で使うために変数に格納せずにすぐに使いたいので、変数に割り当てる必要はありません。作成した集合オブジェクトを使うには、ドットの後ろに呼び出したいメソッドを指定します。変数に代入していないオブジェクトにもメソッドがあるからです。3章で集合を使ってわかったように、intersectionメソッドは引数（phrase）に含まれる文字の集合と既存の集合オブジェクト（letters）との積集合を作成します。

lettersから集合オブジェクトを作成。

```
set(letters).intersection(set(phrase))
```

最後に、return文で積集合の結果を呼び出し側コードに返します。

```
return set(letters).intersection(set(phrase))
```

結果を呼び出し側コードに返します。

別の関数を作成する（3/3）

手順4では、新たに作成した関数にdocstringを追加します。三重クォートで囲んだ文字列を新しい関数の`def`行の直後に追加するのでしたね？ ここでは次のようなdocstringを追加しました（このdocstringは簡潔ながらも効果抜群です）。

vsearch.py - /Users/paul/Desktop/_NewBook/ch04/vsearch.py (3.6.4)

```
def search4vowels(phrase:str) -> set:
    """指定された単語内の母音を返す。"""
    vowels = set('aeiou')
    return vowels.intersection(set(phrase))

def search4letters(phrase:str, letters:str) -> set:
    """phrase内のlettersの集合を返す。"""
    return set(letters).intersection(set(phrase))
```

Ln: 10 Col: 0

docstring

これで4つの手順がすべて完了しました。ようやく`search4letters`をテストする準備が整いました。

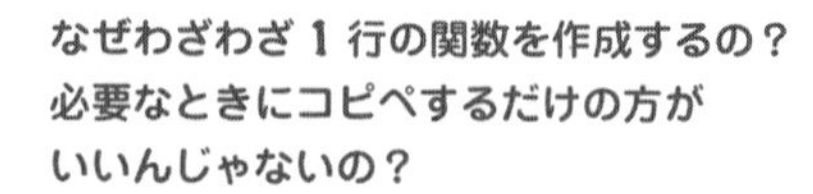

なぜわざわざ1行の関数を作成するの？
必要なときにコピペするだけの方がいいんじゃないの？

関数は複雑さを隠してくれます。

1行の関数では、あまり「節約」した気がしないでしょう。しかし、この関数のコードの1行は複雑で、それをこの関数のユーザには隠しています。この方法は価値があります（コピーしてペーストするよりも、もちろん優れています）。

例えば、ほとんどのプログラマは`search4letters`の呼び出しを見かけたら、`search4letters`が何をするかを推測できると思いますが、この複雑な1行を見ても、何をするものなのかわからないでしょう。そのため、`search4letters`は「短い」ですが、複雑さを関数内に抽象化するのはよいアイデアなのです。

vsearch.pyファイルを再び保存したら、[F5]を押してsearch4letters関数を試してください。

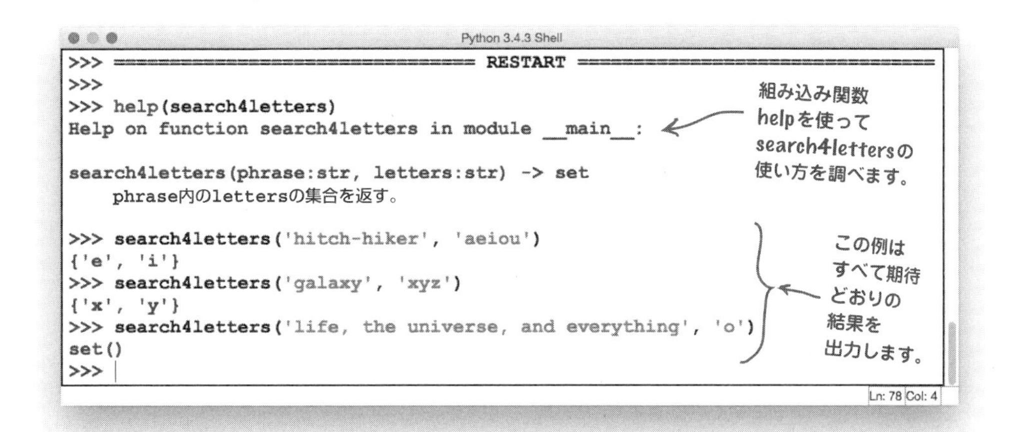

search4letters関数は文字の**任意**の集合を取り、その集合からa、e、i、o、uの文字だけでなく指定の文字を探すので、search4vowelsよりも汎用的で、ずっと便利です。search4vowelsを大々的に使う大きな既存のコードがあるとします。もうsearch4vowelsで行うことをsearch4lettersが実行できるため、「上層部」は両方の関数の必要性を感じないので、search4vowelsの使用を止めてsearch4lettersに置き換えることに決めました。ここでは、コード全体から「search4vowels」を検索して「search4letters」に置換してもうまくいきません。search4vowelsの振る舞いをsearch4lettersでシミュレートするときには、第2引数を追加して必ずaeiouにする必要があるからです。そのため、例えば次の引数を1つだけ指定する呼び出し

```
search4vowels("Don't panic!")
```

は、次のような、引数を2つ指定する呼び出しに置き換える必要があります（編集の自動化は困難です）。

```
search4letters("Don't panic!", 'aeiou')
```

また、search4lettersの第2引数の**デフォルト値**を指定し、第2引数が指定されないときにはそのデフォルト値を使うようにできれば素晴らしいでしょう。デフォルト値をaeiouに設定すれば、全体に検索と置換を適用できます（この編集は簡単です）。

Pythonでデフォルト値を指定できたら素敵じゃない？ でも、夢物語にすぎないのよね。

引数のデフォルト値を指定する

関数の引数にはデフォルト値を指定できます。関数を呼び出す際に引数が指定されない場合には自動的にデフォルト値を使います。引数にデフォルト値を指定する仕組みは単純です。関数のdef行にデフォルト値を指定すればいいのです。

これはsearch4lettersの現在のdef行です。

```
def search4letters(phrase:str, letters:str) -> set:
```

このバージョンの関数のdef行（上記）は**ちょうど**2つの引数が必要です。1つはphrase用、もう1つはletters用です。しかし、lettersにデフォルト値を代入すると、関数のdef行は次のように変わります。

```
def search4letters(phrase:str, letters:str='aeiou') -> set:
```

letters引数にデフォルト値を指定し、呼び出し側コードが代わりの値を指定していないときに使います。

search4letters関数は、変更前と同じように使えます。必要に応じて第1引数と第2引数の両方に値を指定できます。しかし、第2引数（letters）を指定し忘れても、インタプリタが値aeiouを代わりに使ってくれます。

vsearch.pyファイルのコードにこの変更を加えたら（そして保存したら）、次のように関数を呼び出すことができます。

```
>>> search4letters('life, the universe, and everything')
{'a', 'e', 'i', 'u'}
>>> search4letters('life, the universe, and everything',
'aeiou')
{'a', 'e', 'i', 'u'}
>>> search4vowels('life, the universe, and everything')
{'a', 'e', 'i', 'u'}
```

この3つの関数呼び出しはすべて同じ結果となります。

ここではsearch4lettersではなくsearch4vowelsを呼び出しています。

上の関数呼び出しは結果が同じだけでなく、search4lettersへの引数lettersがデフォルト値をサポートしているのでsearch4vowels関数は必要ないことも示しています（上の1つ目と3つ目の呼び出しを比較してください）。

これで、コード内のsearch4vowels関数の使用を止め、search4vowels呼び出しをすべてsearch4lettersに置き換えるように指示されたら、全体に対する簡単な検索で置換ができます。また、search4lettersは母音を探すためだけに使う必要はありません。第2引数で探したい**任意**の文字の集合を指定できます。結果として、search4lettersはより汎用的**かつ**便利になっています。

位置指定とキーワード指定

先ほど説明したように、search4letters関数は1つまたは2つの引数を指定して呼び出すことができます。第2引数は省略可能です。第1引数だけを指定した場合、letters引数はデフォルトで母音の文字列になります。この関数のdef行をもう一度見てみましょう。

```
def search4letters(phrase:str, letters:str='aeiou') -> set:
```

この関数の
def行

Pythonでは、デフォルト引数をサポートしているだけでなく、**キーワード引数**を使って関数を呼び出すこともできます。キーワード引数とは何かを理解するために、今までのsearch4lettersの呼び出しについて考えてみましょう。以下に例を示します。

```
search4letters('galaxy', 'xyz')

def search4letters(phrase:str, letters:str='aeiou') -> set:
```

上の呼び出しでは、2つの文字列がその位置によってphraseとlettersに代入されます。つまり、1番目の文字列がphraseに代入され、2番目の文字列がlettersに代入されます。これは引数の順番に基づいているので、**位置引数**と呼ばれます。

Pythonでは引数名で引数を指定することもできます。そのときには引数の順序は適用されません。これは**キーワード引数**と呼ばれます。キーワードを使うには、次に示すように関数を呼び出すときに正しい引数名に文字列を**任意の順序**で代入します。

呼び出し時にキーワード引数を使う場合、引数の順序は重要ではありません。

```
search4letters(letters='xyz', phrase='galaxy')

def search4letters(phrase:str, letters:str='aeiou') -> set:
```

位置引数でもキーワード引数でもどちらのsearch4letters関数の呼び出しも同じ集合{'x', 'y'}を返します。この小さなsearch4letters関数でキーワード引数を使うメリットを理解するのは難しいかもしれませんが、この機能がもたらす柔軟性は多くの引数を取る関数を呼び出すときに実感できます。179ページで(標準ライブラリが提供する)このような関数の例を示します。

関数についてわかったことを更新する

時間をかけて関数引数の働きを調べました。関数についてわかったことをまとめましょう。

- 関数はコードの再利用を促すだけでなく、複雑さを隠すこともできる。何度も使うような複雑な行は、簡単な関数呼び出しで抽象化する。
- 関数の引数には関数のdef行でデフォルト値を指定できる。デフォルト値を指定すると、関数呼び出し時にその引数は省略できる。
- 引数は位置だけでなく、キーワードでも指定できる。その際には、任意の順序で指定できる（キーワードを使うと曖昧さがなくなるので、位置は重要ではなくなる）。

関数はとてもいいね。
関数を利用したり
共有するにはどうするの？

さまざまな方法があります。

共有する価値のあるコードがあれば、関数の利用や共有のために最適な方法を尋ねるのは当然です。この質問には複数の答えがあります。次のページでは関数をパッケージ化して配布し、自分が作成した関数を自身や他の人が簡単に利用できるような方法を学びます。

関数はモジュールを生み出す

モジュール

手間をかけて再利用可能な関数を作成したので（現在vsearch.pyファイルにある関数のように）、「関数を共有する最善の方法は何か？」と疑問に思うのは当然です。

関数をコピペする方法で関数を共有することはできますが、それは無駄で好ましくないので、この方法は除外します。コード中に同じ関数の複数のコピーが散乱していると、（関数の動作を変更したときに）必ず大惨事となります。共有したい関数の1つの正規コピーを含む**モジュール**を作成した方がずっとよいでしょう。すると、「Pythonではどのようにモジュールを作成するのか？」という別の疑問がわきます。

この答えはとても単純です。モジュールは関数を含むファイルです。つまり、幸いにもvsearch.pyは**すでに**モジュールです。以下にモジュールとなるvsearch.pyを再び示します。

モジュールで**関数**を**共有**する。

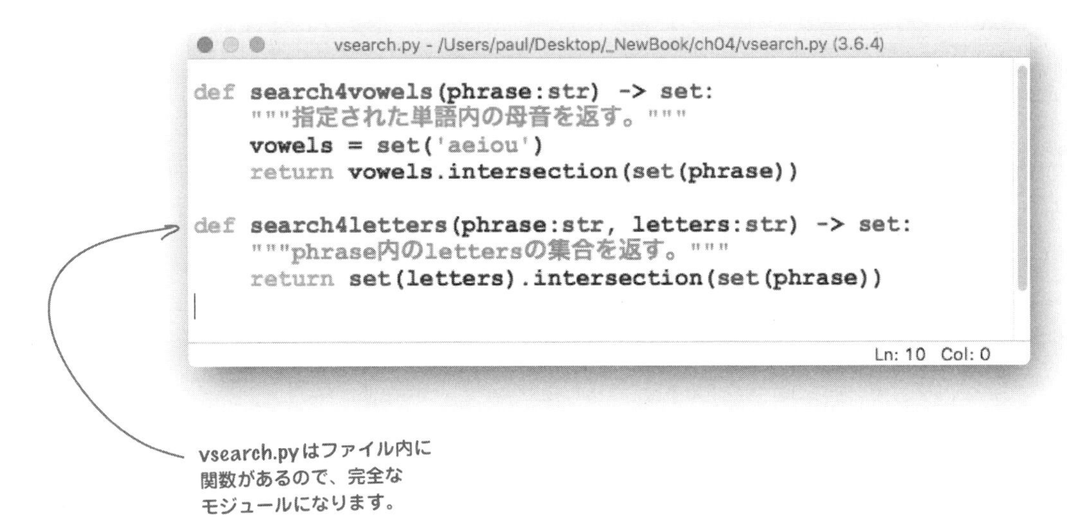

モジュールの作成は簡単だけど……

モジュールの作成は簡単です。共有したい関数のファイルを作成するだけです。

モジュールがあれば、モジュールの中身をプログラムで使うのも簡単です。import文でモジュールをインポートするだけです。

これ自体は複雑ではありません。しかし、インタプリタは目的のモジュールが**検索パス**に含まれていることを前提としているので、検索パスに組み込むのが面倒です。次の数ページでモジュールのインポートについて詳しく調べてみます。

どうやってモジュールを見つけるの?

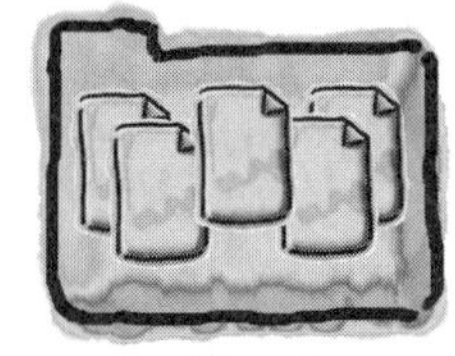
モジュール

1章で標準ライブラリに含まれるrandomモジュールのrandint関数をインポートしていましたよね？ そのときはシェルで次のようにしました。

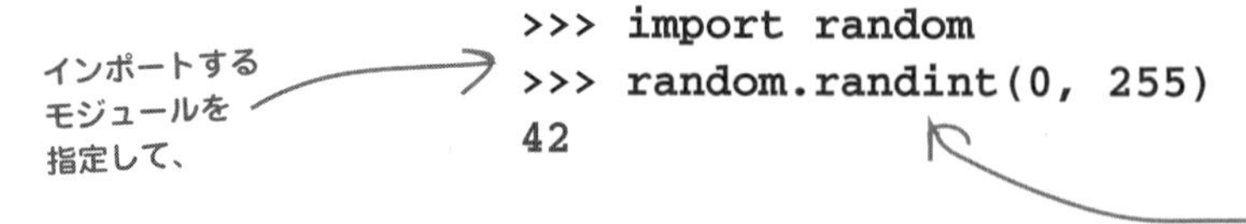
インポートする
モジュールを
指定して、
>>> import random
>>> random.randint(0, 255)
42
モジュールの関数の
1つを呼び出します。

モジュールのインポート中に何が起こるかはPythonドキュメントで詳しく説明されています。詳細に興味があれば自由に調べてください。実際には、インタプリタがモジュールを探す主な場所を3つだけ覚えていれば十分です。

1. **作業ディレクトリ**
   インタプリタが現在作業しているフォルダ。
2. **インタプリタのsite-packagesの位置**
   インストールしたサードパーティPythonモジュール（自分で書いたものを含む）を含むディレクトリ。
3. **標準ライブラリの位置**
   標準ライブラリを構成するすべてのモジュールを含むディレクトリ。

マニア向け情報

OSによって、ファイルを格納する場所の名前は**ディレクトリ**か**フォルダ**のどちらかになります。この本では、**作業ディレクトリ**（これは定着した用語です）を指す場合を除いて「フォルダ」を使います。

上の②と③のどちらが先に調べられるかは多くの要因によって変わります。しかし、心配しないでください。この検索メカニズムを理解することは重要ではありません。重要なのはインタプリタが必ず作業ディレクトリを**最初**に調べ、そのために独自のカスタムモジュールを扱っているときに問題が生じる場合があることを理解することです。

問題が生じる例を示しますが、始める前に次のことを行います。

- [ ] mymodulesというフォルダを作成します。このフォルダを使ってモジュールを格納します。このフォルダをファイルシステムのどこに作成するかは重要ではありません。読み書き権限がある場所に作成してください。
- [ ] vsearch.pyファイルを作成したmymodulesフォルダに移動します。このファイルは、使っているPCでただ1つのvsearch.pyファイルでなければなりません。

コマンドプロンプトからPythonを実行する

モジュール

Pythonインタプリタを OSのコマンドプロンプト（またはターミナル）から実行して、問題を説明します（これから説明する問題はIDLEでも同じように起こります）。

Windowsの場合には、コマンドプロンプトを開いて以下の手順に従ってください。Windowsではない場合には、次のページの中頃でそれぞれのプラットフォームについて説明します（まずは読み続けてください）。WindowsのC:\>プロンプトでpy -3と入力すると、（IDLE外で）Pythonインタプリタが起動します。下のウィンドウでは、インタプリタを呼び出す前に、cdコマンドでmymodulesフォルダを作業ディレクトリにしています。また、>>>プロンプトにquit()と入力すると、いつでもインタプリタを終了できます。

mymodules フォルダに移動する。

Python 3を開始。

モジュールをインポート。

モジュールの関数を使います。

Pythonインタプリタを終了し、OSのコマンドプロンプトに戻ります。

ファイル　編集　ウィンドウ　ヘルプ　レッドモンド#1

```
C:\Users\Head First> cd mymodules

C:\Users\Head First\mymodules> py -3
Python 3.4.3 (v3.4.3:9b73f1c3e601, Feb 24 2015, 22:43:06) [MSC
v.1600 32 bit (Intel)] on win32
Type "help", "copyright", "credits" or "license" for more information.
>>> import vsearch
>>> vsearch.search4vowels('hitch-hiker')
{'i', 'e'}
>>> vsearch.search4letters('galaxy', 'xyz')
{'y', 'x'}
>>> quit()

C:\Users\Head First\mymodules>
```

この動作は予想どおりです。vsearchモジュールを正常にインポートし、関数名の前にモジュール名とドットを付けて関数を使っています。コマンドプロンプトとIDLEの>>>プロンプトの振る舞いは同じです（シンタックスハイライト機能がないことだけが異なります）。やはり、同じPythonインタプリタなのです。

このインタプリタとのやり取りは成功しましたが、vsearch.pyファイルが含まれるフォルダで開始したからこそ正しく動作したのです。これによって、このフォルダが作業ディレクトリになります。インタプリタのモジュールを探す際、作業ディレクトリから最初に探すことがわかっているので、うまくいくのは当然です。

しかし、モジュールが現在の作業ディレクトリになかったらどうなるでしょうか。

モジュールが見つからないとImportErrorになる

モジュールのあるフォルダから移動して、前ページの作業を繰り返してください。ここでモジュールをインポートしようとするとどうなるかを確認してみましょう。Windowsのコマンドプロンプトで別の作業を行ってみましょう。

別のフォルダに移動（この例ではトップレベルフォルダに移動します）。

ファイル　編集　ウィンドウ　ヘルプ　レッドモンド#2

```
C:\Users\Head First> cd \

C:\>py -3
Python 3.4.3 (v3.4.3:9b73f1c3e601, Feb 24 2015, 22:43:06) [MSC
v.1600 32 bit (Intel)] on win32
Type "help", "copyright", "credits" or "license" for more information.
>>> import vsearch
Traceback (most recent call last):
File "<stdin>", line 1, in <module>
ImportError: No module named 'vsearch'
>>> quit()

C:\>
```

Python 3を再び開始。

モジュールをインポートしてみると、

今回はエラー！

現在はmymodules以外のフォルダで作業しているので、vsearch.pyファイルはインタプリタの作業ディレクトリにはありません。つまり、モジュールファイルが見つからないのでインポートできません。したがって、ImportErrorとなってしまいます。

同じ作業をWindows以外で試しても、（Linux、Unix、macOSのいずれでも）同じ結果になります。次は、macOS上のmymodulesフォルダで上の作業を行った様子です。

ファイル　編集　ウィンドウ　ヘルプ　クパチーノ#1

```
$ cd mymodules

mymodules$ python3
Python 3.4.3 (v3.4.3:9b73f1c3e601, Feb 23 2015, 02:52:03)
[GCC 4.2.1 (Apple Inc. build 5666) (dot 3)] on darwin
Type "help", "copyright", "credits" or "license" for more information.
>>> import vsearch
>>> vsearch.search4vowels('hitch-hiker')
{'i', 'e'}
>>> vsearch.search4letters('galaxy', 'xyz')
{'x', 'y'}
>>> quit()

mymodules$
```

フォルダに移動し、「python 3」と入力してインタプリタを開始。

モジュールをインポート。

正しく動作します。モジュールの関数を使用できます。

Pythonインタプリタを終了し、OSのコマンドプロンプトに戻ります。

どのプラットフォームでもImportErrorは起こる

Windows以外のプラットフォームで実行すればWindowsで起こっていたインポートの問題が解決するのではと思っているなら、考え直してください。別のフォルダに移動したら、UNIX系のシステムでも同じように`ImportError`となります。

別のフォルダに移動（この例ではトップレベルフォルダに移動）。

ファイル　編集　ウィンドウ　ヘルプ　クパチーノ#2

```
mymodules$ cd

$ python3
Python 3.4.3 (v3.4.3:9b73f1c3e601, Feb 23 2015, 02:52:03)
[GCC 4.2.1 (Apple Inc. build 5666) (dot 3)] on darwin
Type "help", "copyright", "credits" or "license" for more information.
>>> import vsearch
Traceback (most recent call last):
File "<stdin>", line 1, in <module>
ImportError: No module named 'vsearch'
>>> quit()

$
```

Python 3を再び開始。

モジュールをインポートしてみると、

今回はエラー！

Windowsの場合と同様、`mymodules`以外のフォルダで作業しているので、`vsearch.py`ファイルはインタプリタの現在の作業ディレクトリにはありません。つまり、モジュールファイルが見つからずインポートできません。したがって、`ImportError`となってしまいます。この問題は、どのプラットフォームでも発生します。

Q：Windowsでは`import C:\mymodules\vsearch`、UNIX系のシステムでは`import /mymodules/vsearch`のように、位置を特定してインポートできないのでしょうか。

A：できません。確かにこのようにインポートしたくなるのですが、Pythonの`import`文ではこのようにパスを使うことができないので正しく動作しません。さらに、パスは（さまざまな理由で）よく変更されるので、パスのハードコーディングは一番避けるべきです。可能な限り避けましょう。

Q：パスを使えないなら、どのようにすればモジュールを探し出すのでしょうか？

A：インタプリタが作業ディレクトリでモジュールを見つけられない場合には、site-packagesと標準ライブラリの位置を調べます（site-packagesについては次のページで詳しく説明します）。モジュールをsite-packages配下の1つに追加すれば、インタプリタは（パスにかかわらず）そこでモジュールを見つけられます。

モジュールをsite-packagesに入れる

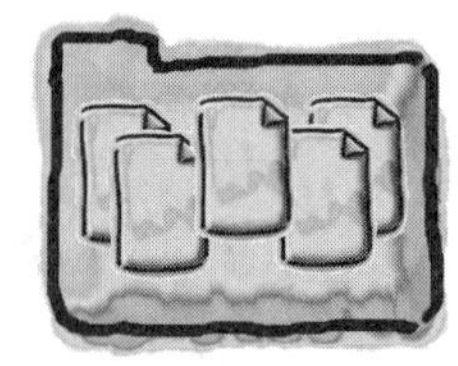
モジュール

174ページでインタプリタのインポートメカニズムで探す3つの位置の2つ目としてsite-packagesを紹介したときの説明を思い出してください。

> **❷ インタプリタのsite-packagesの位置**
> インストールしたサードパーティ Pythonモジュール（自分で記述したものを含む）を含むディレクトリです。

Pythonでは、コードの再利用においてサードパーティモジュールが重要な役割を果たします。モジュールを追加する機能がインタプリタに組み込まれているのは当然とも言えます。

標準ライブラリのモジュール群は、広く利用されても改ざんされないようにPythonのコア開発者によって管理、設計されています。標準ライブラリに独自のモジュールを追加したり削除することはできませんが、site-packagesへのモジュールの追加や削除は積極的に推奨されています。site-packagesのモジュールや削除を行うツールも用意されています。

「setuptools」を使ってsite-packagesにインストールする

Python 3.4以降の標準ライブラリには`setuptools`モジュールがあります。このモジュールを使ってsite-packagesにモジュールを追加できます。モジュール配布の詳細は（最初は）複雑に思えますが、ここでは`vsearch`をsite-packagesにインストールしたいだけなので、`setuptools`を使うと以下の3つの手順で十分です。

Python 3.4（以降）ではsetuptoolsが簡単に利用できる。まだ古いバージョンであれば、アップグレードを検討する。

❶ 配布ファイルの説明を作成する。
`setuptools`でインストールしたいモジュールを決めます。

❷ 配布ファイルを生成する。
コマンドラインで、モジュールのコードを含む共有可能な配布ファイルを作成します。

❸ 配布ファイルをインストールする。
再びコマンドラインで、（モジュールを含む）配布ファイルをsite-packagesにインストールします。

手順1には、モジュール用の（少なくとも）2つの説明ファイル（`setup.py`と`README.txt`）を使います。どのようにするのかを確認してみましょう。

setup.pyの作成

前ページの3つの手順によると、最終的にモジュールの**配布パッケージ**を作成することになります。このパッケージは、モジュールをsite-packagesにインストールするのに必要なすべてを含む1つの圧縮ファイルです。

手順1の「配布ファイルの説明を作成する」では、2つのファイルを作成してvsearch.pyファイルと同じフォルダに入れる必要があります。これはどのプラットフォームを使っていても実行します。1番目のファイルはsetup.pyという名前にして、モジュールについて詳しく記述します。

vsearch.pyファイル用のsetup.pyファイルを以下に示します。1行目はsetuptoolsモジュールからsetup関数をインポートし、2行目はsetup関数を呼び出します。

setup関数は多数の引数を取りますが、多くは省略可能です。読みやすくするために、setupの呼び出しを9行に分割しています。Pythonがキーワード引数をサポートしていることを利用して、この呼び出しでどの値をどの引数に代入しているかを明確に示しています。最も重要な引数をハイライトしています。1つ目は名前を指定し、2つ目は配布パッケージに入れる.pyファイルを指定します。

- [ ] 配布ファイルの説明を作成する。
- [ ] 配布ファイルを生成する。
- [ ] 配布ファイルをインストールする。

完了したものチェックマークを付けましょう。

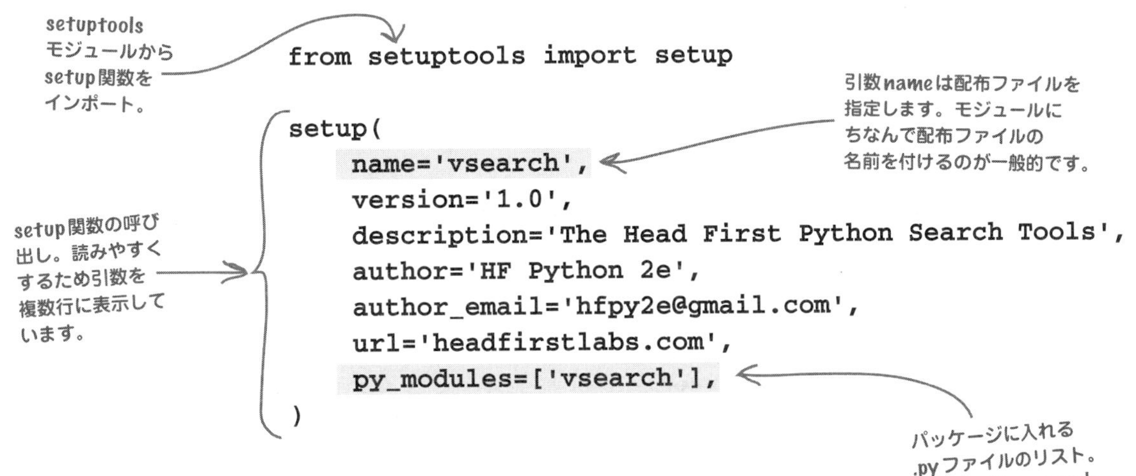


```
from setuptools import setup

setup(
    name='vsearch',
    version='1.0',
    description='The Head First Python Search Tools',
    author='HF Python 2e',
    author_email='hfpy2e@gmail.com',
    url='headfirstlabs.com',
    py_modules=['vsearch'],
)
```

setuptoolsには、setup.pyの他にもう1つのファイル(「README」)が必要です。このファイルには、パッケージについて説明するテキストです。このファイル自体は必要ですが、その内容は入れても入れなくてもいいので、(ここでは)setup.pyファイルと同じフォルダにREADME.txtという空のファイルを作成しておきます。手順1の2つ目のファイルの要件を満たすにはこれで十分です。

配布ファイルの作成

この段階で、mymodulesフォルダには3つのファイル(vsearch.py、setup.py、README.txt)があります。

3つのファイルから配布パッケージを作成する準備がこれで整いました。前述のリストの手順2「配布ファイルを生成する」です。これはコマンドラインで実行します。コマンドラインでの配布ファイルの作成は簡単ですが、WindowsかUNIX系のOS(Linux、Unix、またはmacOS)かによって、入力するコマンドが異なります。

- [x] 配布ファイルの説明を作成する。
- [ ] 配布ファイルを生成する。
- [ ] 配布ファイルをインストールする。

Windowsで配布ファイルを作成する

Windowsの場合には、上の3つのファイルがあるフォルダでコマンドプロンプトを開き、次のコマンドを入力します。

WindowsでPython 3を実行します。

```
C:\Users\Head First\mymodules> py -3 setup.py sdist
```

setup.pyを実行し、

引数としてsdistを渡します。

Pythonインタプリタは、このコマンドを入力するとすぐに処理を始めます。画面には多くのメッセージが表示されます(以下にそのメッセージの要約です)。

```
running sdist
running egg_info
creating vsearch.egg-info
     ...
creating dist
creating 'dist\vsearch-1.0.zip' and adding 'vsearch-1.0' to it
adding 'vsearch-1.0\PKG-INFO'
adding 'vsearch-1.0\README.txt'
     ...
adding 'vsearch-1.0\vsearch.egg-info\top_level.txt'
removing 'vsearch-1.0' (and everything under it)
```

このメッセージが表示されたらすべてうまくいっています。エラーが発生した場合は、Python 3.4以降を使っていることと、setup.pyファイルが前述の内容と同じであることを再確認してください。

Windowsコマンドプロンプトが再び表示されたら、3つのファイルは1つの**配布ファイル**に梱包されています。このファイルはモジュールのソースコードを含むインストール可能なファイルです。この例ではvsearch-1.0.zipという名前になります。

新たに作成したZIPファイルはdistというフォルダにあります。このフォルダも、setuptoolsが作業しているフォルダ(この例ではmymodules)の下に作成されます。

UNIX系OSで配布ファイルを作成する

- [x] 配布ファイルの説明を作成する。
- [ ] 配布ファイルを生成する。
- [ ] 配布ファイルをインストールする。

Windows以外でも、前ページとほぼ同じ方法で配布ファイルを作成します。フォルダに3つのファイル(setup.py、README.txt、vsearch.py)がある状態で、コマンドラインで次の行を入力します。

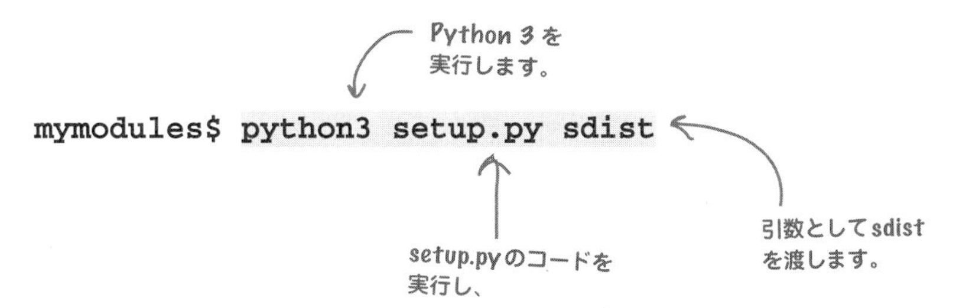
Python 3を
実行します。
mymodules$ python3 setup.py sdist
setup.pyのコードを
実行し、
引数としてsdist
を渡します。

Windowsの場合と同様に、このコマンドは画面に多数のメッセージを表示します。

```
running sdist
running egg_info
creating vsearch.egg-info
      ...
running check
creating vsearch-1.0
creating vsearch-1.0/vsearch.egg-info
      ...
creating dist
Creating tar archive
removing 'vsearch-1.0' (and everything under it)
```

このメッセージはWindowsの場合とは少し異なりますが、これが表示されたら問題ないということです。表示されない場合には、(Windowsの場合と同様)すべてを再確認します。

処理が完了したら、3つのファイルは1つの**ソース配布**ファイルに結合されています(そのため、上記で引数sdistを使っています)。これはモジュールのソースコードを含むインストール可能なファイルです。この例ではvsearch-1.0.tar.gzという名前です。

新たに作成したアーカイブファイルはdistフォルダにあります。このフォルダも、setuptoolsが作業しているフォルダ(この例ではmymodules)の下に作成されています。

ソース配布ファイルを(ZIPまたは圧縮tarアーカイブとして)作成したら、モジュールをsite-packagesにインストールできる状態になります。

pipによるパッケージのインストール

☑ 配布ファイルの説明を作成する。

☑ 配布ファイルを生成する。

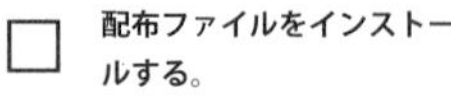

☐ 配布ファイルをインストールする。

配布ファイルは（プラットフォームに応じて）ZIPまたはtarアーカイブです。次は手順3「配布ファイルをインストールする」を行います。多くの作業の場合と同様、Pythonにはこのインストールを容易にするツールがあります。特に、Python 3.4（以降）ではpip（**P**ackage **I**nstaller for **P**ython）を使います。

Windowsで手順3を行う

新たに作成したZIPファイルをdistフォルダに入れます（ZIPファイルはvsearch-1.0.zipという名前でしたね）。Windowsエクスプローラーで［Shift］キーを押しながらマウスを右クリックし、コンテキストメニューを表示します。このメニューから［コマンドウィンドウをここで開く］を選びます。すると、新しいWindowsコマンドプロンプトが開きます。このコマンドプロンプトで、以下の行を入力して手順3を行います。

Python 3でモジュールpipを実行し、指定したZIPファイルをインストールするようにpipに指示します。

```
C:\Users\...\dist> py -3 -m pip install vsearch-1.0.zip
```

このコマンドがパーミッションエラーで失敗したら、Windows管理者としてコマンドプロンプトを再起動してから再試行する必要があります。

コマンドが成功したら、次のメッセージが画面に表示されます。

```
Processing c:\users\...\dist\vsearch-1.0.zip
Installing collected packages: vsearch
  Running setup.py install for vsearch
Successfully installed vsearch-1.0
```

成功！

UNIX系OSで手順3を行う

Linux、Unix、またはmacOSでは、新たに作成したdistフォルダでターミナルを開き、プロンプトで次のコマンドを入力します。

Python 3でpipを実行し、指定したtarファイルをインストールするように指示します。

```
.../dist$ sudo python3 -m pip install vsearch-1.0.tar.gz
```

ここではsudoコマンドを使って正しいパーミッションでインストールしています。

上のコマンドが成功したら、次のメッセージが画面に表示されます。

```
Processing ./vsearch-1.0.tar.gz
Installing collected packages: vsearch
  Running setup.py install for vsearch
Successfully installed vsearch-1.0
```

成功！

これでvsearchモジュールがsite-packagesの一部としてインストールされました。

モジュール：すでにわかっていること

- ☑ 配布ファイルの説明を作成する。
- ☑ 配布ファイルを生成する。
- ☑ 配布ファイルをインストールする。

すべて完了！

vsearchモジュールをインストールしたので、インタプリタがこのモジュールの関数を必要なときに見つけることができます。どのプログラムでも安全にimport vsearchを利用できます。

後でこのモジュールのコードを更新することに決めたら、この3つの手順を再度行って更新されたファイルをsite-packagesにインストールします。モジュールの新バージョンを作成したら、必ずsetup.pyファイルで新しいバージョン番号を記述してください。

ここでモジュールについてわかっていることをまとめてみましょう。

重要ポイント

- モジュールはファイルに保存した1つ以上の関数である。
- モジュールは、インタプリタの**作業ディレクトリ**（可能であるが脆弱）かインタプリタの**site-packagesの位置**（数段適切な選択）に置くと共有できる。
- setuptoolsの3つの手順に従うと、モジュールを**site-packages**にインストールできる。すると、**作業ディレクトリ**がどこであってもモジュールをimportしてその関数を利用できる。

コードの提供（別名：共有）

配布ファイルを作成したので、このファイルを他のPythonプログラマと共有し、pipを使ってモジュールをインストールすることもできます。配布ファイルは、2つの方法で共有できます。

簡単な共有の方法としては、好きな方法で誰にでもモジュールを（おそらくメール、USB、または個人のWebサイトからのダウンロードで）配布するだけです。実際、あなた次第です。

もう1つの方法は、配布ファイルをPythonのPyPI（**P**ython **P**acckage **I**ndexの略、「パイピーアイ」と発音します）というWebベースの集中管理型ソフトウェアリポジトリにアップロードします。このサイトは、あらゆるPythonプログラマがあらゆるサードパーティを共有できるようにするためのものです。PyPIについて詳しくは、PyPIサイトhttps://pypi.python.org/pypiを参照してください。PyPIへのアップロードとPyPIを介した配布ファイルの共有方法については、Python Package Authorityが管理するオンラインガイド（https://www.pypa.io）を読んでください（PyPIの詳細は本書の対象範囲外です）。

pipでもモジュールをインストールできる。

関数とモジュールに関する入門はほぼ終わりです。ここで、注目してもらいたい小さな謎があります（せいぜい5分間程度）。準備ができたらページをめくってください。

おかしな振る舞いをする関数の引数事件

5分間ミステリー

トムとサラはこの章で取り上げている関数の引数の振る舞いについて言い争っています。

トムは引数を関数に渡すとデータは**値で**渡されると信じています。doubleという小さな関数を書いてそれを証拠にして自分が正しいと主張しています。トムの書いたdouble関数は、任意のデータ型で正しく機能しています。

トムの書いたdouble関数のコードです。

```
def double(arg):
    print('実行前:', arg)
    arg = arg * 2
    print('実行後:', arg)
```

一方、サラは引数を関数に渡すとデータは**参照で**渡されると主張しています。サラもchangeという小さな関数を書きました。この関数はリストに対して正しく機能し、彼女の主張を裏付けています。

サラの書いたchange関数です。

```
def change(arg):
    print('実行前:', arg)
    arg.append('さらなるデータ')
    print('実行後:', arg)
```

このように言い争ったことはいままでありませんでした。そう、いままでは。トムとサラは最高のプログラミング仲間だったのです。これを解決するために、トムの「値渡し」と、サラの「参照渡し」のどちらが正しいか、>>>プロンプトで確認してみましょう。どちらかは正しく、どちらかは正しくありません。実際、次のような質問はよくされます。

関数の引数は値渡しと参照渡しのどちらの呼び出しをPythonはサポートするのでしょうか?

値による引数渡しは関数の引数の代わりに変数の値を使うやり方を指します。関数のブロックで値が変更されても、関数を呼び出したコード内の変数の値には影響しません。引数は、元の変数の値の**コピー**と考えます。**参照による引数渡し**(**アドレスによる引数渡し**と呼ばれることもあります)は、関数を呼び出したコード内の変数へのリンクを格納します。関数のブロックで変数が変更されると、関数を呼び出したコードの値も変わります。引数は、元の変数の**別名**と考えます。

値渡しのデモ

トムとサラの論争に決着をつけましょう。まず関数を独自のモジュールに入れ、mystery.pyという名前を付けます。これはIDLEの編集ウィンドウでモジュールを表示したところです。

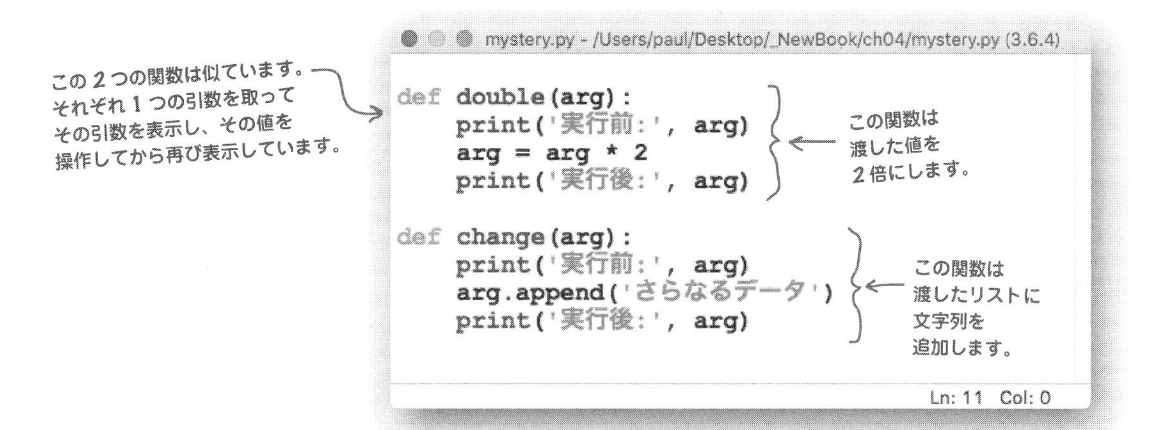

mystery.py - /Users/paul/Desktop/_NewBook/ch04/mystery.py (3.6.4)
この2つの関数は似ています。それぞれ1つの引数を取ってその引数を表示し、その値を操作してから再び表示しています。
def double(arg):
    print('実行前:', arg)
    arg = arg * 2
    print('実行後:', arg)
この関数は渡した値を2倍にします。
def change(arg):
    print('実行前:', arg)
    arg.append('さらなるデータ')
    print('実行後:', arg)
この関数は渡したリストに文字列を追加します。
Ln: 11 Col: 0

トムは画面でこのモジュールを確認するとすぐに座り、キーボードの[F5]を押してからIDLEの>>>プロンプトに次のコードを入力しました。入力が完了すると、椅子の背にもたれて腕を組み、「わかったかい？僕は値呼び出しだと言ったじゃないか」と言いました。ではトムの関数の動作を確認してみましょう。

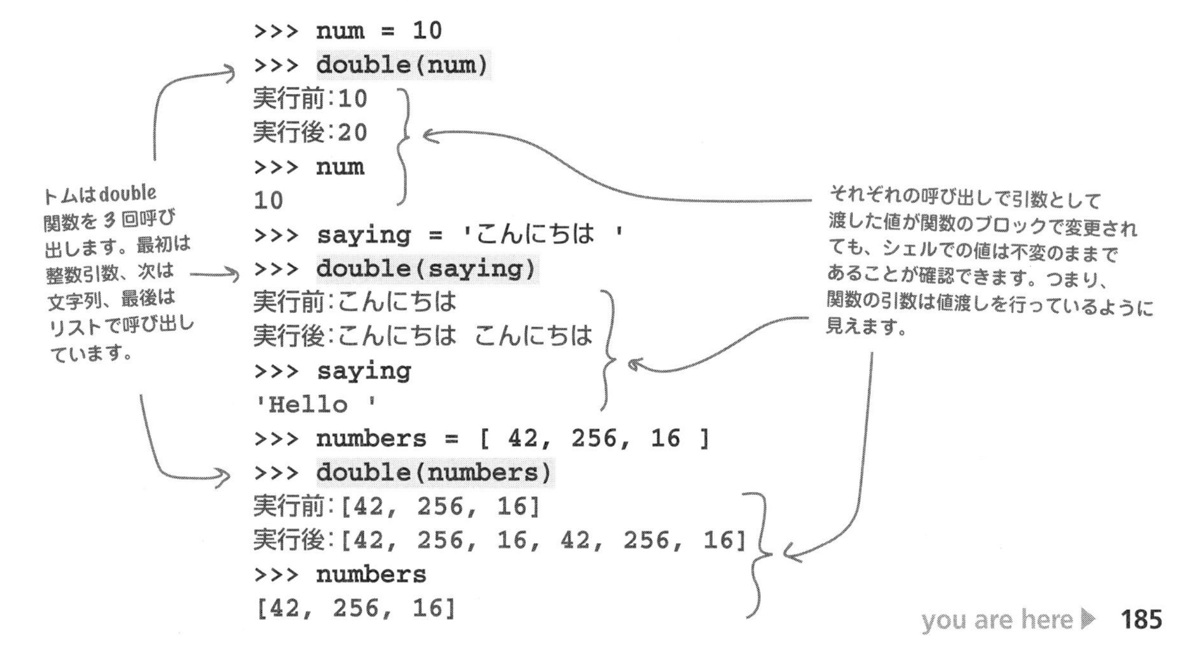

>>> num = 10
>>> double(num)
実行前:10
実行後:20
>>> num
10
>>> saying = 'こんにちは '
>>> double(saying)
実行前:こんにちは
実行後:こんにちは こんにちは
>>> saying
'Hello '
>>> numbers = [42, 256, 16]
>>> double(numbers)
実行前:[42, 256, 16]
実行後:[42, 256, 16, 42, 256, 16]
>>> numbers
[42, 256, 16]
トムはdouble関数を3回呼び出します。最初は整数引数、次は文字列、最後はリストで呼び出しています。
それぞれの呼び出しで引数として渡した値が関数のブロックで変更されても、シェルでの値は不変のままであることが確認できます。つまり、関数の引数は値渡しを行っているように見えます。

参照渡しのデモ

トムは自分が優位であることをアピールしていますが、サラは落ち着いて椅子に座り、シェルに入力する準備をしています。IDLEの編集ウィンドウのコードをもう一度示します。サラのchange関数はいつでも実行可能です。

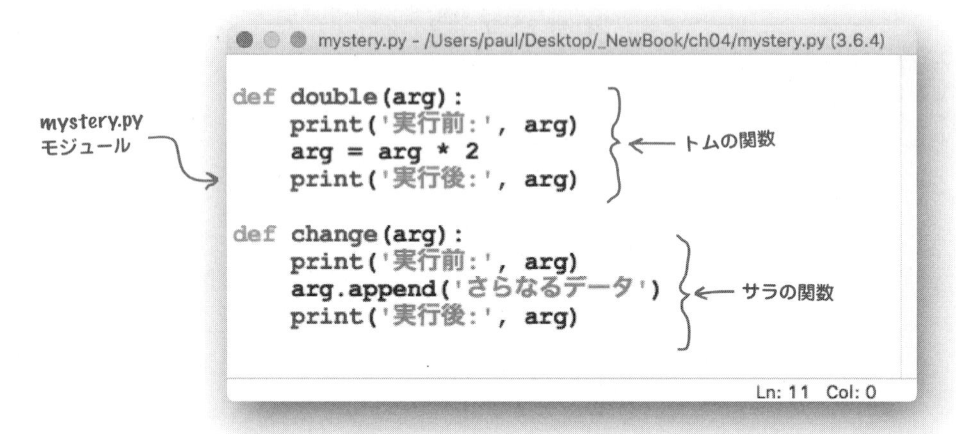

サラは>>>プロンプトに数行のコードを入力したあと椅子の背にもたれて腕を組み、「Pythonが値呼び出しだけをサポートするなら、この振る舞いはどう説明するの？」とトムに言います。トムは何も言えません。

サラがシェルに行った操作を確認してみましょう。

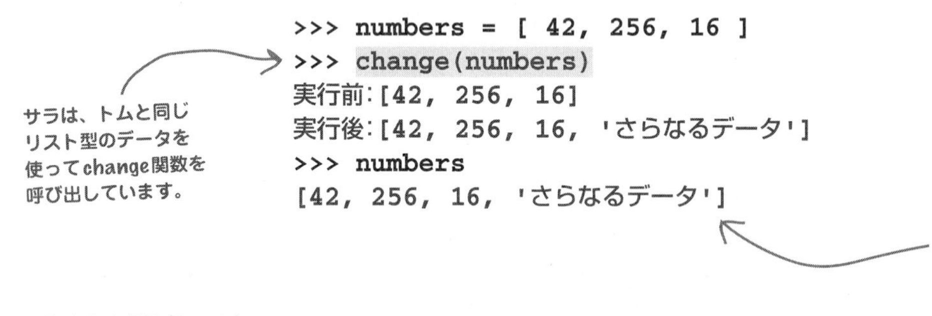

何が起こったのでしょうか。今回は引数の値が関数内とシェルの両方で変更されています。これは、Python関数が参照渡しもサポートしているように思えます。

おかしな振る舞いです。

トムの関数は明らかに値渡しを行っているのに対し、サラの関数は参照渡しを行っています。

どうしてこのようなことが起こるのでしょうか？ Pythonは**両方**をサポートしているのでしょうか？

解決：おかしな振る舞いをする関数引数事件

Pythonの関数引数は値渡しと参照渡しのどちらの呼び出しをサポートするのでしょうか？

思わぬ展開です。トムとサラは**どちらも**正しいのです。Pythonの関数引数は、状況によって値渡しと参照渡しの**両方**を行います。

Pythonの変数は、他のプログラミング言語で慣れている概念の変数ではないことをもう一度思い出してください。変数は**オブジェクト参照**なのです。変数に格納された値は、実際の値ではなくメモリアドレスと考えると便利です。関数に渡すのは、実際の値ではなくメモリアドレスです。つまり、Pythonの関数はさらに正確に言うと**オブジェクト参照渡し**をサポートしているのです。

参照するオブジェクトの型によって、各時点で適用される実際の呼び出し方法が変わります。それでは、トムとサラの関数ではどうして引数が値渡しと参照渡しに従っているように見えたのでしょうか？まず、実際に従っているのではなく、そう見えるだけです。実際には、インタプリタがオブジェクト参照で参照される値の型を調べ、変数が**可変**値を参照していたら参照渡しを適用します。参照されるデータの型が**不変**の場合には、値渡しになります。ここで、この例のデータではどういうことになるかを考えてください。

リスト、辞書、集合（可変）は、常に参照渡しで関数に渡されます。関数のブロック内で変数のデータ構造を変更すると、呼び出し側コードにも反映されます。結局、データは可変なのです。

文字列、整数、タプル（不変）は、常に値渡しで関数に渡されます。関数内での変数の変更は関数内だけです。呼び出し側コードには反映されません。データが不変なので変更できません。

次のコードが登場するまではすべて納得できました。

```
arg = arg * 2
```

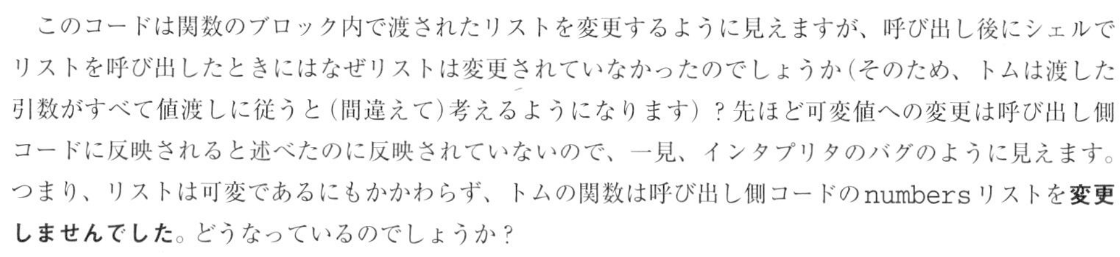

このコードは関数のブロック内で渡されたリストを変更するように見えますが、呼び出し後にシェルでリストを呼び出したときにはなぜリストは変更されていなかったのでしょうか（そのため、トムは渡した引数がすべて値渡しに従うと（間違えて）考えるようになります）？先ほど可変値への変更は呼び出し側コードに反映されると述べたのに反映されていないので、一見、インタプリタのバグのように見えます。つまり、リストは可変であるにもかかわらず、トムの関数は呼び出し側コードの`numbers`リストを**変更しませんでした**。どうなっているのでしょうか？

ここで起こっていることを理解するために、上のコードが**代入文**であると考えてください。代入時には次のようなことが起こります。**最初に**=記号の右のコードを実行した後、作成された値が=記号の左の変数に代入されたオブジェクト参照を持ちます。コード`arg * 2`を実行すると**新たな**値を作成し、その値が**新たな**オブジェクト参照に代入されます。そして、そのオブジェクト参照が`arg`変数に代入され、関数のブロック内の`arg`に格納された以前のオブジェクト参照を上書きします。しかし、「古い」オブジェクト参照は呼び出し側コードにそのまま存在し、値は変わらないので、シェルではトムのコードが作成した新しい2倍のリストではなく元のリストが表示されます。この振る舞いをサラのコードと比較してください。サラのコードは、既存のリストに対して`append`を呼び出します。サラのコードには代入がないため、オブジェクト参照を上書きしません。関数のブロックで参照するリストと呼び出し側コードで参照するリストはどちらも**同じ**オブジェクト参照なので、シェルでもリストが変更されます。

謎が解けたので、5章のための準備がほぼ整いました。未解決の問題が1つだけあります。

PEP 8 準拠を検査できる?

先に進む前に質問してもいいかな。
PEP 8 準拠のコードを書くという考えには賛成だけど、コードが準拠しているかを自動的に調べる方法はあるの？

はい。あります。

Pythonインタプリタには、コードがPEP 8に準拠しているかを調べる機能はないのですが、多くのサードパーティツールで調べることが可能です。

5章に進む前に、少し回り道をしてPEP 8準拠を調べるツールについて見てみましょう。

PEP 8準拠を調べる準備

少し回り道をしてコードがPEP 8に準拠しているかを調べましょう。

Pythonコミュニティは、プログラマの生活を少しでも向上させるような開発者用ツールの作成に多くの時間を費やしています。その1つがpytestです。pytestはプログラムのテストが簡単にできる**テストフレームワーク**です。どのような種類のテストにも使えます。また、プラグインを追加して機能を拡張することもできます。

pytestに追加できるプラグインの1つがpep8です。pep8は、pytestテストフレームワークを使ってコードがPEP 8指針に違反していないかどうかを調べます。

pytestについて詳しくは https://docs.pytest.org/en/latest/ を参照。

コードを思い出す

pytestとpep8の組み合わせを使ってPEP 8準拠を調べる前に、vsearch.pyをもう一度思い出してみましょう。この2つの開発者ツールはPythonにはインストールされていないので、両方をインストールする必要があります（次のページでインストールします）。

vsearch.pyモジュールのコードを以下に再度示します。このコードがPEP 8指針に準拠しているかを調べます。

```
def search4vowels(phrase:str) -> set:
    """指定されたフレーズ内の母音を返す。"""
    vowels = set('aeiou')
    return vowels.intersection(set(phrase))

def search4letters(phrase:str, letters:str) -> set:
    """phrase内のlettersの集合を返す。"""
    return set(letters).intersection(set(phrase))
```

vsearch.pyの中身です。

pytestとpep8プラグインのインストール

この章では、以前pipを使ってvsearch.pyモジュールをマシンにインストールしました。同様にpipを使ってサードパーティのコードをインストールすることもできます。

そのためには、OSのコマンドプロンプトで作業を行う（そして、インターネットに接続する）必要があります。次の章では、pipでサードパーティライブラリをインストールします。ここではpipを使ってpytestテストフレームワークとpep8プラグインをインストールしましょう。

テストツールのインストール

下の画面は、Windowsで表示されるメッセージです。Windowsでは、py -3コマンドでPython 3を起動します。LinuxやmacOSの場合は、sudo python3です。Windowsでpipを使ってpytestをインストールするには、管理者としてコマンドプロンプトから次のコマンドを入力します(cmd.exeを探し、右クリックしてポップアップメニューから[管理者として実行]を選びます)。

```
py -3 -m pip install pytest
```

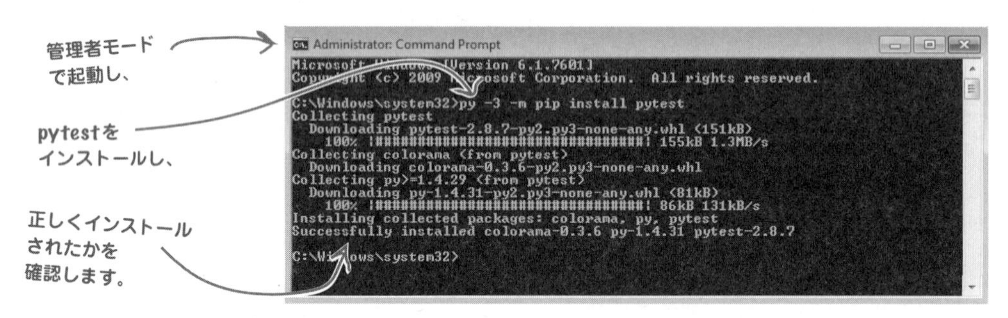

pipからのメッセージを調べると、pytestの依存ツールもインストールされています。pipでpep8プラグインをインストールするときにも同じことが起こります。多くの依存ツールもインストールします。次のコマンドでpep8プラグインをインストールします。

```
py -3 -m pip install pytest-pep8
```

Windows以外の場合には、「py -3」を「sudo python3」に置き換えます。

引き続き管理者モードでこのコマンドを入力します。pep8 プラグインをインストールします。

```
C:\Windows\system32>py -3 -m pip install pytest-pep8
Collecting pytest-pep8
  Downloading pytest-pep8-1.0.6.tar.gz
Collecting pytest-cache (from pytest-pep8)
  Downloading pytest-cache-1.0.tar.gz
Requirement already satisfied (use --upgrade to upgrade): pytest>=2.4.2 in c:\pr
ogram files\python 3.5\lib\site-packages (from pytest-pep8)
Collecting pep8>=1.3 (from pytest-pep8)
  Downloading pep8-1.7.0-py2.py3-none-any.whl (41kB)
    100% |################################| 45kB 174kB/s
Collecting execnet>=1.1.dev1 (from pytest-cache->pytest-pep8)
  Downloading execnet-1.4.1-py2.py3-none-any.whl (40kB)
    100% |################################| 40kB 174kB/s
Requirement already satisfied (use --upgrade to upgrade): py>=1.4.29 in c:\progr
am files\python 3.5\lib\site-packages (from pytest>=2.4.2->pytest-pep8)
Requirement already satisfied (use --upgrade to upgrade): colorama in c:\program
 files\python 3.5\lib\site-packages (from pytest>=2.4.2->pytest-pep8)
Collecting apipkg>=1.4 (from execnet>=1.1.dev1->pytest-cache->pytest-pep8)
  Downloading apipkg-1.4-py2.py3-none-any.whl
Installing collected packages: apipkg, execnet, pytest-cache, pep8, pytest-pep8
  Running setup.py install for pytest-cache ... done
  Running setup.py install for pytest-pep8 ... done
Successfully installed apipkg-1.4 execnet-1.4.1 pep8-1.7.0 pytest-cache-1.0 pyte
st-pep8-1.0.6

C:\Windows\system32>
```

必要な依存ツールがインストールできています。

PEP 8にどのくらい準拠しているか？

pytestとpep8をインストールしたので、PEP 8に準拠しているか調べられる状態になりました。OSにかかわらず、同じコマンドを使います（OSごとに異なるのはインストールのときだけです）。

pytestのインストールでpy.testという新しいプログラムがインストールされています。このプログラムを実行し、vsearch.pyがPEP 8に準拠しているか調べてみましょう。vsearch.pyファイルがあるフォルダと同じフォルダにいることを確認し、次のコマンドを入力します。

```
py.test --pep8 vsearch.py
```

Windowsでこのコマンドを実行すると次のように出力されます。

あれっ？ 赤の出力はよくないのでは。

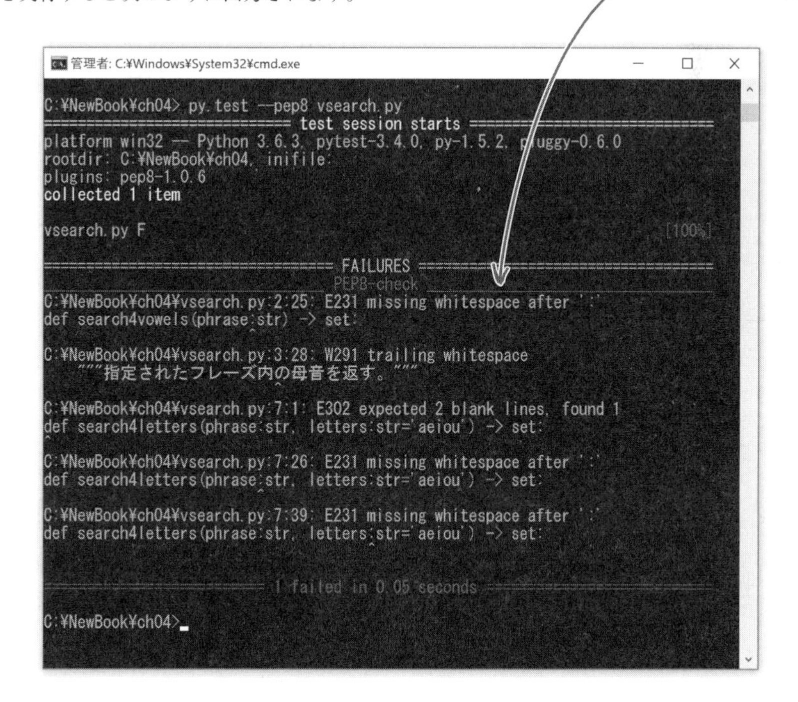

おっと！**違反**があるようなので、このコードはPEP 8指針に完全には準拠していないようです。

上の（または、指示どおりに実行している場合は画面上の）メッセージをじっくり読んでください。「違反」はすべて**ホワイトスペース**（例えば、空白、タブ、改行など）に関するもののようです。1つずつ詳しく調べてみましょう。

違反メッセージを理解する

pytestとpep8プラグインは、vsearch.pyで**5つ**の問題を指摘しています。

1番目の問題は、アノテーションのコロンの後に空白がないことです。これが3か所あります。1番目のメッセージを見てください。pytestは、キャレット（^）で問題のある場所を正確に示しています。

```
...:2:25: E231 missing whitespace after ':'
def search4vowels(phrase:str) -> set:
                        ^
```

問題の内容

4番目と5番目も、コロンの後の空白がないという指摘です。1番目の指摘は2行目、4番目と5番目の指摘は7行目の問題を指摘しています。問題を見ると、この間違いを3か所（2行目で1回と7行目で2回）で繰り返していることがわかります。この修正は簡単です。**コロンの後に1つの空白文字を追加するだけです。**

2番目の指摘は、3行目の行末に余計な空白が入っていると言っています。

問題の内容

```
...:3:56: W291 trailing whitespace
"""指定されたフレーズ内の母音を返す。"""
                                      ^
```

この問題も簡単に修正できます。**末尾のすべてのホワイトスペースを取り除くのです。**

3番目の指摘は、7行目の行頭がおかしいと言っています。

```
...7:1: E302 expected 2 blank lines, found 1
def search4letters(phrase:str, letters:str='aeiou') -> set:
^
```

この問題は7行目の最初にあります。

問題の内容

モジュール内に関数を作成する際には「**トップレベルの関数やクラスの定義は2つの空行を開ける**」というPEP 8の指針があります。このコードでは、search4vowelsとsearch4letters関数はどちらもvsearch.pyファイルの「トップレベル」です。なのに、空行1行で分離されています。PEP 8に準拠するには、空行を**2行**にします。

この修正も簡単です。**この2つの関数の間に空行をもう1行挿入します。**修正が完了したら、コード再度テストしましょう。

読みやすいPythonのスタイル指針はhttp://pep8.org/を確認!

PEP 8準拠の確認

回り道

修正後のvsearch.pyファイルの内容は次のようになっています。

```
def search4vowels(phrase: str) -> set:
    """指定されたフレーズ内の母音を返す。"""
    vowels = set('aeiou')
    return vowels.intersection(set(phrase))

def search4letters(phrase: str, letters: str='aeiou') -> set:
    """phrase内のlettersの集合を返す。"""
    return set(letters).intersection(set(phrase))
```

vsearch.pyのPEP 8準拠バージョン。

このバージョンのコードにpytestのpep8プラグインを実行すると、PEP 8準拠に関する問題が解消されていることが出力からわかります。Windowsでは次のように表示されました。

緑は成功。このコードにはPEP 8違反はありません。

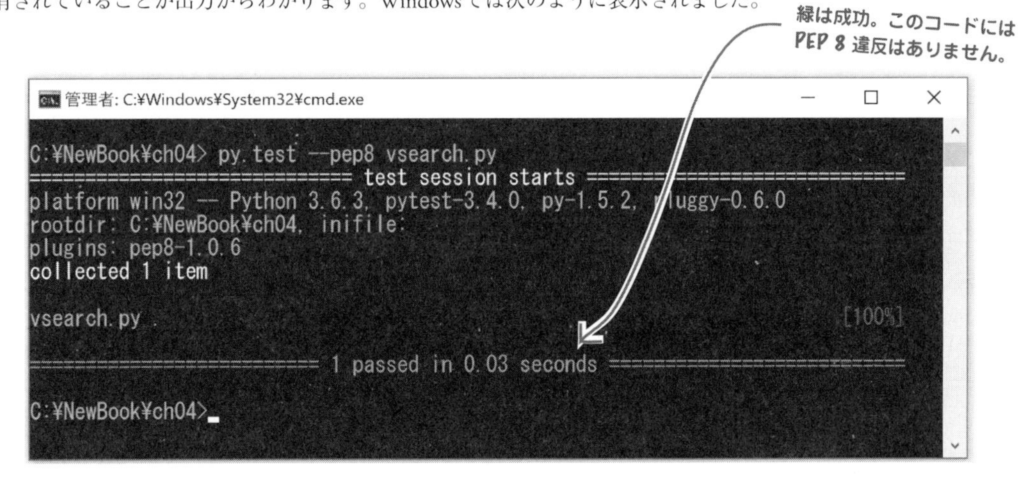

PEP 8準拠が望ましい

なぜこのように面倒な指針があるのでしょうか。(特にわずかなホワイトスペースに関して)PEP 8に準拠する理由についてよく考えてみてください。PEP 8ドキュメントには、**読みやすさが重要で**、コードは**書くことよりも読むことの方がずっと多い**と書かれています。コードが標準的なコーディングスタイルに準拠していれば、プログラマが目にする他のすべてのコードと「似て」見えるので、読みやすくなります。必ず一貫性を持たせるようにしましょう。

これ以降(実用的である限り)、この本のコードはすべてPEP 8準拠にします。読者のみなさんがコードを書く場合もできるだけ準拠するようにしましょう。

これでpytestの回り道は終わりです。5章で会いましょう。

4章のコード

```
def search4vowels(phrase: str) -> set:
    """phrase内の母音の集合を返す。"""
    return set('aeiou').intersection(set(phrase))

def search4letters(phrase: str, letters: str='aeiou') -> set:
    """phrase内のlettersの集合を返す。"""
    return set(letters).intersection(set(phrase))
```

vsearch.pyモジュールのコード。2つの関数search4vowelsとsearch4lettersを含みます。

setup.pyファイル。モジュールをインストール可能な配布ファイルに変換できます。

```
from setuptools import setup

setup(
    name='vsearch',
    version='1.0',
    description='The Head First Python Search Tools',
    author='HF Python 2e',
    author_email='hfpy2e@gmail.com',
    url='headfirstlabs.com',
    py_modules=['vsearch'],
)
```

```
def double(arg):
    print('実行前:', arg)
    arg = arg * 2
    print('実行後:', arg)

def change(arg: list):
    print('実行前:', arg)
    arg.append('さらなるデータ')
    print('実行後:', arg)
```

mystery.pyモジュール。トムとサラを困らせたものです。幸い、謎は解けたので、二人はまたプログラミング仲間に戻りました。

5章　Webアプリケーションの構築

この段階ではあなたは危険なほどPythonについての知識を備えています。

4章まで読み終えた時点で、さまざまな応用分野でPythonを生産的に使えるようになっています（Pythonにはまだ学ぶべきことはたくさんありますが）。5章と6章では、多くの応用分野ではなく、Pythonが特に得意な分野であるWebホスト型アプリケーションの開発について学習していきます。その過程で、Pythonについてもう少し深く学んでゆきます。始める前に、これまでに学んだことを簡単におさらいしておきましょう。

Python：すでにわかっていること

4つの章にわたって学習してきました。ここで少し立ち止まってこれまでに登場したPythonに関するトピックをおさらいしてみましょう。

- Pythonの組み込みIDEのIDLEで書いた1行のコード、または、IDLEのテキストエディタで書いた複数行のプログラムのどちらかで、試したり実行したりする。IDLEだけでなくOSのコマンドラインからpy -3（Windows）かpython3（Windows以外）を使ってファイルを直接実行した。
- Pythonが整数や文字列、TrueとFalseのブール値をどのようにサポートするかを学んだ。
- 4つの組み込みデータ構造、リスト、辞書、集合、タプルの用例を調べた。この4つのデータ構造をさまざまな方法で組み合わせると複合データ構造を作成できることがわかった。
- if、elif、else、return、for、from、importなどの文を使った。
- Pythonは豊富な標準ライブラリを提供していることを学び、datetime、random、sys、os、time、html、pprint、setuptools、pipモジュールの動作を確認した。
- 標準ライブラリだけでなく、便利な組み込み関数もPythonは備えている。print、dir、help、range、list、len、input、sorted、dict、set、tuple、typeなどを扱った。
- 一般的な演算子だけでなく、さらにいくつかの演算子もサポートしている。in、not in、+、-、=（代入）、==（等しい）、+=、*などをすでに説明した。
- 角かっこ表記（[]）を使ってシーケンス内の要素を扱うだけでなく、角かっこを使って**スライス**することもできる。スライスでは**開始**値、**終了**値、**刻み**値を指定できる。
- def文を使って関数を作成する方法を学んだ。関数はオプションで任意の数の引数を取り、値を返すことができる。
- 文字列はシングルクォートとダブルクォートのどちらでも囲むことができるが、PEP 8規約ではどちらかのスタイルに統一することを勧めている。この本では、文字列にシングルクォートが含まれる場合を除きすべてシングルクォートで囲むことにした。シングルクォートが含まれる場合はダブルクォートを使う（一回限りの特例として）。
- 定義した関数に、三重クォートで囲んだ文字列でdocstringを追加した。
- 関連する関数はモジュールにグループ化できる。モジュールはコードの再利用に大きな役割を果たし、（標準ライブラリに含まれる）pipでモジュールのインストールを一貫して管理する方法を学んだ。
- Pythonでは**すべてがオブジェクトである**ことにより、（できる限り）すべてが期待どおりに動作することが保証される。この概念はクラスを使って独自のオブジェクトを定義するようになると威力を発揮する。その方法は8章で説明する。

何かを作ろう

いいよ。Pythonについては
少しは知識があるからね。といっても、
どういう計画？これから何をするの？

Webアプリケーションを構築してみましょう。

具体的にはsearch4letters関数にWebからアクセスできるようにし、ブラウザから誰でもこの関数の機能を使えるようにしましょう。

Webアプリケーションを構築すると多くのPythonの機能を調べられるだけでなく、汎用的でこれまで登場したどのコードよりもずっと**内容の充実したもの**を作成できます。

PythonはWebのサーバ側のプログラムによく使われます。この章ではWebアプリケーションを構築してデプロイします。

しかし、構築を始める前に、Webがどのように機能するかを復習して全員が同じ認識を持っていることを確かめましょう。

Webアプリケーションクローズアップ

Webで何をするにしても、**リクエスト**と**レスポンス**が要です。ユーザインタラクションの結果として、ブラウザからサーバに**リクエスト**が送られます。サーバでは、**Webレスポンス**（応答）を生成してブラウザに返します。このプロセス全体は、以下の5つのステップにまとめることができます。

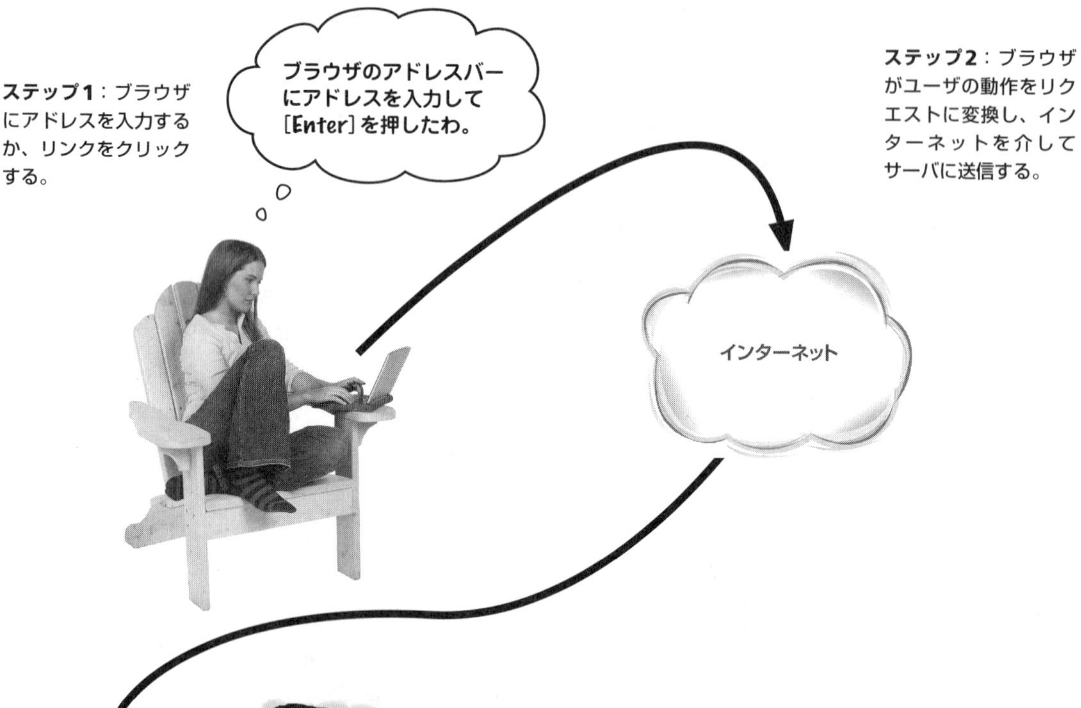

ステップ1：ブラウザにアドレスを入力するか、リンクをクリックする。
ブラウザのアドレスバーにアドレスを入力して[Enter]を押したわ。
ステップ2：ブラウザがユーザの動作をリクエストに変換し、インターネットを介してサーバに送信する。
インターネット

ステップ3：サーバはリクエストを受信し、次に何をすべきかを判断する。

Web
サーバ

次に何をすべきかを決める

この時点で2つのうちのいずれかが起こります。リクエストが**静的コンテンツ**（HTMLファイル、画像、またはサーバのハードディスクに格納されたその他のもの）に対するリクエストであれば、サーバは**リソース**を特定し、そのリソースをWebレスポンスとしてブラウザに返す準備をします。

リクエストが**動的コンテンツ**（つまり、検索結果やオンラインショッピングの買い物かごの現在の中身などの**生成**しなければいけないコンテンツ）に対するものであれば、サーバはコードを実行してWebレスポンスを作成します。

リクエストの処理

実際には、ステップ3にはWebサーバがレスポンスを作成する処理によって複数のステップが必要になります。サーバが静的コンテンツを特定してブラウザに返すだけなら、ディスクドライブから読み込むだけなので単純です。

しかし、動的コンテンツを生成する場合は、レスポンスを待っているブラウザにレスポンスを送る前に、サーバがコードを実行してその結果をレスポンスとして取得するからです。

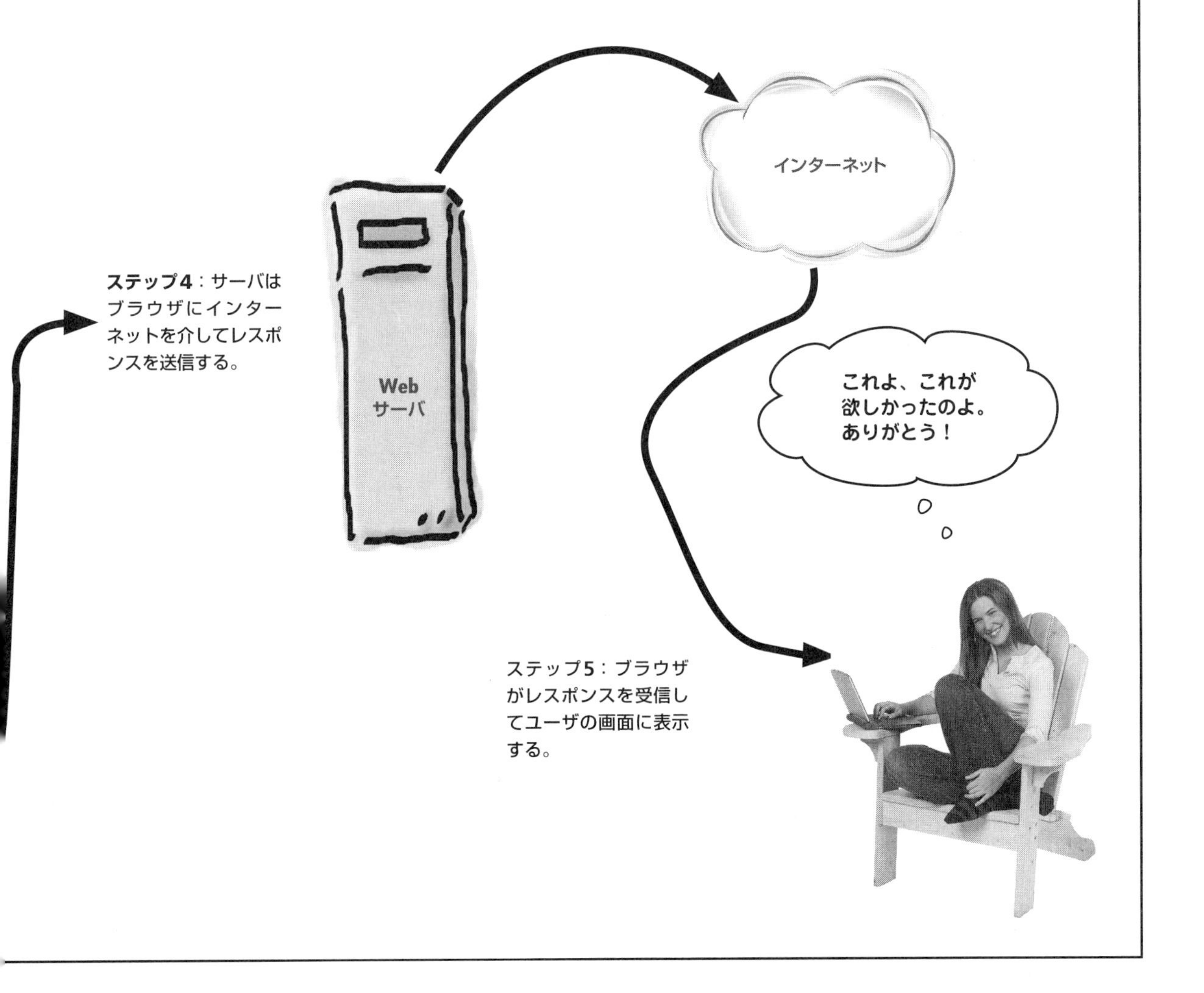
インターネット
ステップ4：サーバはブラウザにインターネットを介してレスポンスを送信する。
Web
サーバ
これよ、これが
欲しかったのよ。
ありがとう！
ステップ5：ブラウザがレスポンスを受信してユーザの画面に表示する。

Webアプリケーションに何をさせるか

いつものようにいますぐコードを書き始めたいところですが、まずこのWebアプリケーションがどのように機能するかについて考えましょう。

ユーザはお気に入りのブラウザのアドレスバーに、WebアプリケーションのURLを入力してサービスにアクセスします。すると、ブラウザにWebページが表示され、search4letters関数への引数を指定するように要求します。引数を入力したら、ユーザはボタンをクリックして結果を確認します。

最新バージョンのsearch4lettersのdef行を思い出してください。def行は、この関数が少なくとも1つ（ただし2つまで）の引数（検索対象のフレーズphrase）と、フレーズに含まれているかを探す文字lettersを取ることを示しています。引数lettersはオプションであることを思い出してください（デフォルトはaeiou）。

search4letters関数のdef行。最低1つ（ただし2つまで）の引数を取ります

```
def search4letters(phrase:str, letters:str='aeiou') -> set:
```

どのようなWebページにするかを紙ナプキンにおおまかに描いてみましょう。こんな感じのページを考えています。

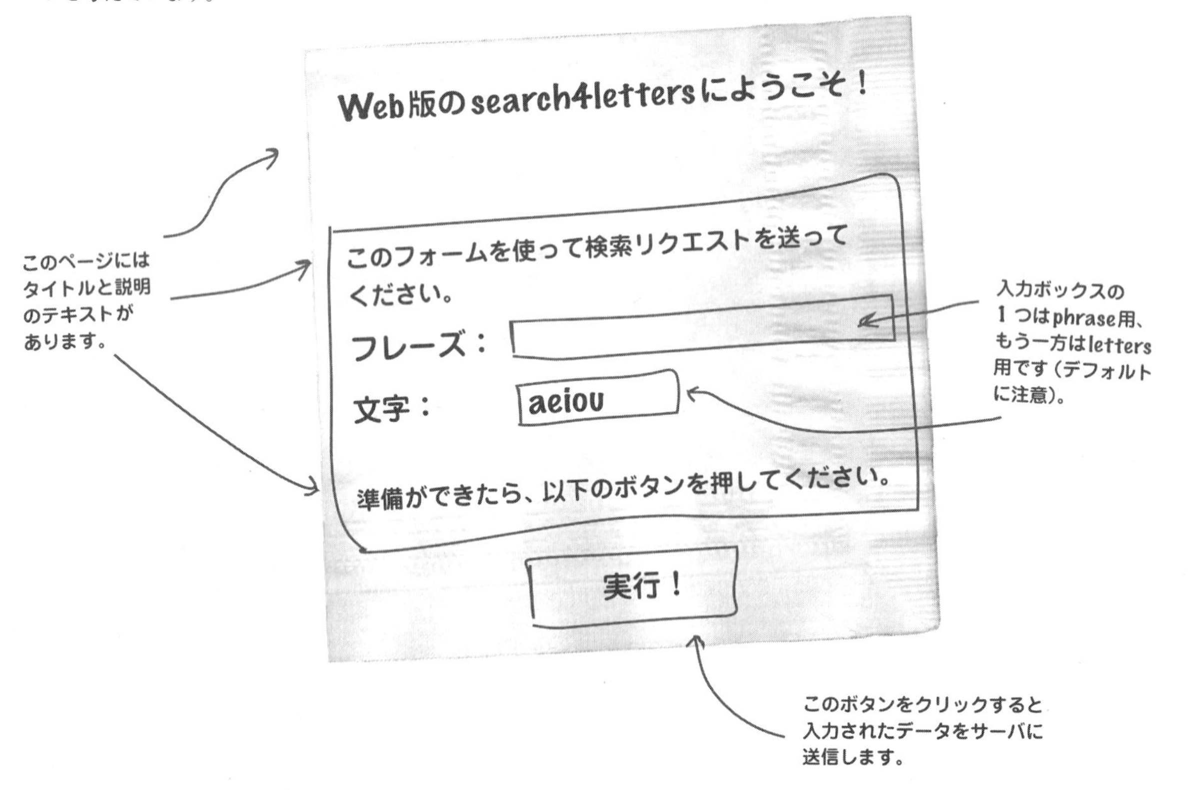
Web版のsearch4lettersにようこそ！
このフォームを使って検索リクエストを送ってください。
フレーズ：
文字：
aeiou
準備ができたら、以下のボタンを押してください。
実行！
このページにはタイトルと説明のテキストがあります。
入力ボックスの1つはphrase用、もう一方はletters用です（デフォルトに注意）。
このボタンをクリックすると入力されたデータをサーバに送信します。

Webサーバで起こること

ユーザが[実行！]ボタンをクリックすると、ブラウザはデータを待機しているサーバに送信します。Webサーバはphraseとlettersの値を抽出してからsearch4letters関数を呼び出します。

この関数の結果を別のページとしてブラウザに返します。このページの概略を再び紙ナプキンに描きます(以下の図)。とりあえず、ユーザがphraseに「hitch-hiker」と入力し、letters値はデフォルトのaeiouのままにしたとします。この結果のページは次のようになるでしょう。

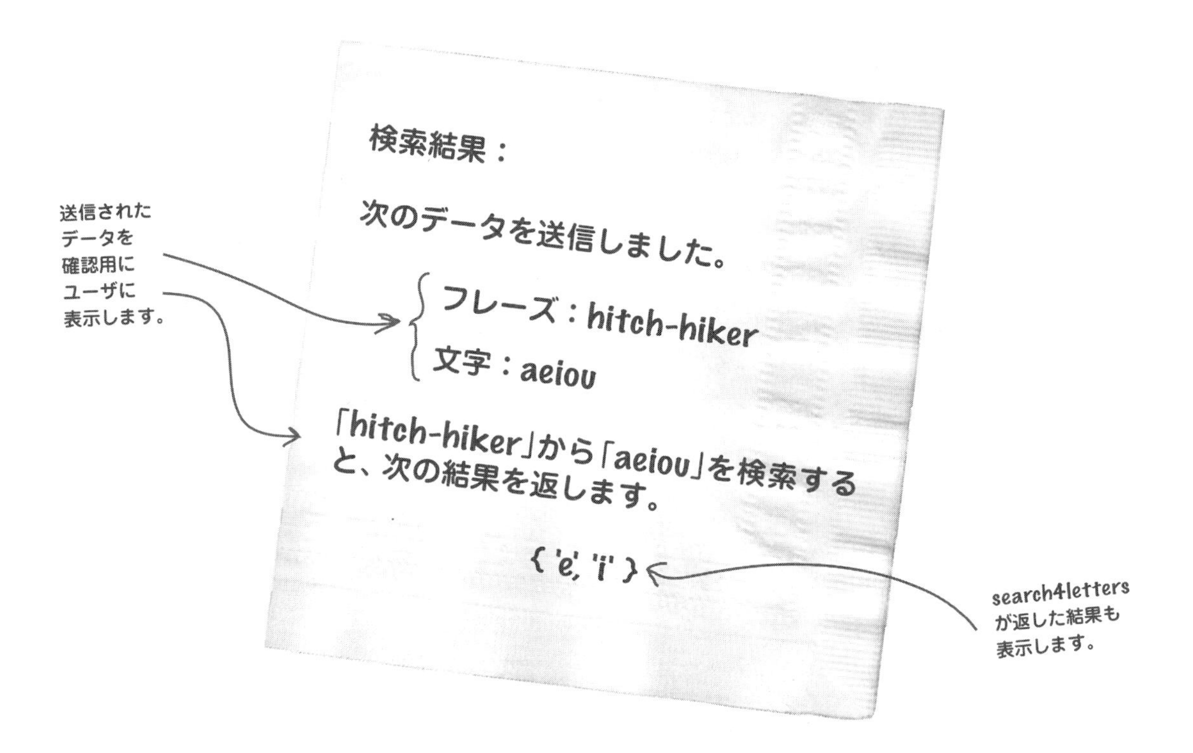

まず何が必要？

きちんと動くWebアプリケーションを構築するには、Pythonの知識の他に必要なものは、**Webアプリケーションフレームワーク**だけです。

Pythonを使ってゼロから必要なものすべてを構築することができますが、すべてをゼロから構築するのは狂気の沙汰です。他のプログラマがすでに時間をかけてWebフレームワークを構築してくれています。Pythonには多くのWebフレームワークの選択肢があります。しかし、どのフレームワークを選ぶべきかで悩むのは時間の無駄なので、本書ではFlaskという人気のフレームワークを使います。

Flaskをインストールしよう

1章でPythonの標準ライブラリは**「バッテリー付属」**であることがわかりました。しかし、アプリケーションごとにサードパーティモジュールが必要な場合もあります。サードパーティモジュールは、必要に応じてPythonプログラムにインポートします。しかし、標準ライブラリモジュールとは異なり、サードパーティモジュールはインポートして使用する**前**にインストールしなければいけません。Flaskはそのようなサードパーティモジュールの1つです。

4章で述べたように、Pythonコミュニティは**PyPI**（Python Package Indexの略）というサードパーティモジュール用の集中管理型Webサイトを管理しており、このサイトにFlask（および他の多くのプロジェクト）の最新バージョンがあります。

PyPIはpypi.python.orgにある。

182ページで`pip`を使って`vsearch`モジュールをPythonにインストールした方法を思い出してください。`pip`はPyPIにも使えます。必要なモジュールの名前がわかっていれば、`pip`を使ってPyPIにあるモジュールをPython環境に直接インストールできます。

pipを使ってコマンドラインからFlaskをインストールする

Linuxや macOSの場合には、ターミナルウィンドウに次のコマンドを入力します。

```
$ sudo -H python3 -m pip install Flask
```

macOSとLinuxではこのコマンドを使います。

Windowsでは、コマンドプロンプトを開き（オプションを右クリックしてポップアップメニューから必ず［管理者として実行］を選択する）、次のコマンドを入力します。

```
C:\> py -3 -m pip install Flask
```

Windowsではこのコマンドを使います。

このコマンドは（OSが何であっても）PyPI Webサイトに接続し、`Flask`モジュールと他にFlaskが依存する`Werkzeug`、`MarkupSafe`、`Jinja2`、`itsdangerous`の4つのモジュールをダウンロードしてインストールします。これらの追加モジュールが何を行うかについては、ここでは心配しないでください。正しくインストールされていることを確認するだけで十分です。インストールがうまく行ったら、`pip`が作成した出力の最後に次のようなメッセージが表示されます。なお、この出力は十数行にもなります。

```
...
Successfully installed Jinja2-2.8 MarkupSafe-0.23 Werkzeug-0.11 Flask-0.10.1
itsdangerous-0.24
```

インストールしたモジュールの執筆時点での最新バージョンです。

`Successfully installed...`メッセージが表示されていない場合は、インターネットに接続されているか、上に示した各自のOS用のコマンドが**正確**に入力されていることを確認してください。Pythonにインストールされたモジュールのバージョン番号が異なっていてもあまり心配しないでください（モジュールは定期的に更新され、依存ツールも変わることがあるため）。インストールしたバージョンが上記**以降**であれば、何も問題ありません。

Flaskはどのように機能するのか？

Flaskは、サーバサイドWebアプリケーションの構築に使うモジュール群を用意しています。しかしFlaskが用意するのは、構築に必要な最小限の機能なので、厳密には**マイクロ**Webフレームワークです。つまり、FlaskはPython Webフレームワークの先駆けである**Django**などの競合ツールほどフル機能を備えていませんが、小さく軽量で使いやすくなっています。

ここでの要件は厳しくない（Webページを2つ作成するだけです）ので、Flaskは現時点では十分です。

Djangoは、Pythonコミュニティでとても人気のあるWebアプリケーションフレームワークです。Djangoには、大規模Webアプリケーションを扱いやすくしてくれる強力な管理機能があります。ここではDjangoは高機能すぎるので、より簡単で軽量な`Flask`を使います。

Flaskがインストールされ正常に動作しているかを調べる

最も基本的なFlaskアプリケーションのコードを示します。このコードを使ってFlaskの準備ができているかを調べます。

テキストエディタで新規ファイルを作成し、そのファイルに次のコードを入力して`hello_flask.py`として保存します（このファイルを保存するのはどのフォルダでも構いません。ここではwebappフォルダに保存します）。

既製コード

hello_flask.py

```
from flask import Flask

app = Flask(__name__)

@app.route('/')
def hello() -> str:
    return 'Hello world from Flask!'

app.run()
```

このコードをそのまま入力します。意味は間もなくわかります。

OSのコマンドラインからFlaskを実行する

このFlaskコードをIDLE内で実行してはいけません。IDLEはFlask用には設計されていないからです。IDLEは小さなコードを試すのには向くのですが、アプリケーションのようなものはコマンドラインからインタプリタを使って直接コードを実行する方がはるかによいでしょう。ここでこのコードを実行し、どうなるか確認してみましょう。

Flaskのコードの実行にはIDLEを使わない。

Flaskアプリケーションを初めて実行する

Windowsでは、hello_flask.pyファイルがあるフォルダでコマンドプロンプトを開きます（ヒント：ファイルエクスプローラーでフォルダを開いている場合には、[Shift]キーとマウスの右ボタンを同時に押してコンテキストメニューを開き、[コマンドウィンドウをここで開く]を選びます）。Windowsコマンドラインの準備ができたら、次のコマンドを入力してFlaskアプリケーションを開始します。

```
C:\webapp> py -3 hello_flask.py
```

作成したコードをwebappフォルダに保存します。

Pythonインタプリタにhello_flask.pyを実行させます。

macOSやLinuxでは、ターミナルウィンドウで次のコマンドを入力します。このコマンドは、必ずhello_flask.pyファイルがあるフォルダで実行してください。

```
$ python3 hello_flask.py
```

どのOSを使っていても、これ以降はFlaskが引き継ぎ、組み込みWebサーバが動作するたびに画面にステータスメッセージを表示します。起動直後は、Flaskサーバが稼働し、Flaskのテストアドレス（127.0.0.1）とプロトコルポート番号（5000）でリクエストに対応するために待機していることを示します。

```
* Running on http://127.0.0.1:5000/ (Press CTRL+C to quit)
```

このメッセージが表示されたということは、すべてがうまくいっています。

FlaskのWebサーバは準備が完了して待機しています。**次はどうするのでしょうか？**ブラウザを使ってWebサーバとやり取りしてみましょう。ブラウザを開き、Flaskサーバの開始メッセージにあるURLを入力してみましょう。

```
http://127.0.0.1:5000/
```

Webアプリケーションが動作しているアドレス。この通りに入力します。

しばらくすると、hello_flask.pyから「Hello world from Flask!」というメッセージがブラウザに表示されます。さらに、Webアプリケーションが動作しているターミナルウィンドウを見ると、次のような新しいステータスメッセージも表示されているでしょう。

```
* Running on http://127.0.0.1:5000/ (Press CTRL+C to quit)
127.0.0.1 - - [23/Nov/2015 20:15:46] "GET / HTTP/1.1" 200 -
```

なるほど！何かが起こっています。

プロトコルポート番号の詳細に踏み込むのはこの本の対象範囲外です。詳しく知りたければ、ウィキペディア（https://ja.wikipedia.org/wiki/ポート番号）を読んでください（訳注：『Real World HTTP』（オライリー・ジャパン刊）もお勧めです）。

(それぞれの行で)起こったこと

ターミナルのステータス行が更新されただけでなく、ブラウザではWebサーバのレスポンスが表示されています。下は現在のブラウザの様子です(macOSのSafari)。

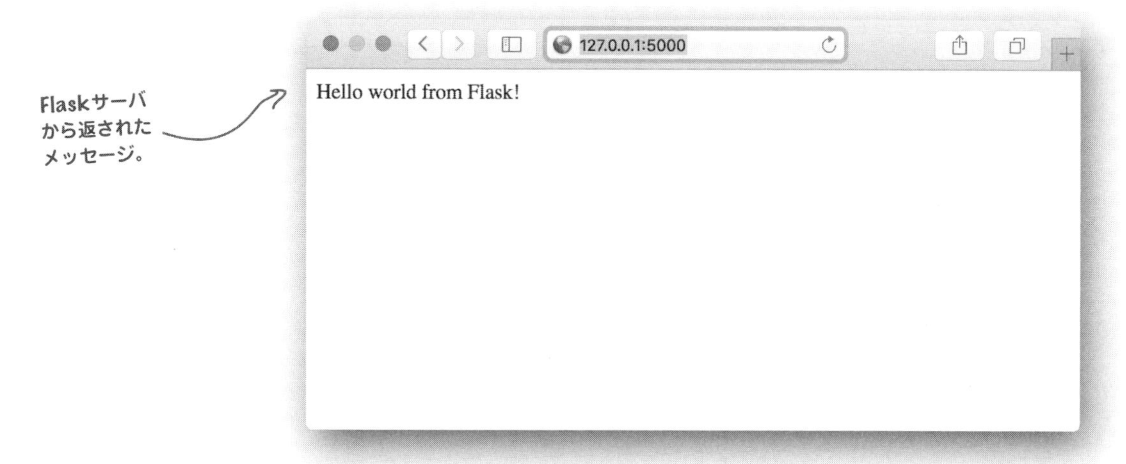

ブラウザからWebアプリケーションの開始ステータスメッセージに示されたURLにアクセスすると、サーバから「Hello world from Flask!」というメッセージが返ってきます。

このWebアプリケーションのコードは6行だけですが、実は多くのことが行われています。1行ずつ見てそれらがどのように動作させたのかを確認してみましょう。

1行目は、`flask`モジュールから`Flask`クラスをインポートします。

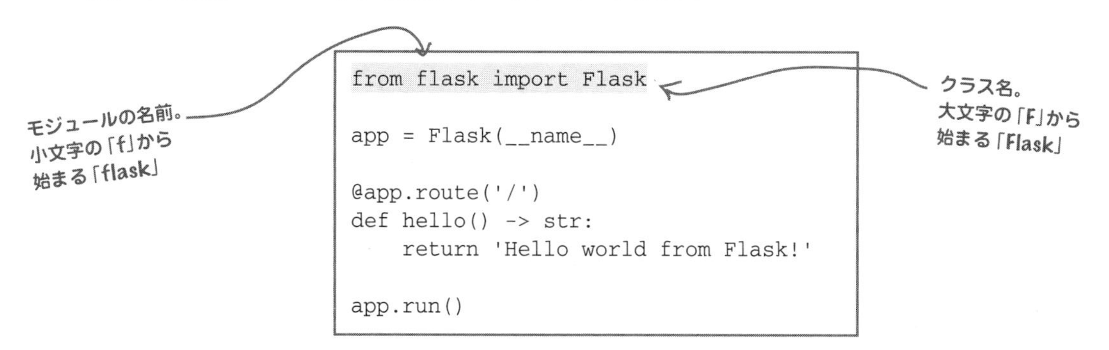


```
from flask import Flask

app = Flask(__name__)

@app.route('/')
def hello() -> str:
    return 'Hello world from Flask!'

app.run()
```

インポートには2通りの方法がありましたよね。

ここでは`import flask`と書いて`flask.Flask`で`Flask`クラスを参照することもできますが、`flask.Flask`では読みやすくないので、この例では`import`文の`from`バージョンを使う方がよいでしょう。

Flaskアプリケーションオブジェクトの作成

2行目は、Flask型のオブジェクトを作成して変数appに代入します。奇妙な引数(__name__)をFlaskに渡していることを除けば簡単そうです。

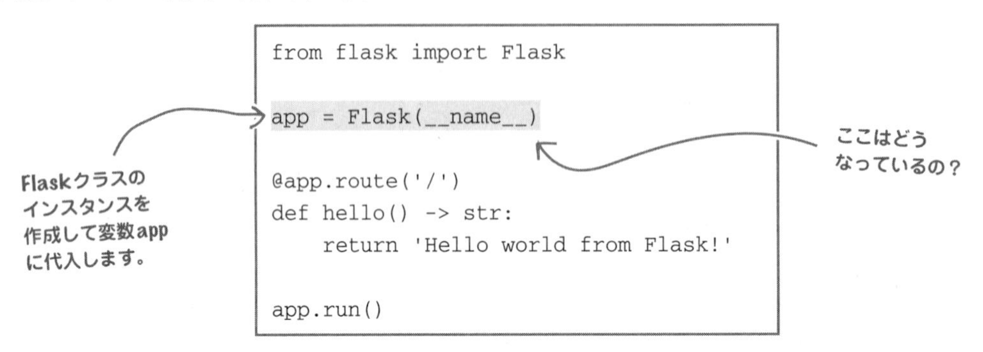


```
from flask import Flask

app = Flask(__name__)

@app.route('/')
def hello() -> str:
    return 'Hello world from Flask!'

app.run()
```

__name__には、Pythonインタプリタが管理しプログラムのどこで使っても現在アクティブなモジュールの名前が設定されます。新たなFlaskオブジェクトを作成するときにはFlaskクラスは__name__の現在の値を調べる必要があるので、(この使い方が**奇妙**に見えても)引数として渡しています。

この行は短いですが、多くのことを行っています。Flaskフレームワークは多くのWeb開発に関する詳細を取り除いてくれるので、リクエストがサーバに届いた後の動作に専念できます。3行目以降がサーバの動作になります。

__name__の前後にある2つのアンダースコアは、名前の接頭辞や接尾辞として使うときには「ダブルアンダースコア(double underscores)」と呼ばれます。Pythonではこの命名規則をよく使うのですが、__name__をそのまま読むと「ダブルアンダースコア、name、ダブルアンダースコア」(double underscore, name, double underscore)となり、これでは冗長だということで、ベテランのプログラマの中には「ダンダーネーム」(dunder name)と言う人もいます。Pythonではダブルアンダースコアに多くの用法があり、以降でもいたるところで登場します。

ダブルアンダースコアだけではなく、特定の変数名の接頭辞としてアンダースコア1文字を使う規約もあります。アンダースコア1文字を接頭辞とした名前を「ワンダー」(wonder、「one underscore」の略)と呼ぶ人もいます(こういう名前には異論がありそうですが)。

関数をURLでデコレートする

3行目のコードは、新しいPython構文の**デコレータ**を使っています。関数デコレータは、既存の関数の振る舞いをその関数のコードを**変更せずに**追加します（つまり、関数がデコレートされます）。

この最後の文を数回読むとよいでしょう。

基本的には、デコレータは必要に応じて既存のコードを追加の振る舞いで補強できます。デコレータは関数だけでなくクラスにも適用できますが、主に関数に適用するので、多くのPythonプログラマは**関数デコレータ**と呼びます。

このコードの関数デコレータを調べてみましょう。関数デコレータは@記号から始まるので簡単に探すことができます。

マニア向け情報

Pythonのデコレータ構文は、Javaのアノテーション構文と関数型プログラミングの世界からアイデアを得たものです。

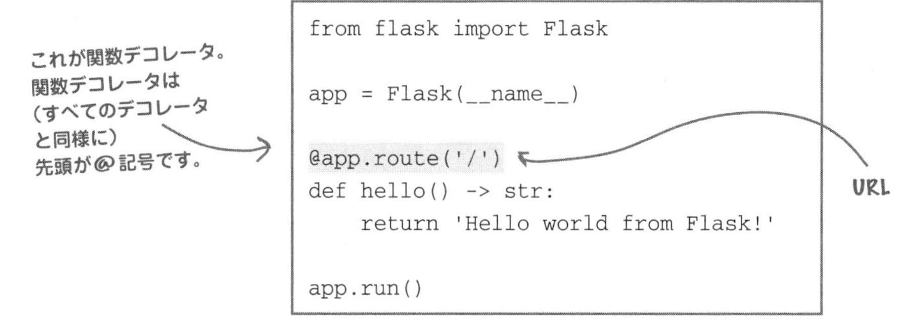
これが関数デコレータ。
関数デコレータは
（すべてのデコレータ
と同様に）
先頭が@記号です。
URL

```
from flask import Flask

app = Flask(__name__)

@app.route('/')
def hello() -> str:
    return 'Hello world from Flask!'

app.run()
```

関数デコレータを作成することもできますが（10章で取り上げます）、ここでは関数デコレータを使うことだけに集中しましょう。Pythonには多くのデコレータが組み込まれており、多数のサードパーティモジュール（Flaskなど）が特定の目的を持ったデコレータを用意しています（`route`はその1つです）。

Flaskの`route`デコレータは、Python関数をデコレートすることでURLパスにマッピングできます。この例では、URL「/」を4行目で定義している関数`hello`関数にマッピングしています。`route`デコレータは、サーバに「/」のリクエストが届いたときにFlaskサーバがこの関数を呼び出すようにします。そして、`route`デコレータはデコレートされた関数の結果を待ってからその結果をサーバに返します。その後レスポンスをブラウザに返します。

Flask（および`route`デコレータ）が上の「魔法」をどのように実現するかはあまり重要ではありません。重要なのは、Flaskがすべてを行ってくれるので、あなたは関数を書くだけでよいのです。細かいことはFlaskと`route`デコレータが引き受けてくれます。

関数デコレータは（関数のコードを変更せずに）既存の関数の振る舞いを追加する。

Webアプリケーションを動かす

routeデコレータ行を書いたら、5行目でデコレートされた関数を開始します。このWebアプリケーションではhello関数です。hello関数は「Hello world from Flask!」というメッセージを返します。

```
from flask import Flask

app = Flask(__name__)

@app.route('/')
def hello() -> str:
   return 'Hello world from Flask!'

app.run()
```

普通のPython関数です。呼び出し側に文字列を返します（アノテーション「-> str」に注意）。

最後の行は変数appに代入されたFlaskオブジェクトを取得し、FlaskにWebサーバを起動するように指示するので、runを呼び出します。

```
from flask import Flask

app = Flask(__name__)

@app.route('/')
def hello() -> str:
    return 'Hello world from Flask!'

app.run()
```

Webアプリケーションを起動する。

この時点で、Flaskは組み込みWebサーバを起動してWebアプリケーションのコードを実行します。URLとして「/」をリクエストされるとサーバは「Hello world from Flask!」というメッセージを返しますが、他のURLがリクエストされると404の「Resource not found」エラーが発生します。ブラウザのアドレスバーに次のURLを入力して、エラーの動作を確認してみましょう。

http://127.0.0.1:5000/doesthiswork.html

このURLは存在しません。404！

ブラウザには「Not Found」メッセージが表示されます。また、ターミナルウィンドウで動作しているWebアプリケーションのステータスが更新されています。

```
* Running on http://127.0.0.1:5000/ (Press CTRL+C to quit)
127.0.0.1 - - [23/Nov/2015 20:15:46] "GET / HTTP/1.1" 200 -
127.0.0.1 - - [23/Nov/2015 21:30:26] "GET /doesthiswork.html HTTP/1.1" 404 -
```

メッセージの内容が少し異なるかもしれませんが、心配ありません。

Webに機能を公開する

たった6行で動作するWebアプリケーションを作成したことはいったん脇に置いて、Flaskが行ったことをここで考えてみましょう。Flaskは、既存のPython関数を使ってブラウザ内で表示するメカニズムを用意しています。

Webアプリケーションにさらに機能を追加するには、機能にマッピングしたいURLを決め、実際の処理を行う関数の上に`@app.route`デコレータ行を記述するだけです。そこで、4章の`search4letters`をデコレータにしてみましょう。

`hello_flask.py`に2つ目のURLの`/search4`が入るように修正しましょう。このURLを関数`do_search`にマッピングするコードを書きます。`do_search`は、(`vsearch`モジュールの)`search4letters`関数を呼び出します。そして、`do_search`関数が「life, the universe, and everything!」というフレーズから「eiru,!」という文字を返すようにします。

下に既存のコードを示しています。新しいコードが必要なところはブランクにしてあるので、足りないコードを書いてください。

ヒント：`search4letters`が返す結果はPythonの集合です。レスポンスを待っているブラウザに何かを返す**前**に必ず組み込み関数`str`を呼び出して結果を文字列にキャスト(型変換)してください。ブラウザは、Pythonの集合ではなくテキストデータを期待しているからです。

何かインポートする必要がありますか？

```
from flask import Flask
..............................................
..............................................
app = Flask(__name__)
@app.route('/')
def hello() -> str:
return 'Hello world from Flask!'
..............................................
..............................................
..............................................
..............................................
app.run()
```

2つ目のデコレータを追加。

ここにdo_searchのコードを追加。

hello_flask.pyに2つ目のURLの/search4が入るように修正する必要がありました。このURLを関数do_searchにマッピングするコードを書き、do_searchは（vsearchモジュールの）search4letters関数を呼び出します。そして、do_search関数が「life, the universe, and everything!」というフレーズから「eiru,!」という文字を返すようにします。
下に既存のコードを示しています。新しいコードが必要なところはブランクにしてあるので、足りないコードを書きました。
あなたが書いたコードと違いはありましたか？

search4letters関数を呼び出す前にvsearchモジュールからsearch4letters関数をインポートします。

```
from flask import Flask
from vsearch import search4letters
app = Flask(__name__)
@app.route('/')
def hello() -> str:
return 'Hello world from Flask!'
@app.route( '/search4' )
def do_search() -> str:
    return str(search4letters( 'life, the universe, and everything' , 'eiru,!' ))
app.run()
```

2つ目のデコレータで/search4を設定。

do_search関数はsearch4lettersを呼び出し、その結果を文字列として返します。

この新機能をテストするには、現在は修正前のコードを実行しているためFlaskアプリケーションを再起動する必要があります。Webアプリケーションを停止するには、ターミナルウィンドウに戻って[Ctrl]と[C]を一緒に押します。すると、Webアプリケーションが終了し、OSのプロンプトに戻ります。[↑]を押して過去に使ったコマンド（前にhello_flask.pyを開始したコマンド）を表示させて[Enter]キーを押します。最初のFlaskステータスメッセージが再び表示され、更新したWebアプリケーションがリクエストを待っていることが確認できます。

```
$ python3 hello_flask.py
* Running on http://127.0.0.1:5000/ (Press CTRL+C to quit)
127.0.0.1 - - [23/Nov/2015 20:15:46] "GET / HTTP/1.1" 200 -
127.0.0.1 - - [23/Nov/2015 21:30:26] "GET /doesthiswork.html HTTP/1.1" 404 -
^C
$ python3 hello_flask.py
* Running on http://127.0.0.1:5000/ (Press CTRL+C to quit)}
```

Webアプリケーションを停止し、

再起動します。

再び稼働しています。

試運転

デフォルトURLの「/」に対応するコードはまだ変更されていないので、「Hello world from Flask!」というメッセージはまだ表示されています。
しかし、ブラウザのアドレスバーに「http://127.0.0.1:5000/search4」と入力すると、`search4letters`を呼び出した結果が表示されます。

search4lettersを呼び出した結果。確かに、この出力にはワクワクするようなことはありませんが、/search4を使うとsearch4letters関数を呼び出してその結果を返すことを証明しています。

素朴な疑問に答えます

Q：Webアプリケーションへのアクセスに使うURLの`127.0.0.1`と`:5000`の部分に少し戸惑っています。これはどういうことなのですか？

A：現在はWebアプリケーションを自分のマシンでテストしていますね。それぞれのマシンには一意のIPアドレスが割り当てられます（インターネットに接続されているため）。しかし、FlaskはIPアドレスは使わず、代わりにインターネットの**ループバックアドレス**`127.0.0.1`でテスト用サーバに接続します。`127.0.0.1`は一般に`localhost`と呼ばれます。どちらも、「実際のIPアドレスが何であろうと自分のマシン」という意味です。ブラウザ（これも自分のマシン上にあります）がFlaskサーバと通信するには、Webアプリケーションが動作しているアドレス（`127.0.0.1`）を指定する必要があります。これは、まさにこの目的のために予約されている標準的なIPアドレスです。

URLの`:5000`の部分は、Webサーバが動作している**プロトコルポート番号**を示します。通常、Webサーバはプロトコルポート80で動作しますが、これはインターネット標準なので指定する必要はありません。O'Reillyのサイトにアクセスするにはブラウザのアドレスバーに`oreilly.com:80`と入力しても構いませんが、`oreilly.com`だけで十分なので（`:80`を前提としているので）わざわざ入力する人はいません。

Webアプリケーションを構築するときには、プロトコルポート80でテストすることはほとんどないので（80は本番サーバ用に予約されているため）、ほとんどのWebフレームワークは別のポートを選んでテストします。8080が一般的ですが、Flaskはテストプロトコルポートとして5000を使います。

Q：Flaskアプリケーションをテストして実行するときに、5000以外のプロトコルポートを使うことはできますか？

A：できます。`app.run()`では`port`の値として任意の値を設定できます。しかし、変更すべきよほどの理由がない限り、ここではデフォルトの5000を使ってください。

構築したかったものは何だったっけ

このWebアプリケーションには入力を受け付けるWebページと、その入力をsearch4letters関数に渡してその結果を表示する別のWebページが必要です。現在のコードではまだまだそのすべてを行うことはできませんが、必要なものを構築するための土台はできました。

左側は現在のコードの状態です。右側は200ページで示した「ナプキン仕様」です。コードのどの部分がそれぞれのナプキンの機能に対応するのかを示しています。

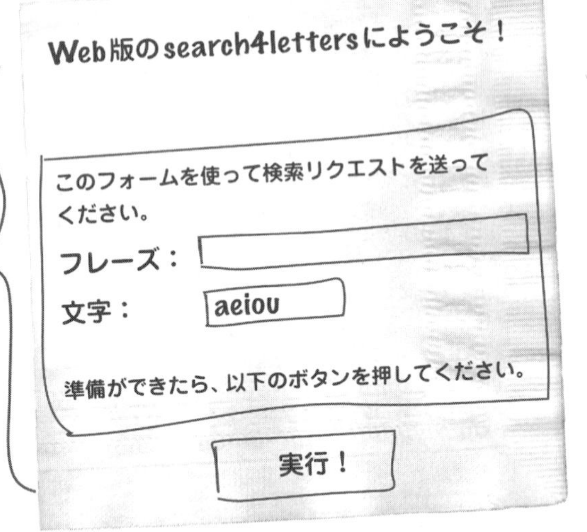


```
from flask import Flask
from vsearch import search4letters

app = Flask(__name__)

@app.route('/')
def hello() -> str:
    return 'Hello world from Flask!'

@app.route('/search4')
def do_search() -> str:
    return str(search4letters( ... ))

app.run()
```

注：紙面が限られているので省略します。

検索結果：

次のデータを送信しました。

フレーズ：hitch-hiker

文字：aeiou

「hitch-hiker」から「aeiou」を検索すると、次の結果を返します。

{'e', 'i'}

今後の計画

hello関数を変更してHTMLフォームを返すようにしましょう。そして、do_search関数は、フォームの入力を受け取ってからsearch4letters関数を呼び出すように変更します。do_searchは、結果を別のWebページとして返します。

HTMLフォームの作成

マーケティング担当者からのコメント：短時間でHTMLをマスターできるので、本当にお勧めです。ひいき目なしでもお勧めです。

必要なHTMLフォームはそれほど複雑ではありません。このフォームは、説明のテキストのほかに、入力ボックス1つとボタン1つで構成されています。

でも、このようなHTMLの知識がない場合には？

HTMLフォーム、入力ボックス、ボタンといった用語を知らなくても心配無用です。初心者向けの書籍があるので大丈夫です。手軽な入門書（または大急ぎで復習するための本）が必要なら、『Head First HTML and CSS』（和書未刊）第2版が一番のお勧めです。

HTMLを使うために『Head First HTML and CSS』を手元に置いて勉強するのは負担が大きすぎると思うかもしれませんが、本書で必要なHTMLについてはすべて説明されているので、お勧めです。もちろん、HTMLのエキスパートでなくても、HTMLフォームを作ることはできます。HTMLの知識が少しあれば便利ですが、絶対に必要というわけではありません（だって、本書はHTMLではなくPythonについて本なのです）。

HTMLを作成しブラウザに送る

何かを行うには必ず複数の方法があるものです。HTMLテキストを配信する場合にもいくつか選択肢があります。

HTMLを大きな文字列に入れてPythonコードに埋め込み、必要に応じてその文字列を返したいな。そうすると、必要なものすべてがコード内にあるから、完全に制御できるよ。これが僕のやり方さ。異論はないよね、ローラ？
ボブ、すべてのHTMLをコードに入れてもうまくいくけど、拡張性がないわね。Webアプリケーションが大規模になると、埋め込んだHTMLが読みづらくなってしまったわ…。見た目を改善したいけどWebデザイナーに引き継げないわ。それに、HTMLの再利用も簡単じゃないわね。だから、私はWebアプリケーションではいつもテンプレートを使うの。テンプレートは最初に少し手間がかかるけど、あとで効果が出てくるのよ。

ローラが正しそうです。テンプレートを使うと、ボブのやり方よりもHTMLの保守がずっと楽になります。次のページでテンプレートについて詳しく説明します。

テンプレートクローズアップ

テンプレートのおかげで、プログラマはオブジェクト指向の継承と再利用をWebページなどのテキストデータの作成に適用できます。

Webサイトのルック＆フィールは**ベーステンプレート**と呼ばれるトップレベルHTMLテンプレートで定義でき、ベーステンプレートは他のHTMLページに継承されます。ベーステンプレートを変更すると、その変更はベーステンプレートを継承する**すべて**のHTMLページに反映されます。

Flaskに付属するテンプレートエンジンはJinja2です。使いやすい上に強力です。でもこの本の目的はJinja2について説明することではないので、この2ページでは（やむを得ず）簡単に説明します。Jinja2の威力については、http://jinja.pocoo.org/docs/dev/ を参照してください。

次に挙げるのは、このWebアプリケーションで使うベーステンプレートです。このbase.htmlファイルには、すべてのWebページで共有したいHTMLマークアップを入れます。また、Jinja2独自のマークアップを使ってベーステンプレートを継承したHTMLページをレンダリングするときに提供するコンテンツを示します（つまり、レスポンスを待っているブラウザに配信する前に用意します）。{{と}}で囲まれたマークアップと{%と%}で囲まれたマークアップは、Jinja2用です。Jinja2用のマークアップをハイライトしてわかりやすくしています。

```
<!doctype html>
<html>
    <head>
        <title>{{ the_title }}</title>
        <link rel="stylesheet" href="static/hf.css" />
    </head>
    <body>
        {% block body %}

        {% endblock %}
    </body>
</html>
```

標準的なHTML5マークアップ。

Jinja2ディレクティブです。レンダリングする際に値が置き換わります（テンプレートの引数として指定します）。

ベーステンプレート。

このスタイルシートはすべてのWebページのルック＆フィールを決定します。

このJinja2ディレクティブはレンダリングする前にここをHTMLブロックに置き換え、HTMLブロックはこのベーステンプレートを継承するページで提供されることを示します。

ベーステンプレートが用意できたので、Jinja2のextendsディレクティブを使って継承します。その際には、継承するHTMLファイルはベーステンプレート内の名前付きブロック用のHTMLを提供するだけでよいのです。この例では、1つの名前付きブロックbodyだけがあります。

次に挙げるのは1ページ目のマークアップです。entry.htmlと呼びます。これは、Webアプリケーションが求めるphraseとlettersの値をユーザが入力するためのHTMLフォーム用のマークアップです。

このファイルでは、ベーステンプレートの「定型」HTMLは繰り返されていないことに注意してください。extendsディレクティブが、定型マークアップをインクルードしてくれるからです。このファイルに独自のHTMLを提供するだけで済みます。それにはbodyというJinja2ブロック内でマークアップを指定します。

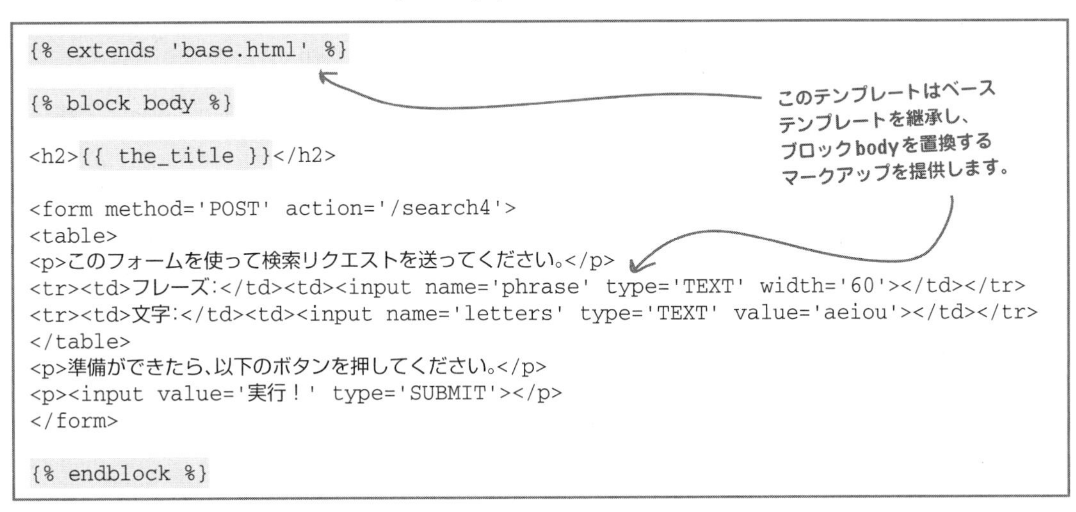
このテンプレートはベーステンプレートを継承し、ブロックbodyを置換するマークアップを提供します。

```
{% extends 'base.html' %}

{% block body %}

<h2>{{ the_title }}</h2>

<form method='POST' action='/search4'>
<table>
<p>このフォームを使って検索リクエストを送ってください。</p>
<tr><td>フレーズ:</td><td><input name='phrase' type='TEXT' width='60'></td></tr>
<tr><td>文字:</td><td><input name='letters' type='TEXT' value='aeiou'></td></tr>
</table>
<p>準備ができたら、以下のボタンを押してください。</p>
<p><input value='実行！' type='SUBMIT'></p>
</form>

{% endblock %}
```

最後に、結果を表示するresults.htmlファイルのマークアップを示します。このテンプレートもベーステンプレートを継承します。

```
{% extends 'base.html' %}

{% block body %}

<h2>{{ the_title }}</h2>

<p>以下のデータを送信しました。</p>
<table>
<tr><td>フレーズ:</td><td>{{ the_phrase }}</td></tr>
<tr><td>文字:</td><td>{{ the_letters }}</td></tr>
</table>

<p>「{{the_phrase }}」から「{{ the_letters }}」を検索すると、次の結果を返します。</p>
<h3>{{ the_results }}</h3>

{% endblock %}
```

entry.htmlと同様、このテンプレートもベーステンプレートを継承し、ブロックbodyを置換するマークアップを提供します。

これらの追加の引数値に注意。レンダリングする際に値が置き換わります。

テンプレートはWebページに対応

このWebアプリケーションは2つのページをレンダリングします。使用するテンプレートは2つあります。どちらのテンプレートもベーステンプレートを継承しているので、そのルック&フィールも継承しています。あとはページをレンダリングするだけです。

Flaskが(Jinja2と一緒に)レンダリングする方法を調べる前に、テンプレートのマークアップと照らして「ナプキン仕様」を再確認してみましょう。Jinja2の{% block %}ディレクティブに囲まれているHTMLが手書きの仕様とぴったり一致していることに着目してください。主に欠けているのはページのタイトルです。これはレンダリング中に{{ the_title }}ディレクティブの代わりに提供します。{{}}で囲まれている名前はテンプレートへの引数と考えてください。

このテンプレート(およびCSS)は http://python.itcarlow.ie/ed2/ からダウンロードする。

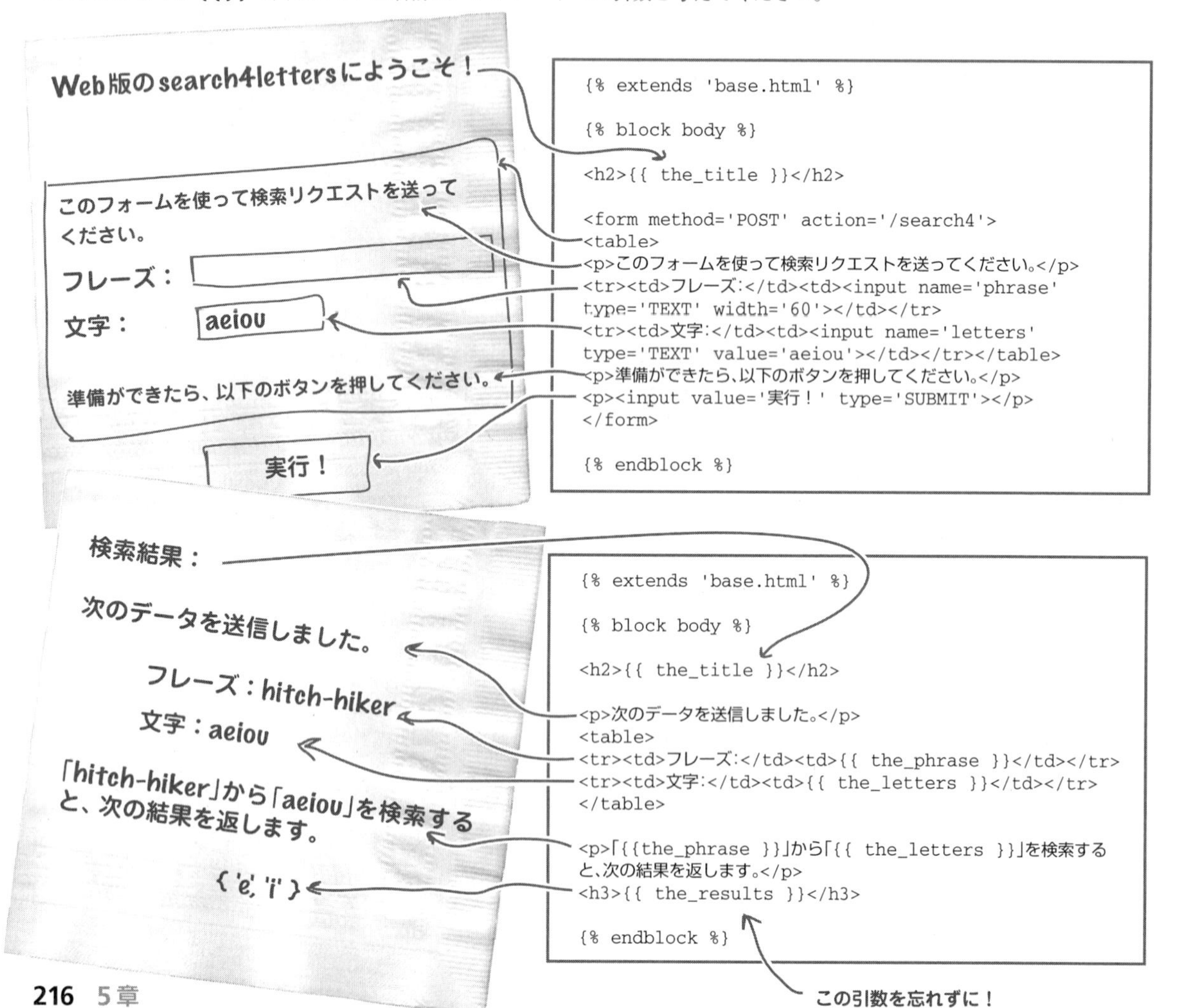

Flaskからテンプレートをレンダリングする

Flaskにはrender_templateという関数が付属しています。render_template関数はテンプレートの名前と必要な引数を指定すると、呼び出し時にHTMLの文字列を返します。render_templateを使うには、(コードの先頭で)flaskモジュールからrender_templateもインポートして、必要なときに呼び出します。

しかし、その前にWebアプリケーションのコードが入っているファイル(現在はhello_flask.py)をもっと適切な名前に変更しましょう。Webアプリケーションには好きな名前を付けて構わないので、ファイル名をvsearch4web.pyに変更します。現在のコードは次のようになっています。

```
from flask import Flask
from vsearch import search4letters
app = Flask(__name__)
@app.route('/')
def hello() -> str:
return 'Hello world from Flask!'
@app.route('/search4')
def do_search() -> str:
return str(search4letters('life, the universe, and
everything', 'eiru,!'))
app.run()
```

このコードはいまvsearch4web.pyというファイルにあります。

entry.htmlテンプレートのHTMLフォームをレンダリングするには、上のコードにいくつかの変更を行う必要があります。

1. **render_template関数をインポートする。**
   コードの先頭のfrom flask行でrender_templateもインポートします。
2. **新たなURL(この例では/entry)を作成する。**
   Flaskアプリケーションで新しいURLが必要になるたびに、新たな@app.route行を追加します。これはapp.run()行の前に追加します。
3. **正しくレンダリングされたHTMLを返す関数を作成する。**
   @app.route行を書いたので、実際の処理を行う(そして、ユーザにとってWebアプリケーションをさらに便利にする)関数を作成してコードとマッピングします。この関数は、テンプレートファイルの名前(この例ではentry.html)とテンプレートに必要な引数(この例ではthe_titleの値)を渡してrender_template関数を呼び出します(そして、render_templateからの出力を返します)。

既存のコードに上の変更を加えてみましょう。

Webアプリケーションのhtmlフォームを表示する

前ページの最後で説明したように、3つの変更を行うコードを追加しましょう。手元のコードを次のように変更してください。

1 render_template関数をインポートする。

```
from flask import Flask, render_template
```

flaskモジュールからインポートするものにrender_templateを追加。

2 新たなURL（この例では /entry）を作成する。

```
@app.route('/entry')
```

do_search関数の下でapp.run()行の前にこの行を追加し、Webアプリケーションに新たなURLを追加。

3 正しくレンダリングされたHTMLを返す関数を作成する。

```
@app.route('/entry')
def entry_page() -> str:
    return render_template('entry.html',
                           the_title='Web版のsearch4lettersにようこそ！')}
```

レンダリングするテンプレートの名前を指定。

この関数を新しい@app.route行の直後に追加。

the_title引数に対応する値を指定。

上の変更を行うと、Webアプリケーションのコードは次のようになります（追加した部分はハイライトされています）。

```
from flask import Flask, render_template
from vsearch import search4letters

app = Flask(__name__)

@app.route('/')
def hello() -> str:
    return 'Hello world from Flask!'

@app.route('/search4')
def do_search() -> str:
    return str(search4letters('life, the universe, and everything', 'eiru,!'))

@app.route('/entry')
def entry_page() -> str:
    return render_template('entry.html',
                           the_title='Web版のsearch4lettersにようこそ！')

app.run()
```

ここでは残りのコードはそのままにしておきます。

テンプレートコードを実行するための準備

テンプレートとCSSをまだダウンロードしていなければ、http://python.itcarlow.ie/ed2/ からダウンロードする。

いますぐコマンドプロンプトで修正したコードを実行したいところですが、いくつかの理由からこのコードはまだ動作しません。

まずは、ベーステンプレートはhf.cssというスタイルシートを参照しているのですが、このスタイルシートが(コードがあるフォルダの下の)staticフォルダになければいけません。次はベーステンプレートの一部です。

```
        ...
    <title>{{ the_title }}</title>
    <link rel="stylesheet" href="static/hf.css" />
</head>
        ...
```

hf.cssファイルはstaticフォルダになければいけません。

CSSファイルのコピーはこの本のサポートサイトから自由に取得できます(ページの右上のURLを参照)。ダウンロードしたスタイルシートは必ずstaticフォルダに置いてください。

さらに、Flaskではテンプレートがtemplatesフォルダに格納されていなければいけません。templatesフォルダは、(staticと同様に)コードのあるフォルダの下にある必要があります。5章のダウンロードファイルには3つのテンプレートがすべて含まれているので、HTMLをすべて入力せずに済みます。

Webアプリケーションのコードが書かれたファイルをwebappフォルダに置いたとすると、修正されたvsearch4web.pyを実行する前に、次のような構成になっているようにします。

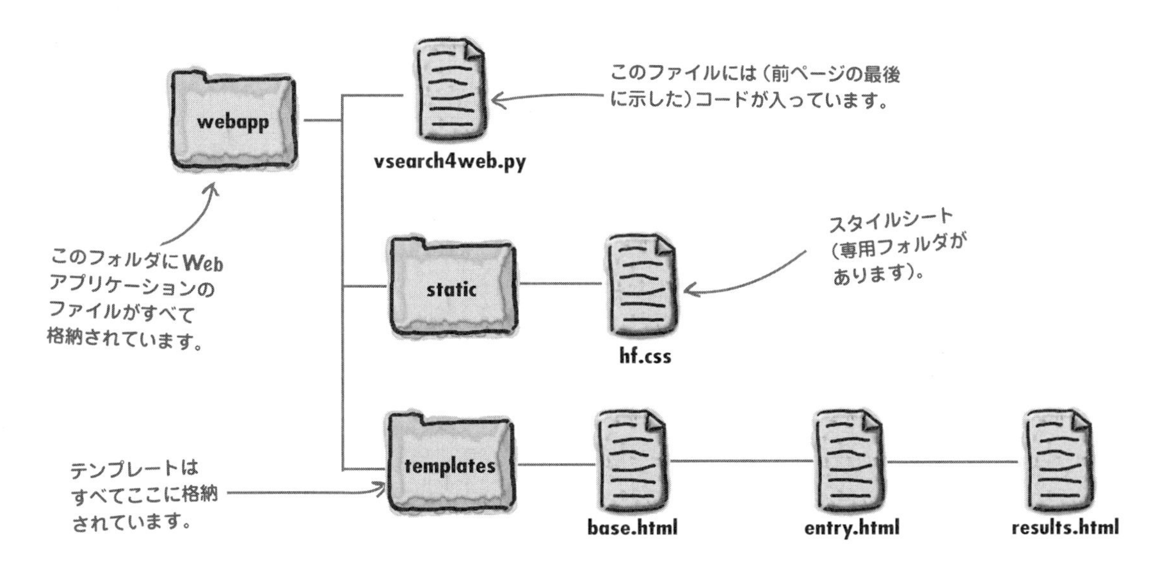
webapp
vsearch4web.py
このファイルには(前ページの最後に示した)コードが入っています。
このフォルダにWebアプリケーションのファイルがすべて格納されています。
static
hf.css
スタイルシート(専用フォルダがあります)。
templates
base.html
entry.html
results.html
テンプレートはすべてここに格納されています。

テストを実行する用意ができた

準備がすべて整ったら(スタイルシートとテンプレートをダウンロードし、コードを更新したら)、Flaskアプリケーションを再び試してみましょう。

おそらく、修正前のコードがコマンドプロンプトでまだ動作しているはずです。

コマンドプロンプトのウィンドウで、[Ctrl]と[C]を一緒に押して以前のWebアプリケーションの実行を停止します。そして、[↑]キーを押して直前のコマンド行を表示し、実行するファイル名を編集して[Enter]を押します。すると、変更後の新しいコードが実行され、通常のステータスメッセージが表示されるでしょう。

```
    ...
* Running on http://127.0.0.1:5000/ (Press CTRL+C to quit)
 127.0.0.1 - - [23/Nov/2015 21:51:38] "GET / HTTP/1.1" 200 -
 127.0.0.1 - - [23/Nov/2015 21:51:48] "GET /search4 HTTP/1.1" 200 -
^C
 $ python3 vsearch4web.py
* Running on http://127.0.0.1:5000/ (Press CTRL+C to quit)
```

Webアプリケーションを再び停止します。

vsearch4web.pyファイルの新しいコードを起動。

新しいコードが稼働し、リクエストを待っています。

修正後のコードは/と/search4のURLもサポートしているので、ブラウザを使ってこれらのURLをリクエストすると、レスポンスは211ページで以前に示したものと同じになります。しかし、次のURL、

http://127.0.0.1:5000/entry

を使うと、ブラウザに表示されるレスポンスは、(次のページの先頭に示す)レンダリングされたHTMLフォームになります。コマンドプロンプトにはステータス行が増えています。1行は/entry、もう1行はブラウザからのhf.cssスタイルシートのリクエストに関連する行です。

```
    ...
127.0.0.1 - - [23/Nov/2015 21:55:59] "GET /entry HTTP/1.1" 200 -
127.0.0.1 - - [23/Nov/2015 21:55:59] "GET /static/hf.css HTTP/1.1" 304 -
```

HTMLフォームをリクエストし(ステータスコードは200)、

スタイルシートもリクエストします。

試運転

ブラウザにhttp://127.0.0.1:5000/entryと入力すると、画面には次のように表示されます。

このページでWebデザイン賞を取るつもりはありませんが、問題はなさそうです。ナプキンの裏に描いたものに似ています。しかし残念ながら、フレーズを入力し、（オプションで）探す文字を適切に調整して[実行！]ボタンをクリックすると、次のようなエラーページが表示されてしまいます。

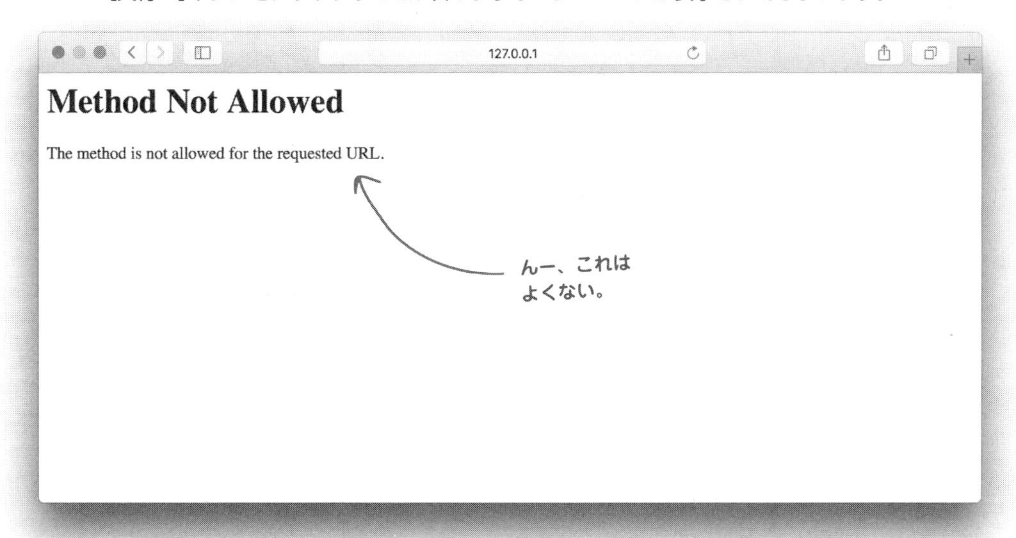

ちょっと残念です。詳しく調べてみましょう。

HTTPステータスコードを理解する

Webアプリケーションに何か問題があると、WebサーバはHTTPステータスコードで応答します（ブラウザに送信します）。HTTPは、ブラウザとサーバがやり取りする通信プロトコルです。ステータスコードの意味は規定されています（右側の「マニア向け情報」を参照）。実際には、すべての**リクエスト**が**レスポンス**にHTTPステータスコードを作成します。

Webアプリケーションからブラウザに送られたステータスコードを確認するには、コマンドプロンプトに現れるステータスメッセージを再度確認します。次のように表示されています。

```
...
127.0.0.1 - - [23/Nov/2015 21:55:59] "GET /entry HTTP/1.1" 200 -
127.0.0.1 - - [23/Nov/2015 21:55:59] "GET /static/hf.css HTTP/1.1" 304 -
127.0.0.1 - - [23/Nov/2015 21:56:54] "POST /search4 HTTP/1.1" 405 -
```

ステータスコード405は、このサーバが許可していないHTTPメソッドを使ってクライアント（ブラウザ）がリクエストを送信したことを示しています。いくつかのHTTPメソッドがありますが、ここではその中の2つ（**GET**と**POST**）だけを知っていれば十分です。

何か問題があるようです。サーバがクライアントエラーステータスコードを生成しています。

1 GETメソッド

通常、ブラウザはこのメソッドを使ってWebサーバからリソースをリクエストするので、圧倒的に使われます（ここで「通常」と言っているのは、紛らわしいことにGETを使ってブラウザからサーバにデータを**送信**できるからですが、ここではこの方法は取り上げません）。このWebアプリケーションのすべてのURLは現在GETをサポートしています。GETはFlaskのデフォルトHTTPメソッドです。

2 POSTメソッド

このメソッドではブラウザがHTTPを介してサーバにデータを送信でき、HTMLの<form>タグに密接に関連しています。`@app.route`行に追加の引数を指定すると、Flaskアプリケーションがブラウザからポストされたデータを受け付けられます。

Webアプリケーションの`/search4`に対応する`@app.route`行を修正し、ポストされたデータを受け付けるようにしましょう。そのためには、エディタに戻って`vsearch4web.py`ファイルを編集し直します。

Webサーバ（Flaskアプリケーションなど）からWebクライアント（ブラウザなど）に送信できるさまざまなHTTPステータスコードを簡単に説明します。

ステータスコードには、100番台、200番台、300番台、400番台、500番台の5つの主なカテゴリに分けられます。

100～199の範囲は**情報**メッセージです。すべてOKならサーバがクライアントのリクエストに関連する詳細を提供します。

200～299の範囲は**成功**メッセージです。サーバがクライアントのリクエストを受信し、理解し、処理しています。すべてがうまくいっています。

300～399の範囲は**リダイレクト**メッセージです。別の場所でリクエストを処理できることをサーバがクライアントに知らせています。

400～499の範囲は**クライアントエラー**メッセージです。サーバが理解できないリクエストや処理できないリクエストをクライアントから受信しています。通常はクライアントに問題があります。

500～599の範囲は**サーバエラー**メッセージです。サーバがクライアントからメッセージを受信しましたが、サーバが処理中に失敗しています。通常はサーバに問題があります。

詳しくはウィキペディアの「HTTPステータスコード」の項目を参照してください。

ポストされたデータを処理する

@app.routeデコレータは第1引数としてURLを取るだけでなく、その他のオプションの引数も取ります。

その1つが引数methodsです。そのURLがサポートするHTTPメソッドを指定します。デフォルトでは、FlaskはすべてのURLに対してGETをサポートします。しかし、引数methodsでサポートするHTTPメソッドのリストを指定すると、このデフォルトの振る舞いをオーバーライドします。現在の@app.route行は次のようになっています。

```
@app.route('/search4')
```

ここではサポートするHTTPメソッドを指定していないので、デフォルトでGETをサポートします。

/search4でPOSTをサポートするには、デコレータに引数methodsを追加し、/search4でサポートしたいHTTPメソッドのリストを指定します。これは、/search4がPOSTメソッドだけをサポートすることを示しています（つまり、GETリクエストはもうサポートしていません）。

```
@app.route('/search4', methods=['POST'])
```

/search4は現時点ではPOSTメソッドだけをサポートしています。

HTMLフォームに指定しているPOSTと@app.route行のPOSTが一致しているので、Webアプリケーションからの「Method Not Allowed」メッセージをなくすにはこのわずかな変更だけで十分です。

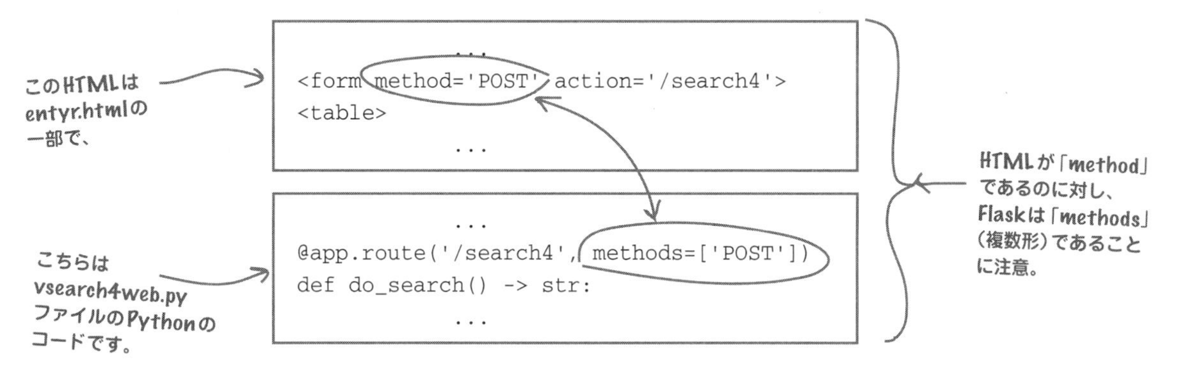

素朴な疑問に答えます

Q：URLでGETメソッドとPOSTメソッドの両方をサポートしたい場合にはどうするのですか?それは可能ですか?

A：可能です。サポートしたいHTTPメソッドの名前を引数methodsに指定するリストに追加するだけです。例えば、/search4にGETを使いたければ、@app.route行を@app.route('/search4', methods=['GET', 'POST'])のように変更するだけでよいのです。詳しくは、http://flask.pocoo.orgにあるFlaskドキュメントを参照してください。

編集/停止/開始/テストのサイクルを改善する

修正したコードを保存したので、コマンドプロンプトでWebアプリケーションを停止し、再起動して新しいコードをテストしましょう。この編集/停止/開始/テストのサイクルは便利ですが、しばらくすると飽きてしまうでしょう(特に、小さな変更を何度も加えることになる場合)。

このプロセスの効率を改善するために、Flaskでは**デバッグモード**で実行できます。デバッグモードは、Flaskがコードの変更に気付くたびに自動的にWebアプリケーションを再起動します。`vsearch4web.py`の最後の行を次のように変更してデバッグモードを有効にしてみましょう。

```
app.run(debug=True)
```

デバッグモードを有効にします。

現在、プログラムのコードは次のようになっています。

```
from flask import Flask, render_template
from vsearch import search4letters

app = Flask(__name__)

@app.route('/')
def hello() -> str:
    return 'Hello world from Flask!'

@app.route('/search4', methods=['POST'])
def do_search() -> str:
    return str(search4letters('
        life, the universe, and everything', 'eiru,!'))

@app.route('/entry')
def entry_page() -> str:
    return render_template('entry.html',
                           the_title='Web版のsearch4lettersにようこそ！')

app.run(debug=True)
```

これでテストの準備が整いました。テストを行うには、[Ctrl]+[C]を押して現在(最後に)動作しているWebアプリケーションを停止し、[↑]と[Enter]を押してコマンドラインで再起動します。

通常の`Running on http://127...`というメッセージではなく、Flaskは3行の新たなステータス行を出力します。これは、現在デバッグモードが有効であることを示します。マシンには次のように表示されます。

```
$ python3 vsearch4web.py
 * Running on http://127.0.0.1:5000/ (Press CTRL+C to quit)
 * Restarting with stat
 * Debugger is active!
 * Debugger pin code: 228-903-465
```

コードが変更されたらWebアプリケーションを自動的に再起動することを示しています。また、pin codeがこの表示とは異なるようでも問題ありません。このピンは使いません。

再び稼働させたので、再度Webアプリケーションを使って変更点を確認してみましょう。

試運転

ブラウザに**http://127.0.0.1:5000/entry**を入力してエントリフォームに戻ります。

「Method Not Allowed」エラーはなくなりましたが、まだ十分ではありません。このフォームにはどんなフレーズでも入力でき、［実行！］ボタンをクリックしてもエラーは表示されません。何度か試すと、（入力したフレーズや文字にかかわらず）返される結果がいつも同じであることに気付きました。どうなっているのでしょうか。

FlaskでHTMLフォームデータにアクセスする

このWebアプリケーションは、「Method Not Allowed」エラーは出なくなりました。その代わり、いつも同じ文字（u、e、カンマ、i、r）を返します。/search4をポストした際に実行するコードを少し眺めただけでその理由がわかりました。phraseとlettersの値を関数に**ハードコーディング**していたのです。

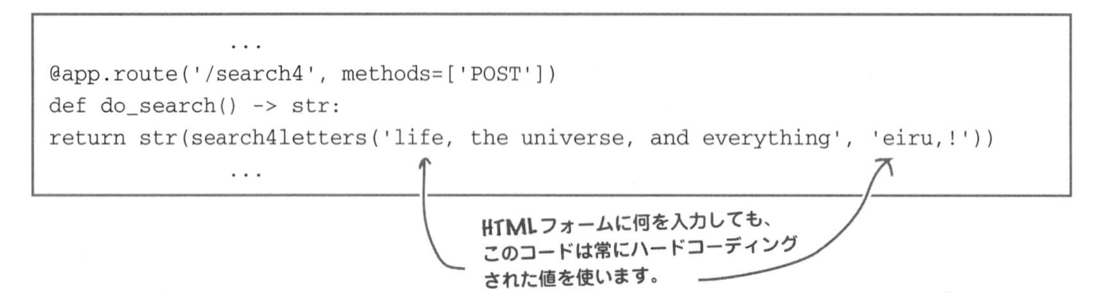

```
            ...
@app.route('/search4', methods=['POST'])
def do_search() -> str:
return str(search4letters('life, the universe, and everything', 'eiru,!'))
            ...
```


このHTMLフォームはWebサーバにデータをポストしますが、そのデータを使って何か処理するには、コードを修正する必要があります。

Flaskは、ポストされたデータに簡単にアクセスするためのrequestという組み込みオブジェクトを備えています。requestオブジェクトには、ブラウザからポストされたHTMLフォームのデータにアクセスする辞書属性formが含まれます。formは他のPythonの辞書と似ているので、3章で最初に説明したのと同様に角かっこ表記を使うことができます。フォームからのデータにアクセスするには、[]にフォーム要素の名前を指定します。

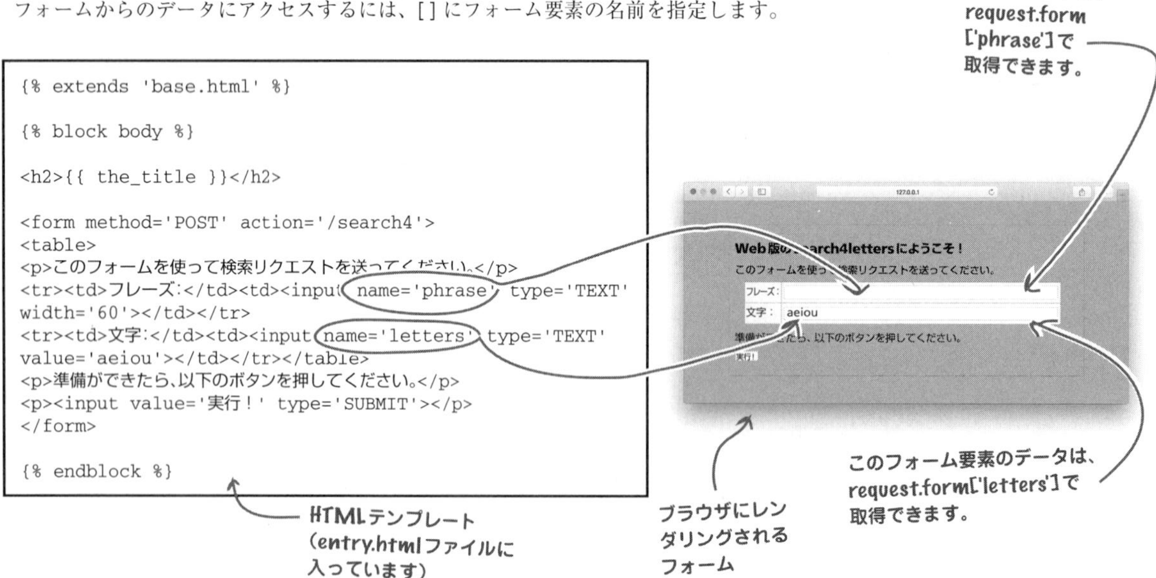

```
{% extends 'base.html' %}

{% block body %}

<h2>{{ the_title }}</h2>

<form method='POST' action='/search4'>
<table>
<p>このフォームを使って検索リクエストを送ってください。</p>
<tr><td>フレーズ:</td><td><input name='phrase' type='TEXT'
width='60'></td></tr>
<tr><td>文字:</td><td><input name='letters' type='TEXT'
value='aeiou'></td></tr></table>
<p>準備ができたら、以下のボタンを押してください。</p>
<p><input value='実行！' type='SUBMIT'></p>
</form>

{% endblock %}
```

Webアプリケーションでリクエストデータを使う

requestオブジェクトを使うには、先頭のfrom flask行でrequestをインポートし、必要に応じてrequest.formからデータにアクセスします。ここでの目的では、do_search関数にハードコーディングされたデータ値をフォームからのデータに置き換えます。すると、phraseとlettersにさまざまな値でHTMLフォームを使うたびに、Webアプリケーションが返す結果をその値に応じて調整します。

プログラムにこの変更を加えてみましょう。まず、Flaskからインポートする行にrequestオブジェクトも追加します。そのためには、vsearch4web.pyの1行目を次のように変更します。

```
from flask import Flask, render_template, request
```

インポート行にrequestを追加する。

前ページの情報から、コード内ではHTMLフォームに入力されたphraseはrequest.form['phrase']で、入力されたlettersはrequest.form['letters']で入手できることがわかっています。do_search関数でこれらの値を使うように修正しましょう（そして、ハードコーディングされた文字列を削除しましょう）。

```
@app.route('/search4', methods=['POST'])
def do_search() -> str:
    phrase = request.form['phrase']
    letters = request.form['letters']
    return str(search4letters(phrase, letters))
```

2つの新しい変数を作成し、

HTMLフォームのデータを新たに作成した変数に代入し、

search4letters関数でその変数を使います。

自動リロード

ここで（上でコードを変更したので）他のことを行う前にvsearch4web.pyファイルを保存し、コマンドプロンプトに戻ってWebアプリケーションが出力するステータスメッセージを見てください。次のような内容が表示されているでしょう。

```
$ python3 vsearch4web.py
 * Restarting with stat
 * Debugger is active!
 * Debugger pin code: 228-903-465
127.0.0.1 - - [23/Nov/2015 22:39:11] "GET /entry HTTP/1.1" 200 -
127.0.0.1 - - [23/Nov/2015 22:39:11] "GET /static/hf.css HTTP/1.1" 200 -
127.0.0.1 - - [23/Nov/2015 22:17:58] "POST /search4 HTTP/1.1" 200 -
 * Detected change in 'vsearch4web.py', reloading
 * Restarting with stat
 * Debugger is active!
 * Debugger pin code: 228-903-465
```

コードの変更を検出したFlaskデバッガは、Webアプリケーションを再起動しました。とても便利です。

上と異なる内容が表示されても慌てる必要はありません。コード変更が正しく行われた場合のみ自動リロードは機能します。コードにエラーがあると、Webアプリケーションはコマンドプロンプトにエラーを出力します。再び稼働させるには、コードのエラーを修正してから手動で（[↑]に続いて[Enter]を押して）再起動します。

試運転

HTMLフォームからのデータを受け取り、処理するように変更したので、どんなフレーズや文字を指定しても適切に処理できます。

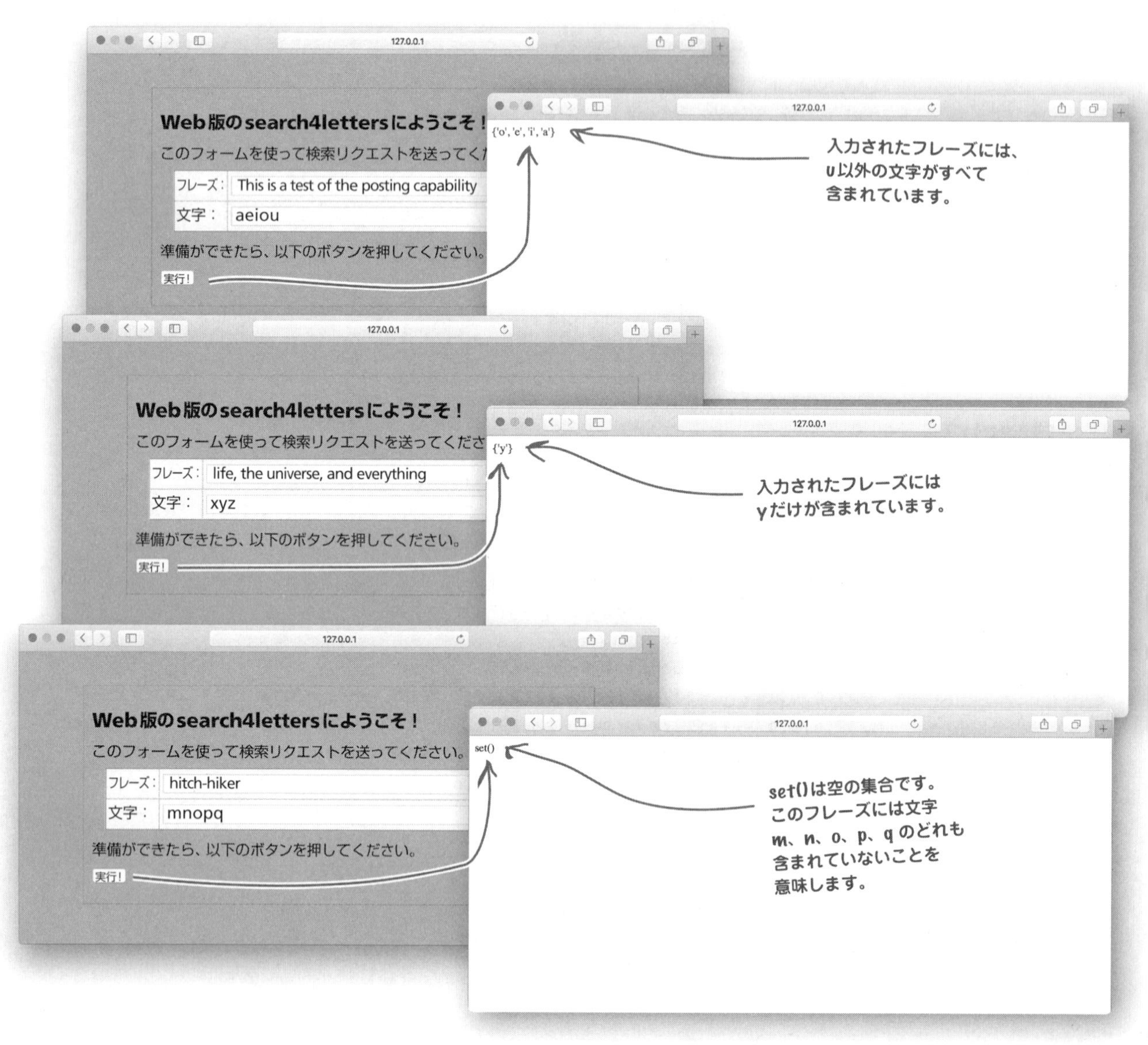

結果をHTMLとして作成する

現時点ではこのWebアプリケーションの機能は正しく動作しています。ブラウザからphraseとlettersの組み合わせを送信し、Webアプリケーションがsearch4lettersを呼び出して結果を返します。しかし、作成される出力は実はHTMLページではありません。レスポンスを待っているブラウザにテキストとして返された生のデータにすぎません（ブラウザがそのデータを画面に表示します）。

この章で以前にナプキンの裏に描いた仕様を思い出してください。次のような表示を作成したかったのです。

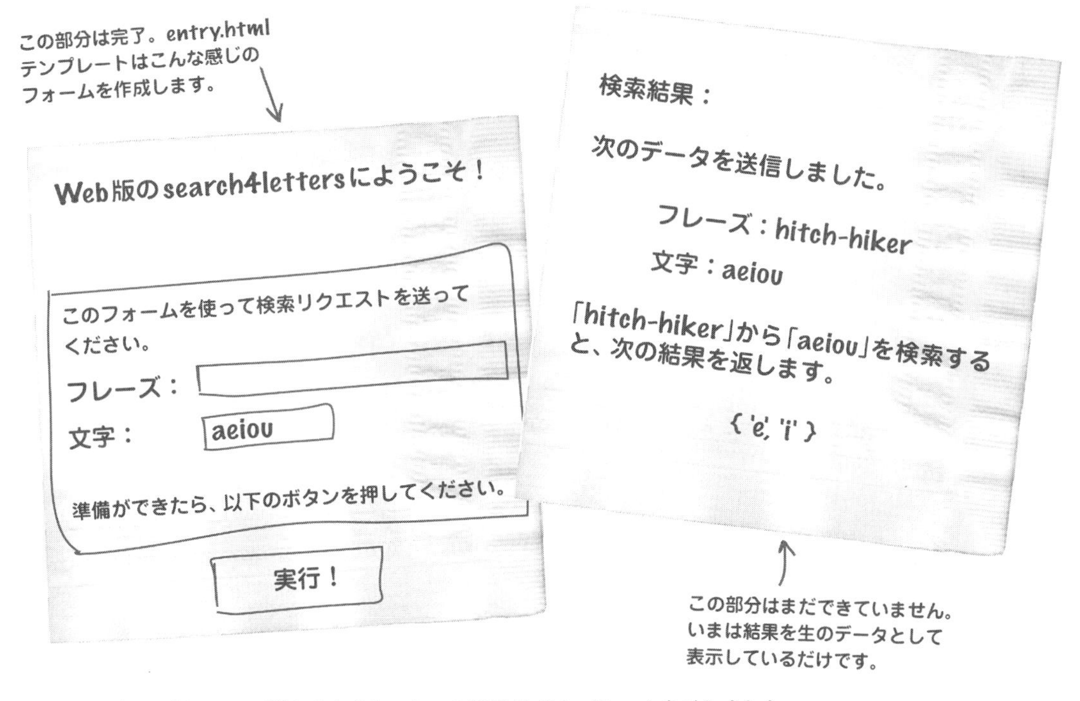

Jinja2のテンプレートについて話したときに、2つのHTMLテンプレートを示しました。最初のentry.htmlはフォームの作成に使います。2つ目のresults.htmlは結果の表示に使います。results.htmlを使って生のデータをHTMLに変換しましょう。

Q：**Jinja2を使ってHTML以外のテキストデータのテンプレートを作成できますか?**

A：できます。Jinja2は、さまざまな使い方ができるテキストテンプレートエンジンです。一般的には（ここで使ったようにFlaskによる）Web開発プロジェクトで使われる場合が多いのですが、必要なら他のフォーマットでも構いません。

必要なデータを計算する

215ページで示したresults.htmlの内容を思い出してみましょう。Jinja2独自のマークアップはハイライトされています。

results.html

```
{% extends 'base.html' %}

{% block body %}

<h2>{{ the_title }}</h2>

<p>次のデータを送信しました。</p>
<table>
<tr><td>フレーズ:</td><td>{{ the_phrase }}</td></tr>
<tr><td>文字:</td><td>{{ the_letters }}</td></tr>
</table>

<p>「{{the_phrase }}」から「{{ the_letters }}」を検索すると、次の結果を返します。</p>
<h3>{{ the_results }}</h3>

{% endblock %}
```

ハイライトした{{}}で囲まれた名前は、Pythonコードの対応する変数から値を取るJinja2変数です。このような変数が4つあります。the_title、the_phrase、the_letters、 the_resultsです。(以下の)do_search関数のコードをもう一度確認してください。すぐに上のHTMLテンプレートをレンダリングするようにこのコードを修正します。ご覧のように、この関数にはすでにテンプレートをレンダリングするのに必要な4つの変数のうちの2つが含まれています(できるだけ簡潔にしたいので、Pythonコードではjinja2で使っている名前に似た変数名を使っています)。

ここに必要な4つの値のうちの2つがあります。

```
@app.route('/search4', methods=['POST'])
def do_search() -> str:
    phrase = request.form['phrase']
    letters = request.form['letters']
    return str(search4letters(phrase, letters))
```

残りの2つのテンプレート引数(the_titleとthe_results)もこの関数で変数から作成し、値を代入する必要があります。

「検索結果:」という文字列をthe_titleに割り当て、search4lettersの呼び出しをthe_resultsに代入します。すると、レンダリングする前に4つのすべての変数を引数としてresults.htmlに渡せます。

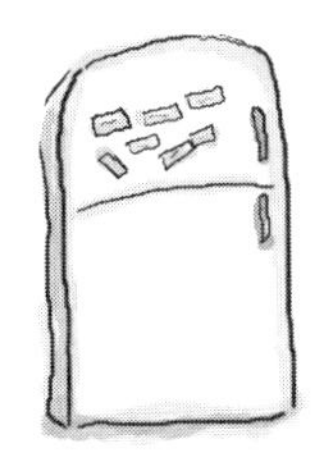

テンプレートマグネット

Head Firstの著者たちが集まり、前ページの最後で概要を示した改訂版do_search関数の要件に基づいて必要なコードを書きました。Head Firstのスタイルに従い、コーディングマグネットと冷蔵庫を使いました(理由は聞かないでください)。成功のお祝いで騒ぎすぎたHead Firstシリーズのある編集者が(ビールの歌を歌いながら)冷蔵庫にぶつかったので、マグネットが床に落ちて散らばってしまいました。マグネットをコードの正しい位置に戻してください。

```
from flask import Flask, render_template, request
from vsearch import search4letters

app = Flask(__name__)

@app.route('/')
def hello() -> str:
    return 'Hello world from Flask!'

@app.route('/search4', methods=['POST'])
def do_search() -> ..........:
    phrase = request.form['phrase']
    letters = request.form['letters']
    ..............................................
    ..............................................
    return ..............................................
                    ..............................
                    ..............................
                    ..............................
                    ..............................

@app.route('/entry')
def entry_page() -> str:
    return render_template('entry.html',
                           the_title='Welcome to search4letters on the web!')
app.run(debug=True)
```

下からコードマグネットを選んで点線の部分に置きましょう。

床に落ちたマグネット

```
str(search4letters(phrase, letters))
the_letters=letters,
str
=
title
=
the_results=results,
)
the_phrase=phrase,
the_title=title,
results
'検索結果:'
render_template('results.html',
```

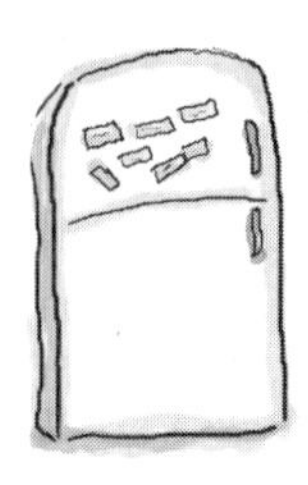

テンプレートマグネットの答え

Head Firstシリーズのある編集者に、今後ビールを飲むときは気を付けるようにメモを書いて、改訂版do_search関数のコードマグネットの修復に取りかかりました。あなたはマグネットを正しい位置に戻す必要がありました。

私たちが考える答えです。

```
from flask import Flask, render_template, request
from vsearch import search4letters

app = Flask(__name__)

@app.route('/')
def hello() -> str:
    return 'Hello world from Flask!'

@app.route('/search4', methods=['POST'])
def do_search() -> str :
    phrase = request.form['phrase']
    letters = request.form['letters']
    title = '検索結果:'
    results = str(search4letters(phrase, letters))
    return render_template('results.html',
                           the_phrase=phrase,
                           the_letters=letters,
                           the_title=title,
                           the_results=results, )

@app.route('/entry')
def entry_page() -> str:
    return render_template('entry.html',
                           the_title='Welcome to search4letters on the web!')
app.run(debug=True)
```

変数titleを作成し、

変数titleに文字列を代入。

別の変数resultsを作成し、

search4lettersの呼び出し結果を変数resultsに代入。

results.htmlテンプレートをレンダリング。このテンプレートは4つの引数値を求めています。

変数にそれぞれ対応するJinja2引数を設定。このようにすると、プログラムからのデータをテンプレートに渡します。

関数呼び出しの最後には閉じかっこを忘れずに。

マグネットを正しい位置に戻したので、vsearch4web.pyのコピーにこのような変更を加えます。必ずファイルを保存し、FlaskがWebアプリケーションを自動的にリロードするようにしてください。これで再テストの用意は完了です。

試運転

228ページで使った例で、修正されたWebアプリケーションをテストしてみましょう。なお、コードを保存するとFlaskはWebアプリケーションを再起動します。

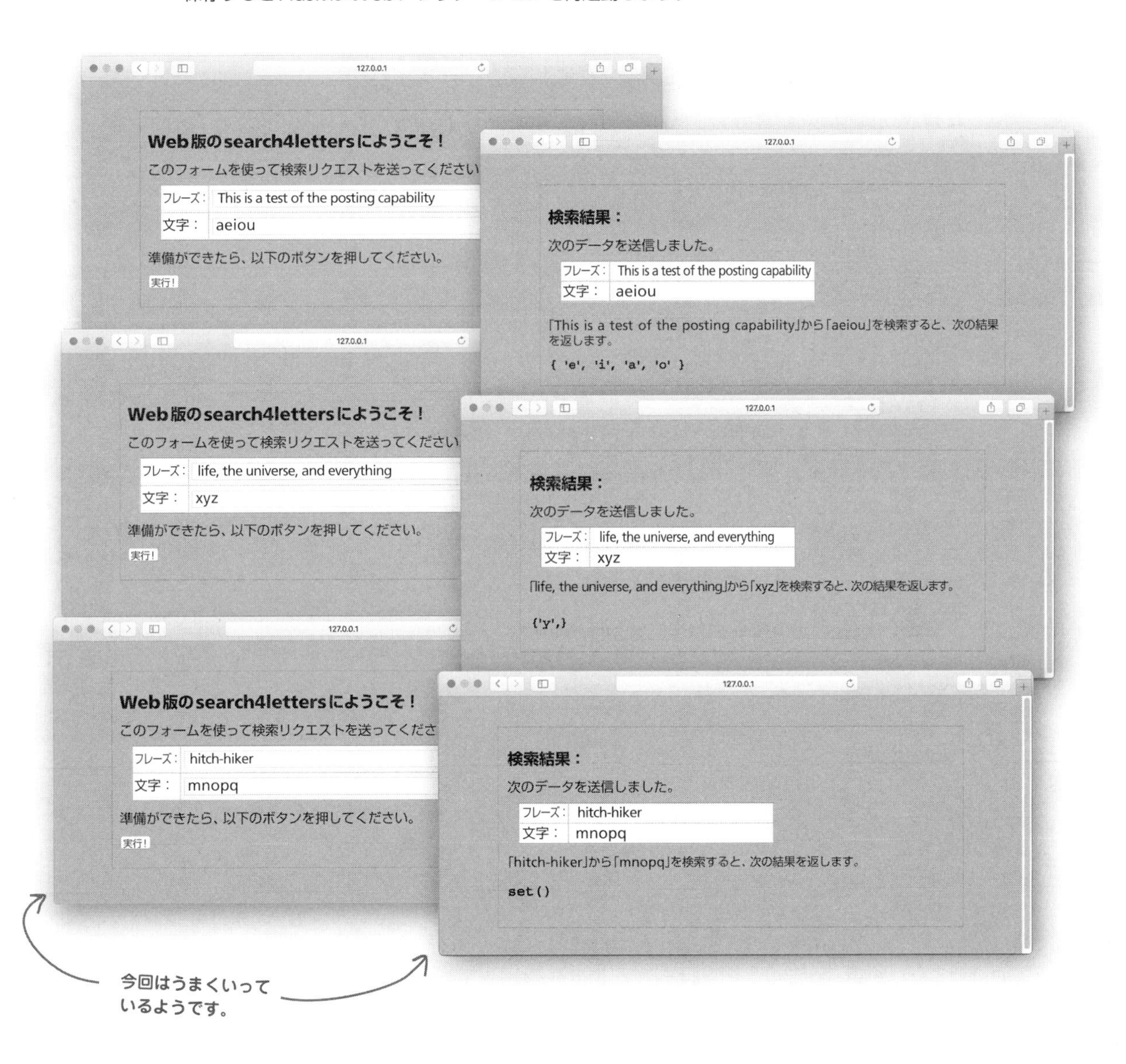

仕上げ

現在のvsearch4web.pyのコードをもう一度見てみましょう。もうあなたは、すべてのコードの意味がわかるでしょう。他の言語からPythonに移行したプログラマがよく混乱するのはrender_templateの呼び出しの最後に付けるカンマです。大部分のプログラマは、このカンマは構文エラーとなるもので、正しくないと考えるようです。しかし(最初は)少し奇妙に見えますが、Pythonでは間違いではありません(ただし、必須ではありません)。安心して先に進んでください。

```
from flask import Flask, render_template, request
from vsearch import search4letters

app = Flask(__name__)

@app.route('/')
def hello() -> str:
    return 'Hello world from Flask!'

@app.route('/search4', methods=['POST'])
def do_search() -> str:
    phrase = request.form['phrase']
    letters = request.form['letters']
    title = '検索結果:'
    results = str(search4letters(phrase, letters))
    return render_template('results.html',
                           the_phrase=phrase,
                           the_letters=letters,
                           the_title=title
                           the_results=results,)

@app.route('/entry')
def entry_page() -> str:
    return render_template('entry.html',
                            the_title='Web版のsearch4lettersにようこそ！')

app.run(debug=True)
```

この追加のカンマは少し変ですが、構文上は全く問題ありません(ただし、なくても構いません)。

このバージョンのWebアプリケーションは3つのURL(/、/search4、/entry)をサポートしています。(この章の冒頭で)作成した最初のFlaskアプリケーションのところでも述べています。現時点では、/は、おなじみですが意味のない「Hello world from Flask!」というメッセージを表示します。

このURLと関連するhello関数をコードから取り除くことはできますが(どちらももう必要ないため)、そうするとほとんどのWebアプリケーションやWebサイトでのデフォルトURLである/でWebアプリケーションにアクセスしたブラウザで404の「Not Found」エラーになってしまいます。この厄介なエラーメッセージを避けるために、/へのリクエストを/entryにリダイレクトするようにFlaskに指示しましょう。そのためには、hello関数が/をリクエストしたブラウザにHTML redirectを返すように修正し、/へのリクエストを/entryに置き換えます。

不要なエラーを避けるリダイレクト

Flaskのリダイレクトを使うには、コードの先頭のインポート行from flaskにredirectを追加し、hello関数のコードを次のように変更します。

インポート行にredirectを追加。

```
from flask import Flask, render_template, request, redirect
from vsearch import search4letters

app = Flask(__name__)

@app.route('/')
def hello() -> '302':
    return redirect('/entry')

...
```

この関数が何を返すかをもっと明確に示すようにアノテーションを修正。300～399の範囲のHTTPステータスコードはリダイレクトです。redirectを呼び出したときにFlaskはブラウザに302を返します。

Flaskのredirect関数を呼び出し、ブラウザに代わりのURL（この例では/entry）をリクエストするように指示。

残りのコードは変更なし。

このように少し編集しただけで、Webアプリケーションのユーザが/entryまたは/のURLをリクエストするとHTMLフォームが表示されるようになります。

変更してコードを保存したら（自動リロードが発生します）、ブラウザでそれぞれのURLを指定してみてください。毎回、HTMLフォームが現れるでしょう。コマンドプロンプトでWebアプリケーションが表示するステータスメッセージを確認してください。おそらく次のように表示されるでしょう。

```
      ...
 * Detected change in 'vsearch4web.py', reloading
 * Restarting with stat
 * Debugger is active!
 * Debugger pin code: 228-903-465
127.0.0.1 - - [24/Nov/2015 16:54:13] "GET /entry HTTP/1.1" 200 -
127.0.0.1 - - [24/Nov/2015 16:56:43] "GET / HTTP/1.1" 302 -
127.0.0.1 - - [24/Nov/2015 16:56:44] "GET /entry HTTP/1.1" 200 -
```

コードを保存したので、FlaskがWebアプリケーションをリロード。

/entryがリクエストされ、ステータスコード200で応答します（この章で以前に説明したように、200～299の範囲は成功です。サーバがクライアントのリクエストを受信し、理解し、処理します）。

/がリクエストされると、まず302リダイレクトで応答します。すると、ブラウザが/entryへの別のリクエストを送信し、ステータスコード200で応答します（ここでもステータスコード200です）。

意図的に使ったリダイレクトは正しく機能していますが、無駄もあります。/への1リクエストが毎回2つのリクエストになるからです（クライアント側のキャッシュを使うことができますが、やはり最適ではありません）。しかし、Flaskが何らかの方法で複数のURLを特定の関数に関連付けることさえできれば、リダイレクトが全く必要なくなります。リダイレクトがなくなれば素晴らしいですよね？

関数が複数のURLを持つ

どのようにすればいいかは簡単に推測できますよね。

実はFlaskは複数のURLを特定の関数にマッピングできるので、前ページに示したようなリダイレクトは必要ないのです。関数に複数のURLを関連付けると、Flaskはそれぞれの URL を順番に照合し、一致するものがあれば関数を実行します。

このFlaskの機能は簡単に使うことができます。まず、プログラムの先頭のインポート行`from flask`から`redirect`を削除します。`redirect`は必要なくなるので、使うつもりのないコードはインポートしないようにしましょう。次に、エディタを使ってコードの`@app.route('/')`行をカットして、ファイルの最後に近い`@app.route('/entry')`行の上にペーストします。最後に、`hello`関数を構成する2行は不要になるので削除します。

修正後は、次のようになるでしょう。

```
from flask import Flask, render_template, request
from vsearch import search4letters

app = Flask(__name__)

@app.route('/search4', methods=['POST'])
def do_search() -> str:
    phrase = request.form['phrase']
    letters = request.form['letters']
    title = '検索結果:'
    results = str(search4letters(phrase, letters))
    return render_template('results.html',
                           the_title=title,
                           the_phrase=phrase,
                           the_letters=letters,
                           the_results=results,)

@app.route('/')
@app.route('/entry')
def entry_page() -> str:
    return render_template('entry.html',
                           the_title='Web版のsearch4lettersにようこそ！')

app.run(debug=True)
```

redirectをインポートする必要がなくなったので削除。

helloは関数が削除されています。

現在、entry_page関数には2つのURLがマッピングされています。

コードを保存すれば（リロードが発生します）、この新機能をテストできます。/ にアクセスすると、HTMLフォームが表示されます。Webアプリケーションのステータスメッセージを見ると、/ の処理で（以前の場合のような）2つではなく1リクエストが発生しています。

```
      ...
 * Detected change in 'vsearch4web.py', reloading
 * Restarting with stat
 * Debugger is active!
 * Debugger pin code: 228-903-465
127.0.0.1 - - [24/Nov/2015 16:59:10] "GET / HTTP/1.1" 200 -
```

いつものように、変更後のWebアプリケーションをリロードします。

1リクエスト、1レスポンスが理想的。

わかったことを更新する

40ページを費やして、search4letters関数と同じ機能を（シンプルな2ページのWebにサイト経由で）公開する小さなWebアプリケーション作成しました。現時点では、このWebアプリケーションは自分のマシン上でローカルに動作します。Webアプリケーションをクラウドにデプロイする方法をこのあと説明しますが、とりあえずわかったことを更新しておきましょう。

重要ポイント

- サードパーティモジュールの集中型リポジトリ、**PyPI**（Python Package Index）について学習した。インターネットに接続すると、pipを使ってPyPIから自動的にパッケージをインストールできる。
- pipを使ってFlaskマイクロWebフレームワークをインストールし、Webアプリケーションの構築に使用した。
- （インタプリタが管理する）__name__値から現在アクティブなモジュールがわかる（後に詳しく説明する）。
- 関数名の前の@記号は**デコレータ**とみなす。デコレータは、既存の関数のコードを変更せずに振る舞いを変更できる。このWebアプリケーションでは、Flaskの@app.routeデコレータを使ってURLをPython関数に関連付けた。（do_search関数で説明したように）関数には複数のデコレートができる。
- テンプレートエンジン**Jinja2**を使ってWebアプリケーションからHTMLページをレンダリングする方法を学んだ。

この章はこれで終わり？

この章では新しいPythonの機能をあまり紹介していないと思われるかもしれません。確かに、あまり新しいことは紹介していません。しかし、この章のポイントの1つは、Flaskのおかげで数行のPythonコードだけで便利なWebアプリケーションを作成できることを示すことでした。テンプレートを使うとPythonコード（Webアプリケーションのロジック）をHTMLページ（Webアプリケーションのユーザインタフェース）と分離できるので、重宝します。

さらに多くのことが行えるようにこのWebアプリケーションを拡張するのはそれほど大変な作業ではありません。実際に、HTMLの得意な新人に多くのページを作成してもらい、自分は全体をまとめるPythonの記述に専念することもできます。プロジェクトが大規模になるにつれ、この責務の分離が威力を発揮します。みなさんは（プロジェクトのプログラマなので）Pythonコードに専念でき、HTMLの得意な若手は（マークアップが得意分野なので）マークアップに専念できます。もちろん、みなさんもJinja2について少し勉強する必要がありますが、それほど難しくないですよね

クラウドのための準備をする

Webアプリケーションが仕様どおりに自分のマシン上でローカルに動作したので、もっと幅広いユーザが使えるようにデプロイすることを検討します。デプロイには多くの選択肢があり、さまざまなWebベースのホスティングセットアップを利用できます。人気のあるサービスの1つは、クラウドベースでAWSにホスティングするPythonAnywhereと呼ばれるものです。Head First LabsではPythonAnywhereを使っています。

他のほぼすべてのクラウドサービスと同様、PythonAnywhereはWebアプリケーションの起動を制御します。読者にとっては、PythonAnywhereが`app.run()`を呼び出してくれることを意味するので、コード内で`app.run()`を呼び出す必要がなくなります。実際には、`app.run()`を実行してみると、PythonAnywhereはWebアプリケーションの実行を拒否するだけです。

この問題の解決法は簡単です。クラウドにデプロイする**前**に最後の行を削除するだけです。ただ、この方法では正しく機能するのですが、Webアプリケーションをローカルで実行するときには削除したコードを再び戻さなければいけません。新たなコードを書いてテストする場合には、(PythonAnywhereではなく)ローカルで行うようにします。クラウドは開発ではなくデプロイにだけ使います。また、問題となる行を削除すると、同一Webアプリケーションの2つのバージョン(その行のあるバージョンとないバージョン)を保守しなければいけなくなります。これはお勧めできません(そして、変更が増えるとさらに管理しづらくなります)。

Webアプリケーションを自分のマシン上でローカルに実行しているかPythonAnywhereでリモートに実行しているかによって、コードを選択的に実行する手段があれば素晴らしいですよね。

オンラインで多くのPythonプログラムを見たけど、その多くには最後の方に`if __name__ == '__main__':`から始まるブロックが含まれていたな。ここではこのようなコードが使えるのかな？

はい、それは素晴らしいアイデアです。

この行は、多くのPythonプログラムで使われています。この行は親しみを込めて「ダンダーネームダンダーメイン」(dunder name dunder main)と呼ばれます。この行が便利である理由(そして、PythonAnywhereで利用できる理由)を理解するために、この行が何を行いどのように機能するかを詳しく調べてみましょう。

ダンダークローズアップ

前ページの最後で示したメカニズムを理解するために、dunder.pyという小さなプログラムを見てみましょう。この3行のプログラムはまず、変数__name__に格納されている現在のアクティブなモジュール名を出力するメッセージを画面に表示します。そして、if文で__name__の値が__main__に設定されているかどうかを確認し、（設定されていれば）__name__の値を確認する別のメッセージを表示します（つまり、ifブロックに関連するコードを実行します）。

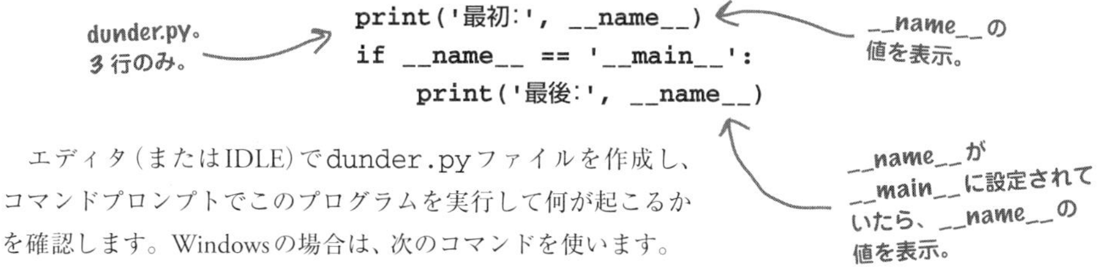

```
print('最初:', __name__)
if __name__ == '__main__':
    print('最後:', __name__)
```


エディタ（またはIDLE）でdunder.pyファイルを作成し、コマンドプロンプトでこのプログラムを実行して何が起こるかを確認します。Windowsの場合は、次のコマンドを使います。

```
C:\> py -3 dunder.py
```

LinuxやmacOSの場合は、次のコマンドを使います。

```
$ python3 dunder.py
```

どんなOSでも、dunder.pyプログラムは（Pythonで**直接**実行すると）次の出力が表示されます。

```
最初: __main__
最後: __main__
```


ここまでは問題ありません。

次に、dunder.pyファイルを>>>プロンプトにインポートするとどうなるでしょうか。ここでは、Linux/macOSの出力を示します。Windowsで同じことを行うには、以下のpython3をpy -3に置き換えます。

```
$ python3
Python 3.5.1 ...
Type "help", "copyright", "credits" or "license" for more information.
>>> import dunder
最初: dunder
```

よく見てください。__name__はdunder（インポートしたモジュール名）に設定されているので、2行ではなく1行だけを表示します。

ここで理解しなければいけないことがあります。プログラムをPythonで**直接**実行すると、アクティブなモジュール名は__main__なのでdunder.pyにあるようなif文はTrueを返します。しかし、（上のPythonシェルプロンプトの例のように）プログラムをモジュールとしてインポートすると、__name__の値は__main__ではなくインポートしたモジュール名（この例ではdunder）になるのでif文は常にFalseを返します。

__name__、__main__を使う

__name__、__main__が何を行うかがわかったので、これを利用してPythonAnywhereがapp.run()を実行してしまう問題を解決してみましょう。

PythonAnywhereがWebアプリケーションコードを実行するときには、コードを含むファイルをインポートして他のモジュールのように扱うことがわかります。インポートが成功すると、PythonAnywhereはapp.run()を実行します。これで、PythonAnywhereではコードの最後にapp.run()が残っていると問題になる理由の説明が付きます。app.run()を呼び出してしまうとPythonAnywhereが期待しない起動の仕方をしてしまうためうまくいきません。

この問題を避けるには、app.run()の呼び出しを__name__、__main__のif文で囲みます(Webアプリケーションコードをインポートしたときには、app.run()を実行しないようにします)。

vsearch4web.pyを(この章で)最後にもう一度だけ編集し、最終行を次のように変更します。

```
if __name__ == '__main__':
    app.run(debug=True)
```

app.run()はPythonで直接実行したときだけ動作するようになります。

このわずかな変更で、引き続きWebアプリケーションをローカルで実行できる上(app.run()行を実行します)、PythonAnywhereへデプロイすることもできます(app.run()行は実行しません)。Webアプリケーションをどこで実行しても正しく動作するコードが手に入りました。

PythonAnywhereへのデプロイ

あとはPythonAnywhereのクラウドホスティング環境に実際にデプロイするだけです。

この本の目的では、Webアプリケーションのクラウドへのデプロイは絶対条件では**ありません**。次の章でvsearch4web.pyを追加機能で拡張するつもりですが、PythonAnywhereにデプロイする必要はありません。幸い、6章以降でWebアプリケーションの編集、実行、テストを拡張するので、引き続きこれらをローカルで実行します。

しかし、本当にクラウドにデプロイしたい場合は、付録Bを参照してください。付録Bでは、PythonAnywhereへのデプロイを完了する方法を順を追って説明しています。これは簡単で10分もかかりません。

クラウドにデプロイしてもしなくても、次の章ではPythonのプログラムからデータを保存するために利用できる選択肢を調べていきます。

5 章のコード

```
from flask import Flask
from vsearch import search4letters

app = Flask(__name__)

@app.route('/')
def hello() -> str:
    return 'Hello world from Flask!'

@app.route('/search4')
def do_search() -> str:
    return str(search4letters('life, the universe, and everything', 'eiru,!'))

app.run()
```

Flask（Pythonのマイクロ Webフレームワークの 1 つ）をベースにした最初の Webアプリケーションの hello_flask.py

vsearch4web.py。ここでは search4letters関数が提供する機能を公開しました。このコードは、Flaskだけでなくテンプレートエンジン Jinja2 も使いました。

```
from flask import Flask, render_template, request
from vsearch import search4letters

app = Flask(__name__)

@app.route('/search4', methods=['POST'])
def do_search() -> str:
    phrase = request.form['phrase']
    letters = request.form['letters']
    title = '検索結果:'
    results = str(search4letters(phrase, letters))
    return render_template('results.html',
                           the_title=title,
                           the_phrase=phrase,
                           the_letters=letters,
                           the_results=results,)

@app.route('/')
@app.route('/entry')
def entry_page() -> str:
    return render_template('entry.html',
                           the_title=' Web版のsearch4lettersにようこそ！')

if __name__ == '__main__':
app.run(debug=True)
```

dunder.pyです。便利な __name__、__main__を理解することができました。

```
print('最初:', __name__)
if __name__ == '__main__':
    print('最後:', __name__)
```

6章　データの格納と操作

データをファイルに格納する

はいはい。あなたのデータは安全に格納されています。実際に、こうしている間にもすべてを記録しています。

遅かれ早かれ、データをどこかに安全に格納する必要があります。

この章では、**テキストファイル**の格納と取得について学びます。テキストファイルでは少し単純すぎると思うかもしれません。しかしテキストファイルは多くの問題領域で使われます。ファイルからのデータの格納と取得だけでなく、データ操作のヒントも得ることができます。「深刻な問題」（データベースへデータを格納すること）は次の章に譲ります。ファイルを扱う際には気を付けることがたくさんあります。

Webアプリケーションのデータを使って何かを行う

5章で開発したWebアプリケーションは（phraseとlettersという形式で）Webブラウザからの入力を受け取りsearch4letters呼び出しを実行し、レスポンス待ちのWebブラウザに結果を返します。処理が完了すると、Webアプリケーションは持っている全データを破棄します。

Webアプリケーションのデータに関する疑問はたくさんあります。例えば、「いくつのリクエストに応答したか」、「最も一般的な検索文字のリストは何か」、「リクエストがどのIPアドレスから来たか」、「最もよく使われているブラウザは何か」などです。

こうした（およびその他の）疑問に答えるには、Webアプリケーションのデータを捨ててしまわずに保存しておく必要があります。上のような疑問があるのは普通です。それぞれのリクエストに関するデータをロギングし、（ロギングメカニズムを用意してから）疑問に答えていきましょう。

Pythonはオープン、処理、クローズをサポート

どんなプログラミング言語でも、テキストファイルにデータを保存することが、最も簡単なデータの格納方法です。Pythonは当然、**オープン、処理、クローズ**を組み込みでサポートしています。この組み込み機能のおかげで、ファイルを**オープン**し（開き）何らかの方法でデータを**処理**し、終わったらファイルを**クローズ**する（閉じる）ことができます（変更を保存します）。

オープン、処理、クローズを使って、ファイルを開いて短い文字列を追加してからファイルを閉じる方法を次に示します。openの呼び出しが成功すると、インタプリタは実際のファイルの別名であるオブジェクト（**ファイルオブジェクト**と呼ばれます）を返します。このオブジェクトを変数に代入し（どんな名前でも構いませんが）todosという名前を付けます。

マニア向け情報

>>>プロンプトにアクセスするには

- IDLEを実行。
- LinuxやmacOSのターミナルでpython3コマンドを実行。
- Windowsのコマンドラインでpy -3を使う。

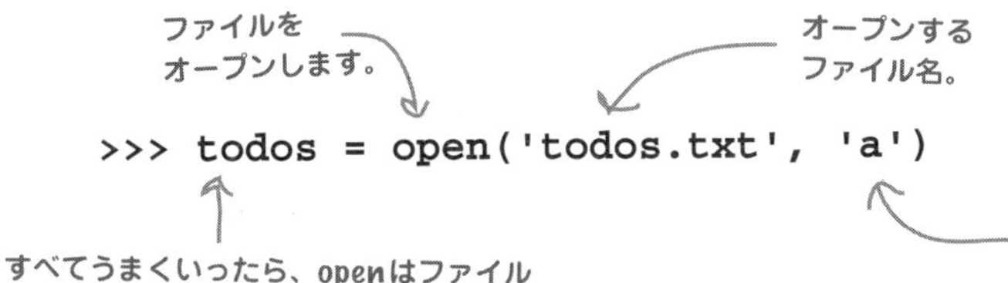
ファイルをオープンします。
オープンするファイル名。
すべてうまくいったら、openはファイルストリームを返し、それをこの変数に代入します。
しかも、このファイルを「追加モード」でオープンします。

```
>>> todos = open('todos.txt', 'a')
```

変数todosを使うとファイルを参照できます（他のプログラミング言語ではこれを**ファイルハンドル**と呼びます）。ファイルを開いたので、printを使ってファイルに書き込んでみましょう。下のprintはモード引数（file）を取り、書き込むファイルオブジェクトを指定します。忘れてはいけないことが3つあるので、printを3回呼び出します。

メッセージを、
ファイルオブジェクトに出力する。

```
>>> print('ごみを出す。', file=todos)
>>> print('猫に餌をやる。', file=todos)
>>> print('納税申告の準備をする。', file=todos)
```

TODOリストに他に追加することはないので、closeメソッドを呼び出してファイルを閉じましょう。インタプリタではすべてのファイルオブジェクトにcloseメソッドを使います。

```
>>> todos.close()
```

完了したので、ファイルストリームを閉じて後片付けをしましょう。

closeを忘れると、データを失ってしまう**危険があります**。忘れずにcloseを呼び出しましょう。

既存ファイルからデータを読み込む

todos.txtファイルにデータを3行追加しました。次に、保存されたデータをファイルから読み出して画面に表示する**オープン、処理、クローズ**を行うコードを見てみましょう。

今回は、追加モードでファイルを開くのではなく、読み込みモードだけで開きます。読み込みはopenの**デフォルトモード**なので、モード引数を指定する必要はありません。ここではファイル名だけが必要です。このコードではファイルの別名としてtodosを使いません。その代わりに、ファイルをtasksという名前で参照します(前と同じで、ここでも好きな変数名を使えます)。

「読み込み」は「open」関数のデフォルトモード。

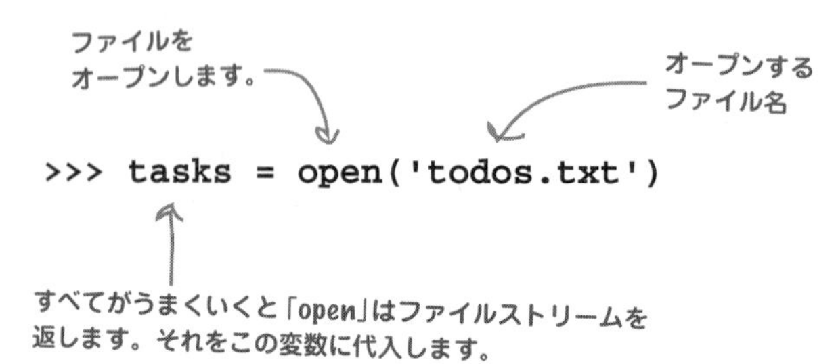

ここでtasksをforループと一緒に使ってファイルから1行ずつ読み込みましょう。これを行うと、forループの反復変数(chore)にはファイルから読み込んだ現在のデータ行が代入されます。ファイルストリームをPythonのforループと一緒に使うと、インタプリタはループを反復するたびにファイルから1行のデータを読み込みます。また、読み込むデータがないとループを終了します。

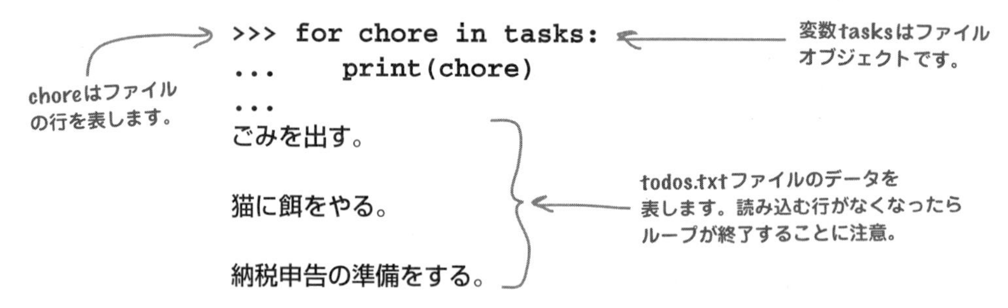

すでに書き込まれたファイルから読み込んでいるだけなので、ここでのcloseの呼び出しはデータを書き込んでいるときよりは重要ではありません。しかし、必要なくなったら常にファイルは閉じておくべきなので、完了したらcloseメソッドを呼び出します。

素朴な疑問に答えます

Q：出力の余計な改行とはどういうことですか？ このファイルのデータは3行ですが、forループの出力は6行でした。なぜですか？

A：このforループの出力はおかしいと思いますよね。実は、print関数は**デフォルト動作として**画面に表示するすべての行に改行を追加するのです。このこととファイル内の各行は改行文字で終わる（そして、改行は行の一部として読み込まれる）ことを考えると、2つの改行が出力されることになります。ファイルからの改行とprint関数による改行です。改行を追加しないようにprintに指示するには、print(chore)をprint(chore, end='')に変更します。これによって、print関数が改行を追加しなくなります。

Q：ファイル内のデータを扱う際に、他のモードを使うことができますか？

A：はい。他にもいくつかのモードがあります。下の「マニア向け情報」にまとめています（素晴らしい質問ですね）。

マニア向け情報

openの第1引数は処理するファイルの名前です。第2引数は**オプション**で、ファイルを開く**モード**を指定します。モードには「読み込み」、「書き込み」、「追加」があります。次に、最も一般的なモード値を示します。'r'以外のモードは第1引数に指定したファイルが存在しない場合には新しい空のファイルを作成します。

- 'r'　**読み込み**のためにファイルを開きます。これはデフォルトモードなので、省略可能です。第2引数を指定しないと、'r'とみなされます。また、読み込むファイルがすでに存在するとみなします。
- 'w'　**書き込み**のためにファイルを開きます。ファイルにすでにデータが含まれる場合、そのデータファイルを空にしてから処理を続けます。
- 'a'　**追加**のためにファイルを開きます。ファイルの内容を保ち、ファイルの最後に新たなデータを追加します（この動作を'w'と比較してください）。
- 'x'　書き込みのために**新しいファイル**を開きます。ファイルがすでに存在する場合には失敗します（この動作を'w'や'a'と比較してください）。

デフォルトでは、ファイルは**テキスト**モードで開きます。このモードでは、ファイルにはテキストデータ行（ASCIIやUTF-8など）が含まれるとみなします。非テキストデータ（画像ファイルやMP3など）を扱う場合には、モードに"b"を追加して**バイナリ**モードを指定します（例えば、'wb'は「バイナリデータへの書き込み」を意味します）。第2引数の一部として"+"を使うと、読み込みと書き込みのためにファイルを開きます（例えば、'x+b'は「新しいバイナリファイルへの読み書き」を意味します）。openについての詳細（他のオプション引数に関する情報も含む）は、Pythonドキュメントを参照してください。

GitHubでたくさんのPythonプロジェクトを見たけど、そのほとんどでファイルを開くときにwith文を使っていたよ。これはどういうことなの？

with文の方が便利なのです。

open関数をcloseメソッド（そして、その間の少しの処理）と一緒に使っても正しく動作しますが、ほとんどの人は**オープン、処理、クローズ**にはwith文を使います。少し時間を取ってその理由を探りましょう。

さらに優れたオープン、処理、クローズ：with

なぜwithがそれほど人気なのでしょうか。それを説明する前に、withを使ったコードを調べてみましょう。次のコードはtodos.txtの現在の内容を読み込んで表示するために（2ページ前で）書いたものです。なお、print関数呼び出しを修正して出力時に追加される改行を削除しています。

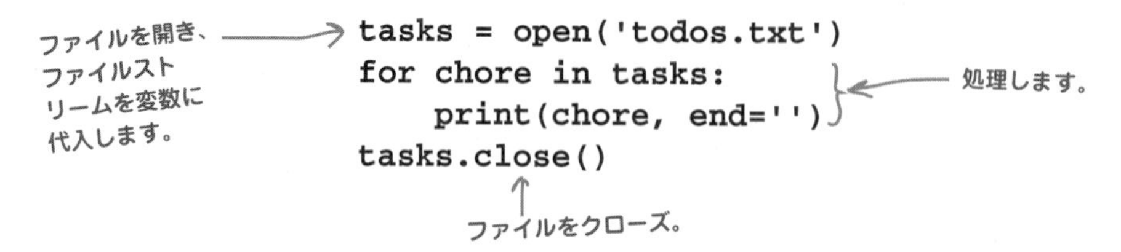


```
tasks = open('todos.txt')
for chore in tasks:
    print(chore, end='')
tasks.close()
```

このコードをwith文を使って書き換えましょう。次のwithを使った3行のコードは、上の4行と**全く**同じ処理を行います。

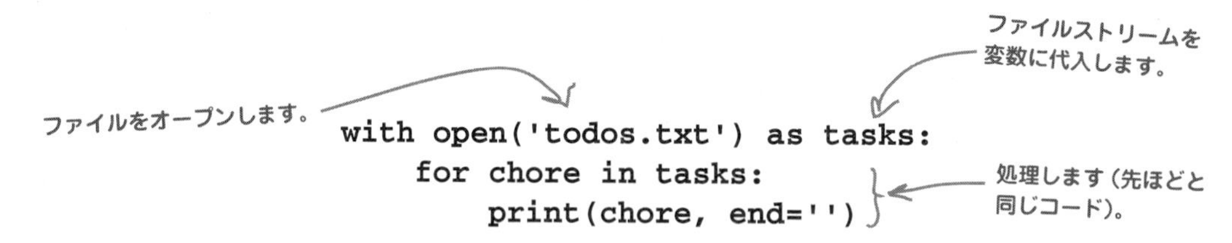


```
with open('todos.txt') as tasks:
    for chore in tasks:
        print(chore, end='')
```

何か消えたことに気付きましたか？close呼び出しの姿がありません。with文は、コードブロックが終了すると自動的にcloseを呼び出してくれます。

多くのプログラマがファイルの処理が完了したときにcloseの呼び出しを忘れてしまうので、これは思ったよりもずっと便利です。ファイルから読み出すだけのときにはそれほど大したことではありませんが、ファイルに書き込むときには、closeの呼び出しを忘れると**データ損失**や**データ破壊**を引き起こす危険性があります。with文ではclose呼び出しを忘れても大丈夫になるので、開いたファイルのデータを使った作業に集中できます。

Pythonは「オープン、処理、クローズ」をサポートする。しかし、ほとんどのPythonプログラマは「with」文の方を好んで使う。

「with」文はコンテキストを管理する

with文は、**コンテキストマネジメントプロトコル**と呼ばれるPython組み込みのコーディング規約に従っています。このプロトコルの詳しい説明はこの本の後半に譲ります。現時点では、ファイルを扱う際にwithを使うと、closeの呼び出しを考えなくてもよいということだけを覚えておいてください。with文はブロックを実行するコンテキストを管理し、withとopenを一緒に使うと、インタプリタが必要に応じてcloseを呼び出して後片付けをしてくれます。

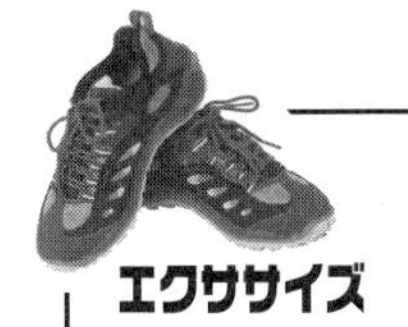

エクササイズ

ファイルについて新たに覚えた知識をさっそく使いましょう。次のコードはWebアプリケーションの現在の状態です。これから課題を説明する前に、このコードをもう一度読んでみてください。

```
from flask import Flask, render_template, request
from vsearch import search4letters

app = Flask(__name__)

@app.route('/search4', methods=['POST'])
def do_search() -> html:
    phrase = request.form['phrase']
    letters = request.form['letters']
    title = '検索結果:'
    results = str(search4letters(phrase, letters))
    return render_template('results.html',
                           the_title=title,
                           the_phrase=phrase,
                           the_letters=letters,
                           the_results=results,)

@app.route('/')
@app.route('/entry')
def entry_page() -> html:
    return render_template('entry.html',
                           the_title='Web版のsearch4lettersにようこそ!')

if __name__ == '__main__':
    app.run(debug=True)
```

5章のvsearch4web.py

2つの引数reqとresを取るlog_requestという新しい関数を書いてください。この関数を呼び出すときには、引数reqには現在のFlaskリクエストオブジェクトを指定し、引数resにはsearch4letters関数の結果を指定します。log_request関数のブロックは、reqとresの値を(1行として)vsearchファイルに追加します。この関数のdef行は書いておくので、足りないコードを補ってください(ヒント:withを使います)。

ここにこの関数のブロックを書いてください。

```
def log_request(req: 'flask_request', res: str) -> None:
```

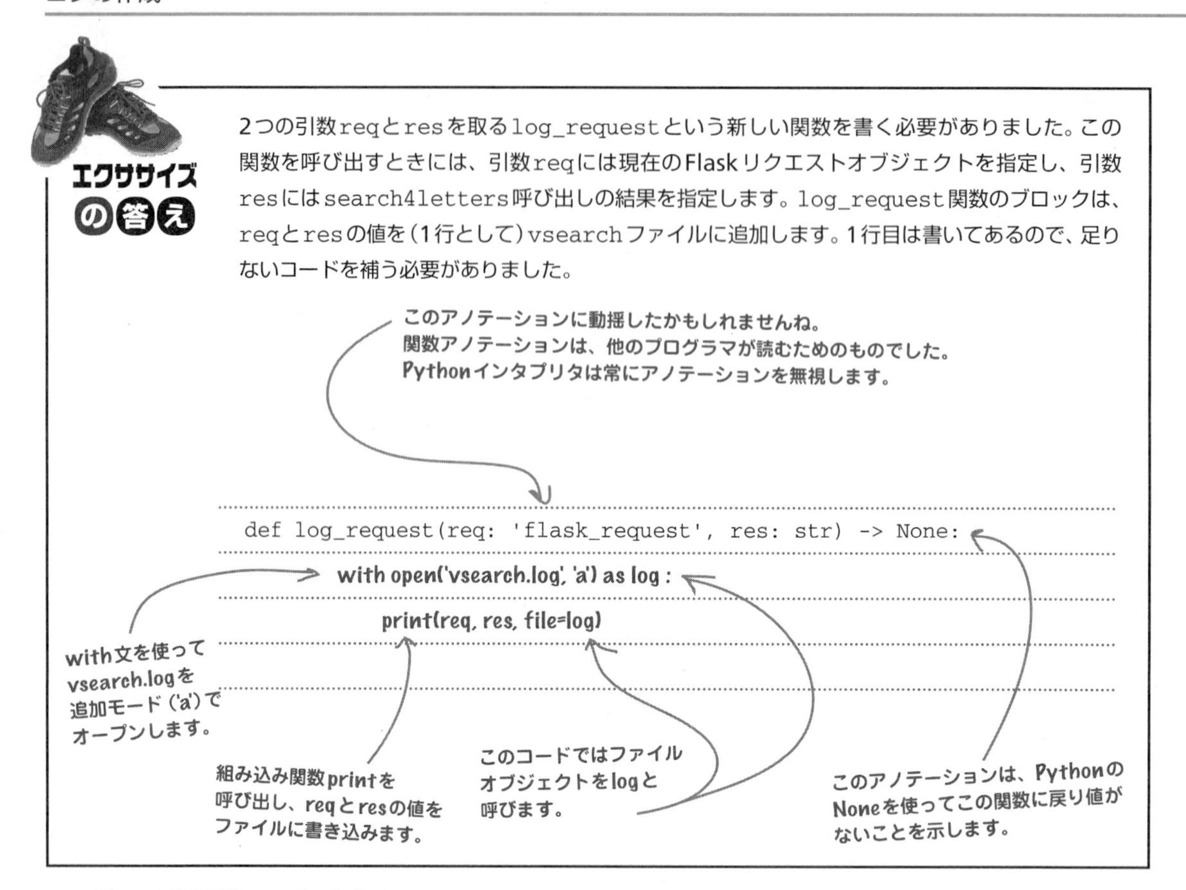
エクササイズの答え
2つの引数reqとresを取るlog_requestという新しい関数を書く必要がありました。この関数を呼び出すときには、引数reqには現在のFlaskリクエストオブジェクトを指定し、引数resにはsearch4letters呼び出しの結果を指定します。log_request関数のブロックは、reqとresの値を(1行として)vsearchファイルに追加します。1行目は書いてあるので、足りないコードを補う必要がありました。
このアノテーションに動揺したかもしれませんね。
関数アノテーションは、他のプログラマが読むためのものでした。
Pythonインタプリタは常にアノテーションを無視します。
def log_request(req: 'flask_request', res: str) -> None:
with open('vsearch.log', 'a') as log :
print(req, res, file=log)
with文を使ってvsearch.logを追加モード('a')でオープンします。
組み込み関数printを呼び出し、reqとresの値をファイルに書き込みます。
このコードではファイルオブジェクトをlogと呼びます。
このアノテーションは、PythonのNoneを使ってこの関数に戻り値がないことを示します。

ロギング関数の呼び出し

log_request関数が完成しましたが、いつ呼び出すのでしょうか？

まずは、log_request関数のコードをvsearch4web.pyファイルに追加しましょう。vsearch4web.pyファイルのどこに追加しても構わないのですが、ここではdo_search関数とそれに関連する@app.routeデコレータの直前に挿入しました。というのは、do_search関数内で呼び出すつもりだからです。この呼び出し関数の上に入れるのがよさそうに思えたからです。

do_search関数が終了する前で、search4letters呼び出しから結果が返された後にlog_requestを呼び出す必要があります。log_requestを呼び出しているdo_searchコードの一部を示します。

```
    ...
phrase = request.form['phrase']
letters = request.form['letters']
title = '検索結果:'
results = str(search4letters(phrase, letters))
log_request(request, results)
return render_template('results.html',
    ...
```

ここでlog_request関数を呼び出します。

簡単な復習

変更後のvsearch4web.pyを試す前に、下に示したvsearch4web.pyファイル全体と、自分のコードが同じであることを確認しましょう。新たに追加された部分はハイライトされています。

```
from flask import Flask, render_template, request
from vsearch import search4letters

app = Flask(__name__)

def log_request(req: 'flask_request', res: str) -> None:
    with open('vsearch.log', 'a') as log:
        print(req, res, file=log)

@app.route('/search4', methods=['POST'])
def do_search() -> html:
    phrase = request.form['phrase']
    letters = request.form['letters']
    title = '検索結果:'
    results = str(search4letters(phrase, letters))
    log_request(request, results)
    return render_template('results.html',
                           the_title=title,
                           the_phrase=phrase,
                           the_letters=letters,
                           the_results=results,)

@app.route('/')
@app.route('/entry')
def entry_page() -> html:
    return render_template('entry.html',
                           the_title='Web版のsearch4lettersにようこそ！')

if __name__ == '__main__':
    app.run(debug=True)
```

最新の追加部分です。リクエストのログをvsearch.logファイルに格納します。

コメントがないことに気付きましたか？実はわざと省略しています（紙面に限りがあり、伝えたいことが他にあったからです）。本書のサポートサイトからダウンロードできるコードはコメントが入っています。

Webアプリケーションを試す

コマンドラインで変更したWebアプリケーションを起動します。Windowsでは次のコマンドを使います。

```
C:\webapps> py -3 vsearch4web.py
```

LinuxやmacOSでは次のコマンドを使います。

```
$ python3 vsearch4web.py
```

Webアプリケーションが起動したので、HTMLフォームにデータを入力してロギングしましょう。

試運転

ブラウザを使ってWebアプリケーションのHTMLフォームからデータを送信しましょう。この本と同じ操作をしたければ、次の`phrase`と`letters`の値を使って3つの検索を行ってください。

`hitch-hiker`と`aeiou`

`life, the universe, and everything`と`aeiou`

`galaxy`と`xyz`

始める前に、`vsearch.log`ファイルがまだ存在しないことに注意してください。

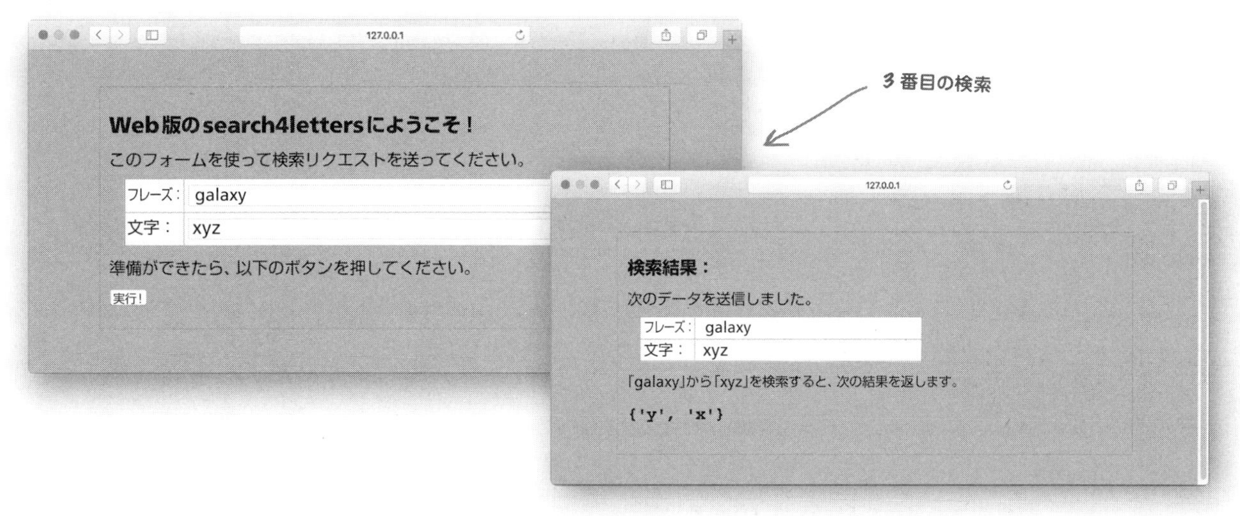

データが（水面下で）ロギングされている

HTMLフォームを使ってWebアプリケーションにデータを送信するたびに、`log_request`関数がWebリクエストの詳細を保存し、結果をログファイルに書き込みます。1回目の検索の直後は、Webアプリケーションのコードと同じフォルダに`vsearch.log`ファイルが作成されます。

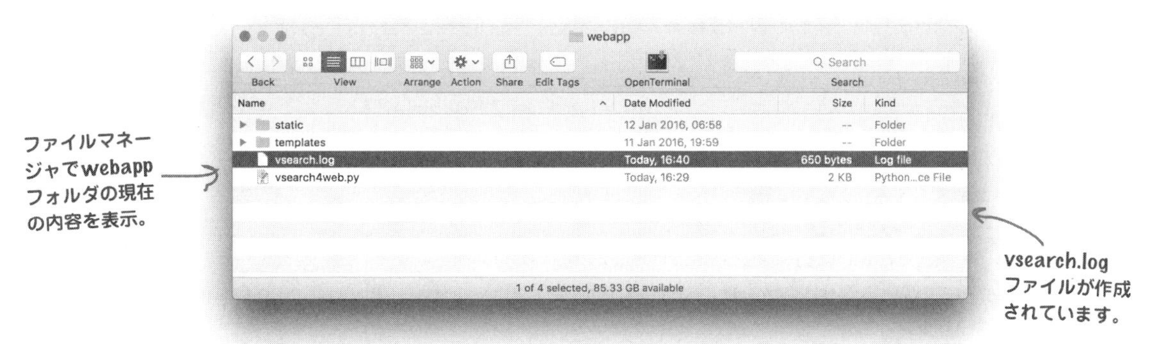

テキストエディタを使って`vsearch.log`ファイルの内容を表示したいですか？ でも、表示しても**面白み**があるでしょうか？ これはWebアプリケーションなので、Webアプリケーションそのものからログデータにアクセスできるようにしましょう。そうすると、ブラウザから離れずに済みます。`/viewlog`という新しいURLを作成しましょう。このURLは、リクエストに応じてログの内容を表示します。

Webアプリケーションを介してログを見る

Webアプリケーションに/viewlogのサポートを追加しましょう。Webアプリケーションが/viewlogのリクエストを受け取ったら、vsearch.logファイルを開いてそのすべてのデータを読み取り、ブラウザに送信します。

必要なことのほとんどがすでにわかっています。まず、新しい@app.route行を作成します（このコードは、vsearch4web.pyの最後付近の__name__、__main__行の直前に追加します）。

```
@app.route('/viewlog')
```

新たなURL。

URLが決まったので、次はこのURLに伴う関数を書きます。この新しい関数の名前はview_the_logとしましょう。この関数は引数を取らず、呼び出し側に文字列を返します。この文字列は、vsearch.logファイルのデータ行を連結したものになります。次はこの関数のdef行です。

```
def view_the_log() -> str:
```

新たな関数。この関数は（アノテーションによると）文字列を返します。

次に関数のブロックを書きます。ファイルを**読み込むために**開く必要があります。これはopen関数のデフォルトモードなので、openの引数としてはファイル名だけが必要です。with文を使ってファイル処理コードを実行するコンテキストを管理しましょう。

```
with open('vsearch.log') as log:
```

ログファイルを読み込むためにオープンします。

with文のブロック内では、ファイルから全データを読み取ります。最初はファイル全体をループして1行ずつ読み込もうと思うかもしれませんが、ファイルオブジェクトのreadメソッドを呼び出すとファイルの内容**全体**を「一気に」返してくれます。次の1行でcontentsという新しい文字列が作成されます。

```
contents = log.read()
```

ファイル全体を「一気に」読み込んで変数contentsに代入します。

ファイルを読み込んでwith文のブロックを終了したら（ファイルを閉じます）、ブラウザに送り返すことができます。これは簡単です。

```
return contents
```

contentsのデータを返します。

ここまでで、/viewlogリクエストに応答するのに必要なコードが得られています。これは次のようになります。

/viewlogをサポートするのに必要なコード全体。

```
@app.route('/viewlog')
def view_the_log() -> str:
    with open('vsearch.log') as log:
        contents = log.read()
    return contents
```

試運転

新しいコードを追加して保存したら、Webアプリケーションが自動的にリロードされるはずです。数ページ前に実行した検索フレーズがすでにロギングされています。新しい検索フレーズを入力するとログファイルに追加されます。`/viewlog`で保存されている内容を調べてみましょう。ブラウザのアドレスバーに`http://127.0.0.1:5000/viewlog`と入力してください。

macOS上でSafariを使うと、次のように表示されます（FirefoxとChromeでも確認し、同じ出力となりました）。

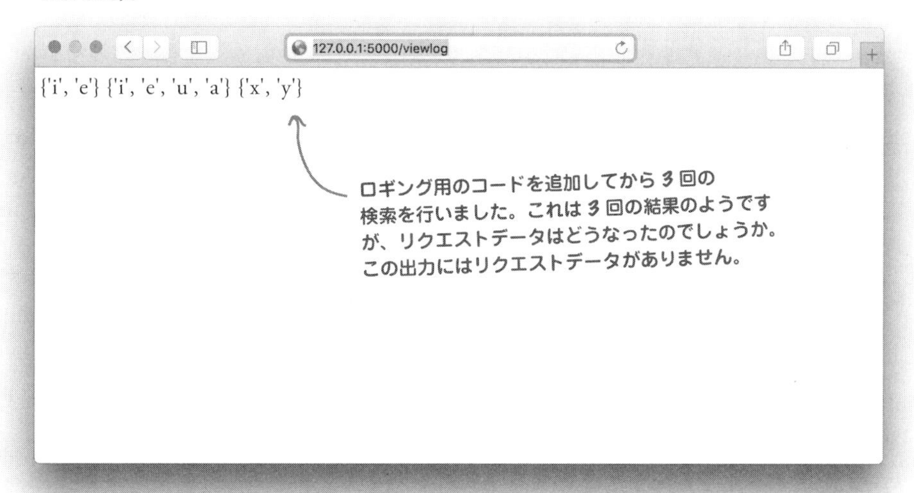

出力に問題があったときにまず行うこと

（上の例のように）出力が予想と一致していない場合は、まずはWebアプリケーションから送信されたデータを調べます。画面に表示されているのは、ブラウザがWebアプリケーションのデータを**レンダリング**（または解釈）したものです。ほとんどのブラウザで、レンダリングを適用せずに受信した生のデータを表示できます。これはページの**ソース**と言われるものです。ソースを読むことは、デバッグの際にも参考になるし、何が起こっているかを理解するための重要な第一歩でもあります。

FirefoxやChromeの場合には、ブラウザ上で右クリックし、ポップアップメニューから［ページのソースを表示］を選んでWebアプリケーションが送信した生のデータを確認します。Safariでは、まず開発オプションを有効にしないと表示できません。Safariの環境設定を開き、［詳細］タブの下端の［メニューバーに開発メニューを表示］オプションにチェックを入れると開発オプションは有効になります。ブラウザウィンドウに戻って右クリックし、ポップアップメニューから［ページのソースを表示］を選べます。生のデータを確認し、（次のページで）取得した結果と比較しましょう。

ソースを見て生のデータを調べる

log_request関数はリクエストごとに2つのデータをログに保存します。リクエストオブジェクトとsearch4letters関数を呼び出した結果です。しかし、(/viewlogで)ログを見ると、結果データしかありません。ソース(Webアプリケーションが返す生のデータ)を見ればリクエストオブジェクトがどうなったか手がかりが見つかるでしょうか？

次は、Firefoxを使って生のデータを表示したものです。リクエストオブジェクトの出力が赤になっています。これも何か問題があることを示しています。

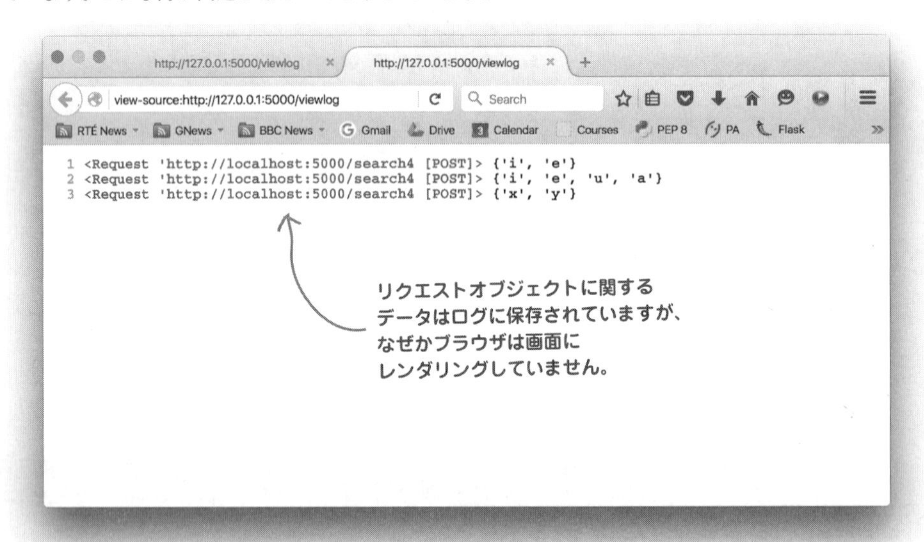

リクエストデータがレンダリングされていない理由についての説明はわかりにくいものです。幸いFirefoxではリクエストデータは赤でハイライトされるので、手がかりが得られます。実際のリクエストデータには何も問題なさそうです。しかし、山かっこ(<と>)で囲まれたデータが原因となっているようです。ブラウザは<があると、対になる>の間のすべてをHTMLタグとして扱います。<Request>は有効なHTMLタグではないので、最近のブラウザは単にこのタグを無視し、かっこの間のテキストをレンダリングしません。これがここで起きていることです。これでリクエストデータが消えてしまった謎が解けました。しかし、やはり/viewlogを使ってログを表示させたときにこのデータも表示させたいでしょう。

リクエストオブジェクトを囲む山かっこをHTMLタグとして扱わず、代わりにプレーンテキストとして扱うようにブラウザに通知します。幸い、Flaskはそのための関数を備えています。

(データを) エスケープする

HTMLを最初に作成したときに、HTMLの設計者は<>（そしてHTMLにとって特殊な意味を持つその他の文字）を表示したいWebページデザイナーもいることはわかっていました。そのため、HTML設計者は**エスケープ**という概念を思いつきました。特殊文字をエンコードし、HTMLとして解釈せずにWebページに表示できるようにするのです。特殊文字ごとに変換方法を決めました。この考え方はシンプルです。特殊文字<を`<`、>を`>`のように決めます。生のデータの**代わりに**このような変換データを送ると、ブラウザで処理されます。<と>を無視せずに表示し、その間のすべてのテキストも表示します。

マニア向け情報

Markupオブジェクトは、HTML/XMLコンテキスト内で安全であると保証されています。MarkupはPython組み込みのstrを継承し、文字列を扱うところならどこでも使うことができます。
まずflaskモジュールからescape関数をインポートし、特殊文字を含まない文字列でescapeを呼び出します。

Flaskにはescapeという関数が含まれています（実際にはJinja2から継承しています）。生のデータを指定すると、escapeはそのデータをHTMLエスケープ文字に変換します。>>>プロンプトでescapeを試し、その動作の感触をつかんでみましょう。

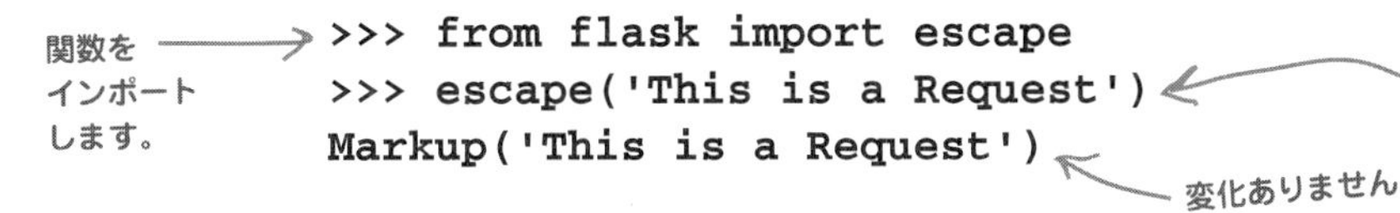
関数をインポートします。
特殊文字を含まない文字列でescapeを使います。
変化ありません。

```
>>> from flask import escape
>>> escape('This is a Request')
Markup('This is a Request')
```

escape関数はMarkupオブジェクトを返します。Markupオブジェクトは、（実際に）文字列のように振る舞います。escapeに特殊文字を含む文字列を渡すと、次のように変換します。

```
>>> escape('This is a <Request>')
Markup('This is a &lt;Request&gt;')
```

特殊文字を含む文字列でescapeを使います。

特殊文字がエスケープ（変換）されます。

上の例の場合と同様、このマークアップオブジェクトを普通の文字列のように扱うこともできます。

何らかの方法でログファイルのデータにescapeを適用できると、リクエストデータが表示されないという現在の問題を解決できるでしょう。ログファイルはview_the_logで「一気に」読み込まれてから文字列として返されるので、簡単です。

```
@app.route('/viewlog')
def view_the_log() -> str:
    with open('vsearch.log') as log:
        contents = log.read()
    return contents
```

これが（文字列としての）ログデータ。

contentsにescapeを適用するだけでこの問題は解決できます。

Webアプリケーションでログ全体を見る

コードの変更はわずかですが、大きな違いがあります。(プログラムの先頭の) flaskモジュールのインポートリストにescapeを追加し、contentsの文字列に対してescapeを呼び出します。

```
from flask import Flask, render_template, request, escape
    ...
@app.route('/viewlog')
def view_the_log() -> str:
    with open('vsearch.log') as log:
        contents = log.read()
    return escape(contents)
```

インポート文に追加。

返された文字列にescapeを適用します。

試運転

上のようにescapeをインポートして呼び出すようにプログラムを修正し、コードを保存します(すると、Webアプリケーションをリロードします)。次に、ブラウザで/viewlogをリロードします。すると、すべてのログデータが画面に表示されるでしょう。HTMLソースを表示して、正しくエスケープされているかを確認してください。Chromeでこのバージョンをテストすると次のようになります。

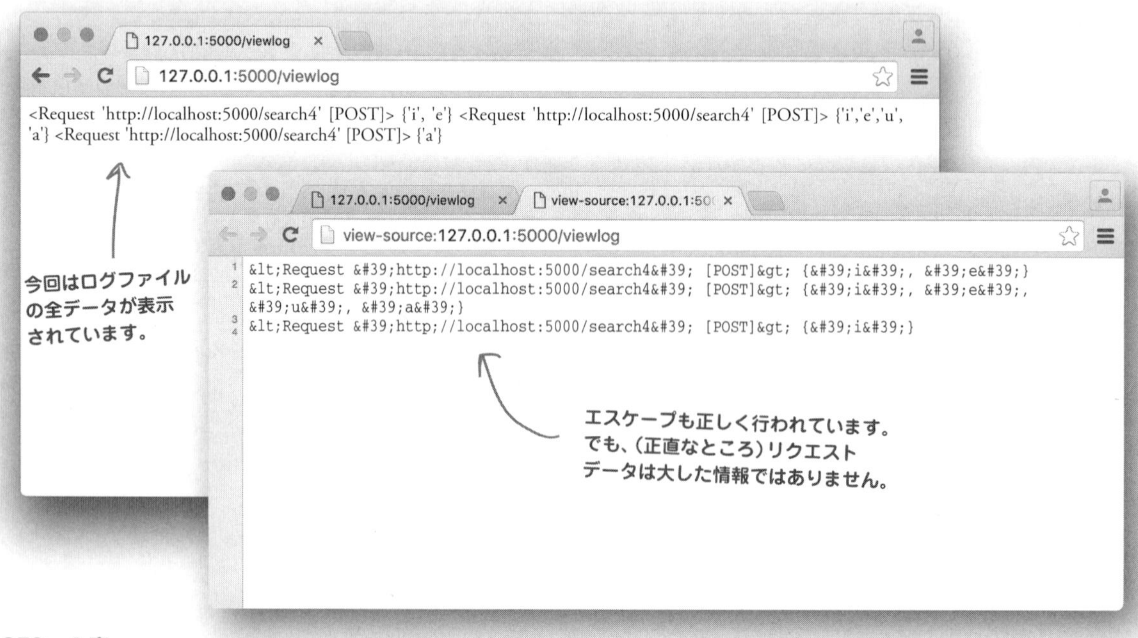

リクエストオブジェクトについてもっとよく知る

ログファイル内のWebリクエストに関するデータはそれほど役に立ちません。次は現在のログデータの内容です。結果はそれぞれ異なりますが、Webリクエストの部分の表示は**全く**同じです。

ロギングされたWebリクエストはすべて同じ。

```
<Request 'http://localhost:5000/search4' [POST]> {'i', 'e'}
<Request 'http://localhost:5000/search4' [POST]> {'i', 'e', 'u', 'a'}
<Request 'http://localhost:5000/search4' [POST]> {'x', 'y'}
```

結果はすべて異なります。

リクエストをオブジェクトレベルでロギングしていますが、実際にはリクエストの**内部**のデータをロギングする必要があります。1章で説明したように、Pythonの中身を調べる必要があるときには、組み込み関数`dir`に渡してメソッドと属性のリストを確認します。

リクエストオブジェクトに対する`dir`を呼び出した結果をロギングするように`log_request`関数を修正しましょう。これは大きな変更ではありません。`print`の第1引数として名前の`req`を渡す代わりに、文字列化バージョンの`dir(req)`呼び出し結果を渡します。下は新しいバージョンの`log_request`です。変更部分をハイライトしています。

```
def log_request(req:'flask_request', res:str) -> None:
    with open('vsearch.log', 'a') as log:
        print(str(dir(req)), res, file=log)
```

reqに対してdirを呼び出し、リストを作成します。このリストをstrに渡して文字列化します。そして、その結果の文字列をresの値と一緒にログファイルに保存します。

新しいロギングコードを試し、どのような違いがあるかを確認しましょう。次の手順で実行してください。

1. 上に示したように`log_request`をコピーして修正する。
2. `vsearch4web.py`を保存して、Webアプリケーションを再起動する。
3. `vsearch.log`ファイルを探して削除する。
4. ブラウザから3つの新たな検索フレーズを入力する。
5. `/viewlog`を使って新たに作成されたログを確認する。

ブラウザに表示された内容をよく見てください。これは役に立つ情報でしょうか？

試運転

前ページのエクササイズを試すと次のように表示されました。ここではSafariを使っています（他のブラウザでも同じように表示されます）。

```
127.0.0.1:5000/viewlog

['__class__', '__delattr__', '__dict__', '__dir__', '__doc__', '__enter__', '__eq__', '__exit__', '__format__', '__ge__',
'__getattribute__', '__gt__', '__hash__', '__init__', '__le__', '__lt__', '__module__', '__ne__', '__new__', '__reduce__',
'__reduce_ex__', '__repr__', '__setattr__', '__sizeof__', '__str__', '__subclasshook__', '__weakref__', '_get_file_stream',
'_get_stream_for_parsing', '_is_old_module', '_load_form_data', '_parse_content_type', '_parsed_content_type',
'accept_charsets', 'accept_encodings', 'accept_languages', 'accept_mimetypes', 'access_route', 'application', 'args',
'authorization', 'base_url', 'blueprint', 'cache_control', 'charset', 'close', 'content_encoding', 'content_length', 'content_md5',
'content_type', 'cookies', 'data', 'date', 'dict_storage_class', 'disable_data_descriptor', 'encoding_errors', 'endpoint', 'environ',
'files', 'form', 'form_data_parser_class', 'from_values', 'full_path', 'get_data', 'get_json', 'headers', 'host', 'host_url', 'if_match',
'if_modified_since', 'if_none_match', 'if_range', 'if_unmodified_since', 'input_stream', 'is_multiprocess', 'is_multithread',
'is_run_once', 'is_secure', 'is_xhr', 'json', 'list_storage_class', 'make_form_data_parser', 'max_content_length',
'max_form_memory_size', 'max_forwards', 'method', 'mimetype', 'mimetype_params', 'module', 'on_json_loading_failed',
'parameter_storage_class', 'path', 'pragma', 'query_string', 'range', 'referrer', 'remote_addr', 'remote_user', 'routing_exception',
'scheme', 'script_root', 'shallow', 'stream', 'trusted_hosts', 'url', 'url_charset', 'url_root', 'url_rule', 'user_agent', 'values',
'view_args', 'want_form_data_parsed'] {'x', 'y'} ['__class__', '__delattr__', '__dict__', '__dir__', '__doc__', '__enter__',
'__eq__', '__exit__', '__format__', '__ge__', '__getattribute__', '__gt__', '__hash__', '__init__', '__le__', '__lt__',
'__module__', '__ne__', '__new__', '__reduce__', '__reduce_ex__', '__repr__', '__setattr__', '__sizeof__', '__str__',
'__subclasshook__', '__weakref__', '_get_file_stream', '_get_stream_for_parsing', '_is_old_module', '_load_form_data',
'_parse_content_type', '_parsed_content_type', 'accept_charsets', 'accept_encodings', 'accept_languages',
'accept_mimetypes', 'access_route', 'application', 'args', 'authorization', 'base_url', 'blueprint', 'cache_control', 'charset',
'close', 'content_encoding', 'content_length', 'content_md5', 'content_type', 'cookies', 'data', 'date', 'dict_storage_class',
'disable_data_descriptor', 'encoding_errors', 'endpoint', 'environ', 'files', 'form', 'form_data_parser_class', 'from_values',
'full_path', 'get_data', 'get_json', 'headers', 'host', 'host_url', 'if_match', 'if_modified_since', 'if_none_match', 'if_range',
'if_unmodified_since', 'input_stream', 'is_multiprocess', 'is_multithread', 'is_run_once', 'is_secure', 'is_xhr', 'json',
'list_storage_class', 'make_form_data_parser', 'max_content_length', 'max_form_memory_size', 'max_forwards', 'method',
'mimetype', 'mimetype_params', 'module', 'on_json_loading_failed', 'parameter_storage_class', 'path', 'pragma',
'query_string', 'range', 'referrer', 'remote_addr', 'remote_user', 'routing_exception', 'scheme', 'script_root', 'shallow', 'stream',
'trusted_hosts', 'url', 'url_charset', 'url_root', 'url_rule', 'user_agent', 'values', 'view_args', 'want_form_data_parsed'] {'u', 'i', 'e',
```

ごちゃごちゃしていますが、よく見てください。ここに検索結果があります。

この出力は何を意味するの？

この出力から結果を何とか探し出しました。残りは、リクエストオブジェクトに対して`dir`を呼び出した結果です。それぞれのリクエストには（ダンダーとワンダーは無視したとしても）関連する多くのメソッドと属性があるので、**すべて**の属性をロギングしても意味がありません。

これらの属性を調べて、ロギングすべき属性は3つあると判断しました。

`req.form`：WebアプリケーションのHTMLフォームからポストされたデータ。
`req.remote_addr`：ブラウザが動作しているIPアドレス。
`req.user_agent`：データをポストしたブラウザの識別名。

`search4letters`関数の結果の他に、この3つの属性をロギングできるように`log_request`を修正しましょう。

特定のリクエスト属性をロギングする

4つの属性（フォームの詳細、リモートIPアドレス、ブラウザの識別名、search4letters関数の出力）をロギングするように修正したlog_requestのコードを示します。4つの属性はそれぞれのprint呼び出しでロギングされます。

```
def log_request(req:'flask_request', res:str) -> None:
    with open('vsearch.log', 'a') as log:
        print(req.form, file=log)
        print(req.remote_addr, file=log)
        print(req.user_agent, file=log)
        print(res, file=log)
```

属性をそれぞれのprint文でロギングします。

このコードは機能しますが、print呼び出しがデフォルトで改行文字を追加してしまうという問題があり、リクエストごとに**4行**をロギングすることになります。このコードで記録されるログファイルのデータは次のようになります。

HTMLフォームに入力したデータはそれぞれ異なる行に現れます。なお、ImmutableMultiDictはPythonの辞書のように扱えます。

リモートIPアドレスのデータ行。

```
ImmutableMultiDict([('letters', 'aeiou'), ('phrase', 'hitch-hiker')])
127.0.0.1
Mozilla/5.0 (Macintosh; Intel Mac OS X 10_11_3) ... Safari/601.4.4
{'i', 'e'}
ImmutableMultiDict([('letters', 'aeiou'), ('phrase', 'life, the universe, and everything')])
127.0.0.1
Mozilla/5.0 (Macintosh; Intel Mac OS X 10_11_3) ... Safari/601.4.4
{'a', 'e', 'i', 'u'}
ImmutableMultiDict([('letters', 'xyz'), ('phrase', 'galaxy')])
127.0.0.1
Mozilla/5.0 (Macintosh; Intel Mac OS X 10_11_3) ... Safari/601.4.4
{'x', 'y'}
```

ブラウザはそれぞれ異なる行として識別します。

search4letters関数の結果がそれぞれ別の行に表示されます。

この方法は、基本的に正しいのですが（このログデータは人間にとっては読みやすいため）、このデータをプログラムに読み込ませるとしたら、何を行わなければならないでしょうか。リクエストごとに4行のデータがあるので、ログファイルから**4回**（1行につき1回）読み込む必要があります。この4行のデータは**1つ**のリクエストのものであるにもかかわらずです。この方法では無駄が多そうです。リクエストごとに**1行**だけロギングするコードに変更した方がよさそうです。

1行の区切りデータをロギングする

さらに優れたロギングの方法としては、4つの属性を1行として書き込み、適切な区切り文字を使って区切ることでしょう。

区切り文字の選択に迷うかもしれません。ログデータに実際に現れる文字は避けたいし、空白文字では役に立ちません(ログデータには多くの空白が含まれるため)。今回は、コロン(:)、カンマ(,)、セミコロン(;)も問題になりそうです。Head First Labsで相談したところ、区切り文字としてバー(|)を勧められました。バーなら人にも判別しやすく、ログデータに含まれている可能性も低いでしょう。この提案を採用することにし、さっそく試してみましょう。

前に説明したように、追加の引数を指定してprintのデフォルト動作を調整します。引数fileに加えて引数endにデフォルトの改行に代わる終端値を指定します。

終端値としてデフォルトの改行ではなく|を使うようにlog_requestを修正しましょう。

区切り文字は、1行のテキスト内の境界の役割を果たす1文字以上の文字列です。代表例は、CSVファイルで使われるカンマ(,)です。

```
def log_request(req: 'flask_request', res: str) -> None:
    with open('vsearch.log', 'a') as log:
        print(req.form, file=log, end='|')
        print(req.remote_addr, file=log, end='|')
        print(req.user_agent, file=log, end='|')
        print(res, file=log)
```

いずれもデフォルトの改行を|に置き換えます。

予想どおりになりました。リクエストごとに1行のログデータになり、属性は|で区切られています。この修正バージョンのlog_requestを使うと、ログファイルのデータは次のようになります。

リクエストごとに別の行に書き込まれます(ページに収まるように行端で折り返しています)。

```
ImmutableMultiDict([('letters', 'aeiou'), ('phrase', 'hitch-hiker')])|127.0.0.1|Mozilla/5.0
(Macintosh; Intel Mac OS X 10_11_2) AppleWebKit/601.3.9 (KHTML, like Gecko) Version/9.0.2
Safari/601.3.9|{'e', 'i'}

ImmutableMultiDict([('letters', 'aeiou'), ('phrase', 'life, the universe, and everything')])|12
7.0.0.1|Mozilla/5.0 (Macintosh; Intel Mac OS X 10_11_2) AppleWebKit/601.3.9 (KHTML, like Gecko)
Version/9.0.2 Safari/601.3.9|{'e', 'u', 'a', 'i'}

ImmutableMultiDict([('letters', 'xyz'), ('phrase', 'galaxy')])|127.0.0.1|Mozilla/5.0
(Macintosh; Intel Mac OS X 10_11_2) AppleWebKit/601.3.9 (KHTML, like Gecko) Version/9.0.2
Safari/601.3.9|{'y', 'x'}
```

区切り文字に|を使っています。区切り文字は3つあり、1行に4つのデータがあることを意味します。

3つのリクエストがあるので、ログファイルのデータは3行です。

ロギング用のコードに最後の変更を行う

冗長すぎるコードは、多くのプログラマから不評です。最新バージョンのlog_requestは正しく機能しますが、必要以上に冗長です。例えば、ログデータの項目ごとに別々のprint文を使うのはやりすぎのように感じます。

print関数のsepという別のオプション引数では、printの1回の呼び出しで複数の値を出力するときに使う区切り値を指定できます。デフォルトではsepは空白文字1文字に設定されていますが、どんな値でも構いません。次のコードでは、(前ページの)printの4回の呼び出しを1つのprint呼び出しに置き換え、引数sepを使って区切り文字を|に設定しています。このようにすると、printのデフォルトの終端値としてendを指定する必要がなくなるため、このコードからendをすべてなくせます。

4つのprint文がたった1つになります。

```
def log_request(req: 'flask_request', res: str) -> None:
    with open('vsearch.log', 'a') as log:
        print(req.form, req.remote_addr, req.user_agent, res, file=log, sep='|')
```

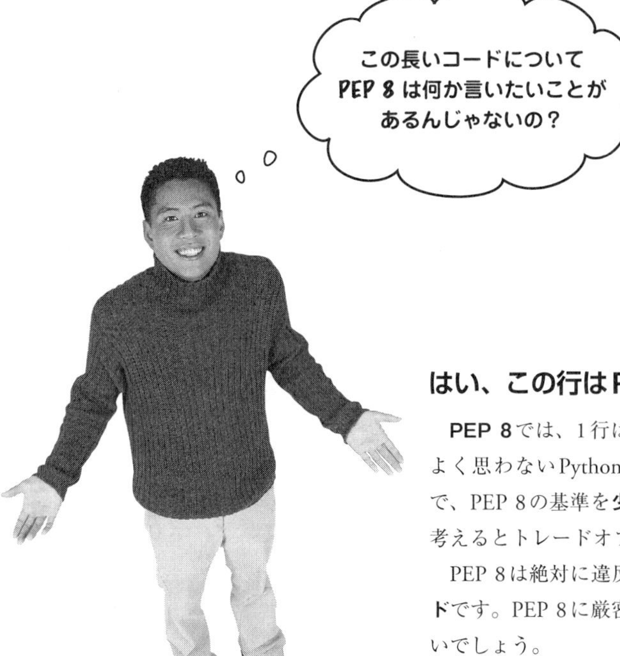

この長いコードについて
PEP 8は何か言いたいことが
あるんじゃないの？

はい、この行はPEP 8違反です。

PEP 8では、1行は79文字までとしているので、3行目をこころよく思わないPythonプログラマもいます。3行目は80文字あるので、PEP 8の基準を**少しだけ**超えていますが、ここで行ったことを考えるとトレードオフとしては許容できる範囲でしょう。

PEP 8は絶対に違反してはいけないわけではなく、**スタイルガイド**です。PEP 8に厳密に準拠する必要はありません。今回は問題ないでしょう。

修正したコードの結果は、修正前とどのように異なるでしょうか。次のようにlog_request関数を修正してください。

```
def log_request(req: 'flask_request', res: str) -> None:
    with open('vsearch.log', 'a') as log:
        print(req.form, req.remote_addr, req.user_agent, res, file=log, sep='|')
```

そして、次の4つの手順を実行してください。

1. vsearch4web.pyを保存する（そしてWebアプリケーションを再起動する）。
2. vsearch.logファイルを探して削除する。
3. ブラウザから3つの新たな検索フレーズを入力する。
4. /viewlogを使って新たに作成されたログを確認する。

ブラウザの表示をもう一度よく確かめてください。改善されましたか？

試運転

上のエクササイズで示した4つの手順が完了したので、Chromeを使って最新のテストを実行しました。次はその際の結果です。

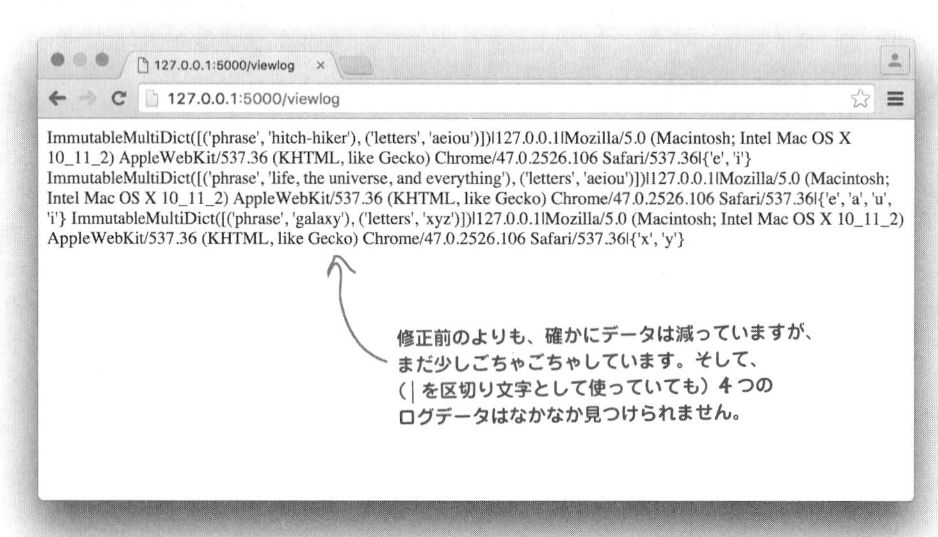

生のデータから読みやすいデータへ変換する

ブラウザウィンドウに表示されたデータは**生の形式**です。ログファイルから読み込むときに特殊文字のエスケープは行っていますが、ブラウザに文字列を送る前にエスケープ以外は何も行っていません。最近のブラウザは、文字列を受け取ると不要なホワイトスペース文字（余計な空白、改行など）を取り除いてからウィンドウに表示します。これが先ほどの「試運転」でも起こっています。ログデータは（すべて）表示されていますが、決して読みやすくはありません。（読みやすくするために）生のデータにさらにテキスト操作することを検討できますが、読みやすくするには生のデータをテーブルに変換した方がよいでしょう。

```
ImmutableMultiDict([('phrase', 'hitch-hiker'), ('letters', 'aeiou')])|127.0.0.1|Mozilla/5.0
(Macintosh; Intel Mac OS X 10_11_2) AppleWebKit/537.36 (KHTML, like Gecko) Chrome/47.0.2526.106
Safari/537.36|{'e', 'i'} ImmutableMultiDict([('phrase', 'life, the universe, and
everything'), ('letters', 'aeiou')])|127.0.0.1|Mozilla/5.0 (Macintosh; Intel Mac OS X 10_11_2)
AppleWebKit/537.36 (KHTML, like Gecko) Chrome/47.0.2526.106 Safari/537.36|{'e', 'a', 'u',
'i'} ImmutableMultiDict([('phrase', 'galaxy'), ('letters', 'xyz')])|127.0.0.1|Mozilla/5.0
(Macintosh; Intel Mac OS X 10_11_2) AppleWebKit/537.36 (KHTML, like Gecko) Chrome/47.0.2526.106
Safari/537.36|{'x', 'y'}
```

この読みにくい生のデータを、　このようなテーブルに変換できるでしょうか？

フォームデータ	リモートアドレス	ユーザエージェント	結果
ImmutableMultiDict([('phrase' , 'hitch-hiker'), ('letters' , 'aeiou')])	127.0.0.1	Mozilla/5.0 (Macintosh; Intel Mac OS X 10_11_2) AppleWebKit/537.36 (KHTML, like Gecko) Chrome/47.0.2526.106 Safari/537.36	{ 'e' , 'i' }
ImmutableMultiDict([('phrase' , 'life, the universe, and everything'), ('letters' , 'aeiou')])	127.0.0.1	Mozilla/5.0 (Macintosh; Intel Mac OS X 10_11_2) AppleWebKit/537.36 (KHTML, like Gecko) Chrome/47.0.2526.106 Safari/537.36	{ 'e' , 'a' , 'u' , 'i' }
ImmutableMultiDict([('phrase' , 'galaxy'), ('letters' , 'xyz')])	127.0.0.1	Mozilla/5.0 (Macintosh; Intel Mac OS X 10_11_2) AppleWebKit/537.36 (KHTML, like Gecko) Chrome/47.0.2526 .106 Safari/537.36	{ 'x' , 'y' }

Webアプリケーションでこの変換を実行できれば、ブラウザに表示されたログデータの意味を**誰でも**理解できるでしょう。

これで何かを思い出す？

ここで表示したい結果をもう一度見てください。紙面の節約のため、前ページのテーブルの冒頭部分だけを表示しています。これに見覚えはありませんか？

フォームデータ	リモートアドレス	ユーザエージェント	結果
ImmutableMultiDict([('phrase' , 'hitch-hiker'), ('letters' , 'aeiou')])	127.0.0.1	Mozilla/5.0 (Macintosh; Intel Mac OS X 10_11_2) AppleWebKit/537.36 (KHTML, like Gecko) Chrome/47.0.2526.106 Safari/537.36	{ 'e' , 'i' }

間違っていたらごめん、
でも3章の最後の複合データ
構造に少し似てないかな？

はい。3章で登場した構造です。

3章の最後で次のようなデータテーブルを複合データ構造（辞書の辞書）に変換しましたよね。

名前	性別	職業	母星
フォード・プリーフェクト	男性	研究者	ベテルギウス第7星
アーサー・デント	男性	サンドイッチ職人	地球
トリシア・マクミラン	女性	数学者	地球
マーヴィン	不明	偏執症アンドロイド	不明

このテーブルは上に示した表示に似ていますが、ここではデータ構造として辞書の辞書を使うのは適切でしょうか？

辞書の辞書を使うか、何か他のものを使うか

3章のデータテーブルには辞書の辞書モデルが適していました。データ構造を即座に調べて特定のデータを抽出できるからです。例えば、フォード・プリーフェクトの母星を調べるには、次のようにするだけでした。

データ構造へのランダムアクセスに関しては、辞書の辞書が最適です。しかし、ログデータにランダムアクセスは必要でしょうか？

手元のデータを詳しく調べてみましょう。

ログデータを詳しく調べる

ログデータの各行には4つのデータ（HTMLフォームのデータ、リモートIPアドレス、ブラウザの識別名、search4letters関数の結果）があり、それぞれバー（|）で区切られています。

次はvsearch.logファイルの例です。区切り文字をハイライトしています。

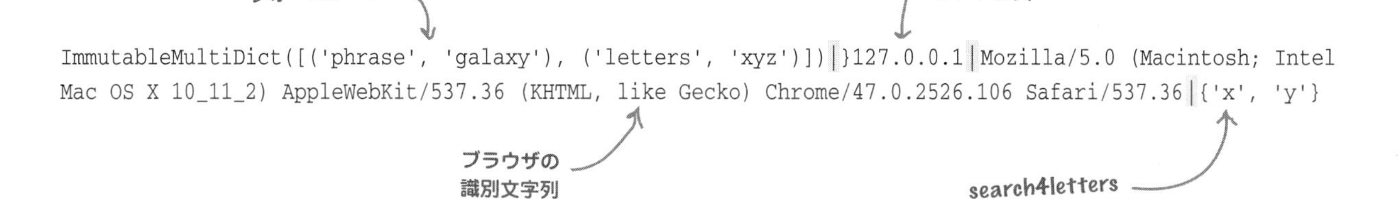

vsearch.logファイルからreadlinesメソッドを使ってログデータを読み込むと、**文字列のリスト**として読み込まれます（readlinesはファイルのテキストを文字列のリストに変換して出力するため）。ログデータのデータ項目にランダムにアクセスする必要はないので、データを辞書の辞書に変換するのは適切ではないように思われます。しかし、各行は**順番に**処理され、行の中でもデータ項目は**順番に**処理される必要があります。すでに文字列のリストが入手済みであれば、forループでリストは簡単に処理できるので、半分は完了したことになります。しかし、現在データ行は1つの文字列です。これが問題です。1行1行が1つの大きな文字列ではなくデータ項目のリストだったら処理がもっと簡単でしょう。問題は、**文字列をリストに変換できるか**です。

結合されたものは分割できる

「結合」を使って文字列のリストを1つの文字列にまとめられることはもうわかっています。これを>>>プロンプトで再度示してみます。

```
>>> names = ['Terry', 'John', 'Michael', 'Graham', 'Eric']
>>> pythons = '|'.join(names)
>>> pythons
'Terry|John|Michael|Graham|Eric'
```

文字列のリスト

結合

namesリストの文字列同士を区切り文字|で連結した1つの文字列

「結合」のおかげで、文字列のリストが1つの文字列になりました。項目は（この例では）|で区切られています。splitメソッドを使うと逆の処理ができます。

```
>>> individuals = pythons.split('|')
>>> individuals
['Terry', 'John', 'Michael', 'Graham', 'Eric']
```

指定の区切り文字を使って文字列をリストに分割。

文字列のリストに戻っています。

文字列のリストからリストのリストにします

splitメソッドという強力な武器を手に入れたので、ログファイルに格納されたデータに戻り、どのようにすれがよいかを考えてみましょう。現時点では、vsearch.logファイルの行は文字列です。

生のデータ

```
ImmutableMultiDict([('phrase', 'galaxy'), ('letters', 'xyz')])|127.0.0.1|Mozilla/5.0 (Macintosh; Intel
Mac OS X 10_11_2) AppleWebKit/537.36 (KHTML, like Gecko) Chrome/47.0.2526.106 Safari/537.36|{'x', 'y'}
```

次はview_the_log関数の最後の3行です。vsearch.logのすべての行を文字列のリストcontentsに代入するように変更しました。ファイルからデータを読み込んでリストから大きな文字列を作成します。

```
...
with open('vsearch.log') as log:
    contents = log.readlines()
return escape(''.join(contents))
```

ログファイルを開き、

ログデータの行すべてをリストcontentsに代入します。

view_the_log関数の最後の行は、（joinのおかげで）contents内の文字列のリストを1つの長い文字列に連結します。そして、この1つの文字列をブラウザに返します。

contentsが**文字列**のリストではなく**リスト**のリストだったら、forループを使ってcontentsを**順番に**処理できそうです。そうできれば、現在よりも読みやすい出力に変換できるでしょう。

変換のタイミング

view_the_log関数はログファイルのデータをすべて、文字列のリストcontentsに代入します。しかし、データはリストのリストとして格納しておいた方が便利でしょう。問題は、この変換を行う「最適なタイミング」はいつかということです。データをすべて文字列のリストに追加してからリストのリストに変換すべきでしょうか？それとも、1行1行リストのリストを作成すべきでしょうか。

必要なデータはすでに「contents」にあるので、これをリストのリストに変換しましょう。
どうかな。その方法だとデータを2回処理することになるよ。読み込むときに1回と、変換するときにもう1回と。

（readlinesメソッドのおかげで）データがすでにcontentsにあるからといって、この時点ですでにデータを**1回**ループしていることを見逃してはいけません。readlinesメソッドの呼び出しは我々にとっては1回の呼び出しにすぎないかもしれませんが、インタプリタは（readlinesの実行中に）ファイル内のデータをループしています。その後、（文字列をリストに変換するために）再びデータをループするので、**2倍**のループが発生することになります。これはログエントリが少しだけのときには大したことはありませんが、多くなってくると問題です。1回の**ループだけで処理できるなら、そうしましょう**。

データ処理：すでにわかっていること

248ページでtodos.txtを処理する3行のコードを示しました。

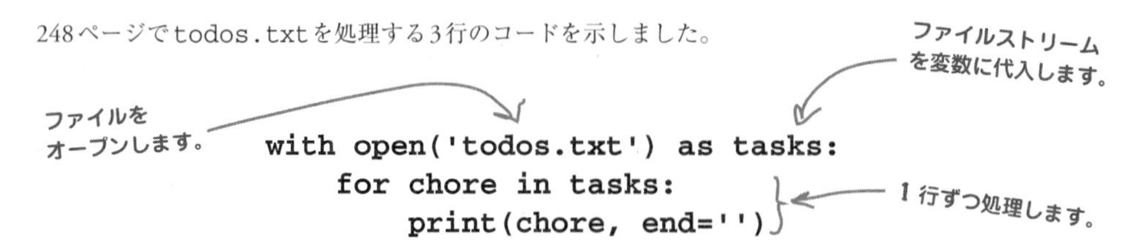

また、splitメソッドも説明しました。このメソッドは文字列を区切り文字に従って文字列のリストに変換します（区切り文字を指定しないと、デフォルトでは空白になります）。このデータの区切り文字は | です。ログデータの1行がlineという変数に格納されていると仮定しましょう。次の1行は、line内の1つの文字列を（区切り文字として | を使って）4つの文字列のリストに変換します。

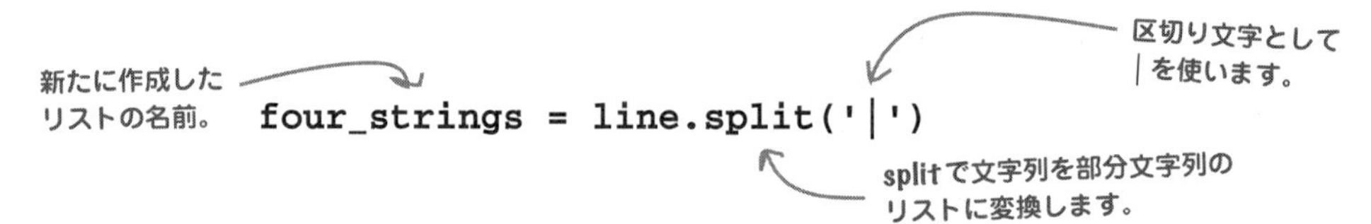

ログファイルから読み込んだデータにHTMLにとって特殊な意味を持つ文字があるかどうかはわかりませんが、あなたはすでにescape関数のことは知っていますね。Flaskが提供するescape関数は、文字列中ののHTML特殊文字を相当するエスケープ値に変換します。

```
>>> escape('This is a <Request>')
Markup('This is a &lt;Request&gt;')
```

HTML特殊文字を含む文字列に「escape」を使います。

また、2章では空のリスト（[]）を代入することで、新しいリストを作成できることを学びました。また、appendメソッドを呼び出すと既存のリストの末尾に値を追加でき、リストの末尾の要素には[-1]でアクセスできることも知っていますよね。

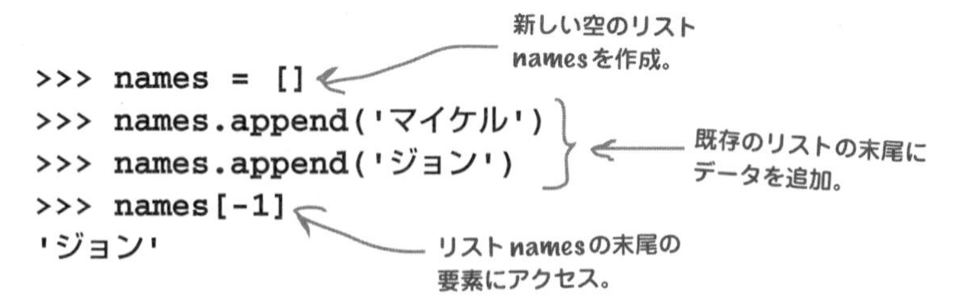

これらの知識を使って、次のページの練習問題に挑戦してみましょう。

自分で考えてみよう

これはview_the_log関数の現在のコードです。

```
@app.route('/viewlog')
def view_the_log() -> str:
    with open('vsearch.log') as log:
        contents = log.readlines()
    return escape(''.join(contents))
```

このコードは、ログファイルのデータを文字列のリストに代入します。ログファイルを1行ずつバーでsplitしたリストのリストを作成し、文字列として返してください。特殊文字が入らないようにしたいので、splitした要素はエスケープしてください。コードの冒頭部分だけ書いておいたので、足りない部分を補ってください。

1～2行目は同じです。

```
@app.route('/viewlog')
def view_the_log() -> str:
    ........................................
    ........................................
    ........................................
    ........................................
    ........................................
    ........................................
    ........................................
    ........................................
    return str(contents)
```

この関数も文字列を返します。

ここに新しいコードを追加。

時間をかけて考えてみてください。必要なら自由に>>>プロンプトで試しましょう。行き詰っても大丈夫です。次のページをめくって解答を見てもかまいません。

これはview_the_log関数の現在のコードです。

```
@app.route('/viewlog')
def view_the_log() -> str:
    with open('vsearch.log') as log:
        contents = log.readlines()
    return escape(''.join(contents))
```

ログファイルを1行ずつバーでsplitしたリストのリストを作成し、文字列として返す必要がありました。
特殊文字が入らないようにしたいので、splitした要素はエスケープする必要がありました。
コードの冒頭部分だけ書いてあったので、足りない部分を補う必要がありました。

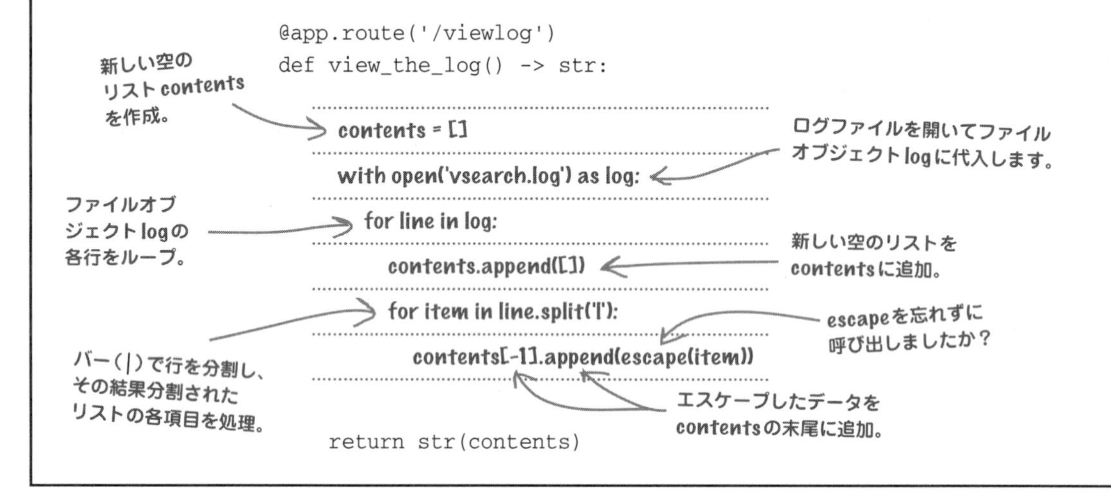

書き直したview_the_log関数の次の1行で頭が混乱するかもしれませんが、心配しないでください。

```
contents[-1].append(escape(item))
```

この行は内側から外側へ、そして右から左へ読みます。

この（一見難しそうな）行を理解するコツは、内側から外側そして右から左へ読むことです。まず、囲んでいるforループのitemをescapeに渡します。その結果の文字列をcontentsの最後（[-1]）の行にappendします。contentsは**リストのリスト**であることを覚えておいてください。

試運転

view_the_log関数を次のように変更してください。

```
@app.route('/viewlog')
def view_the_log() -> str:
    contents = []
    with open('vsearch.log') as log:
        for line in log:
            contents.append([])
            for item in line.split('|'):
                contents[-1].append(escape(item))
    return str(contents)
```

コードを保存し(Webアプリケーションが再起動します)、ブラウザで/viewlogをリロードします。すると、次のように表示されます。

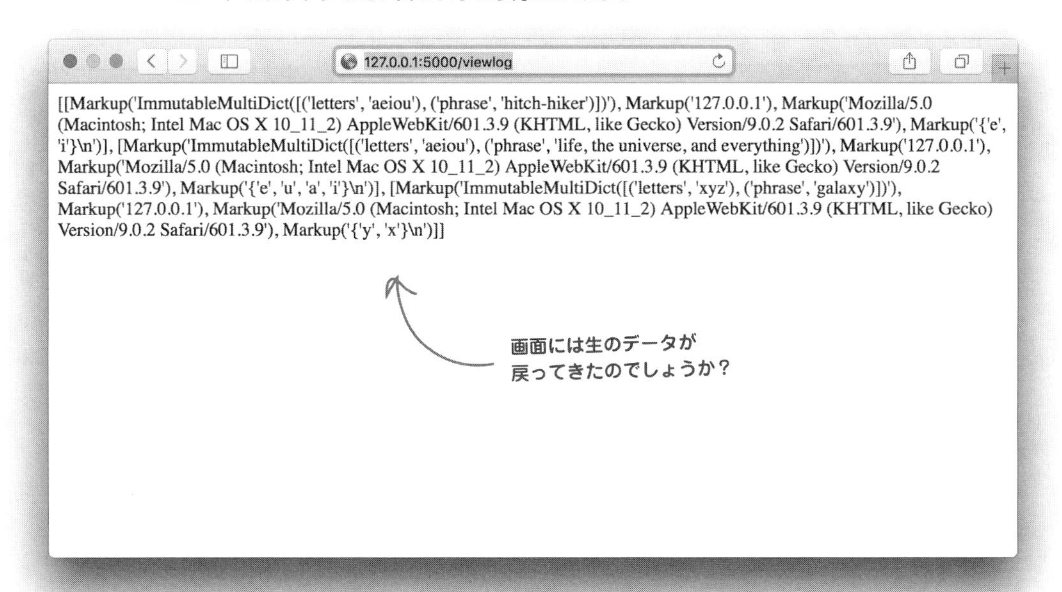

出力をよく見る

修正後のview_the_logの出力は、一見修正前とよく似ていますが、実は違います。この新たな出力は、文字列のリストではなくリストのリストです。これはとても重要な変化です。Jinja2でcontentsを処理できれば、ここで求めている読みやすい出力に近づくはずです。

HTMLで読みやすい出力にする

ここでの目的は、前ページの生のデータよりも読みやすく表示することです。そのために、<table>、<th>、<tr>、<td>などのテーブルの内容を定義するタグを利用します。作成したいテーブルの冒頭部分をもう一度確認してみましょう。ログの行ごとに1行のデータと、4つのカラム（それぞれに説明的なタイトルが付いています）で構成されています。

テーブル全体はHTMLの<table>タグを、各行のデータに<tr>タグを使います。説明的なタイトルは<th>タグを、生の各データは<td>タグを使います。

HTMLのテーブルタグを簡単に復習しましょう。

<table>：テーブル
<tr>：テーブルデータの行
<th>：テーブルカラムの見出し
<td>：テーブルデータ項目（セル）

それぞれ対応する終了タグ（</table>、</tr>、</th>、</td>）があります。

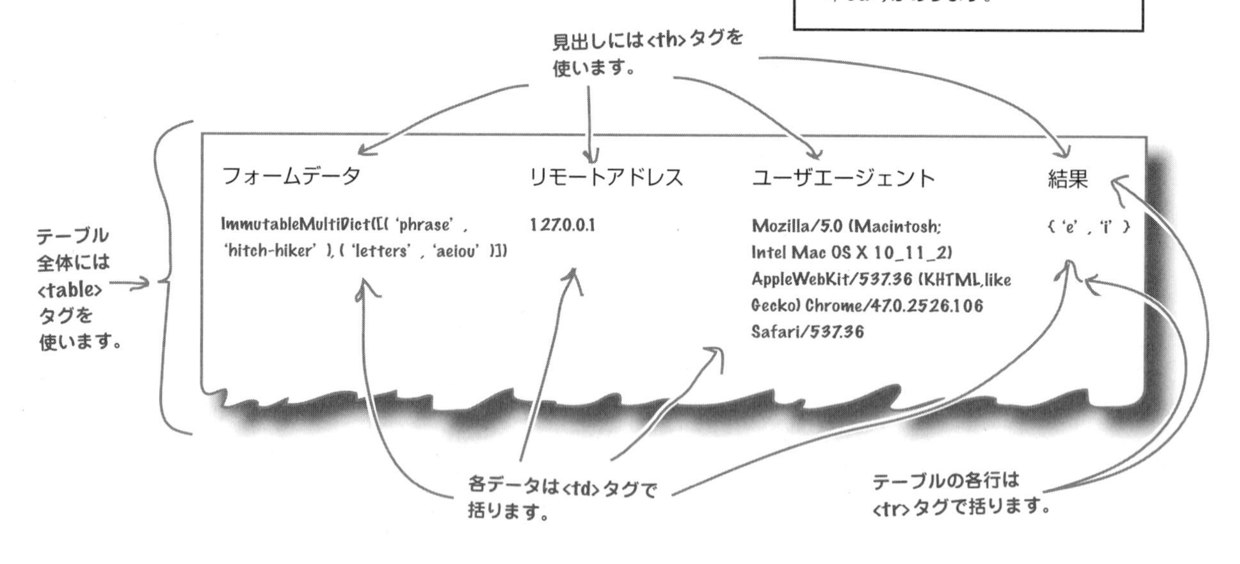

HTML（特に<table>）を作成する際は必ずJinja2を使ってください。HTMLを生成できるJinja2は、必要となる表示ロジックを「自動化」できる（Python構文にほぼ基づいた）基本的な構文を備えています。

5章では、Jinja2の`{{`と`}}`タグと`{% block %}`タグで変数とHTMLブロックをテンプレートへの引数として使えることを説明しました。`{%`と`%}`タグの方がずっと一般的です。任意のJinja2の文を追加でき、サポートしている文の1つが`for`ループ構造であることがわかりました。次のページでは、Jinja2の`for`ループを使って`contents`に含まれるリストのリストから読みやすい出力にする新たなテンプレートを探します。

テンプレートに表示ロジックを埋め込む

ここではviewlog.htmlという新しいテンプレートを示しています。このテンプレートを使ってログファイルの生のデータをHTMLテーブルに変換します。引数としてリストのリストcontentsを使います。注目してほしい部分をハイライトしています。Jinja2のforループ構造は、Pythonとよく似ていますが、2つの大きな違いがあります。

- for行の最後にコロン(:)は必要ない(%}タグが区切り文字の役割を果たすため)。
- Jinja2はインデントをサポートしないので、ループのブロックは{% endfor %}で終わる。

ここでは、1番目のforループは変数the_row_titlesからデータを取り出し、2番目のforはthe_dataからデータを取り出します。(2番目のループに埋め込まれた)3番目のforループは、データがリストであることを期待しています。

このテンプレートを自分で作成する必要はない。http://python.itcarlow.ie/ed2/からダウンロードできる。

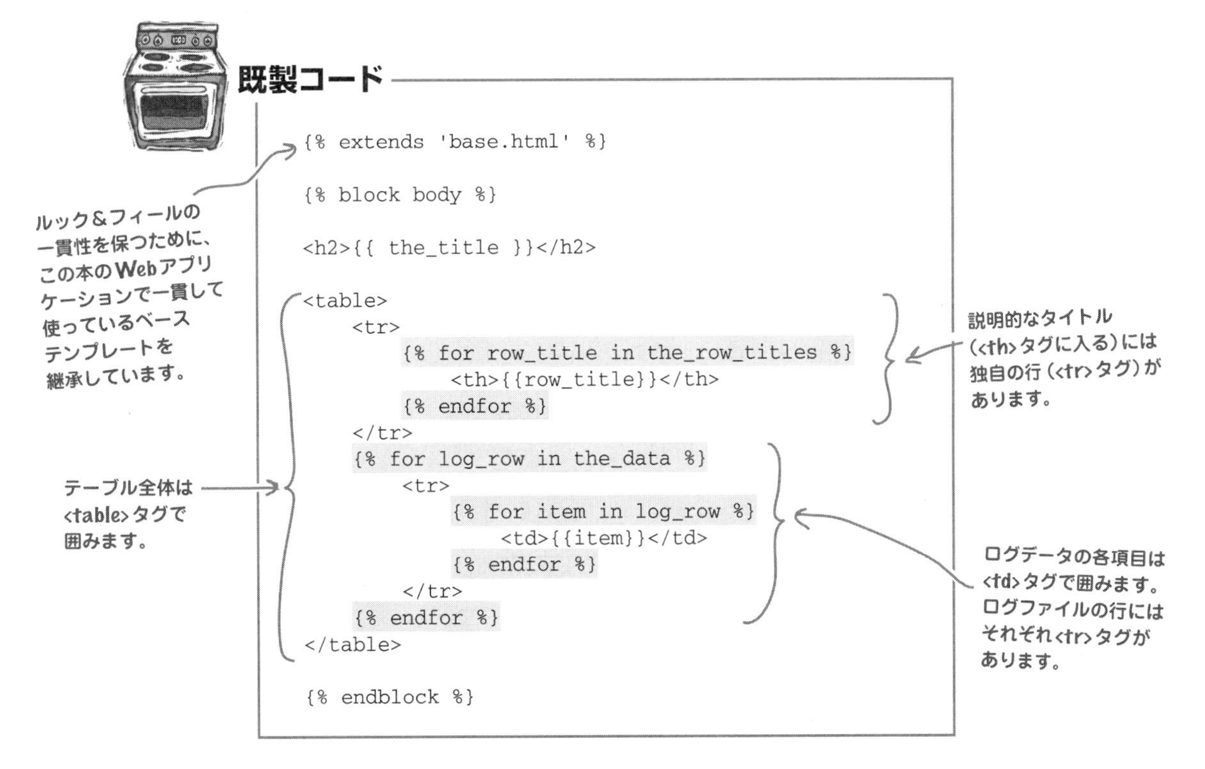
既製コード
ルック＆フィールの一貫性を保つために、この本のWebアプリケーションで一貫して使っているベーステンプレートを継承しています。
テーブル全体は<table>タグで囲みます。
説明的なタイトル(<th>タグに入る)には独自の行(<tr>タグ)があります。
ログデータの各項目は<td>タグで囲みます。ログファイルの行にはそれぞれ<tr>タグがあります。

```
{% extends 'base.html' %}

{% block body %}

<h2>{{ the_title }}</h2>

<table>
    <tr>
        {% for row_title in the_row_titles %}
            <th>{{row_title}}</th>
        {% endfor %}
    </tr>
    {% for log_row in the_data %}
        <tr>
            {% for item in log_row %}
                <td>{{item}}</td>
            {% endfor %}
        </tr>
    {% endfor %}
</table>

{% endblock %}
```

この新しいテンプレートは必ずWebアプリケーションのtemplatesフォルダに置いてください。

Jinja2で読みやすい出力にする

viewlog.htmlテンプレートはbase.htmlを継承しているので、必ず引数the_titleの値を指定し、the_row_titlesにカラム見出し（説明的なタイトル）のリストを指定する必要があります。また、忘れずに引数the_dataにはcontentsを指定してください。

現在、view_the_log関数は次のようになっています。

```
@app.route('/viewlog')
def view_the_log() -> str:
    contents = []
    with open('vsearch.log') as log:
        for line in log:
            contents.append([])
            for item in line.split('|'):
                contents[-1].append(escape(item))
    return str(contents)
```

レスポンス待ちのブラウザに文字列を返します。

viewlog.htmlに対してrender_templateを呼び出し、3つの引数の値を渡す必要があります。説明的なタイトルのタプルを作成してthe_row_titlesに指定し、contentsの値をthe_dataに指定しましょう。また、テンプレートをレンダリングする前にthe_titleにも適切な値を指定します。

タプルは読み込み専用リスト。

これらすべてを反映するように、view_the_logを修正しましょう（変更部分をハイライトしています）。

```
@app.route('/viewlog')
def view_the_log() -> str:
    contents = []
    with open('vsearch.log') as log:
        for line in log:
            contents.append([])
            for item in line.split('|'):
                contents[-1].append(escape(item))
    titles = ('フォームデータ', 'リモートアドレス', 'ユーザエージェント', '結果')
    return render_template('viewlog.html',
                           the_title='ログの閲覧',
                           the_row_titles=titles,
                           the_data=contents,)
```

説明的なタイトルのタプルを作成します。

render_templateを呼び出し、テンプレートの各引数の値を指定します。

view_the_log関数を上のように変更してから保存すると、FlaskはWebアプリケーションを再起動します。準備が整ったら、http://127.0.0.1:5000/viewlogを使ってブラウザでログを表示してください。

試運転

修正したWebアプリケーションを使ってログを表示したら次のようになりました。このページはこれまでの他のページと同じルック＆フィールなので、このWebアプリケーションが正しいテンプレートを選択していると考えられます。
目的の読みやすい出力にだいぶ近づいたので、この結果には十分満足です。

127.0.0.1:5000/viewlog

ログの閲覧

フォームデータ	リモートアドレス	ユーザエージェント	結果
ImmutableMultiDict([('letters', 'aeiou'), ('phrase', 'hitch-hiker')])	127.0.0.1	Mozilla/5.0 (Macintosh; Intel Mac OS X 10_11_2) AppleWebKit/601.3.9 (KHTML, like Gecko) Version/9.0.2 Safari/601.3.9	{'e', 'i'}
ImmutableMultiDict([('letters', 'aeiou'), ('phrase', 'life, the universe, and everything')])	127.0.0.1	Mozilla/5.0 (Macintosh; Intel Mac OS X 10_11_2) AppleWebKit/601.3.9 (KHTML, like Gecko) Version/9.0.2 Safari/601.3.9	{'e', 'u', 'a', 'i'}
ImmutableMultiDict([('letters', 'xyz'), ('phrase', 'galaxy')])	127.0.0.1	Mozilla/5.0 (Macintosh; Intel Mac OS X 10_11_2) AppleWebKit/601.3.9 (KHTML, like Gecko) Version/9.0.2 Safari/601.3.9	{'y', 'x'}

読みやすく、見た目もなかなかです。

上のページのソースを見ると（ページ上で右クリックしてポップアップメニューから選びます）、ログの1つ1つのデータ項目に`<td>`タグが付けられ、データの各行にはそれぞれ`<tr>`タグがあり、テーブル全体はHTMLの`<table>`タグに囲まれていることがわかります。

Webアプリケーションコードの現在の状態

一息ついてWebアプリケーションのコードをおさらいしましょう。ロギング用のコード(log_requestとview_the_log)をWebアプリケーションのコードに追加しましたが、すべてが1ページに収まっています。下に挙げるのは、IDLEの編集ウィンドウに表示したvsearch4web.pyのコードです(IDLEの編集ウィンドウではシンタックスハイライトを利用してコードを再確認することが可能です)。

vsearch4web.py - /Users/paul/Desktop/_NewBook/ch06/webapp/vsearch4web.py (3.5.1)

```
from flask import Flask, render_template, request, escape
from vsearch import search4letters

app = Flask(__name__)

def log_request(req:'flask_request', res:str) -> None:
    with open('vsearch.log', 'a') as log:
        print(req.form, req.remote_addr, req.user_agent, res, file=log, sep='|')

@app.route('/search4', methods=['POST'])
def do_search() -> 'html':
    phrase = request.form['phrase']
    letters = request.form['letters']
    title = '検索結果:'
    results = str(search4letters(phrase, letters))
    log_request(request, results)
    return render_template('results.html',
                           the_title=title,
                           the_phrase=phrase,
                           the_letters=letters,
                           the_results=results,)

@app.route('/')
@app.route('/entry')
def entry_page() -> 'html':
    return render_template('entry.html',
                           the_title='Web版のsearch4lettersにようこそ！')

@app.route('/viewlog')
def view_the_log() -> 'html':
    contents = []
    with open('vsearch.log') as log:
        for line in log:
            contents.append([])
            for item in line.split('|'):
                contents[-1].append(escape(item))
    titles = ('フォームデータ', 'リモートアドレス', 'ユーザエージェント', '結果')
    return render_template('viewlog.html',
                           the_title='ログの閲覧',
                           the_row_titles=titles,
                           the_data=contents,)

if __name__ == '__main__':
    app.run(debug=True)
```

Ln: 2   Col: 0

データに問い合わせる

Webアプリケーションの機能は順調に拡張されていますが、この章の最初に示した「いくつのリクエストに応答したか」、「最も一般的な検索文字のリストは何か」、「リクエストがどのIPアドレスから来たか」、「最もよく使われているブラウザは何か」といった質問の答えに近づいているでしょうか？

3番目と4番目の質問には、/viewlogで表示される出力からある程度答えることができます。リクエストがどこから来たか（「リモートアドレス」カラム）やどのブラウザが使われているか（「ユーザエージェント」カラム）がわかります。しかし、最もよく使われるブラウザを特定したい場合には、それほど容易ではありません。表示されたログデータを見るだけでは十分ではありません。さらに計算する必要があります。

1番目と2番目の質問にも簡単には答えられません。答えるにはさらに計算が必要です。

コードをもっと書いて
計算すればいいだけで
しょ？

必要になったらさらにコードを書くだけです。

Pythonしか利用できないのならそのとおりで、さらに多くのコードを書いてこれらの質問（および考えられるその他の質問）に答える必要があります。結局、Pythonコードを書くのは楽しく、Pythonはデータ操作も得意です。さらにコードを書いて質問の答えを出すのは朝飯前だと思いませんか？

コードを少し追加しただけで、上のような質問に簡単に答えられる方法は他にもあります。具体的には、ログデータをデータベースに保存できれば、データベースのクエリを使って考えられるほぼすべての質問に答えられます。

次の章では、データをテキストファイルではなくデータベースにログデータを格納するようにWebアプリケーションを修正する方法を説明します。

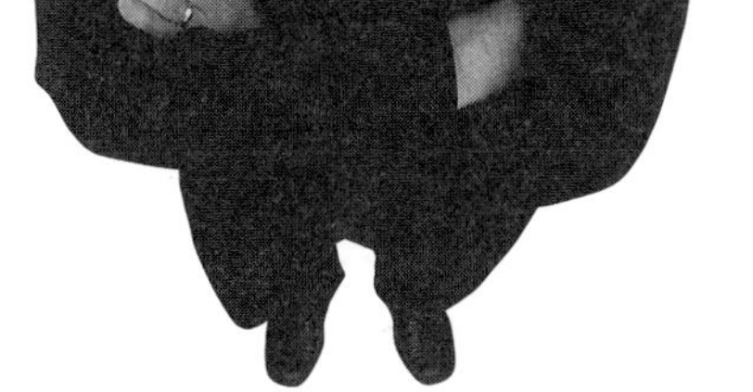

6章のコード

どちらも同じ処理を行います。
Pythonプログラマは
下より右の書き方が好きです。

```
with open('todos.txt') as
tasks:
    for chore in tasks:
        print(chore, end='')
```

```
tasks = open('todos.txt')
for chore in tasks:
    print(chore, end='')
tasks.close()
```

リクエストをテキストファイルに
ロギングするために追加したコード。

```
    ...
def log_request(req: 'flask_request', res: str) -> None:
    with open('vsearch.log', 'a') as log:
        print(req.form, req.remote_addr, req.user_agent, res, file=log, sep='|')

    ...

@app.route('/viewlog')
def view_the_log() -> str:
    contents = []
    with open('vsearch.log') as log:
        for line in log:
            contents.append([])
            for item in line.split('|'):
                contents[-1].append(escape(item))
    titles = ('フォームデータ', 'リモートアドレス', 'ユーザエージェント', '結果')
    return render_template('viewlog.html',
                           the_title='ログの閲覧',
                           the_row_titles=titles,
                           the_data=contents,)

    ...
```

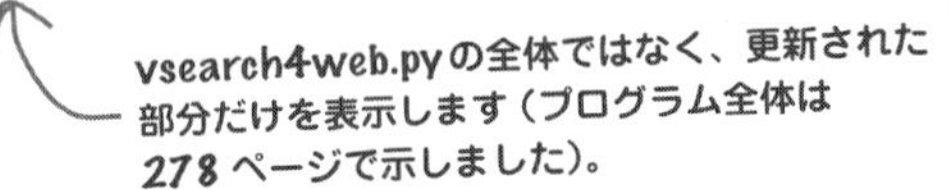

vsearch4web.pyの全体ではなく、更新された
部分だけを表示します（プログラム全体は
278ページで示しました）。

7章　データベースの利用

Pythonの DB-API を使う

面白いわ。データをデータベースに格納した方がずっとよくなるって書いてあるわ。
うん、そうだね。だけど、どうやるの？

リレーショナルデータベースにデータを格納すると便利です。

この章では、汎用データベースAPIの**DB-API**を使って人気の**MySQL**データベースとやり取りするコードの書き方を学習します。DB-API（すべてのPythonに標準で付属しています）を使うと、あるデータベースから別のデータベースへの移植が簡単なコードを書くことができます（データベースではSQLが使われることを前提とします）。ここではMySQLを使いますが、DB-APIコードはどのリレーショナルデータベースでも使うことができます。これからPythonでリレーショナルデータベースを使う方法を紹介します。この章ではPythonについて新しい知識はあまり得られませんが、Pythonを使ったデータベースとのやり取りは**重要**なので、学習する価値は十分にあります。

Webアプリケーションをデータベース対応にする

この章の目的は、6章のようなテキストファイルではなくデータベースにログデータを格納できるようにWebアプリケーションを修正することです。そうすれば、6章で生じた「いくつのリクエストに応答したか」、「最も一般的な検索文字のリストは何か」、「リクエストがどのIPアドレスから来たか」、「最もよく使われているブラウザは何か」などの質問に答えることができます。

しかし、そのためには使用するデータベースをまず決めます。選択肢は数多くあり、さまざまなデータベースの長所と短所を紹介していくと、膨大なページ数になってしまいます。そのため、人気のあるMySQLを使うことにします。

これから次の4つのことを行います。

1. MySQLサーバをインストールする。
2. PythonのMySQLデータベースドライバをインストールする。
3. データベースとテーブルを作成する。
4. データベースとテーブルを扱うコードを作成する。

上の4つのタスクが完了したら、テキストファイルではなくMySQLにロギングするように`vsearch4web.py`を修正します。そして、SQLを使って問い合わせて質問に答えます。

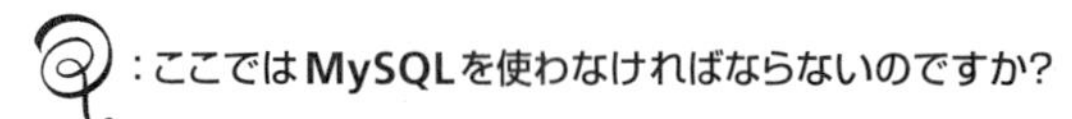

Q：ここではMySQLを使わなければならないのですか?

A：この章の例を試してみたいなら、答えは「はい」です。

Q：MySQLの代わりにMariaDBを使いたいのですが。

A：MariaDBはMySQLから派生しているので、代わりにMariaDBを使っても問題ありません（実際に、Head First LabsのDevOpsチームの間ではMariaDBが人気です）。

Q：ではPostgreSQLを使うことができますか?

A：そうですね。注意が必要ですが、大丈夫です。すでにPostgreSQL（またはその他のSQLベースのデータベース）の場合には、MySQLの代わりに使ってみてもよいでしょう。ただし、この章ではPostgreSQL（またはその他のデータベース）に関する具体的な説明はしないので、MySQLと同じように動作しないときには、自分でいろいろ試してみる必要があります。また、スタンドアロンのシングルユーザ**SQLite**もあります。SQLiteはPython付属なので、そのまま使えます。どのデータベースを選ぶかは何をしたいかに大きく左右されます。

タスク1：MySQLサーバをインストールする

- [ ] MySQLサーバをインストールする。
- [ ] PythonのMySQLデータベースドライバをインストールする。
- [ ] データベースとテーブルを作成する。
- [ ] データベースとテーブルを扱うコードを作成する

完了したタスクにチェックを入れていきます。

すでにMySQLがインストールされていたら、タスク2に進んでください。

MySQLのインストール方法は、OSによって異なりますが、MySQL（およびその仲間のMariaDB）に関わる人たちの尽力によりインストールは簡単です。

Linuxの場合には、リポジトリに`mysql-server`（または`mariadb-server`）があるので、他のパッケージの場合と同様、インストールユーティリティ（`apt`、`aptitude`、`rpm`、`yum`など）を使ってインストールします。

macOSの場合には、まずHomebrew（Homebrewについてはhttps://brew.shを調べてください）をインストールしてから、Homebrewを使ってMariaDBをインストールするようにします。経験上、この組み合わせがうまくいきます。

その他のシステム（Windowsのバージョンが異なる場合も含む）では、次のサイトから入手できるMySQLサーバの**コミュニティ版（Community Edition）**をインストールしてください。

http://dev.mysql.com/downloads/mysql/

MariaDBを使いたい場合は次のサイトで調べてください。

https://mariadb.org/download/

インストールするサーバのバージョンに関するドキュメントは必ず読んでください。

マーケティング担当者からのコメント：最初にMySQLを学んだときに、世界中のMySQL書籍の中で最初にバー、ではなく、オフィスに持ってきた本。

MySQLを使ったことがないから苦労しそうよ。

初めてでも大丈夫です。

ここでは、あなたにMySQLのエキスパートになってもらいたいわけではありませんが、この本の例を試すために必要なものをすべて教えます（MySQLを使った経験がなくても大丈夫です）。

時間をかけて学びたければ、素晴らしい入門書としてLynn Beighley著『Head First SQL』をお勧めします。

SQLクエリ言語に関する本ですが、例はすべてMySQLを使っています。少し古いですが、現在でも教材として優れています。

PythonのDB-APIとは

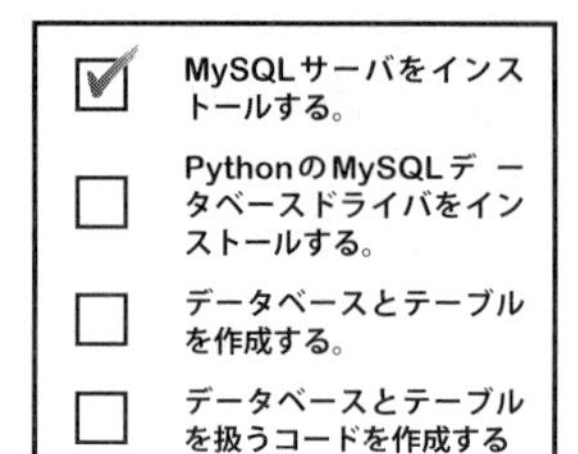
MySQLサーバをインストールする。
PythonのMySQLデータベースドライバをインストールする。
データベースとテーブルを作成する。
データベースとテーブルを扱うコードを作成する

データベースサーバをインストールしたので、詳しい説明の前に、PythonでMySQLを扱うためのドライバを追加しましょう。

Pythonインタプリタはデータベースを最初からサポートしていますが、MySQL専用ではありません。**DB-API**と呼ばれる、SQLベースのデータベースを扱うための標準データベースAPI（アプリケーションプログラミングインタフェース）を提供しています。足りないのは、DB-APIを使用している実際のデータベースに接続するための**ドライバ**です。

Pythonを使ってデータベースとやり取りするときには、どのようなデータベースでも通常はDB-APIを使います。DB-APIがデータベースの実際のAPIとの間の抽象レイヤとなるため、ドライバを使うとデータベースの実際のAPIとやり取りするために詳細を理解しなくて済みます。要するに、DB-APIでプログラミングすると、既存のコードを無駄にせず必要に応じて使用するデータベースを置き換えることができるのです。

DB-APIについては、この章の後半でさらに詳しく説明します。下の図は、PythonのDB-APIを使った結果をわかりやすく表現したものです。

マニア向け情報

PythonのDB-APIはPEP 0247で定義されています。PEP 0247は（入門のチュートリアルとは異なり）主にデータベースドライバ実装者が仕様として使うことを目的としているので、このPEPは無理して読まなくても大丈夫です。

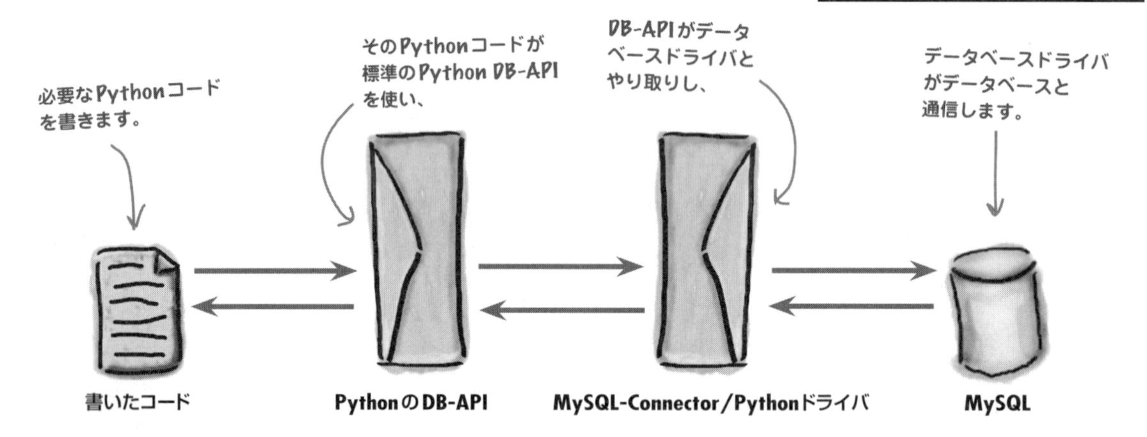
必要なPythonコードを書きます。
そのPythonコードが標準のPython DB-APIを使い、
DB-APIがデータベースドライバとやり取りし、
データベースドライバがデータベースと通信します。
書いたコード
PythonのDB-API
MySQL-Connector/Pythonドライバ
MySQL

この図を見て、PythonのDB-APIは非効率ではないかと思うかもしれません。コードとデータベースの間に**2層**もあるからです。しかし、DB-APIは必要に応じてデータベースを変更し、データベースに固定されずに済むという利点があります。データベースに対して**直接**コーディングすると、そのデータベースにしばられてしまいます。また、SQL方言がそれぞれ異なることを考えると、DB-APIを使うと高次元の抽象化が可能となるので便利です。

- ☑ MySQLサーバをインストールする。
- ☐ PythonのMySQLデータベースドライバをインストールする。
- ☐ データベースとテーブルを作成する。
- ☐ データベースとテーブルを扱うコードを作成する。

タスク2：Python用のMySQLデータベースドライバをインストールする

誰でも自由にデータベースドライバを書くことができますが（実際多くの人が書いています）、一般的には言語ごとに**公式のドライバ**をデータベースベンダーが用意しています。MySQLを所有するOracle社も、MySQL-Connector/Pythonドライバを提供しています。この章ではMySQL-Connector/Pythonドライバを使うことを勧めます。

MySQL-Connector/Pythonドライバがサポートされているプラットフォームの一覧は、https://pypi.python.org/pypi/mysql-connector-python/で確認できます。

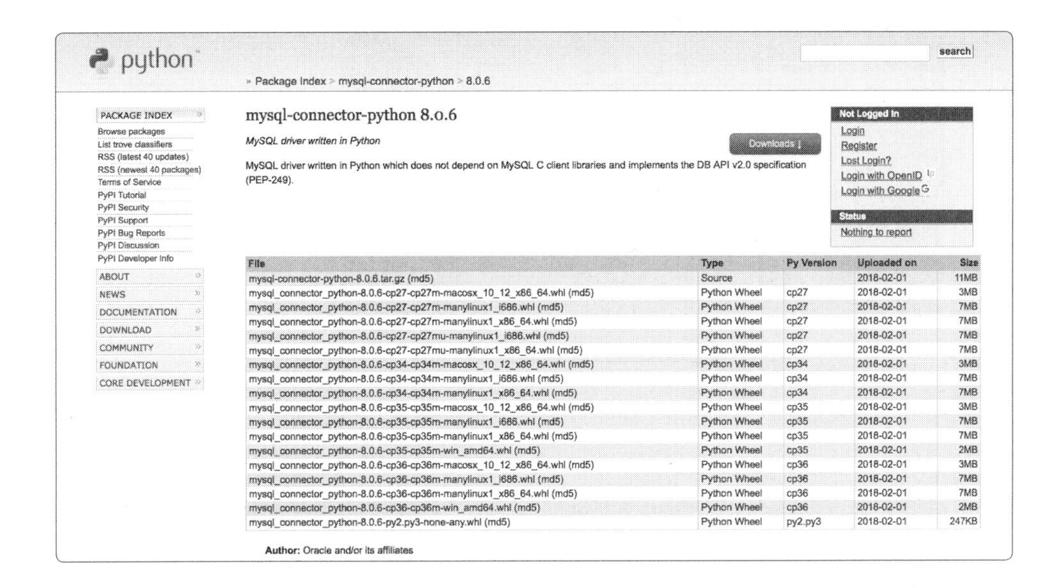

素朴な疑問に答えます

Q：MySQL-Connector/Pythonドライバ以外にも利用できるものはありますか？

A：はい。あります。MySQL-Connector/Pythonドライバ以外にも数多くのドライバが開発されていて、利用することができます。代表的なものに、mysqlclient、PyMySQL、mxODBC、pyodbc、PyPyODBCなどがあります。

- [x] MySQLサーバをインストールする。
- [ ] PythonのMySQLデータベースドライバをインストールする。
- [ ] データベースとテーブルを作成する。
- [ ] データベースとテーブルを扱うコードを作成する

MySQL-Connector/Pythonのインストール

pipを使ってPythonのMySQLデータベースドライバであるmysql-connector-python-8.0.6をインストールします。Windowsにインストールするには、次のコマンドを実行します。

```
py -3 pip install mysql-connector-python
```

```
C:¥Users¥Ryoko>py -3 -m pip install mysql-connector-python
Collecting mysql-connector-python
  Downloading mysql_connector_python-8.0.6-cp36-cp36m-win_amd64.whl (3.0MB)
    100% |████████████████████████████████| 3.1MB 220kB/s
Installing collected packages: mysql-connector-python
Successfully installed mysql-connector-python-8.0.6
```

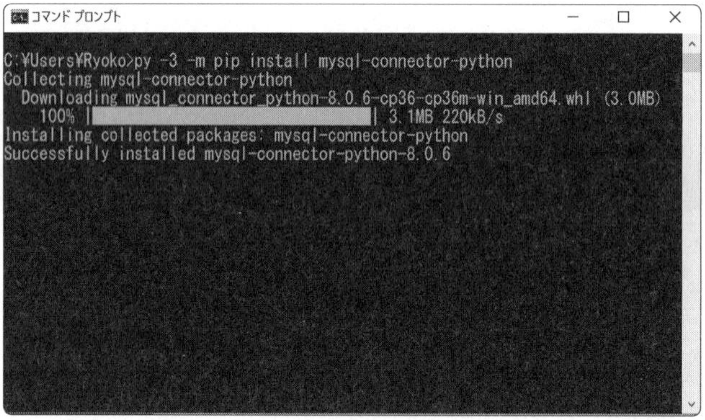

LinuxやmacOSでは、次のコマンドを使います。

```
sudo -H python3 -m pip install mysql-connector-python
```

```
$ pip install mysql-connector-python
Collecting mysql-connector-python
  Using cached mysql_connector_python-8.0.6-cp36-cp36m-macosx_10_12_x86_64.whl
Installing collected packages: mysql-connector-python
Successfully installed mysql-connector-python-8.0.6
$
```

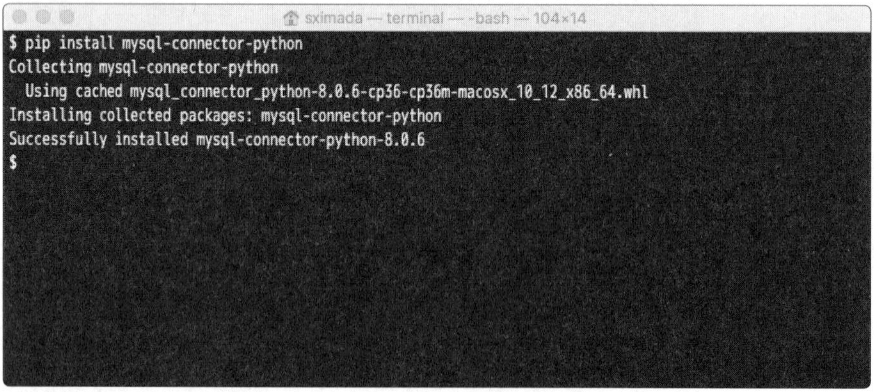

インストールがすべてうまくいったら、MySQLConnector/Pythonが使える状態となります。

タスク3：Webアプリケーションのデータベースとテーブルを作成する

- ☑ MySQLサーバをインストールする。
- ☑ PythonのMySQLデータベースドライバをインストールする。
- ☐ データベースとテーブルを作成する。
- ☐ データベースとテーブルを扱うコードを作成する

MySQLデータベースサーバとMySQL-Connector/Pythonドライバがインストールできたので、次のタスクに進みます。タスク3では、Webアプリケーションで必要なデータベースとテーブルを作成します。

データベースとテーブルの作成は、コマンドラインツールを使ってMySQLサーバとやり取りします。コマンドラインツールとは、ターミナルウィンドウから起動する小さなユーティリティで、MySQL**コンソール**と呼ばれます。次のコマンドでコンソールを開始し、MySQLデータベース管理者としてログインします（ユーザIDとしてrootを使います）。

```
mysql -u root -p
```

MySQLサーバのインストール時に管理者パスワードを設定した場合には、[Enter]キーを押してからそのパスワードを入力します。パスワードを設定していない場合には、[Enter]キーを2回押すだけです。どちらの場合も**コンソールプロンプト**が表示されます。MySQLの場合は左、MariaDBの場合は右が表示されます。

```
mysql>                                    MariaDB [None]>
```

コンソールプロンプトでコマンドを入力すると、MySQLに送信されて実行されます。最初に、Webアプリケーション用のデータベースを作成しましょう。ログデータを格納するためにデータベースを使うわけですから、このデータベースはvsearchlogDBという名前にしましょう。次のコンソールコマンドで、このデータベースを作成します。

```
mysql> create database vsearchlogDB;
```

MySQLコンソールに入力するコマンドは必ずセミコロンで終了します。

コンソールは、（不可解な）ステータスメッセージQuery OK, 1 row affected (0.00 sec)を表示します。このメッセージは、すべてがうまくいったという意味です。

常にユーザIDとしてrootを使うは不適切なので、WebアプリケーションがMySQLデータベースとやり取りする専用のデータベースユーザIDとパスワードを作成しましょう。次のコマンドは新たなMySQLユーザvsearchを作成し、新たなユーザのパスワードとして「vsearchpasswd」を使い、vsearchユーザにvsearchlogDBに対するすべての権限を与えます。

```
mysql> grant all on vsearchlogDB.* to 'vsearch' identified by 'vsearchpasswd';
```

同様のステータスメッセージQuery OKが表示され、このユーザの作成を確認できるはずです。ここで、次のコマンドでコンソールからログアウトしましょう。

```
mysql> quit
```

別のパスワードでも構いません。その場合には、以降からはこの本で使うパスワードではなく自分で決めたパスワードを使うようにします。

コンソールからByeメッセージが表示されたらOSに戻ります。

ログデータの構造を決める

- [x] MySQLサーバをインストールする。
- [x] PythonのMySQLデータベースドライバをインストールする。
- [ ] データベースとテーブルを作成する。
- [ ] データベースとテーブルを扱うコードを作成する。

Webアプリケーションで使用するデータベースを作成したので、そのデータベース内に（アプリケーションの要求に応じて）任意の数のテーブルを作成できます。ここでの目的では、ロギングされたWebリクエストに関連するデータを格納するだけなので、テーブルは1つで十分です。

6章でこのデータをテキストファイルにどのように格納していたかを思い出してください。vsearch.logファイルの行は、次のようなフォーマットでした。

phraseの値と、

lettersの値をロギングします。

フォームデータを送信したPCのIPアドレスもロギングします。

```
ImmutableMultiDict([('phrase', 'galaxy'}), ('letters', 'xyz')])|127.0.0.1|Mozilla/5.0 (Macintosh; Intel
Mac OS X 10_11_2) AppleWebKit/537.36 (KHTML, like Gecko) Chrome/47.0.2526.106 Safari/537.36|{'x', 'y'}
```

使用されているブラウザを表す（比較的大きな）文字列。

最後に（大切なことですが）phraseからlettersを検索した実際の結果もロギングします。

少なくとも、作成するテーブルにはフレーズ、検索文字、IPアドレス、ブラウザ文字列、結果の値の5つのフィールドが必要です。しかし、その他に2つのフィールドも必要です。ロギングしたリクエストごとに一意のIDとリクエストをロギングした時間を記録するタイムスタンプです。この2つのフィールドはとても一般的です。このページの最後に示すようにMySQLにはロギングしたそれぞれのリクエストにこのデータを追加する簡単な方法があります。

作成したいテーブルの構造をコンソールで指定できます。しかし、その前に次のコマンドで新たに作成したvsearchユーザとしてログインしましょう（[Enter]キーを押した後に正しいパスワードを入力します）。

```
mysql -u vsearch -p vsearchlogDB
```

このユーザのパスワードは「vsearchpasswd」に設定。

次のSQL文で、（logという）必要なテーブルの作成に使用します。なお、->記号はSQL文の一部ではありません。これは（SQLが複数行に及ぶときに）さらなる入力を求めるために自動的に表示されます。終了を示すセミコロンを入力して[Enter]キーを押すと、この文は終了します（そして、実行されます）。

```
mysql> create table log (
    -> id int auto_increment primary key,
    -> ts timestamp default current_timestamp,
    -> phrase varchar(128) not null,
    -> letters varchar(32) not null,
    -> ip varchar(16) not null,
    -> browser_string varchar(256) not null,
    -> results varchar(64) not null );
```

MySQLはこれらのフィールドのデータを自動的に提供します。

コンソールの継続記号。

フィールドには（フォームデータで提供された）リクエストのデータがあります。

テーブルがデータを格納できる状態になっているかを確認する

- [x] MySQLサーバをインストールする。
- [x] PythonのMySQLデータベースドライバをインストールする。
- [x] データベースとテーブルを作成する。
- [ ] データベースとテーブルを扱うコードを作成する。

テーブルが作成できたので、タスク3は完了です。

テーブルが必要な構造で本当に作成されているかをコンソールで確認しましょう。いまもユーザvsearchとしてログインしているので、プロンプトで**describe log**コマンドを実行します。

```
mysql> describe log;
+----------------+--------------+------+-----+-------------------+----------------+
| Field          | Type         | Null | Key | Default           | Extra          |
+----------------+--------------+------+-----+-------------------+----------------+
| id             | int(11)      | NO   | PRI | NULL              | auto_increment |
| ts             | timestamp    | NO   |     | CURRENT_TIMESTAMP |                |
| phrase         | varchar(128) | NO   |     | NULL              |                |
| letters        | varchar(32)  | NO   |     | NULL              |                |
| ip             | varchar(16)  | NO   |     | NULL              |                |
| browser_string | varchar(256) | NO   |     | NULL              |                |
| results        | varchar(64)  | NO   |     | NULL              |                |
+----------------+--------------+------+-----+-------------------+----------------+
```

logテーブルが作成できていて、ログデータを格納できる構造になっていることがわかりました。今回はこれ以上作業しないので**quit**と入力してコンソールを終了します

これでテーブルにデータを追加する準備ができたのね？ SQLのエキスパートの友達はたくさんのinsert文をその都度書けばデータを追加できると言っているけど。

はい、それも１つの方法です。

多くのinsert文をコンソールに**手動**で入力し、新たに作成したテーブルに**手動**でデータを追加しても構いません。しかし、リクエストデータをlogテーブルに**自動的に**追加したいのです。ですからinsert文も手動では使いたくないのです。

そのためには、logテーブルとやり取りするPythonのコードを書く必要があります。そして、このコードを書くには、DB-APIについてもっと学ばなければいけません。

DB-APIクローズアップ(1/3)

284ページで示した、コード、データベースドライバ、データベースとPythonのDB-APIとの関係を表した図を思い出してください。

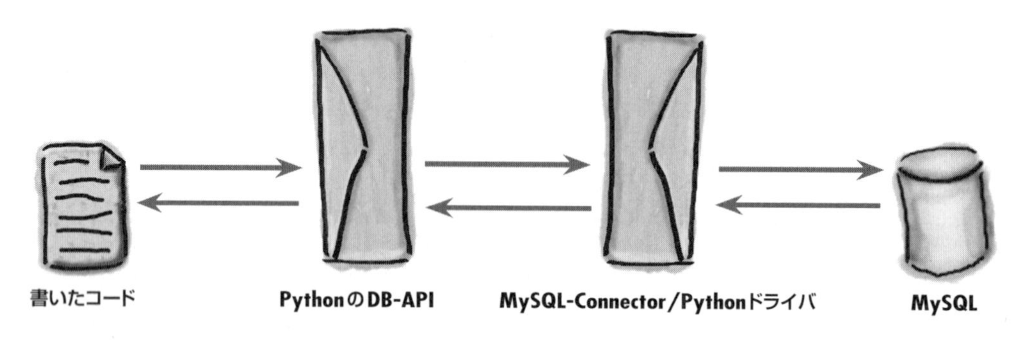

DB-APIでは、DB-APIが提供する機能のみを使用する限り、コードを少し修正するだけでドライバとデータベースの組み合わせを置き換えられます。

この重要なPython標準のプログラミング方法をおさらいしましょう。ここでは6つの手順を示します。

DB-APIステップ1:接続特性を決める

MySQLに接続するときには、4つの情報が必要です。(1)MySQLサーバを実行しているマシン(**ホスト**と呼びます)のIPアドレスと名前、(2)使用するユーザID、(3)ユーザIDのパスワード、(4)ユーザIDでやり取りしたいデータベース名です。

MySQL-Connector/Pythonドライバでは、使いやすく参照しやすくするために、上の接続情報をPythonの辞書に格納できます。ここでは、次のコードを>>>プロンプトに入力してこれを行ってみましょう。必ず手元のマシンで試してみてください。次は、4つの必要な「接続キー」と対応する値を対応付ける(`dbconfig`という)辞書です。

1. サーバはローカルマシンで動作しているので、hostにはローカルホストIPアドレスを使う。

3. passwordキーにはこのユーザIDのパスワードを設定。

```
>>> dbconfig = { 'host': '127.0.0.1',
                 'user': 'vsearch',
                 'password': 'vsearchpasswd',
                 'database': 'vsearchlogDB', }
```

2. 先ほどのvsearchユーザIDをuserキーに設定。

4. データベース名(この例ではvsearchlogDB)をdatabaseキーに設定。

DB-APIステップ2：データベースドライバをインストールする

接続特性を決めたので、次はデータベースドライバをimportします。

```
>>> import mysql.connector
```

データベース用のドライバをインポートします。

このインポートで、DB-APIでMySQL固有のドライバが利用できるようになります。

DB-APIステップ3：サーバとの接続を確立する

DB-APIのconnect関数を使ってサーバとの接続を確立しましょう。この接続オブジェクトを変数connに保存します。次のコードはconnectを呼び出し、MySQLデータベースサーバへの接続を確立し、connを作成します。

```
>>> conn = mysql.connector.connect(**dbconfig)
```

この呼び出しは接続を確立します。

接続特性の辞書を渡します。

connect関数は引数を1つ取りますが、その引数の先頭の**に注目してください（特にC/C++プログラマは、**を「ポインタのポインタ」と解釈してはいけません。Pythonにポインタの概念はありません）。**は、引数の辞書が1つの変数（この例では先ほど作成した辞書dbconfig）で提供されていることをconnect関数に知らせます。connectは、**を見たら1つの辞書引数を4つの引数に展開してconnect関数内で使い、接続を確立します（後の章ではさらに多くの**表記が登場します）。

DB-APIステップ4：カーソルを開く

SQLコマンドをデータベースに送り、データベースから結果を受け取るには、**カーソル**が必要です。カーソルは、6章の**ファイルハンドル**のデータベース版に相当するものと考えてください（いったんカーソルを開いたら、ディスクファイルとやり取りできます）。

カーソルの作成は簡単です。すべての接続オブジェクトに含まれるcursorメソッドを呼び出して作成します。上の接続と同様、作成したカーソルへの参照を変数に保存します（芸がありませんが、この変数をcursorと名付けます）。

```
>>> cursor = conn.cursor()
```

コマンドをサーバに送り結果を受け取るカーソルを作成します。

これで、SQLコマンドをサーバに送り（うまくいけば）結果を受け取る準備ができました。

しかし、その前に、少し時間をかけてすでに完了した手順を復習しましょう。データベースへの接続情報を決定し、ドライバモジュールをインポートし、接続オブジェクトを作成し、カーソルを作成しました。どのデータベースを使うにしても、この手順はMySQLと変わりません（接続情報だけが異なります）。

DB-APIクローズアップ(2/3)

カーソルを作成して変数に代入したので、次はSQLクエリ言語を使ってデータベース内のデータとやり取りします。

DB-APIステップ5：SQLを実行する！

変数cursorでSQLクエリをMySQLに送信し、MySQLのクエリ処理が作成する結果を取得できます。

一般的に、Head First LabsのPythonプログラマはデータベースサーバへ送信するSQLを"""で囲み、文字列として変数_SQLに代入するのが好きなようです。"""で囲んだ文字列を使うのは、SQLクエリは複数行になることが多く、"""で囲んだ文字列を使うと一時的にPythonインタプリタの「行末が文の終わり」というルールが無効になるからです。変数名に_SQLを使うのは、Pythonで定数値を定義するためのHead First Labsプログラマの間の慣例ですが、どんな変数名でも構いません（また、大文字である必要もアンダースコアから始める必要もありません）。

まず、接続したデータベースのテーブル名をMySQLに問い合わせましょう。そのためには、show tablesクエリを変数_SQLに代入し、引数として_SQLを渡してcursor.execute関数を呼び出します。

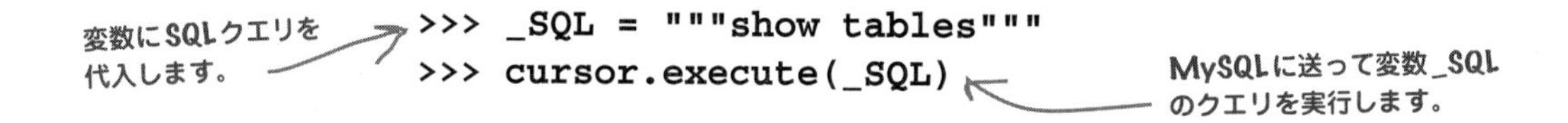
変数にSQLクエリを
代入します。
MySQLに送って変数_SQL
のクエリを実行します。

```
>>> _SQL = """show tables"""
>>> cursor.execute(_SQL)
```

>>>プロンプトで上のcursor.executeコマンドを実行すると、SQLクエリがMySQLサーバに送られ、MySQLサーバでクエリが実行されます（有効で正しいSQLであると仮定します）。しかし、すぐに結果が返されるわけではありません。結果を要求する必要があります。

次の3つのカーソルメソッドのいずれかを使って結果を要求します。

- cursor.fetchoneは**1行**の結果を取得する。
- cursor.fetchmanyは指定した**数**の行を取得する。
- cursor.fetchallは結果となる**すべて**の行を取得する。

ここでは、cursor.fetchallメソッドでクエリの全結果を取得して変数resに格納し、resの内容を表示しましょう。

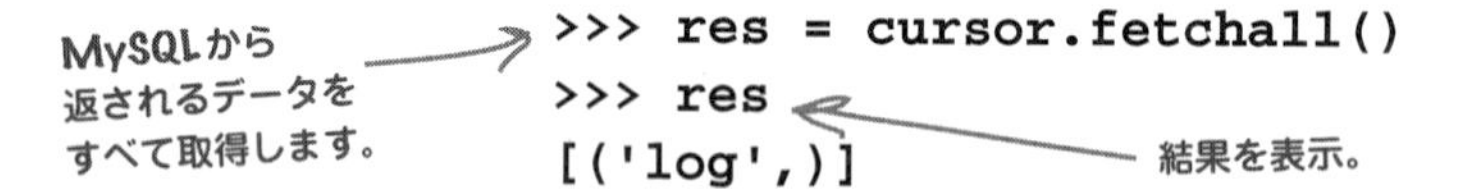
MySQLから
返されるデータを
すべて取得します。
結果を表示。

```
>>> res = cursor.fetchall()
>>> res
[('log',)]
```

resの内容は少し変だと思いませんか？ このデータベース（vsearchlogDB）にはlogというテーブルが1つあることが前からわかっているので、単語が1つだけ表示されると思ったでしょう。しかし、cursor.fetchallは、（上の例のように）データが1つだけのときでも常に**タプルのリスト**を返します。MySQLがさらに多くのデータを返す別の例を紹介しましょう。

次のクエリdescribe logは、データベースに格納されたlogテーブルに関する情報を表示します。下からわかるように、この情報を**2回**表示しています。1回は生の形式で(少し読みづらいです)、もう1回は複数行で表示します。cursor.fetchallが返す結果はタプルのリストでしたよね。

下のコードでは、cursor.fetchallを再度実行しています。

```
>>> _SQL = """describe log"""
>>> cursor.execute(_SQL)
>>> res = cursor.fetchall()
>>> res
[('id', 'int(11)', 'NO', 'PRI', None, 'auto_increment'), ('ts',
'timestamp', 'NO', '', 'CURRENT_TIMESTAMP', ''), ('phrase',
'varchar(128)', 'NO', '', None, ''), ('letters', 'varchar(32)',
'NO', '', None, ''), ('ip', 'varchar(16)', 'NO', '', None, ''),
('browser_string', 'varchar(256)', 'NO', '', None, ''), ('results',
'varchar(64)', 'NO', '', None, '')]

>>> for row in res:
        print(row)

('id', 'int(11)', 'NO', 'PRI', None, 'auto_increment')
('ts', 'timestamp', 'NO', '', 'CURRENT_TIMESTAMP', '')
('phrase', 'varchar(128)', 'NO', '', None, '')
('letters', 'varchar(32)', 'NO', '', None, '')
('ip', 'varchar(16)', 'NO', '', None, '')
('browser_string', 'varchar(256)', 'NO', '', None, '')
('results', 'varchar(64)', 'NO', '', None, '')
```

SQLクエリを作成し、
サーバに送り、
結果を取得します。
少し読みづらいですが、タプルのリストです。
結果の各行を取得し、
別々の行に表示します。
タプルのリストのそれぞれのタプルが別の行になっています。

2回目は生の出力からあまり改善されていないと感じるかもしれませんが、289ページで表示した下のMySQLコンソールの出力と比べてみてください。実は同じデータです。データがresというPythonデータ構造に含まれているだけです。

よく見ると同じデータです。

```
mysql> describe log;
+----------------+--------------+------+-----+-------------------+----------------+
| Field          | Type         | Null | Key | Default           | Extra          |
+----------------+--------------+------+-----+-------------------+----------------+
| id             | int(11)      | NO   | PRI | NULL              | auto_increment |
| ts             | timestamp    | NO   |     | CURRENT_TIMESTAMP |                |
| phrase         | varchar(128) | NO   |     | NULL              |                |
| letters        | varchar(32)  | NO   |     | NULL              |                |
| ip             | varchar(16)  | NO   |     | NULL              |                |
| browser_string | varchar(256) | NO   |     | NULL              |                |
| results        | varchar(64)  | NO   |     | NULL              |                |
+----------------+--------------+------+-----+-------------------+----------------+
```

DB-APIクローズアップ(3/3)

insertクエリを使ってlogテーブルにサンプルデータを追加してみます。

次に示すクエリを変数_SQLに代入し、cursor.executeを呼び出してクエリをサーバに送ってみましょう。

```
>>> _SQL = """insert into log
              (phrase, letters, ip, browser_string, results)
              values
              ('hitch-hiker', 'aeiou', '127.0.0.1', 'Firefox', "{'e', 'i'}")"""
>>> cursor.execute(_SQL)
```

誤解しないでください。上のコマンドは正しく動作します。しかし、テーブルに格納するデータ値はinsertごとに変わるので、このようにデータ値を**ハードコーディング**することはほとんどありません。Webリクエストごとの詳細をlogテーブルにロギングするということは、リクエストごとにデータ値が変わるということなので、このようにデータをハードコーディングしてしまうと面倒なことになります。

(上のような)ハードコーディングを避けるために、DB-APIではクエリ文字列に「データプレースホルダ」を配置できます。データプレースホルダには、cursor.executeの呼び出し時に実際の値が入ります。これにより、クエリを実行する直前にクエリに引数として値を渡すことで、異なるデータ値でクエリを再利用できます。クエリ内のプレースホルダは文字列値で、次のコードでは%sです。

上のコマンドと比べてみてください。

```
>>> _SQL = """insert into log
              (phrase, letters, ip, browser_string, results)
              values
              (%s, %s, %s, %s, %s)"""
>>> cursor.execute(_SQL, ('hitch-hiker', 'xyz', '127.0.0.1', 'Safari', 'set()'))
```

クエリの作成には、実際のデータ値ではなくDB-APIのプレースホルダを使います。

上のコードでは、2つの点に注意してください。SQLクエリで実際のデータ値をハードコーディングせずにプレースホルダ%sを使い、実行前にクエリに文字列値を代入するようにDB-APIに通知します。第2の注意点は、上には5つの%sがあるので、cursor.executeに5つの追加パラメータが必要になることです。唯一の問題は、cursor.executeは受け取るパラメータの数に制限がある点です。**最大でも**2つのパラメータしか受け付けません。

なぜこのようになるのでしょうか？

上の最後の1行に注目してください。cursor.executeが(文句を言わずに)指定された**5つ**のデータ値を受け付けています。どうなっているのでしょうか？

もう一度その行をよく見てください。データ値が丸かっこで囲まれていますよね？ 丸かっこを使うと5つのデータ値が(それぞれデータ値を含む)1つのタプルになります。実際には、上の行はcursor.executeに2つの引数を渡しています。プレースホルダを含むクエリとデータ値のタプル1つです。

それでは、このページのコードを実行すると、データ値がlogテーブルに挿入されるのでしょうか？

cursor.executeで（insertクエリを使って）データをデータベースに送っても、保存されるまで時間がかかることがあります。というのは、データベースへの書き込みは（処理サイクルの観点から見て）**コストのかかる**操作なので、多くのデータベースはinsertをキャッシュしてから後で一度にまとめてinsertするからです。そのため、テーブルに格納済みと思っているデータが**まだ**ないことがあり、これが問題を引き起こす危険性があります。

例えば、insertを使ってテーブルにデータを送った直後にselectでそのデータを読み出しても、まだデータベースのキャッシュが書き込まれるのを待っている状態なので、データが取得できない場合があります。その場合、不運にもselectはデータを返しません。最終的にはデータが書き込まれるため失われることはありませんが、このデフォルトのキャッシュ動作は望んでいないことかもしれません。

データベースの書き込み性能が悪化しても構わなければ、conn.commitメソッドを使ってデータベースにすべてのキャッシュデータを強制的にテーブルにコミットさせることができます。ここではこれを行い、前ページの2つのinsert文をlogテーブルに適用しましょう。データを書き込んだので、selectクエリでデータ値が保存されていることを確認できます。

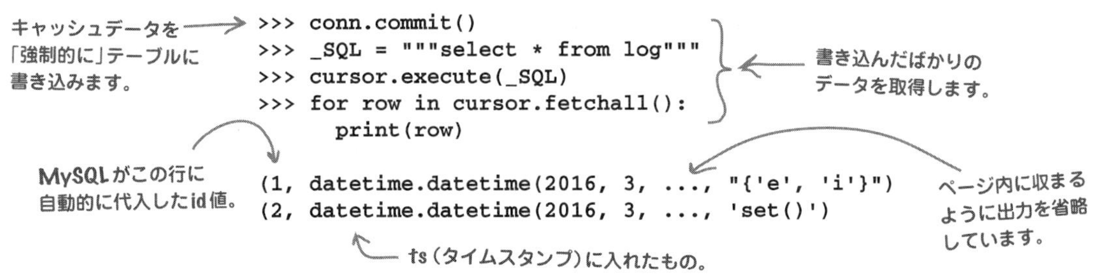

上から、MySQLがデータを行に挿入するときにidとtsに使う正しい値を自動的に決めていることがわかります。データベースサーバが返すデータは（以前と同様に）タプルのリストです。cursor.fechallの結果を変数に保存してから反復処理するのではなく、このコードではforループ内でcursor.fechallを直接使っています。また、タプルは不変リストで、[]でアクセスできることも忘れないでください。つまり、上のforループで使う変数rowにインデックスを付け、必要に応じて各データ項目を取得できます。例えば、row[2]はフレーズ、row[3]は検索文字、row[-1]は結果を取得します。

DB-APIステップ6：カーソルと接続を閉じる

データをテーブルにコミットしたので、カーソルと接続を閉じて後片付けをします。

```
>>> cursor.close()
True

>>> conn.close()
```

常に後片付けをしましょう。

カーソルがTrueを返しているので、正しく閉じられたことがわかります。データベースのリソースは有限なので、必要なくなったら必ずカーソルと接続を閉じるようにしましょう。

タスク4：データベースとテーブルを扱うコードを作成する

- ☑ MySQLサーバをインストールする。
- ☑ PythonのMySQLデータベースドライバをインストールする。
- ☑ データベースとテーブルを作成する。
- ☑ データベースとテーブルを扱うコードを作成する。

タスクは全部完了！

DB-APIクローズアップの6つの手順が完了しました。これで、logテーブルとやり取りするのに必要なコードが手に入り、タスク4の「Webアプリケーションのデータベースとテーブルを扱うコードを作成する」が完了しました。

コード全体を振り返ってみましょう。

```
dbconfg = { 'host': '127.0.0.1', is done!
            'user': 'vsearch',
            'password': 'vsearchpasswd',
            'database': 'vsearchlogDB', }

import mysql.connector

conn = mysql.connector.connect(**dbconfg)

cursor = conn.cursor()

_SQL = """insert into log
       (phrase, letters, ip, browser_string, results)
       values
       (%s, %s, %s, %s, %s)"""

cursor.execute(_SQL, ('galaxy', 'xyz', '127.0.0.1', 'Opera', "{'x', 'y'}"))

conn.commit()

_SQL = """select * from log"""

cursor.execute(_SQL)

for row in cursor.fetchall():
      print(row)

cursor.close()

conn.close()
```

接続特性を決めます。

データベースドライバをインストール。

接続を確立し、カーソルを作成。

クエリを文字列に代入します（5つのプレースホルダ引数に注意）。

サーバにクエリを送ります。引数に値を（タプルで）提供することを忘れずに。

強制的にデータベースにデータを書き込ませます。

テーブルから（書き込んだばかりの）データを取得し、行ごとに出力。

終わったら後片付けもします。

4つのタスクが終わったので、Webリクエストデータを（現在の）テキストファイルではなくMySQLデータベースにログデータを格納するようにWebアプリケーションを修正する準備が整いました。それでは、この修正を始めましょう。

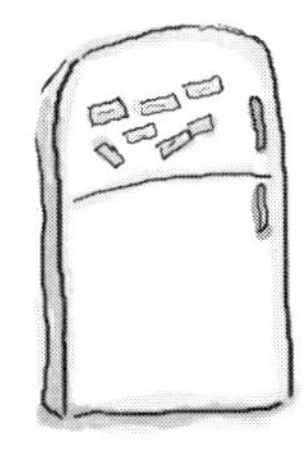

データベースマグネット

6章のlog_request関数をもう一度見てください。

この小さな関数は2つの引数を取りました。Webリクエストオブジェクトとvsearchの結果は次のようになるでしょう。

```
def log_request(req: 'flask_request', res: str) -> None:
    with open('vsearch.log', 'a') as log:
        print(req.form, req.remote_addr, req.user_agent, res, file=log, sep='|')
```

この関数のブロックを（テキストファイルではなく）データベースにログデータを格納するコードに置き換えてください。def行は同じです。このページの下端に散らばったマグネットから必要なものを選び、この関数が完成するように配置してください。

```
def log_request(req: 'flask_request', res: str) -> None:
```

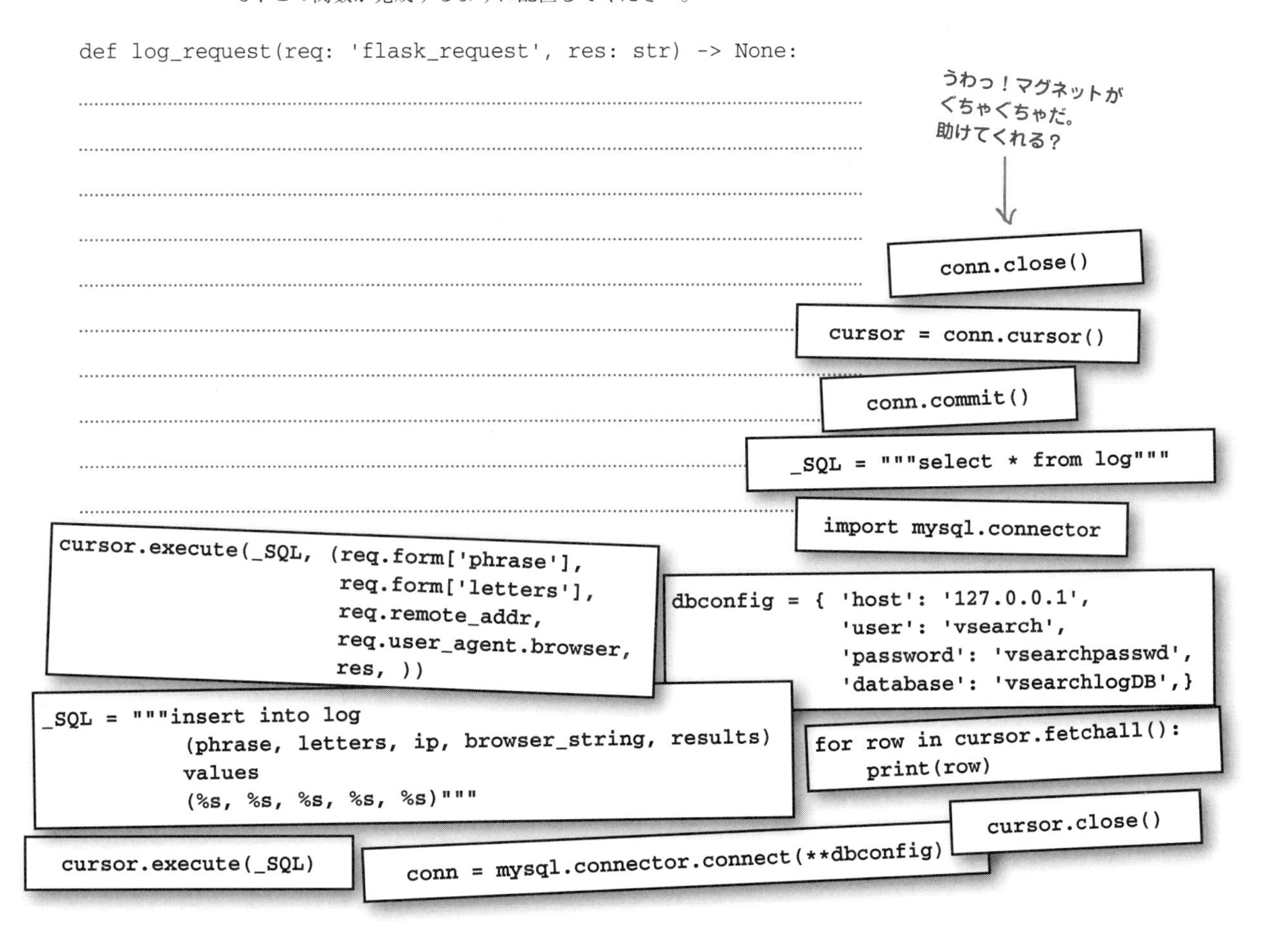

データベースマグネット

6章のlog_request関数をもう一度見てください。

```
def log_request(req: 'flask_request', res: str) -> None:
    with open('vsearch.log', 'a') as log:
        print(req.form, req.remote_addr, req.user_agent, res, file=log, sep='|')
```

この関数のブロックを（テキストファイルではなく）データベースにログデータを格納するコードに置き換える必要がありました。def行は同じです。このページの下端に散らばったマグネットから必要なものを選び、この関数が完成するように配置します。

```
def log_request(req: 'flask_request', res: str) -> None:
```

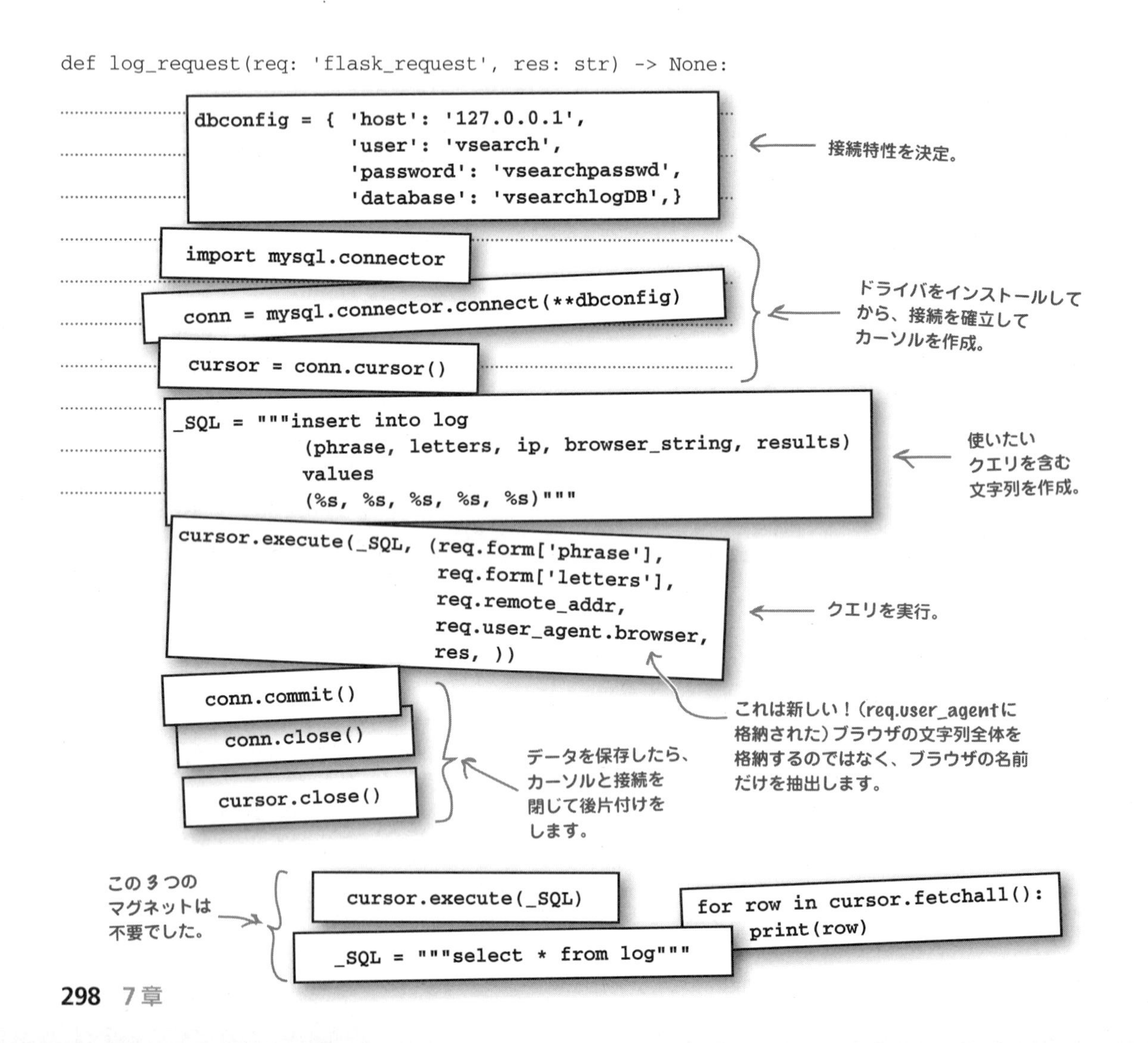

dbconfig = { 'host': '127.0.0.1',
'user': 'vsearch',
'password': 'vsearchpasswd',
'database': 'vsearchlogDB',}
接続特性を決定。
import mysql.connector
conn = mysql.connector.connect(**dbconfig)
cursor = conn.cursor()
ドライバをインストールしてから、接続を確立してカーソルを作成。
_SQL = """insert into log
(phrase, letters, ip, browser_string, results)
values
(%s, %s, %s, %s, %s)"""
使いたいクエリを含む文字列を作成。
cursor.execute(_SQL, (req.form['phrase'],
req.form['letters'],
req.remote_addr,
req.user_agent.browser,
res,))
クエリを実行。
これは新しい！（req.user_agentに格納された）ブラウザの文字列全体を格納するのではなく、ブラウザの名前だけを抽出します。
conn.commit()
conn.close()
cursor.close()
データを保存したら、カーソルと接続を閉じて後片付けをします。
この3つのマグネットは不要でした。
cursor.execute(_SQL)
for row in cursor.fetchall():
print(row)
_SQL = """select * from log"""

試運転

vsearch4web.pyの中の、元のlog_request関数を、前ページのコードに置き換えます。コードを保存したら、コマンドプロンプトで修正したWebアプリケーションを起動しましょう。Windowsでは、次のコマンドを使います。

```
C:\webapps> py -3 vsearch4web.py
```

LinuxやMac OS Xでは、次のコマンドを使います。

```
$ python3 vsearch4web.py
```

次のアドレスでWebアプリケーションは起動します。

```
http://127.0.0.1:5000/
```

手元のブラウザから検索フレーズをいくつか入力して、正しく動作していることを確認してください。ここでは強調しておきたいことが2つあります。

- Webアプリケーションは以前と全く同様に動作する。検索するたびに「結果ページ」をユーザに返す。
- ユーザには、検索データがテキストファイルではなくデータベーステーブルにロギングされていることは全くわからない。

残念ながら、/viewlogを使って最新のログエントリを見ることはできません。このURLに関連付けられている関数（view_the_log）は、（データベースではなく）vsearch.logテキストファイルに対してのみ機能するからです。この修正については次のページで詳しく取り上げます。

ここでは、MySQLコンソールでlog_requestがlogテーブルにログデータを格納していることを確認して、この「試運転」を終わりにしましょう。別のターミナルウィンドウを開いて以下に従ってください（注：紙面の幅に収まるように出力を省略しています）。

MySQLコンソールにログインします。

logテーブルの全データを要求するクエリ（実際のデータはたぶん異なるでしょう）。

ファイル　編集　ウィンドウ　ヘルプ　ログDBの確認

```
$ mysql -u vsearch -p vsearchlogDB
Enter password:
Welcome to MySQL monitor...

mysql> select * from log;
+----+---------------------+--------------------------+---------+-----------+----------------+----------------------+
| id | ts                  | phrase                   | letters | ip        | browser_string | results              |
+----+---------------------+--------------------------+---------+-----------+----------------+----------------------+
|  1 | 2016-03-09 13:40:46 | life, the uni ... ything | aeiou   | 127.0.0.1 | firefox        | {'u', 'e', 'i', 'a'} |
|  2 | 2016-03-09 13:42:07 | hitch-hiker              | aeiou   | 127.0.0.1 | safari         | {'i', 'e'}           |
|  3 | 2016-03-09 13:42:15 | galaxy                   | xyz     | 127.0.0.1 | chrome         | {'y', 'x'}           |
|  4 | 2016-03-09 13:43:07 | hitch-hiker              | xyz     | 127.0.0.1 | firefox        | set()                |
+----+---------------------+--------------------------+---------+-----------+----------------+----------------------+
4 rows in set (0.0 sec)

mysql> quit
Bye
```

終わったら忘れずにコンソールを終了します。

ブラウザ名だけを格納していました。

データの格納は半分だけ

前ページの「試運転」で、log_request内のPython DB-API準拠のコードで実際にWebリクエストの詳細がlogテーブルに格納されることを確認しました。

最新バージョンのlog_request関数をもう一度確認しましょう（1行目にdocstringがあります）。

```
def log_request(req: 'flask_request', res: str) -> None:
    """Webリクエストの詳細と結果をロギングする。"""
    dbconfig = { 'host': '127.0.0.1',
                 'user': 'vsearch',
                 'password': 'vsearchpasswd',
                 'database': 'vsearchlogDB', }

    import mysql.connector

    conn = mysql.connector.connect(**dbconfig)
    cursor = conn.cursor()

    _SQL = """insert into log
              (phrase, letters, ip, browser_string, results)
              values
              (%s, %s, %s, %s, %s)"""
    cursor.execute(_SQL, (req.form['phrase'],
                          req.form['letters'],
                          req.remote_addr,
                          req.user_agent.browser,
                          res, ))
    conn.commit()
    cursor.close()
    conn.close()
```

経験豊富なPythonプログラマなら、この関数のコードには不満でしょう。数ページ後にその理由がわかります。

この新しい関数は大幅に変更されている

単純なテキストファイルを処理していたときよりも、log_request関数の行数が増えています。MySQLとやり取りするコードが追加されたからです（この章の最後でMySQLを使ってログデータに関する質問に答えます）。log_requestは大きく複雑となりましたが、それも当然でしょう。

しかし、Webアプリケーションには別の関数view_the_logがありました。view_the_logは、vsearch.logログファイルからデータを取得してWebページに整形して表示します。次は、view_the_log関数のコードを変更して、テキストファイルではなくデータベースのlogテーブルからデータを取得しましょう。

問題は、そのための最善の方法は何かということです。

データベース用のコードを再利用する最善の方法は？

Webアプリケーションのリクエストの詳細をMySQLにロギングするコードが入手できました。`view_the_log`関数で`log`テーブルからデータを取得するのはあまり面倒ではないはずです。問題は、そのための最善の方法は何かということです。3人のプログラマに質問すると、3通りの答えが返ってきました。

これらの提案（特に1人目の提案）は、あまりいい解決策とは思えませんが、それぞれ有効です。しかし、Pythonプログラマがこれらの提案を受け入れることはまずないでしょう。

再利用したい部分を考える

log_request関数のデータベースのコードを再度確認してみましょう。

この関数には、データベースとやり取りするコードを追加するときに再利用できる部分があることは明らかです。したがって、log_request関数のコードにコメントを付けて再利用できる部分をはっきりさせ、log_request関数の主要な目的に特化している部分と区別します。

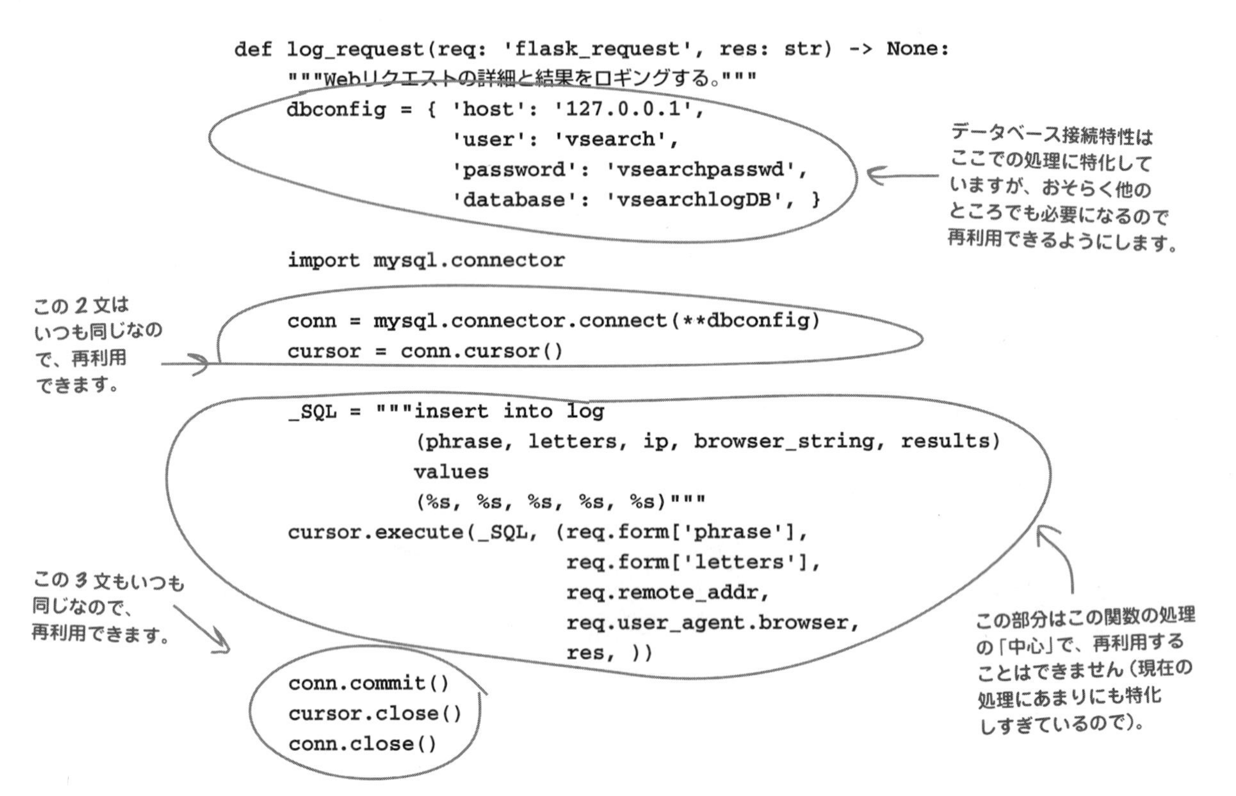
```
def log_request(req: 'flask_request', res: str) -> None:
    """Webリクエストの詳細と結果をロギングする。"""
    dbconfig = { 'host': '127.0.0.1',
                 'user': 'vsearch',
                 'password': 'vsearchpasswd',
                 'database': 'vsearchlogDB', }

    import mysql.connector

    conn = mysql.connector.connect(**dbconfig)
    cursor = conn.cursor()

    _SQL = """insert into log
              (phrase, letters, ip, browser_string, results)
              values
              (%s, %s, %s, %s, %s)"""
    cursor.execute(_SQL, (req.form['phrase'],
                          req.form['letters'],
                          req.remote_addr,
                          req.user_agent.browser,
                          res, ))
    conn.commit()
    cursor.close()
    conn.close()
```


この簡単な分析から、log_request関数の文は3つのグループに分類できます。

- 簡単に再利用できる文（connとcursorの作成やcommitとcloseの呼び出しなど）。
- ある課題に特有だが、やはり再利用できるようにする必要がある文（dbconfig辞書の使用など）。
- 再利用できない文（_SQLの設定やcursor.executeの呼び出しなど）。MySQLとのさらなるやり取りには、異なるSQLクエリと引数（存在する場合）が必要となる可能性が高い。

インポートはどうなの？

この再利用の話は素晴らしいわ。
だけど、import文の再利用について
忘れているんじゃないの？

いいえ、忘れていません。

log_request関数のコードの再利用を検討した際にimport mysql.connector文のことは忘れていませんでした。

この文は特殊な扱いをしたかったので、わざと抜かしました。問題は、この文を再利用したくないということではありません。この文はこの関数のブロックに置くべきではないのです！

インポート文の場所に注意する

数ページ前に、経験豊富なPythonプログラマならlog_request関数のコードを見て、文句を言うだろうと述べました。それは、この関数のブロックにimport mysql.connectorという1行があるからです。先ほどの「試運転」でこのコードが正しく動作するにもかかわらずです。では、何が問題なのでしょうか？

この問題は、import文の場所に関係があります。インポートされるモジュールは完全に読み込まれてからインタプリタが実行します。この動作は、import文が**関数の外側**で発生するときには問題ありません。インポートされるモジュールは（通常）**1回**だけ読み込まれ、**1回**だけ実行されるからです。

しかし、import文が関数**内**にあると、**関数を呼び出すたびに**読み込まれて実行されます。これでは無駄が多すぎます（これまで説明してきたように、インタプリタは関数内にimport文を入れるのを妨げないにもかかわらず）。ここでのアドバイスは単純です。import文は関数内には入れないことです。

実行したいことを考える

再利用の観点からlog_request関数を検討するだけでなく、**いつ**実行するのかに基づいてlog_request関数のコードを分類します。

log_requestの「中心」は、変数_SQLの設定とcursor.executeの呼び出しです。この2つの文は、この関数が**何**を**実行**するかを明示しています。log_request関数の最初の文は(dbconfigで)接続情報を定義し、次に接続とカーソルを作成します。この**前処理**コードは、必ず関数の中心の**前**に実行します。関数の最後の3つの文(1つのcommitと2つのclose)は、関数の中心の**後**に実行します。これが**後処理**コードで、後片付けを行います。

この**前処理、実行、後処理**のパターンのことを考えながら、log_request関数をもう一度よく見てください。log_request関数のブロックの外側にimport文の位置を変更しました(これ以上文句を言われないためです)。

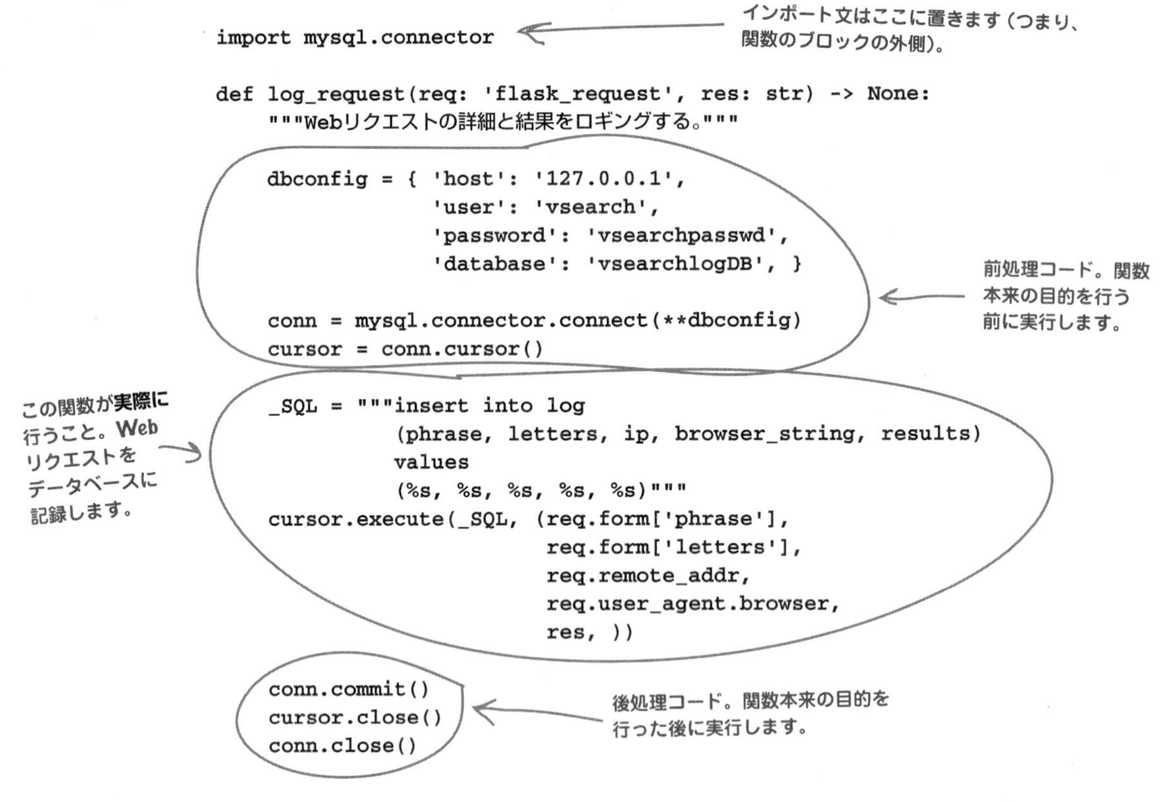

この前処理、実行、後処理のパターンを再利用する手段があれば素晴らしいと思いませんか？

このパターンには見覚えあり

先ほど明らかになったパターンについて考えてみましょう。前処理コードで準備して、次に必要な中心のコードが続き、後処理コードで後片付けをします。実は、6章でこのパターンに当てはまるコードに遭遇しています。下はそのときのコードです。

ファイルストリームを変数に代入します。

ファイルを開きます。

```
with open('todos.txt') as tasks:
    for chore in tasks:
        print(chore, end='')
```

処理を実行。

with文が、このブロック内のコードを実行する**コンテキストを管理する**ことを思い出してください。(上のコードのように)ファイルを扱う際は、with文は指定のファイルを開いてそのファイルオブジェクトを返します。この例では、変数tasksです。これが**前処理**コードです。with文に関連付けられたブロックが**実行**コードです。ここではforループで、このループが実際の仕事(またの名を「重要な処理」)を行います。最後に、withを使ってファイルを開くと、withのブロックが終了したときに開いたファイルを閉じてくれます。これが**後処理**コードです。

データベースのコードをwith文に組み込めたら素晴らしいでしょう。理想的には、下のようなコードを書いて、with文にデータベースの前処理と後処理の詳細をすべて面倒見てもらえたら最高です。

やはり接続特性を決めます。

```
dbconfig = { 'host': '127.0.0.1',
             'user': 'vsearch',
             'password': 'vsearchpasswd',
             'database': 'vsearchlogDB', }

with UseDatabase(dbconfig) as cursor:
    _SQL = """insert into log
              (phrase, letters, ip, browser_string, results)
              values
              (%s, %s, %s, %s, %s)"""
    cursor.execute(_SQL, (req.form['phrase'],
                          req.form['letters'],
                          req.remote_addr,
                          req.user_agent.browser,
                          res, ))
```

このwith文がディスクファイルの代わりにデータベースを扱い、カーソルを返します。

前ページの「実行コード」は変わりません。

まだUseDatabaseコンテキストマネージャを書いていないので、このコードを実行してはいけません。

幸い、Pythonには**コンテキストマネジメントプロトコル**があります。プログラマは必要に応じてwith文を使うことができます。実はこれは複雑なので悪い知らせです。

悪い知らせは実はそれほど悪くない

前ページの最後で、プログラマが必要に応じてwith文が使えるコンテキストマネジメントプロトコルをPythonが提供していることが**悪い知らせ**であると述べました。その方法を学べば、UseDatabaseコンテキストマネージャを作成し、それをwith文の一部として使ってデータベースとやり取りできます。

このやり方では、Webアプリケーションのログデータをデータベースに保存するために書いた前処理と後処理の「定型句」コードを下のような1行のwith文に置き換えられます。

```
...
with UseDatabase(dbconfig) as cursor:
...
```

このwith文はファイルと組み込み関数openで使ったコードに似ていますが、こちらはデータベースを扱う点が異なります。

悪い知らせというのは、コンテキストマネージャの作成は、このプロトコルを正しく使うためにクラスの作成方法を知る必要があるので複雑だということです。

この本ではここまで、クラスを作成せずに多くのコードを何とか書いてきました。一部のプログラミング言語ではまずクラスを作成しないことには**何も**できないことを考えると（Javaのことを指しています）、これはとても素晴らしいことです。

しかし、今は我慢のときです（しかし、正直に言うとPythonではクラスの作成は恐れることではありません）。

クラスを作成できると便利なので、データベースの話からそれて、次の（短い）章はクラスを取り上げます。UseDatabaseコンテキストマネージャを作成できるところまで説明するつもりです。それが終わったら、その後はデータベースに戻り、新たに学んだ知識を使ってUseDatabaseコンテキストマネージャを書いてみましょう。

7章のコード

Webアプリケーション内で動作するデータベースのコード（log_request関数）。

```
import mysql.connector

def log_request(req: 'flask_request', res: str) -> None:
    """Webリクエストの詳細と結果をロギングする。"""

    dbconfig = { 'host': '127.0.0.1',
                 'user': 'vsearch',
                 'password': 'vsearchpasswd',
                 'database': 'vsearchlogDB', }

    conn = mysql.connector.connect(**dbconfig)
    cursor = conn.cursor()

    _SQL = """insert into log
              (phrase, letters, ip, browser_string, results)
              values
              (%s, %s, %s, %s, %s)"""
    cursor.execute(_SQL, (req.form['phrase'],
                          req.form['letters'],
                          req.remote_addr,
                          req.user_agent.browser,
                          res, ))

    conn.commit()
    cursor.close()
    conn.close()
```

```
dbconfig = { 'host': '127.0.0.1',
             'user': 'vsearch',
             'password': 'vsearchpasswd',
             'database': 'vsearchlogDB', }

with UseDatabase(dbconfig) as cursor:
    _SQL = """insert into log
              (phrase, letters, ip, browser_string, results)
              values
              (%s, %s, %s, %s, %s)"""
    cursor.execute(_SQL, (req.form['phrase'],
                          req.form['letters'],
                          req.remote_addr,
                          req.user_agent.browser,
                          res, ))
```

現在のコードと同じ動作をするように書き換えました（log_request関数のブロックを置き換えます）。でも、UseDatabaseコンテキストマネージャがないと動作しないので、まだこのコードは実行しないでください。

8章　クラス入門

振る舞いと状態を抽象化する

えっと、ここを見てよ。俺の状態と君の振る舞いが全部あるよ。

それにすべて1か所にまとめてあるぞ。すごい！

クラスはコードの振る舞いと状態をまとめることができます。

この章では、Webアプリケーションからいったん離れ、**クラス**の作成について学びます。クラスを利用してコンテキストマネージャを作成することが目的です。詳しい知識があると便利なので、この章ではクラスの作成と利用に集中します。クラスのすべては取り上げませんが、Webアプリケーションに必要なコンテキストマネージャを作成できるように、必要なことはすべて説明します。さっそく始めましょう。

with文を使う

7章の最後で述べたように、前処理と後処理をwith文を使って行うには、**クラス**を作成する方法を知っていれば簡単です。

この本はもう半分過ぎたというのに、クラスを定義せずに何とかここまでやってきています。関数だけを使って便利で再利用可能なコードを書いてきました。オブジェクト指向でもコードを構造化できました。

Pythonでは、必ずしもオブジェクト指向である必要はなく、コードの書き方にも柔軟性があります。しかし、with文を使う方法ではクラスを使うようにします。

そのため、with文を使うためのクラスを作成します。クラスの書き方がわかれば、**コンテキストマネジメントプロトコル**を実装して準拠するクラスを作成できます。このプロトコルは、with文を使う(Python組み込みの)メカニズムです。

Pythonでクラスを作成して使用する方法を学んでから、次の章でコンテキストマネジメントプロトコルの説明に戻りましょう。

コンテキストマネジメントプロトコルにより、with文を使うクラスを書くことができる。

Q：Pythonは正確にはどのような種類のプログラミング言語なのですか? オブジェクト指向、関数型、それとも手続き型ですか?

A：いい質問です。他の言語から移行した多くのプログラマから必ず尋ねられます。Pythonはこの3つの有名な手法のすべてを取り入れたプログラミングパラダイムをサポートし、プログラマが必要に応じてうまく組み合わせられるようにしています。しかし、例えばJavaなどのように、すべてのコードをクラスに書いて、クラスからオブジェクトをインスタンス化するという考え方が基本となっている言語の場合には、このPythonの考え方は理解しがたいかもしれません。
ここでのアドバイスは、「あまり気にするな」です。使い慣れた方法でコードを書き、使ったことがないという理由だけで他の手法を軽視しないようにしてください。

Q：では、常にクラスの作成から始めるのは間違いでしょうか?

A：いいえ、それが必要なら間違いではありません。すべてのコードをクラスに入れる必要はありませんが、そうしたければPythonはあなたのやり方を尊重します。
この本ではここまでクラスを作成せずに済ませてきました。でもそろそろクラスで解決した方がよさそうです。手始めにクラスを使ってデータベース用の処理コードをWebアプリケーション内で共有するとよいでしょう。

オブジェクト指向入門

クラスの説明の前にひと言断っておきます。この章ではPythonのクラスについて覚えておくべき知識すべてを取り上げるつもりはありません。コンテキストマネジメントプロトコルを実装するクラスを作成できる情報を示すことが、ここでの目的です。

したがって、**継承**や**ポリモーフィズム（多態性）**などのオブジェクト指向プログラミング（OOP）のエキスパート向けの話題は扱いません（Pythonはどちらもサポートしているのですが）。なぜなら、コンテキストマネージャを作成するときには主に**カプセル化**が中心となるからです。

こうした専門用語に気を失いそうになったかもしれませんが、大丈夫です。意味がわからなくても問題なく読み進めることができます。

前ページでは、`with`文を使うためにクラスを作成する必要があることがわかりました。その具体的な方法を説明する前に、Pythonのクラスの構成要素を調べ、サンプルクラスを書いていきましょう。クラスの書き方がわかったら、9章で`with`文を使う問題に戻ります。

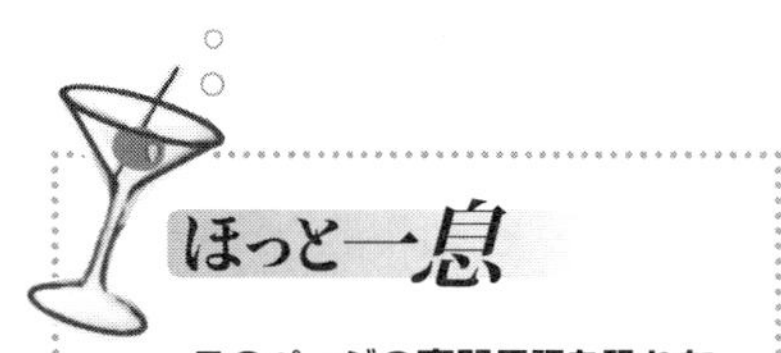

このページの専門用語を恐れないでください！

このページはこの本で最も専門用語の多いページだと思いますが、うんざりしないでください。すでにOOPについての知識があれば、このページの用語はすべて理解できるでしょう。**OOPを知らなくても、本当に重要なことはこれからお話します。**次の数ページの例を試すうちにすべてがはっきりします。

クラスは振る舞いと状態をまとめる

クラスを使うと、**振る舞い**と**状態**をオブジェクトにまとめることができます。

振る舞いという言葉を聞いたら、**関数**と考えてください。つまり、何かを実行する（または、**振る舞いを実装する**）コード群です。

状態という言葉を聞いたら、**変数**と考えてください。つまり、クラス内の値を格納する場所です。クラスが振る舞いと状態を**一緒に**まとめるというのは、クラスが関数と変数をパッケージ化していると言っているだけです。

要するに、関数とは何かと変数とは何かがわかったら、クラスとは何か（およびクラスの作成方法）をほぼ理解していることになります。

クラスはメソッドと属性を持つ

Pythonでは、メソッドを作成することでクラスの振る舞いを定義します。

メソッドという用語は、クラス内で定義した関数に付けられたOOP名です。メソッドが単に**クラス関数**と呼ばれないのは、時間の流れの中で忘れ去られてしまったからです。同様に状態の方は、**クラス変数**とは呼ばれず、**属性**と呼ばれます。

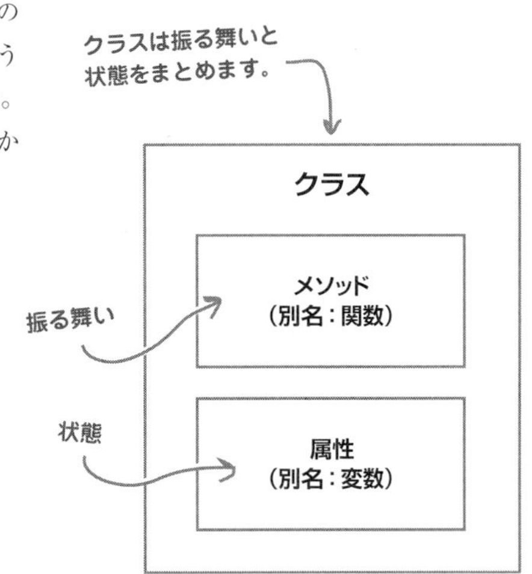

クラスからオブジェクトを生成する

クラスを使うためには、クラスからオブジェクトを生成します（下はその例です）。これはクラスの**インスタンス化**と呼ばれます。**インスタンス化**という用語を聞いたら、**呼び出し**と考えてください。つまり、クラスを呼び出してオブジェクトを生成するのです。

実は、状態や振る舞いを持たないクラスもあります。状態や振る舞いを持たなくてもPythonに関する限りはクラスです。実際には、このようなクラスは**空**です。では空のクラスの例から始めましょう。説明に従ってインタプリタの>>>プロンプトに実際に入力して試してみましょう。

まず、空のクラスCountFromByを作成してみましょう。クラス名の前にclassキーワードを付け、必須のコロンの後にそのクラスを実装するコードブロックを書きます。

passは
構文的に正しく
有効な文だが、
何も実行しない。
空の文と考える。

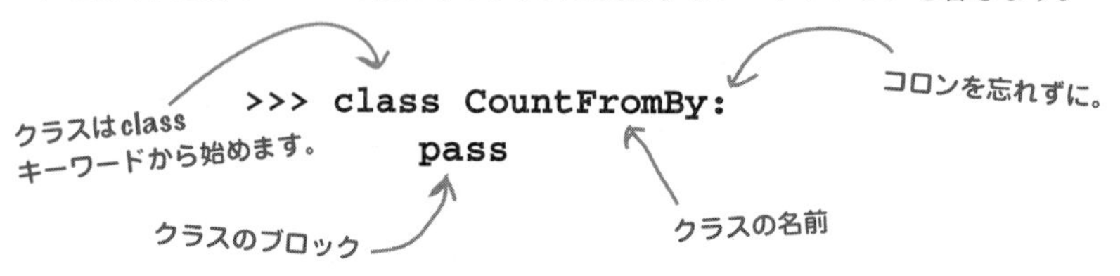

このクラスのブロックにはキーワードpassがあります。passは空の文です（つまり、何も実行しません）。passは、インタプリタが実際のコードがあると期待する場所ならどこでも使うことができます。この例では、CountFromByクラスの詳細を書く準備ができていないので、passを使ってブロックにコードがないクラスを作成する際に生じる構文エラーを回避しています。

クラスが作成できたので、このクラスから2つのオブジェクトを生成してみましょう。1つはaというオブジェクトで、もう1つはbです。

```
>>> a = CountFromBy()
>>> b = CountFromBy()
```

関数呼び出しのように見えます。

クラス名に丸かっこを付けてオブジェクトを生成し、新たに生成したオブジェクトを変数に代入します。

素朴な疑問に答えます

Q：他の人が書いたコードで、CountFromByのようなものが、オブジェクトを生成しているのか、関数を呼び出しているのかをどのように判断するのでしょうか？ 私には関数呼び出しのように見えるのですが。

A：いい質問です。一見しただけではわかりません。しかし、Pythonの世界では関数名には小文字（プラス接続のためのアンダースコア）を使い、クラス名には**キャメルケース**（大文字から開始される単語の連結）を使うという規約が定着しています。この規約に従うと、count_from_by()は関数名で、CountFromByはオブジェクトを生成するクラスであることは明白です。全員がこの規約に従っていればすべてがうまくいくので、あなたもこの規約に従いましょう。この忠告を無視するとすべてが無駄になり、ほとんどの人はおそらくあなたやあなたの書いたコードを避けることになるでしょう。

オブジェクトは振る舞いを共有するが、状態は共有しない

クラスからオブジェクトを生成すると、オブジェクトはクラスに書かれた振る舞い（クラスで定義したメソッド）を共有しますが、状態（属性）はそれぞれのコピーを持ちます。

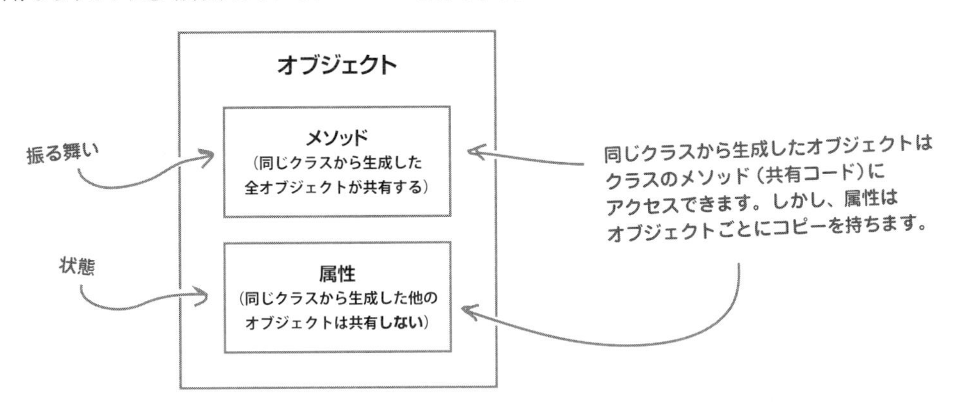

CountFromByの例を作成するうちにメソッドと属性の区別がつくようになるでしょう。

CountFromByで実行したいことを定義する

CountFromByクラスで実際に実行したいことを定義してみましょう（空のクラスは役に立たないため）。

CountFromByをインクリメントカウンタにしてみましょう。デフォルトでは、このカウンタは0から始まり（要求に応じて）1ずつ増えます。0以外の開始値や増分量も指定できるようにします。つまり、例えば100から始まり10ずつ増えるCountFromByオブジェクトを生成できるようになります。

（コードを書いたら）CountFromByクラスができることを見直してみましょう。クラスの使い方がわかると、CountFromByコードを書く際に理解しやすくなります。ここでの最初の例では、このクラスのデフォルトを使います。0から始まり、increaseメソッドを呼び出すと要求に応じて1ずつ増えます。新たに生成したオブジェクトを新しい変数cに代入しましょう。

注意：この新しいCountFromByクラスはこれから作成する。

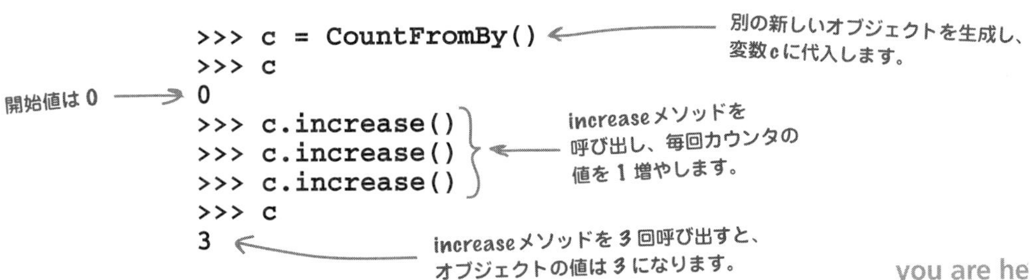

CountFromByでさらに処理を行う

前ページの最後のCountFromByの使用例ではデフォルトの振る舞いを示しました。特に指定しない限り、CountFromByオブジェクトのカウンタの開始値は0で、1ずつ増えます。別の開始値を指定することも可能です。次の例では100からカウントを開始します。

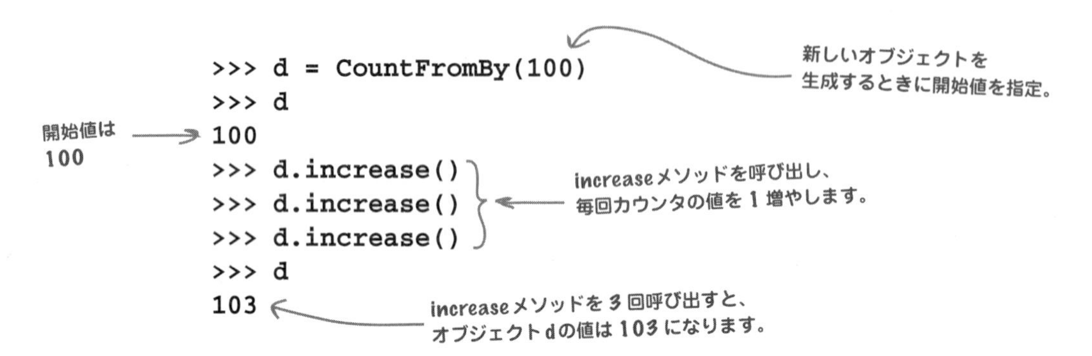
>>> d = CountFromBy(100)
>>> d
100
>>> d.increase()
>>> d.increase()
>>> d.increase()
>>> d
103
新しいオブジェクトを生成するときに開始値を指定。
開始値は100
increaseメソッドを呼び出し、毎回カウンタの値を1増やします。
increaseメソッドを3回呼び出すと、オブジェクトdの値は103になります。

開始値の指定だけでなく、増分量も指定できます。次のコードでは開始値100から始め、10ずつ増やしています。

```
>>> e = CountFromBy(100, 10)
>>> e
100
>>> for i in range(3):
e.increase()
>>> e
130
```

開始値と増分量を両方指定します。

eは100から開始、最終的に130になります。

forループ内でincreaseメソッドを3回呼び出し、毎回eの値を10ずつ増やします。

下の最後の例では、カウンタはデフォルトの0から開始されていますが、15ずつ増えます。クラスの引数として(0, 15)を指定する代わりに、この例では増やす量を指定できるキーワード引数を使い、開始値はデフォルトのままです。

```
>>> f = CountFromBy(increment=15)
>>> f
0
>>> for j in range(3):
    f.increase()
>>> f
45
```

増分量を指定します。

fは0から開始、最終的に45になります。

前と同様にincreaseを3回呼び出します。

何度も言います：オブジェクトは振る舞いを共有するが状態は共有しない

今までの例は4つの新しいCountFromByオブジェクトc、d、e、fを生成し、各オブジェクトはincreaseメソッドを利用しました。すなわちincreaseメソッドは、CountFromByクラスから生成したオブジェクトが共有する振る舞いです。1つのincreaseメソッドのコードを全オブジェクトが使います。しかし、オブジェクトはそれぞれ別々の属性値を持ちます。前の例では属性値はカウンタの現在値です。次のようにオブジェクトごとに異なります。

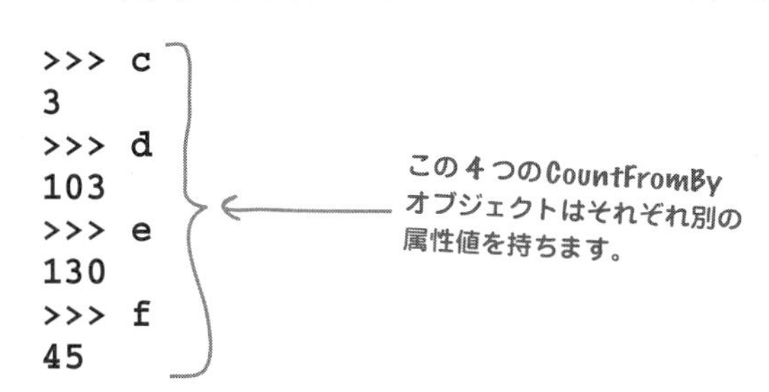

>>> c
3
>>> d
103
>>> e
130
>>> f
45
この４つのCountFromBy
オブジェクトはそれぞれ別の
属性値を持ちます。

オブジェクトはクラスの振る舞いは共有するが、状態は共有しない。オブジェクトごとに独自の状態を持つ。

重要な点をもう一度指摘します。メソッドのコードは共有しますが、属性値は共有しません。

クラスは、工場ですべての振る舞いが同じであるがそれぞれ個別のデータを持つもの（オブジェクト）を大量生産するために使う「クッキーカッター（クッキーの型抜き）テンプレート」と考えると便利です。

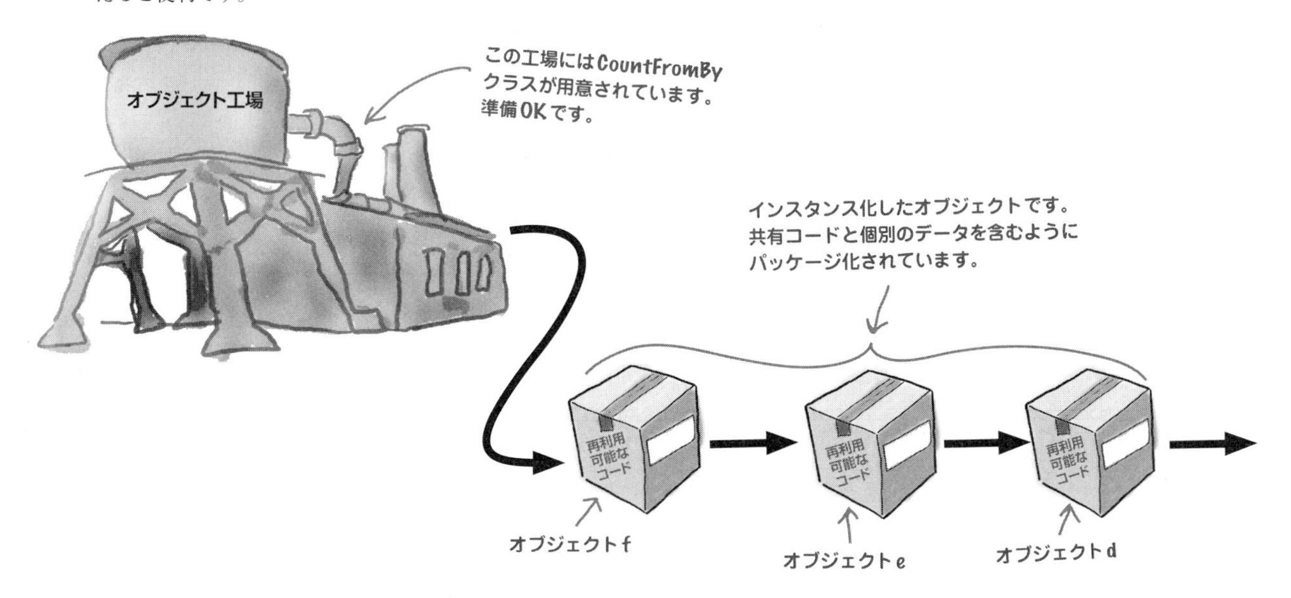

メソッドの呼び出し：詳細を理解する

311ページでメソッドは**クラス内で定義された関数**であると述べました。また、CountFromByのメソッドを呼び出す例も示しました。increaseメソッドもドット表記で呼び出します。

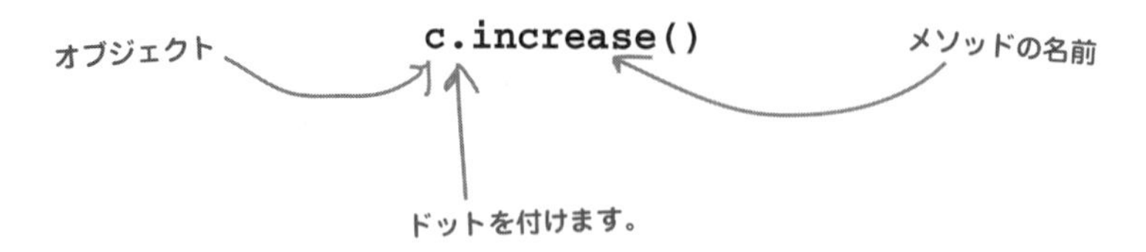

上のような行は、インタプリタが**実際に**実行するコードと考えるとよいでしょう。インタプリタは、**必ず**上の行を次のように変換して呼び出します。cがどうなっているかに注意してください。

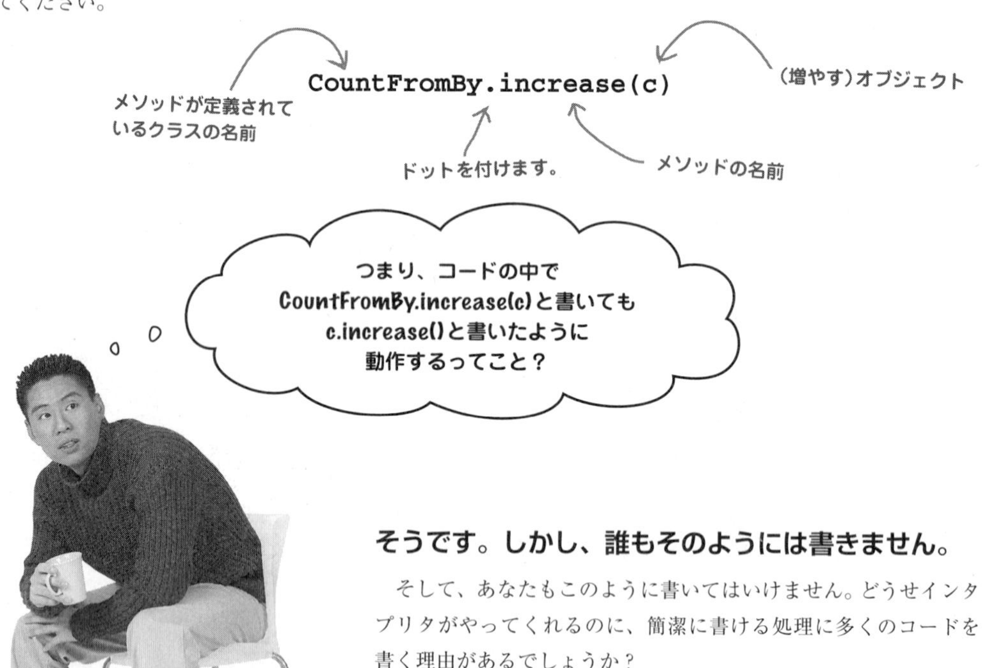

そうです。しかし、誰もそのようには書きません。

そして、あなたもこのように書いてはいけません。どうせインタプリタがやってくれるのに、簡潔に書ける処理に多くのコードを書く理由があるでしょうか？

メソッドの動作を学んでいくうちに、インタプリタがこのように変換する理由がわかってきます。

メソッド呼び出し：実際に何が起こるのか

一見、インタプリタがc.increase()をCountFromBy.increase(c)に変換するのは少し奇妙に見えるかもしれませんが、なぜかを理解すると、どのメソッドも**少なくとも**1つの引数を取る理由がわかります。

メソッドが複数の引数を取っても問題ありませんが、引数としてオブジェクト（前ページの例ではc）を取るために第1引数は**必ず**必要です。実際には、メソッドの第1引数に特殊な名前selfを付けるというのが、Pythonでは一般的です。

c.increase()としてincreaseを呼び出すときには、このメソッドのdef行は次のように書くと思うでしょう。

```
def increase():
```

クラスにコードを書くときには、selfは現在のオブジェクトの別名と考える。

しかし、必須の第1引数なしでメソッドを定義すると、実行時にエラーとなります。その結果、increaseメソッドのdef行は実は次のように書く必要があります。

```
def increase(self):
```

selfを使うには慣れが必要で、クラスコードにself以外の名前を使うのは**とても不作法**であるとみなされます（他の多くのプログラミング言語にも同様の考え方があり、thisという名前を使います。Pythonのselfは基本的にthisと同じ考え方です）。

オブジェクトでメソッドを呼び出すと、Pythonは第1引数を呼び出しオブジェクトインスタンスとし、それを**必ず**メソッドの引数selfに代入します。これはselfが重要であり、すべてのオブジェクトメソッドの**第1引数**にselfを指定する必要があるためです。メソッドを呼び出すときには、selfの値を指定する必要はありません。インタプリタがやってくれるからです。

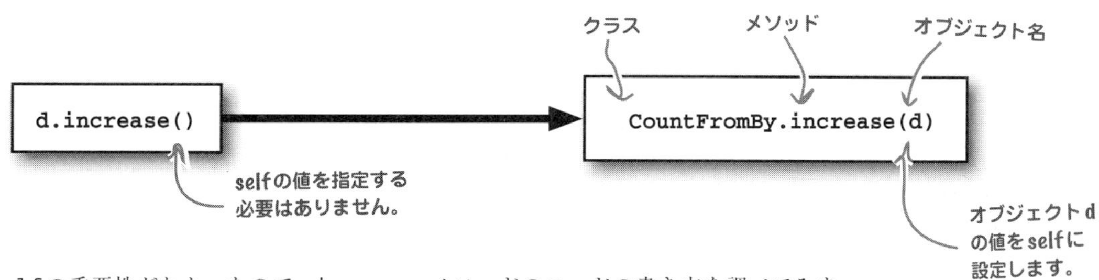

selfの重要性がわかったので、increaseメソッドのコードの書き方を調べてみましょう。

クラスにメソッドを追加する

新しいファイルを作成してクラスコードを保存しましょう。countfromby.pyを作成したら、312ページで示したクラスのコードを追加します。

```
class CountFromBy:
    pass
```

このクラスにincreaseメソッドを追加するつもりなので、そのためにpass文を削除してincreaseのメソッド定義に置き換えます。その前に、increaseをどのように呼び出したかを思い出してください。

```
c.increase()
```

この呼び出しでは、()の中に何もないのでincreaseメソッドは引数を取らないと思うかもしれません。しかし、先ほど学んだように、インタプリタは上の1行を次の呼び出しに変換します。

```
CountFromBy.increase(c)
```

これから書くメソッドのコードでは、この変換を考慮に入れます。このクラスで使うincreaseメソッドのdef行は次のように書きます。

```
class CountFromBy:
    def increase(self) -> None:
```

他の関数の場合と同様、戻り値のアノテーションを指定します。

メソッドは関数と同様なので、defで定義します。

すべてのメソッドの第1引数は常にselfです。selfの値は自動的に設定されます。

increaseメソッドには他に引数がないので、def行にはself以外に何も設定する必要はありません。しかし、ここには必ずselfを入れます。忘れると構文エラーとなります。

でも、def行を書いたので、次はincreaseにコードを追加するだけです。このクラスが2つの属性を持つとします。オブジェクトの値を含むvalと、increaseを呼び出すたびにvalを増やす量を含むincrです。ここまで読むと、インクリメントを行う際にincreaseに次の**正しくない**コードを追加してしまうかもしれません。

```
val += incr
```

increaseメソッドに追加する**正しい**コードはこちらです。

```
class CountFromBy:
    def increase(self) -> None:
        self.val += self.incr
```

オブジェクトvalの値を取得してincrの値だけ増やします。

なぜ前のコードは正しくなくて、こちらは正しいのでしょうか？

「self」を使うって本気？

ちょっと待って。Pythonの大きな魅力の
1つはコードが読みやすいことだと思っていたわ。
selfを使うとあまり見やすいとは言えないし、
selfがクラスの一部だというのは疑問だわ。
本気なの？

心配しないでください。selfにはすぐ慣れます。

selfを使うのは最初は違和感があるという意見には同感です。でも、そのうちに慣れて気にならなくなります。

selfのことを完全に忘れてメソッドに追加し忘れても、インタプリタはたくさんのTypeErrorを表示して、足りないものがあることを知らせてくれるので大丈夫です。その足りないものというのがselfです。

selfを使うとクラスコードが読みにくくなるかどうかに関しては、断定できません。第1引数としてselfを使うところを見ると、脳が自動的に関数では**なく**メソッドだなと判断します。これは私たちにとっては好都合です。

selfが使われているということは、そのコードが関数ではなくメソッドであることがわかります。

selfの重要性

increaseメソッドでは、ブロック内のクラスの各属性の前にselfを付けています。なぜこのようになるのか考えるように言われました。

```
class CountFromBy:
    def increase(self) -> None:
        self.val += self.incr
```

このメソッドのブロック内でselfを使うとは、どういうことでしょうか？

メソッドの第1引数(self)には、現在のオブジェクトが代入されます。

ここで、クラスから生成したオブジェクトについてわかっていることは何があるでしょうか。クラスのメソッドコード(別名：振る舞い)は同じクラスから生成した他のすべてのオブジェクトと共有しますが、属性値(別名：状態)は**個別のコピー**を持ちます。これは、属性値とオブジェクト(つまり、self)を対応付けています。

上のことを踏まえて、次のバージョンのincreaseメソッドを考えてください。このincreaseメソッドは、318ページで指摘したように**正しくありません**。

```
class CountFromBy:
    def increase(self) -> None:
        val += incr
```

こうしてはダメです。期待したようには動作しません。

最後の1行はvalの値をincrの値だけ増やしているだけなので、一見無害に思えます。しかし、このincreaseメソッドが終了したときに何が起こると思いますか。increase**内**に存在するvalとincrはどちらもスコープ外になるので、メソッドが終了した瞬間に破棄されてしまいます。

うーん、「スコープ外になる」と「破棄」をメモさせて。後でこの両方を調べてみる必要があるわ。それとも、何か見逃したのかしら？

しまった。これはこちらのミスです

あまり説明せずにスコープが登場してしまいましたね。

メソッド内の属性を参照する前に、少し時間を使ってまず関数内の変数について理解してみましょう。

スコープを処理する

関数内で使われる変数について、>>>プロンプトを使って調べてみましょう。次のコードを試してください。コメントに1から8の番号を付けて説明しています。

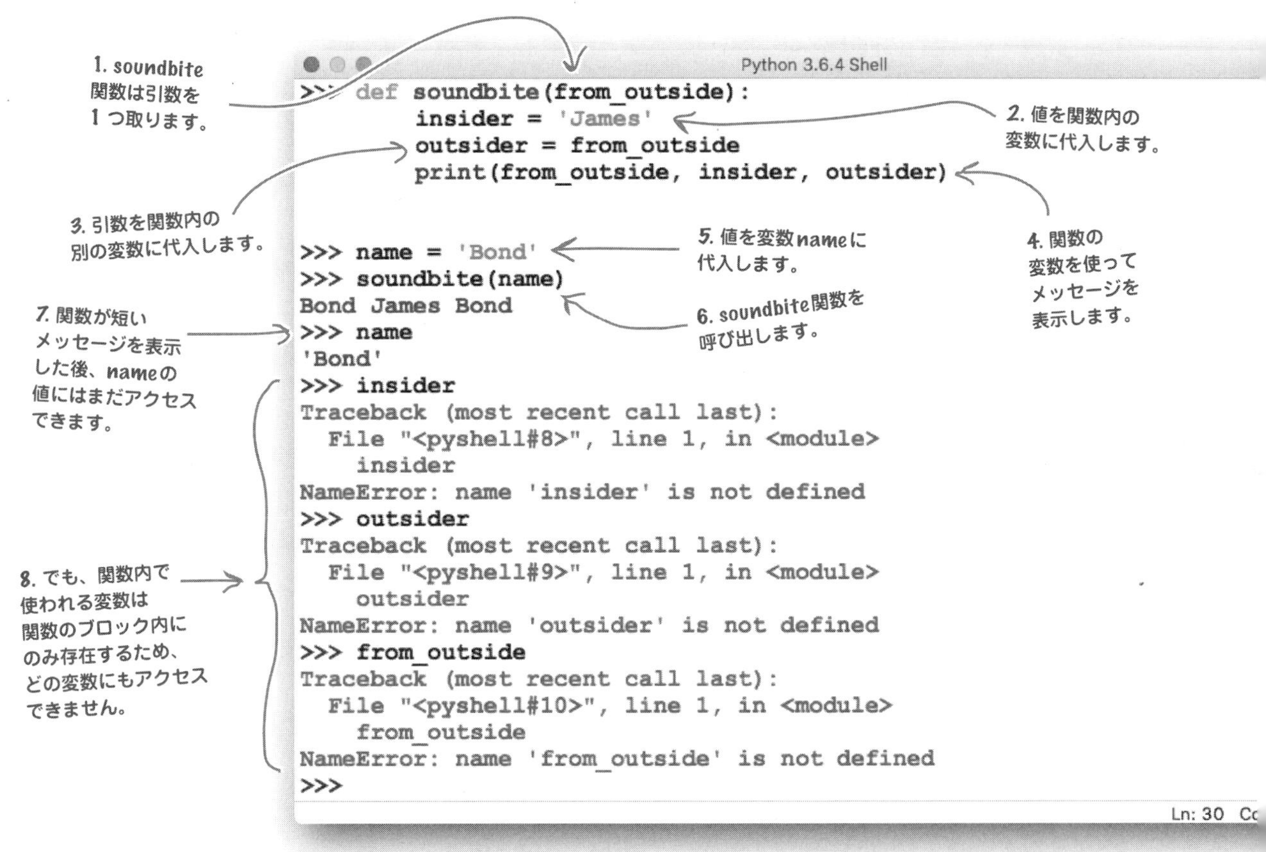

関数のブロック内で変数を定義すると、変数は関数を実行している間だけ存在します。つまり、変数は「スコープ内」で、関数のブロック内で見ることができ利用できます。しかし、関数が終了すると、関数内で定義した変数は破棄されます。変数は「スコープ外」となり、変数が使ったリソースはインタプリタが回収します。

soundbite関数内で使われる3つの変数には、上のようなことが起こっているのです。関数が終了した瞬間に、insider、outsider、from_outsideは消えます。関数のブロック外(別名：関数のスコープ外)でこれらの変数を参照すると、NameErrorとなります。

属性名の前に「self」を付ける

前ページに示したこの関数が、呼び出すと何らかの処理をして値を返すのであれば問題ありません。通常は、関数の戻り値だけが問題となり、関数内で使う変数は問題となりません。

関数が終了すると変数が破棄されることがわかったので、クラスで変数を使って属性値を記録しようとするとこの正しくないコードが問題を引き起こしそうだと思いませんか？ メソッドは関数の別名なので、increaseを次のようにに書くとincreaseの呼び出し後はvalもincrも破棄されています。

```
class CountFromBy:
    def increase(self) -> None:
        val += incr
```

この変数はメソッドが終了すると破棄されるため、このようにしてはダメです。

しかし、メソッドはオブジェクトに属する属性値を使うので状況が異なります。オブジェクトの属性はメソッドの終了**後**も存在しています。つまり、オブジェクトの属性値はメソッドが終了しても**破棄されません**。

メソッドが終了しても値を保持するためには、メソッドが終了しても破棄されないものに属性値を代入しておきます。この代入しておくものがメソッドを呼び出す現在のオブジェクトで、selfに格納されています。したがって、下のようにメソッドコードでは属性値の前にselfを付ける必要があるのです。

```
class CountFromBy:
    def increase(self) -> None:
        self.val += self.incr
```

selfを使うとvalとincrがオブジェクトに対応付けられます。この方がずっといいです。

オブジェクト

メソッド
（同じクラスから生成した全オブジェクトが共有する）

属性
（同じクラスから生成した他のオブジェクトは共有しない）

ここでのルールは単純です。クラス内の属性を参照する必要がある場合には、属性名の前にselfを**付けなければいけません**。selfの値は、メソッドを呼び出しているオブジェクトを指す**別名**です。

この状況においては、selfを見たら「このオブジェクトの」と考えてください。つまり、self.valは「このオブジェクトのval」と考えられます。

使う前に（属性）値を初期化する

これまでのselfの説明では重要な問題を避けていました。属性にどのように初期値を設定するかという問題です。現状では、increaseメソッドのコード（selfを使う正しいコード）を実行すると失敗します。この失敗が発生するのは、Pythonでは値を代入していない変数はどこであろうと使うことができないからです。

この問題の重大さを示すために、下の>>>プロンプトでの短いセッションを考えます。**どちらかの**変数が未定義だと、実行は失敗してしまいます。

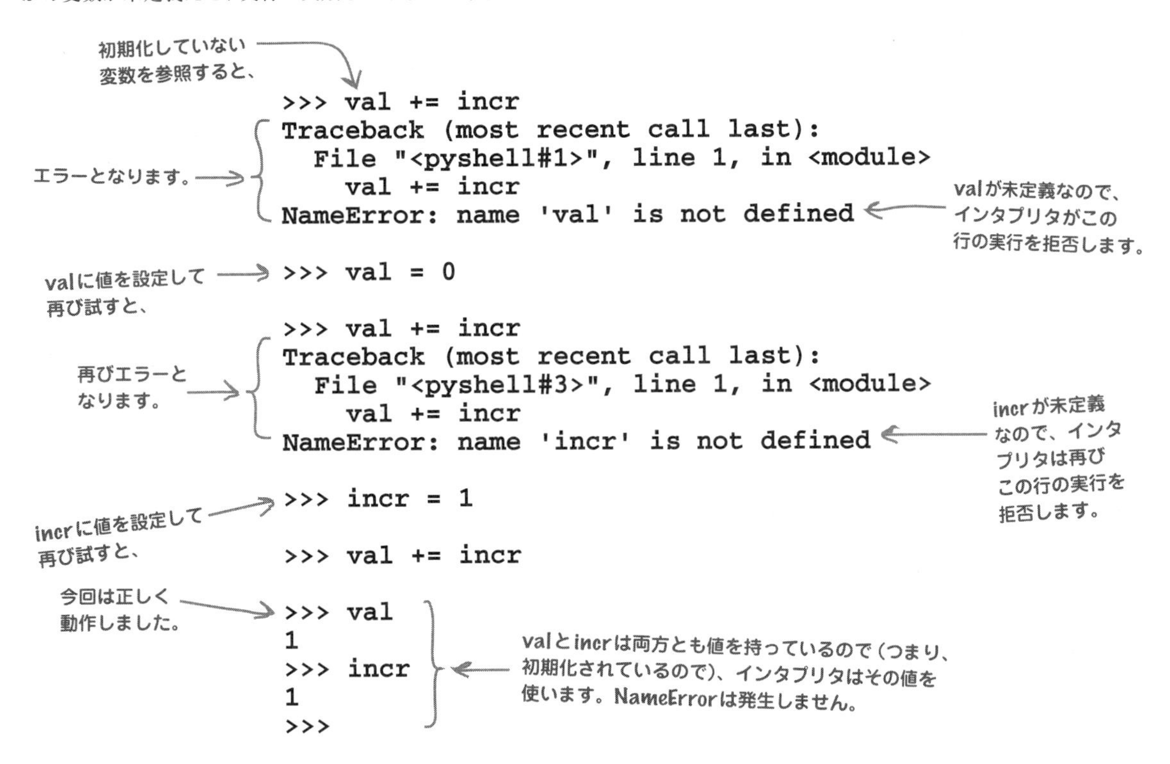

Pythonでは変数をどこで使うにしても、初期値で初期化しておきます。問題は、「クラスから新たに生成したオブジェクトでこの初期化をどうやって行うか」です。

OOPを知っていれば、「コンストラクタ」という用語がすぐ頭に浮かぶかもしれません。他の言語では、コンストラクタはオブジェクトを最初に生成したときの動作を定義できる特殊なメソッドです。Pythonではインタプリタが自動的にインスタンス化を処理するので、コンストラクタのように定義する必要がありません。__init__という魔法のメソッドを使うと属性を初期化できます。__init__で実行できることを調べてみましょう。

__init__が属性を初期化する

7章でdir組み込み関数を使ってFlaskのreqオブジェクトの詳細を表示したことを思い出してください。次の出力を覚えていますか？

127.0.0.1:5000/viewlog

```
['__class__', '__delattr__', '__dict__', '__dir__', '__doc__', '__enter__', '__eq__', '__exit__', '__format__', '__ge__',
'__getattribute__', '__gt__', '__hash__', '__init__', '__le__', '__lt__', '__module__', '__ne__', '__new__', '__reduce__
'__reduce_ex__', '__repr__', '__setattr__', '__sizeof__', '__str__', '__subclasshook__', '__weakref__', '_get_file_stre
'_get_stream_for_parsing', '_is_old_module', '_load_form_data', '_parse_content_type', '_parsed_content_type',
'accept_charsets', 'accept_encodings', 'accept_languages', 'accept_mimetypes', 'access_route', 'application', 'args',
'authorization', 'base_url', 'blueprint', 'cache_control', 'charset', 'close', 'content_encoding', 'content_length', 'content
'content_type', 'cookies', 'data', 'date', 'dict_storage_class', 'disable_data_descriptor', 'encoding_errors', 'endpoint', 'e
'files', 'form', 'form_data_parser_class', 'from_values', 'full_path', 'get_data', 'get_json', 'headers', 'host', 'host_url', 'if
'if_modified_since', 'if_none_match', 'if_range', 'if_unmodified_since', 'input_stream', 'is_multiprocess', 'is_multithr
'is_run_once', 'is_secure', 'is_xhr', 'json', 'list_storage_class', 'make_form_data_parser', 'max_content_length',
```

このダンダーを見てください！

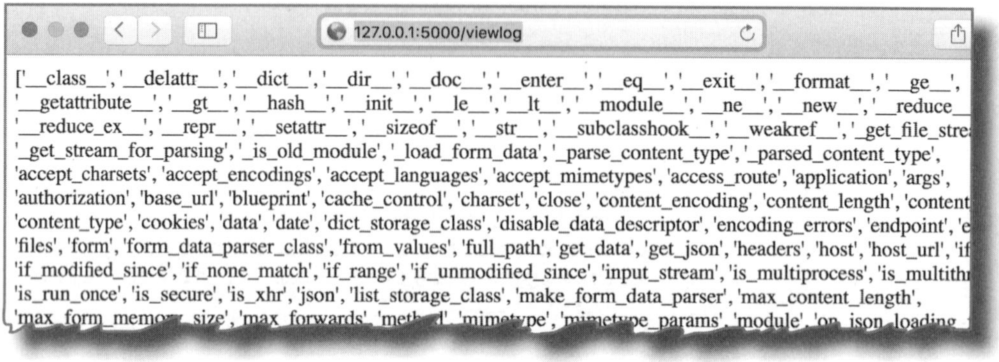

あの時は、すべてのダンダーを無視するように言いました。ここでその理由を明らかにしましょう。ダンダーはクラスの標準的な振る舞いにアクセスできるようにするものです。

オーバーライドしない限り、この標準的な振る舞いはクラスobjectで実装されています。objectクラスはインタプリタに組み込まれているので、他のすべてのクラス（自分の書いたクラスも含む）は**自動的に**objectクラスを継承します。これはOOP用語で言うと、objectが提供するダンダーメソッドをクラスでそのまま利用したり、または（独自の実装を提供することで）必要に応じてオーバーライドできるということです。

必要がなければ、objectメソッドをオーバーライドしなくても構いません。しかし、例えばクラスから生成したオブジェクトを等価演算子（==）と一緒に使う場合の動作を指定したい場合には、__eq__メソッドの独自のコードを書きます。オブジェクトを大なり演算子（>）と一緒に使う場合の動作を指定したい場合には、__ge__メソッドをオーバーライドします。また、オブジェクトに関連する属性を**初期化**したいときには、__init__メソッドを使います。

どのクラスでも利用できる標準のダンダーメソッドは、「特殊メソッド」と呼ばれる。

objectが提供するダンダーはとても便利で、**特殊メソッド**と呼ばれます。

つまり、下のようなdef行を使ってクラスでメソッドを定義すると、クラスから新たなオブジェクトを生成するたびにインタプリタはこの__init__メソッドを呼び出します。この__init__の第1引数としてselfを取る点に注意してください。

```
def __init__(self):
```

__init__という名前は奇妙ですが、他のあらゆるメソッドと同様、第1引数として「self」を渡す必要があります

__init__を使って属性を初期化する

クラスから生成するオブジェクトを初期化するために、CountFromByクラスに__init__を追加してみましょう。

とりあえず、passだけを実行する**空の**__init__メソッドを追加しましょう（このあと振る舞いを追加します）。

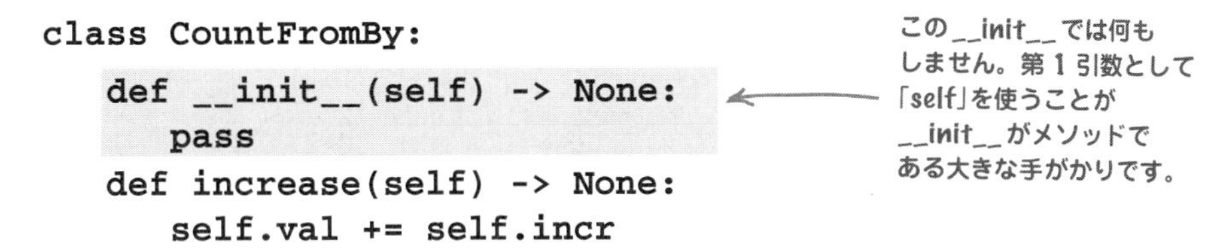


```
class CountFromBy:
    def __init__(self) -> None:
        pass
    def increase(self) -> None:
        self.val += self.incr
```

increaseにすでにあるコードから、名前の前にselfを付けるとクラスの属性にアクセスできることがわかっています。つまり、self.valとself.incrを使えば__init__内でも属性を参照できます。しかし、__init__を使ってクラスの属性（valとincr）を**初期**したいのです。問題は、初期値をどこから入手し、どのようにしてその値を__init__に渡すかです。

__init__に任意の数の引数を渡す

__init__はメソッドです。メソッドは関数と同様なので、__init__（さらにはあらゆるメソッド）にはどんな数の引数値でも渡せます。あとは、引数名を指定すればよいのです。self.valの初期化に使う引数にはvという名前を付け、self.incrにはiという名前を付けましょう。

次のように__init__メソッドのdef行にvとiを追加し、__init__のブロックを使ってクラス属性を初期化しましょう。

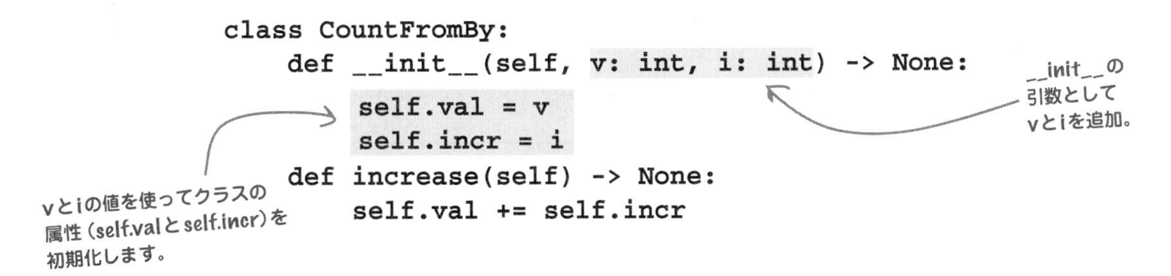


```
class CountFromBy:
    def __init__(self, v: int, i: int) -> None:
        self.val = v
        self.incr = i
    def increase(self) -> None:
        self.val += self.incr
```

これでvとiの値を何とか確保すれば、変更後の__init__がクラスの属性を初期化します。しかし、別の疑問が生まれます。どのようにしてvとiの値を指定するのでしょうか？ この疑問に答えるためには、このバージョンのクラスを試して結果を確認する必要があります。さっそく試してみましょう。

試運転

IDLEの編集ウィンドウで、countfromby.pyを次のように変更します。そして、IDLEの>>>プロンプトで[F5]を押してオブジェクトの生成を開始しましょう。

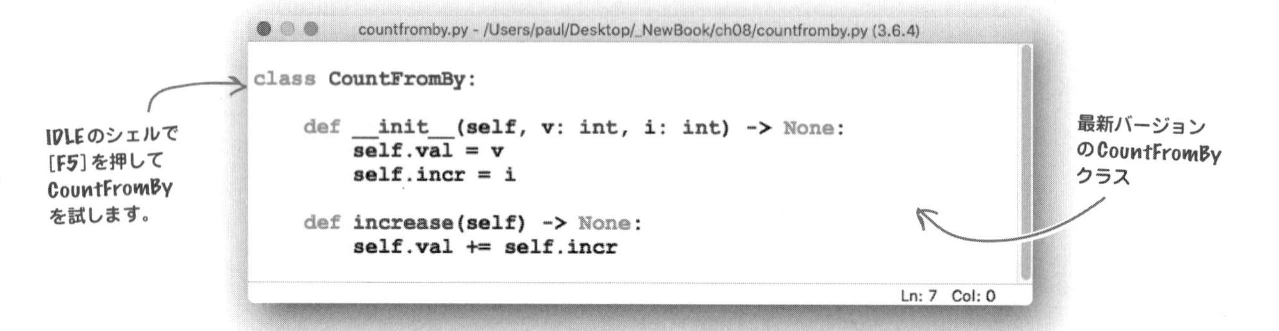

[F5]を押して実行すると、CountFromByクラスがインポートされます。CountFromByクラスから新たなオブジェクトを生成して、その結果を確認してください。

クラスから新しいオブジェクトgを生成します。でもこれをすると、エラーになります！

```
Python 3.6.4 (v3.6.4:d48ecebad5, Dec 18 2017, 21:07:28)
[GCC 4.2.1 (Apple Inc. build 5666) (dot 3)] on darwin
Type "copyright", "credits" or "license()" for more information.
>>>
========= RESTART: /Users/paul/Desktop/_NewBook/ch08/countfromby.py =========
>>> g = CountFromBy()
Traceback (most recent call last):
  File "<pyshell#0>", line 1, in <module>
    g = CountFromBy()
TypeError: __init__() missing 2 required positional arguments: 'v' and 'i'
>>>
>>>
```

予想した結果とは異なるかもしれませんが、TypeError行のメッセージに特に注意してください。__init__メソッドはvとiの2つの引数値を要求していますが、他のものを受け取っている（この例では何も受け取っていません）ことをインタプリタが通知しています。クラスに引数を指定しませんでしたが、このエラーメッセージはクラスに指定する引数が__init__メソッドに渡されるという意味です。

エラーの理由がわかったので、もう一度CountFromByオブジェクトを生成してみましょう。

>>>プロンプトに戻って、vとiの引数として2つの整数値を取る別のオブジェクトhを作成しましょう。

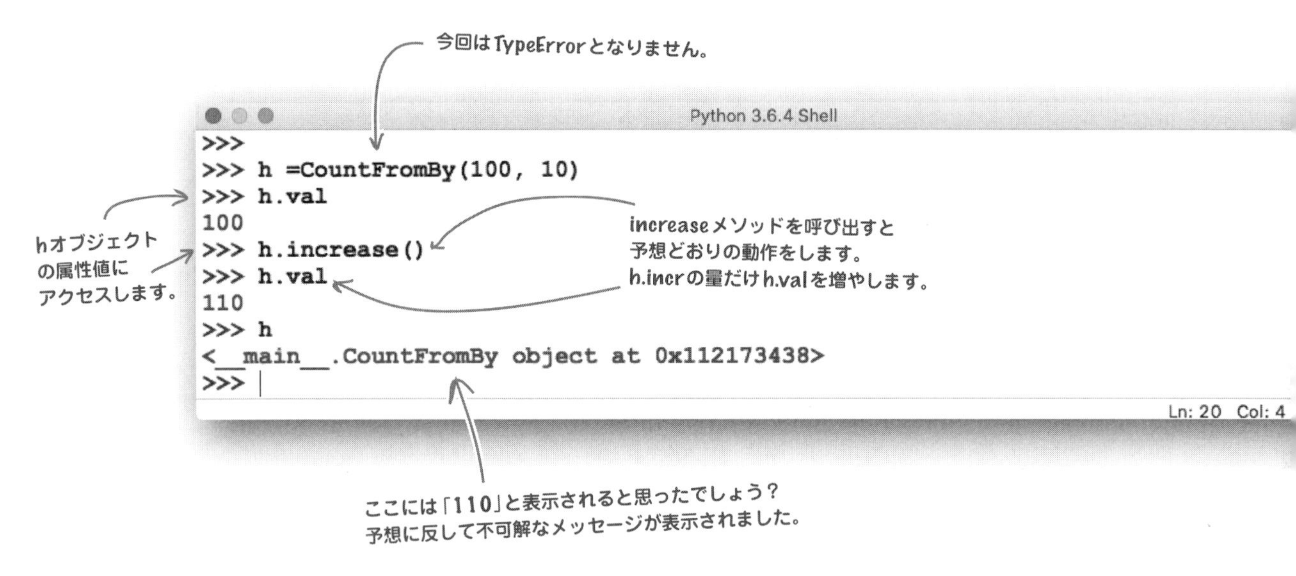

上からわかるように、今回はTypeError例外が出ていません（hオブジェクトが正しく生成されたことを意味します）。h.valとh.incrを使ってhの値にアクセスでき、オブジェクトのincreaseメソッドも呼び出せます。hの値にアクセスしたときだけ再び奇妙な結果になります。

この「試運転」から学んだこと

この「試運転」の主なポイントをまとめます。

- オブジェクトを生成するときには、上の100と10の場合のようにクラスに指定した引数値は__init__メソッドに渡される（vとiは__init__が終了すると消えるが、それぞれの値はオブジェクトのself.valとself.incr属性に格納されているため、心配ない）。
- オブジェクトの名前と属性を組み合わせることで属性値にアクセスできる。h.valとh.incrを使ってアクセスした（「より厳格な」OOP言語からPythonに移行してきた読者は、ゲッターやセッターを作成せずにアクセスしたことに注意）。
- （上のシェルの最後のやり取りのように）オブジェクト名だけを使うと、不可解なメッセージが表示される。このメッセージが何か（およびなぜ発生したか）は次で説明する。

CountFromByの表現を理解する

シェルにオブジェクトの名前を入力して現在値を表示すると、次のように出力されます。

```
<__main__.CountFromBy object at 0x105a13da0>
```

この値が異なっていても心配はありません。このページの最後ですべてが明らかになります。

上の出力を奇妙と言いましたが、確かに一見奇妙に見えるでしょう。この出力の意味を理解するために、IDLEのシェルに戻ってCountFromByからさらに別のオブジェクトを生成してみましょう。このオブジェクトはjとします。

次のセッションでは、jで表示された奇妙なメッセージが組み込み関数を呼び出したときに作成される値であることに注意してください。まずはこのセッションに従い、次にこの組み込み関数の動作の説明を読んでください。

```
>>>
>>> j = CountFromBy(100, 10)
>>> j
<__main__.CountFromBy object at 0x1035be278>
>>>
>>> type(j)
<class '__main__.CountFromBy'>
>>>
>>> id(j)
4351320696
>>>
>>> hex(id(j))
'0x1035be278'
>>>
>>>
```

jの出力は、Pythonの組み込み関数が作成する値です。

組み込み関数typeはオブジェクトの生成元となったクラスに関する情報を表示します。上のコードではjがCountFromByオブジェクトであることを示しています。

組み込み関数idは、オブジェクトのメモリアドレス（インタプリタがオブジェクトを管理するために使う一意の識別子）に関する情報を表示します。手元の画面に表示された値は、おそらく上の値とは異なるでしょう。

jの出力の一部として表示されたメモリアドレスは、idを16進数に変換した値です（組み込み関数hexがこの変換を行います）。したがって、jで表示されたメッセージ全体は、typeの出力と（16進数に変換された）idの組み合わせです。

「なぜこのようになるのか」と不思議に思うのも無理はありません。

オブジェクトをどのように表現するかをインタプリタに通知しないと、デフォルトで**何か**を行うので、上のように表現します。幸い、独自の__repr__特殊メソッドをコーディングすればこのデフォルトの振る舞いをオーバーライドできます。

__repr__をオーバーライドし、オブジェクトを表現する方法を指定する。

CountFromByの表現方法を定義する

__repr__は特殊メソッドですが、組み込み関数reprとしても利用できます。組み込み関数helpでreprの機能を調べると、「Return the canonical string representation of the object.」(オブジェクトの印字可能な表現を含む文字列を返す)という説明でした。つまり、組み込み関数helpはrepr(つまり__repr__)がオブジェクトの文字列バージョンを返す必要があると言っているのです。

「オブジェクトの文字列バージョン」がどのようなものであるかは、オブジェクトがそれぞれ何を行うかによります。クラスの__repr__メソッドを書くことでオブジェクトに何が起こるかを制御できます。

まずは、CountFromByクラスに__repr__のための新たなdef行を追加しましょう。__repr__は、必須のself以外の引数を取りません(__repr__はメソッドでしたね)。この本のやり方に従い、このメソッドが文字列を返すことがわかるようにアノテーションも追加しましょう。

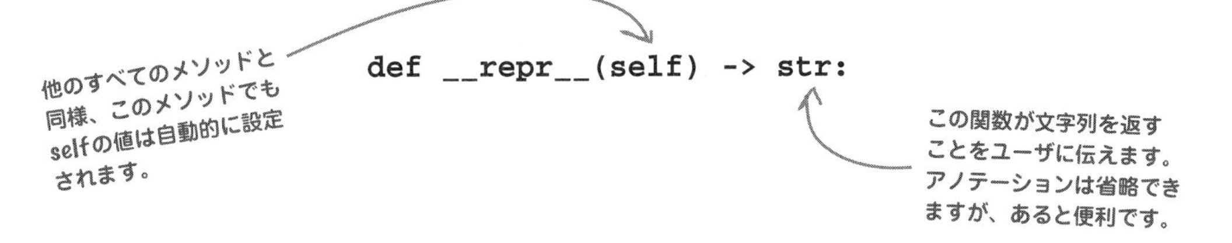

def行ができたので、あとはCountFromByオブジェクトの文字列表現を返すコードを書くだけです。そのためには、self.valの値(整数)を文字列に変換するだけです。

他のすべてのメソッドと
同様、このメソッドでも
selfの値は自動的に設定
されます。
def __repr__(self) -> str:
この関数が文字列を返す
ことをユーザに伝えます。
アノテーションは省略でき
ますが、あると便利です。

組み込み関数strのおかげで、この変換は簡単です。

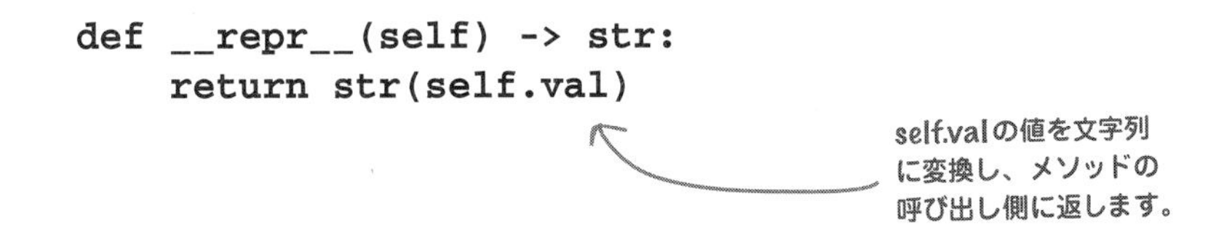

def __repr__(self) -> str:
    return str(self.val)
self.valの値を文字列
に変換し、メソッドの
呼び出し側に返します。

クラスにこの短い関数を追加すると、インタプリタは>>>プロンプトでCountFromByオブジェクトを表示するときは常にこの関数を使います。組み込み関数printも__repr__を使ってオブジェクトを表示します。

変更したコードを試す前に、前回の「試運転」で明らかになった別の問題を取り上げてみましょう。

CountFromByに適切なデフォルトを設定する

CountFromByクラスの現在バージョンの__init__メソッドを思い出してみましょう。

```
    ...
def __init__(self, v: int, i: int) -> None:
    self.val = v
    self.incr = i
    ...
```

このバージョンの__init__メソッドは、呼び出されるたびに2つの引数値が指定されることを期待しています。

vとiの値を渡さずにこのクラスから新たなオブジェクトを生成しようとしたら、TypeErrorが発生しましたよね。

```
>>>
>>> g = CountFromBy()
Traceback (most recent call last):
  File "<pyshell#1>", line 1, in <module>
    g = CountFromBy()
TypeError: __init__() missing 2 required positional arguments: 'v' and 'i'
>>>
>>> |
```

おっと、これはダメです。

313ページでは、CountFromByクラスを「カウンタは0から始まり、要求に応じて1増える」というデフォルトの振る舞いにしたいと述べました。関数の引数にデフォルト値を指定する方法はすでに説明しました。メソッドでも同じで、def行にデフォルト値を設定します。

```
    ...
def __init__(self, v: int=0, i: int=1) -> None:
    self.val = v
    self.incr = i
    ...
```

メソッドは関数なので、引数のデフォルト値をサポートしています（ただし、1文字の変数vが値、iが増分値であるというこのような使い方は、あまりお勧めできません）。

CountFromByコードにこの小さな（しかし重要な）変更を行ってからファイルを保存すると、今回はオブジェクトがデフォルトの振る舞いで生成できることがわかります。

```
Python 3.6.4 Shell
>>>
========= RESTART: /Users/paul/Desktop/_NewBook/ch08/countfromby.py =========
>>> i = CountFromBy()
>>> i.val
0
>>> i.incr
1
>>> i.increase()
>>> i.val
1
>>>
>>> |
Ln: 68  Col: 4
```

オブジェクトの初期化時に使う値を指定していないので、クラスは__init__で指定されたデフォルト値が入ります。

すべて期待どおりに動作します。increaseメソッドは呼び出されるたびにi.valの値を1ずつ増やします。これはデフォルトの振る舞いです。

試運転

(countfromby.pyの)クラスのコードは次と同じでしょうか。最新バージョンのCountFromByクラスをIDLEの編集ウィンドウに読み込み、[F5]を押して試します。

countfromby.py - /Users/paul/Desktop/_NewBook/ch08/countfromby.py (3.6.4)

```
class CountFromBy:

    def __init__(self, v: int=0, i: int=1) -> None:
        self.val = v
        self.incr = i

    def increase(self) -> None:
        self.val += self.incr

    def __repr__(self) -> str:
        return str(self.val)
```

Ln: 7　Col: 0

__repr__のコードを追加したCountFromByクラス

Python 3.6.4 Shell

```
>>>
>>> k = CountFromBy()
>>> k
0
>>> k.increase()
>>> k
1
>>> print(k)
1
>>> l = CountFromBy(100)
>>> l
100
>>> l.increase()
>>> print(l)
101
>>> m = CountFromBy(100,10)
>>> m
100
>>> m.increase()
>>> m
110
>>> n = CountFromBy(i=15)
>>> n
0
>>> n.increase()
>>> n
15
>>>
>>> |
```

Ln: 104　Col: 4

オブジェクトkはクラスのデフォルト値を使い、0から始まり1ずつ増やします。

>>>プロンプトやprint関数でオブジェクトを参照すると、__repr__が動作します。

オブジェクトlは別の開始値を指定し、increaseを呼び出すたびに1ずつ増やします。

オブジェクトmは両方のデフォルト値に別の値を指定しています。

オブジェクトnは、キーワード引数を使って増分量に別の値を指定します(0から始まります)。

クラス：わかったこと

これでCountFromByクラスが313ページで示した動作になりました。クラスについてわかったことを復習しましょう。

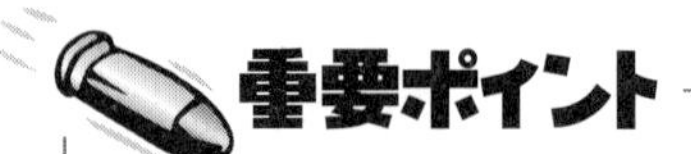

- クラスは、**振る舞い**（別名：メソッド）と**状態**（別名：属性）を共有できる。
- メソッドは**関数**、属性は**変数**、と覚えておけば、それほど大きな間違いはない。
- `class`キーワードで新たなクラスを作成する。
- クラスから新たなオブジェクトを生成するのは関数呼び出しによく似ている。クラス`CountFromBy`からオブジェクト`mycount`を生成するには、次の1行を使う。

```
mycount = CountFromBy()
```

- クラスからオブジェクトを生成すると、オブジェクトはそのクラスから生成した他のすべてのオブジェクトとクラスのコードを**共有**する。しかし、属性はオブジェクトごとに**それぞれ**に持つ。
- **メソッド**を作成してクラスに振る舞いを追加する。メソッドは、クラス内で定義する関数である。
- クラスに**属性**を追加するには、変数を作成する。
- すべてのメソッドには、第1引数として現在のオブジェクトの**別名**を渡す。Pythonの規約では、この第1引数を`self`と呼ぶ。
- メソッドのブロック内では属性への参照の前に`self`を付け、属性の値がメソッドコードの終了後も破棄されないようにする。
- `__init__`メソッドは、すべてのクラスが提供する多くの**特殊メソッド**の1つである。
- 属性値は`__init__`メソッドで初期化する。このメソッドでは、新たなオブジェクトを生成するときに属性に開始値を設定できる。`__init__`は、オブジェクト生成時にクラスに渡された値の**コピー**を受け取る。例えば、下のオブジェクト生成時には値`100`と`10`が`__init__`に渡される。

```
mycount2 = CountFromBy(100, 10)
```

- 2つ目の特殊メソッドは`__repr__`で、>>>プロンプトで表示するときと組み込み関数`print`で使うときのオブジェクトの表現方法を制御できる。

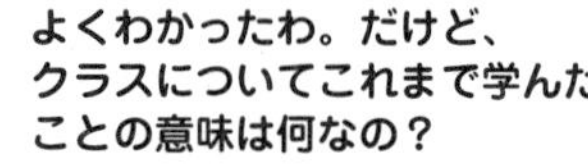

よくわかったわ。だけど、
クラスについてこれまで学んだ
ことの意味は何なの？

コンテキストマネージャを作成したかったのです。

しばらく時間が経っていますが、クラスの勉強を始めた理由はPythonの**コンテキストマネジメントプロトコル**を使うコードを作成できるようにするためでした。コンテキストマネジメントプロトコルを使うことができれば、Webアプリケーションのデータベース用のコードは`with`文と一緒に使うことができ、データベース用のコードの共有と再利用が容易になるでしょう。この章でクラスについて少しわかったので、次の章でコンテキストマネジメントプロトコルを使うことができるようになりました。

8章のコード

countfromby.pyのコード

```
class CountFromBy:

    def __init__(self, v: int=0, i: int=1) -> None:
        self.val = v
        self.incr = i

    def increase(self) -> None:
        self.val += self.incr

    def __repr__(self) -> str:
        return str(self.val)
```

9章　コンテキストマネジメントプロトコル

with文を使う

はい、本当です。
コードが動作する
コンテキストを低コストで
管理できます。

これまで学んできたことをいよいよ使います。

7章ではPythonで**リレーショナルデータベース**について説明し、8章では**クラス**を紹介しました。この9章では、この両方を組み合わせ、リレーショナルデータベースを扱えるように`with`文を拡張できる**コンテキストマネージャ**を作成します。この章では、新しいクラスを作成し、Pythonの**コンテキストマネジメントプロトコル**に従うようにすることで、`with`文を使います。

Webアプリケーションコードを共有する最善の方法は？

7章では、log_request関数の中に、正しく機能するデータベースのコードを作成しましたが、このコードを共有するための最適な方法を検討する必要がありました。301ページの提案を思い出してください。

3人の提案はいずれも有効でしたが、提案された解決策をそのまま取り入れるPythonプログラマはいないだろうと言いました。withを使ってコンテキストマネジメントプロトコルを使う方が優れていると判断しましたが、そのためにはクラスについて少し学ぶ必要があったので、8章ではクラスについて学びました。クラスの作成方法がわかったので、目の前の課題に戻ります。コンテキストマネージャを作成してWebアプリケーションのデータベースのコードを共有するのです。

実行したいことを考える（改訂版）

次に挙げるのは7章のデータベースの管理用コードです。このコードは、現在はFlaskアプリケーションの一部です。このコードでMySQLデータベースに接続し、リクエストの詳細を`log`テーブルに保存し、**未保存**のデータをコミットした後、データベースから切断したことを思い出してください。

```
import mysql.connector

def log_request(req: 'flask_request', res: str) -> None:
    """Webリクエストの詳細と結果をロギングする。"""

    dbconfig = { 'host': '127.0.0.1',
                 'user': 'vsearch',
                 'password': 'vsearchpasswd',
                 'database': 'vsearchlogDB', }

    conn = mysql.connector.connect(**dbconfig)
    cursor = conn.cursor()

    _SQL = """insert into log
              (phrase, letters, ip, browser_string, results)
              values
              (%s, %s, %s, %s, %s)"""
    cursor.execute(_SQL, (req.form['phrase'],
                          req.form['letters'],
                          req.remote_addr,
                          req.user_agent.browser,
                          res, ))

    conn.commit()
    cursor.close()
    conn.close()
```

この辞書はデータベース接続情報を表します。

データベースに接続するための認証情報を使い、カーソルを作成します。

実際の処理を行うコード。リクエストデータをデータベーステーブルlogに追加します。

最後に、データベースとの接続を切ります。

コンテキストマネージャを作成する最適な方法は？

上のコードを`with`の一部として使えるコードに変換する前に、コンテキストマネジメントプロトコルに従う方法を説明しましょう。標準ライブラリは（`contextlib`モジュールを使った）簡単なコンテキストマネージャの作成をサポートしていますが、このプロトコルに準拠したクラスの作成は`with`を使って（ここでの場合のような）データベース接続などの外部オブジェクトを管理するときの正しい手法とみなされています。

では、「コンテキストマネジメントプロトコルに従う」ということの意味を調べてみましょう。

メソッドを使ってコンテキストを管理する

コンテキストマネジメントプロトコルは難しそうに思えますが、実際にはとても単純です。少なくとも2つの特殊メソッド__enter__と__exit__を定義します。これがコンテキストマネジメントプロトコルです。このプロトコルを守れば、クラスをwith文に関連付けられます。

プロトコルは、守るべき合意済みの手続き(または一連のルール)。

__enter__は前処理を行う

オブジェクトをwithと一緒に使うと、インタプリタはwith文のブロックを開始する**前**にオブジェクトの__enter__メソッドを呼び出します。これにより、__enter__内で必要な前処理コードを実行できます。

さらに、このプロトコルでは__enter__がwith文に値を返すことができる(しかし、返さなくてもよい)と定義されています(これが重要である理由はこれから説明します)。

__exit__は後処理を行う

with文の終了直後に、インタプリタは**必ず**オブジェクトの__exit__メソッドを呼び出します。__exit__メソッドをwithのブロック終了**後**に呼び出して、必要な後処理を行います。

__enter__と__exit__を定義するクラスを作成すると、インタプリタは自動的にそのクラスをコンテキストマネージャとみなすため、with文を使えます。言い換えると、このようなクラスはコンテキストマネジメントプロトコルに**従っており**、コンテキストマネージャを**実装**します。

__enter__と__exit__を定義したら、そのクラスはコンテキストマネージャとなる。

__init__は初期化を行う

__enter__と__exit__の他に、独自の__init__メソッドを定義するなど、必要に応じてクラスに別のメソッドも追加できます。8章でわかったように、__init__を定義するとオブジェクトの初期化を追加できます。__init__は__enter__の**前**に実行されます(つまり、**コンテキストマネージャの前処理コードを実行する前**)。

コンテキストマネージャでは__init__を定義しなくても問題ないのですが(本当に必要なのは__enter__と__exit__だけなので)、__init__を定義すると初期化と前処理を分離できるので便利です。(この章の後半で)データベース接続で使うコンテキストマネージャを作成するときには、__init__を定義してデータベース接続認証情報を初期化します。絶対にこのようにする必要はありませんが、整理された状態を保ち、コンテキストマネージャクラスのコードを読みやすく理解しやすくしてくれます。

コンテキストマネージャの動作はわかっています

6章で初めてwith文が登場しました。このときwith文が終了するとファイルが自動的に閉じられました。（openがコンテキストマネージャであるために）下のコードでtodos.txtファイルを開き、ファイル内の行を1行ずつ読んで表示してから自動的にファイルを閉じたことを思い出してください。

```
with open('todos.txt') as tasks:
    for chore in tasks:
        print(chore, end='')
```

6章で登場した初めてのwith文

のwith文をもう一度調べ、__enter__、__exit__、__init__が呼び出される場所を特定しましょう。ここではコメントに番号を付け、それらの特殊メソッドが実行される順番をわかりやすくしています。ここには初期化、前処理、後処理コードがありません。これらのメソッドは必要なときに「水面下で」実行されます。

```
with open('todos.txt') as tasks:
    for chore in tasks:
        print(chore, end='')
```

1. インタプリタはwith文を見ると、openの呼び出しに関連する__init__をまず呼び出します。

2. __init__を実行すると、__enter__を呼び出してopenの呼び出し結果を変数tasksに代入します。

3. with文が終了すると、コンテキストマネージャの__exit__を呼び出して後片付けをします。この例では、開いたファイルを正しく閉じてから処理を続けます。

必要なもの

（新しいクラスを利用して）独自のコンテキストマネージャを作成する前に、コンテキストマネジメントプロトコルによってwith文を使うための準備をおさらいしましょう。次のものを提供するクラスを作成します。

1. 初期化を行う__init__メソッド（必要に応じて）
2. 前処理を行う__enter__メソッド
3. 後処理（別名：後片付け）を行う__exit__メソッド

この知識はすでにあるので、次はコンテキストマネージャクラスを作成し、既存のデータベースのコードを使って上のメソッドを1つずつ書きましょう。

新しいコンテキストマネージャクラスを作成する

まずは、新しいクラスに名前を付けましょう。さらに、新しいクラスのコードを専用のファイルに入れ、簡単に再利用できるようにしましょう（Pythonのコードを別のファイルに保存するとモジュールとなり、必要に応じて他のPythonプログラムにインポートできたことを思い出してください）。

Pythonでクラスに名前を付けるときにはキャメルケースを使う。

新しいファイルをDBcm.py（データベースコンテキストマネージャの略）とし、新しいクラスをUseDatabaseとしましょう。必ず、Webアプリケーションのコードがあるフォルダに DBcm.pyを作成してください。WebアプリケーションがUseDatabaseクラスをインポートするからです。

普段使っているエディタ（またはIDLE）を使って新たな編集ウィンドウを作成し、新しい空のファイルをDBcm.pyとして保存します。クラスがコンテキストマネジメントプロトコルに従うためには、次のことが必要です。

1. 初期化を行う __init__ メソッドを提供する。
2. 前処理を行う __enter__ メソッドを提供する。
3. 後処理を行う __exit__ メソッドを提供する。

とりあえず、この3つの「空」のメソッドをクラスに追加しましょう。空のメソッドには1つのpass文があります。ここまでのコードを示します。

IDLEではDBcm.pyファイルはこのように表示されます。現時点では、import文1つと、3つの「空」のメソッドを持つクラスUseDatabaseからなります。

DBcm.py - /Users/paul/Desktop/_NewBook/ch09/webapp/DBcm.py (3.5.1)

```
import mysql.connector


class UseDatabase:

    def __init__(self):
        pass

    def __enter__(self):
        pass

    def __exit__(self):
        pass
```

Ln: 14 Col: 0

DBcm.pyファイルの先頭にimport文を置き、MySQLコネクタ機能を取り込んでいます（新しいクラスはこの機能に依存します）。

次に、log_request関数の関連する部分をUseDatabaseの適切なメソッドに移動させます。いよいよ、気を引き締めてメソッドコードを自力で書いてみましょう。

データベース構成を使ってクラスを初期化する

下のコードは、with文を使うように7章のUseDatabaseを書き直したものです。このwith文は、これから書くUseDatabaseコンテキストマネージャを使います。

```
from DBcm import UseDatabase

dbconfig = {'host': '127.0.0.1',
            'user': 'vsearch',
            'password': 'vsearchpasswd',
            'database': 'vsearchlogDB',}

with UseDatabase(dbconfig) as cursor:
    _SQL = """insert into log
              (phrase, letters, ip, browser_string, results)
              values
              (%s, %s, %s, %s, %s)"""
    cursor.execute(_SQL, (req.form['phrase'],
                          req.form['letters'],
                          req.remote_addr,
                          req.user_agent.browser,
                          res, ))
```

DBcm.pyファイルからコンテキストマネージャをインポートします。

データベース接続情報

コンテキストマネージャはcursorを返します。

UseDatabaseコンテキストマネージャはデータベース接続情報の辞書を受け取ります。

この部分は前と同じです。

自分で考えてみよう

__init__メソッドから始めましょう。__init__メソッドを使ってUseDatabaseクラスの属性を初期化します。上の説明によると、__init__メソッドは引数を1つ取ります。その引数は接続情報の辞書configです（下のdef行にconfigを追加する必要があります）。configを属性configurationとして保存するようにしましょう。この辞書を__init__のconfiguration属性に保存するために必要なコードを追加してください。

```
import mysql.connector

class UseDatabase:

    def __init__(self, .................... )

        ..........................................
```

def行を完成させます。

足りないものは何でしょう？

config辞書を属性に保存します。

__init__メソッドから始めました。__init__メソッドを使ってUseDatabaseクラスの属性を初期化します。__init__メソッドは引数を1つ取ります。その引数は接続情報の辞書configです（下のdef行にconfigを追加する必要がありました）。configを属性configurationとして保存するようにします。この辞書を__init__のconfiguration属性に保存するために必要なコードを追加する必要がありました。

```
import mysql.connector

class UseDatabase:

    def __init__(self, config: dict ) -> None :
        self.configuration = config
```

__init__は辞書を1つ取ります。この辞書はconfigとします。

引数configの値を属性configurationに代入します。属性の前にselfを忘れずに付けましたか？

NoneアノテーションからこのメソッドにはMOD戻り値がないことがわかります（わかっていると便利）。def行の末尾はコロンです。

コンテキストマネージャ作成中

__init__が書けたので、次は__enter__メソッド（__enter__）のコードを書いてみましょう。その前に、これまでに書いたコードが下のIDLEに示したコードと同じであることを確認してください。

DBcm.py - /Users/paul/Desktop/_NewBook/ch09/webapp/DBcm.py (3.5.1)

```
import mysql.connector


class UseDatabase:

    def __init__(self, config: dict) -> None:
        self.configuration = config

    def __enter__(self):
        pass

    def __exit__(self):
        pass
```

Ln: 14 Col: 0

__init__がこれと同じであることを確認してください。

__enter__で前処理を行う

__enter__メソッドは、with文のブロックを実行する**前**にコードを実行する場所を提供します。log_request関数の前処理を行うコードを思い出してください。

log_request関数の前処理コード

```
...
dbconfig = { 'host': '127.0.0.1',
             'user': 'vsearch',
             'password': 'vsearchpasswd',
             'database': 'vsearchlogDB', }

conn = mysql.connector.connect(**dbconfig)
cursor = conn.cursor()

_SQL = """insert into log
          (phrase, letters, ip, browser_string, results)
...
```

この前処理コードは接続情報の辞書を使ってMySQLに接続し、データベースカーソルを作成します（データベースカーソルは、Pythonコードからデータベースへコマンドを送るために必要です）。データベースとやり取りするたびに実行されるこの前処理コードの代わりに、コンテキストマネージャクラスでこの処理を行い、再利用しやすくしましょう。

自分で考えてみよう

__enter__メソッドは、self.configurationに格納された接続情報を使ってデータベースに接続してカーソルを作成します。__enter__メソッドは、必須の引数self以外は取りませんが、カーソルを返す必要があります。次のメソッドを完成させてください。

ここに前処理コードを追加。

忘れずにカーソルを返します。

```
def __enter__(self):
    ..........................................
    ..........................................
    return ...................................
```

自分で考えてみようの答え

__enter__メソッドは、self.configurationに格納された接続情報を使ってデータベースに接続してカーソルを作成します。__enter__メソッドは、必須の引数self以外は取りませんが、カーソルを返す必要があります。次のメソッドのコードを完成させる必要がありました。

忘れずにすべての属性の前にselfを付けましたか？

```
def __enter__(self):
    self.conn = mysql.connector.connect(**self.configuration)
    self.cursor = self.conn.cursor()
    return self.cursor
```

ここではdbconfigではなく、self.configurationを参照します。

カーソルを返します。

すべての属性の前に必ず「self」を付ける

__enter__の属性として（前にselfを付けて）connとcursorを指定したことに驚くかもしれません。これは、どちらの変数も__exit__メソッドで必要なので、__enter__メソッドが終了してもconnとcursorを両方とも残すためです。そのために、connとcursorの両方の変数にself接頭辞を追加しました。すると、クラスの属性リストに追加されます。

__exit__を書く前に、コードが下と同じであるか確認してください。

DBcm.py - /Users/paul/Desktop/_NewBook/ch09/webapp/DBcm.py (3.5.1)*

```
import mysql.connector


class UseDatabase:

    def __init__(self, config: dict) -> None:
        self.configuration = config

    def __enter__(self) -> 'cursor':
        self.conn = mysql.connector.connect(**self.configuration)
        self.cursor = self.conn.cursor()
        return self.cursor

    def __exit__(self):
        pass
```

Ln: 16 Col: 0

ほとんど完成です。あとはもう１つのメソッドを書くだけです。

__exit__で後処理を行う

__exit__メソッドは、with文が終了したときに実行する後処理コードの場所を提供します。log_request関数の後処理を行うコードを思い出してください。

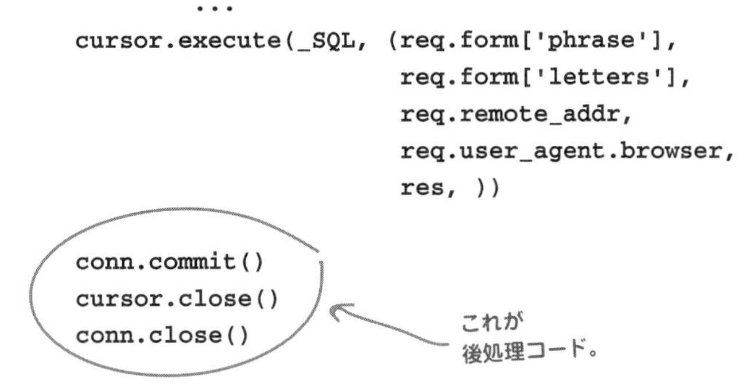

...
cursor.execute(_SQL, (req.form['phrase'],
req.form['letters'],
req.remote_addr,
req.user_agent.browser,
res,))
conn.commit()
cursor.close()
conn.close()
これが後処理コード。

後処理コードはデータベースデータをコミットしてから、カーソルと接続を閉じます。この後処理はデータベースとやり取りする**たび**に生じるので、この3行を__exit__に移動してコンテキストマネージャに追加しましょう。

しかし、その前に__exit__には複雑なところがあり、withのブロック内で発生し得る例外を処理しなくてはいけません。何か問題が生じたら、インタプリタは**必ず**exc_type、exc_value、exc_traceの3つの引数を__exit__メソッドに渡して通知します。下のdef行では、この3つの引数を追加しています。しかし、ここではこの例外処理メカニズムを**無視**します。後の章で問題が生じる原因とその対応について説明する際に再び取り上げます。

自分で考えてみよう

後処理コードでは後片付けを行います。このコンテキストマネージャの後片付けでは、カーソルと接続の両方を閉じる前にデータベースにデータをコミットする必要があります。次のメソッドに必要なコードを追加してください。

ここではこの3つの引数は心配しなくていいです。

```
def __exit__(self, exc_type, exc_value, exc_trace) ........................ :
        ..................................................
        ..................................................
        ..................................................
```

ここに後処理コードを追加します。

後処理コードでは後片付けを行います。このコンテキストマネージャの後片付けでは、カーソルと接続の両方を閉じる前にデータベースにデータをコミットする必要があります。次のメソッドに必要なコードを追加する必要がありました。

ここではこの3つの引数は心配しなくていいです。

```
def __exit__(self, exc_type, exc_value, exc_trace) -> None:
    self.conn.commit()
    self.cursor.close()
    self.conn.close()
```

前に保存した属性を使って未保存のデータをコミットし、カーソルと接続を閉じます。いつものように、属性名の前にselfを忘れずに追加してください。

このアノテーションでメソッドに戻り値がないことがわかります。このような場合は書かなくてもよいのですが、書いてあると便利です。

コンテキストマネージャをテストする準備が整った

__exit__を書いたので、Webアプリケーションコードに統合する前にコンテキストマネージャをテストしましょう。いままでと同様、まずPythonのシェルプロンプト(>>>)でこの新しいコードをテストします。その前に、コードが下と同じであるかを最後にもう一度確認してください。

DBcm.py - /Users/paul/Desktop/_NewBook/ch09/webapp/DBcm.py (3.5.1)

```
import mysql.connector


class UseDatabase:

    def __init__(self, config: dict) -> None:
        self.configuration = config

    def __enter__(self) -> 'cursor':
        self.conn = mysql.connector.connect(**self.configuration)
        self.cursor = self.conn.cursor()
        return self.cursor

    def __exit__(self, exc_type, exc_value, exc_trace) -> None:
        self.conn.commit()
        self.cursor.close()
        self.conn.close()
```

Ln: 18 Col: 0

完成したUseDatabaseコンテキストマネージャクラス

「実際の」クラスならコメントが入っていますが、このページの紙面を節約するために、ここでは割愛しました。本書のダウンロード用のコードにはコメントが入っています。

試運転

IDLEの編集ウィンドウにDBcm.pyのコードを入力したら、[F5]を押してコンテキストマネージャをテストしましょう。

ここにはそれほど多くのコードはない

上のコードを見てそれほど多くのコードではないと思ったことでしょう。データベース処理コードをUseDatabaseクラスに移動させたので、初期化、前処理、後処理にはコンテキストマネージャが「水面下」で処理してくれます。接続情報と実行したいSQLクエリを用意するだけでよいのです。残りはすべてコンテキストマネージャが行います。前処理と後処理のコードはコンテキストマネージャの一部として再利用されます。また、このコードの「本質」も明らかになります。それはデータベースからデータを取得して処理することです。コンテキストマネージャはデータベースへの接続と切断の詳細（これは常に同じになります）を隠すので、データの操作に集中できます。

コンテキストマネージャを使うようにWebアプリケーションを変更しましょう。

Webアプリケーションコードを再考する（1/2）

久しぶりにWebアプリケーションのコードを検討します。

7章では、log_request関数を修正してWebアプリケーションのリクエストをMySQLデータベースに保存しました。8章でクラスの学習を始めた理由は、log_requestに追加したデータベースのコードを共有する最善の方法を選択するためでした。（この状況での）最善の方法は、先ほど書いたUseDatabaseコンテキストマネージャクラスを使うことです。

log_requestを修正してコンテキストマネージャを使うことに加えて、view_the_logも修正してデータベース内のデータを扱えるようにしましょう（修正前はvsearch.logテキストファイルを扱います）。まずこの両方の関数を修正する前に、（このページと次のページの）現在のコードを確認しましょう。修正が必要な部分をハイライトしています。

Webアプリケーションのコードは、「webapp」フォルダの「vsearch4web.py」ファイルにある。

```
from flask import Flask, render_template, request, escape
from vsearch import search4letters

import mysql.connector

def log_request(req: 'flask_request', res: str) -> None:
    """Webリクエストの詳細と結果をロギングする。"""
    dbconfig = { 'host': '127.0.0.1',
                 'user': 'vsearch',
                 'password': 'vsearchpasswd',
                 'database': 'vsearchlogDB', 

    conn = mysql.connector.connect(**dbconfig)
    cursor = conn.cursor()

    _SQL = """insert into log
              (phrase, letters, ip, browser_string, results)
              values
              (%s, %s, %s, %s, %s)"""
    cursor.execute(_SQL, (req.form['phrase'],
                          req.form['letters'],
                          req.remote_addr,
                          req.user_agent.browser,
                          res, ))
    conn.commit()
    cursor.close()
    conn.close()}
```

ここで代わりにDBcmをインポートします。

UseDatabaseコンテキストマネージャを使うようにこのコードを修正します。

Webアプリケーションコードを再考する（2/2）

```
@app.route('/search4', methods=['POST'])
def do_search() -> str:
    """ポストされたデータを抽出し、検索を実行し、結果を返す。"""
    phrase = request.form['phrase']
    letters = request.form['letters']
    title = '検索結果:'
    results = str(search4letters(phrase, letters))
    log_request(request, results)
    return render_template('results.html',
                           the_title=title,
                           the_phrase=phrase,
                           the_letters=letters,
                           the_results=results,)


@app.route('/')
@app.route('/entry')
def entry_page() -> str:
    """このWebアプリケーションのHTMLフォームを表示する。"""
    return render_template('entry.html',
                           the_title='Web版のsearch4lettersにようこそ！')


@app.route('/viewlog')
def view_the_log() -> str:
    """ログファイルの内容をHTMLテーブルとして表示する。"""
    contents = []
    with open('vsearch.log') as log:
        for line in log:
            contents.append([])
            for item in line.split('|'):
                contents[-1].append(escape(item))
    titles = ('フォームデータ', 'リモートアドレス', 'ユーザエージェント', '結果')
    return render_template('viewlog.html',
                           the_title='ログの閲覧',
                           the_row_titles=titles,
                           the_data=contents,)


if __name__ == '__main__':
    app.run(debug=True)
```

この部分は、UseDatabaseコンテキストマネージャ経由でデータベース内のデータを使うように修正します。

「log_request」関数を思い出す

UseDatabaseコンテキストマネージャを使うためのlog_request関数の修正は、すでに多くの作業が終わっています（目標とするコードはすでに示しています）。

log_requestをもう一度見てください。現時点では、データベース接続情報の辞書（コードのdbconfig）をlog_request内で定義しています。修正する別の関数（view_the_log）でこの辞書を使いたいので、この辞書をlog_request関数から移し、他の関数と共有できるようにしましょう。

```
def log_request(req: 'flask_request', res: str) -> None:

    dbconfig = { 'host': '127.0.0.1',
                 'user': 'vsearch',
                 'password': 'vsearchpasswd',
                 'database': 'vsearchlogDB', }

    conn = mysql.connector.connect(**dbconfig)
    cursor = conn.cursor()
    _SQL = """insert into log
              (phrase, letters, ip, browser_string, results)
              values
              (%s, %s, %s, %s, %s)"""
    cursor.execute(_SQL, (req.form['phrase'],
                          req.form['letters'],
                          req.remote_addr,
                          req.user_agent.browser,
                          res, ))

    conn.commit()
    cursor.close()
    conn.close()
```

この辞書を関数から移して、必要に応じて他の関数と共有できるようにしましょう。

でも、dbconfigをグローバル空間に移さずに、内部構成に追加できたら便利でしょう。

幸い、（他の多くのWebフレームワークと同様に）Flaskは構成メカニズムを備えています。辞書（Flaskではapp.configと呼ぶ）を使ってWebアプリケーションの内部設定を調整します。app.configは普通のPythonの辞書で、必要に応じて独自のキーと値を追加します。これをdbconfigのデータに行います。

そして、UseDatabaseを使うようにlog_requestの残りのコードを修正しましょう。

これから変更してみましょう。

「log_request」関数を修正する

Webアプリケーションにこの変更を行うと、次のようになります。

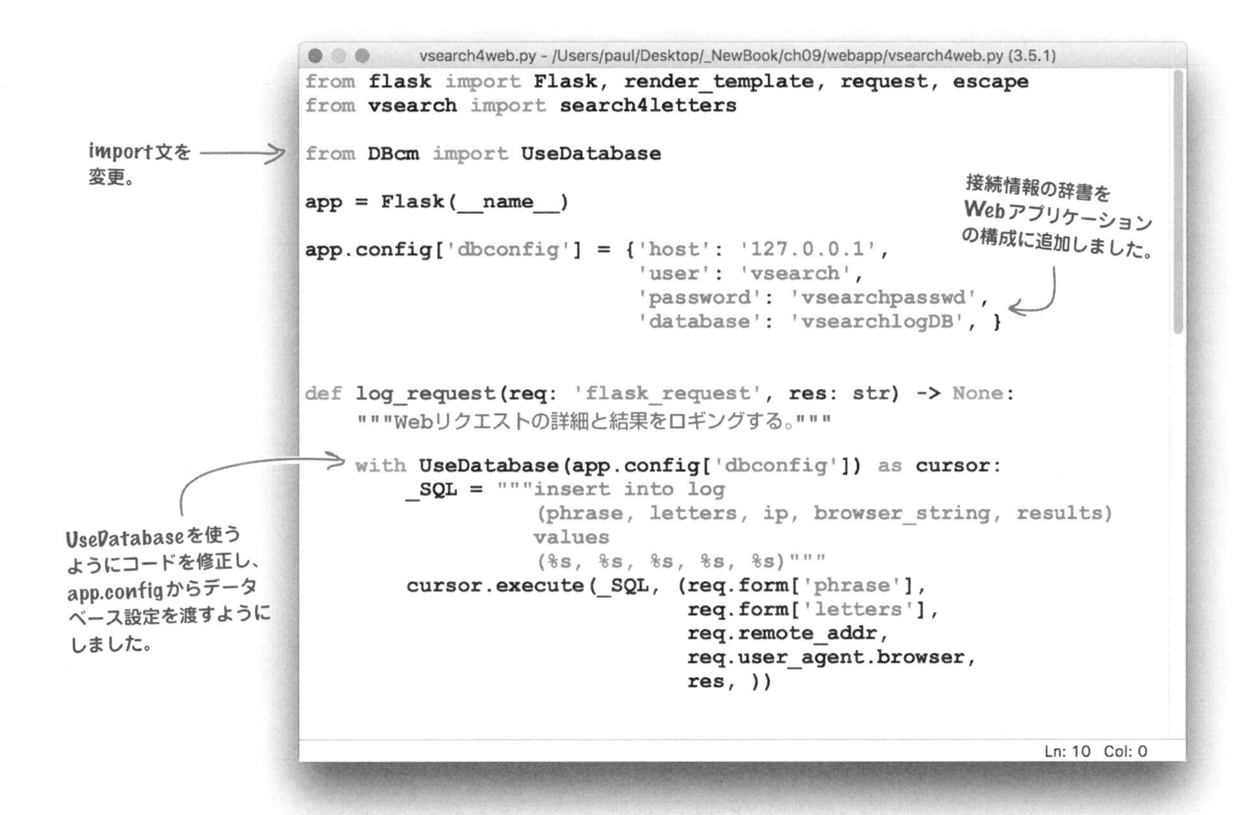

このファイルの冒頭では、import mysql.connector文をDBcmモジュールのUseDatabaseを取得するimport文に置き換えています。DBcm.pyファイル自体にimport mysql.connector文があるので、このファイルからimport mysql.connectorを削除します（2回インポートしたくないため）。

また、データベース接続情報の辞書をWebアプリケーションの構成に移しています。そして、コンテキストマネージャを使うようにlog_requestのコードを修正しています。

クラスとコンテキストマネージャを作成しているので、上のコードは理解できるでしょう。

次はview_the_log関数の修正に移りましょう。ページをめくる前に、Webアプリケーションコードを上と全く同じように修正していることを確認してください。

「view_the_log」関数を思い出す

view_the_logが登場してから少し時間が経っているので、view_the_logのコードをじっくりと眺めてみましょう。この関数の現在のバージョンはテキストファイルvsearch.logからログデータを抽出して、リストのリストcontentsに変換し、そのデータをテンプレートviewlog.htmlに送っています。

```
@app.route('/viewlog')
def view_the_log() -> str:

    contents = []
    with open('vsearch.log') as log:
        for line in log:
            contents.append([])
            for item in line.split('|'):
                contents[-1].append(escape(item))

    titles = ('フォームデータ', 'リモートアドレス', 'ユーザエージェント', '結果')
    return render_template('viewlog.html',
                           the_title='ログの閲覧',
                           the_row_titles=titles,
                           the_data=contents,)
```

ファイルからデータの1行ずつ取得してエスケープ済み項目のリストに変換し、contentsリストに追加。

処理したログデータを表示するためにテンプレートに送ります。

リストのリストcontentsのデータを使ってviewlog.htmlテンプレートをレンダリングすると、下のような出力となります。Webアプリケーションの/viewlogで表示できます。

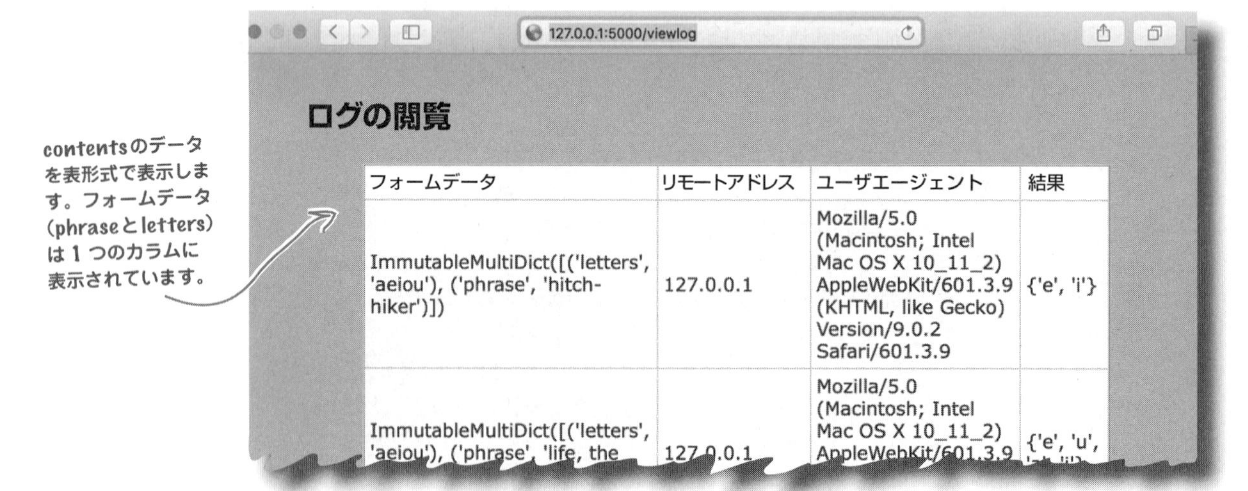

変更するのはコードだけではない

コンテキストマネージャを使うようにview_the_logを変更する前に、データベースのlogテーブルに格納されているデータをよく見てみましょう。7章で最初のlog_requestをテストしたときには、MySQLコンソールにログインし、データが保存されていることを確認しました。7章で登場したMySQLコンソールセッションを思い出してください。

```
ファイル　編集　ウィンドウ　ヘルプ　Checking our log DB
$ mysql -u vsearch -p vsearchlogDB
Enter password:
Welcome to MySQL monitor...

mysql> select * from log;
+----+---------------------+--------------------------+---------+-----------+----------------+----------------------+
| id | ts                  | phrase                   | letters | ip        | browser_string | results              |
+----+---------------------+--------------------------+---------+-----------+----------------+----------------------+
|  1 | 2016-03-09 13:40:46 | life, the uni ... ything | aeiou   | 127.0.0.1 | firefox        | {'u', 'e', 'i', 'a'} |
|  2 | 2016-03-09 13:42:07 | hitch-hiker              | aeiou   | 127.0.0.1 | safari         | {'i', 'e'}           |
|  3 | 2016-03-09 13:42:15 | galaxy                   | xyz     | 127.0.0.1 | chrome         | {'y', 'x'}           |
|  4 | 2016-03-09 13:43:07 | hitch-hiker              | xyz     | 127.0.0.1 | firefox        | set()                |
+----+---------------------+--------------------------+---------+-----------+----------------+----------------------+
4 rows in set (0.0 sec)

mysql> quit
Bye
```

データベーステーブルに保存されたログデータ

上のデータと現在vsearch.logファイルに格納されているデータを比較すると、現在のデータはテーブルに格納されているので、一部のview_the_logの処理が必要なくなりました。次はvsearch.logファイルのログデータの一部です。

```
ImmutableMultiDict([('phrase', 'galaxy'), ('letters', 'xyz')])|127.0.0.1|Mozilla/5.0 (Macintosh; Intel
Mac OS X 10_11_2) AppleWebKit/537.36 (KHTML, like Gecko) Chrome/47.0.2526.106 Safari/537.36|{'x', 'y'}
```

vsearch.logに1つの長い文字列として保存されているログデータ

現在view_the_logにある一部のコードは、ログデータをvsearch.logファイルに（縦棒で区切られた）一連の長い文字列として保存するだけです。このフォーマットはうまく機能していましたが、理解するために追加のコードを書く必要がありました。

これはlogテーブルのデータには当てはまりません。「デフォルトで構造化されている」からです。つまり、view_the_log内では追加の処理を行う必要はありません。テーブルからデータを抽出するだけでよく、（DB-APIのfetchAllメソッドのおかげで）タプルのリストとして返されます。

さらに、logテーブルのデータはphraseの値とlettersの値を分離しています。テンプレートレンダリングコードを少し変更すれば、（現在の4つではなく）5つのカラムのデータを表示でき、ブラウザの表示がさらに便利で読みやすくなります。

「view_the_log」関数を修正する

ここ数ページで行った説明に従い、次の2つを行って現在のview_the_logコードの修正しましょう。

1. (ファイルの代わりに)データベーステーブルからログデータを取得する。
2. (4つではなく)5つのカラムをサポートするようにtitlesリストを修正する。

なぜviewlog.htmlテンプレートを変更していないのかと思うかもしれませんが、実は**その**ファイルを変更する必要はありません。現在のテンプレートは、渡した任意の数のタイトルと任意の量のデータを処理するからです。

次は現在のview_the_log関数です。これからこのコードを修正します。

```
@app.route('/viewlog')
def view_the_log() -> str:

    contents = []
    with open('vsearch.log') as log:
        for line in log:
            contents.append([])
            for item in line.split('|'):
                contents[-1].append(escape(item))

    titles = ('フォームデータ', 'リモートアドレス', 'ユーザエージェント', '結果')
    return render_template('viewlog.html',
                           the_title='ログの閲覧',
                           the_row_titles=titles,
                           the_data=contents,)
```

上のタスク1を満たすように、このコードを置き換えます。

上のタスク2を満たすように、この行を修正します。

必要なSQLクエリ

次の練習問題では、view_the_log関数を更新するのですが、その前に次のクエリを見てください。これは実行時にWebアプリケーションのMySQLデータベースに格納されているすべてのログデータを、タプルのリストとして返します。次の練習問題では次のクエリを使います。

```
select phrase, letters, ip, browser_string, results
from log
```

自分で考えてみよう

次のview_the_log関数は、logテーブル内のデータを使うように修正する必要があります。欠けているコードを補ってください。コメントにヒントを書いたので、必ず読んでください。

```
@app.route('/viewlog')
def view_the_log() -> str:

    with ........................................................ :

        _SQL = """select phrase, letters, ip, browser_string, results
                  from log"""

        ....................................................
        ....................................................

    titles = ( .............., .............. 'リモートアドレス', 'ユーザエージェント', '結果')

    return render_template('viewlog.html',
                           the_title='ログの閲覧',
                           the_row_titles=titles,
                           the_data=contents,)
```

ここでコンテキストマネージャを使うこと。そしてカーソルも忘れずに。

サーバにクエリを送り、結果を取得します。

ここで足りないカラムタイトルはどれでしょう？

ここで何をしたかメモを取っておくわ。新しいコードは前より短くなって、しかもわかりやすく読みやすくなったわ。

そのとおりです。最初からそれが目的でした。

ログデータをMySQLデータベースに移すと、独自のテキストベースのファイルフォーマットを作成したり処理する必要がありません。

また、コンテキストマネージャを再利用すると、MySQLとのやり取りが楽になります。絶対気に入るはずです。

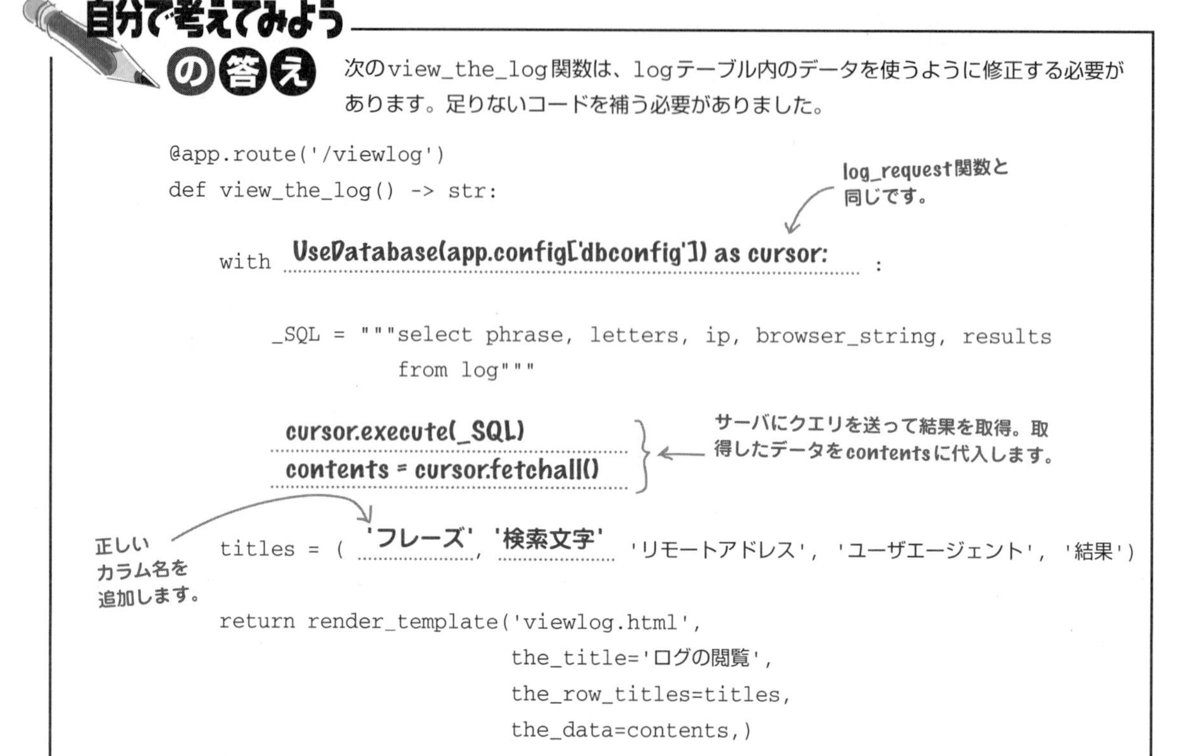

自分で考えてみようの答え

次のview_the_log関数は、logテーブル内のデータを使うように修正する必要があります。足りないコードを補う必要がありました。

```
@app.route('/viewlog')
def view_the_log() -> str:

    with UseDatabase(app.config['dbconfig']) as cursor: :

        _SQL = """select phrase, letters, ip, browser_string, results
                  from log"""

        cursor.execute(_SQL)
        contents = cursor.fetchall()

    titles = ( 'フレーズ', '検索文字' 'リモートアドレス', 'ユーザエージェント', '結果')

    return render_template('viewlog.html',
                           the_title='ログの閲覧',
                           the_row_titles=titles,
                           the_data=contents,)
```


最後の 1 回の試運転が近付いた

修正したWebアプリケーションを試す前に、手元のview_the_log関数が次と同じであるかを確認してください。

vsearch4web.py - /Users/paul/Desktop/_NewBook/ch07/webapp/vsearch4web.py (3.5.1)

```
@app.route('/viewlog')
def view_the_log() -> 'html':
    """ログファイルの内容をHTMLテーブルとして表示する。"""
    with UseDatabase(app.config['dbconfig']) as cursor:
        _SQL = """select phrase, letters, ip, browser_string, results
                  from log"""
        cursor.execute(_SQL)
        contents = cursor.fetchall()
    titles = (フレーズ', '検索文字', 'リモートアドレス', 'ユーザエージェント', '結果')
    return render_template('viewlog.html',
                           the_title='ログの閲覧'
                           the_row_titles=titles,
                           the_data=contents,)
```

Ln: 1 Col: 0

試運転

データベースに対応したWebアプリケーションを試す時間です。
`DBcm.py`ファイルと`vsearch4web.py`ファイルが同じフォルダにあることを確認したら、OS上でいつものようにWebアプリケーションを開始します。

- Linux/macOSでは`python3 vsearch4web.py`と入力。
- Windowsでは`py -3 vsearch4web.py`と入力。

ブラウザでWebアプリケーションのURL（http://127.0.0.1:5000）にアクセスし、いくつかの検索フレーズを入力します。正しく動作していることを確認したら、`/viewlog`を使ってブラウザでログの内容を表示します。
私たちのブラウザでは次のように表示され、予想どおりに機能していることが確認できます。

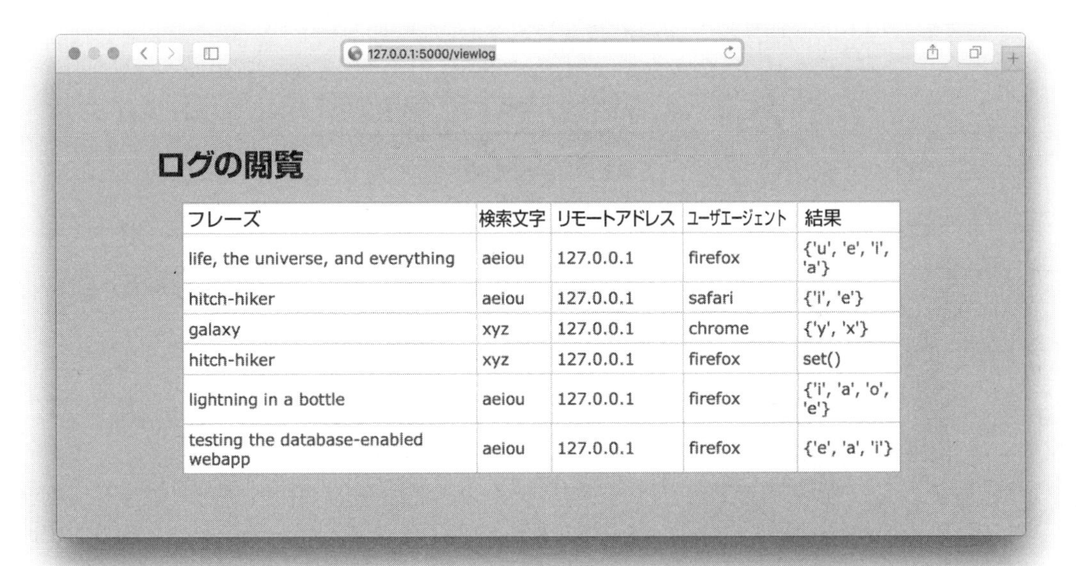

フレーズ	検索文字	リモートアドレス	ユーザエージェント	結果
life, the universe, and everything	aeiou	127.0.0.1	firefox	{'u', 'e', 'i', 'a'}
hitch-hiker	aeiou	127.0.0.1	safari	{'i', 'e'}
galaxy	xyz	127.0.0.1	chrome	{'y', 'x'}
hitch-hiker	xyz	127.0.0.1	firefox	set()
lightning in a bottle	aeiou	127.0.0.1	firefox	{'i', 'a', 'o', 'e'}
testing the database-enabled webapp	aeiou	127.0.0.1	firefox	{'e', 'a', 'i'}

`/viewlog`にアクセスすると、MySQLデータベースからログデータを読み込んでいることが確認できます。つまり、`view_the_log`のコードが正しく機能し、ついでに`log_request`関数も期待どおりに動作していることを確認できます。なぜなら、`log_request`関数が検索に成功した結果としてログデータをデータベースに格納しているからです。
必要に応じて、MySQLコンソールを使ってMySQLデータベースにログインし、データがデータベースサーバに安全に格納されていることを確認してください（我々を信頼してください。上の表示から安全に格納されていることがわかります）。

あと残っているのは

いよいよ6章で最初に示した質問に戻りましょう。

- いくつのリクエストに応答したか
- 最も一般的な検索文字のリストは何か
- リクエストがどのIPアドレスから来たか
- 最もよく使われているブラウザは何か

7章から9章でPythonとデータベースがどのように連携するかを調べてきたので、この質問に答えるコードを書くことは可能です。しかし、ここでは書きません。このような質問に答えるようなコードを書くことは、多くの場合で好ましくないと私たちは考えているからです。

Pythonのコードを書くべきでないなら、代わりに何を使うべきなの？ もしかして7章で少し学んだSQLクエリがいいのかしら？

SQLは確かにベストな選択です。

このような「データに関する質問」は、データベースのクエリメカニズム（MySQLではSQL）で答えるのがベストです。次のページでわかるように、SQLクエリを書くほどのスピードではPythonのコードを書くことはできないでしょう。

Pythonと他の多くのプログラミング言語との違いを知ることが重要であるのと同様に、Pythonを使うべきときと**使うべきでない**ときを知ることが重要です。ほとんどの主流言語がクラスとオブジェクトをサポートしているのに対し、Pythonのコンテキストマネジメントプロトコルに近い機能を備えた言語はほとんどありません（次の章では、Pythonと他の多くの言語で大きく異なるもう1つの特徴である関数デコレータを紹介します）。

次の章に進む前に、SQLクエリについて簡単に確認しましょう。

データに関する質問に答える

6章で最初に示した質問を1つずつ取り上げ、SQLで書いたクエリを利用して答えてみましょう。

いくつのリクエストに応答したか

すでにSQLのエキスパートなら、この質問をこれ以上簡単なものはないと言って笑うかもしれません。次の最も基本的なSQLクエリでデータベーステーブルの全データを表示できることは知っていますよね。

```
select * from log;
```

このクエリをテーブルに含まれるデータの行数を示すクエリに変換するには、次のようにSQL関数countに*を渡します。

```
select count(*) from log;
```

ここでは答えを示していません。答えが知りたければ、MySQLコンソールでこのクエリを試してください（7章参照）。

最も一般的な検索文字のリストは何か

これに答えるSQLクエリは少し難しそうに思えますが、それほどではありません。

```
select count(letters) as 'count', letters
from log
group by letters
order by count desc
limit 1;
```

7章でも示しましたが、最初にSQLを学習するとき（そして、少しさび付いた古い知識を最新のものにする）にはいつもこの書籍をお勧めします。

リクエストがどのIPアドレスから来たか

SQLエキスパートであれば、おそらく「簡単すぎる」と思うでしょう。

```
select distinct ip from log;
```

最もよく使われているブラウザは何か

これに答えるSQLクエリは、2番目のクエリを少し変形しただけです。

```
select browser_string, count(browser_string) as 'count'
from log
group by browser_string
order by count desc
limit 1;
```

これでわかったはずです。すべての質問に簡単なSQLクエリで答えることができました。先に進む前に、mysql>プロンプトでこのSQLを試してください。

9章のコード（1/2）

DBcm.pyのコンテキストマネージャのコード。

```
import mysql.connector

class UseDatabase:

    def __init__(self, config: dict) -> None:
        self.configuration = config

    def __enter__(self) -> 'cursor':
        self.conn = mysql.connector.connect(**self.configuration)
        self.cursor = self.conn.cursor()
        return self.cursor

    def __exit__(self, exc_type, exc_value, exc_trace) -> None:
        self.conn.commit()
        self.cursor.close()
        self.conn.close()
```

vsearch4web.pyの前半。

```
from flask import Flask, render_template, request, escape
from vsearch import search4letters

from DBcm import UseDatabase

app = Flask(__name__)

app.config['dbconfig'] = { 'host': '127.0.0.1',
                           'user': 'vsearch',
                           'password': 'vsearchpasswd',
                           'database': 'vsearchlogDB', }

def log_request(req: 'flask_request', res: str) -> None:
    with UseDatabase(app.config['dbconfig']) as cursor:
        _SQL = """insert into log
                  (phrase, letters, ip, browser_string, results)
                  values
                  (%s, %s, %s, %s, %s)"""
        cursor.execute(_SQL, (req.form['phrase'],
                              req.form['letters'],
                              req.remote_addr,
                              req.user_agent.browser,
                              res, ))
```

9章のコード（2/2）

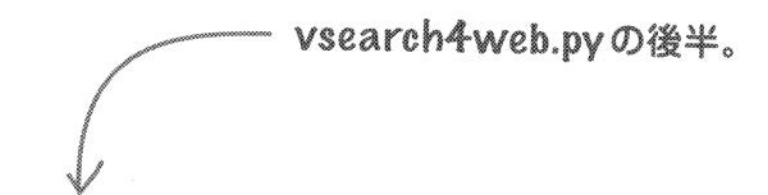


```
@app.route('/search4', methods=['POST'])
    phrase = request.form['phrase']
    letters = request.form['letters']
    title = '検索結果:'
    results = str(search4letters(phrase, letters))
    log_request(request, results)
    return render_template('results.html',
                           the_title=title,
                           the_phrase=phrase,
                           the_letters=letters,
                           the_results=results,)

@app.route('/')
@app.route('/entry')
def entry_page() -> str:
    return render_template('entry.html',
                           the_title='Web版のsearch4lettersにようこそ！')

@app.route('/viewlog')
def view_the_log() -> str:
    with UseDatabase(app.config['dbconfig']) as cursor:
        _SQL = """select phrase, letters, ip, browser_string, results
                  from log"""
        cursor.execute(_SQL)
        contents = cursor.fetchall()
    titles = ('フレーズ', '検索文字', 'リモートアドレス', 'ユーザエージェント', '結果')
    return render_template('viewlog.html',
                           the_title='ログの閲覧',
                           the_row_titles=titles,
                           the_data=contents,)

if __name__ == '__main__':
    app.run(debug=True)
```

10章　関数デコレータ

関数を包む

これを食べちゃったらパパの
部屋の壁をこの汚れた指で
デコレーションするんだ。

コードを補強する手段は、9章のコンテキストマネジメントプロトコルが唯一の手段ではありません。

Pythonでは関数**デコレータ**も用意されています。関数デコレータを使うと、既存の関数のコードを**変更せずに**既存の関数に機能を追加できます。これがある種の黒魔術のように思えるかもしれませんが、全然違います。しかし、関数デコレータの作成は多くの人にとっては敷居が高いと思われているようなので、不必要に使わないようにします。この章では、高度なテクニックと思われているデコレータの作成と使用が、それほど難しくないことを示したいと思います。

Webアプリケーションはうまくいっているけど

Webアプリケーションの最新バージョンを同僚に見せたところ、ここまでの成果に感心してくれました。しかし、同僚から興味深い質問をされました。「すべてのユーザがログページを閲覧できるのは適切なのかな？」

同僚は、/viewlogを知っている人なら誰でも、権限があってもなくてもこのURLでログデータを閲覧できると言っているのです。実際に、現時点ではWebアプリケーションのURLはすべて公開されているので、誰でもアクセスできてしまいます。

これが問題となるかどうかは、Webアプリケーション何を実行したいのかに依存します。しかし、Webサイトではあるコンテンツを利用できるようにする前に、一般的にはユーザに認証を求めます。/viewlogへのアクセスに関しては、おそらく慎重になるのがよいでしょう。問題は、「どのように特定のページへのアクセスを制限するか」です。

認証されたユーザだけがアクセスできるようにする

閲覧制限をかけているWebサイトにアクセスするには、通常は**ID**と**パスワード**を入力する必要があります。IDとパスワードの組み合わせが一致すれば、認証されてアクセスが許可されます。このステータス（認証されているかどうか）の管理は、スイッチをTrue（アクセス許可、ログイン済み）かFalse（アクセス拒否、ログインして**いない**）かに設定する程度の単純なことのように思えます。

これは簡単そうだね。単純なHTML
フォームでユーザの認証情報を尋ね、
サーバ上のブール値を必要に応じて「True」か
「False」に設定すればいいよね？

それよりは少し複雑です。

（Webの動作方法により）思ったより複雑なので、少し工夫が必要です。アクセス制限の問題を解決する前に、なぜ少し複雑なのかを調べてみましょう。

Webはステートレス

Webサーバは、基本的には驚くほど頭が悪いです。サーバが処理するリクエストはそれぞれ独立したリクエストとして扱われ、前後のリクエストとの関係は無視します。

つまり、サーバに立て続けに3つのリクエストを送ると、サーバからは3つの独立した**個別の**リクエストのように見えます。1台のマシンの同じブラウザから送られた3つのリクエストであるにもかかわらずです。

先ほど述べたように、まるでWebサーバの頭が悪いみたいです。マシンから送った3つのリクエストが関連していても、Webサーバはそのようには考えません。すべてのリクエストは、前後のリクエストとは独立しているのです。

Webサーバとして
動作しているときには、
素早く応答して、すぐに忘れる
ことを誇りに思っています。
私はステートレスなんです。

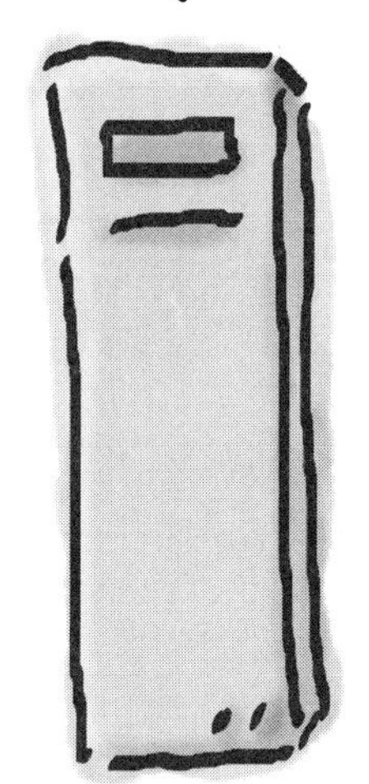

HTTPに責任がある

Webサーバがこのように動作する理由はプロトコルに原因があります。サーバとブラウザの両方がプロトコル、HTTP（HyperText Transfer Protocol）を使います。

HTTPではサーバがすべてのリクエストを個別のリクエストとして扱うのは、性能と関係があります。サーバの処理量を最小限にすれば、処理する数を増やすことができます。サーバは、リクエストの関係についての情報をあえて持たないことで高い性能を実現します。すべてのリクエストを独立した存在として扱うため、Webサーバはこの情報（HTTPでは**ステータス**と呼ばれますが、OOPとは全く関係ありません）には興味がありません。ある意味では、サーバは迅速に応答した後にすぐに忘れるように最適化されています。**ステートレス**で動作するのです。

Webアプリケーションで何かを記録する必要が出てくるまではこれで問題ありません。

何かを記録するのは
変数の役割でしょ？
頭を悩ますことなの？

Webがそれほど単純ならいいのですが。

Webサーバの一部としてコードを実行する場合、その振る舞いはマシン上で実行する場合とは異なる可能性があるのです。この問題を詳しく調べてみましょう。

（手元のマシンではなく）Webサーバでコードを実行する

Flaskで Webアプリケーションを実行する際は、常にメモリにコードを置きます。240ページで登場した次の2行を思い出してください。

```
if __name__ == '__main__':
    app.run(debug=True)
```

コードがインポートされているときには実行されません。

このif文は、インタプリタがコードを直接実行しているか、(インタプリタやPythonAnywhereなどによって)コードがインポートされているかを調べます。Flaskを起動するとWebアプリケーションのコードが直接実行され、このapp.run行が実行されます。しかし、Webサーバがコードを実行するように設定されていると、コードは**インポートされ**、app.run行は**実行されません**。

なぜでしょうか？ WebサーバはWebアプリケーションコードを**適切と思われる方法で**実行するからです。そのため、WebサーバはWebアプリケーションのコードをインポートし、必要に応じて関数を呼び出すために、常にメモリにWebアプリケーションのコードを置いたままにしています。または、コードを実行していない間は必要なコードだけをロードして実行するという考え方に基づいて、必要に応じてコードをロードしたりアンロードしたりすることもあります。Webアプリケーションのステータスを変数に格納すると問題が生じるのは、この2番目の動作モードのとき(Webサーバが必要に応じてコードをロードする場合)です。例えば、Webアプリケーションに次の3行を追加した場合、どのような結果になるでしょうか。

```
logged_in = False
if __name__ == '__main__':
    app.run(debug=True)
```

logged_in変数を使ってユーザがログインしているかを示します。

ここでは、ユーザが認証されているかを判断するために、Webアプリケーションの他の部分が変数logged_inを参照するという考え方に従っています。さらに、コードでこの変数の値を必要に応じて(例えば、ログインの成功などに応じて)変更できます。logged_in変数は本来**グローバル**なので、Webアプリケーションのすべてのコードはこの値にアクセスして設定します。これは問題がなさそうに思えますが、実は**2つ**の問題があります。

まず、サーバはWebアプリケーションの動作中のコードをいつでも(警告なしに)アンロードできるので、グローバル変数に対応する値が**失われる**可能性が高く、コードを次にインポートしたときに初期値にリセットされます。前にロードした関数がlogged_inをTrueに設定し、再インポートしたコードがlogged_inをFalseにリセットすると、混乱が生じます。

次に、現状では、動作中のコードにはグローバルlogged_in変数の**1つのコピー**しかありません。ユーザが1人だけなら問題ありません(そのような幸運を祈ります)。2人以上のユーザがそれぞれlogged_inの値にアクセスしたり変更したりすると、混乱するだけでなくユーザも不満に思うでしょう。一般的に、ステータスをグローバル変数に格納してはいけません。

Webアプリケーションのステータスをグローバル変数に格納してはいけない。

セッションの出番

前ページから次の2つのことが必要だとわかりました。

- グローバル変数に頼らずに変数を格納する方法
- あるWebアプリケーションユーザのデータと他のユーザのデータが干渉しないようにする方法

ほとんどの開発フレームワーク（Flaskを含む）は、**セッション**を使ってこの両方を満たします。セッションは、ステートレスWebの上に広がるステータスの層と考えてください。

ブラウザに小さな識別データ（cookie）を追加し、そのデータをWebサーバ上の小さな識別データ（セッションID）と結び付けることで、Flaskは1つ1つのリクエストを区別します。長期間持続するステータスをWebアプリケーションに格納できるだけでなく、Webアプリケーションユーザがそれぞれのステータスのコピーを持つことができます。混乱や不満はもう生じません。

Flaskのセッションメカニズムを明らかにする前に、`quick_session.py`ファイルに保存されている小さなWebアプリケーションについて調べてみましょう。まずしっかりコードを読みましょう。特にシンタックスハイライトした部分に注目してください。読み終わってから、何を行っているかを説明します。

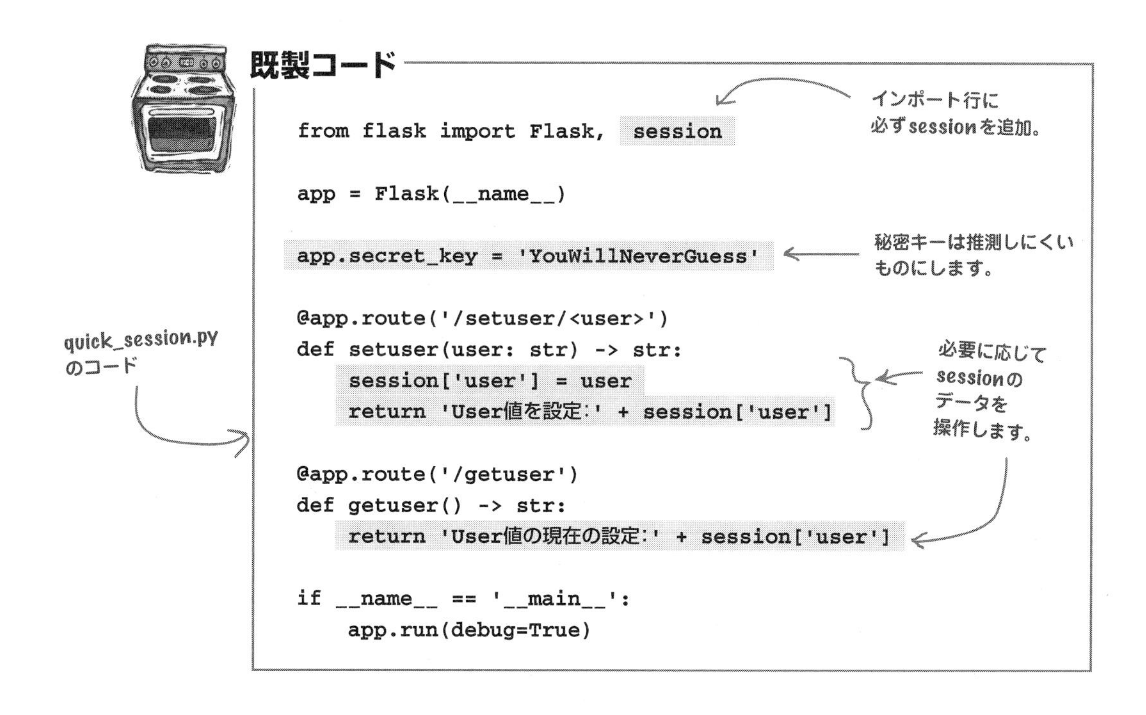


```
from flask import Flask, session

app = Flask(__name__)

app.secret_key = 'YouWillNeverGuess'

@app.route('/setuser/<user>')
def setuser(user: str) -> str:
    session['user'] = user
    return 'User値を設定：' + session['user']

@app.route('/getuser')
def getuser() -> str:
    return 'User値の現在の設定：' + session['user']

if __name__ == '__main__':
    app.run(debug=True)
```

Flaskのセッションはステータスを加える

Flaskのセッションを使うには、まずflaskモジュールからsessionをインポートします。先ほど示したquick_session.pyでは、これを1行目で行っています。sessionは、Webアプリケーションのステータスを格納するPythonの辞書と考えてください（強力な機能を持つ辞書ではありますが）。

```
from flask import Flask, session
    ...
```

最初にsessionをインポート。

Webアプリケーションは依然としてステートレスWebで動作していますが、この1行のインポートでステータスを記憶できるようになります。

Flaskは、sessionに格納されたデータがWebアプリケーションの動作中はずっと存在することを保証します（WebサーバがWebアプリケーションコードのロードとリロードを何度行っても）。さらに、sessionに格納されたデータは一意のブラウザcookieでキー付けされるため、セッションデータはWebアプリケーションの他のすべてのユーザのセッションデータと区別されます。

Flaskが上のすべてをどのように行うかは重要ではありません。これを行っているということが重要なのです。この優れた追加機能を有効にするには、Flaskのcookie生成のために「秘密鍵」を提供する必要があります。秘密鍵は、Flaskがcookieを暗号化して詮索の目からcookieを守るために使います。quick_session.pyでどのようにこれを行っているかを下に示します。

Flaskのセッションについての詳細は、http://flask.pocoo.org/docs/0.11/api/#sessionsを参照すること。

```
    ...
app = Flask(__name__)

app.secret_key = 'YouWillNeverGuess'
    ...
```

新しいFlaskアプリケーションを通常の方法で作成します。

Flaskに秘密鍵を提供します（注：どんな文字列でも使えますが、他のパスワードと同様、推測しにくいものにします）。

Flaskのドキュメントでは、推測しにくい秘密鍵を選ぶように勧めていますが、どんな文字列でも使うことができます。Flaskはこの文字列を使ってcookieを暗号化してから、ブラウザに送ります。

sessionをインポートして秘密鍵を設定したら、sessionを他のPythonの辞書と同様に使います。quick_session.pyでは、/setuser（そして対応するsetuser関数）でユーザが指定した値をsessionのuserキーに設定し、その値をブラウザに返します。

```
    ...
@app.route('/setuser/<user>')
def setuser(user: str) -> str:
    session['user'] = user
    return 'User値を設定:' + session['user']
    ...
```

このURLは、user変数に設定する値が入力されることを期待しています（動作についてはこのあと説明します）。

user変数の値をsession辞書のuserキーに設定。

セッションデータを設定したので、そのデータにアクセスするコードを調べてみましょう。

辞書検索でステータスを取得する

値をsessionのuserキーに対応させたので、必要なときにuserのデータにアクセスできるようになりました。

quick_session.pyの2つ目のURLである/getuserは、getuser関数にマッピングされています。この関数を呼び出すと、userキーに対応する値を取得し、その値を文字列メッセージの一部としてレスポンス待ちのブラウザに返します。次は、getuser関数とこのWebアプリケーションの「__name__イコール__main__」テスト（240ページで最初に説明しました）です。

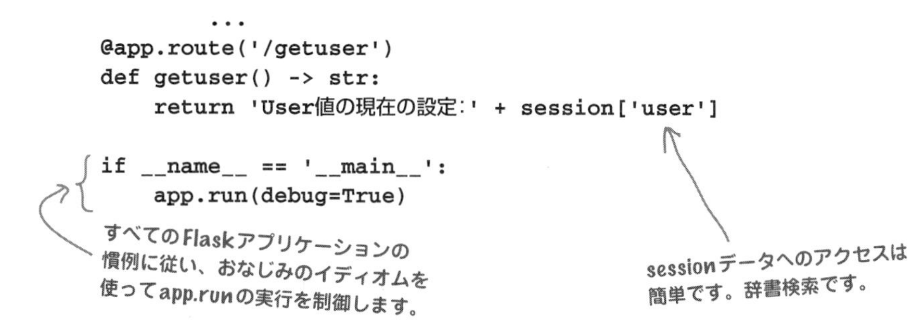

試運転のときが来たの？

quick_session.pyを試す時期が迫ってきました。しかし、その前に何をテストしたいかについて少し考えてみましょう。

まず、Webアプリケーションがセッションデータを格納して取得していることを確認します。さらに、複数のユーザが他のユーザの領域を侵さずにWebアプリケーションとやり取りできることを確認します。あるユーザのセッションデータが他のユーザのデータに影響を与えてはいけません。

このテストを行うために、複数のブラウザ上で複数のユーザをシミュレートします。ブラウザはすべて1台のマシンで動作しますが、Webサーバから見るとすべて独立した異なる接続です。つまり、Webはステートレスなのです。異なる3つのネットワーク上の物理的に異なる3台のマシンでこのテストを行うと、リクエストの発信場所にはかかわらずWebサーバからは各リクエストが別々に見えるので、結果は同じになります。Flaskのsessionは、ステートレスWebの上にステートフルな技術の層を重ねることを思い出してください。

このWebアプリケーションを開始するには、LinuxやmacOSではターミナルで次のコマンドを使います。

```
$ python3 quick_session.py
```

Windowsではコマンドプロンプトで次のコマンドを使います。

```
C:\> py -3 quick_session.py
```

試運転 [1/2]

quick_session.pyを稼働させたら、Chromeを開いてsessionのuserキーに値を設定しましょう。これにはロケーションバーに/setuser/Aliceと入力し、userにAlice値を使うようにWebアプリケーションに指示します。

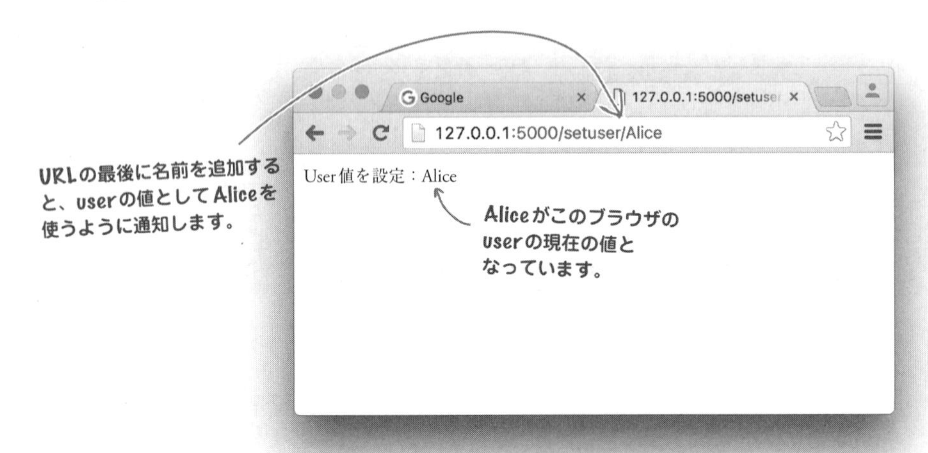

次に、Operaを開いてuserの値をBobに設定しましょう（Operaがなければ、手元の（Chrome以外の）ブラウザを使ってください。

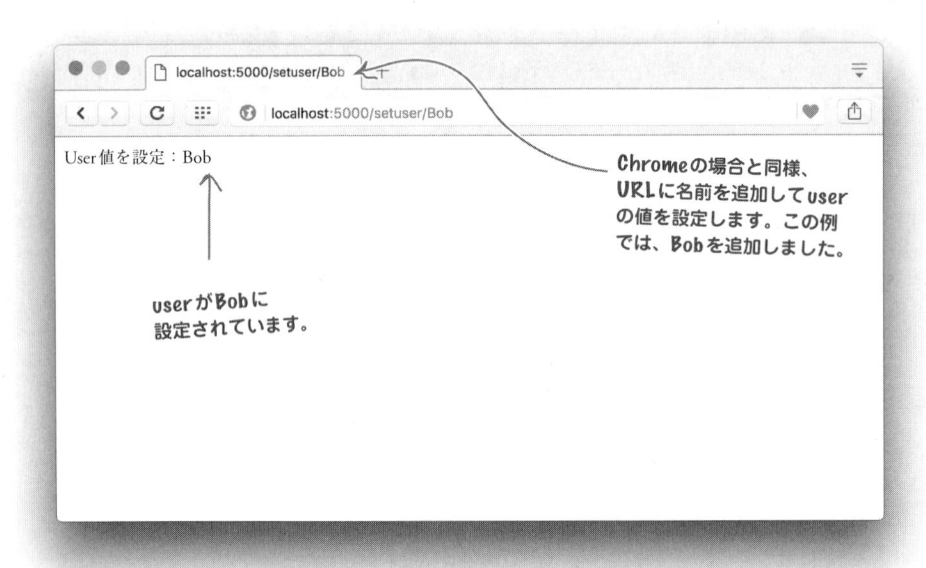

Safari（Windowsの場合にはEdge）を開き、別のURLである/getuserを使うと、Webアプリケーションからuserの値を取得すると思うでしょう。しかし、手ごわそうなエラーメッセージが表示されます。

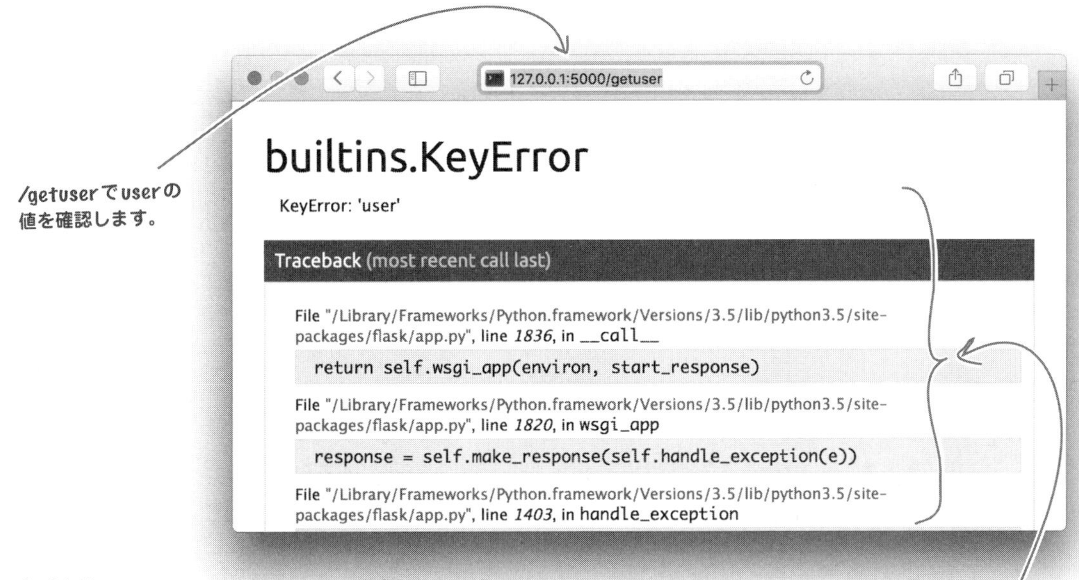

Safariを使ってuserの値をChuckに設定しましょう。

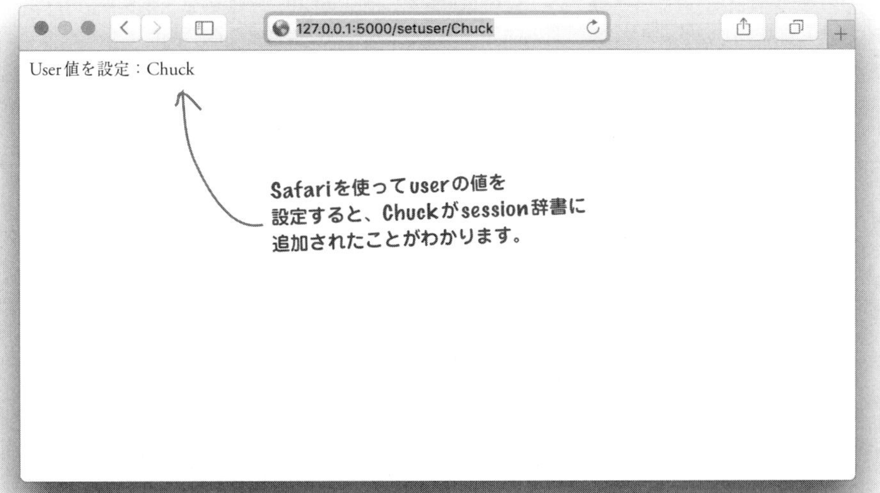

試運転 [2/2]

3つのブラウザを使ってuserの値を設定したので、(sessionのおかげで)各ブラウザのuser値に他のブラウザのデータが干渉されていないことを確認しましょう。Safariを使ってuserの値をChuckに設定したところですが、Operaで/getuserを使って値を確認してみましょう。

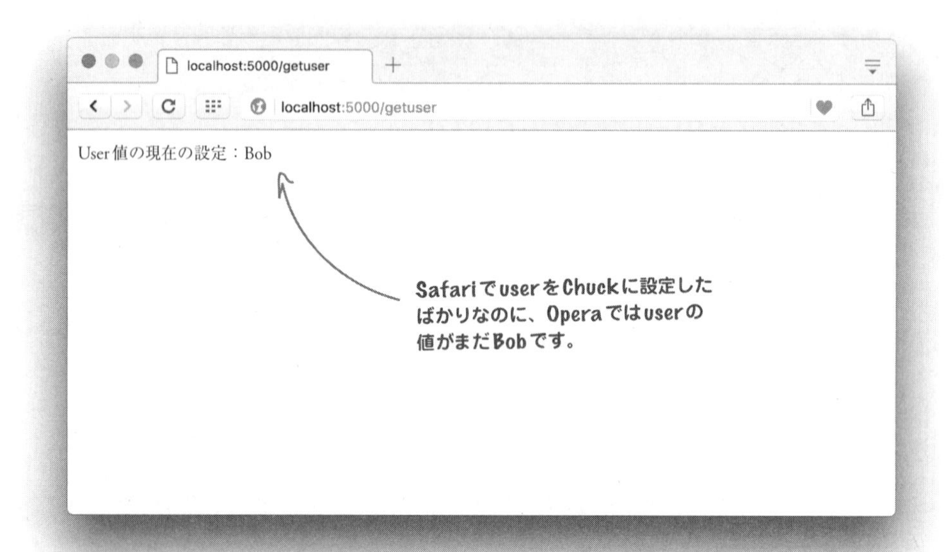

Operaではuserの値がBobと表示されるので、Chromeに戻って/getuserを表示しましょう。予想どおり、ChromeではuserKの値はAliceです。

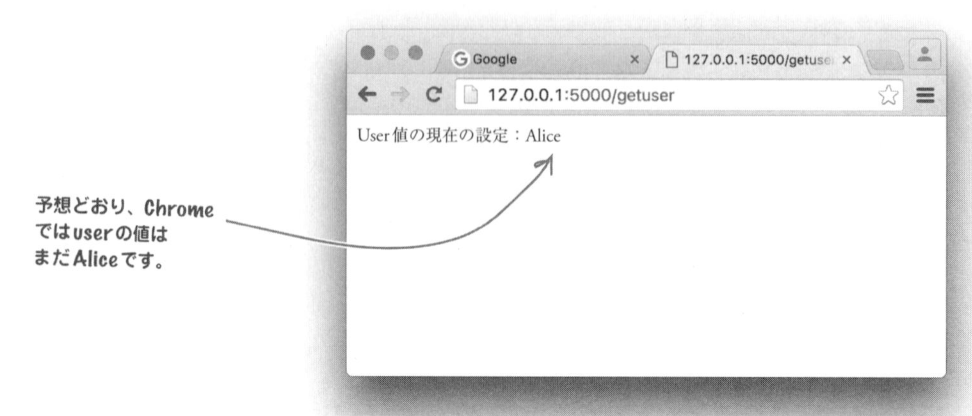

OperaとChromeで`/getuser`を使って`user`の値を取得しましたが、Safariが残っています。Safariでは、`/getuser`は次のように表示されます。現在`user`には対応する値があるので、今回はエラーメッセージは表示されません（したがって、もう`KeyError`とはなりません）。

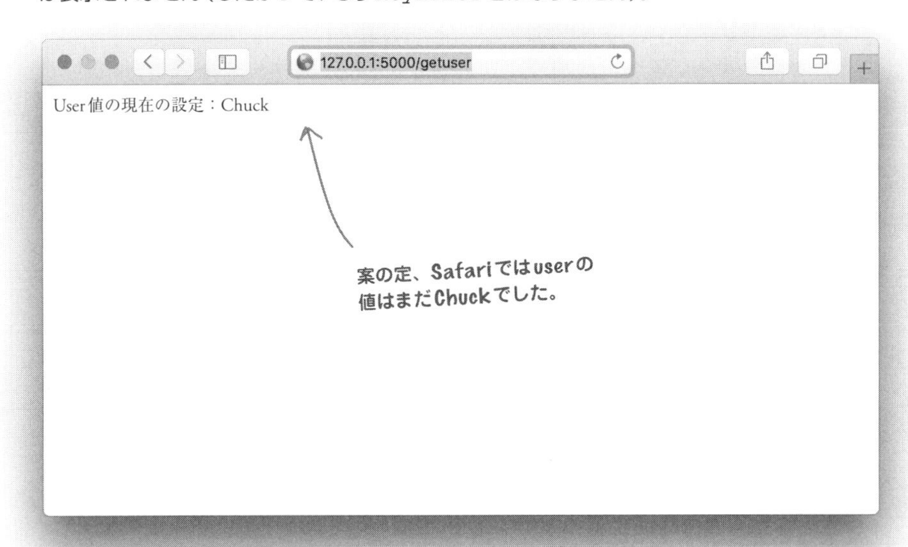

じゃあ、ブラウザは
それぞれのuser値の別々の
コピーを持っているってこと？

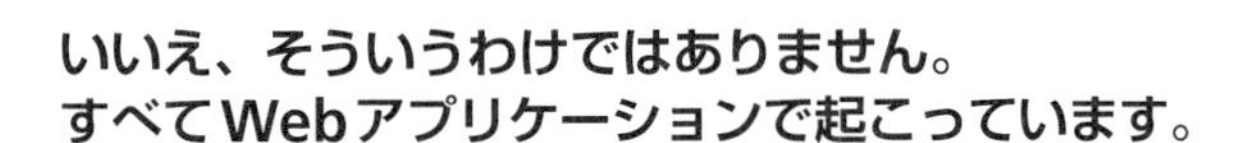

いいえ、そういうわけではありません。すべてWebアプリケーションで起こっています。

Safariは`session`辞書を使っているので、このような動作になります。ブラウザ内で自動的に一意のcookieを設定することで、Webアプリケーションは（`session`のおかげで）ブラウザ**ごと**に識別可能な`user`値を持ちます。

Webアプリケーション側からは、`session`辞書に（cookieでキー付けされた）複数の`user`値があるように見えます。それぞれのブラウザ側からは、`user`には唯一の値（一意のcookieに対応する値）があるかのように見えます。

セッションを使ってログインを管理する

quick_session.pyを使うことで、sessionにブラウザ固有のステータスを格納できることがわかりました。Webアプリケーションとやり取りしているブラウザの数にかかわらず、それぞれのブラウザのサーバ側データ（別名：**ステータス**）はsessionを使う限りFlaskが管理してくれます。

この新たなノウハウを利用して、vsearch4web.pyで特定のページへのアクセスを制御する問題に戻りましょう。/viewlogにアクセスできる人を制限したいのでしたね。

使用中のvsearch4web.pyでは試さず、いったんこのコードはわきに置いておき、別のコードで試してみましょう。最善の解決策が得られたら、vsearch4web.pyに戻ってきます。そうすれば、/viewlogへのアクセスを制限するvsearch4web.pyの修正は難しくないでしょう。

次は、別のFlaskベースのWebアプリケーションコードです。367ページの「既製コード」のときと同様、まずはこのsimple_webapp.pyをしっかり読んでください。

既製コード

```
from flask import Flask

app = Flask(__name__)

@app.route('/')
def hello() -> str:
    return 'シンプルなWebアプリケーションからこんにちは。'

@app.route('/page1')
def page1() -> str:
    return 'これはページ1です。'

@app.route('/page2')
def page2() -> str:
    return 'これはページ2です。'

@app.route('/page3')
def page3() -> str:
    return 'これはページ3です。'

if __name__ == '__main__':
    app.run(debug=True)
```

simple_webapp.py。もうコードを読むだけで何を行うかを問題なく理解できますね？

ログイン用のコードを書く

`simple_webapp.py`は単純です。`hello`関数を実行するデフォルトURLの/の他に、`/page1`、`/page2`、`/page3`があります（アクセスすると同名の関数を呼び出します）。これら3つのURLは、ブラウザにそれぞれメッセージを返します。URLはすべて公開されているので、誰でもアクセスできてしまいます。

そこで、ログインしたユーザだけが`/page1`、`/page2`、`/page3`を見ることができ、それ以外のユーザは制限できるようにしましょう。Flaskの`session`を利用してこの機能を実現します。

まず、とてもシンプルな`/login`の作成から始めましょう。まだ現時点では、ログインIDとパスワードを尋ねるHTMLフォームについては考えません。ここでは`session`を使って、ログインが成功したことを示すようにするだけです。

自分で考えてみよう

`/login`のコードを書いてみましょう。下の空欄に、`logged_in`キーの値を`True`に設定して`session`を操作するコードを入れてください。さらに、このURLの関数がレスポンス待ちのブラウザに「現在ログインしています」というメッセージを返すようにしてください。

ここに新たなコードを追加します。

```
@app.route('/login')
def do_login() -> str:
    ..........................................
    return ..........................................
```

`/login`のコードを作成する他に、セッションを有効にするには2つの変更が必要です。どんな変更が必要ですか。

1. ....
2. ....

/loginのコードを書く必要がありました。下の空欄に、logged_inキーの値をTrueに設定してsessionを操作するコードを入れます。さらに、/loginの関数がブラウザに「現在ログインしています」というメッセージを返すようにします。

```
@app.route('/login')
def do_login() -> str:
    session['logged_in']=True
    return '現在ログインしています。'
```


/loginのコードを作成する他に、セッションを有効にするには2つの変更が必要でした。どんな変更が必要でしたか。

1. コードの先頭のインポート行にsessionを追加。
2. このWebアプリケーションの秘密鍵の値を設定する。

忘れずに行いましょう。

ログインを処理できるように修正する

作成した新しいコードのテストは、他に必要な2つのURLの/logoutと/statusを追加してから行うことにします。先に進む前に、simple_webapp.pyのコードが次の変更を反映していることを確認してください。なお、ここではWebアプリケーションのコード全体ではなく、修正部分だけを示しています(シンタックスハイライトされています)。

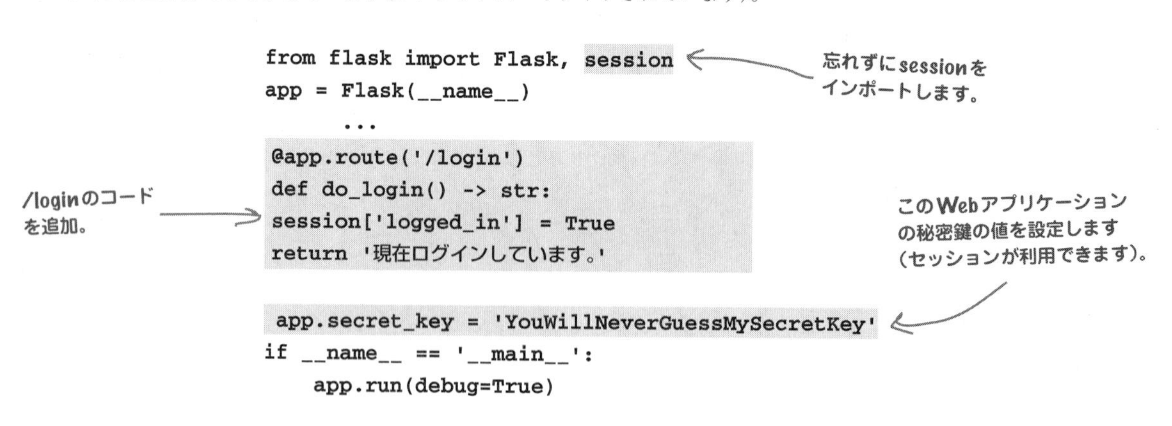

```
from flask import Flask, session
app = Flask(__name__)
      ...
@app.route('/login')
def do_login() -> str:
session['logged_in'] = True
return '現在ログインしています。'

app.secret_key = 'YouWillNeverGuessMySecretKey'
if __name__ == '__main__':
    app.run(debug=True)
```

ログアウトとステータスチェック用のコードを書く

次の課題は/logoutと/statusのコードを追加することです。

ログアウトに関しては、session辞書のlogged_inキーをFalseに設定してもよいでしょう。他には、sessionからlogged_inキーを完全に**削除**する方法があります。ここでは2番目の方法を採用します。その理由は、/statusのコードを書くと明らかになります。

/logoutのコードを書いてみましょう。session辞書からlogged_inキーを取り除き、ブラウザに「現在ログアウトしています」というメッセージを返す必要があります。次の空欄にコードを追加してください。

ここにログアウトコードを追加。

ヒント：辞書からキーを削除する方法を忘れてしまったら、>>>プロンプトで「dir(dict)」と入力して利用できる辞書メソッドのリストを表示しましょう。

```
@app.route('/logout')
def do_logout() -> str::
    ................................
    return ................................
```

/logoutが書き終えたので、次は/statusです。/statusは、ブラウザに2つのメッセージのいずれかを返します。

session辞書にlogged_inが値として存在する（そして、当然のこととしてTrueに設定されている）ときには、「現在ログインしています」を返します。

session辞書にlogged_inキーがないときには、「ログインしていません」を返します。/logoutがlogged_inキーの値を変更するのではなくsession辞書からlogged_inキーを削除するので、logged_inがFalseかを調べることはできません（なぜこの方法を採用しているかの説明は忘れていません。このあと説明します。ここでは、この方法でこの機能のコードを書く必要があるのです）。

次の空欄に/statusのコードを書いてみましょう。

ここにステータスチェックコードを追加します。

session辞書にlogged_inキーがあるかを調べ、適切なメッセージを返すようにします。

```
@app.route('/status')
def check_status() -> str:
    if ................................
        return ................................
    return ................................
```

自分で考えてみよう
の答え

/logoutのコードを書く必要がありました。session辞書からlogged_inキーを取り除き、ブラウザに「現在ログアウトしています」というメッセージを返す必要がありました。

```
@app.route('/logout')
def do_logout() -> str::
    session.pop('logged_in')
    return '現在ログアウトしています。'
```

popメソッドでsession辞書からlogged_inキーを取り出します。

/logoutが書けたので、次は/statusです。/statusは、ブラウザに2つのメッセージのいずれかを返す必要がありました。

session辞書にlogged_inが値として存在する(そして、当然のこととしてTrueに設定されている)ときには、「現在ログインしています」を返します。

session辞書にlogged_inキーがないときには、「ログインしていません」を返します。

次の空欄に/statusのコードを書きました。

@app.route('/status')
def check_status() -> str:
if 'logged_in' in session:
return '現在ログインしています。'
return 'ログインしていません。'
session辞書にlogged_inキーは存在しますか？
存在するなら、こちらのメッセージ。
存在しないなら、こちらのメッセージ。

もう一度修正

右のコードはsimple_webapp.pyのコピーに追加する必要があるコードをシンタックスハイライトしたものです。

次の「試運転」に進む前に、これと同じように修正していることを確認してください。きちんと修正できていたら、次の試運転を行います。

```
...
@app.route('/logout')
def do_logout() -> str:
    session.pop('logged_in')
    return '現在ログアウトしています。'

@app.route('/status')
def check_status() -> str:
    if 'logged_in' in session:
        return '現在ログインしています。'
    return 'ログインしていません。'

app.secret_key = 'YouWillNeverGuessMySecretKey'

if __name__ == '__main__':
    app.run(debug=True)
```

新たな2つのURLのルート

なぜFalseを調べないの?

/loginのコードを書いたときに、session辞書のlogged_inキーをTrueに設定しました(これはログインしていることを示していました)。しかし、/logoutのコードを書いたときには、logged_inキーに対応する値をFalseには設定しませんでした。その代わりに、session辞書からlogged_inキーを跡形もなく取り除く方を選んだからです。/statusを処理するコードでは、session辞書にlogged_inキーが存在するかどうかを確認して「ログインステータス」を調べました。logged_inキーがFalseかどうか(または、ついでに言えばTrueかどうか)は調べませんでした。このことから、次のような疑問が生じます。「このWebアプリケーションではなぜFalseを使って「ログインしていない」ことを示さないのでしょうか?」

この答えはわかりにくいのですが重要で、Pythonにおける辞書の動作方法に関係します。この問題を説明したいので、Webアプリケーションでsession辞書を使う様子を>>>プロンプトで試してみましょう。このセッションをたどり、コメントを注意深く読んでください。

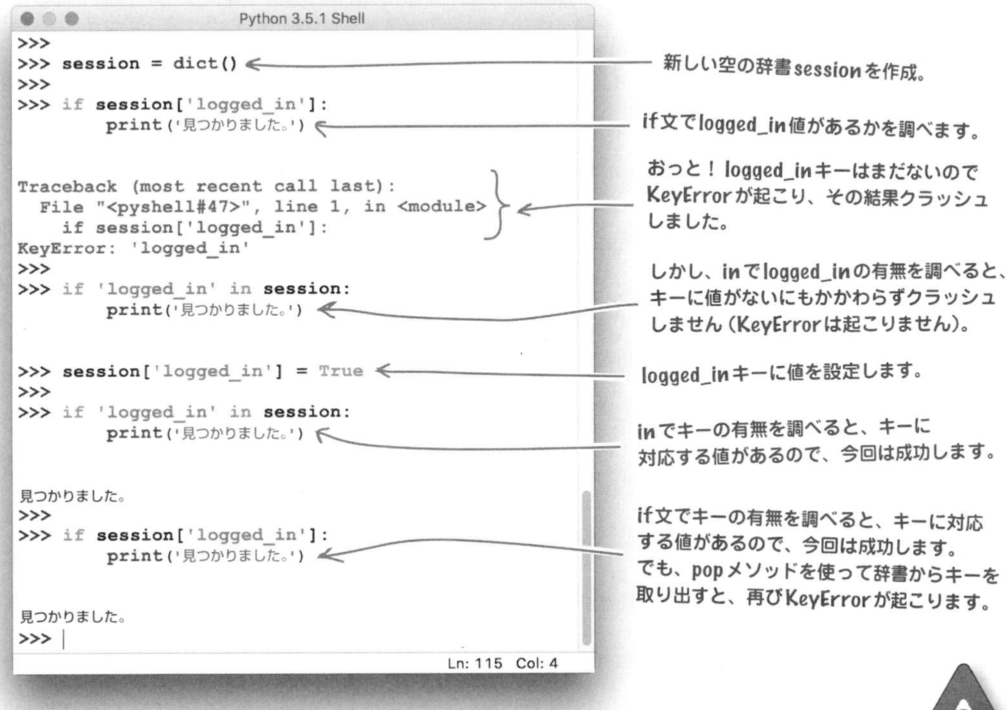

これは、辞書のキーと値のペアが存在しないと、KeyErrorとなり、キーの値を**調べられない**ことを示しています。このようなエラーは避けた方がよいので、simple_webapp.pyではログインの確認にキーの実際の値を調べるのではなくlogged_inキーの有無を調べ、KeyErrorを回避しています。

試運転

simple_webapp.pyを試し、/login、/logout、/statusが動作することを確認しましょう。前回の「試運転」と同様、ブラウザごとに個別の「ログインステータス」がサーバにあることを確認したいので、複数のブラウザを使って試します。OSのターミナルから起動しましょう。

Linuxと macOS：　**python3 simple_webapp.py**

Windows：　**py -3 simple_webapp.py**

Operaを起動し、/statusにアクセスして最初のログインステータスを調べましょう。予想どおり、まだログインしていません。

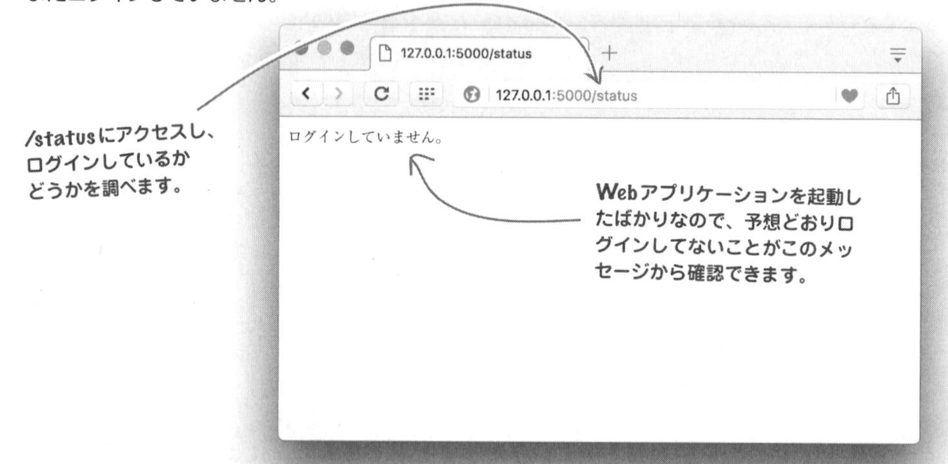
127.0.0.1:5000/status
127.0.0.1:5000/status
ログインしていません。
/statusにアクセスし、ログインしているかどうかを調べます。
Webアプリケーションを起動したばかりなので、予想どおりログインしてないことがこのメッセージから確認できます。

/loginにアクセスしてログインを試してみましょう。メッセージが変わり、ログインが成功したことが確認できます。

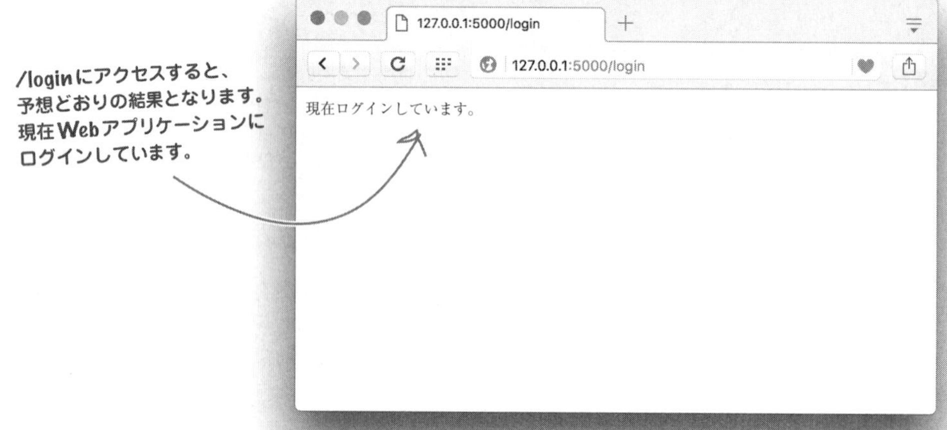
127.0.0.1:5000/login
127.0.0.1:5000/login
現在ログインしています。
/loginにアクセスすると、予想どおりの結果となります。現在Webアプリケーションにログインしています。

ログインできたので、Operaで/statusにアクセスしてステータスの変化を確認すると、ログインしていることが確認できます。一方Chromeでステータスを調べると、ログインしていないことが確認できます。こういう結果が欲しかったのです（Webアプリケーションのユーザごと（ブラウザごと）に個別のステータスをWebアプリケーションが管理するため）。

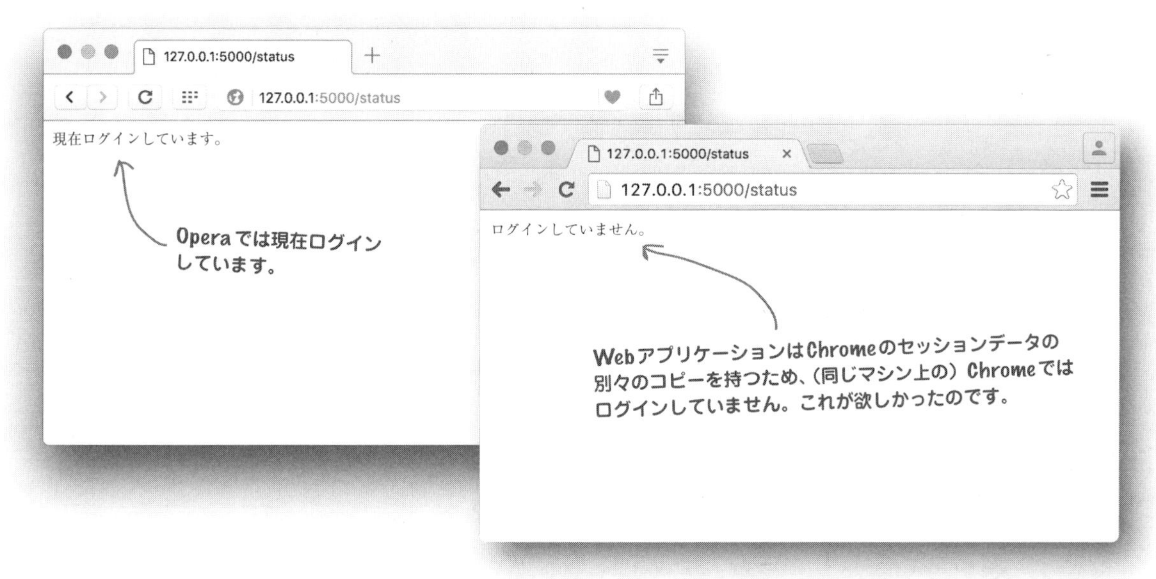

最後に、Operaで/logoutにアクセスしてセッションからログアウトすることをWebアプリケーションに伝えましょう。

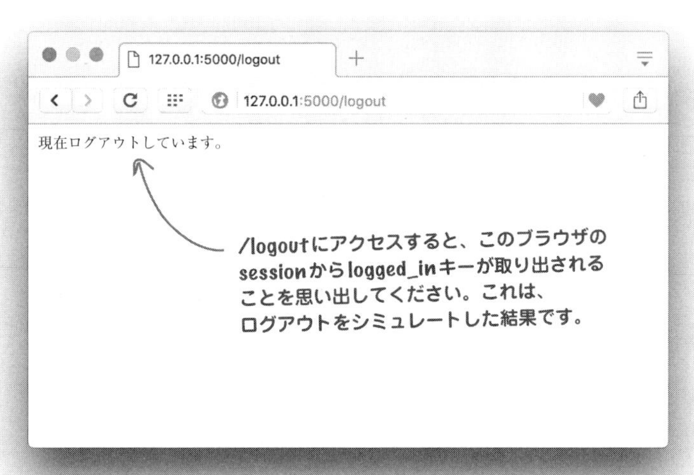

ブラウザのユーザにログインIDやパスワードを尋ねていませんが、/login、/logout、/statusで必要なHTTPフォームを作成してフォームのデータをバックエンドの「認証情報」データベースに格納した後のWebアプリケーションのsession辞書をシミュレートできます。細かな動作はアプリケーションごとに異なりますが、基本的なメカニズム（つまり、sessionの操作）は具体的なWebアプリケーションで何を実行するにしても同じです。

これで/page1、/page2、/page3へのアクセスを制限する準備が整いました。

URLへのアクセスを制限できる？

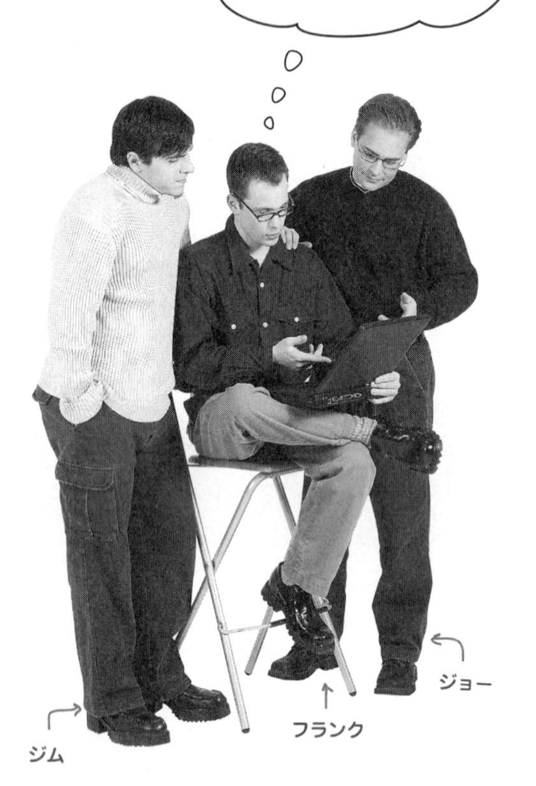

ジム：やあ、フランク。何で行き詰まっているんだい？

フランク：/page1、/page2、/page3へのアクセスを制限する方法を考え出さなきゃいけないんだけど。

ジョー：それほど難しくないよね。この関数には/statusを処理するコードはすでにあるし。

フランク：それにログインしているかどうかもわかっているだろう？

ジョー：そうだね。だから、この関数から/statusを処理するそのチェックコードをコピーして制限したいURLにペーストするだけで大丈夫だよ！

ジム：えーっ、コピペするわけ？！ Web開発者の泣き所だね。こんなコードをコピペしたくないよ。いつか問題になるだけだよ。

フランク：確かに。コンピュータサイエンスの基本だね。/statusのコードを使って関数を作成し、その関数を必要に応じて/page1、/page2、/page3を処理する関数内で呼び出そう。それで問題は解決だ。

ジョー：その考え方は好きだし、うまくいくと思うよ。

ジム：ちょっと待って、そんなに慌てるなよ。提案してくれた関数を使うのはコピペよりずっといいけど、やっぱり最善の方法だとは思えないな。

フランクとジョー（一緒になって疑うように）：何が気に入らないの？！

ジム：/page1、/page2、/page3を処理する関数に、実際の処理とは関係のないコードを追加しようとしているだろう？ それが気にかかるんだ。確かに、アクセスを許可する前にユーザがログインしているかどうかを調べる必要はあるけど、すべてのURLにその確認を行う関数呼び出しを追加するのはしっくりこないんだけど。

フランク：じゃあ、どんな考えがあるんだい？

ジム：僕なら、デコレータを作成して使うよ。

ジョー：なるほど！ その方がずっといいね。やってみよう。

コピペはやめておく

前ページで提案したアイデアがこの問題を処理する最善の方法(つまり、特定のWebページへのアクセスを制限する最適な方法)では**ない**ことを確認しましょう。

最初の提案は、/statusを処理する関数(つまり、check_status関数)のコードの一部をコピペすることでした。下はそのコードです。

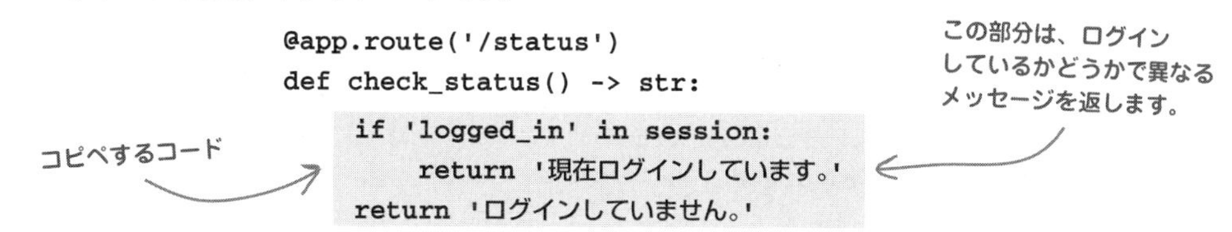
@app.route('/status')
def check_status() -> str:
if 'logged_in' in session:
return '現在ログインしています。'
return 'ログインしていません。'
この部分は、ログインしているかどうかで異なるメッセージを返します。
コピペするコード

現在のpage1関数は次のようになっています。

```
@app.route('/page1')
def page1() -> str:
    return 'これはページ1です。'
```

ページ固有の機能です。

check_statusのシンタックスハイライトしたコードをコピーしてpage1にペーストすると、page1のコードはこうなります。

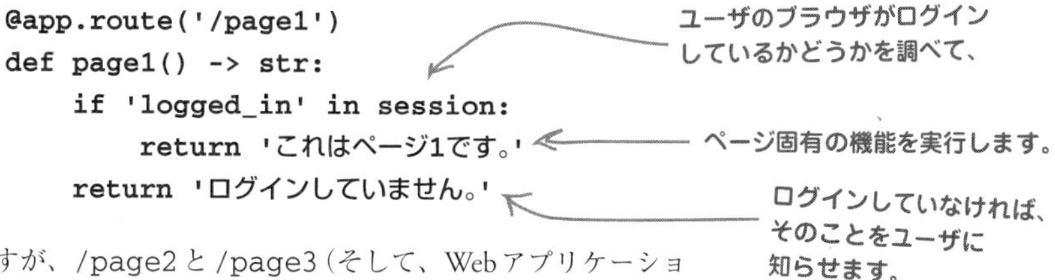
@app.route('/page1')
def page1() -> str:
if 'logged_in' in session:
return 'これはページ1です。'
return 'ログインしていません。'
ユーザのブラウザがログインしているかどうかを調べて、
ページ固有の機能を実行します。
ログインしていなければ、そのことをユーザに知らせます。

このコードは正しく機能しますが、/page2と/page3(そして、Webアプリケーションに追加する他のすべてのURL)にこのコピペを繰り返すとしたら、特にログインチェックコードの動作を変更することにした場合(おそらく、送信されたユーザIDとパスワードをデータベースに格納されたデータと照らし合わせる場合)に行わなければならない編集作業は膨大で、このメンテナンス作業は悪夢以外の何物でもありません。

共有コードを専用の関数に入れる

異なる場所で使う必要があるコードがあって「コピペ」という「その場しのぎの解決策」につきもののメンテナンス問題を解決するには、一般的に共有コードを関数に入れて必要に応じてその関数を呼び出すようにします。

メンテナンス問題を解決するこのような手法が(共有コードをその場しのぎでコピペするのではなく、共有コードが1か所にしか存在しないため)、ログインをチェックする関数を作成し、どのくらい便利になるのかを確認してみましょう。

関数の作成は便利だけれど

ログインをチェックする関数check_logged_inを作成しましょう。この関数を呼び出すと、現在ログインしていればTrue、ログインしていなければFalseを返します。

作成は簡単です（コードの大部分はすでにcheck_statusにあります）。この新しい関数は次のように書きます。

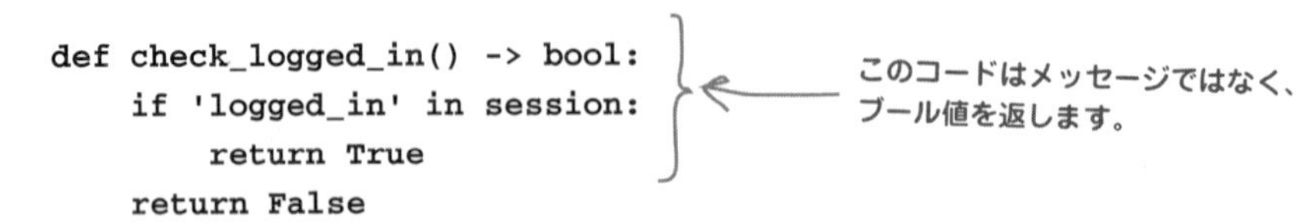
def check_logged_in() -> bool:
    if 'logged_in' in session:
        return True
    return False
このコードはメッセージではなく、ブール値を返します。

関数が完成したので、page1関数でコピペする代わりに呼び出してみましょう。

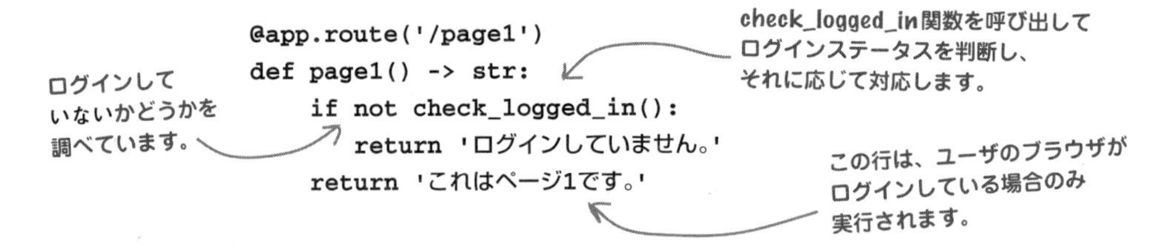
@app.route('/page1')
def page1() -> str:
    if not check_logged_in():
        return 'ログインしていません。'
    return 'これはページ1です。'
check_logged_in関数を呼び出してログインステータスを判断し、それに応じて対応します。
ログインしていないかどうかを調べています。
この行は、ユーザのブラウザがログインしている場合のみ実行されます。

すると、check_logged_in関数を変更すればログイン処理の動作を変更できるので、この方法の方がコピペよりも少し優れています。しかし、check_logged_in関数を使うには、やはりpage2とpage3関数（そして作成するすべての新しいURL）も同様に変更しなければならず、それにはpage1の新しいコードを他の関数にコピペする必要があります。実際には、このページのpage1関数の変更と前のページのpage1の変更を比べると、ほぼ同じ量の作業で、**やはり**コピペが必要です。さらに、**どちらの**解決策でも、追加したコードはpage1が実際にどんな処理をするのかわからなくなってしまっています。

既存の関数のコードを**全く修正せずに**（何も曖昧なものがないように）何らかの方法でユーザがログインしているかどうかを調べられたら素晴らしいですね。Webアプリケーションの関数内のコードをその関数の処理に**直接**関連したコードを変更する必要がなく、ログインステータスをチェックするコードが邪魔になりません。

Pythonにはそれらを生成できる、**デコレータ**という言語機能を備えています。デコレータはコードを追加して既存の関数を拡張でき、元のコードを**変更せずに**既存の関数の振る舞いを変更できます。

上の最後の文を読んで「なんだって?!」と驚いたかもしれません。でも大丈夫です。初めて聞くとちょっと信じられません。関数のコードを変更せずに一体どのようにして関数の動作を変更するのでしょうか？ 試してみる意味があるとは思えないくらいです。

理由はデコレータについて調べるとわかります。

ずっとデコレータを使う

5章で登場したFlaskを使って、いまもWebアプリケーションを書いているでしょうか。それなら、あなたはもうすでにデコレータを**使っています**。

次のコードは5章のhello_flask.pyの1番目のバージョンです。デコレータが使われている部分@app.routeをシンタックスハイライトしています。デコレータ@app.routeはFlaskに付属しています。@app.routeデコレータを既存の関数（このコードではhello）に適用すると、デコレータはWebアプリケーションがデフォルトのURL/を処理する際は必ずhelloを呼び出して適用した関数を拡張します。デコレータは先頭に@が付いているので、簡単にわかります。

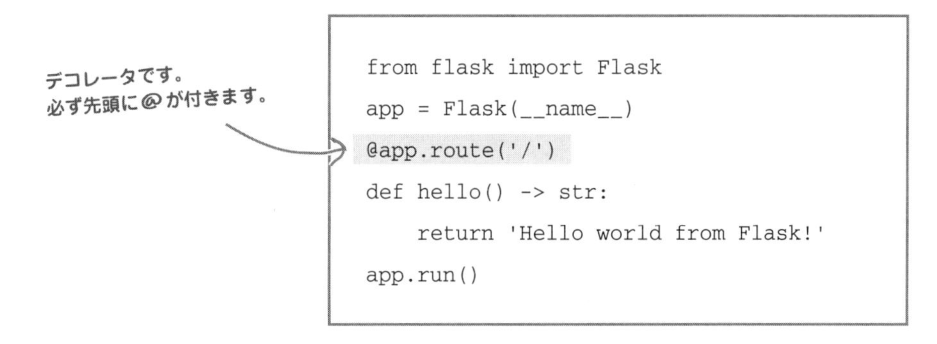

デコレータです。
必ず先頭に@が付きます。


```
from flask import Flask
app = Flask(__name__)
@app.route('/')
def hello() -> str:
    return 'Hello world from Flask!'
app.run()
```

@app.routeデコレータを使う側からは、デコレータがこの魔法をかける方法は全く見えません。関心があるのは、デコレータが約束どおりに動作するということだけです。指定のURLと関数を結び付けるのです。デコレータの動作に関する肝心な仕組みは水面下に詳細が隠されています。

デコレータを作成することに決めたら、内部をのぞき込み、（9章でコンテキストマネージャを作成したときと同様に）Pythonのデコレータを使う必要があります。デコレータを書くために理解しておくべきことが4つあります。

1. 関数の作成方法
2. 関数に引数として関数を渡す方法
3. 関数から関数を返す方法
4. 任意の数のあらゆる型の関数引数を処理する方法

手順1の関数の作成方法については、4章以降で行ってきているので、この「覚えておくべき4つのこと」は実際には3つだけです。独自のデコレータの作成のため、手順2から4を行いましょう。

関数に関数を渡す

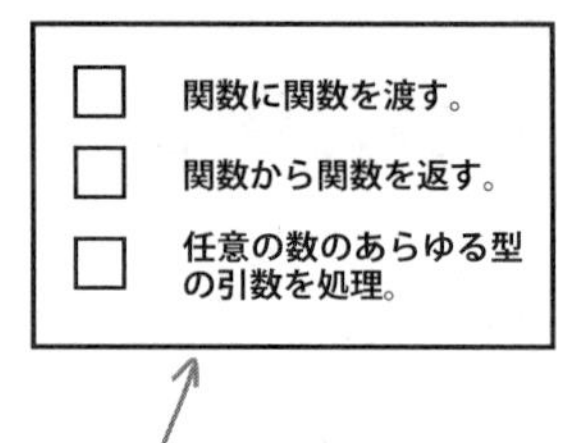

関数に関数を渡す。
関数から関数を返す。
任意の数のあらゆる型の引数を処理。
この課題に挑戦し、完了した項目にチェックマークを付けましょう。

2章で、Pythonの「すべてがオブジェクトである」という考え方を紹介しました。これは直感的にはわかりにくいかもしれませんが、「すべて」には関数も含まれるので、関数もオブジェクトです。

当然のことですが、関数を呼び出すと関数が動作します。しかし、Pythonのその他のすべてのものと同様に関数はオブジェクトなので、オブジェクトIDを持ちます。関数は「関数オブジェクト」と考えてください。

下の短いIDLEセッションを見てください。変数msgに文字列を代入し、組み込み関数idを呼び出すとオブジェクトIDが表示されます。そして、helloという小さな関数を定義します。次に、関数のオブジェクトIDを表示する組み込み関数idに関数helloを渡します。組み込み関数typeでmsgが文字列でhelloが関数であることを確認し、最後にhelloを呼び出してmsgの現在の値を出力します。

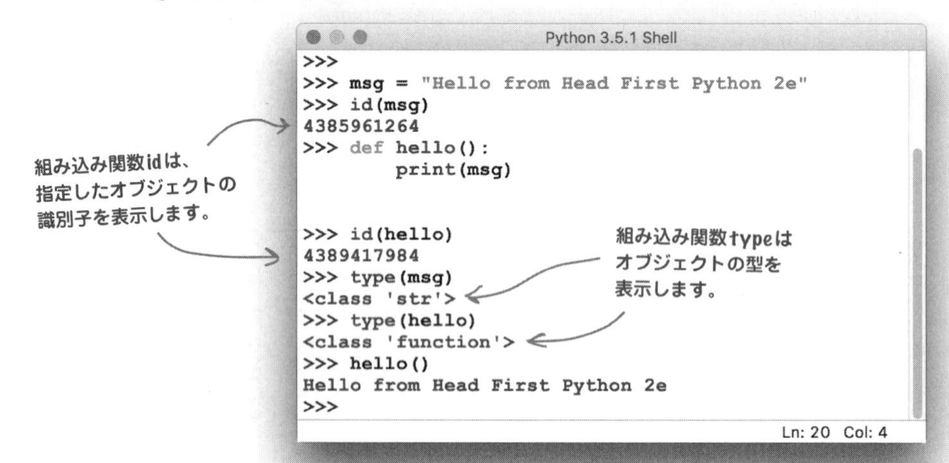

上のIDLEセッションを見せる前はここに着目しないように少しごまかしていましたが、組み込み関数idと組み込み関数typeに**どのように**helloを渡したか気付きましたか？helloを呼び出してはいません。それぞれの関数に引数として**名前**を渡しています。関数に関数を渡したのです。

関数は引数として関数を取れる

上のidとtypeの呼び出しは、Pythonの一部の組み込み関数が引数として関数（さらに正確に言うと**関数オブジェクト**）を取ることを示しています。関数が引数を使って何をするかはその関数によります。idもtypeも渡された関数を呼び出すことはしません。しかし引数に渡された関数を呼び出す関数を定義することができます。その方法を調べてみましょう。

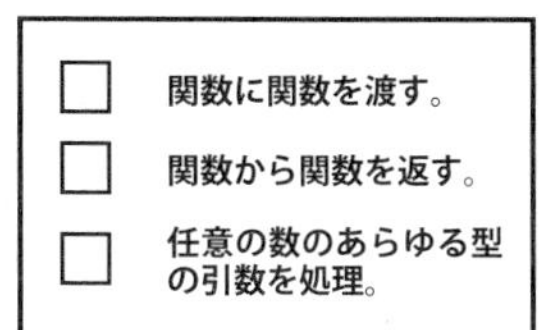

渡した関数を呼び出す

関数に引数として関数オブジェクトを渡すと、受け取った関数は渡された関数オブジェクトを**呼び出すことができます**。

次の小さな関数はapplyといって、関数オブジェクトと値の2つの引数を取ります。apply関数は関数オブジェクトを呼び出し、呼び出した関数に引数として値を渡してその結果を呼び出し側コードに返します。

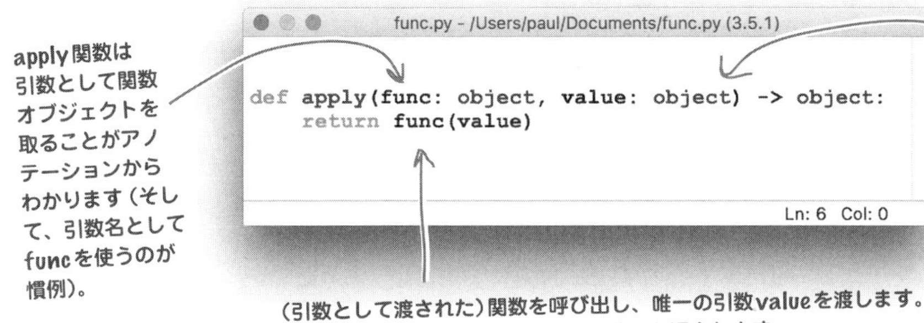

applyのアノテーションは、この関数が任意の関数オブジェクトと任意の値を取り、何でも返すことを示しています（すべてが**ジェネリクス型**です）。>>>プロンプトでapplyを簡単にテストすると、applyが予想どおりに機能することを確認できます。

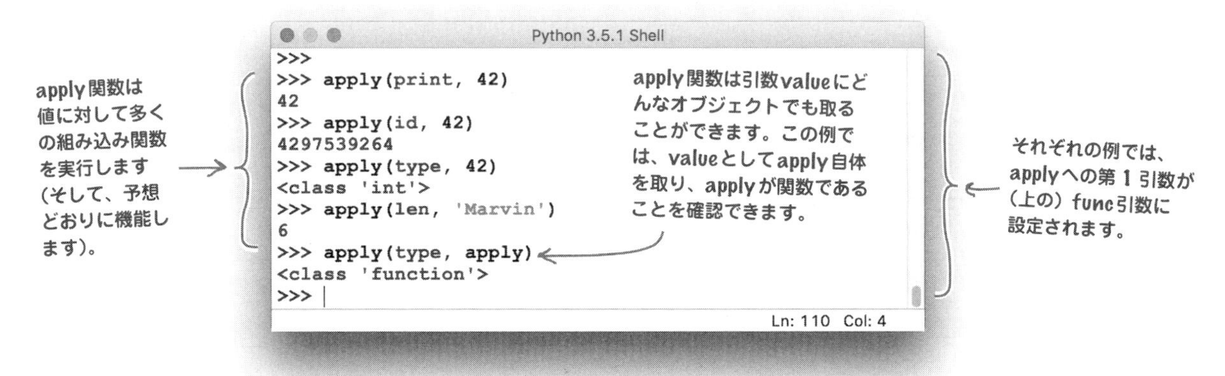

このページを読んでこのようなことを行う必要がいつ来るのだろうと思うかもしれませんが、心配ありません。詳しくはデコレータを書くときに取り上げます。ここでは、関数に関数を渡し、後でその関数を呼び出せることを理解してください。

- [x] 関数に関数を渡す。
- [ ] 関数から関数を返す。
- [ ] 任意の数のあらゆる型の引数を処理。

関数を関数内に入れ子にできる

通常、関数を作成するときには、既存コードに名前を付けて再利用できるようにし、その既存コードを関数のブロックとして使います。これが最も一般的な関数です。しかし、Pythonでは驚くべきことに、関数のブロックには別の関数を定義する関数（**入れ子**または**内部関数**と呼ばれます）をはじめ、**あらゆる**コードを書くことができます。さらに驚くことに、外側の関数から入れ子関数を**返す**ことができます。実際に**関数オブジェクト**が返されます。このようなその他のあまり一般的でない関数の例を示します。

まずは、関数outer内に入れ子になった関数innerの例です。innerはouterのスコープではローカルなので、outerのブロック以外からinnerを呼び出すことはできません。

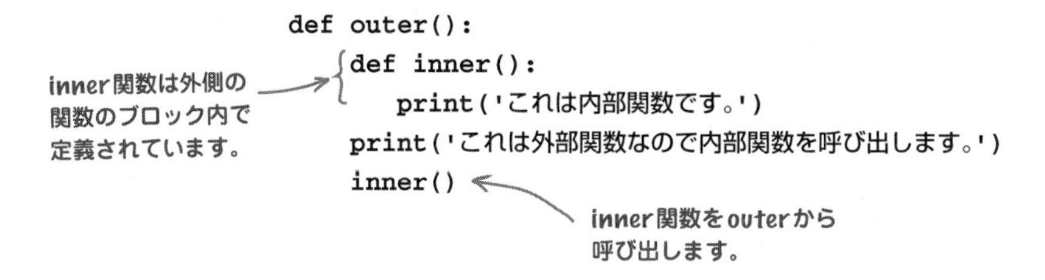

outerを呼び出すと、ブロック内のコード全体を実行します。innerを定義し、outerの組み込み関数print呼び出しを実行したらinner関数を呼び出します（すると、inner内の組み込み関数printを呼び出します）。画面には次のように表示されます。

```
これは外部関数なので内部関数を呼び出します。
これは内部関数です。
```

メッセージはこの順に表示されます。outer、innerの順です。

一体いつこれを使うの？

この簡単な例からは、別の関数内に関数を作成して利用するような状況がなかなか思いつきません。しかし関数が複雑でコードの量が多い場合には、コードの一部を入れ子関数にまとめておくと、多くの場合はうまくいきます（しかも、読みやすくなります）。

さらに一般的なのは、外側の関数がreturn文を使って値として入れ子関数を返すようにすることです。これにより、デコレータを作成できます。

では、関数から関数を返すとどうなるでしょうか。

関数から関数を返す

- [x] 関数に関数を渡す。
- [ ] 関数から関数を返す。
- [ ] 任意の数のあらゆる型の引数を処理。

2つ目の例は最初の例によく似ていますが、outer関数はinnerを呼び出すのではなく代わりにinnerを返します。次のコードを見てください。

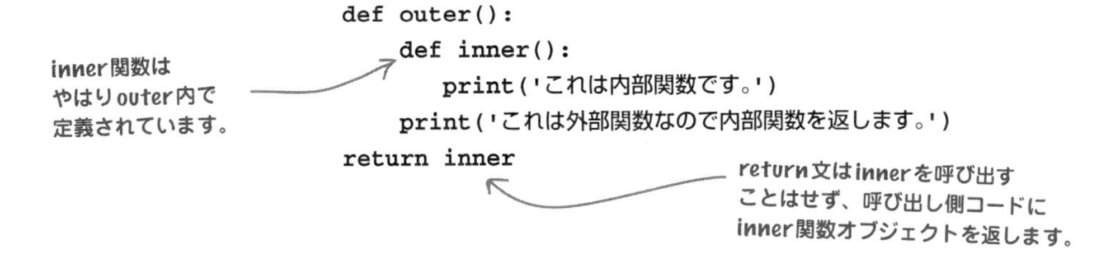


```
def outer():
    def inner():
        print('これは内部関数です。')
    print('これは外部関数なので内部関数を返します。')
    return inner
```

IDLEシェルに戻ってouterを試し、この新しいバージョンのouter関数の動作を調べてみましょう。

outerの結果をこの例では変数iに代入していることに注意してください。そして、iを関数オブジェクトのように使います。まず組み込み関数typeを呼び出して型を調べてから、その他のすべての関数と同様に()を付けてiを呼び出します。iを呼び出すと、inner関数を実行します。実際、iはouter内で作成したinner関数の**別名**です。

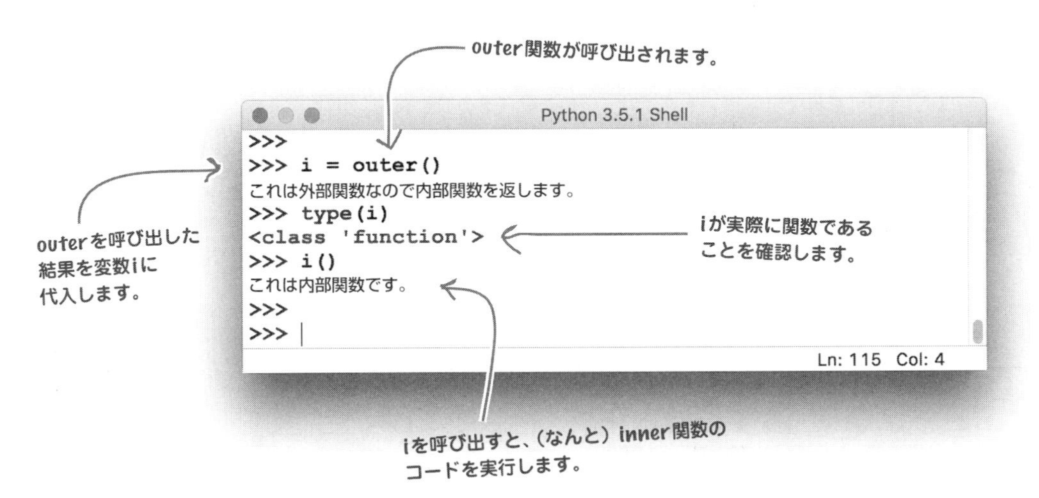

ここまでは問題ありません。これで関数に関数を**送る**だけでなく、関数から関数を**返す**こともできます。これらすべてを組み合わせてデコレータを作成する準備がほぼ整いました。理解すべきことがもう1つだけあります。それは、あらゆる型の引数をいくつでも取れる関数を作成することです。次はその方法を調べてみましょう。

引数のリストを受け取る

☑ 関数に関数を渡す。
☑ 関数から関数を返す。
☐ 任意の数のあらゆる型の引数を処理。

もう少しです。あと1つでデコレータを作成する準備が整います。

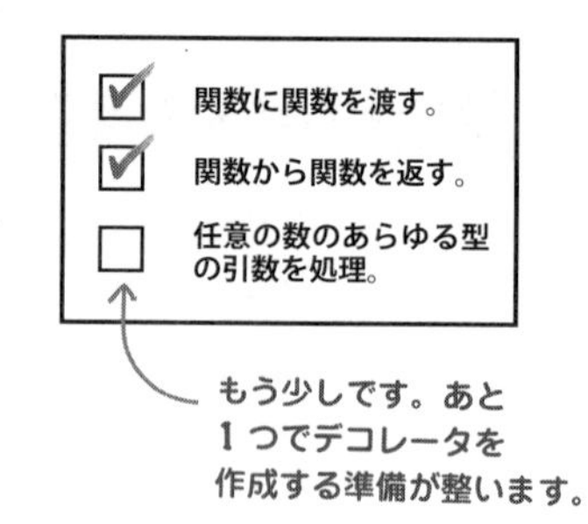

いくつでも引数を指定できる関数(この例ではmyfuncと呼びます)を作成する場合を想像してください。例えば、myfuncを次のように呼び出すこともあれば、

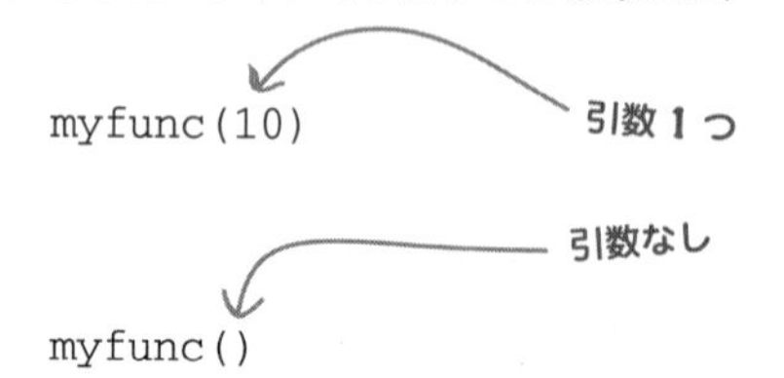

```
myfunc(10)
```

引数1つ

次のように呼び出すこともあり、

```
myfunc()
```

引数なし

または、次のように呼び出すこともあります。

```
myfunc(10, 20, 30, 40, 50, 60, 70)
```

いくつもの引数(この例ではすべて数値ですが、数値、文字列、ブール値、リストなど何でも取れます)。

実際には、myfuncは**任意**の数の引数で呼び出されるのですが、数は事前にはわかりません。

3つの異なるバージョンのmyfuncを定義して上の3つの呼び出しを処理することはできないので、「関数で任意の数の引数を取ることは可能なのか」という疑問が生じます。

*を使って可変長の引数リストを受け取る

Pythonには、関数が任意の数の引数を取れることを示す特殊な表記があります(「任意の数」とは「ゼロ個以上」という意味です)。この表記では*を使って**任意の数**を表し、引数名(慣例によりargsを使います)と組み合わせて関数が可変長の引数リストを取れることを示します(ただし、*argsは厳密にはタプルです)。

下は、この表記を使って呼び出し時に任意の数の引数を取るようにしたmyfuncです。引数を指定すると、myfuncはその値を画面に表示します。

*は「引数のリストを受け取る」という意味。

myfunc.py - /Users/paul/Desktop/_NewBook/ch10/myfunc.py (3.5.1)

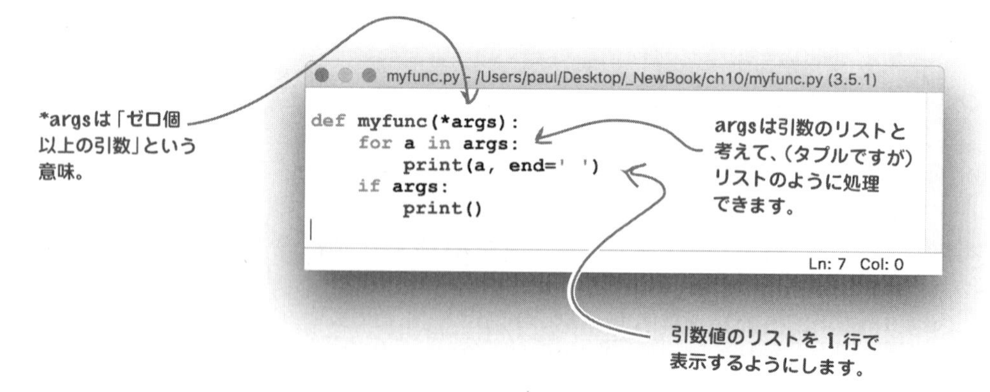

```
def myfunc(*args):
    for a in args:
        print(a, end=' ')
    if args:
        print()
```

Ln: 7 Col: 0

*argsは「ゼロ個以上の引数」という意味。

argsは引数のリストと考えて、(タプルですが)リストのように処理できます。

引数値のリストを1行で表示するようにします。

引数のリストを処理する

- ☑ 関数に関数を渡す。
- ☑ 関数から関数を返す。
- ☐ 任意の数のあらゆる型の引数を処理。

myfuncが完成しました。次のような前ページの呼び出しの例に対応できるかを確認してみましょう。

```
myfunc(10)
myfunc()
myfunc(10, 20, 30, 40, 50, 60, 70)
```

次は、myfuncが処理できることを確認するIDLEセッションです。いくつの引数を指定しても（**ゼロ**を含む）、myfuncはそれに応じて処理します。

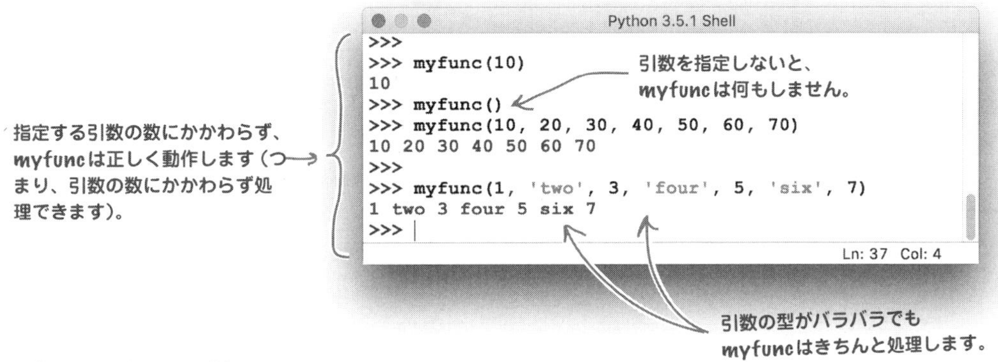

*は呼び出し時にも使える

myfuncに引数としてリストを指定すると、そのリストは（さまざまな型の値がある可能性があるにもかかわらず）1つの項目（つまり、**1つ**のリスト）として扱われます。インタプリタにリストを**展開**してリストの要素それぞれを引数として渡すには、関数の呼び出し時にリストの名前の前に*文字を付けます。

次の短いIDLEセッションは、*を使うとどのように異なるかを示しています。

Python 3.5.1 Shell

```
>>>
>>> values = [1, 2, 3, 5, 7, 11]
>>>
>>> myfunc(values)
[1, 2, 3, 5, 7, 11]
>>>
>>> myfunc(*values)
1 2 3 5 7 11
>>>
>>>
```

Ln: 15 Col: 4

6つの整数のリスト

リストは関数の引数の1つとして処理されます。

リストの前に*を付けると、引数のリストに展開されます。

引数の辞書を受け取る

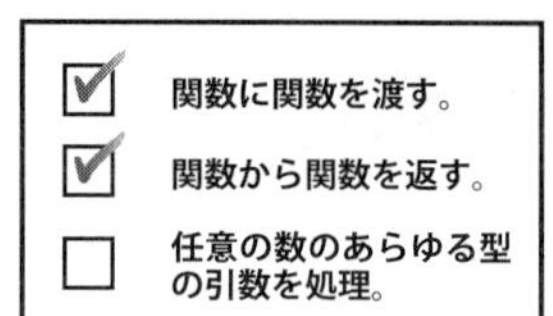

関数へ値を渡す際には、引数名とその値を指定します。

このテクニックは、4章のsearch4letters関数で初めて登場しました。search4letters関数は（思い出したかもしれませんが）2つの引数、phraseとlettersを取りました。キーワード引数を使うと、search4letters関数に指定する引数の順序は重要ではなくなりました。

この関数を呼び出す方法の1つです。

```
search4letters(letters='xyz', phrase='galaxy')
```

```
def search4letters(phrase:str, letters:str='aeiou') -> set:
```

キーワード引数は引数を指定する順序には関係ありません。

リストの場合と同様に、関数が任意の数のキーワード引数を取るようにすることもできます。キーワード引数とは、（上の例のphraseとlettersの場合と同様に）キーとそのキーに代入された値です。

**を使って任意のキーワード引数を受け取る

**は「キーと値の辞書に展開する」という意味。

Pythonでは*表記だけでなく**表記も可能です。**はキーワード引数のコレクションに展開します。*が引数名として（慣例として）argsを使うのに対し、**はkwargsを使います。kwargsは「keyword arguments（キーワード引数）」の略です（注：argsやkwargs以外の名前を使うことができますが、他の名前が使われることはほとんどありません）。

別の関数myfunc2を調べてみましょう。この関数は、任意の数のキーワード引数を取ります。

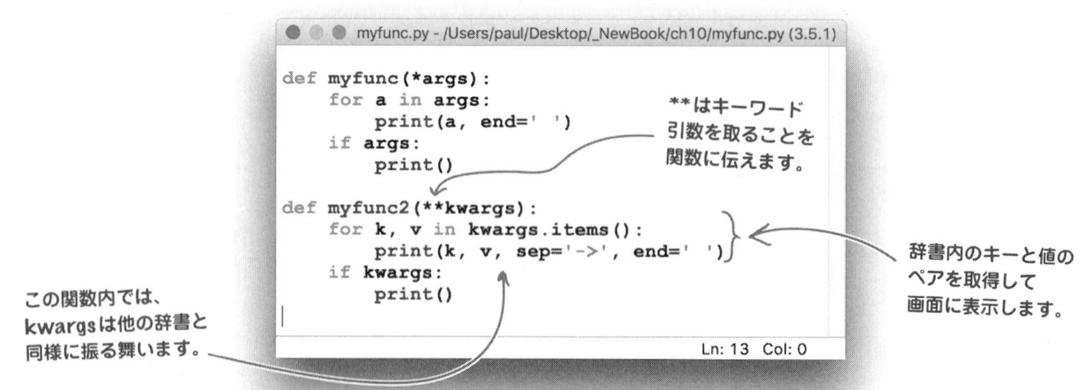

- [x] 関数に関数を渡す。
- [x] 関数から関数を返す。
- [ ] 任意の数のあらゆる型の引数を処理。

引数の辞書を処理する

myfunc2のブロック内のコードは引数の辞書を取得して処理し、キーと値のすべてのペアを1行に表示します。

myfunc2の動作を示すIDLEセッションを下に示します。指定するキーと値のペアの数（ゼロを含む）にかかわらず、myfunc2は処理します。

2つのキーワード引数を指定。

```
Python 3.5.1 Shell
>>>
>>> myfunc2(a=10, b=20)
b->20 a->10
>>> myfunc2()
>>> myfunc2(a=10, b=20, c=30, d=40, e=50, f=60)
b->20 f->60 d->40 c->30 e->50 a->10
>>>
>>>
Ln: 24 Col: 4
```

引数を指定しなくても問題ありません。

キーワード引数はいくつでも指定できます。myfunc2は問題なく処理します。

**も呼び出し時に使える

おそらくそうだと思っていましたよね。*argsの場合と同様、myfunc2関数の呼び出し時にも**を使うことができます。myfunc2でどのようになるかを示すよりも、7章で**を使用した際のことを思い出してみましょう。PythonのDB-APIでは、接続情報の辞書を次のように定義しました。

```
dbconfig = { 'host': '127.0.0.1',
             'user': 'vsearch',
             'password': 'vsearchpasswd',
             'database': 'vsearchlogDB', }
```

キーと値のペアの辞書

MySQL（またはMariaDB）データベースサーバとの接続を確立するときには、dbconfig辞書を次のように使いました。dbconfig引数の指定の仕方について何か気付きましたか？

見覚えがありますか？

```
conn = mysql.connector.connect(**dbconfig)
```

dbconfig引数の前に**を付けると、1つの辞書をキーと関連する値のコレクションとして扱うようにインタプリタに指示します。実際、これは次のように4つのキーワード引数でconnectを呼び出したかのようになります。

```
conn = mysql.connector.connect('host'='127.0.0.1', 'user'='vsearch',
                               'password'='vsearchpasswd', 'database'='vsearchlogDB')
```

あらゆる型の引数をいくつでも受け取る

☑ 関数に関数を渡す。
☑ 関数から関数を返す。
☐ 任意の数のあらゆる型の引数を処理。

Pythonでは独自の関数を作成するときに、(**を使って)任意の数のキーワード引数だけでなく(*を使って)引数のリストを受け取れるところが優れています。さらに、この2つのテクニックを組み合わせて任意の数のあらゆる型の引数を取る関数を作成することもできます。

下は3番目のバージョンのmyfuncです(myfunc3という名前です)。この関数は可変長の引数のリスト、可変長のキーワード引数、またはその両方の組み合わせを取ります。

myfunc.py - /Users/paul/Desktop/_NewBook/ch10/myfunc.py (3.5.1)

```
def myfunc(*args):
    for a in args:
        print(a, end=' ')
    if args:
        print()

def myfunc2(**kwargs):
    for k, v in kwargs.items():
        print(k, v, sep='->', end=' ')
    if kwargs:
        print()

def myfunc3(*args, **kwargs):
    if args:
        for a in args:
            print(a, end=' ')
        print()
    if kwargs:
        for k, v in kwargs.items():
            print(k, v, sep='->', end=' ')
        print()
```

Ln: 7 Col: 0

元のmyfuncは引数の任意のリストでも動作します。

myfunc2 関数は任意の数のキーと値のペアでも動作します。

myfunc3 関数は、引数のリスト、一連のキーと値のペア、またはその両方であっても任意の入力で問題なく動作します。

*argsと**kwargsの両方がdef行にあります。

次の短いIDLEセッションはmyfunc3を実行した様子です。

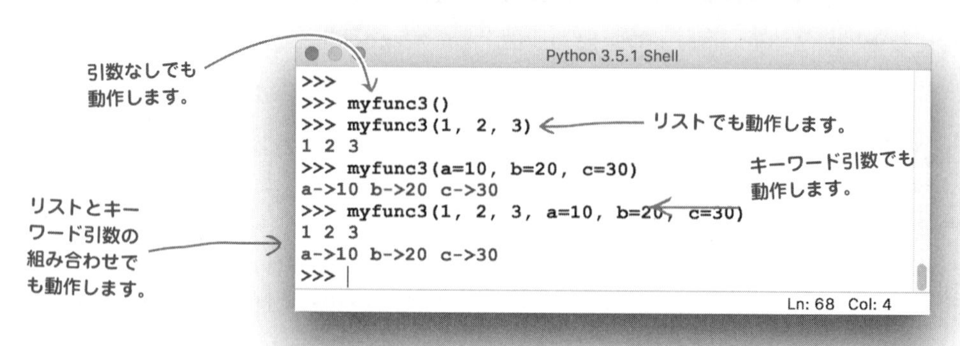

Python 3.5.1 Shell
>>>
>>> myfunc3()
>>> myfunc3(1, 2, 3)
1 2 3
>>> myfunc3(a=10, b=20, c=30)
a->10 b->20 c->30
>>> myfunc3(1, 2, 3, a=10, b=20, c=30)
1 2 3
a->10 b->20 c->30
>>>
Ln: 68 Col: 4
引数なしでも動作します。
リストでも動作します。
キーワード引数でも動作します。
リストとキーワード引数の組み合わせでも動作します。

関数デコレータの作成方法

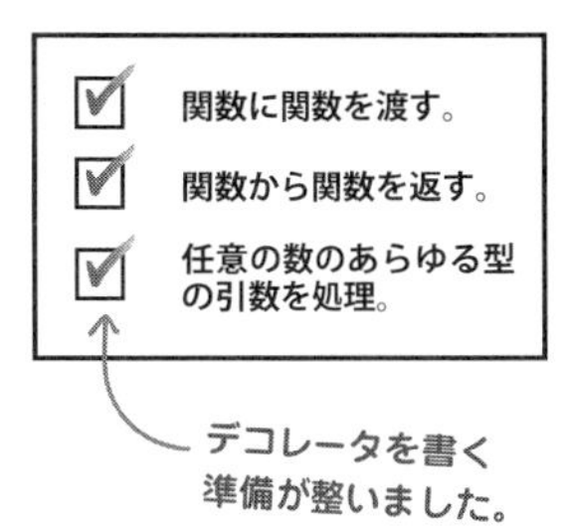

右側のチェックリストの3つの項目にチェックマークが付いたので、デコレータを作成するためのPythonの言語機能は理解できたと思います。あとは、この機能を組み合わせて必要なデコレータを作成する方法を知るだけです。

(9章で)独自のコンテキストマネージャを作成したときと同様に、デコレータの作成も一連のルール(レシピ)に従います。デコレータは、既存関数のコードを変更せずにコードを追加して既存関数を補強できることを思い出してください(これはやはり奇妙に思えることは認めます)。

関数デコレータを作成するには、次のことを覚えておきましょう。

1. **デコレータは関数**
   実際に、インタプリタから見たら、デコレータは既存関数を操作するとはいえ**普通の関数**です。今後は、この既存関数を**デコレートされる関数**と呼びましょう。この本をここまで読んできたので、関数の作成は簡単であることがわかっています。Pythonの`def`キーワードを使うのです。

2. **デコレータは引数としてデコレートされる関数を取る**
   デコレータは引数としてデコレートされる関数を取る必要があります。そのためには、デコレータに**関数オブジェクト**としてデコレートされる関数を渡すだけです。ここまでの10ページで取り組んできたので、これも簡単であることがわかっています。丸かっこ**なし**で(つまり、関数の名前だけを使って)関数を参照すれば関数オブジェクトになります。

3. **デコレータは新たな関数を返す**
   デコレータは戻り値として新たな関数を返します。デコレータは(数ページ前で)`outer`が`inner`を返したときと同様の動作をしますが、返す関数がデコレートされる関数を**呼び出す**必要があります。(あえて言わせてもらうと)そのようにするのは簡単ですが、少し複雑なことが1つあり、それは手順4で示します。

4. **デコレータはデコレートされる関数のシグネチャを持つ**
   デコレータは返す関数がデコレートされる関数と同じ数と型の引数を取ることを保証する必要があります。関数引数の数と型は、(関数の`def`行は重複しないため)**シグネチャ**と呼ばれています。

鉛筆を手に持ち、上の情報を使って最初のデコレータを作成しましょう。

おさらい：アクセスを制限する

simple_webapp.pyでは、デコレータでユーザがログインしているかどうかを調べる必要があります。ログインしていれば、Webページを表示し、ログインしていなければ、ページを表示する前にログインするように促すようにします。これからこのロジックに対応するデコレータを作成します。check_status関数を思い出してください。この関数は、デコレータで表現したいロジックを表しています。

```
@app.route('/status')
def check_status() -> str:
    if 'logged_in' in session:
        return '現在ログインしています。'
    return 'ログインしていません。'
```

このコードのコピペは避けたいです。

この行はログインしているかどうかで異なるメッセージを返しました。

関数デコレータを作成する

395ページの「デコレータ作成手順」の手順1に従い、新たな関数を作成します。

1. **デコレータは関数**
実際に、インタプリタから見たら、デコレータは既存関数を操作するとはいえ**普通の関数**です。今後は、この既存関数を**デコレートされる関数**と呼びましょう。この本をここまで読んできたので、関数の作成は簡単であることがわかっています。Pythonの`def`キーワードを使うのです。

第2項目に従うには、デコレータが引数として関数オブジェクトを取るようにする必要があります。

2. **デコレータは引数としてデコレートされる関数を取る**
デコレータは引数としてデコレートされる関数を取る必要があります。そのためには、デコレータに**関数オブジェクト**としてデコレートされる関数を渡すだけです。ここまでの10ページで取り組んできたので、これも簡単であることがわかっています。丸かっこ**なし**で（つまり、関数の名前だけを使って）関数を参照すれば関数オブジェクトになります。

自分で考えてみよう

デコレータを専用のモジュールに入れましょう（再利用がより簡単になります）。まず、テキストエディタで新たなファイル`checker.py`を作成します。
`checker.py`に新たなデコレータ`check_logged_in`を作成します。次の空欄にデコレータの`def`行を書いてください。ヒント：関数オブジェクト引数の名前として`func`を使います。

ここにデコレータの
def行を書きます。

素朴な疑問に答えます

Q：`checker.py`を作成する場所は重要ですか?

A：はい。Webアプリケーションに`checker.py`をインポートするので、`import checker`行からインタプリタが`checker.py`を探せるようにする必要があります。ここでは、`simple_webapp.py`と同じフォルダに`checker.py`を置いてください。

デコレータを専用のモジュールに入れることにしました（再利用がより簡単になります）。
まず、テキストエディタで新たなファイルchecker.pyを作成しました。
（checker.py内の）新しいデコレータをcheck_logged_inとし、下の空欄にデコレータのdef行を書く必要がありました。

def check_logged_in(func):

check_logged_inデコレータは引数を１つ（デコレートされる関数の関数オブジェクト）を取ります。

あっけないほど簡単でしょう？

デコレータも関数なので、引数として関数オブジェクト（上のdef行のfunc）を取ります。
「デコレータ作成」手順の次の項目に進みましょう。次は少しだけ複雑です。デコレータが実行すべきことを思い出してください。

❸ **デコレータは新たな関数を返す**
デコレータは戻り値として新たな関数を返します。デコレータは（数ページ前で）outerがinnerを返したときと同様の動作をしますが、返す関数がデコレートされる関数を**呼び出す**必要があります。

すでに388ページでouter関数が登場しました。この関数を呼び出すと、inner関数を返します。outerのコードを再度示しておきます。

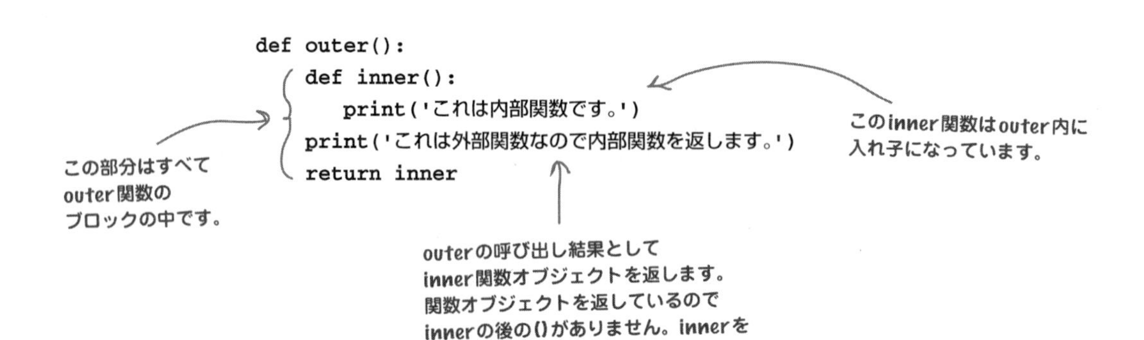

デコレータのdef行が書けたので、ブロックにコードを追加しましょう。ここでは4つのことを行う必要があります。

1. check_logged_inが返す入れ子関数wrapperを定義する（ここでは任意の関数名を使えるが、これから説明するようにwrapperが最善）。
2. wrapper内に既存のcheck_status関数のユーザのブラウザがログインしているかどうかによって2つの振る舞いのいずれかを実施するコードを追加する。ページをめくらなくてもよいように、次にcheck_statusコードを再度示しておきます（重要な部分をシンタックスハイライトしています）。

```
@app.route('/status')
def check_status() -> str:
    if 'logged_in' in session:
        return '現在ログインしています。'
    return 'ログインしていません。'
```

3. デコレータ作成手順の3により、入れ子関数のコードが（「現在ログインしています」というメッセージを返す代わりに）デコレートされる関数を呼び出すように調整する。
4. 入れ子関数を書いたら、check_logged_inから入れ子関数の関数オブジェクトを返す。

下の空欄にcheck_logged_inのブロックに必要なコードを追加してください。

```
def check_logged_in(func):
    ..............................
        ..............................
            ..............................
        ..............................
    ..............................
```

1. 入れ子関数を定義する。

2. と 3. 入れ子関数で実行したいコードを追加。

4. 忘れずに入れ子関数を返す。

自分で考えてみようの答え

デコレータのdef行が書けたので、ブロックにコードを追加します。ここでは4つのことを行う必要がありました。

1. check_logged_inが返す入れ子関数wrapperを定義する。
2. wrapper内に既存のcheck_status関数のユーザのブラウザがログインしているかどうかによって2つの振る舞いのいずれかを実施するコードを追加する。
3. デコレータ作成手順の3により、入れ子関数のコードが（「現在ログインしています」というメッセージを返す代わりに）デコレートされる関数を呼び出すように調整する。
4. 入れ子関数を書いたら、check_logged_inから入れ子関数の関数オブジェクトを返す。

下の空欄にcheck_logged_inのブロックに必要なコードを追加してください。

```
def check_logged_in(func):
    def wrapper():
        if 'logged_in' in session:
            return func()
        return 'ログインしていません。'
    return wrapper
```

入れ子のdef行でwrapper関数を開始します。

ログインしていたら、

デコレートされる関数を呼び出します。

忘れずに入れ子関数を返しましたか？

ログインしていなければ、このメッセージを返します。

入れ子関数を「wrapper」と呼ぶ理由

ここまでのデコレータのコードを詳しく調べると、入れ子関数はfuncに格納されたデコレートされる関数を呼び出すだけでなく、呼び出しを追加コードで**ラップ**して（包んで）補強しています。この例では、Webアプリケーションのsession内にlogged_inキーが存在するかどうかを追加コードで調べます。**ログインしていなければ**、wrapperはデコレートされる関数を**呼び出すことはありません**。

最終段階：引数を処理する

あと少しです。デコレータコードの中心は用意できました。あとは、デコレータがデコレートされる関数の引数が何であっても処理できるようにするだけです。デコレータ作成手順の4を思い出してください。

> **4 デコレータはデコレートされる関数のシグネチャを持つ**
> デコレータは返す関数がデコレートされる関数と同じ数と型の引数を取ることを保証する必要があります。

デコレータを既存の関数に適用するときには、既存の関数の呼び出しをデコレータが返す関数の呼び出しに**置き換えます**。前ページの解決策に示したように、デコレータ作成手順の3に従うには、既存の関数のラップバージョンを返し、ラップバージョンの必要に応じて追加コードを実装します。このラップバージョンが既存の関数を**デコレート**します。

しかし、これには問題があります。関数そのものをラップするだけでは十分ではありません。デコレートされる関数の**呼び出し特性**も維持する必要があります。つまり、例えば既存の関数が2つの引数を取る場合、ラップ関数も2つの引数を取らなければいけません。求められる引数の数が事前にわかれば、それに応じて対応できます。しかし残念ながら、デコレータはあらゆる既存の関数に適用でき、(まさしく文字どおり)あらゆる型の引数をいくつでも取る可能性があるので、事前に知ることはできません。

どうすればよいのでしょうか。「ジェネリクス型」にすると、wrapper関数が任意の数のあらゆる型の引数をサポートするようになります。*argsと**kwargsで可能なことはすでに説明しています。

復習：*argsとkwargsはあらゆる型の引数をいくつでも取れる。**

自分で考えてみよう

wrapper関数があらゆる型の引数をいくつでも取れるように修正しましょう。また、funcを呼び出したときに、wrapperに渡したのと同じ数と型の引数を使うようにもしましょう。下の空欄に引数を追加してください。

```
def check_logged_in(func):
    def wrapper( ......................... ):
        if 'logged_in' in session:
            return func( ......................... )
        return 'ログインしていません。'
    return wrapper
```

wrapper関数のシグネチャに何を追加する必要がありますか？

wrapper関数があらゆる型の引数をいくつでも取れるように修正し、funcを呼び出したときにwrapperに渡したのと同じ数と型の引数を使うようにする必要がありました。

ここではジェネリクス型シグネチャを使うのがコツ。任意の数のあらゆる型の引数をサポートします。wrapperに何を指定しても同じ引数でfuncを呼び出します。

```
def check_logged_in(func):
    def wrapper( *args, **kwargs ):
        if 'logged_in' in session:
            return func( *args, **kwargs )
        return 'ログインしていません。'
    return wrapper
```

完了したのかな？

デコレータ作成手順を確認すると、これで完了したと思うのも当然です。でもあと少しです。まだ課題が2つ残っています。1つはすべてのデコレータに関係すること、もう1つはこの特定のデコレータに関係することです。

まずこの特定のデコレータの問題を片付けましょう。check_logged_inデコレータは専用のモジュールに含まれているので、このコードが参照するすべてのモジュールもchecker.pyにインポートします。check_logged_inデコレータはsessionを使うので、エラーを避けるにはFlaskからsessionをインポートします。これはchecker.pyの先頭に次のimport文を追加するだけなので簡単です。

```
from flask import session
```

すべてのデコレータに影響を及ぼすもう1つの問題は、関数がどのようにインタプリタにその関数の正体を明らかにするかに関係しています。関数をデコレートするときには、相当な注意を払わないと関数がその関数自体の正体を忘れて問題を引き起こす場合があります。このようなことが起こる理由はとても専門的であり少し変わっているので、ほとんどの人は知る必要のない（または知りたくない）Python内部の知識が必要です。そのため、Pythonの標準ライブラリはこれらの詳細を処理してくれるモジュールを備えています（したがって、全く心配する必要はありません）。必要なモジュール（functools）をインポートして1つの関数（wraps）を呼び出すだけでよいのです。

少し皮肉なことですが、wraps関数はデコレータとして実装されているので、実際には呼び出すのではなく、むしろwraps関数を使って独自のデコレータ**内**でwrapper関数をデコレートします。すでにこれを行っています。次のページの先頭の完成版のcheck_logged_inデコレータにそのコードがあります。

独自のデコレータを作成するときには、必ずfunctoolsモジュールのwraps関数をインポートして使うこと。

デコレータが大活躍

先に進む前に、デコレータのコードが下と**全く**同じであることを確認してください。

必ずflaskモジュールからsessionをインポートします。

checker.py - /Users/paul/Desktop/_NewBook/ch10/checker.py (3.5.1)

```
from flask import session

from functools import wraps

def check_logged_in(func):
    @wraps(func)
    def wrapper(*args, **kwargs):
        if 'logged_in' in session:
            return func(*args, **kwargs)
        return 'ログインしていません。'
    return wrapper
```

Ln: 13　Col: 0

functoolsモジュール（標準ライブラリの一部）からwraps関数（これ自体がデコレータ）をインポートします。

wrapper関数をwrapsデコレータでデコレートします（引数として必ずfuncを渡します）。

これでchecker.pyモジュールにcheck_logged_in関数が追加されたので、simple_webapp.py内で利用してみましょう。下のコードは、このWebアプリケーションの現在のバージョンです（ここでは2列で表示しています）。

```
from flask import Flask, session

app = Flask(__name__)

@app.route('/')
def hello() -> str:
    return 'シンプルなWebアプリケーションからこんにちは。'

@app.route('/page1')
def page1() -> str:
    return 'これはページ1です。'

@app.route('/page2')
def page2() -> str:
    return 'これはページ2です。'

@app.route('/page3')
def page3() -> str:
    return 'これはページ3です。'

@app.route('/login')
def do_login() -> str:
    session['logged_in'] = True
    return '現在ログインしています。'

@app.route('/logout')
def do_logout() -> str:
    session.pop('logged_in')
    return '現在ログアウトしています。'

@app.route('/status')
def check_status() -> str:
    if 'logged_in' in session:
        return '現在ログインしています。'
    return 'ログインしていません。'

app.secret_key = 'YouWillNeverGuess...'

if __name__ == '__main__':
    app.run(debug=True)
```

目的は、/page1、/page2、/page3へのアクセスを制限することでした。（このコードによると）現在は誰でもアクセスできます。

デコレータを利用する

check_logged_inデコレータを使うようにsimple_webapp.pyコードを修正するのは難しくありません。次のことを行います。

1. **デコレータをインポートする**
   checkerモジュール（checker.py）からcheck_logged_inデコレータをインポートする必要があります。ここでは、Webアプリケーションコードの先頭に必要なimport文を追加するのが秘訣です。

2. **不要なコードを取り除く**
   check_logged_inデコレータがあるためcheck_status関数は必要なくなったので、simple_webapp.pyからcheck_status関数を削除します。

3. **必要に応じてデコレータを使う**
   check_logged_inデコレータを使うには、@構文でWebアプリケーションの関数に適用します。

上の3つの変更を加えたsimple_webapp.pyを再度示しておきます。/page1、/page2、/page3に2つのデコレータが関連付けられていることに注意してください。（Flaskに付属する）@app.routeと（先ほど作成した）@check_logged_inです。

```
from flask import Flask, session

from checker import check_logged_in

app = Flask(__name__)

@app.route('/')
def hello() -> str:
    return 'シンプルなWebアプリケーションからこんにちは。'

@app.route('/page1')
@check_logged_in
def page1() -> str:
    return 'これはページ1です。'

@app.route('/page2')
@check_logged_in
def page2() -> str:
    return 'これはページ2です。'

@app.route('/page3')
@check_logged_in
def page3() -> str:
    return 'これはページ3です。'

@app.route('/login')
def do_login() -> str:
    session['logged_in'] = True
    return '現在ログインしています。'

@app.route('/logout')
def do_logout() -> str:
    session.pop('logged_in')
    return '現在ログアウトしています。'

app.secret_key = 'YouWillNeverGuess...'

if __name__ == '__main__':
    app.run(debug=True)
```

@構文を使って既存関数にデコレータを適用します。

先に進む前に、忘れずにシンタックスハイライトした部分を反映してください。

試運転

ログインチェックデコレータが期待どおりに機能していることを確認するために、simple_webapp.pyのデコレータ対応バージョンを試してみましょう。

Webアプリケーションを実行したら、ログインする前に/page1にアクセスしてみてください。ログイン後に再び/page1にアクセスしてみたら、ログアウトして再び閲覧制限をかけているページにアクセスしてみてください。どうなるでしょうか。

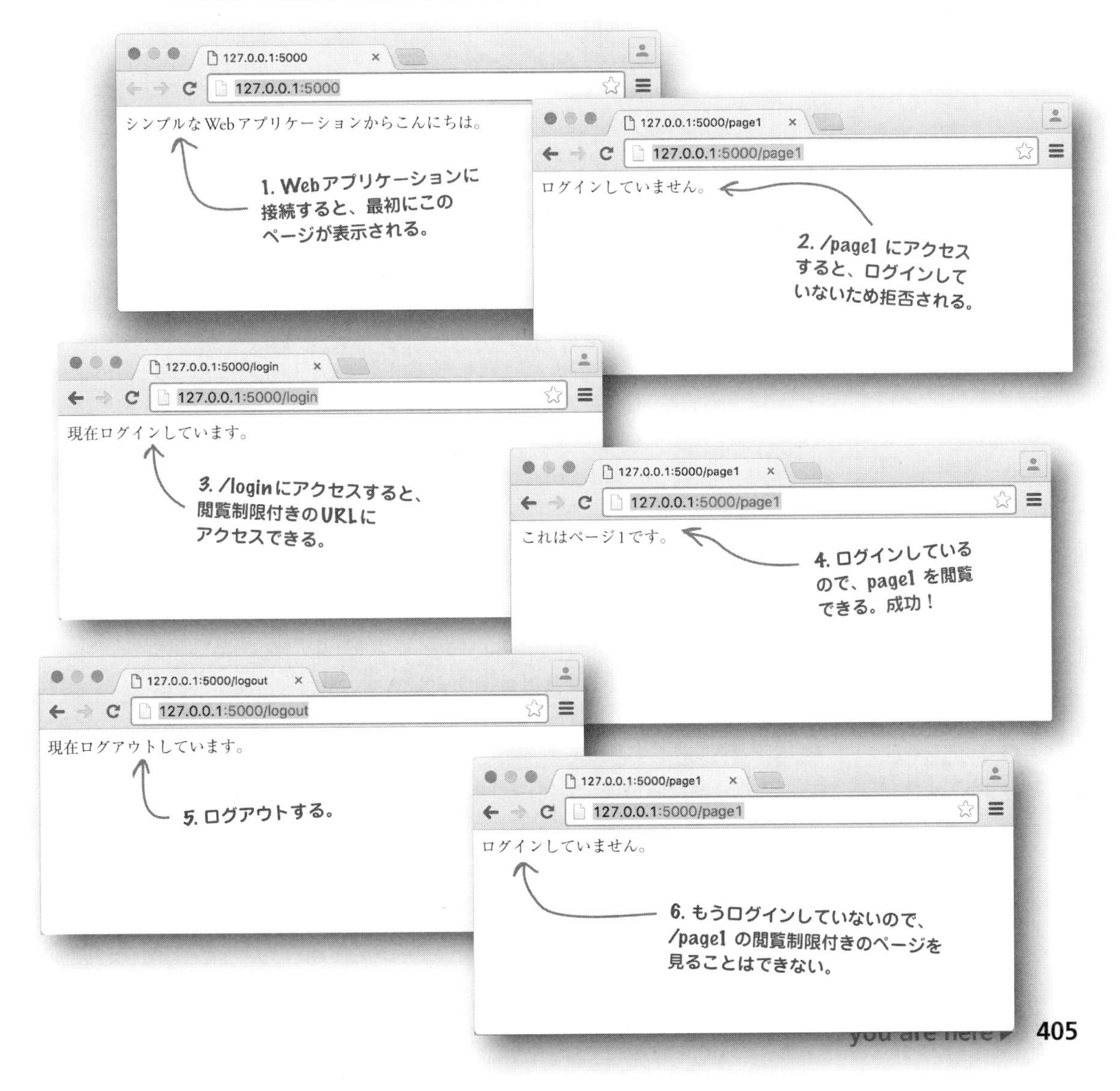

デコレータの利点

check_logged_inデコレータのコードをもう一度見てください。ログインしているかどうかを調べるロジックを抽象化してその（複雑になりそうな）コードを1か所（デコレータの**中**）に入れ、@check_logged_inデコレータ構文のおかげでコードのどこでも利用できるようにしていることに着目してください。

checker.py - /Users/paul/Desktop/_NewBook/ch10/checker.py (3.5.1)

```
from flask import session

from functools import wraps

def check_logged_in(func):
    @wraps(func)
    def wrapper(*args, **kwargs):
        if 'logged_in' in session:
            return func(*args, **kwargs)
        return 'ログインしていません。'
    return wrapper
```

Ln: 13 Col: 0

このコードは奇妙に見えますが、それほどではありません。

デコレータ内にコードを抽象化すると、コードが読みやすくなります。/page2ではデコレータをどのように使うとよいでしょうか。

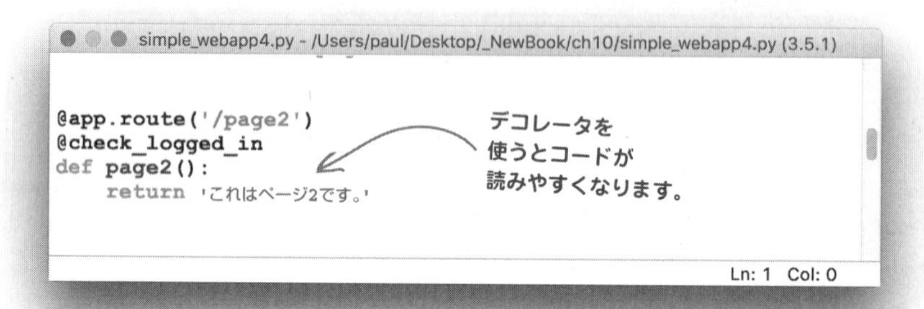

page2関数のコードは、/page2コンテンツの表示だけが書かれていますです。この例では、page2コードは1つの単純な文です。ログインしているかどうかを調べるのに必要なロジックも含まれていたら、読みにくく理解しにくくなるでしょう。デコレータを使ってログインチェックコードを分離できるのは大きなメリットです。

この「ロジックの抽象化」は、デコレータが人気の理由の1つです。もう1つの理由は、check_logged_inデコレータを作成するときに、**既存の関数のコードを変更せずに振る舞いを変更することによって追加コードで既存の関数を補強する**コードを何とか書いたことです。この章でこの考え方を最初に紹介したときには「奇妙」だと述べましたが、やってみたら実際には奇妙なことはありませんよね？

デコレータは奇妙ではなく、楽しいもの。

デコレータをさらに作成する

check_logged_inデコレータが作成できました。今度はそのコードを新規に作成するデコレータの土台として使います。

デコレータの作成を楽にするために、今後記述する新しいデコレータの土台として使える汎用的なコードテンプレート（tmpl_decorator.pyにあります）を下に示します。

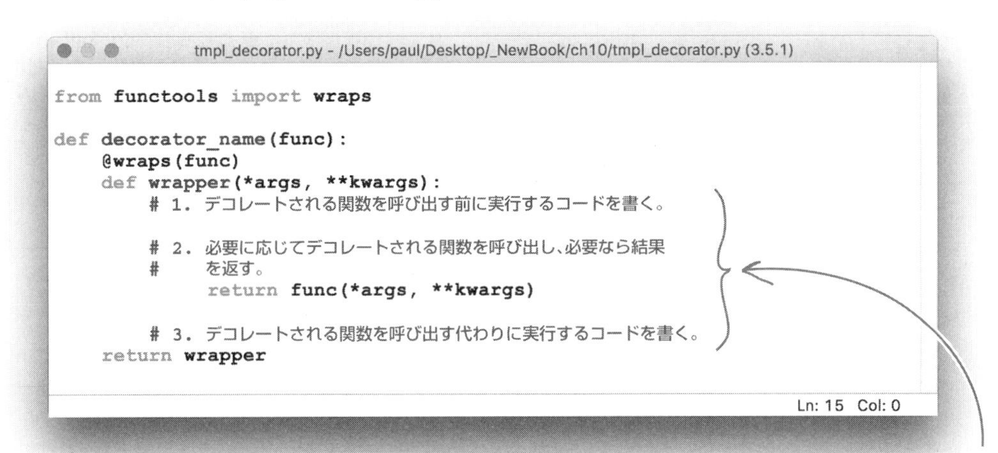

このコメントは新しいデコレータのコードに置き換えます。

このコードテンプレートは、自分のニーズに合わせて調整してください。新しいデコレータに適切な名前を付け、テンプレートの3つのコメントをデコレータの具体的なコードに置き換えるだけでよいのです。

新しいデコレータで結果を返さずにデコレートされる関数を呼び出したいのなら、それでも問題ありません。つまり、wrapper関数には自分の書いたコードを入れるので、やりたいことを自由に行うことができます。

素朴な疑問に答えます

Q：デコレータは9章のコンテキストマネージャのようなものですか？ どちらも追加機能でコードをラップできますね。

A：いい質問です。答えは「はい」でもあり「いいえ」でもあります。デコレータもコンテキストマネージャも追加ロジックで既存コードを補強するという点では「はい」です。でも、同じではないので「いいえ」になります。デコレータは主に追加機能で既存関数を補強するのに対し、コンテキストマネージャはコードを特定のコンテキスト内で実行し、with文の前に実行するだけでなくwith文の後でも**必ず**実行します。デコレータでも同様のことを行いますが、デコレータでこんなことをすると、多くのPythonプログラマからおかしいと思われるでしょう。また、デコレータコードはデコレートされる関数を呼び出した後に何かを実行する義務はありません（check_logged_inデコレータも何も実行していません）。このデコレータの振る舞いは、コンテキストマネージャが従わなければいけない手順とは大きく異なります。

/viewlogへのアクセス制限に戻る

simple_webapp.pyで特定のURLへのアクセスを制限する仕組みを作成したので、同じ仕組みを他のWebアプリケーションに適用するのは朝飯前です。

vsearch4web.pyも同様で、/viewlogへのアクセスを制限する必要がありました。simple_webapp.pyからdo_loginとdo_logout関数をvsearch4web.pyにコピーし、checker.pyモジュールをインポートしてからview_the_log関数をcheck_logged_inでデコレートするだけでよいのです。おそらく、ユーザの認証情報をデータベースに格納された情報と照合するなどして、do_loginとdo_logoutを少し高度にしたいかもしれませんが、特定のURLに閲覧制限をかけることに関しては、check_logged_inデコレータが面倒な処理をほとんど行ってくれます。

次は何？

simple_webapp.pyに多くの時間をかけたことをvsearch4web.pyに反映するのに、多くのページを費やすのはもったいないので、vsearch4web.pyの修正は**自力**で行ってください。次の章の冒頭では自分のコードと比較したいのでvsearch4web.pyの最新バージョンを示して説明を進めます。

今までは、コードはすべて何も悪いことが起こらず、何も問題が生じないという前提で書いてきました。エラー修正、エラー回避、エラー検出、例外処理などの話題に進む前にPythonを十分に理解してほしかったので、これは意図的でした。

ついにもうこの戦略に従うことはできない段階に到達しました。コードを実行する環境は現実の世界なので、問題が生じる可能性があります。修正（または回避）できるものもあれば、できないものもあります。可能な限り、コードでほとんどのエラーを処理し、制御不可能な本当に例外的なことが起こったときにしかクラッシュしないようにしたいでしょう。次の章では、問題発生時に適切に判断して処理を行うためのさまざまな手段を探ります。

しかしその前に、この10章の重要ポイントを復習しましょう。

- サーバ側のステータスをFlaskアプリケーションに格納するときには、**session**辞書を使う（必ず推測しにくい**secret_key**を使う）。
- 関数を別の関数の引数として渡すことができる。()なしで関数の名前を使うと**関数オブジェクト**が得られ、他の変数と同様に操作できる。
- 関数への引数として関数オブジェクトを使うと、受け取った関数で渡した関数オブジェクトに()を追加して**呼び出す**ことができる。
- 関数を含む関数のブロック内に**入れ子**にすることができる（そのスコープ内でしか見えない）。
- 引数として関数オブジェクトを受け取るだけでなく、関数は戻り値として入れ子関数を**返す**。
- ***args**は、「項目のリストに展開する」という意味の省略表現である。
- ****kwargs**は、「キーと値の辞書に展開する」という意味の省略表現である。「kw」を見たら、「キーワード（keywords）」と考える。
- *と**はどちらも、リストやキーワードのコレクションを1つの（展開可能な）引数として関数に渡せるという点で「呼び出し時」にも使える。
- **(*args, **kwargs)**を**関数シグネチャ**として使うと、任意の数のあらゆる型の引数を取る関数を作成できる。
- この章の新しい関数機能を使って、**関数デコレータ**の作成方法を学んだ。関数デコレータは、関数の実際のコードを変更せずに既存関数の振る舞いを変更する。これは奇妙に聞こえるが、とても楽しい（そして、とても便利でもある）。

10章のコード（1/2）

quick_session.py

```
from flask import Flask, session

app = Flask(__name__)

app.secret_key = 'YouWillNeverGuess'

@app.route('/setuser/<user>')
def setuser(user: str) -> str:
    session['user'] = user
    return 'User値を設定: ' + session['user']

@app.route('/getuser')
def getuser() -> str:
    return 'ログインしていません。' + session['user']

if __name__ == '__main__':
    app.run(debug=True)
```

checker.py。この章のデコレータcheck_logged_inのコードが含まれます。

```
from flask import session

from functools import wraps

def check_logged_in(func):
    @wraps(func)
    def wrapper(*args, **kwargs):
        if 'logged_in' in session:
            return func(*args, **kwargs)
        return 'ログインしていません。'
    return wrapper
```

tmpl_decorator.py。再利用に便利なデコレータ作成テンプレートです。

```
from functools import wraps

def decorator_name(func):
    @wraps(func)
    def wrapper(*args, **kwargs):
        # 1. デコレートされる関数を呼び出す前に実行するコードを書く。
        # 2. 必要に応じてデコレートされる関数を呼び出し、
        # 必要なら結果を返す。
         return func(*args, **kwargs)

        # 3. デコレートされる関数を呼び出す代わりに実行するコードを書く。
    return wrapper
```

10章のコード（2/2）

simple_webapp.py。この章のすべてのコードをまとめています。特定のURLへのアクセスを制限したいときには、このWebアプリケーションの仕組みを土台にします。

デコレータを使うと、コードが読みやすく理解しやすくなります。そう思いませんか？

```
from flask import Flask, session

from checker import check_logged_in

app = Flask(__name__)


@app.route('/')
def hello() -> str:
    return 'シンプルなWebアプリケーションからこんにちは。'


@app.route('/page1')
@check_logged_in
def page1() -> str:
    return 'これはページ1です。'


@app.route('/page2')
@check_logged_in
def page2() -> str:
    return 'これはページ2です。'


@app.route('/page3')
@check_logged_in
def page3() -> str:
    return 'これはページ3です。'


@app.route('/login')
def do_login() -> str:
    session['logged_in'] = True
    return '現在ログインしています。'


@app.route('/logout')
def do_logout() -> str:
    session.pop('logged_in')
    return '現在ログアウトしています。'


app.secret_key = 'YouWillNeverGuessMySecretKey'

if __name__ == '__main__':
    app.run(debug=True)
```

11章　例外処理

うまくいかないときに行うこと

このロープの
破壊試験を行ったよ。
何がいけないのかな。

コードがいかに優れていても、いつでも問題は生じます。

ここまででであなたは掲載された例をすべて実行できましたね？ 今のところ、すべて問題なく動作しているので、少し自信がついたと思います。しかし、コードは堅牢なのでしょうか？ たぶん、違います。悪いことが起こらないという前提で書いたコードは、実はもろいものです。最悪の場合、予期せぬことが起こるので危険です。コードを書くときは、楽観的よりも慎重になる方がずっとよいのです。予想どおりにコードを動作させ、そして失敗した際にうまく処理するには注意が必要です。この章では、起こりそうな問題だけでなく、問題が発生したときに（そして、多くの場合はその前に）行うべきことも学びます。

長いエクササイズ

この章は、まず全体を眺めます。vsearch4web.pyの最新コードを下に示します。ここでは、このコードは10章のcheck_logged_inデコレータを使って/viewlogのユーザのアクセス制御をするように変更しています。

時間をかけてこのコードを読み、本番環境で実行したときに問題が起こりそうな部分に鉛筆で丸印とコメントを付けてください。実行時の問題やエラーの可能性がある部分だけでなく、問題を引き起こすと思われる**すべて**の部分を示してください。

```
from flask import Flask, render_template, request, escape, session
from vsearch import search4letters

from DBcm import UseDatabase
from checker import check_logged_in

app = Flask(__name__)

app.config['dbconfig'] = {'host': '127.0.0.1',
                          'user': 'vsearch',
                          'password': 'vsearchpasswd',
                          'database': 'vsearchlogDB', }

@app.route('/login')
def do_login() -> str:
    session['logged_in'] = True
    return '現在ログインしています。'

@app.route('/logout')
def do_logout() -> str:
    session.pop('logged_in')
    return '現在ログアウトしています。'

def log_request(req: 'flask_request', res: str) -> None:
    with UseDatabase(app.config['dbconfig']) as cursor:
        _SQL = """insert into log
                  (phrase, letters, ip, browser_string, results)
                  values
                  (%s, %s, %s, %s, %s)"""
        cursor.execute(_SQL, (req.form['phrase'],
                              req.form['letters'],
                              req.remote_addr,
                              req.user_agent.browser,
                              res, ))
```

```
@app.route('/search4', methods=['POST'])
def do_search() -> 'html':
    phrase = request.form['phrase']
    letters = request.form['letters']
    title = '検索結果:'
    results = str(search4letters(phrase, letters))
    log_request(request, results)
    return render_template('results.html',
                           the_title=title,
                           the_phrase=phrase,
                           the_letters=letters,
                           the_results=results,)

@app.route('/')
@app.route('/entry')
def entry_page() -> 'html':
    return render_template('entry.html',
                           the_title='Web版のsearch4lettersにようこそ！')


@app.route('/viewlog')
@check_logged_in
def view_the_log() -> 'html':
    with UseDatabase(app.config['dbconfig']) as cursor:
        _SQL = """select phrase, letters, ip, browser_string, results
                  from log"""
        cursor.execute(_SQL)
        contents = cursor.fetchall()
    titles = ('フレーズ', '検索文字', 'リモートアドレス', 'ユーザエージェント', '結果')
    return render_template('viewlog.html',
                           the_title='ログの閲覧',
                           the_row_titles=titles,
                           the_data=contents,)


app.secret_key = 'YouWillNeverGuessMySecretKey'

if __name__ == '__main__':
    app.run(debug=True)
```

時間をかけて次のコード(vsearch4web.pyの最新バージョン)を読みます。そして、本番環境で実行したときに問題が起こりそうな部分に鉛筆で丸印とコメントを付けます。実行時の問題やエラーの可能性がある部分だけでなく、問題を引き起こすと思われる**すべて**の部分を示す必要がありました(コメントに番号を付けています)。

```
from flask import Flask, render_template, request, escape, session
from vsearch import search4letters

from DBcm import UseDatabase
from checker import check_logged_in

app = Flask(__name__)

app.config['dbconfig'] = {'host': '127.0.0.1',
                          'user': 'vsearch',
                          'password': 'vsearchpasswd',
                          'database': 'vsearchlogDB', }

@app.route('/login')
def do_login() -> str:
    session['logged_in'] = True
    return '現在ログインしています。'

@app.route('/logout')
def do_logout() -> str:
    session.pop('logged_in')
    return '現在ログアウトしています。'

def log_request(req: 'flask_request', res: str) -> None:
    with UseDatabase(app.config['dbconfig']) as cursor:
        _SQL = """insert into log
                  (phrase, letters, ip, browser_string, results)
                  values
                  (%s, %s, %s, %s, %s)"""
        cursor.execute(_SQL, (req.form['phrase'],
                              req.form['letters'],
                              req.remote_addr,
                              req.user_agent.browser,
                              res, ))
```

1. データベース接続に失敗したら?

2. SQL文はSQLインジェクションやクロスサイトスクリプティングなどの悪質な攻撃から守られている?

3. SQL文の実行に長い時間がかかったら?

```
@app.route('/search4', methods=['POST'])
def do_search() -> 'html':
    phrase = request.form['phrase']
    letters = request.form['letters']
    title = '検索結果:'
    results = str(search4letters(phrase, letters))
    log_request(request, results)
    return render_template('results.html',
                           the_title=title,
                           the_phrase=phrase,
                           the_letters=letters,
                           the_results=results,)

@app.route('/')
@app.route('/entry')
def entry_page() -> 'html':
    return render_template('entry.html',
                           the_title='Web版のsearch4lettersにようこそ！')


@app.route('/viewlog')
@check_logged_in
def view_the_log() -> 'html':
    with UseDatabase(app.config['dbconfig']) as cursor:
        _SQL = """select phrase, letters, ip, browser_string, results
                  from log"""
        cursor.execute(_SQL)
        contents = cursor.fetchall()
    titles = ('フレーズ', '検索文字', 'リモートアドレス', 'ユーザエージェント', '結果')
    return render_template('viewlog.html',
                           the_title='ログの閲覧',
                           the_row_titles=titles,
                           the_data=contents,)


app.secret_key = 'YouWillNeverGuessMySecretKey'

if __name__ == '__main__':
    app.run(debug=True)
```

4. 関数呼び出しが失敗したら？

データベースは必ずしも利用できるわけではない

vsearch4web.pyの4つの潜在的な問題を指摘しました。他にも問題が存在する可能性もあるのですが、ここではこの4つの問題だけを取り上げます。1つ1つ詳しく検討しましょう（このページ以降の数ページでは、この問題について詳しく説明するだけです。**解決策はこの章の後半で紹介します**）。まずは、バックエンドのデータベースを調べます。

1 データベース接続に失敗したら？

このWebアプリケーションはデータベースが常に稼働していて利用できることを前提としていますが、（さまざまな理由から）必ず稼働しているとは限りません。現時点ではこのような不測の事態を考慮していないので、データベースがダウンしたらどうなるかははっきりしません。

データベースを一時的に停止したらどうなるでしょうか。下の例からわかるように、Webアプリケーションは問題なくロードされますが、実行するたびに恐ろしいエラーメッセージが表示されてしまいます。

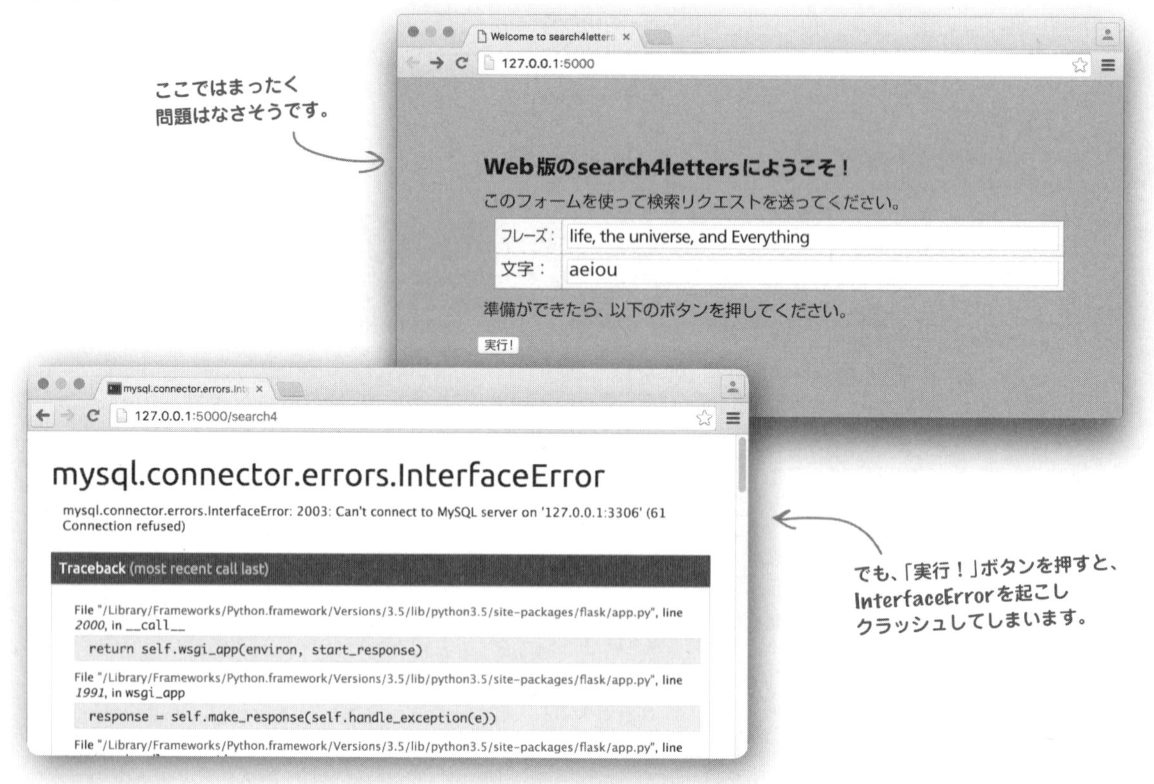

Web攻撃は深刻な悩み

データベースの問題だけでなく、Webアプリケーションに対する悪意のある攻撃についても心配する必要があります。これが2番目の問題です。

2 **Webアプリケーションは攻撃から守られている？**
SQLインジェクション（SQLi）や**クロスサイトスクリプティング（XSS）**に恐れを抱かないWeb開発者はいません。攻撃者はSQLインジェクションではデータベースを悪用し、クロスサイトスクリプティングではWebサイトの脆弱性を突きます。他にも注意すべき攻撃はありますが、この2つは「2大攻撃」と呼ばれ、特に恐れられています。

1番目の問題と同様、この攻撃をシミュレーションしてどうなるかを調べてみましょう。次に示すように、2大攻撃のどちらにも対策を講じているようです。

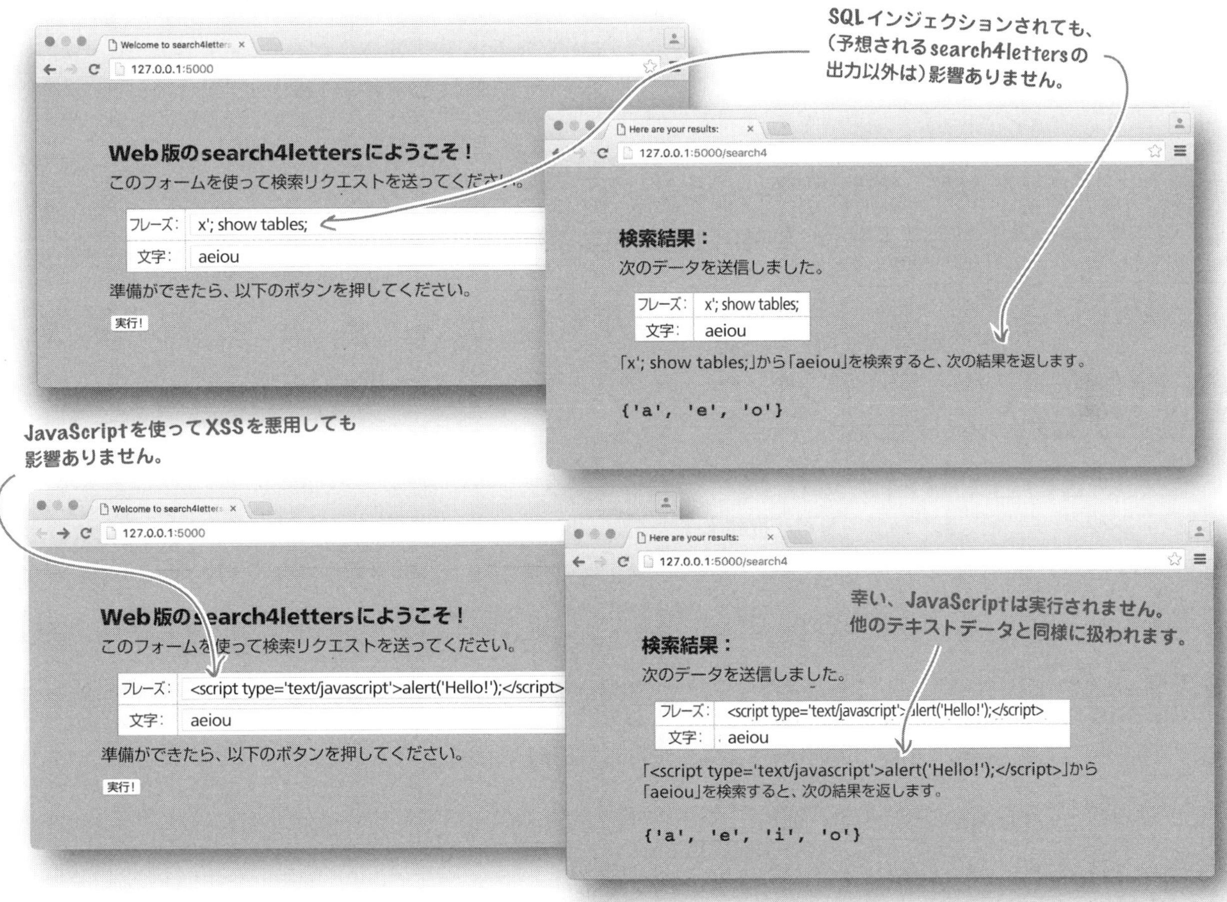

入出力は（ときどき）遅い

現在、このWebアプリケーションはデータベースとほぼ瞬時に通信しているので、ユーザはWebアプリケーションがデータベースとやり取りする際の遅延の時間にほとんど気付くことはないでしょう。しかし、データベースとのやり取りに時間（おそらく数秒）がかかるとしたらどうなるでしょうか。

3 長い時間がかかったら？
データベースが別のマシン、別の建物、別の大陸にあるとします。すると何が起こるでしょうか？

バックエンドデータベースとの通信には時間がかかることがあります。実際には、コードが外部とやり取りするときにはいつでもそれなりの時間がかかり、通常その時間は制御できません。制御できないにもかかわらず、長い時間がかかる操作もあります。

この問題を検証したいので、（標準ライブラリの`time`モジュールに含まれる`sleep`関数で）Webアプリケーションに**人工的**な遅延を加えましょう。Webアプリケーションの先頭（他の`import`文の近く）に次の行を追加します。

```
from time import sleep
```

上の`import`文を挿入したら、`log_request`関数の`with`文の前に次の1行を挿入します。

```
sleep(15)
```

Webアプリケーションを再起動して検索を開始すると、はっきりわかる遅延がレスポンスに生じます。遅延としては15秒はとても長く感じ、ほとんどのユーザは何かが**クラッシュ**していると考えます。

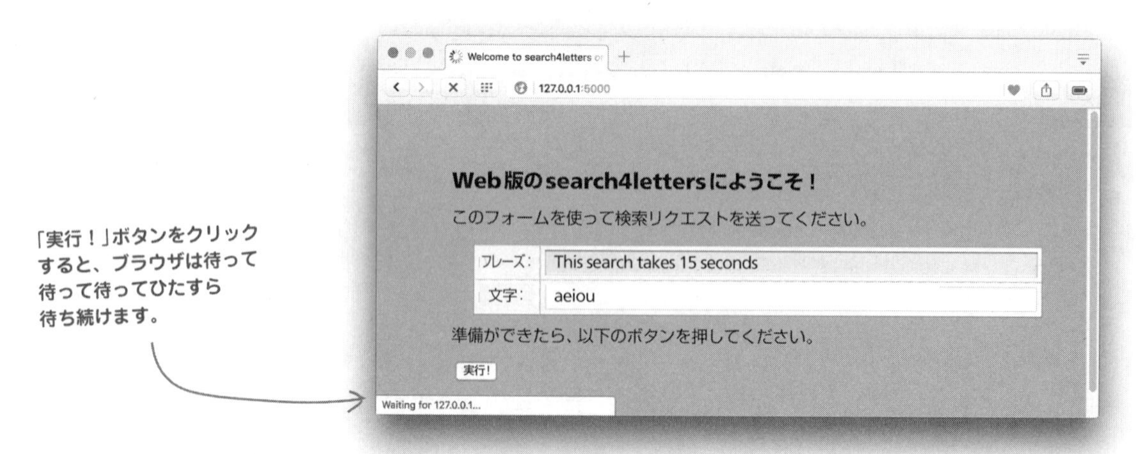

関数呼び出しは失敗することがある

この章の最初の練習問題で特定した最後の問題は、do_search関数内のlog_requestの関数呼び出しに関係します。

関数呼び出しが失敗したら？
関数呼び出しが成功する保証はありません。その関数がコードの外側とやり取りする場合にはなおさらです。

データベースが利用できないとInterfaceErrorを起こしてクラッシュすることは、すでに説明しました。

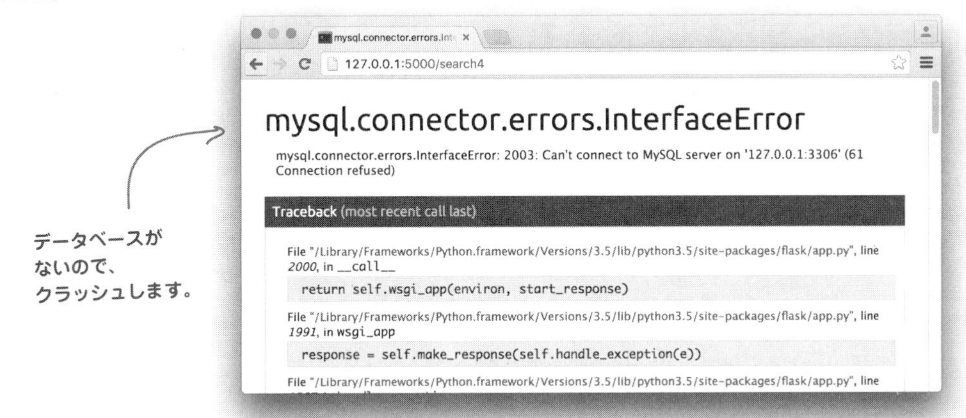

別の問題も明らかとなります。別のエラーをシミュレートするために、3番目の問題の説明で追加した**sleep(15)**の行を、**raise**という1文に置き換えます。インタプリタがraiseを実行すると、実行時エラーが発生します。Webアプリケーションを再度試すと、今度は**別の**エラーが起こります。

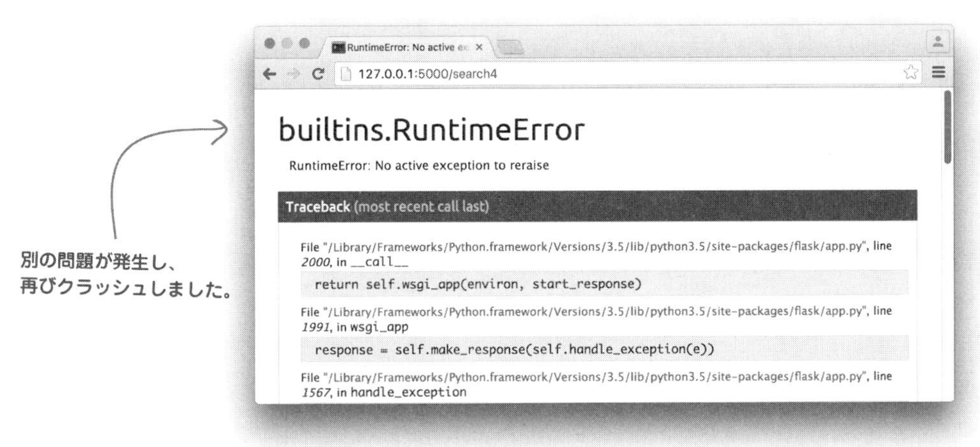

ページをめくる前に、raiseの行を削除してWebアプリケーションを再起動してください。

起こりそうな問題を考える

vsearch4web.pyには4つの問題が発生する可能性があります。もう一度それぞれよく調べて、対応策を考えましょう。

1. データベース接続に失敗する

使えるはずの外部システムが利用できないとエラーが発生します。その際はInterfaceErrorが起こります。この種のエラーは、Python組み込みの例外処理メカニズムを使って対応します。エラーが発生するタイミングがわかれば、何らかの対応が可能でしょう。

2. アプリケーションが攻撃にさらされる

攻撃を心配するのはWeb開発者で、ユーザにとってはあまり関係がないことですが、堅牢性の改善は常に検討に値します。vsearch4web.pyでは、2大攻撃の「SQLインジェクション（SQLi）」と「クロスサイトスクリプティング（XSS）」への対応は大丈夫そうに見えます。これは、開発者にとってはうれしい偶然です。Jinja2ライブラリはデフォルトでXSSを防ぐように構築されているので、問題となりそうな文字列をエスケープします（Webアプリケーションをだまして実行させようとしたJavaScriptは効果がなかったことを思い出してください）。SQLiに関しては、DB-APIの（%sプレースホルダを使って）パラメータ化したSQL文字列を使うことで、（ここでもこれらのモジュールの設計方法のおかげで）このような攻撃から守られます。

SQLiとXSSについて詳しく知りたければ、まずはウィキペディアを参照するのがよいでしょう。「SQLインジェクション」と「クロスサイトスクリプティング」の項目を参照してください。また、他にもアプリケーションで問題を引き起こすさまざまな種類の攻撃があります。2大攻撃だけではないのです。

3. コードの実行に長い時間がかかる

実行に長い時間がかかる場合、ユーザエクスペリエンスへの影響を考慮しましょう。ユーザが気付かないほど短いなら問題はありませんが、ユーザを待たせてしまう場合には、何らかの対応が必要でしょう（そうしないと、ユーザは待つ価値がないと判断してページから離れてしまうかもしれません）。

4. 関数呼び出しが失敗する

インタプリタで例外を投げるのは外部システムだけではありません。コードから例外を投げることもあります。例外が投げられたら、その例外に応じて復旧させるように準備しておかなければいけません。例外を処理にするメカニズムは、上の問題1で説明したものと同じです。

それでは、この4つの問題のどれから手を付けましょうか？ 問題1と4には同じメカニズムで対応できるので、そこから始めましょう。

エラーが発生しやすいコードには常にtryを使う

何か問題が発生すると、Pythonは実行時**例外**を投げます。例外は、インタプリタが引き起こす制御されたプログラムクラッシュと考えてください。

問題1と4で説明したように、例外の起こる状況はさまざまです。実際には、インタプリタには多数の組み込みの例外型があります。問題4の`RuntimeError`はその一例です。組み込みの例外型の他に、独自のカスタム例外を定義することもできます。カスタム例外の例も紹介します。問題1の`InterfaceError`はMySQL Connectorモジュールが定義しています。

実行時例外を探して、そして、できれば復旧させるには、Pythonの`try`文を使います。`try`文は、実行時に例外が投げられたときの例外を管理します。

`try`の動作を確認するために、まず実行時に失敗する恐れのあるコードを考えてみましょう。一見無害そうに見えるのに、実は問題がある次の3行を調べます。

組み込み例外の一覧は、https://docs.python.jp/3/library/exceptions.htmlを参照。

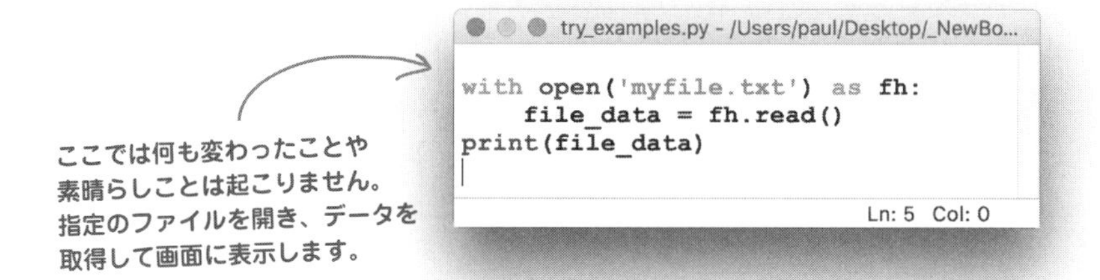

try_examples.py - /Users/paul/Desktop/_NewBo...
with open('myfile.txt') as fh:
    file_data = fh.read()
print(file_data)
Ln: 5 Col: 0
ここでは何も変わったことや素晴らしことは起こりません。指定のファイルを開き、データを取得して画面に表示します。

この3行には何も問題はなく、このままでも実行できます。しかし、`myfile.txt`にアクセスできないと失敗します。おそらく、ファイルが存在しないか、ファイルの読み込み権限を持っていないなどの場合です。失敗すると、例外が投げられます。

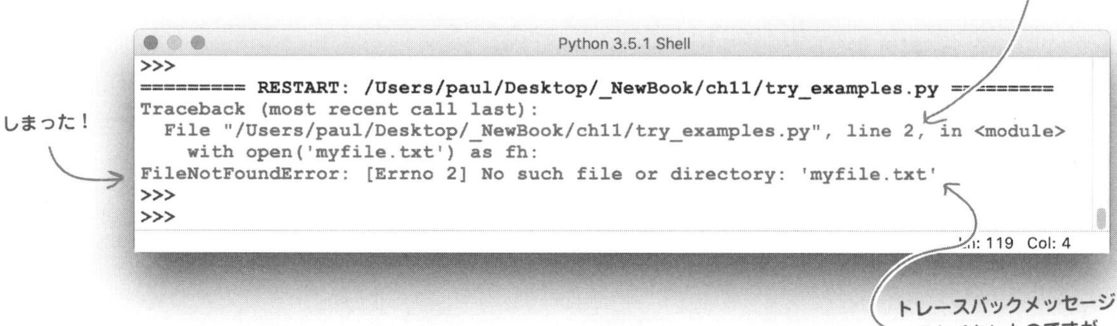

`try`を使って上のコードを修正すると、どのようにして`FileNotFoundError`例外から保護できるのかを学んでいきましょう。

エラーの捕捉だけでは不十分

実行時エラーが発生すると、例外が投げられます。この例外を**無視**すると**未捕捉**と呼ばれ、インタプリタは実行を終了して（前ページの最後の例で示したように）実行時エラーメッセージを表示します。しかし、発生した例外はtry文で**捕捉**（処理）することもできます。また、実行時エラーを捕捉するだけでは十分ではありません。次に何をするかも決めなければいけません。

おそらく、発生した例外を意図的に無視し、幸運を祈って続けるという選択肢もあるでしょう。あるいは、クラッシュしたコードの代わりに他のコードを実行する場合もあるかもしれません。または、アプリケーションを終了する前にできるだけ手際よくエラーをロギングするのが最善かもしれません。いずれにせよ、try文を使います。

実行時の例外は常にtry文で対応できます。tryでコードを守るには、コードをtryのブロック内に入れます。例外が投げられたら、tryのブロック内のコードは終了し、tryのexceptブロックのコードを実行します。exceptブロックでは、次に実行したいことを定義します。

FileNotFoundError例外が投げられたら短いメッセージを表示するように、前ページのコードを修正しましょう。左側は修正前のコードです。右側はtryとexceptを利用できるように修正しています。

実行時エラーは、捕捉することも捕捉しないこともできる。tryは発生したエラーを捕捉し、exceptはそのエラーに関連して何らかの処理を実行する。

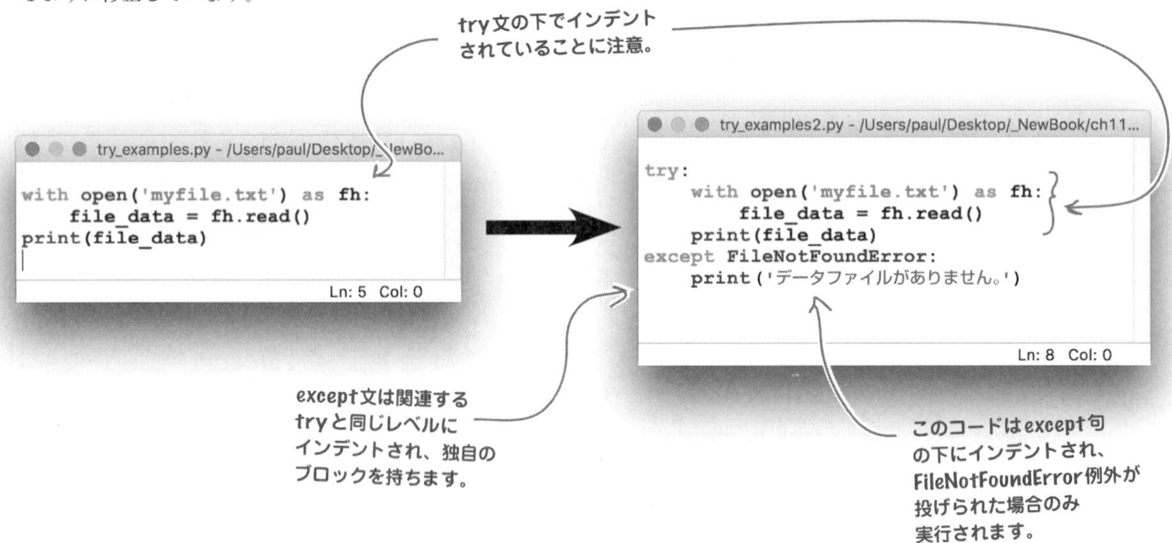

3行だったコードが6行に増えています。これは無駄に見えるかもしれませんが無駄ではありません。元のコードも残っていて、try文に関連するブロックとなっています。except文とそのブロックは新たなコードです。この修正でどのような違いが生じるか調べてみましょう。

試運転

try...exceptバージョンを試してみましょう。myfile.txtが読み込める場合には、画面にその内容が表示されます。それ以外の場合には、実行時例外が投げられます。myfile.txtが存在しないことはすでにわかっていますが、以前表示されていた不快なトレースバックメッセージは消え、今度はその代わりに例外処理コードが実行され、（このコードは**やはり**クラッシュしてしまいますが）わかりやすいメッセージが表示されます。

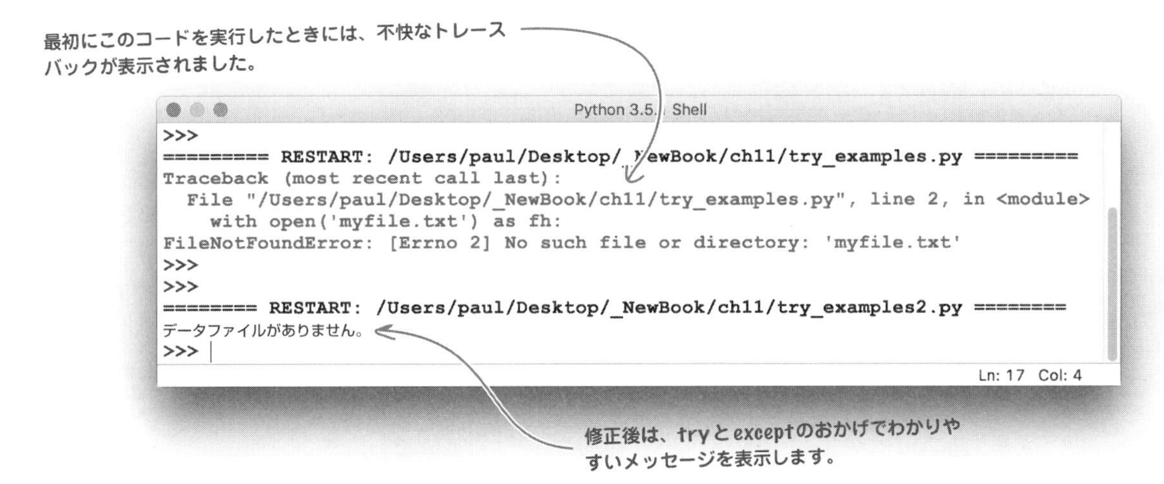

複数の例外が投げられる可能性がある

しかし、myfile.txtは存在するのにコードにこのファイルを読み込む権限がなかったらどうなるでしょうか？ 何が起こるかを確認するために、myfile.txtを作成し、読み込むことができないような権限を設定しました。実行した結果は次のようになります。

おっと！PermissionErrorが発生したので、また不快なトレースバックメッセージが表示されています。

```
Python 3.5.1 Shell
>>>
======== RESTART: /Users/paul/Desktop/_NewBook/ch11/try_examples2.py ========
データファイルがありません。
>>>
======== RESTART: /Users/paul/Desktop/_NewBook/ch11/try_examples2.py ========
Traceback (most recent call last):
  File "/Users/paul/Desktop/_NewBook/ch11/try_examples2.py", line 3, in <module>
    with open('myfile.txt') as fh:
PermissionError: [Errno 13] Permission denied: 'myfile.txt'
>>>
>>> |
                                                              Ln: 24  Col: 4
```

tryは1つだが、exceptはいくつも追加できる

別の例外から守るためには、単にtry文に別のexceptブロックを追加し、問題の例外を特定して新しいexceptのブロックに必要と思われるコードを書きます。次は(PermissionError例外が投げられた場合に)PermissionError例外を処理できるコードです。

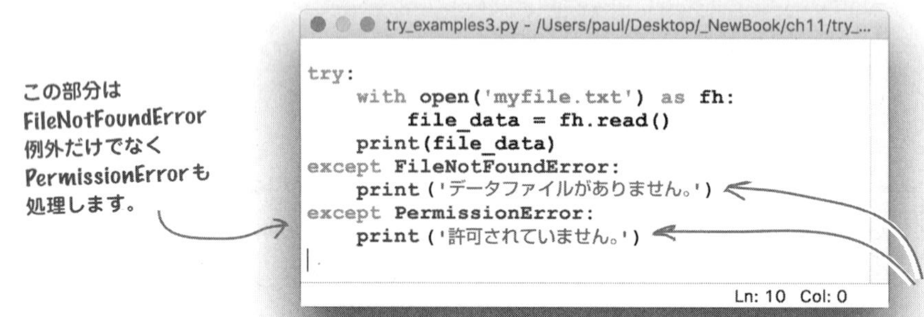

try_examples3.py - /Users/paul/Desktop/_NewBook/ch11/try_...
try:
with open('myfile.txt') as fh:
file_data = fh.read()
print(file_data)
except FileNotFoundError:
print('データファイルがありません。')
except PermissionError:
print('許可されていません。')
Ln: 10 Col: 0
この部分はFileNotFoundError例外だけでなくPermissionErrorも処理します。
exceptブロックは何でも実行できます。現在はそれぞれわかりやすいメッセージを表示しています。

修正されたコードを実行しても、やはりPermissionError例外となりますが、修正前と比べ、不快なトレースバックはずっとわかりやすいメッセージとなっています。

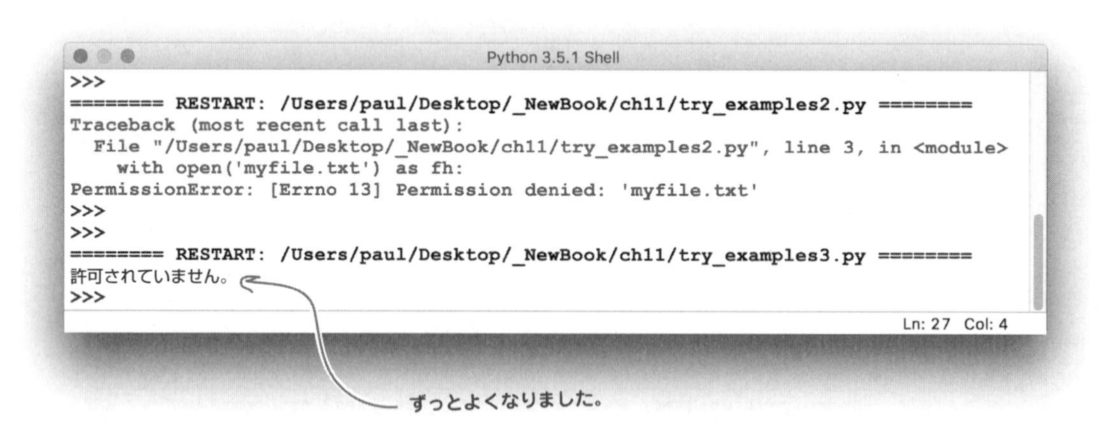

これはよさそうです。該当ファイルがない場合やアクセスできない(適切な権限を持っていない)場合に対応できています。しかし、予想していなかった例外が投げられたらどうなるでしょうか?

さまざまな問題が起こる

前ページの最後に挙げた疑問（「予想していなかった例外が投げられたら？」）に答える前に、Python 3の組み込み例外の一部を紹介します（Pythonのドキュメントから直接コピーしています）。その数の多さに驚くかもしれません。

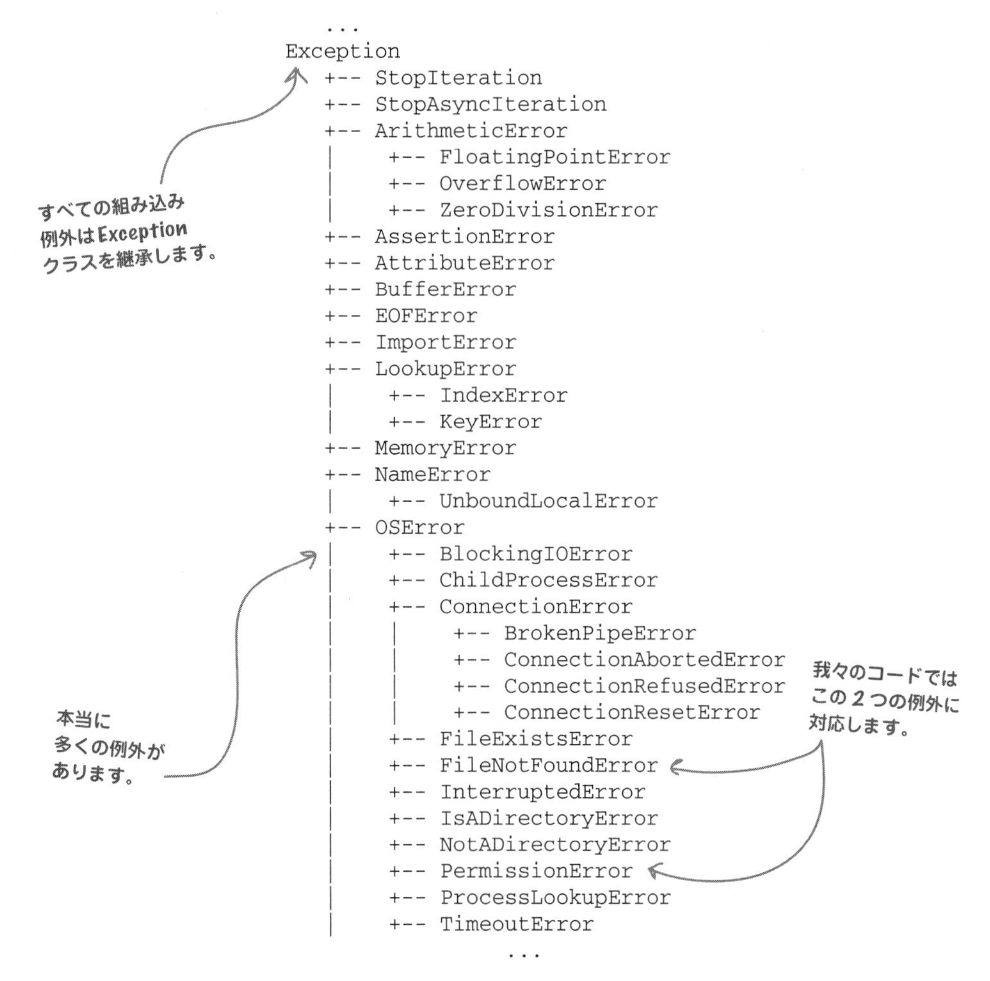

これらの実行時例外の中には発生しないものもあるので、実行時例外ごとに別々のexceptブロックを書くのは現実的ではありません。しかし、発生する可能性のある例外は捕捉して対応したいので、**個々**の例外を処理する代わりに、**全捕捉**（catch-all）exceptブロックを定義します。全捕捉ブロックは、具体的に特定していない実行時例外が投げられると必ず実行されます。

全捕捉例外ハンドラ

他のエラーが発生するとどうなるでしょうか。他のエラーを起こすために、myfile.txtをファイルからフォルダに変更しました。これでコードを実行して、その結果を確認してみましょう。

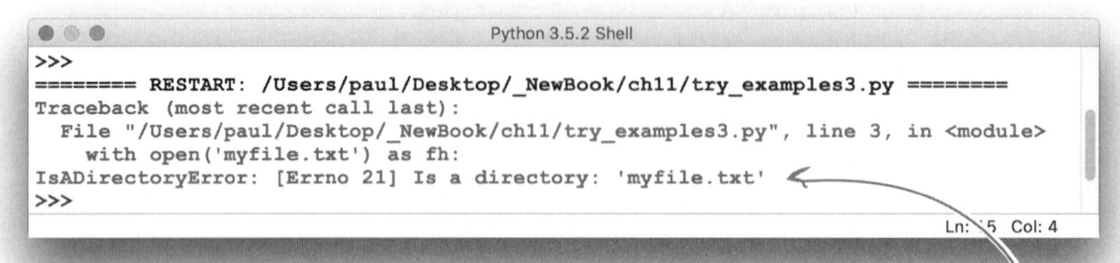

別の例外が投げられています。

別の例外、IsADirectoryError例外が投げられています。この例外に対応するexceptブロックを追加することもできますが、代わりに全捕捉実行時エラーを指定しましょう。これは、**どの**例外（すでに指定した2つ以外）が発生しても実行されます。そのためには、コードの最後にexcept文を追加します。

try_examples4.py - /Users/paul/Desktop/_NewBook/ch11/tr...

```
try:
    with open('myfile.txt') as fh:
        file_data = fh.read()
    print(file_data)
except FileNotFoundError:
    print('データファイルがありません。')
except PermissionError:
    print('許可されていません。')
except:
    print('他のエラーが発生しました。')
```

Ln: 12 Col: 0

このexcept文は特定の例外を指定していません。

このブロックは全捕捉例外ハンドラを提供します。

この修正版を実行すると不快なトレースバックが消え、代わりにわかりやすいメッセージが表示されます。except文を追加したおかげで、他の例外が投げられても処理できます。

Python 3.5.2 Shell

```
>>>
======== RESTART: /Users/paul/Desktop/_NewBook/ch11/try_examples3.py ========
Traceback (most recent call last):
  File "/Users/paul/Desktop/_NewBook/ch11/try_examples3.py", line 3, in <module>
    with open('myfile.txt') as fh:
IsADirectoryError: [Errno 21] Is a directory: 'myfile.txt'
>>>
======== RESTART: /Users/paul/Desktop/_NewBook/ch11/try_examples4.py ========
他のエラーが発生しました。
>>> |
```

Ln: 16 Col: 4

この方が見た目がよくなっています。

何か失っていない?

どうなっているのかはわかったわ。だけど、このコードはIsADirectoryErrorが起こった事実を隠していない？ どんなエラーが発生したかを正確に知ることが重要じゃないの？

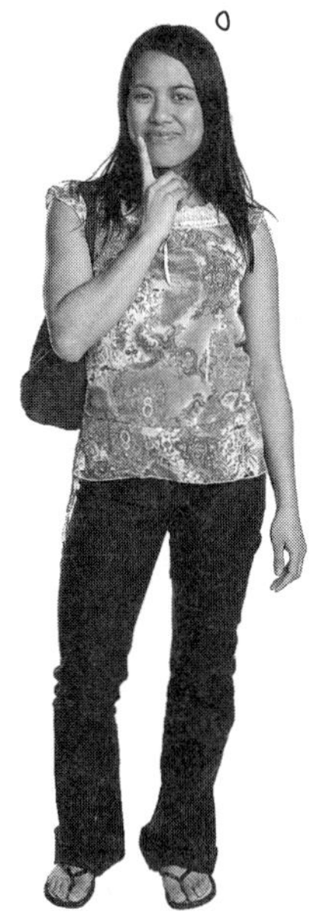

はい。よく気付きましたね。

この最新コードでは（不快なトレースバックが消え）見た目がよくなっていますが、重要な情報もなくなっています。コードに含まれる**具体的な**問題がわからなくなってしまっています。

多くの場合、どの例外が投げられたかを知ることは重要なので、Pythonでは**例外処理時に**最近の例外についてのデータを2通りの方法で取得できます。sysモジュールの機能を使うか、try/except構文の拡張機能を使うかです。

両方の手法を調べてみましょう。

Q：何もしない全捕捉例外ハンドラを作成できますか?

A：できますが、そのときにtry文の末尾に次のexceptブロックを追加したくなってしまうかもしれません。

```
except:
    pass
```

このようにしてはいけません。このexceptブロックは、（無視すれば解決するのではないかと誤解して）他のすべての例外を**無視**する全捕捉例外ハンドラとなってしまいます。予期せぬ例外では（少なくとも）画面にエラーメッセージを表示したいので、これでは危険です。したがって、例外を無視するのではなく、例外を処理するエラーチェックコードを必ず書くようにしてください。

「sys」から例外について学ぶ

標準ライブラリには、インタプリタの**内部**（実行時に利用できる変数と関数）にアクセスできるモジュールsysがあります。

その関数の1つがexc_infoで、処理中の例外に関する情報を提供します。exc_infoを呼び出すと、3つの値のタプルを返します。1番目の値は例外の**型**、2番目は例外の**値**の詳細、3番目は（必要な場合に）トレースバックメッセージを入手できる**トレースバックオブジェクト**です。該当する例外がないときには、それぞれの値がNoneのタプルを返します（(None, None, None)のようになります）。

上のことがわかったので、>>>シェルで実験してみましょう。次のIDLEセッションでは、常に失敗するコードを書きました（ゼロ除算は御法度です）。exceptブロックでは、sys.exc_info関数を使って、現在発生している例外に関するデータを表示します。

sysについては、https://docs.python.jp/3/library/sys.htmlを参照のこと。

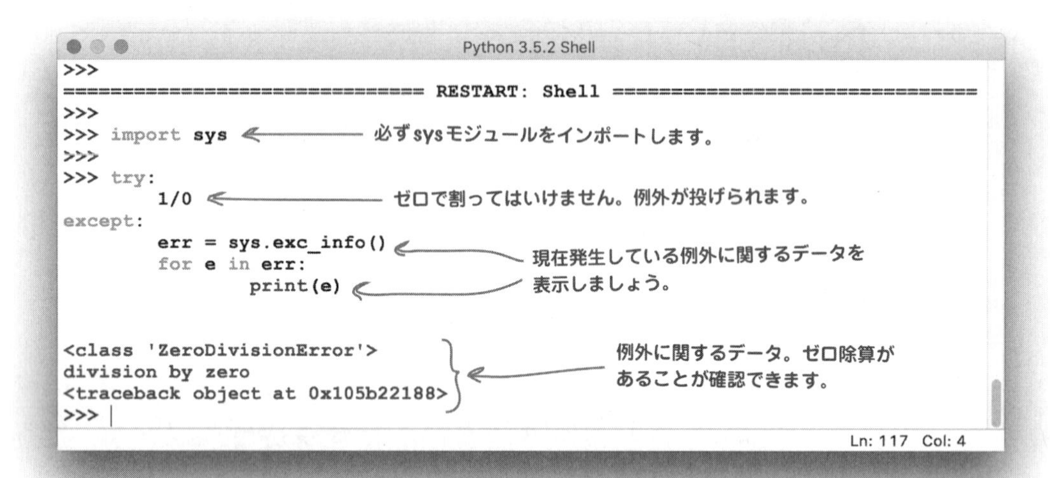

トレースバックオブジェクトをさらに詳しく調べて何が起こっているのかを知ることもできますが、これでもすでに作業が多すぎると感じますよね。調べたいのは、発生した例外の**種類**だけです。

例外の種類が簡単にわかるように、Pythonはsys.exc_info関数が返す情報を取得しやすくするようにtry/except構文を拡張しています。sysモジュールをインポートし忘れたりsys.exc_info関数が返すタプルと格闘しなくても取得できます。

数ページ前で、例外は階層構造をしていて、各例外はExceptionという例外クラスを継承することを説明しました。全捕捉例外ハンドラを書き直すときに、この階層構造を利用しましょう。

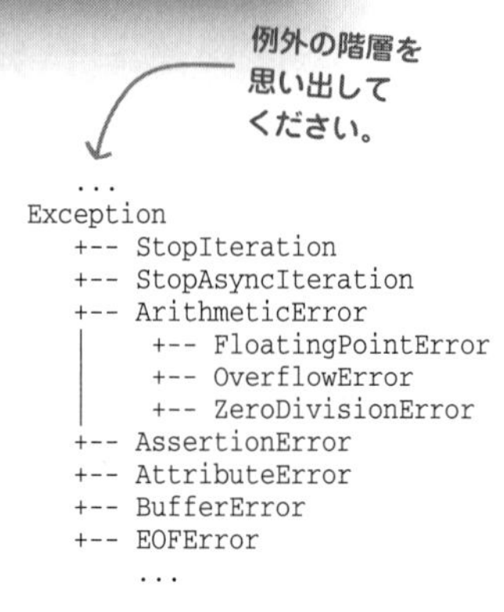

全捕捉例外ハンドラ（改訂版）

現在のコードは処理したい2つの例外（FileNotFoundErrorとPermissionError）を明示的に指定し、（その他のすべてを処理する）汎用的なexceptブロックを提供しています。

```
try:
    with open('myfile.txt') as fh:
        file_data = fh.read()
    print(file_data)
except FileNotFoundError:
    print('データファイルがありません。')
except PermissionError:
    print('許可されていません。')
except:
    print('他のエラーが発生しました。')
```

このコードは正しく動作しますが、予期せぬ例外が投げられたときにはたいした情報が得られません。

特定の例外を指定するときには、exceptキーワードの後に例外名を指定しました。exceptの後に特定の例外名だけでなく、この階層の任意の名前を使って例外の**クラス**を指定することもできます。

例えば、（明らかなゼロ除算エラーではなく）数学的エラーが発生しているかを確認したいだけなら、except ArithmeticErrorを指定します。すると、FloatingPointError、OverflowError、ZeroDivisionErrorが投げられると捕捉してくれます。同様、except Exceptionを指定すると**すべて**のエラーを捕捉します。

しかし、すでに「指定なし」のexcept文ですべてのエラーを補足しているのに、これがどのように役立つのでしょうか？ 確かにそのとおりです。しかし、asキーワードでexcept Exceptionを拡張すると、現在の例外オブジェクトを変数に代入し（この状況ではerrという変数名が一般的です）、さらに有益なエラーメッセージを作成できます。except Exception asを使ったバージョンを調べてみましょう。

すべての例外はExceptionを継承するのでしたね。

```
 ...
Exception
    +-- StopIteration
    +-- StopAsyncIteration
    +-- ArithmeticError
    |    +-- FloatingPointError
    |    +-- OverflowError
    |    +-- ZeroDivisionError
    +-- AssertionError
    +-- AttributeError
    +-- BufferError
    +-- EOFError
         ...
```

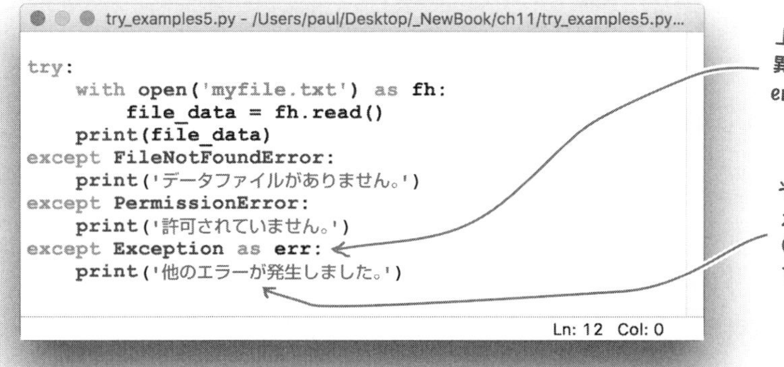
```
try:
    with open('myfile.txt') as fh:
        file_data = fh.read()
    print(file_data)
except FileNotFoundError:
    print('データファイルがありません。')
except PermissionError:
    print('許可されていません。')
except Exception as err:
    print('他のエラーが発生しました。')
```

上の「指定なし」のexcept文とは異なり、これは例外オブジェクトをerr変数に代入します。

そして、errの値をわかりやすいメッセージの一部として使います（常にすべての例外を報告すべきなので）。

試運転

try/except句に最後の変更を適用したので、vsearch4web.pyに戻って例外について覚えたことをWebアプリケーションに適用する前にすべてが期待どおりに動作することを確認しましょう。
まずは、ファイルが見つからない場合にコードが正しいメッセージを表示するかを確認しましょう。

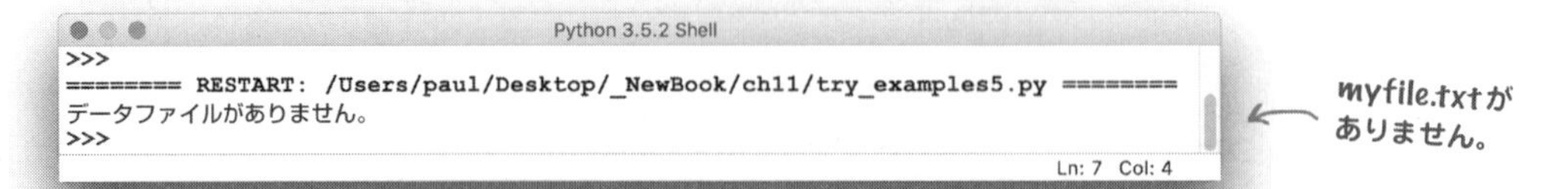

ファイルがあってもアクセスする権限がない場合には、別の例外となります。

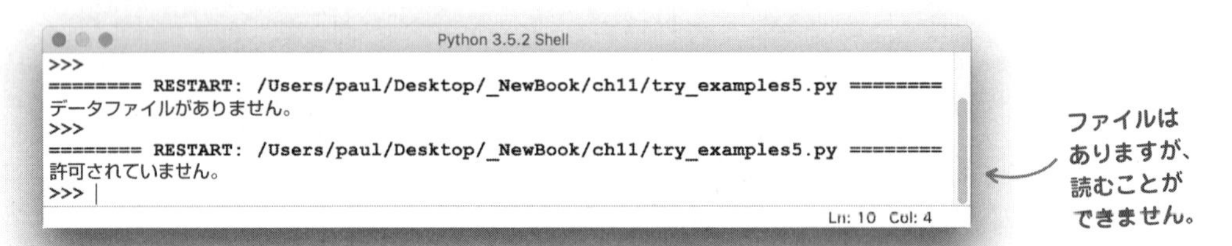

他のすべての例外は全捕捉例外ハンドラが処理し、わかりやすいメッセージを表示します。

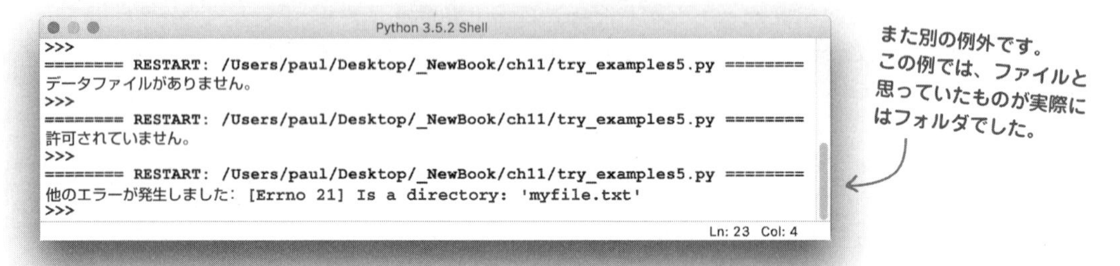

最後に、すべて問題なければ、エラーが発生することなくtryブロックが実行され、ファイルの内容を画面に表示します。

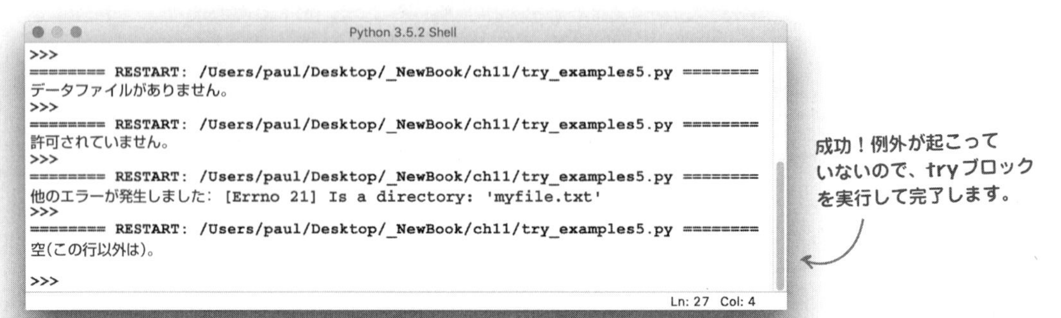

Webアプリケーションコードに戻る

この章の冒頭で、`vsearch4web.py`における`do_search`関数内の`log_request`呼び出しの問題点を突き止めたことを思い出してください。具体的には、`log_request`呼び出しが失敗したときにどうすべきなのかを心配しています。

```
...
@app.route('/search4', methods=['POST'])
def do_search() -> 'html':
    phrase = request.form['phrase']
    letters = request.form['letters']
    title = '検索結果:'
    results = str(search4letters(phrase, letters))
    log_request(request, results)
    return render_template('results.html',
                           the_title=title,
                           the_phrase=phrase,
                           the_letters=letters,
                           the_results=results,)
...
```

4. 関数呼び出しが失敗したら？

これまでで、この呼び出しはデータベースが利用できない場合やその他のエラーが発生した場合に失敗することを学びました。(どんな種類でも)エラーが発生すると、Webアプリケーションは不親切なエラーメッセージを表示するだけなので、ユーザは(情報が得られるのではなく)戸惑うでしょう。

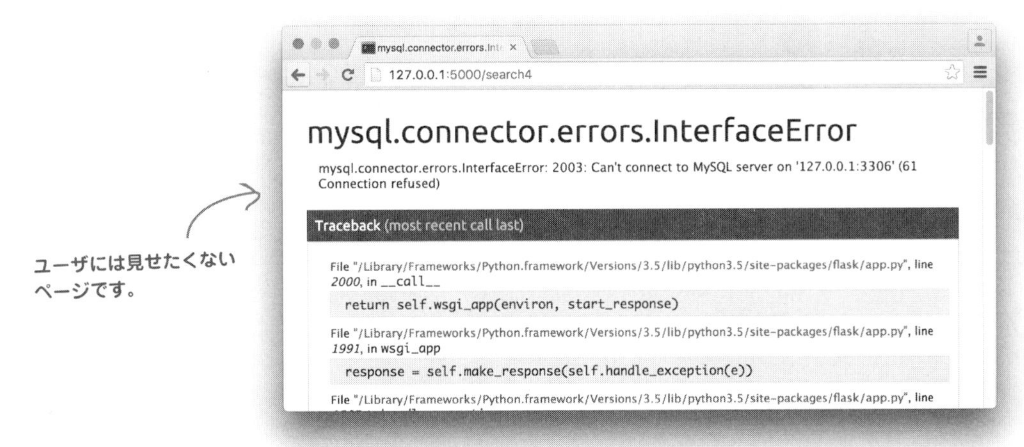

リクエストのログデータは我々にとっては重要ですが、Webアプリケーションのユーザにとってはどうでもいいことです。ユーザが知りたいのは、検索結果だけです。そのため、`log_request`内で発生した例外を**静かに**処理してエラーを処理するように修正しましょう。

例外を静かに処理する

本気かい？ log_requestから発生した
例外を静かに処理するつもり？ それって例外を
無視するってこと？

いいえ。「静かに」というのは「無視」という意味ではありません。

例外を**静かに**処理するというのは、ユーザが気付かないように例外を処理するということです。現在は、Webアプリケーションを実行するとわかりにくく（正直に言うと）**恐ろしい**エラーページを表示してクラッシュするため、ユーザに気付かれます。

ユーザであればlog_requestが失敗しても放っておけばいいのですが、あなたは対応しなくてはいけません。そこで、log_requestから例外が投げられたときに、ユーザにはわからなくても自分にははっきりわかるようなコードを修正しましょう。

素朴な疑問に答えます

Q：try/except**はコードを読みずらくわかりにくくするだけではないのですか？**

A：確かに、この章の例では、最初はわかりやすい3行のコードだったのに、最初の3行とは一見関係なさそうなコードを7行追加しています。しかし、例外が起こりそうなコードを守ることは重要で、一般にtry/exceptはその最善の手段だと考えられています。慣れてくると、脳がtryブロックに含まれる重要な部分（実際に作業を行うコード）を発見し、例外を処理するexceptブロックを無視するようになります。try/exceptを使うコードを理解したいなら、まずtryブロックを読んでコードが実行することを理解してから、問題が発生したときの動作を理解する必要があればexceptブロックを調べてください。

自分で考えてみよう

log_request関数のdo_searchにtry/except句を追加しましょう。単純にするために、log_request関数に全捕捉例外ハンドラを追加し、ハンドラが起動したら(組み込み関数printを呼び出して)標準出力にわかりやすいメッセージを表示しましょう。全捕捉例外ハンドラを定義すると、現在は不親切なエラーページを表示するWebアプリケーションの標準の例外処理動作を取り消すことができます。
次は、現在のlog_request関数です。

```
@app.route('/search4', methods=['POST'])
def do_search() -> 'html':
    phrase = request.form['phrase']
    letters = request.form['letters']
    title = '検索結果:'
    results = str(search4letters(phrase, letters))
    log_request(request, results)
    return render_template('results.html',
                           the_title=title,
                           the_phrase=phrase,
                           the_letters=letters,
                           the_results=results,)
```

失敗したとき(実行時エラーが起こったとき)に備えて、このコードを保護する必要があります。

log_request呼び出しに対して全捕捉例外ハンドラを実装するコードを下の空欄に入れてください。

```
@app.route('/search4', methods=['POST'])
def do_search() -> 'html':
    phrase = request.form['phrase']
    letters = request.form['letters']
    title = '検索結果:'
    results = str(search4letters(phrase, letters))
    ..........................................
    ..........................................
    ..........................................
    ..........................................
    return render_template('results.html',
                           the_title=title,
                           the_phrase=phrase,
                           the_letters=letters,
                           the_results=results,
```

追加するコードでは忘れずにlog_requestを呼び出します。

log_request関数のdo_searchにtry/except句を追加するつもりでした。単純にするために、log_request関数に全捕捉例外ハンドラを追加し、ハンドラが起動したら（組み込み関数printを呼び出して）標準出力にわかりやすいメッセージを表示することにしました。
次は、現在のlog_requestコードです。

```
@app.route('/search4', methods=['POST'])
def do_search() -> 'html':
    phrase = request.form['phrase']
    letters = request.form['letters']
    title = '検索結果:'
    results = str(search4letters(phrase, letters))
    log_request(request, results)
    return render_template('results.html',
                           the_title=title,
                           the_phrase=phrase,
                           the_letters=letters,
                           the_results=results,)
```

log_request呼び出しに対して全捕捉例外ハンドラを実装するコードを下の空欄に入れる必要がありました。

```
@app.route('/search4', methods=['POST'])
def do_search() -> 'html':
    phrase = request.form['phrase']
    letters = request.form['letters']
    title = '検索結果:'
    results = str(search4letters(phrase, letters))
    try:
        log_request(request, results)
    except Exception as err:
        print('***** ロギングが失敗しました：', str(err))
    return render_template('results.html',
                           the_title=title,
                           the_phrase=phrase,
                           the_letters=letters,
                           the_results=results,
```

log_requestの呼び出しは新しいtry文に関連するブロックに移動させます。

これは全捕捉例外ハンドラ。

実行時エラーが発生すると、管理者の画面にだけこのメッセージが表示されます。ユーザには何も表示されません。

(拡張版)試運転 [1/3]

vsearch4web.pyに全捕捉例外ハンドラコードを追加しました。(次の数ページで)Webアプリケーションを試して、修正前との違いを確認しましょう。以前は何か問題が生じると、ユーザには不親切なエラーページが表示されました。しかし、現在は全捕捉コードが「静かに」エラーを処理します。まだ試していなければ、vsearch4web.pyを実行し、ブラウザでWebアプリケーションにアクセスしてください。

```
$ python3 vsearch4web.py
 * Running on http://127.0.0.1:5000/ (Press CTRL+C to quit)
 * Restarting with fsevents reloader
 * Debugger is active!
 * Debugger pin code: 184-855-980
```

Webアプリケーションが稼働し、ブラウザからのリクエストを待ちます。

Webアプリケーションにアクセスしてみます。

ターミナルには、次のように表示されるはずです。

```
    ...
 * Debugger pin code: 184-855-980
127.0.0.1 - - [14/Jul/2016 10:54:31] "GET / HTTP/1.1" 200 -
127.0.0.1 - - [14/Jul/2016 10:54:31] "GET /static/hf.css HTTP/1.1" 200 -
127.0.0.1 - - [14/Jul/2016 10:54:32] "GET /favicon.ico HTTP/1.1" 404 -
```

200番台でWebアプリケーションが稼働している(そして、URLを提供している)ことが確認できます。この時点ではすべてがうまくいっています。

この404は心配ありません。favicon.icoファイルが定義されていないため、ブラウザがリクエストしても見つからないと言っています。

(拡張版)試運転 [2/3]

意図的にエラーを起こすために、データベースを停止します。すると、Webアプリケーションがデータベースとやり取りする際にエラーが生じるでしょう。このコードはlog_requestで発生するすべてのエラーを静かに捕捉するので、この問題を表すメッセージはターミナルの画面には出力されますが、ユーザはロギングが失敗したことには気付かないはずです。実際に、検索フレーズを入力して「実行！」ボタンをクリックすると、ブラウザに検索結果が表示され、Webアプリケーションのターミナル画面には「静かに」エラーメッセージが表示されます。実行時エラーにもかかわらず、Webアプリケーションは実行を続け、/search4を問題なく呼び出しています。

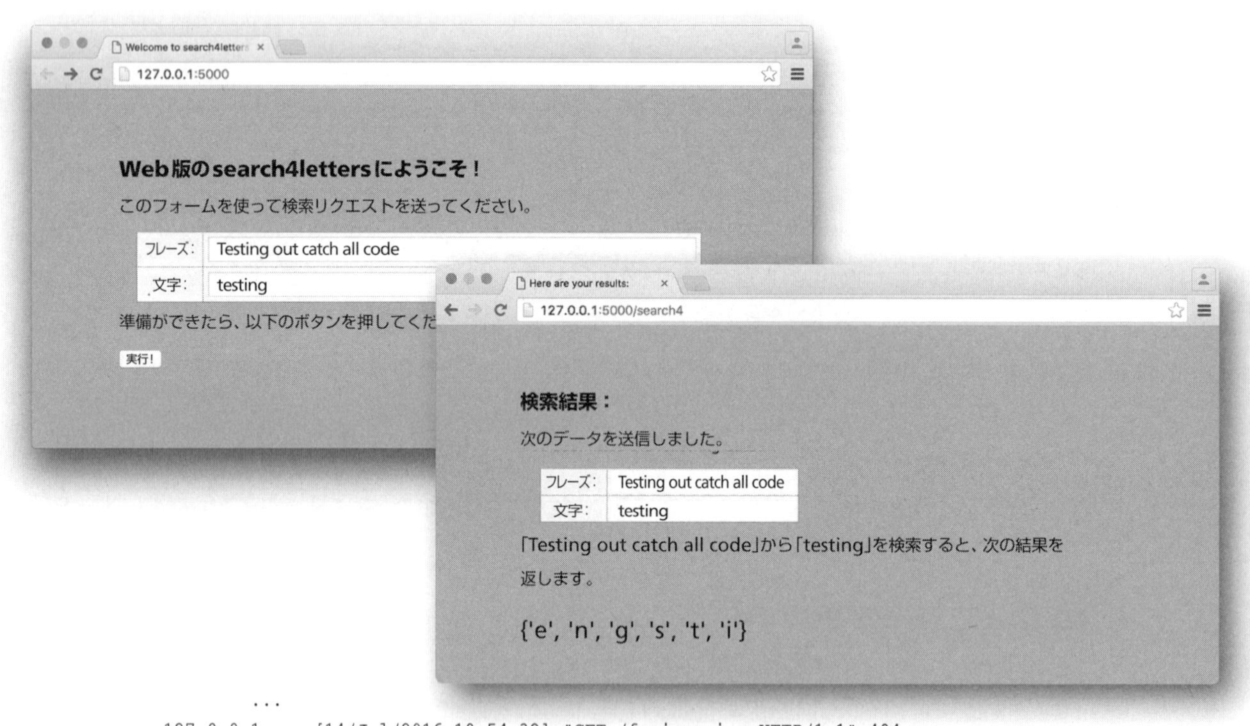


```
...
127.0.0.1 - - [14/Jul/2016 10:54:32] "GET /favicon.ico HTTP/1.1" 404 -
***** ロギングが失敗しました: Can't connect to MySQL server on '127.0.0.1:3306'
(61 Connection refused)
127.0.0.1 - - [14/Jul/2016 10:55:55] "POST /search4 HTTP/1.1" 200 -
```

全捕捉例外処理コードが作成したメッセージです。ユーザからは見えません。

エラーが発生したにもかかわらず、クラッシュしていません。言い換えると、検索は正しく行われました（しかし、ユーザはロギングが失敗したことには気付いていません）。

(拡張版)試運転 [3/3]

実際には、log_requestの実行時にどのようなエラーが発生しても、全捕捉コードが処理します。バックエンドデータベースを再起動し、正しくないユーザ名で接続してみました。vsearch4web.pyのdbconfig辞書のuserの値にvsearchwrongを使うように変更すると、エラーが発生します。

```
        ...
app.config['dbconfig'] = {'host': '127.0.0.1',
                          'user': 'vsearchwrong',
                          'password': 'vsearchpasswd',
                          'database': 'vsearchlogDB', }
```

Webアプリケーションをリロードして検索を実行すると、ターミナルに次のようなメッセージが表示されます。

```
...
***** ロギングが失敗しました: 1045 (28000): Access denied for user 'vsearchwrong'@
'localhost' (using password: YES)
```

ユーザの値をvsearchに戻してから、log_request関数で使っているSQLクエリのテーブル名を(logの代わりに)logwrongに変更して存在しないテーブルにアクセスしてみましょう。

```
def log_request(req: 'flask_request', res: str) -> None:
    with UseDatabase(app.config['dbconfig']) as cursor:
        _SQL = """insert into logwrong
                  (phrase, letters, ip, browser_string, results)
                  values
                  (%s, %s, %s, %s, %s)"""
        ...
```

Webアプリケーションをリロードして検索を実行すると、ターミナルに次のようなメッセージが表示されます。

```
...
***** ロギングが失敗しました: 1146 (42S02): Table 'vsearchlogdb.logwrong' doesn't exist
```

テーブルの名前をlogに戻してから、最後の例としてlog_request関数(のwith文の直前)にraise文を追加しましょう。この文はカスタム例外を生成します。

```
def log_request(req: 'flask_request', res: str) -> None:
     raise Exception("何かひどいことが起こりました。")
     with UseDatabase(app.config['dbconfig']) as cursor:
```

Webアプリケーションを最後にもう一度リロードして検索を実行すると、ターミナルに次のようなメッセージが表示されます。

```
...
***** ロギングが失敗しました: Something awful just happened.
```

その他のデータベースエラーを処理する

log_request関数は、(DBcmモジュールにある)UseDatabaseコンテキストマネージャを利用しています。log_requestの呼び出しを保護したので、データベースに関する問題は全捕捉例外処理コードが捕捉(そして処理)することを知っているため安心していられます。

しかし、Webアプリケーションがデータベースとやり取りするのはlog_request関数だけではありません。view_the_log関数はデータベースからログデータを取得して画面に表示します。

view_the_log関数のコードを思い出してください。

このコードも保護する必要があります。

```
    ...
@app.route('/viewlog')
@check_logged_in
def view_the_log() -> 'html':
    with UseDatabase(app.config['dbconfig']) as cursor:
        _SQL = """select phrase, letters, ip, browser_string, results
                  from log"""
        cursor.execute(_SQL)
        contents = cursor.fetchall()
    titles = ('フレーズ', '検索文字', 'リモートアドレス', 'ユーザエージェント', '結果')
    return render_template('viewlog.html',
                           the_title='ログの閲覧',
                           the_row_titles=titles,
                           the_data=contents,)
    ...
```

このコードもデータベースとやり取りするので、失敗する可能性があります。しかし、log_requestとは違って、view_the_log関数はvsearch4web.pyのコードからは呼び出しません。Flaskが呼び出してくれます。つまり、view_the_log関数を呼び出すのはあなたではなくFlaskフレームワークなので、view_the_logの呼び出しを保護するコードは書けません。

view_the_logの呼び出しを保護できない場合、次善の策はview_the_logのブロック内のコードを保護することです。具体的には、UseDatabaseコンテキストマネージャを使います。その方法を検討する前に、どんな失敗が起こる可能性があるのかを考えてみましょう。

- バックエンドデータベースが利用できない。
- データベースにログインできない。
- ログインに成功した後、データベースクエリが失敗する。
- その他の(予期せぬ)事態が発生する。

上の問題のリストは、log_requestで注意することに似ています。

「さらなるエラー」とは「さらなる例外」という意味？

すでに説明したtry/exceptを使って、view_the_log関数にコードを追加してUseDatabaseコンテキストマネージャを保護しましょう。

```
...
@app.route('/viewlog')
@check_logged_in
def view_the_log() -> 'html':
    try:
        with UseDatabase(app.config['dbconfig']) as cursor:
            ...

    except Exception as err:
        print('何か問題が発生しました:', str(err))
```

この関数の残りのコードがここに入ります。

別の全捕捉例外ハンドラ

この全捕捉手法は確かに正しく機能します（実際にlog_requestではこの手法を使いました）。しかし、個別の例外の実装は複雑です。「データベースが見つからない」などの特定のデータベースのエラーを処理する場合はどうしますか？ この章の冒頭でこのようなときにMySQLからInterfaceError例外が投げられたことを思い出してください。

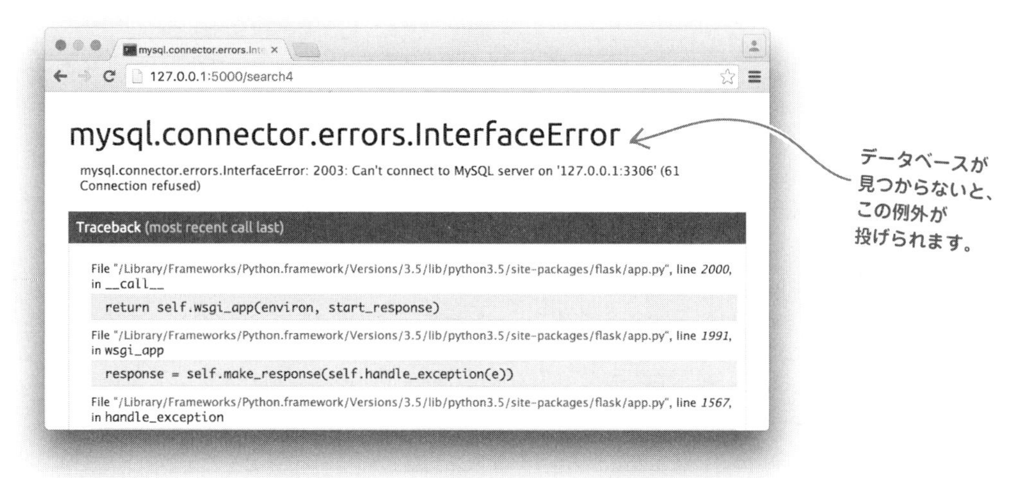

InterfaceError例外を対象とするexcept文を追加することができますが、それにはInterfaceError例外を定義するmysql.connectorモジュールもインポートする必要があります。

一見、簡単そうに見えるのですが、実はとても面倒です。

密結合のコードを避ける

バックエンドデータベースが利用できない場合を処理するexcept文を作成することに決めたとします。view_the_logのコードは次のように修正します。

```
        ...
@app.route('/viewlog')
@check_logged_in
def view_the_log() -> 'html':
    try:
        with UseDatabase(app.config['dbconfig']) as cursor:
            ...

    except mysql.connector.errors.InterfaceError as err:
        print('データベースが動作していますか？ エラー:', str(err))
    except Exception as err:
        print('何か問題が発生しました:', str(err))
            ...
```

この関数の残りのコードはやはりここに入ります。

特定の例外を処理する別のexcept文を追加します。

コードの先頭にimport mysql.connectorを追加すると、このexcept文は正しく動作します。この修正の結果、データベースが見つからないときには、Webアプリケーションはデータベースが動作しているかを確認するように通知するようになります。

修正後のコードは問題なく機能します。そして何が起こっているかもわかりますが、この修正は好ましくありません。

このような修正は、vsearch4web.pyのコードがMySQLデータベースと**密結合**になってしまうという問題があります。具体的には、MySQL Connectorモジュールを使っている点です。この2番目のexcept文を追加する前は、vsearch4web.pyは（5章で開発しました）DBcmモジュールを介してデータベースとやり取りしました。具体的には、UseDatabaseコンテキストマネージャがvsearch4web.pyのコードとデータベースを分離する便利な**抽象化**を提供します。将来のある時点でMySQLをPostgreSQLに置き換える必要があっても、UseDatabaseを使うすべてのコード**ではなく**DBcmモジュールを変更するだけで済みます。しかし、上のようにしてしまうと、このimport mysql.connector文と新たなexcept文でmysql.connector.errors.InterfaceErrorを参照していることが原因でWebアプリケーションコードとMySQLデータベースが密結合となってしまいます。

データベースと密結合なコードを書く場合には、必ずそのコードをDBcmモジュールに入れるようにしてください。そうすると、特定のデータベースを対象とした（そして、特定のデータベースに固定される）特定のインタフェースではなく、**DBcm**が提供する汎用インタフェースを使ってWebアプリケーションを書くことができます。

上のexceptコードをDBcmモジュールに移すとWebアプリケーションにどのような利点があるのかを考えてみましょう。

DBcmモジュールの再検討

9章で最後にDBcmが登場したのは、MySQLデータベースにアクセスする際にwith文を使ったときでした。そのときは、エラー処理については(この問題を都合よく無視して)先送りにしました。しかし、もうsys.exc_infoの機能がわかっているので、UseDatabaseの__exit__メソッドへの引数の意味がよくわかるはずです。

DBcm.pyのコンテキストマネージャコード。

```
import mysql.connector

class UseDatabase:

    def __init__(self, config: dict) -> None:
        self.configuration = config

    def __enter__(self) -> 'cursor':
        self.conn = mysql.connector.connect(**self.configuration)
        self.cursor = self.conn.cursor()
        return self.cursor

    def __exit__(self, exc_type, exc_value, exc_trace) -> None:
        self.conn.commit()
        self.cursor.close()
        self.conn.close()
```

exec_infoについては知っているので、これらのメソッド引数が何を指すかはわかりますね? 例外データです。

UseDatabaseは次の3つのメソッドを実装していました。

- __init__はwithを実行する**前**に設定の機会を与える。
- __enter__はwith文の開始時に実行され、
- __exit__はwithのブロックが終了したときに必ず実行される。

少なくとも、これはすべてが予定どおりに進んだときに期待される動作です。問題が発生すると、この動作は**変わります**。

例えば、__enter__の実行中に例外が投げられたら、with文は終了し、それに続く__exit__の処理は**取り消されます**。これは理解できます。__enter__で問題が生じたら、__exit__では実行コンテキストが正しく初期化されて設定されているとは思えません(そのため、__exit__メソッドのコードを実行しない方が賢明です)。

__enter__メソッドのコードの大きな問題はバックエンドデータベースが利用できない場合があることなので、その場合に備えて__enter__を修正し、データベース接続が確立できない場合のカスタム例外を作成しましょう。それが終わったら、view_the_logでデータベース固有のmysql.connector.errors.InterfaceErrorの代わりにカスタム例外を調べるように修正します。

カスタム例外を作成する

独自のカスタム例外の作成はとても簡単です。まず名前を決め、Pythonの組み込みExceptionクラスを継承する空のクラスを定義します。カスタム例外を定義したら、raiseキーワードから投げます。例外が投げられると、try/exceptで捕捉(そして処理)します。

IDLEの>>>プロンプトでカスタム例外の実際の動作を示します。この例では、raiseを使ってカスタム例外ConnectionErrorを発生させ、try/exceptで捕捉します。コメントを番号順に読み、(ここでの手順に従うなら)>>>プロンプトに次のコードを入力してください。

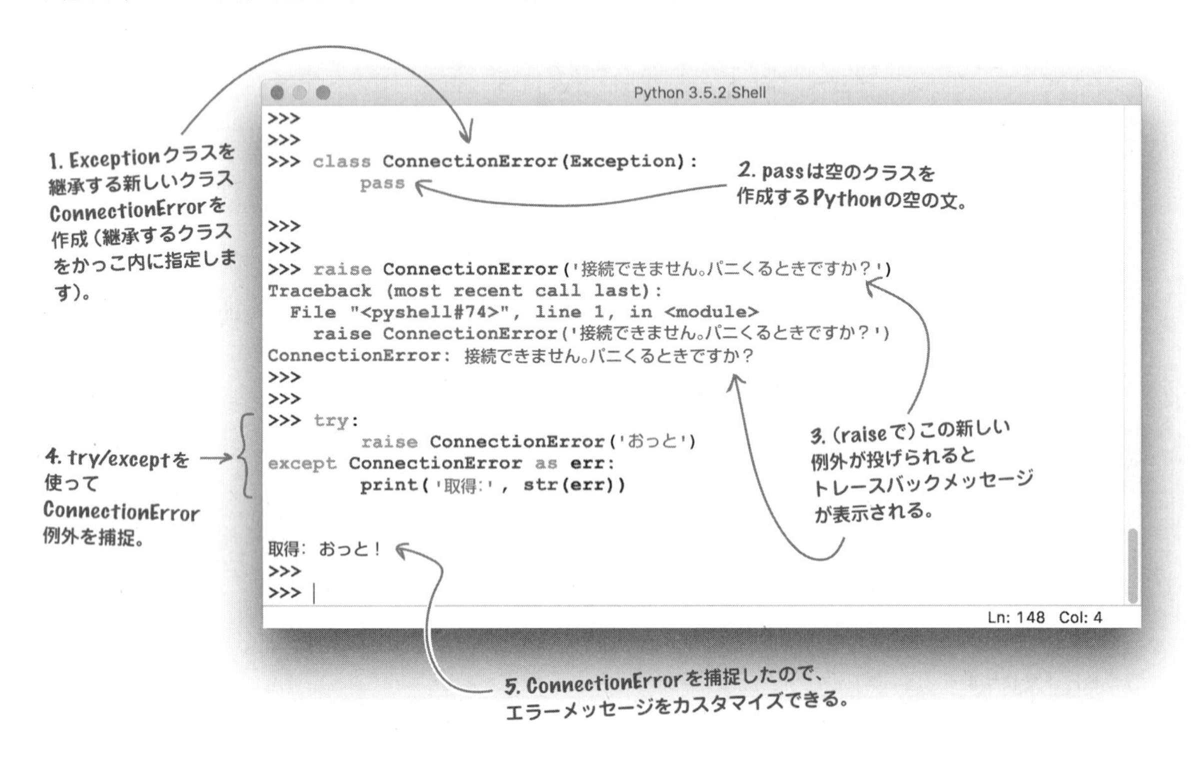

空のクラスは完全に空ではない

ConnectionErrorを「空」だと説明しましたが、実は正しくありません。確かに、passを使うとConnectionErrorクラスに関連する**新たな**コードはありませんが、ConnectionErrorは組み込みExceptionクラスを**継承**しているのでExceptionのすべての属性と振る舞いをConnectionErrorでも利用できます(空ではなくなります)。そのため、raiseとtry/exceptでConnectionErrorが期待どおりに動作するのです。

自分で考えてみよう

❶ バックエンドデータベースとの接続が失敗したらカスタム例外ConnectionErrorをraiseするようにDBcmモジュールを修正しましょう。
次はDBcm.pyのコードです。ConnectionErrorをraiseさせるコードを下の空欄に追加してください。

カスタム例外を定義。

ConnectionErrorをraiseするコードを追加。

```
import mysql.connector
............................................................
          ............................................................
class UseDatabase:

    def __init__(self, config: dict) -> None:
        self.configuration = config

    def __enter__(self) -> 'cursor':
        ............................................................
             self.conn = mysql.connector.connect(**self.configuration)
             self.cursor = self.conn.cursor()
             return self.cursor
        ............................................................
        ............................................................
    def __exit__(self, exc_type, exc_value, exc_trace) -> None:
        self.conn.commit()
        self.cursor.close()
        self.conn.close()
```

❷ DBcmモジュールのコードを修正したら、新たに定義したConnectionError例外を利用するために次のvsearch4web.pyを変更してください。

ConnectionError例外を投げるようにこのコードを変更します。

```
from DBcm import UseDatabase
import mysql.connector
     ...
                             the_row_titles=titles,
                             the_data=contents,)
    except mysql.connector.errors.InterfaceError as err:
        print('データベースが動作していますか？ エラー:', str(err))
    except Exception as err:
        print('何か問題が発生しました:', str(err))
    return 'Error'
```

自分で考えてみようの答え

1 データベースとの接続が失敗したらカスタム例外ConnectionErrorをraiseするようにDBcmモジュールを修正します。DBcm.pyに、ConnectionErrorをraiseさせるコードを追加する必要がありました。

Exceptionを継承する「空」のクラスとしてカスタム例外を定義。

```
import mysql.connector
class ConnectionError(Exception):
    pass
class UseDatabase:

    def __init__(self, config: dict) -> None:
        self.configuration = config

    def __enter__(self) -> 'cursor':
        try:
            self.conn = mysql.connector.connect(**self.configuration)
            self.cursor = self.conn.cursor()
            return self.cursor
        except mysql.connector.errors.InterfaceError as err:
            raise ConnectionError(err)

    def __exit__(self, exc_type, exc_value, exc_trace) -> None:
        self.conn.commit()
        self.cursor.close()
        self.conn.close()
```

DBcm.pyでは、データベース固有の例外を完全な名前で参照。

カスタム例外を投げます。

新たなtry/except句でデータベース接続用コードを保護。

2 DBcmモジュールを修正したら、新たに定義したConnectionError例外を利用するためにvsearch4web.pyの次のコードを変更する必要がありました。

mysql.connectorのインポートは不要（DBcmがインポートしてくれているため）。

```
from DBcm import UseDatabase, ConnectionError
~~import mysql.connector~~
    ...
                        the_row_titles=titles,
                        the_data=contents,)
except ConnectionError as err:        # 元: except mysql.connector.errors.InterfaceError as err:
    print('データベースが動作していますか？エラー:', str(err))
except Exception as err:
    print('何か問題が発生しました:', str(err))
return 'Error'
```

必ずDBcmからConnectionError例外をインポートします。

最初のexcept文はInterfaceErrorではなくConnectionErrorを探すように変更します。

試運転

修正前との違いを確認してみましょう。MySQL固有の例外処理コードをvsearch4web.pyからDBcm.pyに移した（そして、カスタム例外ConnectionErrorを探すコードに置き換えた）のでしたね。これで何か違いが生じるでしょうか？

次に示すのは、修正前のvsearch4web.pyでデータベースが見つからないときのメッセージです。

```
...
データベースが動作していますか？ エラー: 2003: Can't connect to MySQL server on '127.0.0.1:3306'
(61 Connection refused)
127.0.0.1 - - [16/Jul/2016 21:21:51] "GET /viewlog HTTP/1.1" 200 -
```

そして、こちらは修正後のvsearch4web.pyでデータベースが見つからないときのメッセージです。

```
...
データベースが動作していますか？ エラー: 2003: Can't connect to MySQL server on '127.0.0.1:3306'
(61 Connection refused)
127.0.0.1 - - [16/Jul/2016 21:21:51] "GET /viewlog HTTP/1.1" 200 -
```

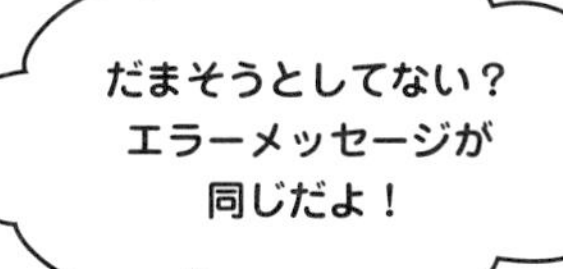

だまそうとしてない？
エラーメッセージが
同じだよ！

そうです。一見同じに見えます。

しかし、vsearch4web.pyの修正前と修正後の出力は同じに見えますが、裏側では**大きく異なります**。

データベースをMySQLからPostgreSQLに変更することにした場合、データベース固有のコードはすべてDBcm.pyにあるのでvsearch4web.pyの変更があっても無視できます。DBcm.pyを変更しても、古いバージョンのモジュールと同じ**インタフェース**を使用する限り、いくらでもSQLデータベースを変更できます。このことは今は大したことのように思えないかもしれませんが、vsearch4web.pyが数百、数千、数万行に増えたら、間違いなく大変なことになります。

「DBcm」では他にどのような問題が発生するの?

たとえデータベースが稼働していても、問題が発生する可能性があります。

例えば、データベースにアクセスする際に使う認証情報が正しくない場合も__enter__メソッドは失敗し、mysql.connector.errors.ProgrammingErrorとなります。

あるいは、UseDatabaseコンテキストマネージャに関連するコードブロックが正しく実行される保証はないので、例外が投げられることがあります。データベースクエリ(実行しているSQL)にエラーがある場合もmysql.connector.errors.ProgrammingErrorを投げます。

SQLクエリに関するエラーメッセージと、認証情報に関するエラーメッセージは異なりますが、同じ例外mysql.connector.errors.ProgrammingErrorが起こります。認証情報のエラーとは異なり、SQLのエラーはwith文の実行中に発生します。つまり、複数の場所でこの例外を対応する必要があります。問題は、どこで対応すべきかです。

```
import mysql.connector

class ConnectionError(Exception):
    pass

class UseDatabase:
    def __init__(self, config: dict):
        self.configuration = config

    def __enter__(self) -> 'cursor':
        try:
            self.conn = mysql.connector.connect(**self.configuration)
            self.cursor = self.conn.cursor()
            return self.cursor
        except mysql.connector.errors.InterfaceError as err:
            raise ConnectionError(err)

    def __exit__(self, exc_type, exc_value, exc_traceback):
        self.conn.commit()
        self.cursor.close()
        self.conn.close()
```

このコードからProgrammingError例外が投げられます。

でも、withブロック内の例外は、__enter__メソッドの終了後から__exit__メソッドの開始前までに起こります。

withブロック内で投げられる例外はwith**内**のtry/except節で処理したいところですが、それでは密結合のコードを書くことになってしまいます。しかし、withのブロック内で例外が投げられたときに捕捉**しない**場合は、with文は未捕捉の例外の詳細をコンテキストマネージャの__exit__メソッドに渡し、__exit__メソッドで何らかの対応をする、と考えてみましょう。

さらにカスタム例外を作成する

DBcm.pyで2つの追加のカスタム例外を投げるように拡張しましょう。

1つ目はCredentialsError例外です。__enter__メソッド内でProgrammingErrorが投げられるとこの例外も投げられます。2つ目はSQLError例外で、__exit__メソッドにProgrammingErrorが起こったときに投げられます。

この新しい例外は簡単に定義できます。2つの新しい空の例外クラスをDBcm.pyの先頭に追加するだけです。

```
import mysql.connector

class ConnectionError(Exception):
    pass

class CredentialsError(Exception):
    pass

class SQLError(Exception):
    pass

class UseDatabase:
    def __init__(self, configuration: dict):
        self.config = configuration
            ...
```

2つの追加クラスで2つの新たな例外を定義。

CredentialsError例外は__enter__から投げられる可能性があるので、それを反映するように__enter__メソッドを変更しましょう。MySQLユーザ名やパスワードを間違えるとProgrammingErrorが投げられたのでしたね。

```
            ...
        try:
            self.conn = mysql.connector.connect(**self.config)
            self.cursor = self.conn.cursor()
            return self.cursor
        except mysql.connector.errors.InterfaceError as err:
            raise ConnectionError(err)
        except mysql.connector.errors.ProgrammingError as err:
            raise CredentialsError(err)

    def __exit__(self, exc_type, exc_value, exc_traceback):
        self.conn.commit()
        self.cursor.close()
        self.conn.close()
```

この2行を__enter__メソッドに追加し、ログイン問題を処理します。

このようにコードを変更して、コードから正しくないユーザ名かパスワードをデータベース(MySQL)に渡すと、DBcm.pyからCredentialsError例外が投げられるようになります。次の作業は、vsearch4web.pyを修正することです。

データベース認証情報は正しい?

DBcm.pyを修正したので、vsearch4web.pyを修正しましょう。特にview_the_log関数に注意してください。他の何よりも先に、vsearch4web.pyの先頭のDBcmからインポートする行にCredentialErrorを追加します。

必ず新しい例外をインポートします。

```
        ...
from DBcm import UseDatabase, ConnectionError, CredentialsError
        ...
```

import行を修正したら、次にview_the_log関数に新しいexceptブロックを追加します。ConnectionErrorの対応と同様、この修正は単純です。

```
@app.route('/viewlog')
@check_logged_in
def view_the_log() -> 'html':
    try:
        with UseDatabase(app.config['dbconfig']) as cursor:
            _SQL = """select phrase, letters, ip, browser_string, results
                    from log"""
            cursor.execute(_SQL)
            contents = cursor.fetchall()
        titles = ('フレーズ', '検索文字', 'リモートアドレス', 'ユーザエージェント', '結果')
        return render_template('viewlog.html',
                               the_title='ログの閲覧',
                               the_row_titles=titles,
                               the_data=contents,)
    except ConnectionError as err:
        print('データベースが動作していますか?エラー:', str(err))
    except CredentialsError as err:
        print('ユーザID/パスワード問題。エラー:', str(err))
    except Exception as err:
        print('何か問題が発生しました:', str(err))
    return 'Error'
```

この2行をview_the_logに追加し、MySQLの正しくないユーザ名またはパスワードが使われたときに捕捉します。

ここではConnectionErrorで行ったことを繰り返しているだけなので、実は新しいことは何もありません。案の定、正しくないユーザ名(またはパスワード)でデータベースに接続すると、次のようなメッセージが表示されます。

```
    ...
ユーザID/パスワード問題。エラー: 1045 (28000): Access denied for user 'vsearcherror'@'localhost' (using password: YES)
127.0.0.1 - - [25/Jul/2016 16:29:37] "GET /viewlog HTTP/1.1" 200 -
```

CredentialsErrorについてわかっているので、例外固有のエラーメッセージを作成します。

SQLErrorの処理は異なる

__enter__メソッドを実行すると、ConnectionErrorとCredentialsErrorのどちらも起こるという問題があります。1つでも例外が投げられると、対応するwith文のブロックは実行**されません**。

すべてがうまくいけば、withブロックは通常どおり実行されます。

log_request関数の下のwith文を思い出してください。このwith文は、（DBcmが提供する）UseDatabaseコンテキストマネージャを使ってデータをデータベースに挿入します。

withブロック内のコードで問題が発生した場合にどうなるかを把握しておきましょう。

```
with UseDatabase(app.config['dbconfig']) as cursor:
    _SQL = """insert into log
              (phrase, letters, ip, browser_string, results)
              values
              (%s, %s, %s, %s, %s)"""
    cursor.execute(_SQL, (req.form['phrase'],
                          req.form['letters'],
                          req.remote_addr,
                          req.user_agent.browser,
                          res, ))
```

（何らかの理由で）SQLクエリにエラーがあると、MySQL Connectorモジュールはコンテキストマネージャの__enter__メソッドで投げられる例外と同じProgrammingErrorとなります。しかし、この例外はコンテキストマネージャ**内**（つまり、with文内）で発生してそこでは捕捉**されない**ので、例外は3つの引数（例外の**型**、例外の**値**、例外に関連する**トレースバック**）で__exit__メソッドに渡されます。

DBcmの__exit__の既存コードを見直すと、この3つの引数が使えるようになっています。

3つの例外引数が使えるようになっています。

```
def __exit__(self, exc_type, exc_value, exc_traceback):
    self.conn.commit()
    self.cursor.close()
    self.conn.close()
```

withブロック内で例外が投げられても捕捉されないと、コンテキストマネージャはwithブロックのコードを終了し、__exit__メソッドに飛んで実行します。このことを知っていると、アプリケーションに関係のある例外を調べるコードを書くことができます。しかし、例外が投げられなければ、この3つの引数（exc_type、exc_value、exc_traceback）はすべてNoneに設定されます。例外が投げられたら、その例外の詳細が設定されます。

この動作を利用し、UseDatabaseコンテキストマネージャのwithブロック内で何か問題が起こったときにSQLErrorを投げてみましょう。

「None」はPythonのnull値。

コードの位置に注意する

with文内で未捕捉例外が投げられたかどうかを調べるには、__exit__のブロック内で__exit__メソッドへの引数exc_typeを調べますが、新しいコードの追加する場所に注意してください。

チェックコードexc_typeをどこに入れるかで違いがあるってこと？

確かに違いがあります。

コンテキストマネージャの__exit__メソッドはwithブロックが終了した**後**に**必ず**実行されるコードを入れる場所があったことを思い出してください。実際にその動作はコンテキストマネジメントプロトコルの一部です。

この動作は、コンテキストマネージャのwithブロック内で例外が投げられたときでも同様に行われます。つまり、__exit__メソッドにコードを追加するなら、__exit__の既存コードの**後**に入れるようにします。そうすれば、__exit__メソッドの既存コードの実行が保証されるからです。

コードの配置に注意して、__exit__メソッドのコードを再び確認しましょう。追加するコードは、exc_typeがProgrammingErrorならSQLError例外を投げる必要があります。

```
def __exit__(self, exc_type, exc_value, exc_traceback):
    self.conn.commit()
    self.cursor.close()
    self.conn.close()
```

ここに追加したコードから例外が投げられた場合、既存の3行は実行されません。

既存の3行の後にコードを追加すると、__exit__は渡された例外を処理する前に追加されたコードを実行します。

SQLErrorを投げる

この段階で、すでにDBcm.pyファイルの先頭にSQLError例外クラスを追加しています。

```
import mysql.connector

class ConnectionError(Exception):
    pass

class CredentialsError(Exception):
    pass

class SQLError(Exception):
    pass

class UseDatabase:
    def __init__(self, config: dict):
        self.configuration = config
```

ここにSQLError例外を追加しました。

SQLError例外クラスを定義したので、__exit__メソッドにコードを追加し、exc_typeが対象の例外かどうかを調べ、その場合にはSQLErrorをraiseするようにするだけで、とても簡単です。通常であれば、必要なコードの作成は練習問題にするのがHead First流ですが、ここではやめておきます。__exit__メソッドに追加する必要があるコードを示します。

```
    def __exit__(self, exc_type, exc_value, exc_traceback):
        self.conn.commit()
        self.cursor.close()
        self.conn.close()
        if exc_type is mysql.connector.errors.ProgrammingError:
            raise SQLError(exc_value)
```

ProgrammingErrorが起こったら、SQLErrorを投げます。

さらに安全にし、__enter__に送られた他のすべての予期せぬ例外を処理したい場合は、呼び出し側に予期せぬ例外が投げられるelifブロックを__enter__メソッドの最後に追加します。

```
            ...
        self.conn.close()
        if exc_type is mysql.connector.errors.ProgrammingError:
            raise SQLError(exc_value)
        elif exc_type:
            raise exc_type(exc_value)
```

このelifは可能性のある他のすべての例外を投げます。

試運転

DBcm.pyをSQLError例外に対応できるようにしたので、発生するすべてのSQLErrorを捕捉するexceptブロックをview_the_log関数に追加しましょう。

```
        ...
    except ConnectionError as err:
        print('データベースが動作していますか?エラー:', str(err))
    except CredentialsError as err:
        print('ユーザID/パスワード問題。エラー:', str(err))
    except SQLError as err:
        print('クエリは正しいですか?エラー:', str(err))
    except Exception as err:
        print('何か問題が発生しました:', str(err))
    return 'Error'
```

vsearch4web.pyのview_the_log関数にこのコードを追加。

vsearch4web.pyを保存すると、Webアプリケーションがリロードされ、テストできる状態になるでしょう。エラーのあるSQLクエリを実行すると、上のコードが例外を処理します。

```
...
クエリは正しいですか?エラー: 1146 (42S02): Table 'vsearchlogdb.logerror' doesn't exist
127.0.0.1 - - [25/Jul/2016 21:38:25] "GET /viewlog HTTP/1.1" 200 -
```

カスタム例外処理コードがProgrammingErrorを捕捉するため、MySQLからProgrammingErrorは発生しなくなります。

同様に、何か予期せぬことが起こったら、Webアプリケーションの捕捉コードが適切なメッセージを表示してくれます。

```
...
何か問題が発生しました: 未知の例外
127.0.0.1 - - [25/Jul/2016 21:43:14] "GET /viewlog HTTP/1.1" 200 -
```

何か予期せぬことが起こっても対応できます。

Webアプリケーションに例外処理コードを追加したので、どのような実行時エラーが発生しても、恐ろしいエラーページや紛らわしいエラーページが表示されることはなくなりました。

このやり方の本当にいいところは、MySQL ConnectorモジュールのProgrammingError例外をWebアプリケーションにとって明確な意味を持つ2つのカスタム例外に変換することだね。

そのとおりです。これはとても効果があります。

簡単なおさらい：堅牢にする

この章の目的を思い出してみましょう。Webアプリケーションのコードをさらに堅牢にするために、起こりそうな4つの問題に関する疑問に答える必要がありました。それぞれの疑問をおさらいし、どのように対応したかを示しましょう。

1. **データベース接続に失敗したら？**
   バックエンドデータベースが見つからないときに起こる新たな例外`ConnectionError`を作成しました。そして、`try/except`を使って`ConnectionError`に対応します。

2. **Webアプリケーションは攻撃から守られている？**
   「幸運な偶然」でしたが、FlaskとJinja2をPythonのDB-API仕様と一緒に使うため、悪名高いほとんどのWeb攻撃から守られています。ただ、**一部**のWeb攻撃から守られてはいますが、すべてではありません。

3. **操作に長い時間がかかったら？**
   Webアプリケーションがユーザリクエストに応えるのに15秒かかったらどうなるかを示したこと以外は、この質問にはまだ答えていません。Webユーザは待たなければいけません（または、待ちくたびれていなくなってしまう可能性が高いでしょう）。

4. **関数呼び出しが失敗したら？**
   `try/except`を使って関数呼び出しを保護したので、問題が生じたときにユーザに表示する内容を制御できました。

長い時間がかかったら？

この11章の冒頭416ページのエクササイズの中でも、「長い時間がかかったら？」という疑問がありました。そのときは`log_request`関数と`view_the_log`関数で発生した`cursor.execute`呼び出しの検査が原因でした。上の疑問1から4でも`log_request`と`cursor.execute`は登場しています。まだ解決されたわけではないのです。

`log_request`と`view_the_log`はどちらも、`UseDatabase`コンテキストマネージャを使ってSQLクエリを実行します。`log_request`関数は送信された検索の詳細をデータベースに**書き込む**のに対し、`view_the_log`関数はデータベースから**読み込み**ます。

問題は、「この書き込みや読み込みに長い時間がかかった場合にどうするか」です。

答えはプログラミング世界の多くのことと同様、その状況次第です。

待ち時間の対応? それは状況次第

(読み込みや書き込みで)ユーザを待たせるコードをどのように修正すればいいのかは、複雑な上になかなか決められないものです。ここではもうこの話はやめて、解決策は次の短い11 3/4章で探っていくことにします。

実際に、次の章はとても短く(これからわかるように)独自の章番号を付けるほどではありませんが、取り上げる話題は複雑なので、この章の主題(Pythonのtry/exceptメカニズム)と切り離したほうがよいと判断しました。そこで、問題3の「長い時間がかかったら?」を解決するのは少し先に延ばすことにします。

待たせるコードの
修正については待って
と頼んでいることに
気付いているのかしら?

はい。その皮肉の意味はわかります。

「待ち時間」の解消については、少し待ってほしいのです。

しかし、この章ではすでに多くのことを学んだので、少し時間を取ってtry/exceptについて脳に刻み込ませることが重要だと思っています。

そこで、この章でこれまで登場したコードをもう一度見直したら、一休みしてください。

11 章のコード（1/3）

try_example.py

```
try:
    with open('myfile.txt') as fh:
        file_data = fh.read()
    print(file_data)
except FileNotFoundError:
    print('データファイルがありません。')
except PermissionError:
    print('許可されていません。')
except Exception as err:
    print('他のエラーが発生しました。', str(err))
```

DBcm.pyの例外対応バージョンです。

```
import mysql.connector

class ConnectionError(Exception):
    pass

class CredentialsError(Exception):
    pass

class SQLError(Exception):
    pass

class UseDatabase:
    def __init__(self, config: dict):
        self.configuration = config

    def __enter__(self) -> 'cursor':
        try:
            self.conn = mysql.connector.connect(**self.configuration)
            self.cursor = self.conn.cursor()
            return self.cursor
        except mysql.connector.errors.InterfaceError as err:
            raise ConnectionError(err)
        except mysql.connector.errors.ProgrammingError as err:
            raise CredentialsError(err)

    def __exit__(self, exc_type, exc_value, exc_traceback):
        self.conn.commit()
        self.cursor.close()
        self.conn.close()
        if exc_type is mysql.connector.errors.ProgrammingError:
            raise SQLError(exc_value)
        elif exc_type:
            raise exc_type(exc_value)
```

11章のコード（2/3）

ユーザを待たせる方のvsearch4web.py

```
from flask import Flask, render_template, request, escape, session
from flask import copy_current_request_context

from vsearch import search4letters

from DBcm import UseDatabase, ConnectionError, CredentialsError, SQLError
from checker import check_logged_in

from time import sleep

app = Flask(__name__)

app.config['dbconfig'] = {'host': '127.0.0.1',
                          'user': 'vsearch',
                          'password': 'vsearchpasswd',
                          'database': 'vsearchlogDB', }

@app.route('/login')
def do_login() -> str:
    session['logged_in'] = True
    return '現在ログインしています。'

@app.route('/logout')
def do_logout() -> str:
    session.pop('logged_in')
    return '現在ログアウトしています。'

@app.route('/search4', methods=['POST'])
def do_search() -> 'html':

    @copy_current_request_context
    def log_request(req: 'flask_request', res: str) -> None:
        sleep(15)  # これでlog_requestがとても遅くなる……
        with UseDatabase(app.config['dbconfig']) as cursor:
            _SQL = """insert into log
                    (phrase, letters, ip, browser_string, results)
                    values
                    (%s, %s, %s, %s, %s)"""
            cursor.execute(_SQL, (req.form['phrase'],
                                  req.form['letters'],
                                  req.remote_addr,
                                  req.user_agent.browser,
                                  res, ))

    phrase = request.form['phrase']
    letters = request.form['letters']
    title = '検索結果:'
```

（次のページの）view_the_logのwith文を保護したのとほぼ同じ方法でこのwith文を保護しましょう。

do_searchの残りは次ページの先頭に示します。

11章のコード（3/3）

```
    results = str(search4letters(phrase, letters))
    try:
        log_request(request, results)
    except Exception as err:
        print('***** ロギングが失敗しました:', str(err))
    return render_template('results.html',
                           the_title=title,
                           the_phrase=phrase,
                           the_letters=letters,
                           the_results=results,)

@app.route('/')
@app.route('/entry')
def entry_page() -> 'html':
    return render_template('entry.html',
                           the_title='Web版のsearch4lettersにようこそ！')

@app.route('/viewlog')
@check_logged_in
def view_the_log() -> 'html':
    try:
        with UseDatabase(app.config['dbconfig']) as cursor:
            _SQL = """select phrase, letters, ip, browser_string, results
                      from log"""
            cursor.execute(_SQL)
            contents = cursor.fetchall()
        # raise Exception("未知の例外")
        titles = ('フレーズ', '検索文字', 'リモートアドレス', 'ユーザエージェント', '結果')
        return render_template('viewlog.html',
                               the_title='ログの閲覧',
                               the_row_titles=titles,
                               the_data=contents,)
    except ConnectionError as err:
        print('データベースが動作していますか？エラー:', str(err))
    except CredentialsError as err:
        print('ユーザID/パスワード問題。エラー:', str(err))
    except SQLError as err:
        print('クエリは正しいですか？エラー:', str(err))
    except Exception as err:
        print('何か問題が発生しました:', str(err))
    return 'Error'


app.secret_key = 'YouWillNeverGuessMySecretKey'

if __name__ == '__main__':
    app.run(debug=True)
```

これはdo_search関数の残り。

11 3/4章　スレッド入門

待ち時間を処理する

彼らが「待て」と言うの
は、何を考えているのか
さっぱりわからないな。

コードの実行に長い時間がかかることもあります。

誰が気付くかによって問題になる場合もあればならない場合もあります。あるコードが「水面下」で仕事を行うのに30秒かかっても、その待ち時間は問題にはならないかもしれません。しかし、ユーザがレスポンスを待っていて30秒かかったら、誰もが気付きます。この問題を解決するために何をすべきかは、何をするか（そして誰が待っているか）で決まります。この短い章ではいくつかの方法を簡単に説明し、「操作に時間がかかりすぎたら？」という問題の解決策を探っていきます。

待ち時間：何をすべき?

ユーザを待たせてしまいそうなコードを書くときには、何をしたいのかを慎重に考えてください。みんなの意見を聞いてみましょう。

書き込みの待ち時間は読み込みの待ち時間とは**異なる**のは事実でしょう。特にWebアプリケーションの動作方法に関わるからです。

`log_request`と`view_the_log`のSQLクエリを再度調べ、どのように使うのかを確認してみましょう。

どのようにデータベースに問い合わせているの?

log_request関数では、insert文を使ってリクエストの情報をデータベースに追加しています。log_requestを呼び出すと、cursor.executeがinsertを実行している間は**待たされる**ことになります。

```
def log_request(req: 'flask_request', res: str) -> None:
    with UseDatabase(app.config['dbconfig']) as cursor:
        _SQL = """insert into log
                  (phrase, letters, ip, browser_string, results)
                  values
                  (%s, %s, %s, %s, %s)"""
        cursor.execute(_SQL, (req.form['phrase'],
                              req.form['letters'],
                              req.remote_addr,
                              req.user_agent.browser,
                              res, ))
```

この時点で、データベースが処理するのを待っている間「ブロック」されます。

マニア向け情報

外部の動作の完了を待つコードは「ブロッキングコード」と呼ばれます。待機が終わるまでプログラムの実行が**ブロック**されるからです。原則として、長い時間がかかるブロッキングコードは好ましくありません。

view_the_log関数でも同じです。select文を実行するたびに**待たされる**ことになります。

```
@app.route('/viewlog')
@check_logged_in
def view_the_log() -> 'html':
    try:
        with UseDatabase(app.config['dbconfig']) as cursor:
            _SQL = """select phrase, letters, ip, browser_string, results
                      from log"""
            cursor.execute(_SQL)
            contents = cursor.fetchall()
        titles = ('フレーズ', '検索文字', 'リモートアドレス', 'ユーザエージェント', '結果')
        return render_template('viewlog.html',
                               the_title='ログの閲覧',
                               the_row_titles=titles,
                               the_data=contents,)
    except ConnectionError as err:
        ...
```

ここでもデータベースを待つ間「ブロック」されます。

紙面節約のため、view_the_logのすべては表示しません。ここにはやはり例外処理コードが入ります。

どちらの関数もブロックされます。しかし、両方の関数でcursor.executeを呼び出した**後**に何が起こるかをよく確認してください。log_requestではcursor.execute呼び出しは最後に実行されるのに対し、view_the_logではcursor.executeの結果をこの関数の残りの部分で使います。

この違いの意味を考えてみましょう。

データベースのinsertとselectは違う

このページのタイトルを見て「当たり前だ、もちろん違う！」と思ったかもしれませんね。

もちろん、insertはselectとは**異なります**。Webアプリケーションにおいてこの2つのクエリをどう使うかに依存します。log_requestのinsertはブロックする必要がないのに対し、view_the_logのselectはブロックする必要があるなど、これらのクエリは**大きく**異なります。

この違いは重要です。

view_the_logのselectがデータベースから返されるデータを待たないと、cursor.executeに続くコードはおそらく失敗するでしょう（処理するデータがないため）。view_the_log関数はデータを待って**から**先に進む必要があるので、ブロック**します**。

Webアプリケーションがlog_requestを呼び出すときには、log_requestに現在のリクエストの情報をデータベースにログデータとして格納してもらいたいのです。呼び出し側コードにとっては**いつ**ロギングするかは重要ではありません。log_request関数は値もデータも返しません。呼び出し側のコードはレスポンスを待ちません。呼び出し側コードは、Webリクエストが**最終的に**ロギングされているかどうかだけが重要です。

すると、なぜlog_requestは呼び出し側を待たせるのかという疑問が生じます。

log_requestは工夫すれば
Webアプリケーションのコードと
同時に実行できると言いたいわけ？

そうです。それが我々の無鉄砲なアイデアです。

ユーザにとっては、新しい検索フレーズを入力するときには、リクエストをデータベースにロギングしているかはどうでもいいことなので、ロギングを行っている間にユーザを待たせないようにしましょう。

その代わりに、別のプロセスがWebアプリケーションのメイン関数とは独立して**最終的に**ロギングを行うようにしましょう（ユーザが検索を実行できるようにするため）。

同時に複数のことを行う

log_request関数は、メインのWebアプリケーションとは独立して実行させます。そのために、log_requestのそれぞれの呼び出しが同時に動作するようにWebアプリケーションのコードを修正します。つまり、Webアプリケーションが別のユーザからの別のリクエストに応える前にlog_requestが完了するのを待たなくてもよくなるということです（すなわち、遅延が解消されます）。

log_requestの実行が瞬時でも、数秒、数分、さらには数時間かかっても、Webアプリケーションにもユーザにも関係なくなります。コードが最終的に実行されることが大切なのです。

並列コード：選択肢がある

Webアプリケーションのコードを同時に実行するには、いくつかの選択肢があります。Pythonは多くのサードパーティモジュールだけでなく、標準ライブラリも同時に実行するための組み込み機能を備えています。

最もよく知られているものの1つがthreadingライブラリです。threadingライブラリを使うには、コードの冒頭でthreadingモジュールからThreadクラスをimportするだけです。

```
from threading import Thread
```

vsearch4web.pyファイルの先頭付近に上の1行を追加してください。

これで楽しいことが始まります。

新たなスレッドを作成するには、Threadオブジェクトを作成し、キーワード引数targetにこのスレッドで実行させたい関数名を指定し、引数はタプルとして別の引数argsに指定します。そして、作成したThreadオブジェクトを選んだ変数に代入します。

例として、3つの引数を取る関数execute_slowlyがあるとします。3つの引数は3つの数値であるとします。execute_slowlyを呼び出すコードは変数glacial、plodding、leadenに3つの値を代入します。通常、execute_slowlyは次のように呼び出します（並列実行については気にしません）。

```
execute_slowly(glacial, plodding, leaden)
```

execute_slowlyが必要な処理に30秒かかる場合、呼び出し側コードはその他の処理を行う前にブロックされ30秒待つことになります。これは残念です。

Python標準ライブラリの並列処理機能の一覧（さらにその詳細）については、https://docs.python.jp/3/library/concurrency.html を参照する。

がっかりしないでスレッドを使う

一般的に、execute_slowly関数が完了するのを30秒待つことが、致命的なエラーだとは思いませんが、待っているユーザは何が起こったのかと思うでしょう。

execute_slowlyが処理を行っている間にアプリケーションの実行を続けるには、Treadを作成してexecute_slowlyを同時に実行します。通常の関数呼び出しを再度下に示します。また、関数をスレッドで呼び出すように要求するコードも一緒に示します。

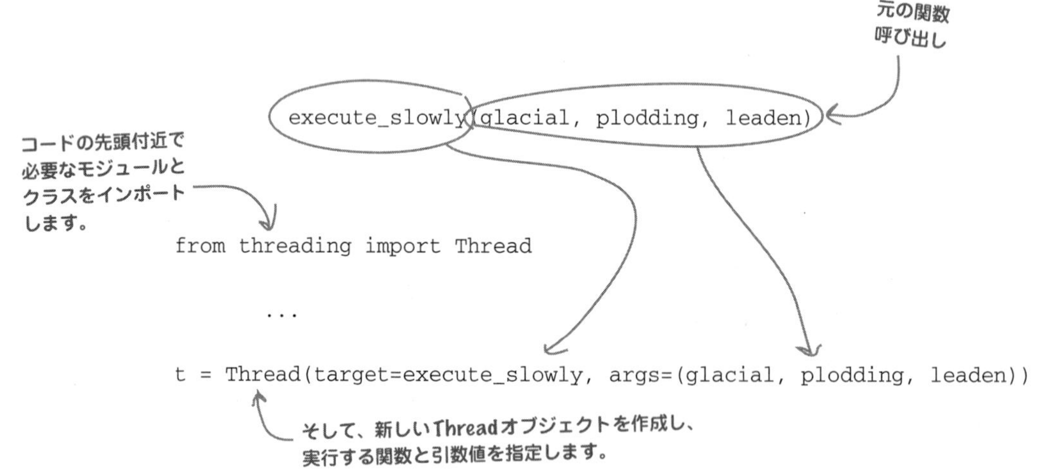

確かにここではThreadを普通とは少し違う形で使っている感じがしますが、そうでもありません。ここでの動作を理解するための鍵は、Threadオブジェクトが変数(この例ではt)に代入されていて、execute_slowly関数はまだ実行されていないことです。

Threadオブジェクトをtに代入して実行の**準備**をします。スレッドでexecute_slowlyを実行させるには、次のようにします。

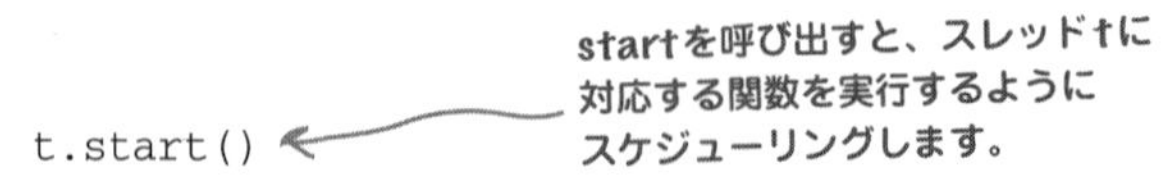

この時点で、t.startを呼び出したコードは実行を続けます。execute_slowlyの実行は人間ではなくPythonのthreadingモジュールが行うので、execute_slowlyの実行によって生じる30秒間の待機は呼び出し側コードには影響ありません。threadingモジュールは、**最終的には**execute_slowlyを実行します。

自分で考えてみよう

log_requestの呼び出しに関しては、調べる箇所は1つしかありません。do_search関数の中です。すでにlog_requestの呼び出しをtry/exceptの中に入れ、予期せぬ実行時エラーから保護していましたね。

また、log_requestに(sleep(15)を使って)15秒の遅延を加えていることにも注意してください(遅くなります)。次は、do_searchの現在のコードです。

```
@app.route('/search4', methods=['POST'])
def do_search() -> 'html':
    phrase = request.form['phrase']
    letters = request.form['letters']
    title = '検索結果:'
    results = str(search4letters(phrase, letters))
    try:
        log_request(request, results)
    except Exception as err:
        print('***** ロギングが失敗しました:', str(err))
    return render_template('results.html',
                           the_title=title,
                           the_phrase=phrase,
                           the_letters=letters,
                           the_results=results,)
```

現在はこのようにlog_requestを呼び出しています。

コードの先頭にfrom threading import Threadをすでに追加しているとします。

log_requestの標準の呼び出しの代わりにdo_searchに挿入するコードを下の空欄に書いてください。

前ページのexecute_slowlyの例と同様、Threadオブジェクトを使ってlog_requestを実行します。

log_requestを最終的に実行するために使うスレッドを追加します。

....

....

....

自分で考えてみようの答え

log_requestの呼び出しに関しては、調べる箇所は1つしかありません。do_search関数の中です。すでにlog_requestの呼び出しをtry/exceptの中に入れ、予期せぬ実行時エラーから保護していましたね。

また、log_requestに(sleep(15)を使って)15秒の遅延を加えていることにも注意してください(遅くなります)。次は、do_searchの現在のコードです。

```
@app.route('/search4', methods=['POST'])
def do_search() -> 'html':
    phrase = request.form['phrase']
    letters = request.form['letters']
    title = '検索結果:'
    results = str(search4letters(phrase, letters))
    try:
        log_request(request, results)
    except Exception as err:
        print('***** ロギングが失敗しました:', str(err))
    return render_template('results.html',
                           the_title=title,
                           the_phrase=phrase,
                           the_letters=letters,
                           the_results=results,)
```

現在はこのようにlog_requestを呼び出しています。

コードの先頭にfrom threading import Threadをすでに追加しているとします。

log_requestの標準の呼び出しの代わりにdo_searchに挿入するコードを下の空欄に書く必要がありました。

前ページのexecute_slowlyの例と同様、Threadオブジェクトを使ってlog_requestを実行します。

ここでもtry文を使います。

```
try:
    t = Thread(target=log_request, args=(request, results))
    t.start()
except ...
```

exceptブロックは変わらないので、ここには示しません。

前述の例と同様に、実行する関数を指定して必要な引数を与え、忘れずにスレッドを実行するようにスケジューリングします。

試運転

vsearch4web.pyに前ページの修正をしたら、また試運転を行います。ここでは、Webアプリケーションの検索ページに検索フレーズを入力してもほとんど待たないと予想しています（threadingモジュールがlog_requestを並列実行しているからです）。

さっそく試してみたところ、思ったとおり、「実行！」ボタンをクリックした瞬間に、Webアプリケーションは結果を返します。予想ではthreadingモジュールがlog_requestを実行し、この関数が完了するまでどんなに長く時間がかかっても待っていると思われます（約15秒）。

作業がうまくいったと満足していたところ、約15秒後にターミナルウィンドウに次のようなエラーメッセージが表示されました。

このメッセージを見てください。

最後のリクエストは成功でした。

```
        ...
127.0.0.1 - - [29/Jul/2016 19:43:31] "POST /search4 HTTP/1.1" 200 -
Exception in thread Thread-6:
Traceback (most recent call last):
  File "vsearch4web.not.slow.with.threads.but.broken.py", line 42, in log_request
    cursor.execute(_SQL, (req.form['phrase'],
  File "/Library/Frameworks/Python.framework/Versions/3.5/lib/python3.5/site-packages/
werkzeug/local.py", line 343, in __getattr__
        ...
    raise RuntimeError(_request_ctx_err_msg)
RuntimeError: Working outside of request context.

This typically means that you attempted to use functionality that needed
an active HTTP request.  Consult the documentation on testing for
information about how to avoid this problem.

During handling of the above exception, another exception occurred:

Traceback (most recent call last):
  File "/Library/Frameworks/Python.framework/Versions/3.5/lib/python3.5/threading.py",
line 914, in _bootstrap_inner
    self.run()
        ...
RuntimeError: Working outside of request context.

This typically means that you attempted to use functionality that needed
an active HTTP request.  Consult the documentation on testing for
information about how to avoid this problem.
```

うわっ！未捕捉例外。

さらに多くのトレースバックメッセージが表示されます。

さらに別の未捕捉例外です。ヒヤーッ！

バックエンドのデータベースを調べると、リクエストの情報がロギングされて**いない**ことがわかります。上のメッセージによると、threadingモジュールにとって、このコードでは不十分のようです。2番目の多くのトレースバックメッセージはthreading.pyを示しているのに対し、1番目のトレースバックメッセージはwerkzeugとflaskフォルダのコードです。メッセージから、スレッドのコードを追加したことで**大混乱**しています。どうなっているのでしょうか？

物事には順序がある：パニくらない

直感的には、log_requestを実行するために専用のスレッドに追加したコードを取り消して、元の状態に戻そうと思うかもしれません。しかし、慌ててそのコードを**削除**してはいけません。慌てずにトレースバックメッセージに2回現れた、次の説明的な段落を確認してみましょう。

```
        ...
This typically means that you attempted to use functionality that needed
an active HTTP request.  Consult the documentation on testing for
information about how to avoid this problem.
        ...
```

このメッセージは、threadingモジュールではなくFlaskからのものです。また、threadingモジュールはthreadingモジュールを使う目的はどうでもよくて、HTTPの動作は関係ありません。

スレッドの実行をスケジューリングするコードをもう一度調べてみましょう。このコードの実行には15秒かかることがわかっています。これはlog_requestにかかる時間です。この15秒間に何が起こっているのでしょうか。

```
@app.route('/search4', methods=['POST'])
def do_search() -> 'html':
    phrase = request.form['phrase']
    letters = request.form['letters']
    title = '検索結果：'
    results = str(search4letters(phrase, letters))
    try:
        t = Thread(target=log_request, args=(request, results))
        t.start()
    except Exception as err:
        print('***** ロギングが失敗しました：', str(err))
    return render_template('results.html',
                           the_title=title,
                           the_phrase=phrase,
                           the_letters=letters,
                           the_results=results,)
```

このスレッドの実行に15秒かかっている間に何が起こるでしょう？

スレッドの実行をスケジューリングした瞬間に、呼び出し側コード（do_search関数）は実行を続けます。render_templateを実行すると、do_search関数は**終了します**。

do_searchが終了すると、この関数（関数の**コンテキスト**）に関連する全データをインタプリタが回収します。request、phrase、letters、title、results変数はなくなります。しかし、requestとresults変数はlog_requestに渡されているため、15秒後にこの2つの変数に再びアクセスします。残念ながら、この時点でdo_searchは終了しているのでこれらの変数はもう存在しません。参りました。

大丈夫、Flaskが利用できます

どうやら、log_request関数からは（スレッド内で実行されるときに）引数データが見えなくなっているようです。インタプリタが後片付けをして（do_searchが終了しているために）これらの変数が使用したメモリを回収してから時間が経っているからです。つまり、requestオブジェクトはアクティブではなくなっているので、log_requestは見つけることができません。

それでは、どうすればいいのでしょうか？心配しないでください。すでにあるものを使って解決できます。

来週予定を入れておくわ。きっと
そのときにlog_request関数を
書き直すように言うのでしょう？

実は書き直す必要はありません。

一見、（可能であれば）何とかして引数に頼らないようにlog_requestを書き直さなくてはいけないと考えるかもしれません。しかし、こんなときこそFlaskのデコレータの出番です。

copy_current_request_contextデコレータは、関数の呼び出し時にアクティブなHTTPリクエストが、その後にスレッド内でその関数を実行したときでも**アクティブのまま**であるようにします。このデコレータを使うには、Webアプリケーションコードの先頭のインポート行にcopy_current_request_contextを追加します。

他のデコレータの場合と同様、@構文で既存の関数に適用します。しかし、注意が必要です。デコレートされる関数は、その関数を呼び出す関数**内**で定義します。つまり、呼び出し側内に（内部関数として）入れ子にする必要があるのです。

エクササイズ

インポート行を変更した後に、次のことを行いましょう。

タスク1.　log_requestをdo_search関数内に入れ子にする。
タスク2.　log_requestを@copy_current_request_contextでデコレートする。
タスク3.　前回の「試運転」で起こった実行時エラーが消えていることを確認する。

エクササイズの答え

次の3つを行うように言いましたね。

タスク1. `log_request`を`do_search`関数内に入れ子にする。

タスク2. `log_request`を`@copy_current_request_context`でデコレートする。

タスク3. 前回の「試運転」で起こった実行時エラーがなくなっていることを確認する。

タスク1とタスク2を反映した`do_search`コードは次のようになります（注：3については次のページで取り上げます）。

```
@app.route('/search4', methods=['POST'])
def do_search() -> 'html':

    @copy_current_request_context
    def log_request(req: 'flask_request', res: str) -> None:
        sleep(15)  # これでlog_requestがとても遅くなる……
        with UseDatabase(app.config['dbconfig']) as cursor:
            _SQL = """insert into log
                      (phrase, letters, ip, browser_string, results)
                      values
                      (%s, %s, %s, %s, %s)"""
            cursor.execute(_SQL, (req.form['phrase'],
                                  req.form['letters'],
                                  req.remote_addr,
                                  req.user_agent.browser,
                                  res, ))

    phrase = request.form['phrase']
    letters = request.form['letters']
    title = '検索結果：'
    results = str(search4letters(phrase, letters))
    try:
        t = Thread(target=log_request, args=(request, results))
        t.start()
    except Exception as err:
        print('***** ロギングが失敗しました：', str(err))
    return render_template('results.html',
                           the_title=title,
                           the_phrase=phrase,
                           the_letters=letters,
                           the_results=results,)
```

タスク 2. デコレータを`log_request`に適用しています。

タスク 1. `log_request`関数は`do_search`関数内で定義しています（入れ子になっている）。

残りの部分は同じです。

素朴な疑問に答えます

Q：`log_request`のスレッドにおける呼び出しはやはり`try/except`で保護する意味があるのですか？

A：`try/except`はスレッドを開始する前に終了するので、`log_request`の実行時のエラーに対応したいのなら意味がありません。でも、システムが新しいスレッドの作成に失敗する可能性があるので、`do_search`の`try/except`をそのままにしても害はないでしょう。

試運転

タスク3：修正後のvsearch4web.pyを試し、前回の「試運転」で起こった実行時エラーが消えていることを確認します。ターミナルウィンドウですべてがうまくいっていることが確認できます。

```
        ...
127.0.0.1 - - [30/Jul/2016 20:42:46] "GET / HTTP/1.1" 200 -
127.0.0.1 - - [30/Jul/2016 20:43:10] "POST /search4 HTTP/1.1" 200 -
127.0.0.1 - - [30/Jul/2016 20:43:14] "GET /login HTTP/1.1" 200 -
127.0.0.1 - - [30/Jul/2016 20:43:17] "GET /viewlog HTTP/1.1" 200 -
127.0.0.1 - - [30/Jul/2016 20:43:37] "GET /viewlog HTTP/1.1" 200 -
```

もう恐ろしい実行時例外は表示されません。この200番台のメッセージは、すべてがうまくいっていることを意味します。また、新たな検索を送信した15秒後に、ユーザを待たせることなく最終的に詳細をデータベースにログデータを格納します。

このカードに書かれているとおり、最後の1つの質問をするよ。log_requestをdo_search内で定義することの欠点はないの？

この場合はありません。

今回はlog_request関数はdo_searchからしか呼び出されなかったので、do_search内にlog_requestを入れ子にしても問題ありません。

後で他の関数からlog_requestを呼び出す場合は、問題となる可能性があります（そして、考え直さなければいけません）。しかし、ここまではうまくいっています。

Webアプリケーションは堅牢になったのか?

次は11章の冒頭に示した4つの疑問です。

1. **データベース接続に失敗したら?**
2. **Webアプリケーションは攻撃から守られている?**
3. **長い時間がかかったら?**
4. **関数呼び出しが失敗したら?**

現在、このWebアプリケーションは、多くの実行時例外を処理しています。`raise`して捕捉できるカスタム例外と`try/except`を使うためです。

実行時に何か問題が生じる可能性があるときには、起こりそうな例外からコードを保護します。すると、アプリケーションの全体的な堅牢性が改善します。これはよいことです。

他の部分でも堅牢性を改善できます。`UseDatabase`コンテキストマネージャを利用して、`view_the_log`に`try/except`句を追加しました。`UseDatabase`も`log_request`内で使うので、保護しておきましょう（この作業は読者の宿題としておきます）。

すぐにではなく最終的に実行するタスクはスレッドで処理したので、Webアプリケーションの反応は早くなりました。スレッドは優れていますが、使いすぎないようにします。この章のスレッド化の例はとても単純ですが、誰も理解できないようなコードになってしまい、デバッグしづらくなってしまうからです。スレッドを使う際は注意してください。

「長い時間がかかったら？」の解決策として、スレッドを使うとデータベースの書き込みの性能は改善しますが、読み込みは改善しません。Webアプリケーションはデータがなければ先に進めないので、どんなに時間がかかっても読み込んだ後にデータが届くまで待たなければいけません。

データベースの読み込みを速くするには（最初の段階で実際に遅い場合）、別の（高速な）データベースに替えた方がよいかもしれません。しかし、これは別の頭痛の種になるので、本書ではこれ以上は取り上げません。

性能については、次の12章でも引き続き取り上げます。12章では、すでに登場したループの性能について詳しく検討します。

11 3/4 章のコード（1/2）

vsearch4web.pyの最高の最新バージョンです。

```
from flask import render_template, request, escape, session
from flask import copy_current_request_context
from vsearch import search4letters

from DBcm import UseDatabase, ConnectionError, CredentialsError, SQLError
from checker import check_logged_in

from threading import Thread
from time import sleep

app = Flask(__name__)

app.config['dbconfig'] = {'host': '127.0.0.1',
                          'user': 'vsearch',
                          'password': 'vsearchpasswd',
                          'database': 'vsearchlogDB', }

@app.route('/login')
def do_login() -> str:
    session['logged_in'] = True
    return '現在ログインしています。'

@app.route('/logout')
def do_logout() -> str:
    session.pop('logged_in')
    return '現在ログアウトしています。'

@app.route('/search4', methods=['POST'])
def do_search() -> 'html':

    @copy_current_request_context
    def log_request(req: 'flask_request', res: str) -> None:
        sleep(15)  # これでlog_requestがとても遅くなる……
        with UseDatabase(app.config['dbconfig']) as cursor:
            _SQL = """insert into log
                   (phrase, letters, ip, browser_string, results)
                   values
                   (%s, %s, %s, %s, %s)"""
            cursor.execute(_SQL, (req.form['phrase'],
                                  req.form['letters'],
                                  req.remote_addr,
                                  req.user_agent.browser,
                                  res, ))

    phrase = request.form['phrase']
    letters = request.form['letters']
    title =  '検索結果：'
```

do_searchの残りは次のページの先頭に示します。→

11 3/4 章のコード（1/2）

```
    results = str(search4letters(phrase, letters))
    try:
        t = Thread(target=log_request, args=(request, results))
        t.start()
    except Exception as err:
        print('***** このエラーでロギングが失敗しました：', str(err))
    return render_template('results.html',
                           the_title=title,
                           the_phrase=phrase,
                           the_letters=letters,
                           the_results=results,)

@app.route('/')
@app.route('/entry')
def entry_page() -> 'html':
    return render_template('entry.html',
                           the_title='Web版のsearch4lettersにようこそ！')

@app.route('/viewlog')
@check_logged_in
def view_the_log() -> 'html':
    try:
        with UseDatabase(app.config['dbconfig']) as cursor:
            _SQL = """select phrase, letters, ip, browser_string, results
                      from log"""
            cursor.execute(_SQL)
            contents = cursor.fetchall()
        # raise Exception("未知の例外")
        titles = ('フレーズ', '検索文字', 'リモートアドレス', 'ユーザエージェント', '結果')
        return render_template('viewlog.html',
                               the_title='ログの閲覧',
                               the_row_titles=titles,
                               the_data=contents,)
    except ConnectionError as err:
        print('データベースが動作していますか？エラー：', str(err))
    except CredentialsError as err:
        print('ユーザID/パスワード問題。エラー：', str(err))
    except SQLError as err:
        print('クエリは正しいですか？エラー：', str(err))
    except Exception as err:
        print('何か問題が発生しました：', str(err))
    return 'Error'

app.secret_key = 'YouWillNeverGuessMySecretKey'

if __name__ == '__main__':
    app.run(debug=True)
```

これはdo_searchの残り。

12章　高度なイテレーション

猛烈にループする

最高に素晴らしい
アイデアを思い付いたわ。
ループをもっと速くできたら
どうなるかしら？

ループはとにかく時間がかかります。

ほとんどのループは何かを何回も実行するためのものなので、当然のこととも言えます。ループを最適化するには、2つの方法があります。1. 構文の改善（ループの指定を容易にする）と2. 実行方法の改善（ループを高速にする）です。はるか昔、Python 2の初期に、言語設計者はこの両方を実現するような言語機能、**内包表記**を追加しました。この奇妙な名前を聞いただけでうんざりしたかもしれませんが、この章を読み終わる頃までには、今までずっと内包表記なしで済ませてきたことに驚くほど、内包表記の素晴らしさがわかるでしょう。

行きたいところがあり、会いたい人がいる。

バハマ・ブザーには目的地がある

ループ内包表記の威力を知るために、「実際」のデータを調べましょう。

西インド諸島バハマ諸島のニュープロビデンス島にあるバハマの首都ナッソーを拠点とする航空会社バハマ・ブザー社は、島巡りフライトのサービスを行っています。あなたはPythonの知識を買われてこの会社から、プログラミングを手伝ってくれるように頼まれているとします。この会社は、ジャストインタイムフライトスケジューリングを他社に先駆けて開発しました。ジャストインタイムフライトスケジューリングでは、前日の需要に基づいて、次の日の便数を予測(「あてずっぽう」の上品な言い方)します。本社では毎日運行後に、テキストベースのCSV(Comma-Separated-Value:カンマ区切り値)ファイルで翌日のフライトスケジュールを作成しています。

CSVファイルの内容はこのようになっています。

```
TIME,DESTINATION
09:35,FREEPORT
17:00,FREEPORT
09:55,WEST END
19:00,WEST END
10:45,TREASURE CAY
12:00,TREASURE CAY
11:45,ROCK SOUND
17:55,ROCK SOUND
```

ヘッダから、時刻と目的地の2列のデータからなることがわかります。

標準的なCVSファイル。1行目はヘッダ情報です。すべてが大文字(少し古くさい)であること以外はすべて問題なさそうです。

CSVファイルのヘッダ以降には実際のフライトデータが入っています。

本社はこのCSVファイルをbuzzers.csvと呼んでいます。

このCSVファイルからデータを読み込んで画面に表示するには、with文を使います。さっそくIDLEの>>>プロンプトからosモジュールを使ってファイルのあるフォルダに移動し、データを読み込んで表示してみましょう。

ここに移動したいフォルダを指定します。

readメソッドはファイル内の全文字を一気に読み込みます。

```
Python 3.5.2 Shell
>>>
>>> import os
>>> os.chdir('/Users/paul/buzzdata')
>>>
>>> with open('buzzers.csv') as raw_data:
        print(raw_data.read())


TIME,DESTINATION
09:35,FREEPORT
17:00,FREEPORT
09:55,WEST END
19:00,WEST END
10:45,TREASURE CAY
12:00,TREASURE CAY
11:45,ROCK SOUND
17:55,ROCK SOUND

>>> |
                                   Ln: 59  Col: 4
```

ファイルから読み込んだCSVデータ。

CSVフォーマットの詳細については https://jp.wikipedia.org/wiki/Comma-Separated_Values を参照してください。

CSVデータをリストとして読み込む

CSVデータは、そのままの形式ではあまり便利ではありません。1行ずつ読み込んでカンマで区切った方が、データを取得しやすく便利です。

文字列オブジェクトのsplitメソッドを利用して、自分でコードを書いて、この「分離」を行うこともできますが、日常的に扱うCSVデータには、**標準ライブラリ**にも便利なモジュールcsvが用意されています。

次に示したのは、csvモジュールの動作を示す小さなforループです。readメソッドを使ってファイルの内容全体を**一気に**読み込んだ前ページの例とは異なり、forループ内でcsv.readerを使って**1行ずつ**読み込んでいます。forループは、反復のたびにCSVデータの各行を変数lineに代入し、それを画面に表示します。

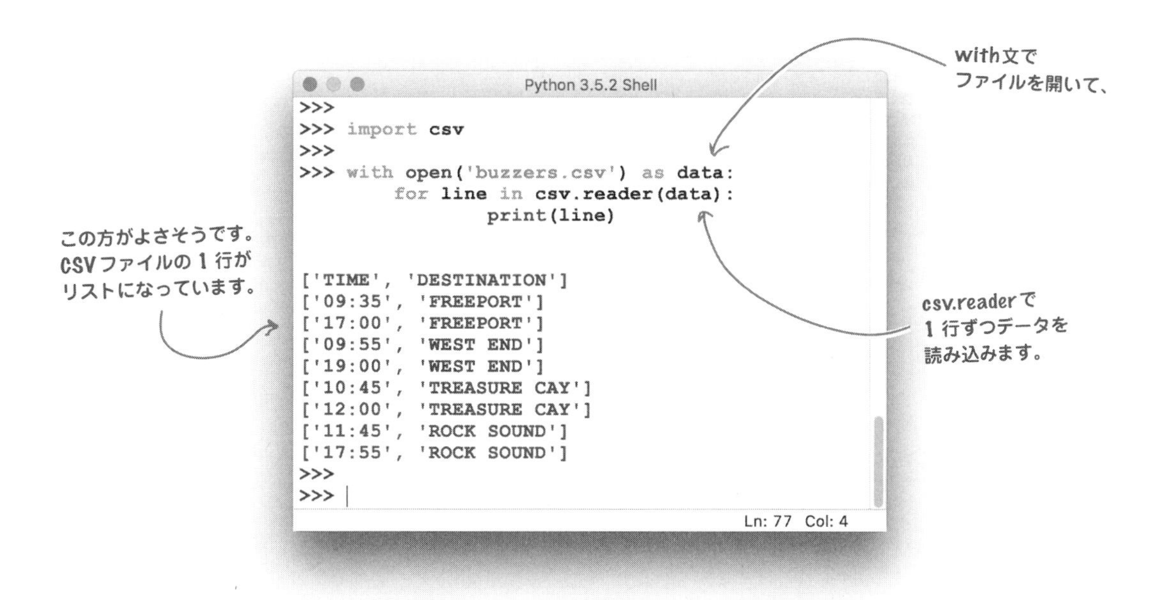

csvモジュールは、ここでは多くの処理を行っています。ファイルから生データを1行ずつ読み込み、「魔法のように」要素が2つのリストに変換しています。

ファイルの1行目のヘッダ情報だけでなく、各フライトの時刻と目的地のペアもリストになっています。ここで**型**に注意してください。リストの1番目の要素は、明らかに時刻であるにもかかわらず、すべて文字列です。

csvモジュールには、さらにいくつかの機能があります。別の興味深いクラスにcsv.DictReaderがあります。このクラスについて調べてみましょう。

CSVデータを辞書として読み込む

次は前ページの例に似ていますが、こちらはcsv.readerではなくcsv.DictReaderを使います。DictReaderは、CSVファイルのデータを辞書として返します。各辞書のキーはCSVファイルのヘッダ行から取得し、値は後続の行から取ります。

csv.DictReaderを使うようにする変更は簡単ですが、結果は大きく異なります。前回は各行がリストでしたが、今回は辞書になっています。

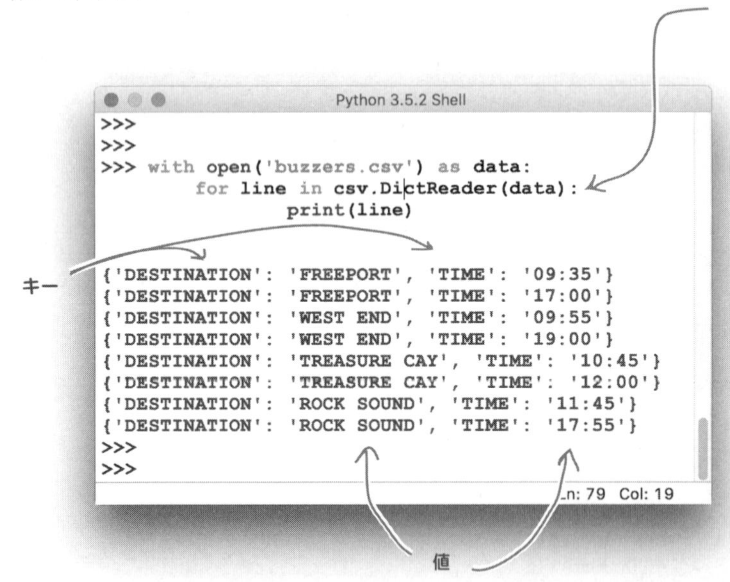

Python 3.5.2 Shell
>>>
>>>
>>> with open('buzzers.csv') as data:
for line in csv.DictReader(data):
print(line)
{'DESTINATION': 'FREEPORT', 'TIME': '09:35'}
{'DESTINATION': 'FREEPORT', 'TIME': '17:00'}
{'DESTINATION': 'WEST END', 'TIME': '09:55'}
{'DESTINATION': 'WEST END', 'TIME': '19:00'}
{'DESTINATION': 'TREASURE CAY', 'TIME': '10:45'}
{'DESTINATION': 'TREASURE CAY', 'TIME': '12:00'}
{'DESTINATION': 'ROCK SOUND', 'TIME': '11:45'}
{'DESTINATION': 'ROCK SOUND', 'TIME': '17:55'}
>>>
>>>
Ln: 79 Col: 19
キー
値


```
TIME,DESTINATION
09:35,FREEPORT
17:00,FREEPORT
09:55,WEST END
19:00,WEST END
10:45,TREASURE CAY
12:00,TREASURE CAY
11:45,ROCK SOUND
17:55,ROCK SOUND
```

ファイルの生データはこのようになっていました。

こちらの方が強力であることは間違いありません。DictReader関数を1回呼び出すだけで、csvモジュールは生データを辞書のコレクションに変換しています。

しかし、生データを次の要件に基づいて変換する場合を考えてみてください。

1. **フライト時刻を24時間表記からAM/PM表記に変換する。**
2. **目的地を大文字からタイトルケース（最初の文字だけ大文字）に変換する。**

これ自体は難しい作業ではありません。生データをリストのコレクションや辞書のコレクションとして考えると、簡単です。そこで、forループを書いてデータを1つの辞書に読み込み、その辞書を使ってあまり手をかけずにこの変換を行えるようにしましょう。

少し戻ろう

csv.readerやcsv.DictReaderは使わず、独自のコードでCSVファイルの生データを**1つ**の辞書に変換し、その辞書を操作して変換するようにしましょう。

バハマ・ブザー社の本社の社員と話をしたところ、私たちが考えている変換にとても満足しているものの、時代遅れの出発時刻表示板には24時間表記のフライト時刻とすべて大文字の目的地のデータを渡さなければいけないので、「生」のデータも持っていたいと話していました。

1つの辞書で生データを変換できますが、読み込み時の実際の生データではなくデータの**コピー**を変換するようにしましょう。現時点では明確ではありませんが、本社の意見としては、作成するコードはすべて既存システムと整合性がなければいけないように思われます。そこで、データを生の形式に変換し直すのではなく、そのままの状態で1つの辞書に読み込んでから必要に応じてコピーに変換しましょう（元の辞書の生データは**そのまま**にしておきます）。

生データを辞書に読み込むのは（csvモジュールで行った作業と比べて）それほどの作業ではありません。次のコードでは、ファイルを開き、1行目を読み込んで無視します（ヘッダ情報は必要ないため）。そして、forループで生データを1行ずつ読み込んでカンマで2つの分割し、フライト時刻を辞書の**キー**として使い、目的地を辞書の**値**として使います。

生データ

```
TIME,DESTINATION
09:35,FREEPORT
17:00,FREEPORT
09:55,WEST END
19:00,WEST END
10:45,TREASURE CAY
12:00,TREASURE CAY
11:45,ROCK SOUND
17:55,ROCK SOUND
```

区切り文字としてカンマを使い、1行を2行に分割できるでしょうか？

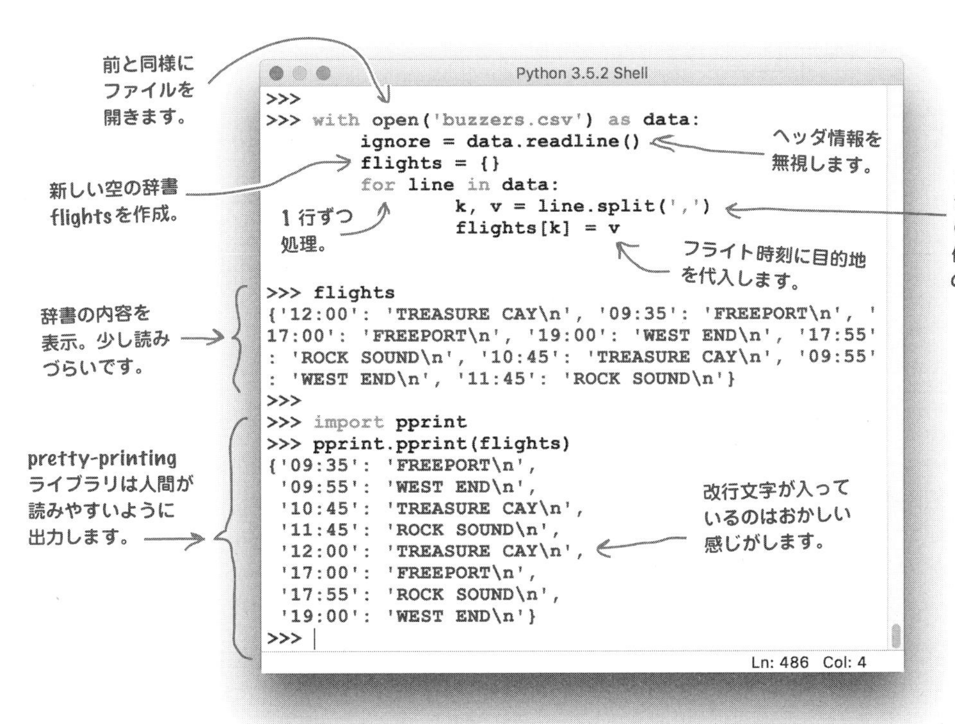

生データの中の不要な文字を除去してから分割

前述のwith文では、（すべての文字列オブジェクトに含まれる）splitメソッドを使って生データの行を2つに分割しました。返されたリストの文字列の要素を変数kとvに代入します。この複数の変数の代入が可能なのは、代入演算子の左辺に変数のタプルがあり、代入演算子の右辺にリストを作成するコードがあるからです（タプルは**不変**リストでしたね）。

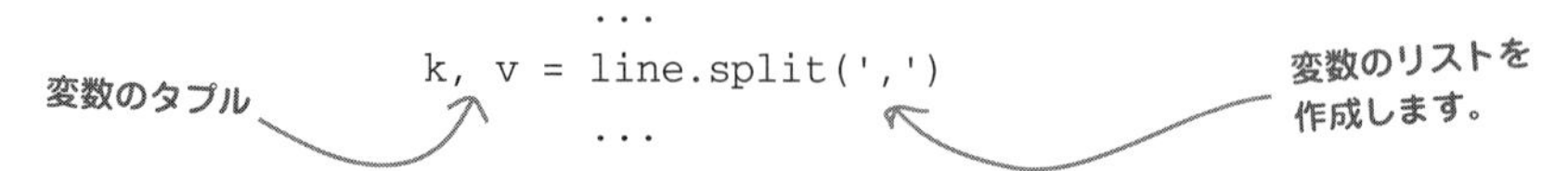

別の文字列メソッドstripは、文字列の先頭と末尾のホワイトスペースを取り除きます。splitを実行する**前**に、stripメソッドを使って生データから不要な末尾の改行を取り除きましょう。

次は、データを読み込むコードの最終的なバージョンです。辞書flightsを作成し、キーにフライト時刻を、値に目的地（改行は含まれない）を使います。

ホワイトスペース：文字列内の空白、\t、\n、\rはホワイトスペースとみなされます。

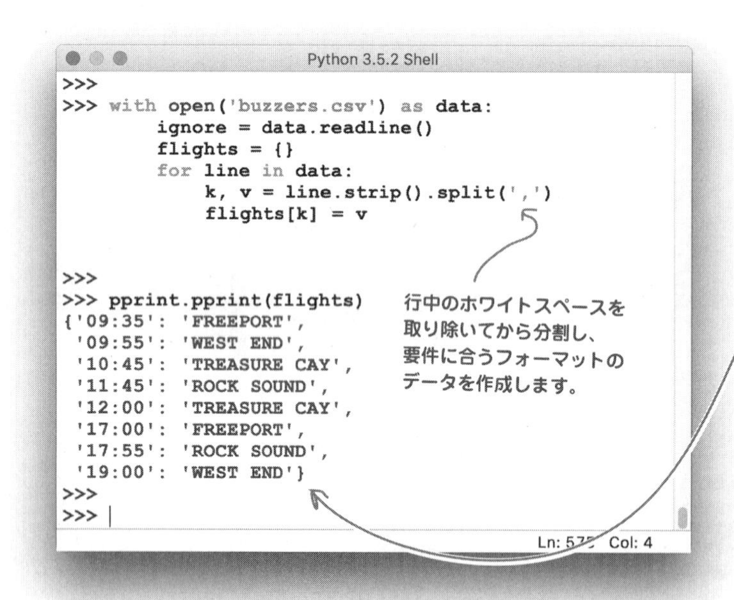

気付いていないかもしれませんが、この辞書の行の順番はファイルの行順とは異なります。辞書は挿入順を保証しないからですが、とりあえず放っておきます。

```
TIME,DESTINATION
09:35,FREEPORT
17:00,FREEPORT
09:55,WEST END
19:00,WEST END
10:45,TREASURE CAY
12:00,TREASURE CAY
11:45,ROCK SOUND
17:55,ROCK SOUND
```

上のメソッドの順番を次のように変更したらどうなるでしょうか？

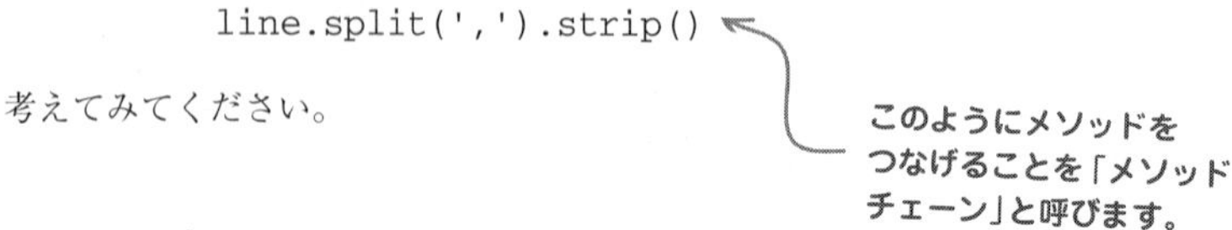

考えてみてください。

メソッド呼び出しをつなげるときには注意する

（前述の例のstripとsplitのように）Pythonのメソッド呼び出しをつなぐことを嫌う人もいます。このようなチェーンは、一見読みにくいからです。しかし、メソッドチェーンはよく使われているので、遭遇することも多いでしょう。しかし、メソッド呼び出しの順序は交換**できない**ので注意が必要です。

次のコードは問題が起こる例です（この例は前ページのコードによく似ています）。前はstrip、splitという順序でしたが、今回はまずsplitを呼び出してからstripを呼び出しています。詳しく説明しましょう。

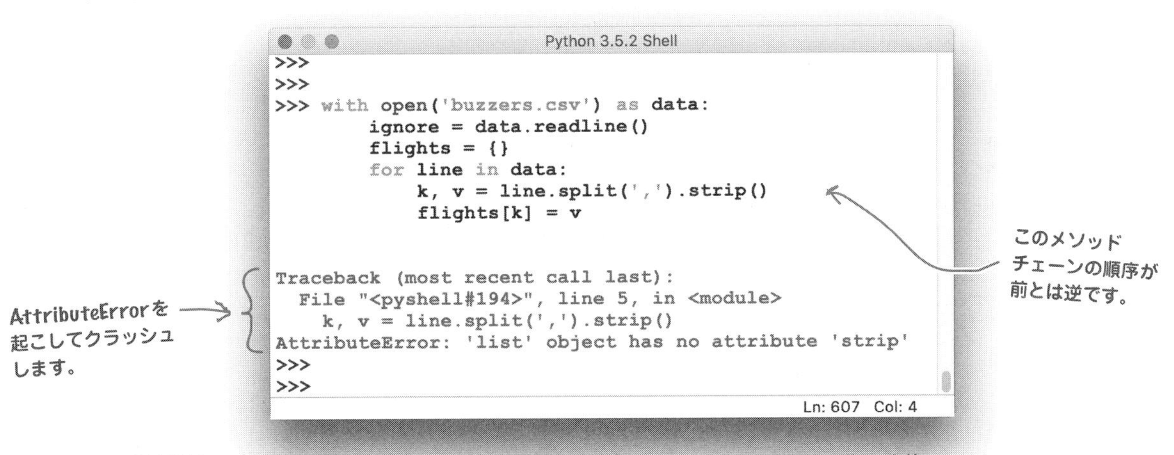

ここでは何が起こっているのでしょうか？ まず、メソッドチェーンの実行時における代入演算子の右辺のデータ**型**を考えてください。

実行前のlineは文字列です。文字列に対してsplitを呼び出すと、splitに指定した引数を区切り文字として使って文字列のリストを返します。最初は**文字列**（line）だったものが動的に**リスト**に変わり、そのリストに対して別のメソッドを呼び出します。この例では、次のメソッドはstripです。stripはリスト**ではなく**文字列に対して呼び出すものなので、リストにはメソッドstripがないためAttributeErrorとなります。

前ページのメソッドチェーンにはこの問題はありません。

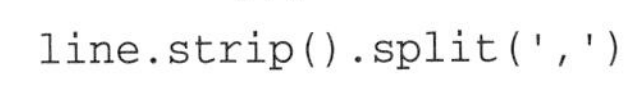

```
...
line.strip().split(',')
...
```

こちらのコードでは、インタプリタは文字列lineから始め、stripで先頭と末尾のホワイトスペースを取り除き（別の文字列を作成します）、splitでカンマ区切りの文字列のリストに分割します。このメソッドチェーンは型付け規則に違反していないので、AttributeErrorは生じません。

データを必要なフォーマットに変換する

データをflights辞書に入れたので、バハマ・ブザー本社から求められている操作について検討しましょう。

まずは480ページの2つの変換を実行し、その過程で新しい辞書を作成します。

1. **フライト時刻を24時間表記からAM/PM表記に変換する。**
2. **目的地を大文字からタイトルケースに変換する。**

上の2つの変換をflights辞書に適用すると、左側の辞書を右側の辞書に変換できます。

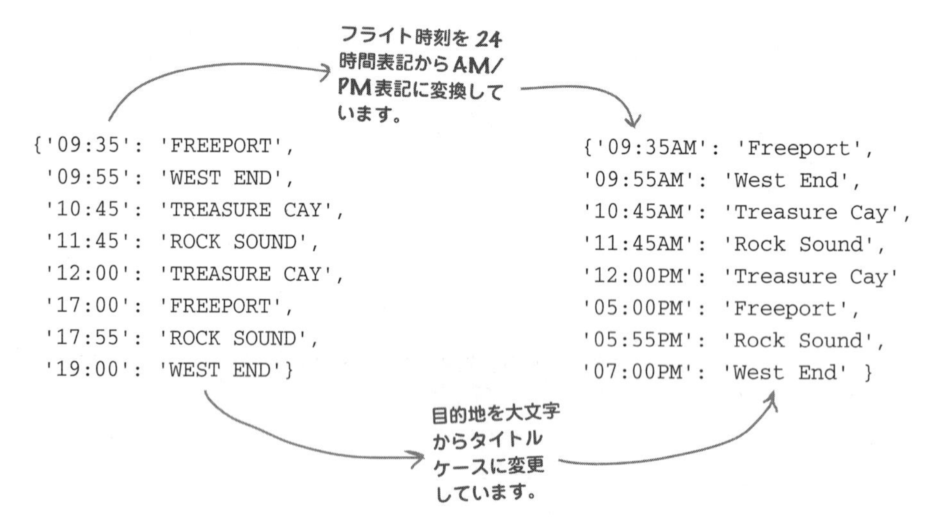

どちらの辞書も意味は変わらず、表示方法だけが変更されています。本社は右側の辞書を必要としています。右側のデータの方がわかりやすいと感じているからです。それに、すべて大文字で表記するのは強調したいときくらいだと思っているからです。

現在、両方の辞書のデータはフライト時刻と目的地の組み合わせごとに1行です。本社は左側の辞書を右側の辞書に変換すれば満足するでしょうが、目的地をキーとし、フライト時刻のリストを値としてデータを表せたらとても便利そうです。つまり、目的地ごとに1行のデータにするのです。この変更を行うコードを書く前に、変更後の辞書がどのようなものなのかを確認してみましょう。

リストの辞書に変換する

flights辞書のデータを変換したら、本社は前ページの最後に説明したように変換してほしいとあなたに求めています。

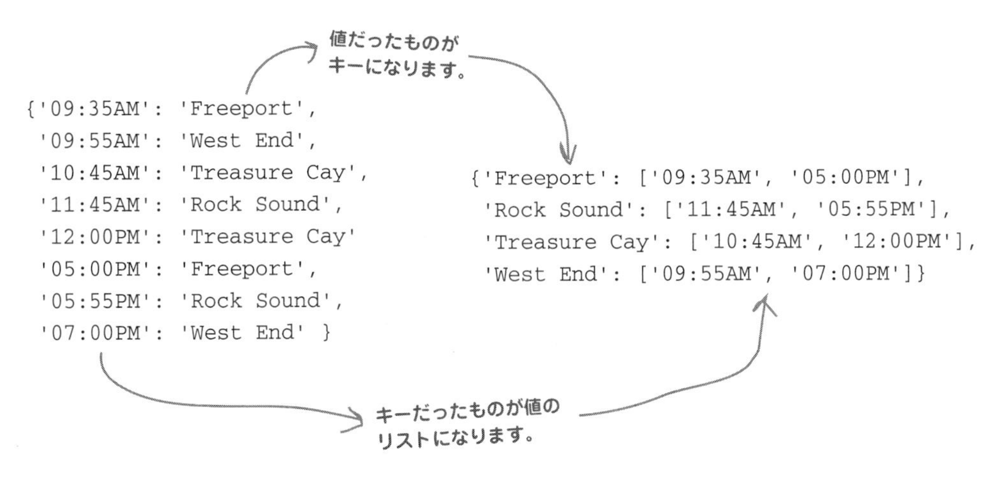

データラングリングについて考える

CSVファイルの生データから上の右側のようなリストの辞書に変換するには、作業が少し必要です。すでに持っている知識を使って、これを解決する方法を考えてください。

あなたが普通のプログラマであれば、forループがここでも使えると思うでしょう。だって、CSVファイルから生データを読み込んでflights辞書に格納するのにすでにforを使っているのですから。

```
with open('buzzers.csv') as data:
    ignore = data.readline()
    flights = {}
    for line in data:
        k, v = line.strip().split(',')
        flights[k] = v
```

よくあるforの使い方です。
Pythonでは一般的です。

このコードを修正し、CSVファイルから読み込むとき（つまり、flightsにデータ行を追加する**前**）に生データを変換するように、本社には提案したいと思うかもしれません。しかし、本社はflightsの生データをそのままにしておくように要求していたので、データを**コピー**したものを変換する必要があります。そのため少しだけ複雑になります。

基本的な変換を行う

現時点では、`flights`辞書にはキーとして24時間表記のフライト時刻、値として目的地を表す大文字があります。最初に実行すべき変換は2つです。

1. **フライト時刻を24時間表記からAM/PM表記に変換する。**
2. **目的地を大文字からタイトルケースに変換する。**

変換2の方が簡単なので、まずこちらから行いましょう。データが文字列なので、次のIDLEセッションに示すように文字列の`title`メソッドを呼び出すだけです。

```
>>> s = "I DID NOT MEAN TO SHOUT."
>>> print(s)
I DID NOT MEAN TO SHOUT.
>>> t = s.title()
>>> print(t)
I Did Not Mean To Shout.
```

titleメソッドはsのコピーを返します。

前よりわかりやすくなりました。

変換1は少し手間がかかります。

19:00というデータを文字列として捉えた場合、19:00を7:00PMに変換するのは複雑です。文字列として捉えると、この変換には多くのコードが必要です。

代わりに19:00を時間と考えると、Pythonの**標準ライブラリ**の一部である`datetime`モジュールが使えます。このモジュールの`datetime`クラスは、あらかじめ作成されている2つの関数と時刻のフォーマットを表現する**ディレクティブ**を使って文字列（19:00など）をAM/PM表記に変換します。`convert2ampm`という小さな関数は、`datetime`モジュールの機能を使って必要な変換をしてくれます。

ディレクティブの詳細は、https://docs.python.jp/3/library/datetime.html#strftime-andstrptime-behavior を参照。

既製コード

```
from datetime import datetime

def convert2ampm(time24: str) -> str:
    return datetime.strptime(time24, '%H:%M').strftime('%I:%M%p')
```

24時間表記の時間を（文字列として）指定すると、このメソッドチェーンは文字列をAM/PM表記に変換します。

自分で考えてみよう

前ページの変換を行ってみましょう。
次のコードは、CSVファイルから生データを読み込んでflights辞書にデータを入れます。convert2ampm関数も使っています。
flightsのデータを取得してキーをAM/PM表記に、値を**タイトルケース**に変換してください。新しい辞書flights2を作成して変換データを格納します。下の空欄にforループを追加してください。
ヒント：forループで辞書を処理する際には、itemsメソッドが反復するたびに各行のキーと値を（タプルとして）返すことを思い出してください。

```
from datetime import datetime
import pprint


def convert2ampm(time24: str) -> str:
    return datetime.strptime(time24, '%H:%M').strftime('%I:%M%p')


with open('buzzers.csv') as data:
    ignore = data.readline()
    flights = {}
    for line in data:
        k, v = line.strip().split(',')
        flights[k] = v


pprint.pprint(flights)
print()

flights2 = {}

..........................................................

..........................................................

pprint.pprint(flights2)
```

変換関数を定義。

ファイルからデータを取得。

変換する前に辞書flightsをプリティプリントします。

新しい辞書flights2は空から始めます。

ここにforループを追加。

辞書flights2をプリティプリントし、正しく変換されていることを確認します。

自分で考えてみようの答え

flightsのデータを取得してキーをAM/PM表記に、値を**タイトルケース**に変換する必要がありました。新しい辞書flights2を作成して変換データを格納し、下の空欄にforループを追加します。

このコード全体をファイルdo_convert.pyに保存しました。

```
from datetime import datetime
import pprint


def convert2ampm(time24: str) -> str:
    return datetime.strptime(time24, '%H:%M').strftime('%I:%M%p')


with open('buzzers.csv') as data:
    ignore = data.readline()
    flights = {}
    for line in data:
        k, v = line.strip().split(',')
        flights[k] = v


pprint.pprint(flights)
print()

flights2 = {}
for k, v in flights.items():
    flights2[convert2ampm(k)] = v.title()

pprint.pprint(flights2)
```

itemsメソッドはflights辞書の各行を返します。

反復するたびに、(kに含まれる)キーをAM/PM表記に変換して新たな辞書のキーとして使います。

(vに含まれる)値をタイトルケースに変換して変換済みのキーに代入します。

試運転

上のプログラムを実行すると、画面に2つの辞書が表示されます。正しく変換されていますが、インタプリタは新しい辞書にデータを追加するときに**挿入順**を保証**しない**ので、順序がそれぞれ異なります。

こちらはflights。

```
{'09:35': 'FREEPORT',
'09:55': 'WEST END',
'10:45': 'TREASURE CAY',
'11:45': 'ROCK SOUND',
'12:00': 'TREASURE CAY',
'17:00': 'FREEPORT',
'17:55': 'ROCK SOUND',
'19:00': 'WEST END'}
```

こちらはflights2。

```
{'05:00PM': 'Freeport',
 '05:55PM': 'Rock Sound',
 '07:00PM': 'West End',
 '09:35AM': 'Freeport',
 '09:55AM': 'West End',
 '10:45AM': 'Treasure Cay',
 '11:45AM': 'Rock Sound',
 '12:00PM': 'Treasure Cay'}
```

生データが変換されています。

パターンに気付きましたか?

先ほど実行したプログラムをもう一度見てください。このコードでは一般的なプログラミングパターンを**2回**使っています。気付きましたか？

```
from datetime import datetime
import pprint

def convert2ampm(time24: str) -> str:
    return datetime.strptime(time24, '%H:%M').strftime('%I:%M%p')

with open('buzzers.csv') as data:
    ignore = data.readline()
    flights = {}
    for line in data:
        k, v = line.strip().split(',')
        flights[k] = v

pprint.pprint(flights)
print()

flights2 = {}
for k, v in flights.items():
    flights2[convert2ampm(k)] = v.title()

pprint.pprint(flights2)
```

「forループ」と答えたら、半分だけ正解です。forループはパターンの一部ですが、forループを**前後の**コードをもう一度見てください。他に何か気が付きますか？

```
from datetime import datetime
import pprint

def convert2ampm(time24: str) -> str:
    return datetime.strptime(time24, '%H:%M').strftime('%I:%M%p')

with open('buzzers.csv') as data:
    ignore = data.readline()
    flights = {}
        for line in data:
            k, v = line.strip().split(',')
            flights[k] = v

pprint.pprint(flights)
print()

flights2 = {}
for k, v in flights.items():
    flights2[convert2ampm(k)] = v.title()

pprint.pprint(flights2)
```

forループの前に新たな空のデータ構造（例えば辞書）を作成しています。

forループのブロックには、新たなデータ構造にデータを追加するコードがあります。

リスト中のパターンを探す

前ページの例で、辞書に関連するプログラミングパターンがはっきりしました。ここでは新しい空の辞書から始め、forループを使って既存の辞書を処理しながら新しい辞書のデータを作成します。

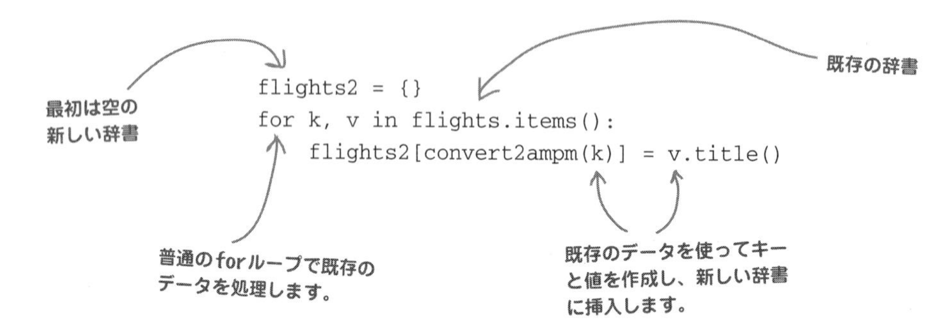

下のパターンはリストでも現れます。リストの方がパターンに気付きやすいかもしれません。次のIDLEセッションを見てください。flights辞書からキー（フライト時刻）と値（目的地）をリストとして抽出し、このプログラミングパターン（コメント番号1から4）を使って新しいリストに変換します。

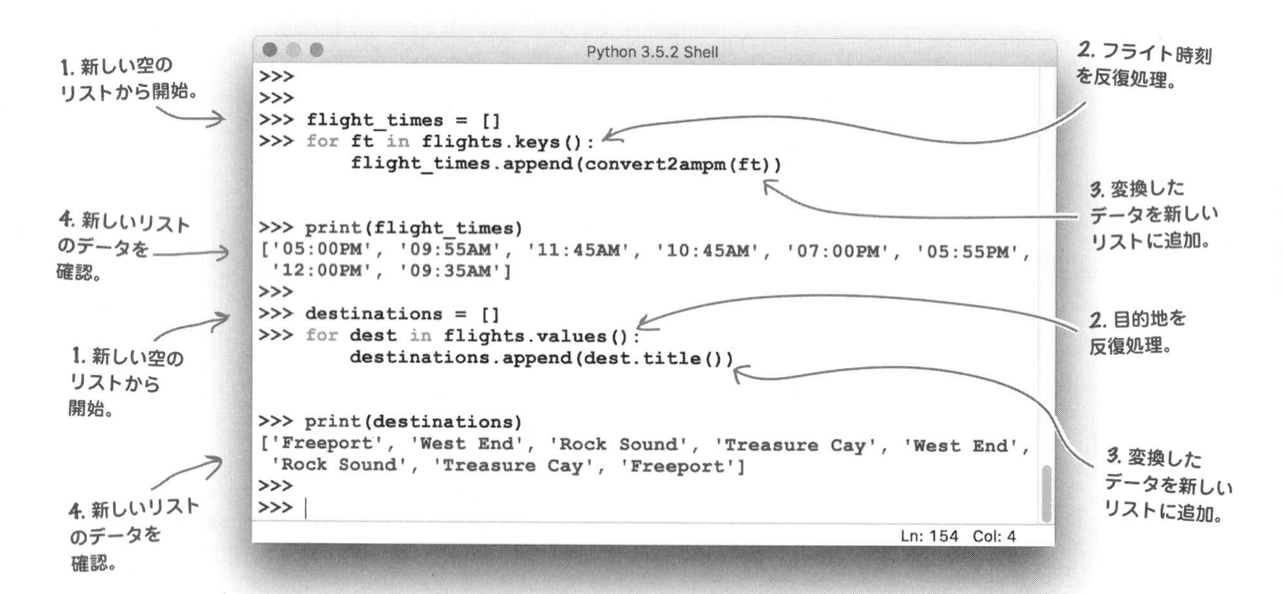

このパターンはとても頻繁に使うので、Pythonは**内包表記**という便利な省略型を用意しています。内包表記の作成方法を調べてみましょう。

パターンを内包表記に変換する

例として、目的地を処理する最新のforループを取り上げましょう。このforループを再度示します。

```
destinations = []
for dest in flights.values():
    destinations.append(dest.title())
```

1. 新しい空のリストから開始。
2. 目的地を反復処理。
3. 変換したデータを新しいリストに追加。

Python組み込みの**内包表記**（comprehension）機能を使うと、上の3行を1行にできます。

上の3行を1行の内包表記に変換するために、この過程を段階的に説明していきます。

まず新しい空のリストを新しい変数に代入します（この例ではmore_destsと呼びます）。

```
more_dests = []
```

1. 新しい空のリストから開始（そして、名前を付ける）。

使い慣れたfor表記を使って既存データを反復処理する方法を指定し、そのコードを新しいリストの角かっこ内に入れます（forコードの最後にコロンが**ない**ことに注意してください）。

```
more_dests = [for dest in flights.values()]
```

2. 目的地を反復処理。

ここにはコロンがないことに注意。

内包表記を完成させるには、（destの）データに適用する変換を指定し、この変換をforキーワードの**前**に書きます（appendは**呼び出しません**。内包表記はappendとみなします）。

```
more_dests = [dest.title() for dest in flights.values()]
```

3. 実際にappendを呼び出すことなく変換したデータを新しいリストに追加。

これで終わりです。上の1行は、ページ冒頭の3行と機能的には同じです。>>>プロンプトで試して、more_destsリストにdestinationsリストと同じデータが含まれることを確認してください。

内包表記を詳しく調べる

内包表記をさらに詳しく調べてみましょう。次は元の3行のコードと、それと同じ処理を行う1行の内包表記です。

どちらのバージョンも全く同じデータを持つ新しいリスト(destinationsとmore_dests)を作成します。

```
destinations = []
for dest in flights.values():
    destinations.append(dest.title())
```

```
more_dests = [dest.title() for dest in flights.values()]
```

また、元の3行のコードの部品が内包表記のどこで使われているかもわかります。

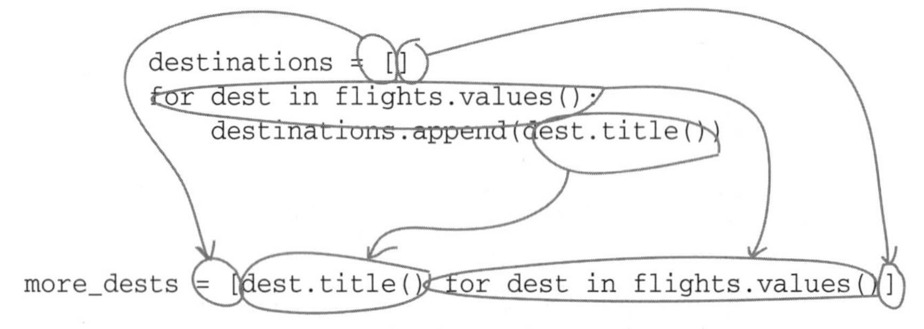

他のコードでもこのパターンは簡単に内包表記に変換できます。例えば、下ではAM/PM表記のフライト時刻のリストを作成するコードを書き換えて、内包表記にしています。

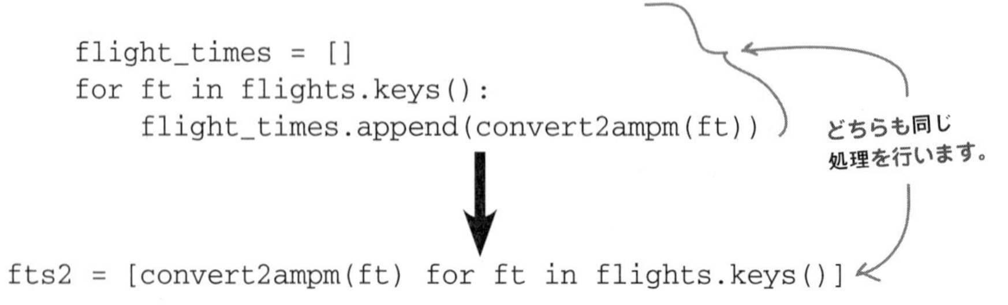

何がすごいの?

内包表記って理解しにくそうね。
このような処理はforループで十分だと
思っているの。本当にわざわざ学ぶ
価値があるの？

はい。わざわざ学ぶ価値が十分にあります。

時間をかけて内包表記を理解する価値がある理由は主に2つあります。

まず、コード量が減るだけでなく（したがって、内包表記の方が指に優しくなります）、Pythonインタプリタは内包表記をできるだけ高速に実行するように最適化されています。つまり、内包表記の方が同等の`for`ループよりも**高速**です。

次に、内包表記は`for`ループを使えないところでも使うことができます。実際、すでに紹介しています。この章の内包表記はすべて代入演算子の**右辺**に書かれています。これは通常の`for`ループでは不可能です。これは驚くほど便利です（先に進むとわかります）。

内包表記はリストだけではない

これまでに登場した内包表記は新しいリストを作成するので、**リスト内包表記**（略してlistcomp）と呼ばれます。内包表記で新しい辞書を作成する場合には、**辞書内包表記**（dictcomp）と呼ばれます。さらに、**集合内包表記**（setcomp）も指定できます。

しかし、**タプル内包表記**はありません。その理由は後で説明します。

まずは辞書内包表記について調べてみましょう。

辞書内包表記を指定する

この章ではまずはじめにCSVファイルから生データを辞書flightsに読み込みましたね。そして、そのデータを辞書flights2に変換しました。flights2はAM/PM表記のフライト時刻をキーとし、「タイトルケース」の目的地を値として使いました。

```
...
```

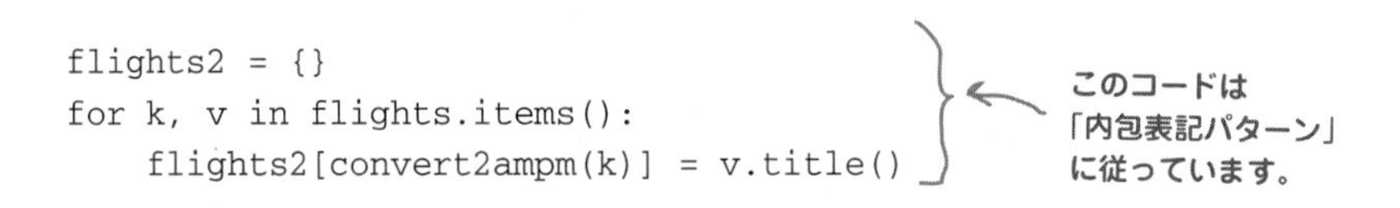


```
flights2 = {}
for k, v in flights.items():
    flights2[convert2ampm(k)] = v.title()
```

```
...
```

この3行を辞書内包表記に書き直しましょう。

まず、新しい空の辞書を変数more_flightsに代入します。

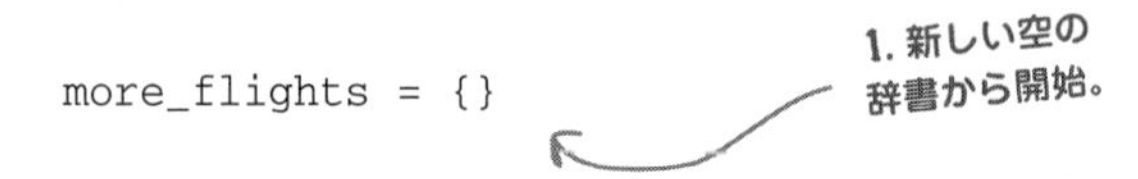


```
more_flights = {}
```

for表記を使ってflightsに格納されている既存のデータを反復処理する方法を指定します（通常は行末にコロンを付けますが、ここでは付けません）。

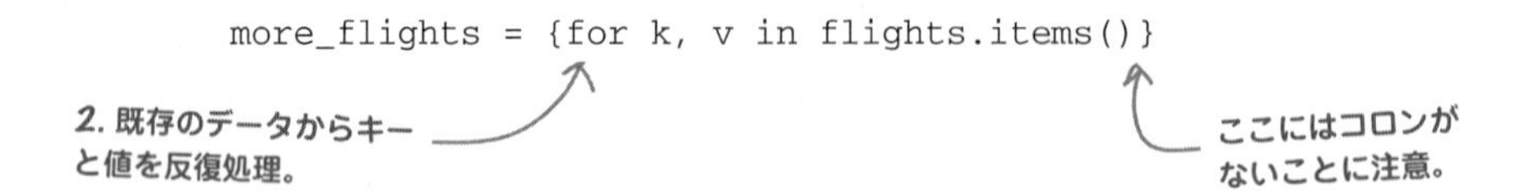


```
more_flights = {for k, v in flights.items()}
```

新しい辞書のキーと値を対応付ける方法を指定して、辞書内包表記を完成させます。このページの先頭のforループは、convert2ampm関数を使ってAM/PM表記のフライト時刻に変更してキーを作成し、文字列のtitleメソッドを使って対応する値をタイトルケースに変換しています。辞書内包表記でも同じことを実行できます。リスト内包表記と同様にこの対応付けは辞書内包表記のforキーワードの**左側**に指定します。新しいキーと新しい値を区切るコロンを使うことに注意してください。

```
more_flights = {convert2ampm(k): v.title() for k, v in flights.items()}
```

3. 変換したキーと「タイトルケース」の値を対応付ける（ここでコロンを使うことに注意）。

これで最初の辞書内包表記が完成です。正しく動作するか確かめましょう。

フィルタで内包表記を拡張する

Freeport空港の変換済みフライトデータだけが必要であるとします。

あなたはおそらく、元のforループに、vの現在値に基づいてフィルタリングするif文を追加するでしょう。

```
just_freeport = {}
for k, v in flights.items():
    if v == 'FREEPORT':
        just_freeport[convert2ampm(k)] = v.title()
```

フライトデータは目的地Freeportに対応する場合のみ変換されてjust_freeportに追加される。

```
TIME,DESTINATION
09:35,FREEPORT
17:00,FREEPORT
09:55,WEST END
19:00,WEST END
10:45,TREASURE CAY
12:00,TREASURE CAY
11:45,ROCK SOUND
```

生データ

>>>プロンプトで上のループを実行すると、2行のデータが表示されます(生データファイルに含まれるFreeportへの2便の定期便です)。ifをこのように使ってデータをフィルタリングする手法は標準的なので、これは驚くことではないはずです。実はこのようなフィルタを内包表記でも使えるのです。コロンを除いたif文を内包表記の最後に追加するだけです。下は、前ページの最後の辞書内包表記です。

```
more_flights = {convert2ampm(k): v.title() for k, v in flights.items()}
```

これは同じ辞書内包表記のフィルタを追加したバージョンです。

```
just_freeport2 = {convert2ampm(k): v.title() for k, v in flights.items() if v == 'FREEPORT'}
```

フライトデータは目的地Freeportに関連する場合のみ変換されてjust_freeportに追加されます。

>>>プロンプトでこのフィルタ付きの辞書内包表記を実行すると、新たに作成したjust_freepor2辞書のデータはjust_freeportのデータと同じになります。just_freeportとjust_freeport2のデータはどちらも、flights辞書の元データの**コピー**です。

確かに、just_freeport2を作成するコードは難しそうです。Pythonに不慣れな人は、内包表記は**読みにくい**と不満に思うことが多いのですが、コードがかっこの間にあるときにはPythonの行末が文の終わりを意味するというルールが無効になることを思い出してください。そのため、内包表記を次のように複数行に書き直して読みやすくすることもできます。

```
just_freeport3 = {convert2ampm(k): v.title()
                  for k, v in flights.items()
                  if v == 'FREEPORT'}
```

このような1行の内包表記に慣れましょう。慣れていくうちに次第に長い内包表記を複数行で記述できるようになります(そのうちこのような構文にも出会うでしょう)。

何をしたかったのかを思い出す

内包表記でできることを説明したので、この章で以前に示した必要な辞書操作を再検討し、どのように行っているかを確認しましょう。次は1番目の要件です。

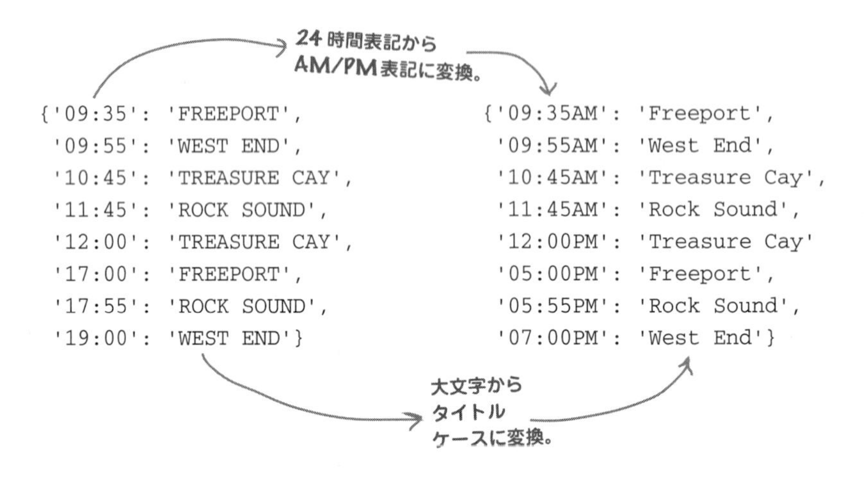

flights辞書のデータを変換する辞書内包表記は、**1行**で変換を行い、コピーしたデータを新しい辞書ftsに代入しています。

```
fts = {convert2ampm(k): v.title() for k, v in flights.items()}
```

2番目の目的地ごとにフライト時刻を表示する変換はさらに複雑です。このデータ操作の方が複雑なので、あと少し作業が必要です。

値だったものが
キーになります。

```
{'09:35AM': 'Freeport',
 '09:55AM': 'West End',
 '10:45AM': 'Treasure Cay',
 '11:45AM': 'Rock Sound',
 '12:00PM': 'Treasure Cay'
 '05:00PM': 'Freeport',
 '05:55PM': 'Rock Sound',
 '07:00PM': 'West End' }
```

```
{'Freeport': ['09:35AM', '05:00PM'],
 'Rock Sound': ['11:45AM', '05:55PM'],
 'Treasure Cay': ['10:45AM', '12:00PM'],
 'West End': ['09:55AM', '07:00PM']}
```

キーだったものが値の
リストになります。

2番目の変換を行う前に、一息ついて内包表記がどのくらい脳に浸透しているか確認してみましょう。

このページの3つのforループを内包表記に変換してください。いつものように、(ページをめくって解答を見る前に)忘れずにIDLEでコードをテストしてください。実際には、内包表記を書く前に、次のループを実行して何を行っているか確認してから空欄に内包表記を書いてください。

1

```
data = [ 1, 2, 3, 4, 5, 6, 7, 8 ]
evens = []
for num in data:
      if not num %q 2:
            evens.append(num)
```

%は剰余(モジュロ)演算子です。2つの数値を指定すると、1番目の数値を2番目の数値で割り、余りを返します。

....

....

2

```
data = [ 1, 'one', 2, 'two', 3, 'three', 4, 'four' ]
words = []
for num in data:
      if isinstance(num, str):
           words.append(num)
```

組み込み関数instanceは、変数が指定した型のオブジェクトを指しているかどうかを調べます。

....

....

3

```
data = list('So long and thanks for all the fish'.split())
title = []
for word in data:
      title.append(word.title())
```

....

....

鉛筆を持って、真剣に考える必要がありました。下の3つの`for`ループを内包表記に変換し、IDLEでコードをテストする必要がありました。

❶

```
data = [ 1, 2, 3, 4, 5, 6, 7, 8 ]
evens = []
for num in data:
      if not num %q 2:
            evens.append(num)
```

evensにデータを追加する4行のループが1行の内包表記になります。

evens = [num for num in data if not num % 2]

❷

```
data = [ 1, 'one', 2, 'two', 3, 'three', 4, 'four' ]
words = []
for num in data:
      if isinstance(num, str):
           words.append(num)
```

ここでも、この4行のループを1行の内包表記に書き換えています。

words = [num for num in data if isinstance(num, str)]

❸

```
data = list('So long and thanks for all the fish'.split())
title = []
for word in data:
      title.append(word.title())
```

これが3つの中で最も簡単だと感じるでしょう（フィルタがないため）。

title = [word.title() for word in data]

複雑なところはPython流に対応する

内包表記の練習問題が終わったので、>>>プロンプトで試し、fts辞書を希望の形式に変換するためにfts辞書のデータをどうするべきかを明らかにしましょう。

コードを書く前に、必要な変換をもう一度確認してください。新しい辞書（右側）のキーは、fts辞書（左側）の値から取った重複のない目的地のリストになっています。

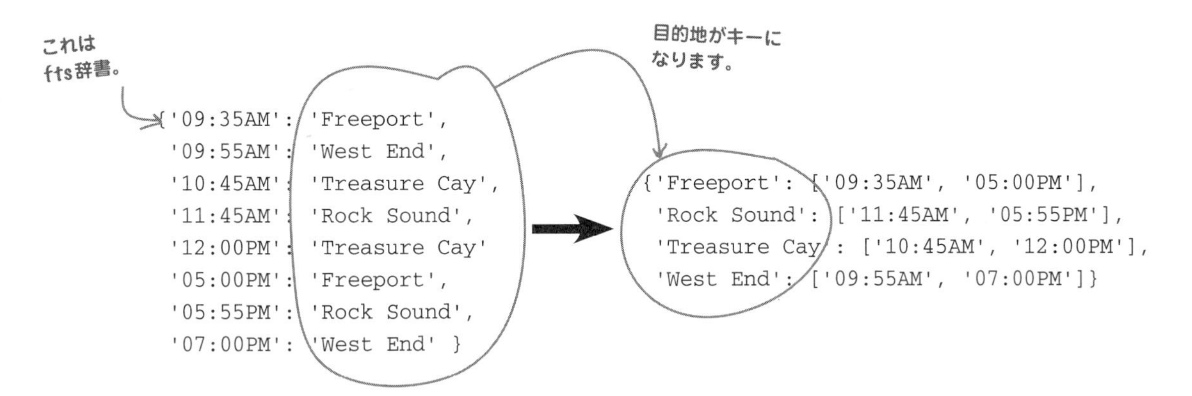

上の4つの重複のない目的地の作成は簡単です。辞書ftsのデータのすべての値には、fts.valuesでアクセスし、その値を組み込み関数setに渡して重複を解消できます。重複のない目的地を変数destsに格納しましょう。

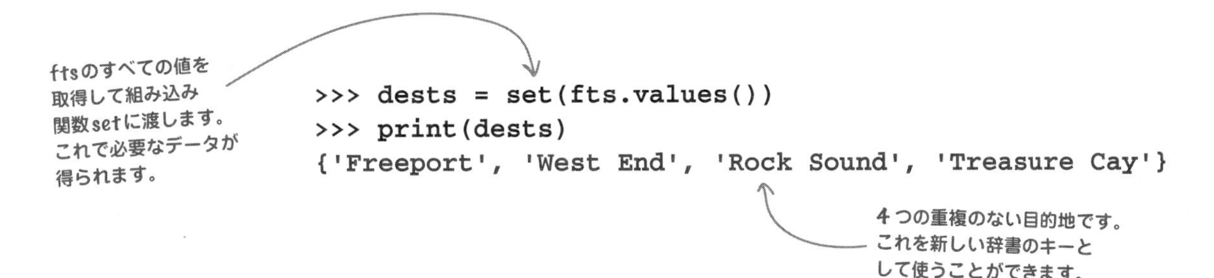

重複のない目的地を取得する方法がわかったので、この目的地に関連するフライト時刻を取得します。このデータもfts辞書にあります。

ページをめくる前に、どのようにして重複のない目的地ごとのフライト時刻を取得するかを考えてください。

実際には、**すべて**の目的地のすべてのフライト時刻を取得するのではなく、まずはウエスト・エンド（West End）空港の場合だけを考えてみましょう。

目的地のフライト時刻を取得する

ある目的地（West End空港）のフライト時刻データを取得することから開始しましょう。下のデータから取得します。

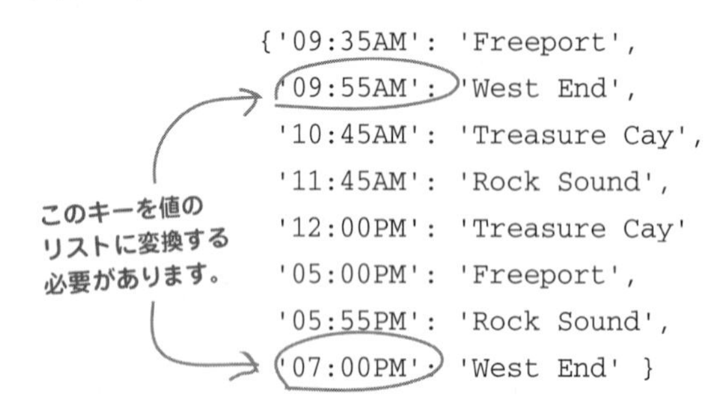

これまでと同様、>>>プロンプトを使います。fts辞書からは、次のコードを使ってウエスト・エンド空港のフライト時刻を取得できます。

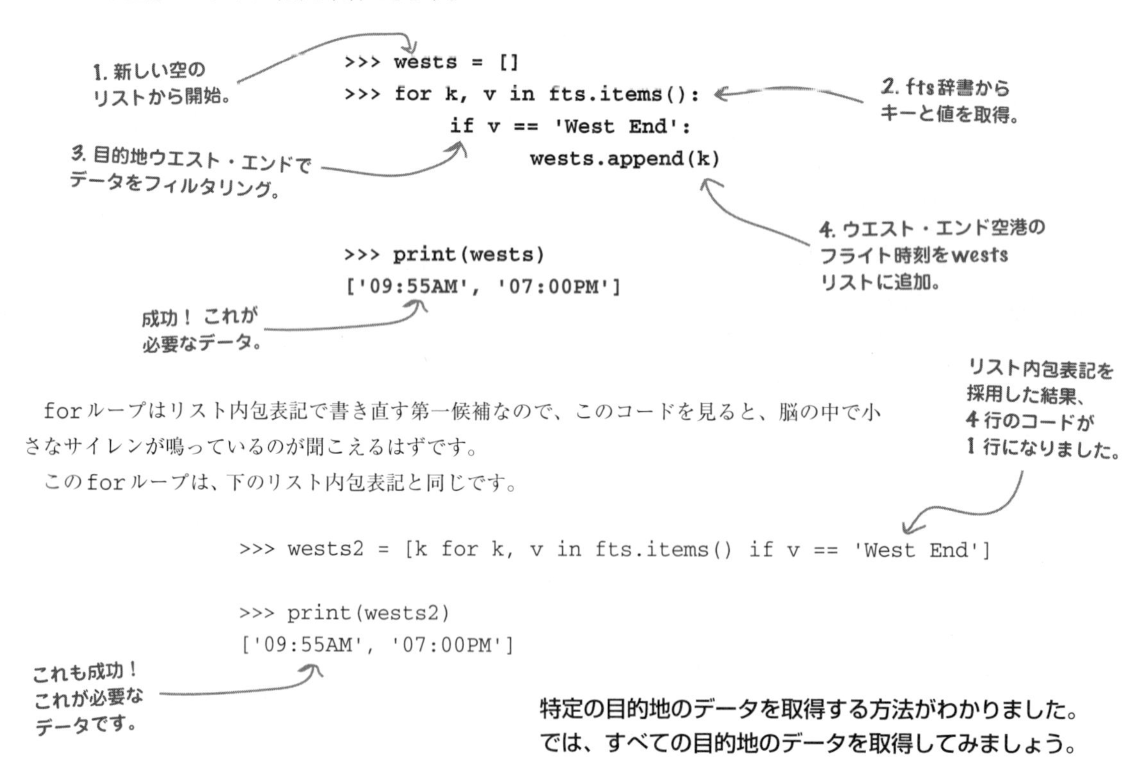

forループはリスト内包表記で書き直す第一候補なので、このコードを見ると、脳の中で小さなサイレンが鳴っているのが聞こえるはずです。

このforループは、下のリスト内包表記と同じです。

```
>>> wests2 = [k for k, v in fts.items() if v == 'West End']

>>> print(wests2)
['09:55AM', '07:00PM']
```

特定の目的地のデータを取得する方法がわかりました。
では、すべての目的地のデータを取得してみましょう。

すべての目的地のフライト時刻を抽出する

次のコードで重複のない目的地の集合を取得します。

```
dests = set(fts.values())
```

重複のない目的地

また、次のリスト内包表記で、指定した目的地のフライト時刻のリストを抽出します（この例では、その目的地はWest Endです）。

```
wests2 = [k for k, v in fts.items() if v == 'West End']
```

目的地「West End」のフライト時刻

すべての目的地のフライト時刻のリストを取得するには、この2つの文を（forループ内で）組み合わせる必要があります。

次のコードでは、変数destsとwests2を使わずに、コードをforループの一部として**直接**使う方法を選んでいます。現在の目的地は（リスト内包表記内の）destに含まれているため、目的地West Endをハードコーディングすることはありません。

重複のない目的地

```
>>> for dest in set(fts.values()):
        print(dest, '->', [k for k, v in fts.items() if v == dest])

Treasure Cay -> ['10:45AM', '12:00PM']
West End -> ['07:00PM', '09:55AM']
Rock Sound -> ['05:55PM', '11:45AM']
Freeport -> ['09:35AM', '05:00PM']
```

destの値が指す目的地のフライト時刻

内包表記で書き換えられそうなforループを書いているので、再び脳の中で少しサイレンが鳴り始めます。とりあえず、このサイレンを止めてみましょう。上の>>>プロンプトで試したコードは必要なデータを**表示**していますが、実際にはデータを新しい辞書に**格納**する必要があるからです。新しい辞書whenを作成し、この新たに取得したデータを格納しましょう。>>>プロンプトに戻り、上のforループでwhenを使うように修正します。

```
>>> when = {}
>>> for dest in set(fts.values()):
        when[dest] = [k for k, v in fts.items() if v == dest]

>>> pprint.pprint(when)
{'Freeport': ['09:35AM', '05:00PM'],
 'Rock Sound': ['05:55PM', '11:45AM'],
 'Treasure Cay': ['10:45AM', '12:00PM'],
 'West End': ['07:00PM', '09:55AM']}
```

1. 新しい空の辞書から開始。

2. 重複のない目的地の集合を取得。

3. フライト時刻で辞書whenを更新。

必要なデータは辞書whenに格納されます。

あなたも私たちと同じなら、このコードを見るとおそらく（止めようとしていた）脳の小さなサイレンが派手に鳴り始め、イライラするのではないでしょうか。

その感覚は、

1行のコードが**魔法**のように見えてくるときに感じます。
脳のサイレンを止め、最新のforループのコードをもう一度よく見てください。

```
when = {}
for dest in set(fts.values()):
    when[dest] = [k for k, v in fts.items() if v == dest]
```

このコードは、内包表記で書き直す対象となるパターンです。forループを辞書内包表記で書き直し、必要なデータの**コピー**を新しい辞書when2に取得するコードを示します。

```
when2 = {dest: [k for k, v in fts.items() if v == dest] for dest in set(fts.values())}
```

ほら、**魔法**みたいですよね。
今までに登場した中で最も複雑な内包表記です。**外側**の辞書内包表記に**内側**のリスト内包表記が含まれるので複雑に見えるのです。また、この辞書内包表記には内包表記と同等のforループとは大きく異なる点があります。内包表記は、コードのほぼどこでも使うことができますが、forループはそうはいきません。コードの文としてしか使えません(つまり、式の一部としては使えません)。

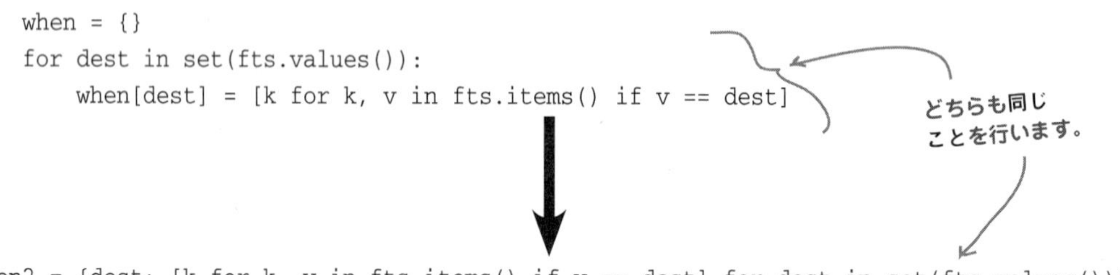

警告:埋め込みのリスト内包表記を含む辞書内包表記を**初めて見ると**読みにくいと感じるでしょう。
しかし、何度も見るうちに読みやすくわかりやすくなってきます。そして、Pythonプログラマは内包表記を**よく**使います。内包表記を使うかどうかはプログラマの判断に任されます。内包表記が好きなら使ってください。ただし、使わなければ**いけない**ものではありません。

試運転

先に進む前に、これまでに書いたすべての内包表記をdo_convert.pyファイルに入れましょう。そして、このファイルをIDLEで実行し、バハマ・ブザー社の要求どおりに変換されているかを確認します。まず、下のコードと同じであることを確かめてから実行し、すべてが仕様どおりに動作していることを確認してください。

do_convert.py - /Users/paul/Desktop/_NewBook/ch12/do_convert.py (3.5.2)

```
from datetime import datetime
import pprint

def convert2ampm(time24: str) -> str:
    return datetime.strptime(time24, '%H:%M').strftime('%I:%M%p')

with open('buzzers.csv') as data:
    ignore = data.readline()
    flights = {}
    for line in data:
        k, v = line.strip().split(',')
        flights[k] = v

pprint.pprint(flights)
print()

fts = {convert2ampm(k): v.title() for k, v in flights.items()}

pprint.pprint(fts)
print()

when = {dest: [k for k, v in fts.items() if v == dest] for dest in set(fts.values())}

pprint.pprint(when)
print()
```

Ln: 1　Col: 0

Python 3.5.2 Shell

```
/ch12/do_convert.py ==========
{'09:35': 'FREEPORT',
 '09:55': 'WEST END',
 '10:45': 'TREASURE CAY',
 '11:45': 'ROCK SOUND',
 '12:00': 'TREASURE CAY',
 '17:00': 'FREEPORT',
 '17:55': 'ROCK SOUND',
 '19:00': 'WEST END'}

{'05:00PM': 'Freeport',
 '05:55PM': 'Rock Sound',
 '07:00PM': 'West End',
 '09:35AM': 'Freeport',
 '09:55AM': 'West End',
 '10:45AM': 'Treasure Cay',
 '11:45AM': 'Rock Sound',
 '12:00PM': 'Treasure Cay'}

{'Freeport': ['05:00PM', '09:35AM'],
 'Rock Sound': ['05:55PM', '11:45AM'],
 'Treasure Cay': ['10:45AM', '12:00PM'],
 'West End': ['07:00PM', '09:55AM']}

>>>
```

Ln: 214　Col: 4

1. CSVデータファイルから読み込んだ元の生データflights

2. AM/PM表記とタイトルケースに変換してコピーした生データfts

3. (ftsから取得した)目的地ごとのフライト時刻のリストwhen

飛んでいます！

素朴な疑問に答えます

：整理させてください。内包表記は標準的なループの省略形ということですか？

：はい。具体的には`for`ループです。標準的な`for`ループとそれに相当する内包表記は同じことを行います。内包表記は高速に実行されるというだけです。

：リスト内包表記はどこで使えばいいのですか？

：これには明確なルールはありません。一般的には、既存のリストから新しいリストを作成する場合のループをよく見てください。そのループが同等の内包表記に変換する候補かどうかを検討してください。新しいリストが「一時的」（つまり、一度だけ使って捨てる）なら、手元の課題には**埋め込み**リスト内包表記の方が適しているかを検討してください。原則として、一時変数を一度しか使わない場合にはコードに一時変数を入れるのは避けます。代わりに内包表記を使えるかを検討してください。

：内包表記を完全に避けることはできますか？

：はい、できます。しかし、Pythonコミュニティでは広く使われているので、他の人が書いたコードを絶対に見ないつもりなら話は別ですが、そうでないなら時間を割いてPythonの内包表記に慣れておくとよいでしょう。内包表記に慣れると、内包表記なしでどのように済ませてきたのか不思議に思うくらいです。内包表記は**高速**だと言いましたよね？

：はい、それは聞いていますが、現在では速度がそれほど大事なのでしょうか？ 私のノートPCは超高速なので、`for`ループでも十分高速です。

：興味深い意見ですね。現在は、昔よりマシンがずっと強力になったのは確かです。また、コードですべてのCPUサイクルをひねり出そうとすることはほとんどないのも事実です（現実を見れば、その必要がもうないことがわかります）。しかし、パフォーマンスを向上できる機能を使わない理由はあるでしょうか？ わずかな労力で大きなパフォーマンス上の収穫があるのです。

（中に何かが少し入っている）苦いコーヒーがほとんどの内包表記を理解するのに役立つのがわかったよ。ところで、内包表記は集合やタプルでも使えるの？

いい質問です。

答えは、「はい」でもあり「いいえ」でもあります。

集合内包表記を作成して使えるので、集合については「はい」です（しかし、正直に言うと、ほとんど見ることがないでしょう）。

また、「タプル内包表記」は存在しないのでタプルについては「いいえ」です。集合内包表記の動作を示してから、その理由を説明します。

集合内包表記の動作

集合内包表記（略してsetcomp）では、リスト内包表記構文によく似た構造を使って1行で新しい集合を作成できます。

リスト内包表記は[]で囲みましたが、集合内包表記は{}で囲む点が異なります。辞書内包表記も{}で囲むので、混乱するかもしれません（Pythonのコア開発者たちは、なぜこのように決めたのか不思議ですよね）。

集合リテラルは、辞書リテラルと同様に{}で囲みます。この両者の違いは、辞書で区切り文字として使われるコロンがあるかないかです。集合ではコロンには何も意味がありません。{}で囲まれた内包表記が辞書内包表記か集合内包表記なのか判断する際も、コロンを探してください。コロンがあれば、辞書内包表記です。コロンがなければ、集合内包表記です。

簡単な集合内包表記の例を次に示します（この例は2章と3章で登場しました）。文字の集合（vowels）と文字列（message）がある場合、下のforループとそれと同等の集合内包表記は同じ結果（messageの母音の集合）を作成します。

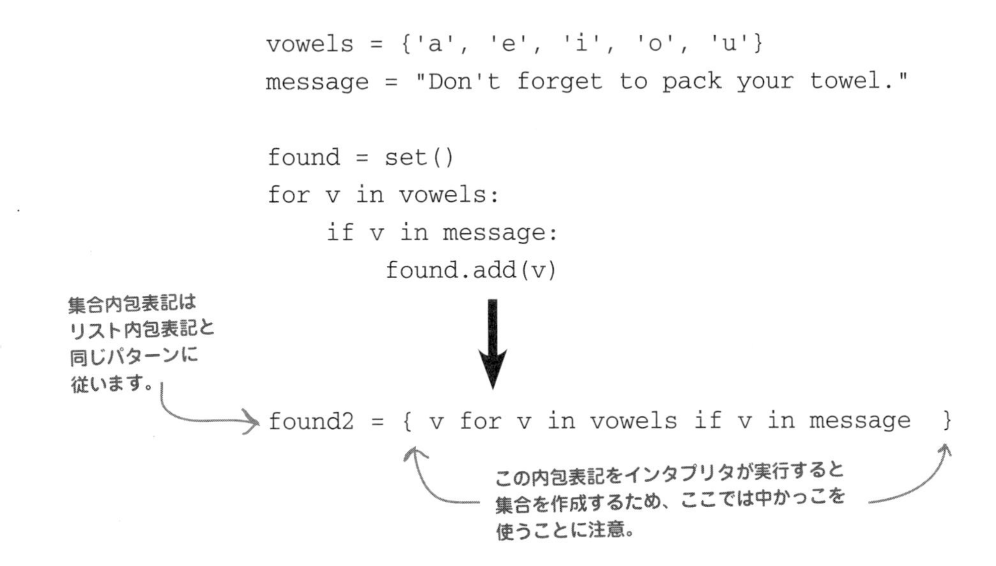

vowels = {'a', 'e', 'i', 'o', 'u'}
message = "Don't forget to pack your towel."
found = set()
for v in vowels:
if v in message:
found.add(v)
集合内包表記はリスト内包表記と同じパターンに従います。
found2 = { v for v in vowels if v in message }
この内包表記をインタプリタが実行すると集合を作成するため、ここでは中かっこを使うことに注意。

このコードを>>>プロンプトで試してみてください。リスト内包表記と辞書内包表記で何ができるかはすでにわかっているので、集合内包表記を理解するのはそれほど難しくないでしょう。

内包表記の探し方

内包表記コードの体裁に慣れれば慣れるほど、内包表記に気付いて簡単に理解できるようになります。次はリスト内包表記であるかを簡単に判断する原則です。

[]で囲まれていたら、
それはリスト内包表記。

このルールは次のように一般化できます。

{}または[]で囲まれていたら、
多分それは内包表記。

なぜ「多分」という表現をしているのでしょうか？

内包表記は [] だけでなく、すでに紹介したように {} でも囲みます。[] で囲まれている場合、**集合**内包表記か**辞書**内包表記のどちらかです。辞書内包表記は区切り文字としてコロンを使うので、辞書内包表記の方がわかりやすいでしょう。

しかし、内包表記コードは () で囲まれることもあります。() で囲まれたコードはきっと**タプル内包表記**だろうと思うかもしれませんが、これは**特殊な場合**です。間違えるのも仕方ありません。() でコードを囲むことはできますが、「タプル内包表記」というものは存在しません。ここまでこの章では内包表記を楽しんできた後だけに、奇妙に思うかもしれません。

この章の最後に、() で囲まれる場合について調べてみましょう。これは「タプル内包表記」ではありませんが、このような書き方はします。では、何なのでしょうか？

「タプル内包表記」はなぜないの？

Pythonの4つの組み込みデータ構造（タプル、リスト、集合、辞書）は多くの用途があり、タプル以外はすべて内包表記で作成できます。

なぜでしょうか？

「タプル内包表記」という考え方は意味をなしません。タプルは**不変**でしたよね。いったんタプルを作成したら、変更できません。これは下の短いIDLEセッションが示しているように、タプルの値を作成できないことも意味しています。

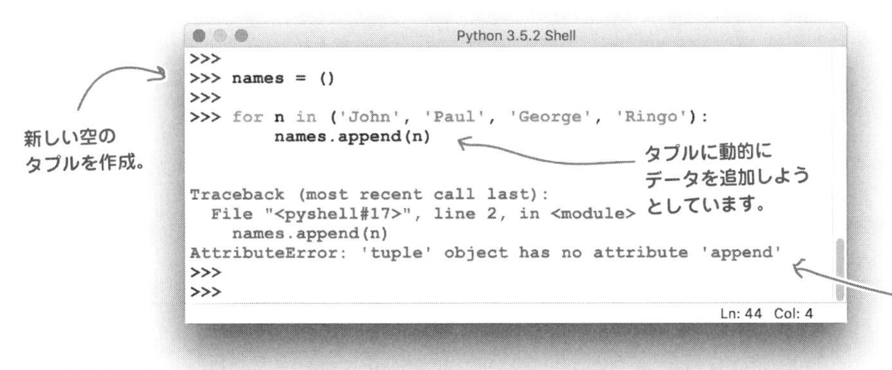

ここでは奇妙なことや特別なことは起こっていません。タプルで予想される振る舞いです。タプルを一度作成したら、変更**できません**。この事実だけでも、内包表記内でタプルを使えない理由としては十分です。しかし、下の>>>プロンプトでの操作を見てください。1番目のループと2番目のループは少し違います。1番目のリスト内包表記の [ ] が、2番目では ( ) になっています。

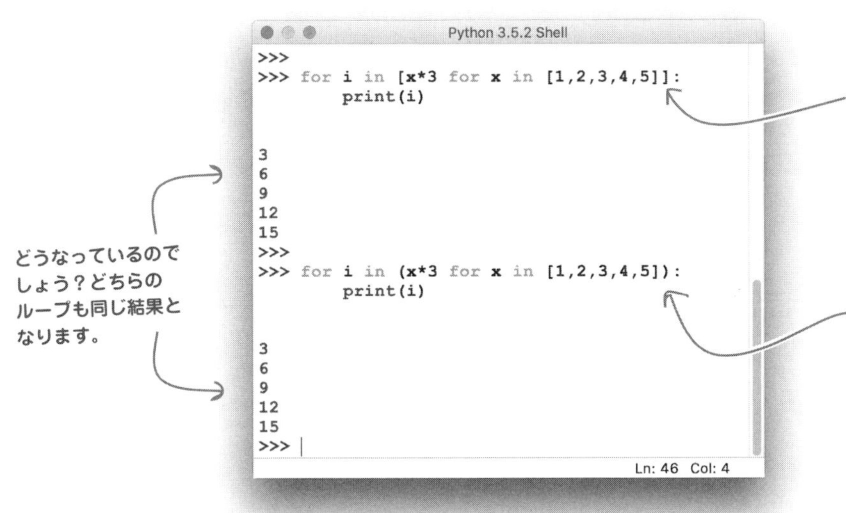

コードを囲む丸かっこ == ジェネレータ

リスト内包表記のように見えるのに、( ) で囲まれているコードがあったら、それは**ジェネレータ**です。

リスト内包表記のようですが違います。ジェネレータです。

```
for i in (x*3 for x in [1, 2, 3, 4, 5]):
    print(i)
```

ジェネレータはリスト内包表記を使えるところならどこでも使うことができ、同じ結果を返します。

前ページの最後に示したように、リスト内包表記を囲む [ ] を ( ) に置き換えても、結果は同じです。つまり、ジェネレータとリスト内包表記は同じデータを作成します。

しかし、同じようには実行されません。

上の文がわかりにくいようなら、次のように考えてください。リスト内包表記を実行すると、他の処理が発生する前に**すべて**のデータを作成します。このページの先頭の例で考えると、forループはリスト内包表記が完了するまでデータの処理を始めません。つまり、リスト内包表記はデータ作成に長い時間がかかり、他のコードの実行はそれだけ遅れます。

これは(上のように)データ項目が少ないリストでは大した問題ではありません。

しかし、データ項目が1千万ある場合を想像してください。すると、2つの問題が生じます。(1)リスト内包表記がこの1千万のデータ項目を処理するまで**その他の処理**を待たなければいけません。そして、(2)リスト内包表記の実行中に全データ(**1千万**のデータ項目)をメモリに置けるような十分なRAMがリスト内包表記を実行するマシンにあるかどうかに注意する必要があります。リスト内包表記がメモリを使い果たしたら、インタプリタは停止します(そして、プログラムは終了します)。

リスト内包表記とジェネレータは同じ結果となるが、動作は大きく異なる。

ジェネレータはデータ項目を1つずつ作成する

リスト内包表記の [ ] を ( ) に置き換えると、リスト内包表記は**ジェネレータ**になり、コードは異なる振る舞いをします。

完了するまで他のコードを実行できないリスト内包表記とは異なり、ジェネレータはジェネレータのコードがデータを作成するとデータを渡します。つまり、1千万のデータ項目を作成する場合、インタプリタは(一度に)**1つ**のデータ項目を置けるだけのメモリしか必要なく、ジェネレータが作成するデータ項目を待っているコードはすぐに実行されます。すなわち、**待ち時間はないのです**。

ジェネレータで生じる違いを理解するには例を示す以外にはないので、簡単な作業を2回行ってみましょう。1回はリスト内包表記を使い、もう1回はジェネレータを使います。

リスト内包表記を使ってURLを処理する

ジェネレータとの違いを理解するために、まずリスト内包表記で試してみましょう。その後、ジェネレータとして書き直します。

いつものように、requestsライブラリを使うコードを>>>プロンプトで試してみましょう（requestsライブラリは、Webとやり取りできます）。次の短いセッションでは、requestsライブラリをインポートして、要素が3つのタプルurlsを定義し、forループとそれぞれのURLのランディングページをリクエストするリスト内包表記を組み合わせ、返されるレスポンスを処理します。

自分のPCで試して、何が行われているのかを理解しましょう。

「pip」コマンドを使ってPyPIから「requests」をダウンロードする。

自分のマシンで試すと、forループの入力と結果の表示の間に明らかな遅延を感じるでしょう。結果は一気に（すべて一度に）表示されます。これは、リスト内包表記がurlsのそれぞれのURLを処理してからforループがその結果を利用できるようにするためです。そのため、出力されるまで待つ必要があります。

このコードには何の間違いも**ありません**。期待したとおりの処理を行い、正しく出力します。しかし、リスト内包表記をジェネレータとして書き直し、その違いを確認してみましょう。前述したように、次のページに進む前に必ず自分でも試してみてください（すると、何が起こるかがわかります）。

ジェネレータを使ってURLを処理する

次のコードは前ページの例をジェネレータとして書き直したものです。とはいっても、リスト内包表記の [] を () に置き換えただけですが。

```
*Python 3.5.2 Shell*
>>>
>>>
>>>
>>>
>>>
>>> for resp in (requests.get(url) for url in urls):
        print(len(resp.content), '->', resp.status_code, '->', resp.url)
                                                          Ln: 151  Col: 1
```

重要な変更点：角かっこを丸かっこに置き換えます。

forループを入力すると、1番目のURLを処理した結果が表示されます。

```
*Python 3.5.2 Shell*
>>>
>>>
>>> for resp in (requests.get(url) for url in urls):
        print(len(resp.content), '->', resp.status_code, '->', resp.url)


31590 -> 200 -> http://headfirstlabs.com/
|
                                                          Ln: 153  Col: 0
```

1番目最初のURLのレスポンス

少しすると、2番目のURLを処理した結果が表示されます。

```
*Python 3.5.2 Shell*
>>>
>>> for resp in (requests.get(url) for url in urls):
        print(len(resp.content), '->', resp.status_code, '->', resp.url)


31590 -> 200 -> http://headfirstlabs.com/
78722 -> 200 -> http://www.oreilly.com/
                                                          Ln: 154  Col: 0
```

2番目のURLのレスポンス

その少し後に、3番目のURLを処理した結果が表示されます。

```
Python 3.5.2 Shell
>>> for resp in (requests.get(url) for url in urls):
        print(len(resp.content), '->', resp.status_code, '->', resp.url)


31590 -> 200 -> http://headfirstlabs.com/
78722 -> 200 -> http://www.oreilly.com/
128244 -> 200 -> https://twitter.com/
>>> |
                                                          Ln: 156  Col: 4
```

3番目のURLのレスポンス

ジェネレータの使用：何が起こったの?

リスト内包表記の結果とジェネレータの結果を比べると、どちらも**同じ**です。しかし、振る舞いが異なります。

リスト内包表記は全データを作成するのを**待って**からデータを`for`ループに渡すのに対し、ジェネレータはデータが利用できるようになるとすぐに**渡します**。つまり、待たされるリスト内包表記とは対照的にジェネレータを使う`for`ループの方がずっと速くなります。

これがそれほど大したことではないと思ったかもしれませんが、100個、1000個、または100万個ものURLでタプルを定義した場合を想像してください。さらに、処理したレスポンスのデータを別のプロセス（例えばデータベース）に渡している場合を想像してみてください。URLの数が増えるほど、リスト内包表記はジェネレータと比べて悪化してしまいます。

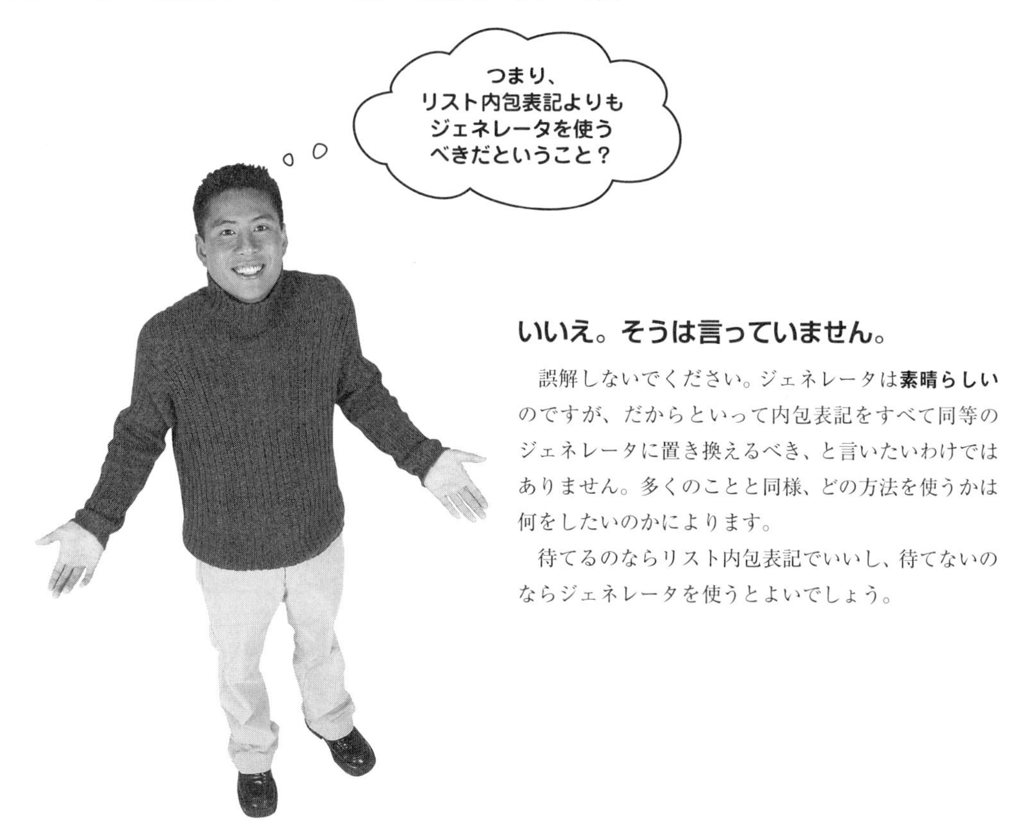

いいえ。そうは言っていません。

誤解しないでください。ジェネレータは**素晴らしい**のですが、だからといって内包表記をすべて同等のジェネレータに置き換えるべき、と言いたいわけではありません。多くのことと同様、どの方法を使うかは何をしたいのかによります。

待てるのならリスト内包表記でいいし、待てないのならジェネレータを使うとよいでしょう。

さらに、ジェネレータには、関数に埋め込むことができるという特徴があります。先ほど作成したジェネレータを関数内にカプセル化する方法を紹介します。

関数を定義する

requestsジェネレータを関数に変換したいとします。小さなモジュールにジェネレータを入れて、ジェネレータを知らない他のプログラマでも使えるようにします。

ジェネレータのコードを再度示します。

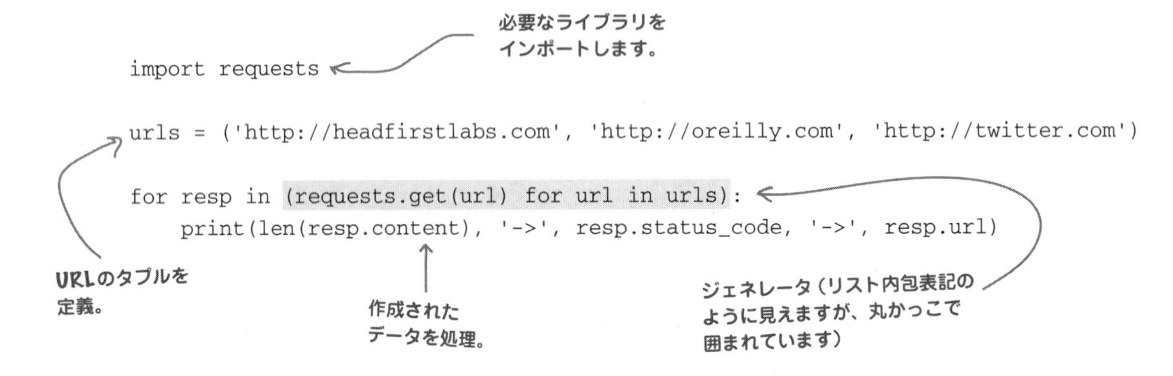


```
import requests

urls = ('http://headfirstlabs.com', 'http://oreilly.com', 'http://twitter.com')

for resp in (requests.get(url) for url in urls):
    print(len(resp.content), '->', resp.status_code, '->', resp.url)
```

このコードをカプセル化する関数gen_from_urlsを作成しましょう。この関数は1つの引数(URLのタプル)を取り、各URLの結果のタプルを返します。このタプルは3つの値を持っています。URLのコンテンツの長さ、HTTPステータスコード、レスポンスの送信元のURLです。

gen_from_urlsがあると仮定し、次のように他のプログラマがforループの一部として関数を実行できるようにします。

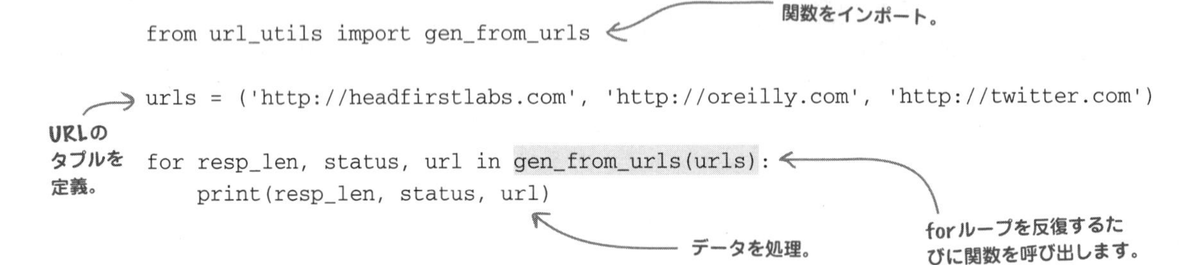


```
from url_utils import gen_from_urls

urls = ('http://headfirstlabs.com', 'http://oreilly.com', 'http://twitter.com')

for resp_len, status, url in gen_from_urls(urls):
    print(resp_len, status, url)
```

この新しいコードはこのページの先頭のコードとほとんど変わらないように見えますが、gen_from_urlsを使うプログラマにはrequestsを使ってWebとやり取りしていることは全くわかりません(また、知る必要もありません)。ジェネレータを使っていることも知る必要がありません。実装の詳細は、この理解しやすい関数呼び出しの陰に隠されています。

では、gen_from_urlsを実際に書いてみましょう。

ジェネレータ関数の威力

gen_from_urls関数で何を行うかがわかったので、実際にコードを書きましょう。まずは、新しいファイルurl_utils.pyを作成します。このファイルを編集し、1行目にimport requestsを追加します。

この関数は入力として1つのタプルを取り、出力としてタプルを返すので、def行は単純です（型アノテーションを含め、このジェネレータ関数のユーザにこのことを明示的に示します）。次のように、ファイルにこの関数のdef行を追加します。

```
import requests

def gen_from_urls(urls: tuple) -> tuple:
```

requestsをインポートしたら、新しい関数を定義します。

この関数のブロックは前ページのジェネレータのfor行をコピー＆ペーストするだけです。

```
import requests

def gen_from_urls(urls: tuple) -> tuple:
    for resp in (requests.get(url) for url in urls):
```

forループとジェネレータを追加。

次の1行は、requests.get関数が実行したGETリクエストの結果をreturnで返します。forのブロックとして次の行を追加したいと思うでしょうが、**追加してはいけません**。

```
return len(resp.content), resp.status_code, resp.url
```

return文が実行されると、その関数は**終了**します。ここではgen_from_urls関数はforループの一部として呼び出されています。関数を呼び出すたびに、その結果には異なるタプルを期待しているので、関数を終了させたくありません。

しかし、returnを実行できないならどうするのでしょうか？

代わりにyieldを使います。yieldキーワードは**ジェネレータ関数**の作成をサポートするためにPythonに追加され、returnが使えるところならどこでもyieldを使うことができます。yieldを使うと、関数はどの反復からでも（この例ではforループ内から）「呼び出せる」ジェネレータ関数に変化します。

```
import requests

def gen_from_urls(urls: tuple) -> tuple:
    for resp in (requests.get(url) for url in urls):
        yield len(resp.content), resp.status_code, resp.url
```

yieldを使ってGETレスポンスからの結果の各行をforに返します。returnは使ってはいけません。

何が起こっているのかを詳しく調べてみましょう。

ジェネレータ関数をたどる（1/2）

次のコードの実行をたどって、ジェネレータ関数を実行すると何が起こるのかを見てみましょう。

ジェネレータ
関数をインポート。

URLのタプルを定義。

```
from url_utils import gen_from_urls

urls = ('http://talkpython.fm', 'http://pythonpodcast.com', 'http://python.org')

for resp_len, status, url, in gen_from_urls(urls):
        print(resp_len, '->', status, '->', url)
```

forループの一部として
ジェネレータ関数を
使います。

1〜2行目は簡単です。関数をインポートし、URLのタプルを定義します。

楽しいのはこれからです。ジェネレータ関数`gen_from_urls`を呼び出します。このforループを「呼び出し側コード」と呼ぶことにしましょう。

```
for resp_len, status, url, in gen_from_urls(urls):
```

呼び出し側コードのfor
ループは、ジェネレータ
関数のforループと
やり取りします。

インタプリタは`gen_from_urls`関数に飛び、この関数の実行を開始します。URLのタプルを関数の唯一の引数にコピーし、ジェネレータ関数の`for`ループを実行します。

```
def gen_from_urls(urls: tuple) -> tuple:
    for resp in (requests.get(url) for url in urls):
        yield len(resp.content), resp.status_code, resp.url
```

この`for`ループにはジェネレータが含まれています。ジェネレータは`urls`タプルの最初のURLを取得してGETリクエストを指定のサーバに送ります。サーバからHTTPレスポンスが返されると、`yield`文を実行します。

ここが興味深い（または、考え方によっては奇妙な）ところです。

実行したら`urls`タプルの次のURLに進む（すなわち、`gen_from_urls`の`for`ループの次の反復に進む）のではなく、`yield`は3つのデータを呼び出し側コードに戻します。ジェネレータ関数`gen_from_urls`は終了するのではなく、**仮死状態**になったかのように**待機します**。

ジェネレータ関数をたどる(2/2)

yieldから戻されたデータが呼び出し側コードに届いたら、forループのブロックを実行します。このブロックには組み込み関数printの呼び出しが1回あるので、そのコードを実行して最初のURLの結果を画面に表示します。

```
print(resp_len, '->', status, '->', url)

34591 -> 200 -> https://talkpython.fm/
```

そして、呼び出し側コードのforループを繰り返し、再びgen_from_urlsを呼び出します。

おおよそこのようなことが起こっています。実際には、gen_from_urlsが仮死状態から呼び起こされて実行を続けます。gen_from_urls内のforループを繰り返し、urlsタプルから次のURLを取得して、対応するサーバにアクセスします。HTTPレスポンスがサーバから返されたらyield文を実行し、3つのデータを呼び出し側コードに戻します(gen_from_urls関数はrespオブジェクトを介してこの3つのデータにアクセスします)。

```
yield len(resp.content), resp.status_code, resp.url
```

渡されるこの3つのデータは、requestsライブラリのgetメソッドが返すrespオブジェクトから取得します。

前に述べたように、ジェネレータ関数gen_from_urlsは終了するのではなく、**仮死状態**になったかのように再び**待機します**。

(yieldが戻した)データが呼び出し側コードに届いたら、forループのブロックがprintを再び実行し、2番目の結果を画面に表示します。

```
34591 -> 200 -> https://talkpython.fm/
19468 -> 200 -> http://pythonpodcast.com/
```

呼び出し側コードのforループを繰り返して再びgen_from_urlsを呼び出すと、ジェネレータ関数が実行を再開します。yield文を実行し、結果を呼び出し側コードに返して表示を更新します。

```
34591 -> 200 -> https://talkpython.fm/
19468 -> 200 -> http://pythonpodcast.com/
47413 -> 200 -> https://www.python.org/
```

この時点でURLのタプルを使い果たしたので、ジェネレータ関数と呼び出し側コードのforループはどちらも終了します。まるで2つのコードを交互に実行し、実行のたびに相互にデータを渡し合っているかのようです。

この動作を>>>プロンプトで確認してみましょう。いよいよ最後の「試運転」のときが来ました。

試運転

最後の「試運転」では、ジェネレータ関数を試してみましょう。これまでと同様に、コードをIDLE編集ウィンドウに読み込み、>>>プロンプトで[F5]を押して関数を実行します。次のセッションに従ってください。

url_utils.pyモジュールのgen_from_urls関数

```
url_utils.py - /Users/paul/Desktop/_NewBook/ch12/url_utils.py (3.5.2)

import requests

def gen_from_urls(urls: tuple) -> tuple:
    for resp in (requests.get(url) for url in urls):
        yield len(resp.content), resp.status_code, resp.url

Ln: 8   Col: 0
```

1番目の例は、forループの一部として呼び出されているgen_from_urls関数です。予想どおり、510ページの出力と同じです。

2番目の例は、辞書内包表記の一部として使用しているgen_from_urls関数です。新しい辞書は、(キーとしての)URLと(値としての)ランディングページのサイズを格納しているだけです。この例ではHTTPステータスコードは必要**ない**ので、Pythonの**デフォルト変数名**(1つのアンダースコア)を使ってHTTPステータスコードを無視するようにインタプリタに指示しています。

```
Python 3.5.2 Shell
>>>
>>>
>>> for resp_len, status, url in gen_from_urls(urls):
        print(resp_len, '->', status, '->', url)


31590 -> 200 -> http://headfirstlabs.com/
78722 -> 200 -> http://www.oreilly.com/
128244 -> 200 -> https://twitter.com/
>>>
>>> urls_res = {url: size for size, _, url in gen_from_urls(urls)}
>>>
>>> import pprint
>>>
>>> pprint.pprint(urls_res)
{'http://headfirstlabs.com/': 31590,
 'http://www.oreilly.com/': 78722,
 'https://twitter.com/': 128244}
>>>
>>>
Ln: 271   Col: 0
```

URLのタプルをジェネレータ関数に渡します。

gen_from_urls関数がデータを作成するので、しばらくした後に結果が表示されます。

この辞書内包表記はURLとランディングページのサイズを対応付けます。

アンダースコアは、提供されたHTTPステータスコード値を無視するようにコードに指示します。

url_res辞書をプリティプリントすると、ジェネレータ関数を(forループ内に加え)辞書内包表記で使えることが確認できます。

結びの言葉

Pythonの世界では、内包表記とジェネレータ関数の利用は高度だと考えられているようですが、その主な原因は、この機能が他の主流プログラミング言語にはないため、Pythonに移行してきたプログラマが苦労することがあるからです。しかし、Head First LabsのPythonプログラミングチームは内包表記とジェネレータが**大好き**で、繰り返し触れることで、そのうち慣れると考えています。内包表記とジェネレータ関数なしでやっていかなければいけないことは想像できません。

内包表記とジェネレータの構文が変だと思っても、使い続けてください。同等の`for`ループよりも効率的であるという事実に目を背けたとしても、`for`ループを使えないところでも使えるということは、このPython機能に真剣に目を向けるだけの十分な理由になります。そのうちに、この構文に慣れてくるにつれ、あちこちで関数、ループ、クラスなどを使うのと同じくらい自然に内包表記とジェネレータを利用するようになります。

この章の内容をおさらいしましょう。

重要ポイント

- Pythonでファイル内のデータを扱う際にはいくつかの手段がある。標準的な組み込み関数`open`のほか、標準ライブラリの`csv`モジュールを使ってCSV形式のデータを扱える。
- メソッド**チェーン**では、1行でデータを処理できる。`string.strip().split()`チェーンはよく使われる。
- メソッドチェーンの順序とメソッドが返すデータの型に注意する（そして、型互換性が維持されていることを確認する）。
- データをある形式から別の形式に変換するための`for`ループは、**内包表記**で書き換えられる。
- 内包表記を使って既存のリスト、辞書、集合を処理でき、リスト内包表記が最も一般的である。Pythonプログラマは、この構造をリスト内包表記（listcomp）、辞書内包表記（dictcomp）、集合内包表記（setcomp）と呼ぶ。
- **リスト内包表記**は`[]`で囲まれ、**辞書内包表記**は`{}`で囲まれている（区切り文字のコロンを含む）。**集合内包表記**も`{}`で囲まれている（しかし、辞書内包表記のコロンはない）。
- タプルは不変なので（そのため、動的に作成できない）、「タプル内包表記」というものは存在しない。
- `()`で囲まれた内包表記があれば、それは**ジェネレータ**である（ジェネレータは`yield`を使ってデータを作成する関数に変換できる）。

この12章（当然ながら本書の核心）を締めくくるにあたって、最後に質問が1つあります。深呼吸をして、ページをめくってください。

最後の1つの質問

最後の質問です。**ここまで学んできて、Pythonにおけるホワイトスペースの重要性に気付いたでしょうか？**

Pythonの経験が浅いプログラマが訴える不満の中で最もよく聞くものは、(例えば、中かっこなどの代わりに)ホワイトスペースを使ってコードブロックを示すことです。しかし、時間が経つと、脳はほとんど気にならなくなります。

これは偶然ではありません。Pythonの重要なホワイトスペースの使い方は、言語開発者の意図的なものでした。

コードは書くよりも読むことの方が多いので、わざとこのようにしました。つまり、一貫性があり見た目が自然なコードは読みやすいのです。また、Pythonではホワイトスペースを使っているため、赤の他人が10年前に書いたPythonコードが**現在**でも読みやすいのです。

読みやすさはPythonコミュニティにとって大きなメリットです。また、個人にとっても大きなメリットになります。

12 章のコード

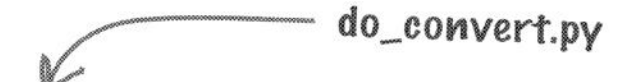


```
from datetime import datetime
import pprint

def convert2ampm(time24: str) -> str:
    return datetime.strptime(time24, '%H:%M').strftime('%I:%M%p')

with open('buzzers.csv') as data:
    ignore = data.readline()
    flights = {}
    for line in data:
        k, v = line.strip().split(',')
        flights[k] = v

pprint.pprint(flights)
print()

fts = {convert2ampm(k): v.title() for k, v in flights.items()}

pprint.pprint(fts)
print()

when = {dest: [k for k, v in fts.items() if v == dest] for dest in set(fts.
values())}

pprint.pprint(when)
print()
```

url_utils.py

```
import requests

def gen_from_urls(urls: tuple) -> tuple:
    for resp in (requests.get(url) for url in urls):
        yield len(resp.content), resp.status_code, resp.url
```

お別れのとき

旅立ちのときです！

旅立ちを見送るのは悲しいですが、この本で学んだことを**実戦で生かす**以上に幸せなことはありません。Pythonの旅はまだ始まったばかりなので、まだまだたくさん学ぶことがあります。もちろん、この本はまだ終わりではありません。5つの付録も読んでください。この付録はいずれも短いし、努力する価値が十分にあることは保証します。そしてもちろん、索引もあります。索引も忘れないようにしましょう！

私たちがこの本を書いたのと同じくらいPythonの学習を楽しんでもらえることを望んでいます。楽しかったです。満喫してください！

付録A　インストール

Pythonのインストール

ドリス、いい知らせが
あるの。最新のPython
インストーラはとても
使いやすいのよ。

物事には順序があります。まずはPythonをインストールしましょう。

PythonはWindowsでもmacOSでもLinuxでも使うことができます。インストール方法はOSごとに異なります（ショックですか？）。Pythonコミュニティは一般的なシステムをすべて対象とするインストーラの提供に注力しています。この付録では、Pythonをインストールする方法を説明します。

WindowsにPython 3をインストールする

Windows PCにPythonがプリインストールされていることはないでしょう。すでにインストールされている場合でも、ここでPython 3の最高の最新バージョンをインストールしましょう。

すでに古いバージョンのPython 3がインストールされていたら、アップグレードされますし、Python 2がインストールされていたら、Python 3が追加でインストールされます（しかも、Python 2に干渉することはありません）。また、Python 2もPython 3もまだインストールされていなくても問題ありません。

ダウンロードしてインストールする

www.python.orgにアクセスし、[Downloads]タブをクリックします。

2つの大きなボタンが現れ、Python 3かPython 2の最新バージョンを選択できます。ボタンを押し、ダウンロードファイルを保存します。間もなくダウンロードが完了します。[ダウンロード]フォルダでダウンロードされたファイルを探し、そのファイルをクリックしてインストールを開始します。

Windowsの標準的なインストールが始まります。入力を促されたら通常は[Next]をクリックすればよいですが、次の場合だけは例外です。構成を変更して[Add Python 3.6 to Path]を選んでください。すると、必要に応じてインタプリタを見つけられます。

注意：この本の執筆時点では、Pythonの最新バージョンは3.5.2でしたが、翻訳時点では3.6.3です。このスクリーンショットのバージョンでなくても心配不要です。最新バージョンをダウンロードしてインストールしましょう。

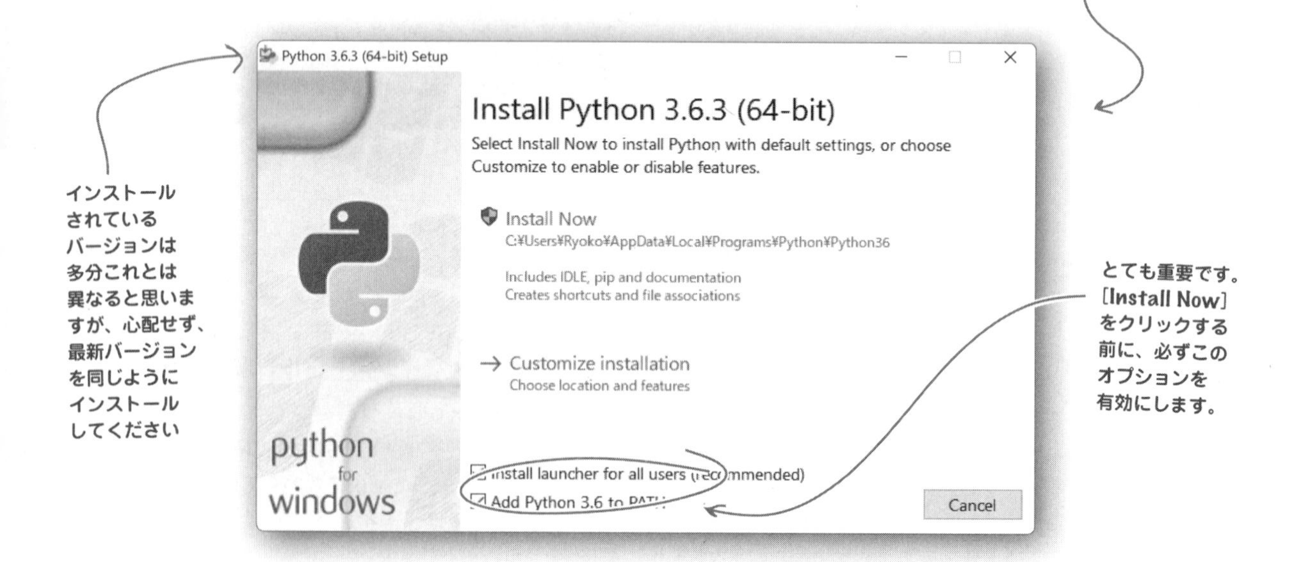

WindowsのPython 3を確認する

WindowsマシンにPythonインタプリタをインストールしました。ちゃんとインストールできているか、いくつか確認しましょう。

まず、［スタート］メニューの「最近追加されたもの」に新しいグループができているでしょう。ここでは訳者のWindows 10マシンを示します。読者の手元のマシンでも同じように表示されるでしょう。このように表示されなければ、インストールをやり直す必要があるかもしれません。

Python 3.6グループの項目を下から順に調べましょう。

［Python 3.6］はテキストベースの対話型コマンドプロンプト>>>を起動し、このプロンプトからコードを試します。>>>プロンプトについては、1章から詳しく説明します。このオプションをクリックして試してみてどうすればよいのかわからず途方にくれたら、quite()と入力してWindowsに戻ってください。

［Python 3.6 Modules Docs］は、Pythonシステム内で利用可能なすべてのインストール済みモジュールに含まれるすべてのドキュメントにアクセスできます。この本を通じてモジュールについて多くのことを学ぶので、ここではこのオプションは無視して構いません。

Pythonインストーラは［スタートメニュー］に新しいグループを追加します。

［IDLE(Python 3.6)］は、Python統合開発環境を実行します。IDLEはとてもシンプルなIDEで、Pythonの>>>プロンプト、標準的なテキストエディタ、Pythonデバッガ、Pythonドキュメントを利用できます。この本では1章からIDLEをよく使います。

［Python 3.6 Manuals］は、標準のWindowsヘルプユーティリティでPythonのドキュメント全体を開きます。この資料は、Webで入手できるPython 3ドキュメントのコピーです。

Windows上のPython 3はこんな感じです

Pythonの資産はほとんどがUnixとUnix系システムで使うものですが、Windowsでも利用できます。ただし、すべての機能がWindowsではデフォルトで利用できるわけではありません。最大限利用するにはWindowsでは追加機能をインストールする必要があることがほとんどです。ですから必要に応じて足りない機能をインストールする方法を説明しましょう。

WindowsのPython 3に追加する

PythonのWindowsバージョンを使うプログラマは、不公平感を持つことがあるかもしれません。他のプラットフォームでは当然の機能がWindowsには「存在しない」場合があります。

幸い、野心的なプログラマがPythonにインストールできるサードパーティモジュールを用意してくれているので、足りない機能を補うことができます。このようなサードパーティモジュールはコマンドプロンプトに数文字入力するだけでインストールできます。

例として、`readline`機能のPython実装をWindowsバージョンのPythonに追加しましょう。`pyreadline`モジュールは`readline`のPythonバージョンを提供し、実際にデフォルトのWindowsインストールの不備を補います。

コマンドプロンプトを開き、次の指示に従ってください。ここでは、`pip`（このツールを作成したプロジェクト「Python Index Project」の略）を使って`pyreadline`モジュールをインストールします。

コマンドプロンプトで、**`pip install pyreadline`**と入力します。

`readline`ライブラリは、（一般的にはコマンドラインを使う）対話型のテキスト編集機能を提供する関数群を実装しています。`pyreadline`モジュールは、`readline`のPythonインタフェースを提供します。

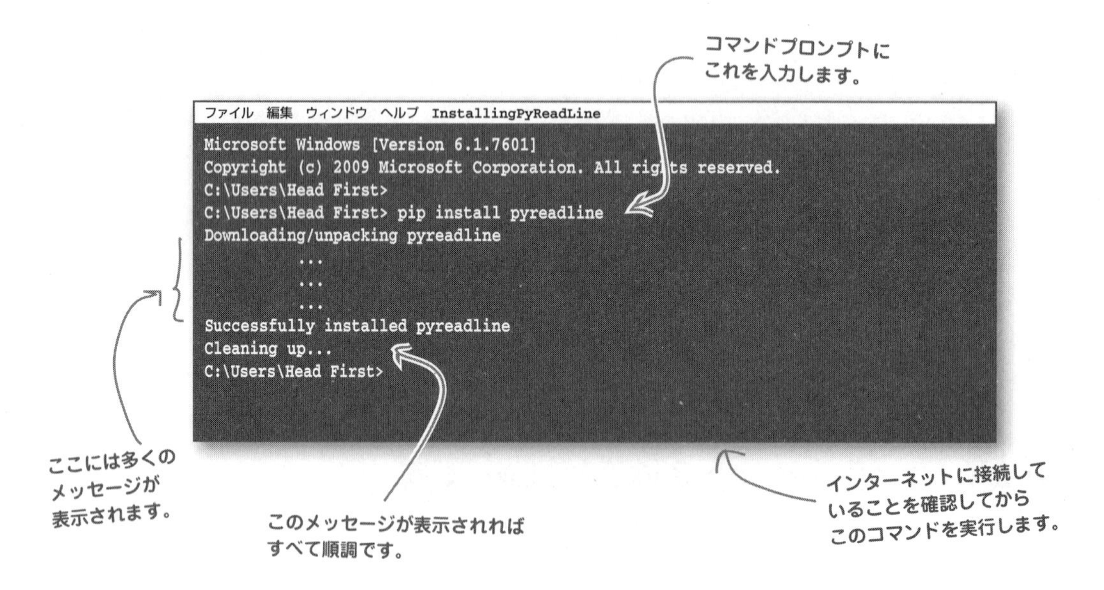

すると、`pyreadline`がインストールされてWindowsで使えるようになります。これで1章に戻ってPythonのサンプルコードを試すことができます。

macOS（Mac OS X）にPython 3をインストールする

Python 2は、デフォルトでmacOSにプリインストールされています。しかし、この本ではPython 2ではなくPython 3を使います。幸い、PythonのWebサイト（http://www.python.org）では、このサイトを訪れるだけで使用OSを判断するので、[Downloads]タブの3.6.xボタンをクリックするとPythonのMacインストーラがダウンロードされます。Python 3の最新バージョンを選んでそのパッケージをダウンロードしたら、通常の「Macのやり方」でインストールします。

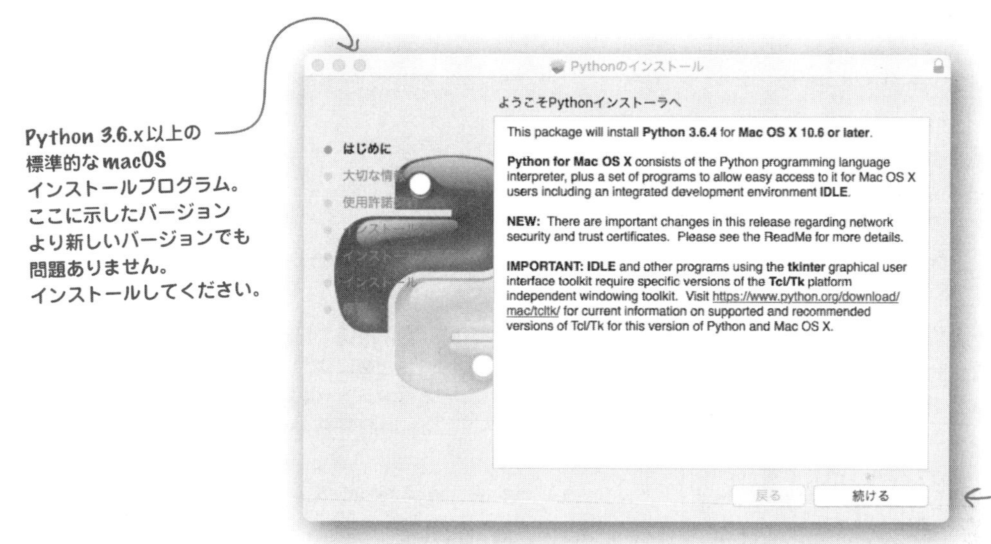

インストールが開始されるまでクリックします。

パッケージマネージャを使う

Macでは、人気のあるオープンソース**パッケージマネージャ**（HomebrewやMacPorts）を使うこともできます。どちらもまだ使ったことがなければ、この節は無視しても構いませんが、どちらかを使ったことがあるなら、ターミナルウィンドウから次のコマンドを入力してPython 3をインストールしましょう。

- Homebrewでは、**`brew install python3`**を入力する。
- MacPortsでは、**`port install python3`**を入力する。

これで終わり、準備完了です。いますぐmacOSでPython 3を実行できます。どんなものがインストールされているかを確認してみてください。

macOSのPython 3を確認して設定する

macOSでインストールが成功したかどうかを確認するには、Dock（ドック）の［アプリケーション］アイコンをクリックし、Python 3フォルダを探します。

Python 3フォルダをクリックすると、右のようにたくさんのアイコンが表示されます。

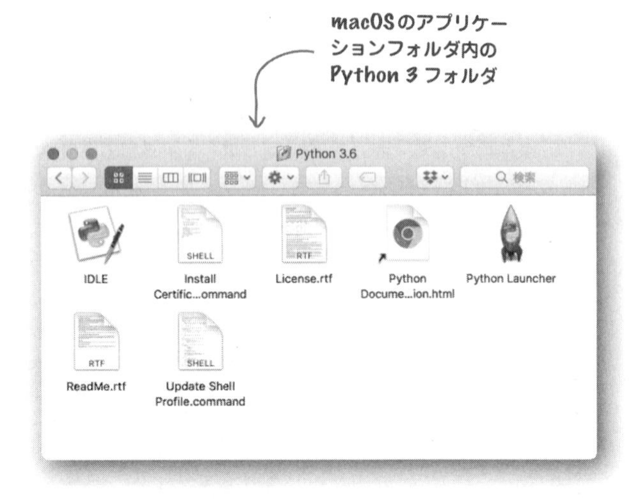

macOSのPython 3フォルダ

1番目の［IDLE］は、圧倒的に便利です。Pythonの学習の過程では、IDLEでPython 3とやり取りすることがほとんどです。このアイコンを選ぶと、IDLEというPythonの統合開発環境が開きます。これはとてもシンプルなIDEで、Pythonの>>>対話型プロンプト、標準的なテキストエディタ、Pythonデバッガ、Pythonドキュメントを利用できます。この本ではIDLEをよく使います。

［Python Documentation.html］は、PythonのHTML形式のドキュメント全体のローカルコピーをデフォルトのブラウザで開きます（オフラインでも大丈夫です）。

［Python Launcher］は、Pythonコードを含む実行可能ファイルをダブルクリックするとmacOSが自動的に実行します。これは一部の人にとっても便利かもしれませんが、Head First Labsではめったに使いません。しかし、それでも必要になったときのために覚えておきましょう。

最後の［Update Shell Profile.command］はmacOSの構成ファイルを更新し、Pythonインタプリタと関連するユーティリティの場所をOSのパスに正しく追加します。このアイコンをクリックしてこのコマンドを実行したら、再度実行する必要はありません。一度で十分です。

訳注：IDLEで日本語入力を受け付けるようにするためには、ActiveTcleのバージョン8.5.18をインストールします（https://www.activestate.com/activetcl/downloads）。

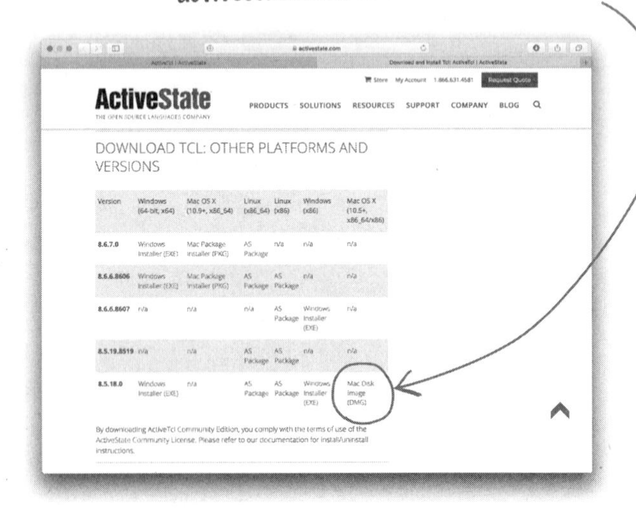

準備完了

これでmacOSの準備が整いました。

1章に戻って開始できます。

LinuxにPython 3をインストールする

あなたの使っているLinuxが、最近のディストリビューションであれば、幸運にもPython 2とPython 3がすでにインストールされています。

次は、Pythonインタプリタに現在インストールされているバージョン番号を確認する方法です。コマンドラインで次のように入力します。

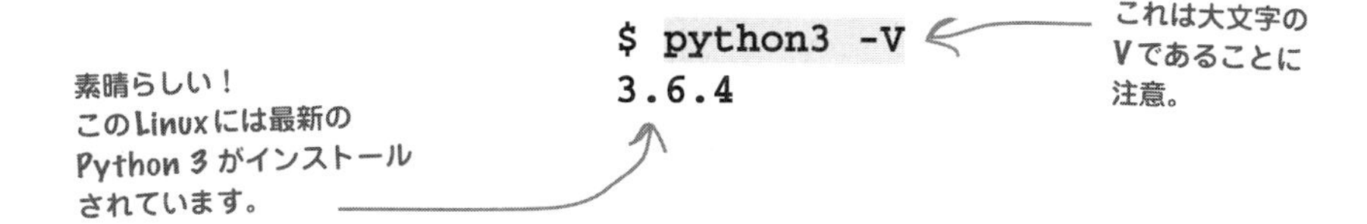

上のコマンドを実行してLinuxでpython3が見つからないというエラーが表示されたら、Python 3をインストールする必要があります。インストールの方法は、ディストリビューションによって異なります。

DebianやUbuntuベースのLinuxの場合には（Head First Labsと同様）、apt-getユーティリティを使ってPython 3をインストールできます。次のコマンドを使います。

```
$ sudo apt-get install python3 idle3
```

yumベースのディストリビューションの場合には、同等のコマンドを使います。あるいは、GUIからディストリビューションのGUIベースのパッケージマネージャを使ってpython3とidle3のインストールを選びます。数多くGUIベースのインストーラがありますが、一般的にはSynapticパッケージマネージャを選びます。

Linuxのインストールでは必ず「python3」と「idle3」パッケージを選ぶ。

Python 3をインストールしたら、このページの先頭のコマンドを使ってすべてがうまくいっていることを確認してください。

どのディストリビューションでも、コマンドラインからpython3コマンドでPythonインタプリタにアクセスできます。またidle3コマンドでGUIベースの統合開発環境IDLEを使うことができます。IDLEはとてもシンプルで、Pythonの対話型>>>プロンプト、標準的なテキストエディタ、Pythonデバッガ、Pythonドキュメントを使うことができます。

この本では1章から>>>プロンプトとIDLEをよく使います。これで1章に戻れます。

付録B　PythonAnywhere

Webアプリケーションのデプロイ

Webアプリケーションを
クラウドに10分で
デプロイできるの?!
信じられないわ。

5章の最後でWebアプリケーションをクラウドにデプロイするには10分しかかからないと約束しました。

その約束をいま果たします。この付録では実際にWebアプリケーションをPythonAnywhereにデプロイしてみます。ゼロから始めてデプロイまで所要時間は約10分です。PythonAnywhereはとても人気があるのですが、その理由は簡単にわかるでしょう。PythonAnywhereは期待どおりの機能を持ち、Python（とFlask）をサポートし、さらにWebアプリケーションのホスティングサービスまで無料で利用できます。PythonAnywhereについて詳しく調べてみましょう。

ステップ0：準備を少し

現在はPCのwebappフォルダにWebアプリケーションが置かれています。webappフォルダには、下に示すようにvsearch4web.pyファイル、staticフォルダ、templatesフォルダがあります。全部まとめてデプロイするので、まずwebappフォルダ内のすべてのZIPアーカイブファイルを作成します。このアーカイブファイルの名前をwebapp.zipとします。

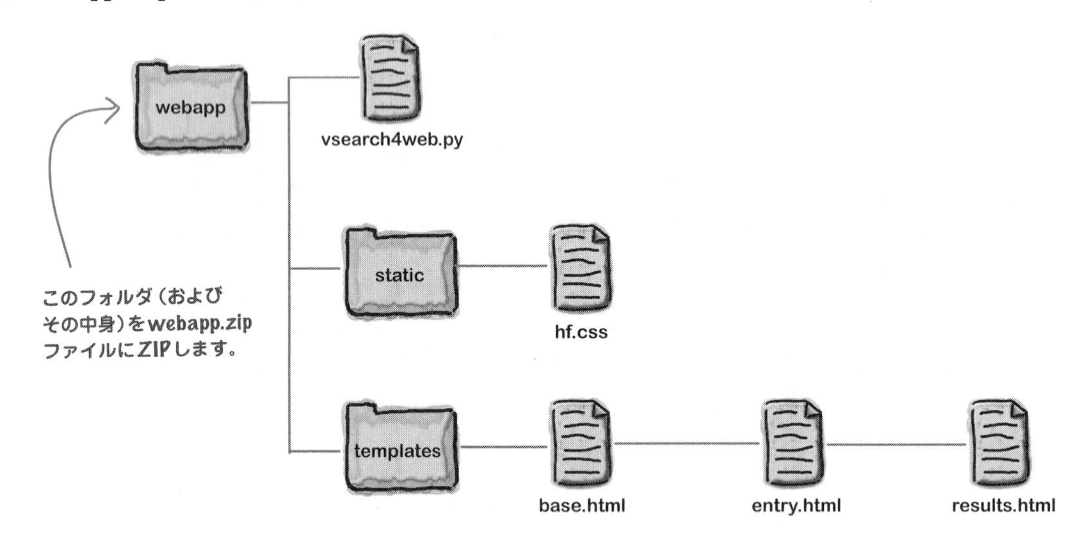

webapp.zipだけでなく、4章のvsearchモジュールもアップロードしてインストールする必要もあります。ここでは、4章で作成した配布ファイルの場所を確認しておきます。PC上のアーカイブファイル名はvsearch-1.0.tar.gzで、mymodules/vsearch/distフォルダに格納されています（Windowsでは、vsearch-1.0.zipというファイル名となります）。

4章でPythonのsetuptoolsモジュールはWindowsではZIP、macOSやLinuxでは.tar.gzファイルを作成しました。

ここではアーカイブには両方とも何もする必要はありませんが、ファイルを置いた場所をメモして、PythonAnywhereにアップロードする際に探しやすくしておきます。次のそれぞれのアーカイブファイルを置いた場所を書いておいてください。

webapp.zip ［　　　　　　　　　　］

vsearch-1.0.tar.gz ［　　　　　　　　　　］

Windowsではvsearch.zipとなります。

ステップ1：サインアップ

サインアップは簡単です。pythonanywhere.comにアクセスし、[Pricing & singup]リンクをクリックするだけです。

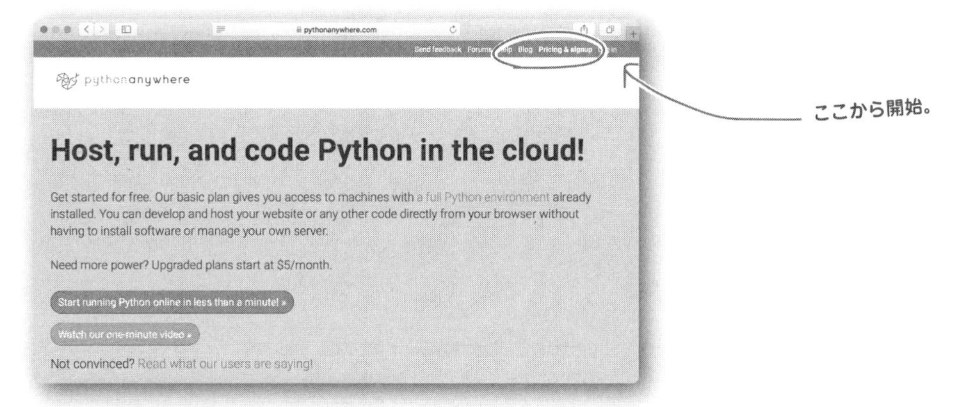

大きな青のボタンをクリックして[Begginer account]を作成し、サインアップフォームに詳細を記入します。

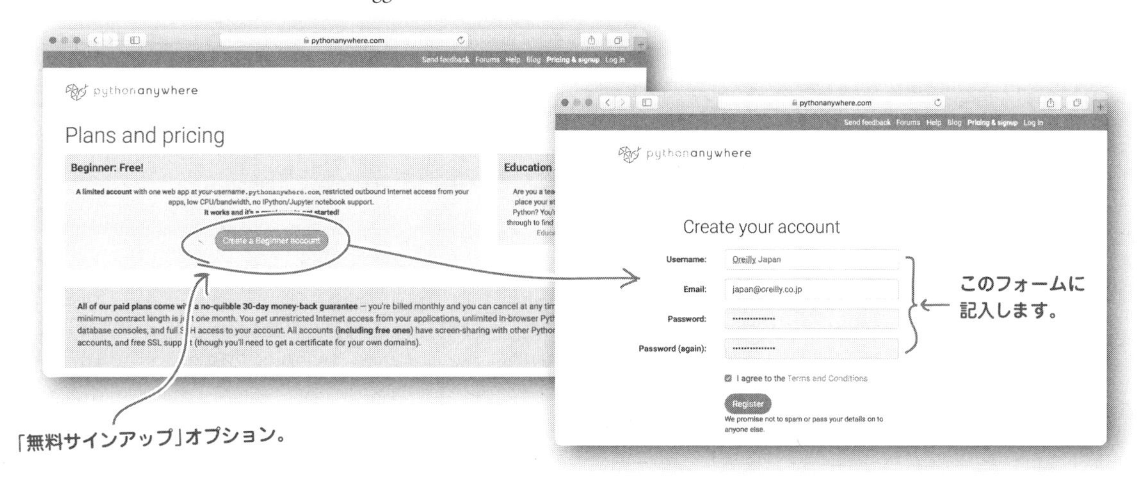

何も問題なければ、PythonAnywhereダッシュボードが表示されます。注：この時点で登録とサインインの両方を行っています。

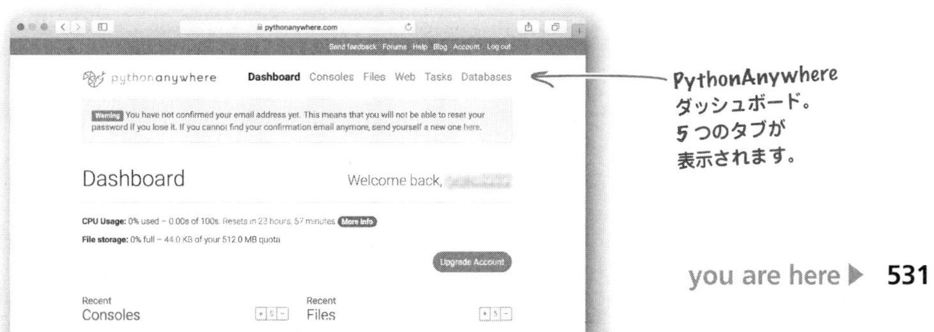

ステップ 2：クラウドへのファイルのアップロード

［Files］タブをクリックすると、利用できるフォルダとファイルが表示されます。

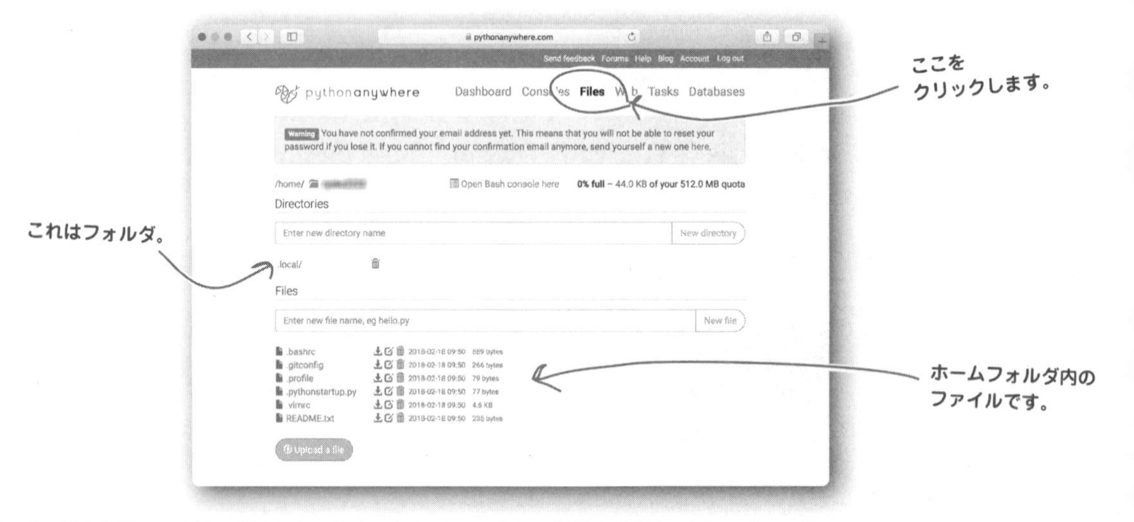

［Upload a file］を使い、**ステップ0**の2つのアーカイブファイルの場所を指定してアップロードします。

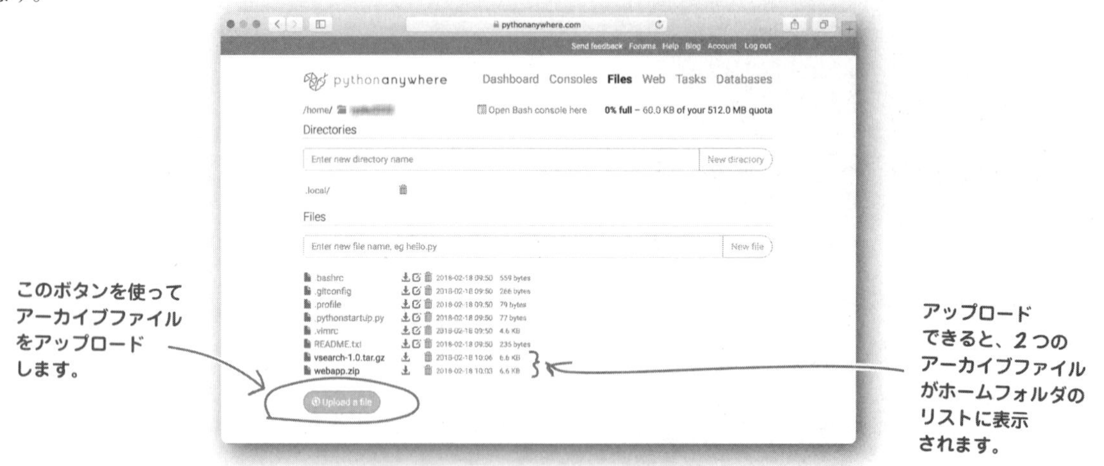

これで、誰でもこの2つのアップロードされたアーカイブファイルを取得してインストールできるようになりました。**ステップ3**で実際にインストールしてみましょう。ページの右上にある［Open a bash console here］リンクをクリックしてください。すると、（PythonAnywhereの）ブラウザにターミナルウィンドウが開きます。

ステップ3：コードの取得とインストール

［Open a bash console here］リンクをクリックすると、PythonAnywhereは［Files］ダッシュボードをブラウザベースのLinuxコンソール（コマンドプロンプト）に置き換えます。このコンソールでいくつかのコマンドを実行し、vsearchモジュールとWebアプリケーションのコードを取得してインストールします。まずは、次のコマンドを使ってvsearchを「プライベートモジュール」としてPythonにインストールします（Windowsの場合には、必ずvsearch-1.0.zipを使ってください）。

```
python3 -m pip install vsearch-1.0.tar.gz --user
```

「--user」は、vsearchモジュールを個人使用専用でインストールします。PythonAnywhereでは、モジュールを誰でも使えるようにインストールすることはできません（個人使用のみ）。

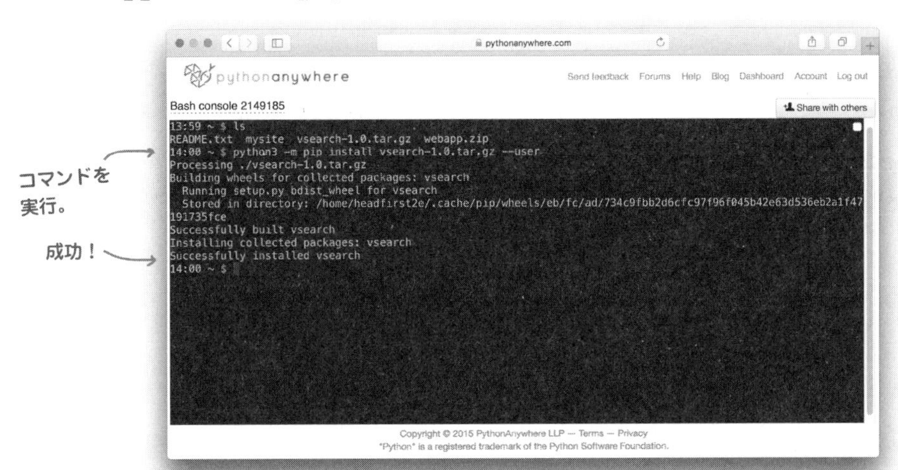

vsearchモジュールがインストールできたので、次はWebアプリケーションです。次の2つのコマンドでmysiteフォルダにインストールします。

ステップ4：初期Webアプリケーションの作成（1/2）

ステップ3が終わったら、PythonAnywhereダッシュボードに戻って［Web］タブを選びます。このタブは、PythonAnywhereで新しい初期Webアプリケーションを作成するためのものです。初期Webアプリケーションを作成して、そのWebアプリケーションコードを自分のコードと置き換えます。Begginer accountは無料でWebアプリケーションを1つ作成できます。さらに必要なら、有料アカウントにアップグレードしてください。幸い、ここで必要なのは1つだけなので［Add a new web app］をクリックして先に進みましょう。

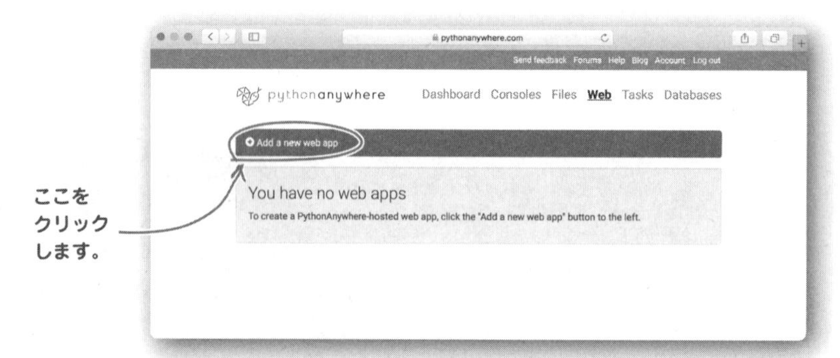

無料アカウントなので、Webアプリケーションは下の画面のサイト名で動作します。PythonAnywhereが勧めるサイト名で進むには［Next］ボタンをクリックします。

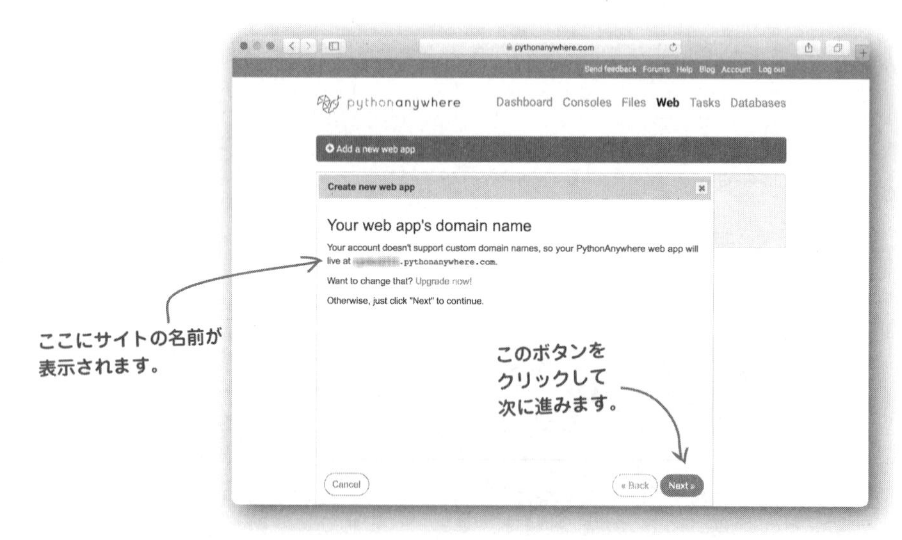

［Next］をクリックしてこのステップを続けます。

ステップ4：初期Webアプリケーションの作成（2/2）

PythonAnywhereは複数のWebフレームワークをサポートしています。次の画面では、そのフレームワークの中から選択できます。ここではFlaskを選び、FlaskとPythonのバージョンを選択します。翻訳時点では、Python 3.6とFlask 0.12がPythonAnywhereのサポートする最新バージョンでした。さらにアップグレードされていない限りこの組み合わせを選びます（アップグレードされている場合には、そのバージョンを選びます）。

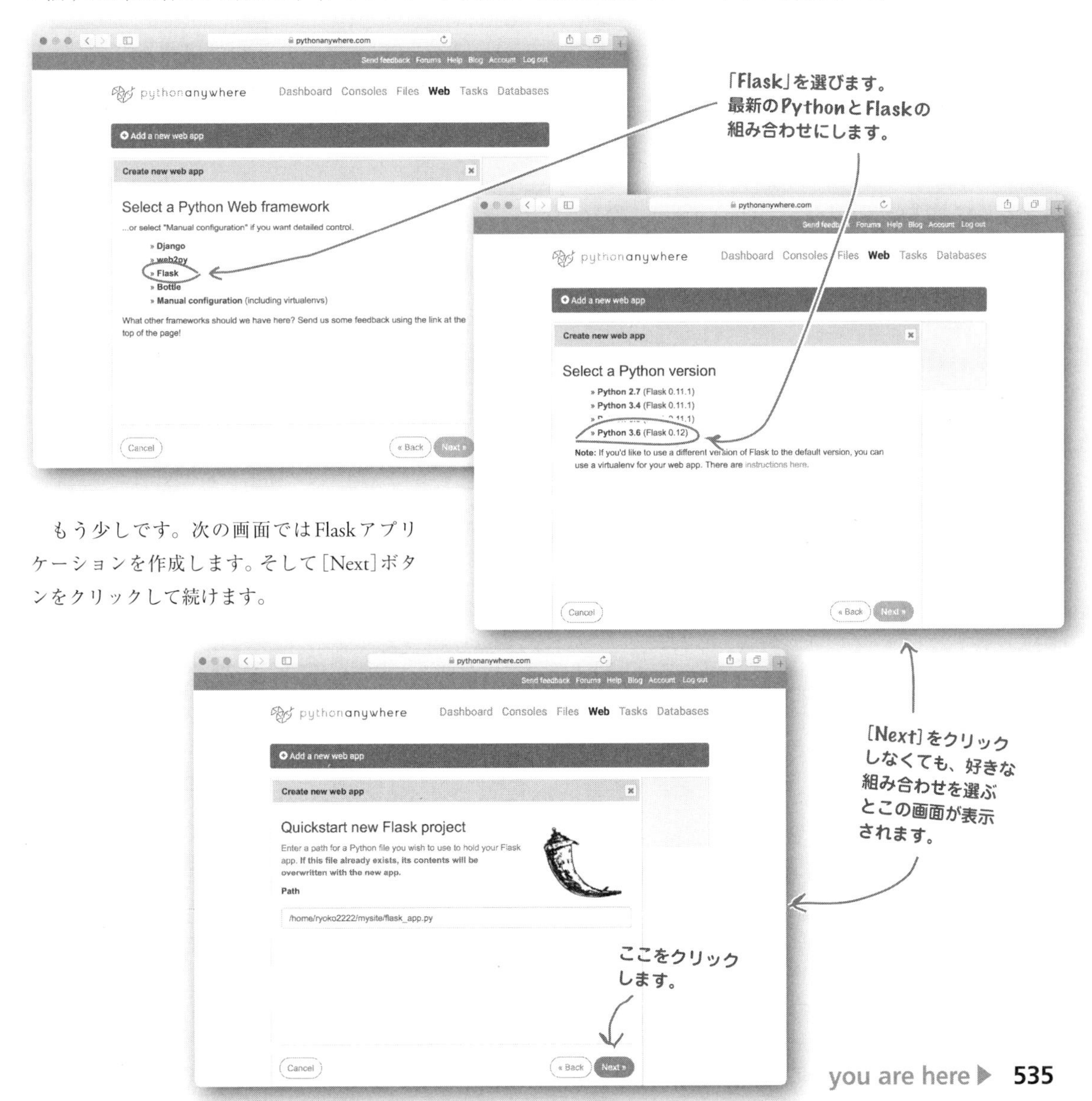

ステップ5：Webアプリケーションの設定

ステップ4が完了すると、[Web]ダッシュボードが表示されます。大きな緑のボタンはまだクリックしてはいけません。PythonAnywhereにコードについて何も伝えていないからです。ここでは[WSGI configuration file]ラベルの右側の長いリンクをクリックします。

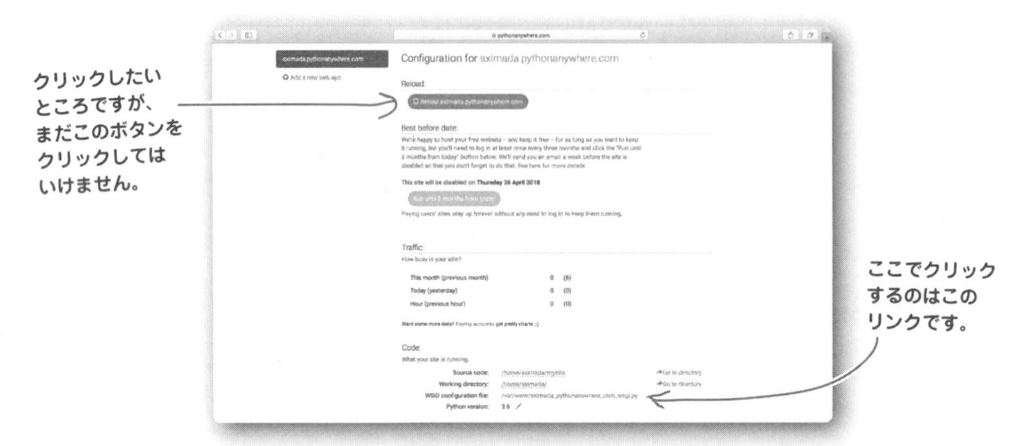

この長いリンクをクリックすると、新たに作成したFlaskアプリケーションの設定ファイルをPythonAnywhereのテキストエディタに読み込みます。5章の最後で、PythonAnywhereはWebアプリケーションのコードをインポートしてから`app.run()`を呼び出してくれると述べました。これがその動作をサポートするファイルです。しかし、初期設定のコードではなく**自分**のコードを参照するように指示する必要があるので、このファイルの最後の行を（次のように）編集して[Save]をクリックします。

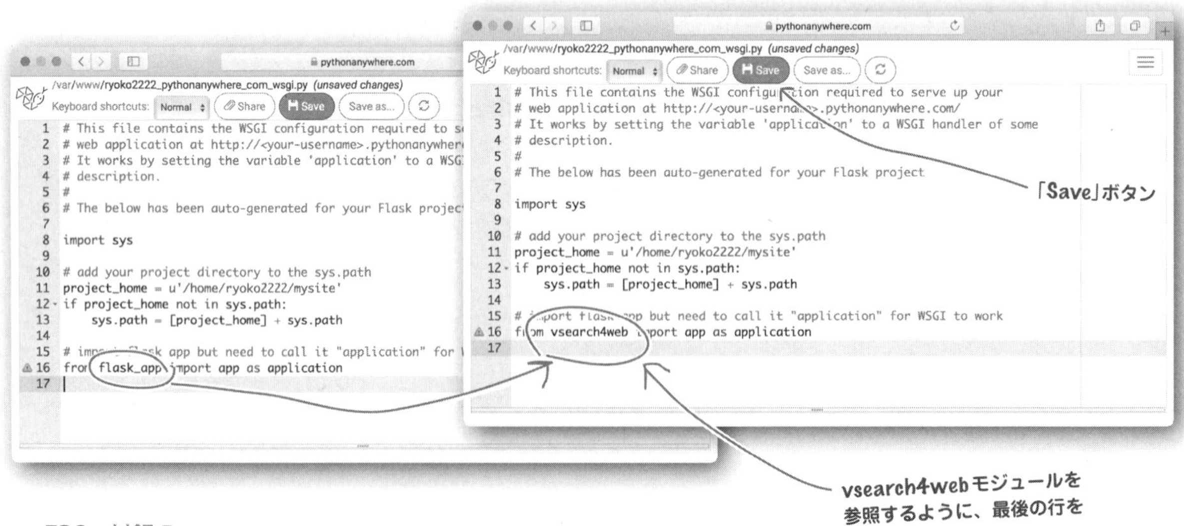

ステップ6：クラウドベースのWebアプリケーションを試す

変更した設定ファイルを保存したら、ダッシュボードの[Web]タブに戻ります。そして気になる大きな緑のボタンをクリックしましょう！

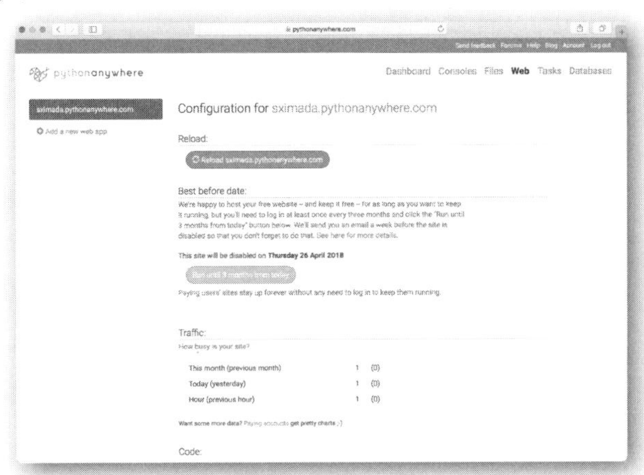

ローカルで実行したときと全く同様に、Webアプリケーションがブラウザに表示されます。今回はインターネットに接続しているので、ブラウザがあれば利用できます。

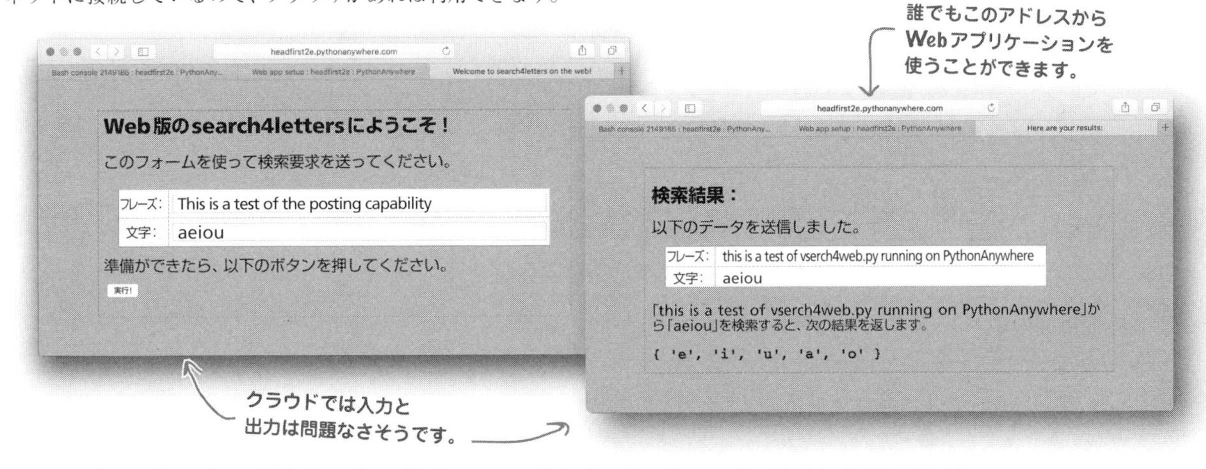

これで完了です。5章で開発したWebアプリケーションをPythonAnywhereのクラウドに（10分未満で）デプロイしました。PythonAnywhereについてはこの短い付録で示したことの他にもいろいろとあるので、自由に調べて試してみてください。どこかの時点で忘れずにPythonAnywhereのダッシュボードに戻ってログアウトしてください。ログアウトしても、Webアプリケーションは停止させない限りクラウドで動作し続けます。これはとても素晴らしいですよね。

付録C　取り上げなかった上位10個のトピック

いつでもさらに学ぶことがある

ここに問題があるんじゃないか？取り上げなかったことがたくさんあるな。

すべてを取り上げるつもりはありませんでした。

この本の目的は、Pythonをできるだけ早く理解できるように説明することでした。取り上げたかったのですが、あえて取り上げなかった話題もたくさんあります。この付録では、さらに600ページくらい余計に紙面があれば紹介していたと思われる上位10個のトピックを取り上げます。この10個のすべてに興味ないでしょうが、自分の目的に合う場合や、頭に残って離れない問題への答えになる場合もあるので、ぜひ目を通してください。この付録で紹介する機能はすべてPythonとPythonインタプリタが備えているものです。

1. Python 2はどうなの?

この本の執筆時点では、主に2つのPythonが使われています。この本では**Python 3**を採用しました。ここまで読んだあなたは、**Python 3**についてはすでに十分な知識を得られているでしょう。

Python 3には新たな言語開発や拡張機能がすべて適用されています。マイナーリリースサイクルは12カ月から18カ月です。3.6は2016年12月にリリースされました。3.7は2018年6月に登場する予定です(https://www.python.org/dev/peps/pep-0537/)。

Python 2は、ここしばらくリリース2.7のまま止まっています。Pythonのコア開発者たち(Python開発を主導する人たち)が次世代はPython 3とし、Python 2は静かに消えてもらうと決めたからです。この方針にはれっきとした技術的な背景がありましたが(https://www.python.org/dev/peps/pep-0404/)、結局、Python 3(次世代のPython)が登場したのは、2008年後半でした。こんなに時間がかかるとは誰も予想していませんでした。

そして2008年後半から現在までに起こったことだけで1冊の書籍が書けるほどです。Python 2は頑固に退場を拒否しました。膨大なPython 2コードのインストールと開発者が(現在でも)存在し、アップグレードが遅々として進まない分野があります。その理由はとても単純です。Python 3では、下位互換性がないからです。つまり、**そのまま**ではPython 3では動作しないPython 2のコードがたくさんあるのです(とはいってもPython 2のコードなのかPython 3のコードなのかは即座に判断できない場合も多いでしょう)。また、多くのプログラマがPython 2で「十分」だと考え、アップグレードしませんでした。

最近、大きな変化が起こっています。2から3への切り替えが急速に進んでいるように思われます。一部の人気のサードパーティモジュールがPython 3互換バージョンをリリースしていることもあり、Python 3の採用を促しています。さらに、Pythonコア開発者はPython 3に機能の追加を続けています。時間の経過とともにさらに魅力的な言語となっているのです。3の優れた新機能の2への「バックポート」は2.7で終了しています。バグとセキュリティ上のサポートは引き継がれていますが、Pythonコア開発者はこの修正も2020年に終了すると発表しています。Python 2に残された時間はわずかとなりました。

次は、3と2のどちらを選択するかを決めるときの一般的なアドバイスです。

新しいプロジェクトには、Python 3を使う。

特にゼロから始める場合には、Pythonのレガシーコードを作成したいという衝動を抑えましょう。既存のPython 2のコードを維持したい場合には、3についての知識をそのまま使うことができます。きっとコードを読んで理解できるでしょう(メジャーバージョン番号が何であっても、Pythonであることに変わりないので)。Python 2を使い続けたい理由があれば、使い続けても構いません。しかし、あまり手間をかけずにコードをPython 3に対応できるなら、Python 3を選択しましょう。Python 3の方が優れていて新しいので、労力に見合うメリットがあると考えています。

2. 仮想プログラミング環境

2つのクライアントがあって、一方にはあるバージョンのサードパーティモジュールに依存したコード、もう一方には**別の**バージョンに依存したコードがあるとします。そして、もちろん、あなたは両方のプロジェクトをメンテナンスしなければならないかわいそうな人であるとします。

Pythonインタプリタは異なるバージョンのサードパーティモジュールのインストールはサポートしていないので、1台のマシンに異なるバージョンをインストールすると問題が起こってしまうかもしれません。

しかし、Pythonには仮想環境があるので簡単に解決できます。

仮想環境では、まっさらなPython環境を作成し、コードを実行することができます。つまり別の仮想環境に影響を与えずにある仮想環境にサードパーティモジュールをインストールできます。また、仮想環境は1台のマシンにいくつでも構築でき、使いたい仮想環境を**有効**にしてそれぞれを切り替えます。仮想環境ごとにインストールしたいサードパーティモジュールの独自のコピーを持てるので、それぞれのクライアントプロジェクトに1つずつ、2つの異なる仮想環境を使うことができます。

しかし、その前にPython 3の標準ライブラリに付属する`venv`という仮想環境を使うか、PyPIから`virtualenv`モジュール（`venv`と同じ機能ですが、追加機能がたくさんあります）をインストールするかを選択します。十分に調べた上で選択するのが一番です。

`venv`について詳しく学ぶには、次のドキュメントを読んでください。

`https://docs.python.jp/3/library/venv.html`

`virtualenv`の機能について調べるには、次のサイトをまずチェックしてください。

`https://pypi.org/project/virtualenv/`

プロジェクトに仮想環境を使うかどうかは個人の選択次第です。仮想環境を信頼し、仮想環境上でなければコードを書かないプログラマもいます。これは少し極端な姿勢かもしれませんが、人それぞれです。

この本では、章としては仮想環境を取り上げないことにしました。仮想環境は（必要な場合には）大きな恩恵が得られるのですが、全員が使うべきものであるとは私は感じません。

「Virtualenvを使わない限り本物のPythonプログラマではない」という人たちからはゆっくり距離をおく方がよいかもしれません。

3. オブジェクト指向の詳細

この本全体を最後まで読んでいたら、今では（おそらく）「Pythonではすべてがオブジェクトである」という言葉の意味を十分に理解できているでしょう。

Pythonのオブジェクトは素晴らしいものです。オブジェクトを使うと多くの場合に物事が予想どおりにうまくいきます。しかし、すべてがオブジェクトであるからと言って、特にコードの中のすべてがクラスに属さなければいけないというわけでは**ありません**。

この本では、カスタムコンテキストマネージャを作成するのに必要になるまで独自のクラスの作成方法は述べませんでした。そのときでも、必要なことだけしか紹介していません。すべてのコードがクラスに属することを求めるプログラミング言語（Javaが代表例です）からPythonに移行してきている場合には、この本のアプローチには戸惑うかもしれません。プログラムの書き方に関して言えばPythonは（例えば）Javaほど厳密ではないので、心配しないでください。

たくさんの関数を作成して必要な処理を行うことに決めたなら、そうしてください。脳がより関数型の考え方になっているならPythonの内包表記構文を使えばいいのです。Pythonは関数型プログラミングの考え方も尊重しています。また、コードはクラスに属すべきという考えにこだわるなら、Pythonが持つフル装備のオブジェクト指向プログラミング構文を使えばいいのです。

クラスの作成に時間がかかりそうな場合は、次の項目を確認してください。

- `@staticmethod`：クラス内に静的関数を作成できるデコレータ（第1引数として`self`を取らない）。
- `@classmethod`：第1引数として`self`ではなく（通常は`cls`という）クラスを取るクラスメソッドを作成できるデコレータ。
- `@property`：メソッドを属性であるかのように再指定して使用できるデコレータ。
- `__slots__`：（使用時に）クラスから作成したオブジェクトのメモリ効率を（柔軟性を少し犠牲にして）大幅に改善できるクラスディレクティブ。

ここに挙げた項目について詳しくは、Pythonのドキュメント（https://docs.python.jp/3/）を調べてください。あるいは、次の付録で紹介する書籍を参照してください。

4. 文字列などのフォーマット

この本で繰り返し使用したアプリケーションの例ではブラウザに結果を表示しました。そのため、出力フォーマットをHTMLに任せることができました（具体的に言うと、Flaskに含まれるJinja2モジュールを使いました）。そのため、Pythonが得意な分野に触れませんでした。それは、文字列フォーマットです。

コードを実行するまでわからない値を含む文字列があるとします。その値を含むメッセージ（`msg`）を作成し、後で処理できるようにします（例えば、そのメッセージを画面に出力するか、Jinja2で作成するHTMLページ内にそのメッセージを含めるか、または3百万人のフォロワーにそのメッセージをツイートする場合）。実行時に`price`と`tag`という2つの変数が作成されるとしましょう。ここではいくつかの選択肢があります。

1. 連結（+演算子）を使ってメッセージを作成する。
2. （%構文を使用した）昔ながらの文字列フォーマットを使う。
3. すべての文字列の`format`メソッドを使ってメッセージを作成する。

次は、上の動作を示した短いセッションです（この本の例を試していれば、同じようなメッセージが表示されているでしょう）。

Python 3.5.2 Shell

```
>>>
>>> price = 49.99
>>> tag = 'is a real bargain!'
>>>
>>> msg = 'At ' + str(price) + ', Head First Python ' + tag
>>> msg
'At 49.99, Head First Python is a real bargain!'
>>>
>>> msg = 'At %2.2f, Head First Python %s' % (price, tag)
>>> msg
'At 49.99, Head First Python is a real bargain!'
>>>
>>> msg = 'At {}, Head First Python {}'.format(price, tag)
>>> msg
'At 49.99, Head First Python is a real bargain!'
>>> |
```

Ln: 115　Col: 4

もうご存知ですよね。

フォーマット指定子%sと%fは古くから使われているけど、私と同じでまだまだ現役です。

どの手法を使うかは個人の好みですが、3の`format`メソッドを使うことをお勧めます（https://www.python.org/dev/peps/pep-3101/ のPEP 3101を参照）。1でも2でもなく別の手法を使っているコードもあれば、（全く参考になりませんが）3つの手法すべてを使っているコードもあります。さらに学ぶには、次のドキュメントを読んでください。

https://docs.python.jp/3/library/string.html#formatspec

（訳注：なお、Python 3.6では第4のフォーマット方法であるf-string（フォーマット文字列リテラル）が追加されました。https://www.python.org/dev/peps/pep-0498/ を参照。）

5. 整列

Pythonには素晴らしい組み込みのソート機能があります。一部の組み込みデータ構造（例えばリスト）には、データを整列するために使える`sort`メソッドが含まれています。しかし、Pythonを本当に特別なものにしているのは組み込み関数`sorted`です（組み込み関数`sorted`は**すべて**の組み込みデータ構造を扱うため）。

次のIDLEセッションでは、まず小さな辞書（`product`）を作成し、その辞書を一連の`for`ループで処理します。組み込み関数`sorted`を使ってそれぞれの`for`ループが受け取る辞書データの順序を制御します。コメントを読みながら手元のPCで次のように試してみてください。

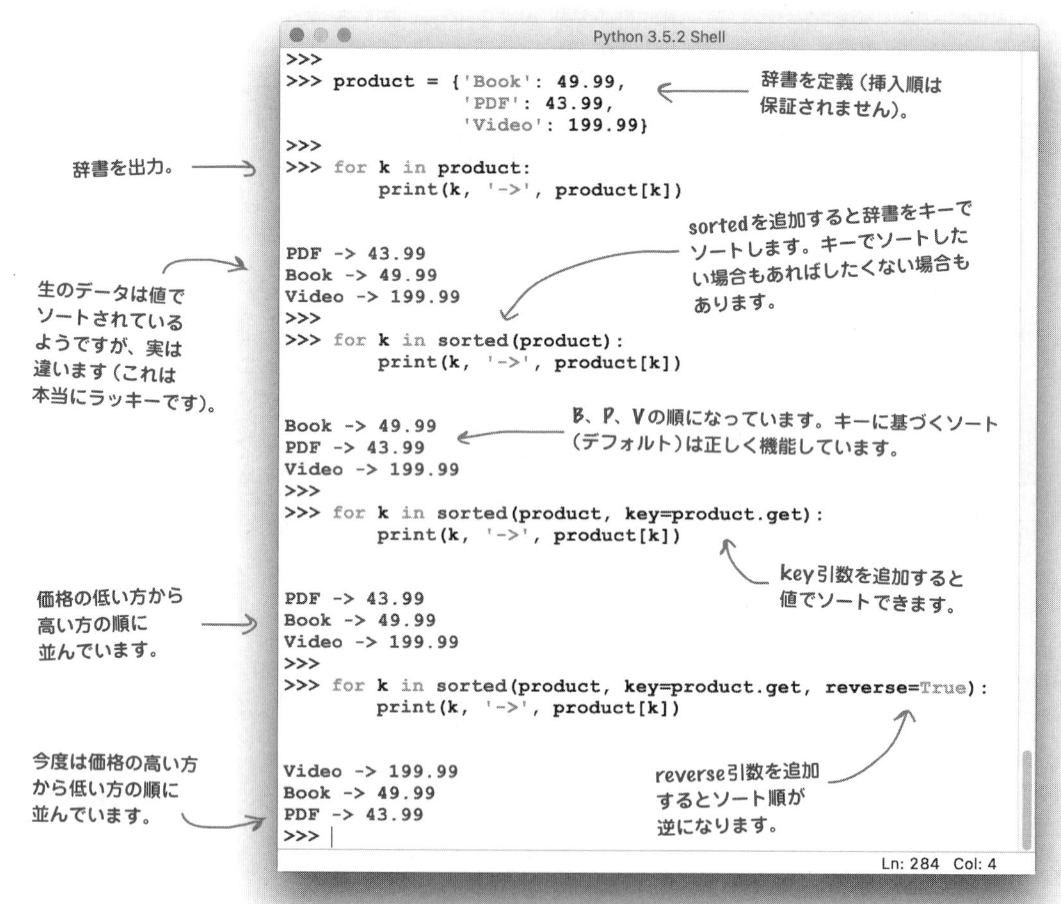

Pythonにおけるソートの詳細は、次のドキュメントで学習してください。

https://docs.python.jp/3/howto/sorting.html

6. 標準ライブラリの詳細

Pythonの標準ライブラリは優れた機能が満載です。ときどき20分くらいかけて次のリンクから利用できる機能を眺めるとよいでしょう。

https://docs.python.jp/3/library/index.html

使いたい機能が標準ライブラリにある場合には、それを使ってください（または、拡張してください）。新たに書くのは時間の無駄です。Pythonドキュメントだけでなく、Doug Hellmannは彼の人気の資料「Module of the Week」をPython 3に移植しています。Dougの優れた資料は次のリンクにあります。

https://pymotw.com/3/

よく使う標準ライブラリをおさらいしておきましょう。標準ライブラリに含まれるものや提供されているモジュールで何が行えるかを把握しておくことの重要性は、いくら強調してもしすぎることはありません。

collections

組み込みのリスト、タプル、辞書、集合の他にインポート可能なデータ構造を提供します。このモジュールには多くの便利な機能があります。主なものを挙げておきます。

- `OrderedDict`：挿入順を保証する辞書。
- `Counter`：カウントをとても容易にするクラス。
- `ChainMap`：複数の辞書を組み合わせて1つに見えるようにする。

うん、うん、
「バッテリー付属」という
冗談の意味がわかったし、
とても滑稽だよね。

itertools

Pythonの`for`ループが優れていることはすでに認識していると思いますが、内包表記で書き直すと、最高に素晴らしいものになります。`itertools`モジュールには、独自の反復を作成するための数多くのツール群が用意されています。`itertools`モジュールだけでなく、`product`、`permutations`、`combinations`も読むようにしてください（そして、このようなコードを自分で書く必要がない幸運に感謝しましょう）。

functools

`functools`ライブラリは、高階関数（引数として関数オブジェクトを取る関数）群を提供します。私がよく使うのは`partial`関数です。`partial`関数は既存関数への引数値を「固定」し、その関数を自分で選んだ新しい名前で呼び出せます。試してみるまで何が足りないかわからないでしょう。

7. 並列実行

11 3/4章では、スレッドを利用して待ち時間問題を解決しました。コードの並列実行に関してはスレッドが唯一の手段ではないのに、正直なところ利用できる手法の中でスレッドが最も利用され乱用されています。この本では、意図的にスレッドをできるだけシンプルに使うようにしました。

一度に複数のことを実行しなければならないときに利用できるテクニックは他にもあります。すべてのプログラムでこのようなサービスが必要なわけではありませんが、Pythonには多くの選択肢があることを覚えておきましょう。

`threading`モジュールの他にも優れたモジュールがあります（Doug Hellmannがこれらのメソッドの一部について素晴らしい投稿をしているので、前ページも読んでください）。

- `multiprocessing`：複数のPythonプロセスを発生させることができ、（複数のCPUコアがあれば）多数のCPUに計算負荷を分散できる。
- `asyncio`：コルーチンを作成して設定することで並列処理を規定できる。これはPython 3の比較的新しい追加機能なので、（多くのプログラマにとって）とても新しい考え方である（そして、まだ判断は下されていない）。
- `concurrent.futures`：複数のタスクを同時に管理し実行できる。

上のどれが適しているかは、それぞれを試してみたらわかるでしょう。

私が1つしかないことは気付いているよね？　だけど、複数の演算処理を一度に実行して把握することを期待しているね?!

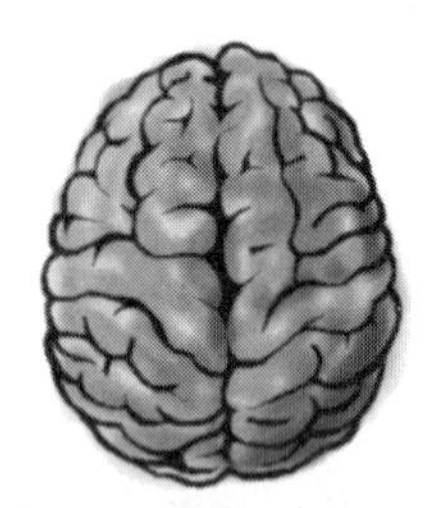

新たなキーワード：asyncとawait

キーワード`async`と`await`はPython 3.5で追加されたものです。コルーチンを作成する標準的な手段を提供します。

`async`は、既存のキーワード`for`、`with`、`def`の前で使います（これまでは`def`用法が最も注目を集めています）。`await`は、他の（ほとんど）すべてのコードの前で使うことができます。2016年末現在では、`async`と`await`はまだ新しく、世界中のPythonプログラマたちはこのキーワードで何ができるのかを探り始めたところです。

Pythonドキュメントには上の新しいキーワードの情報が更新されていますが、私たちのお勧めは、YouTubeでこのトピックを検索すると出てくる、David Beazleyによるこのキーワードの使い方（さらにこれを使うことの素晴らしさ）に関する最高の説明です。Davidの話はいつも非常に優れているのですが、Pythonエコシステムの高度なトピックに傾く傾向があるので**注意してください**。

PythonのGILに関するDavidの話は伝説化しています。また、彼の書籍も優れています。詳細は付録Eで取り上げます。

「GIL」は「Global Interpreter Lock（グローバルインタープリタロック）」の略です。GILは、インタプリタが安定性を確保するために使う内部機構です。インタプリタ内におけるGILの連続使用は、Pythonコミュニティ内で議論や討論が尽きない話題です。

8. tkinterを使ったGUI（およびturtleの楽しさ）

Pythonは、クロスプラットフォームGUIを構築するためのtkinter（Tk interface）というライブラリを備えています。この本の前半では意識せずtkinterで構築したアプリケーションを使っています。それはIDLEです。

tkinterが良いのは、IDLEを含むすべてのPython（つまり、ほぼすべてのPython）にプリインストールされているところです（だからすぐに使えます）。それなのに、多くの人が（サードパーティの代替ツールと比べて）扱いにくいと感じているようです。そのため、人気もいまひとつです。でもIDLEからもわかるように、tkinterで便利で有効なプログラムを書くことができます（くどいようですが、tkinterはプリインストールされているので、すぐに使えます）。

tkinterを使った例がturtleモジュールです。Pythonドキュメントでは、「タートルグラフィックスは子供にプログラミングを紹介するのによく使われます。タートルグラフィックスはWally FeurzigとSeymore Papertが1966年に開発したLogoプログラミング言語の一部でした」と説明されています。プログラマ（主に子供ですが、初心者にも楽しいものです）はleft、right、pendown、penupなどのコマンドを使って（tkinterが提供する）GUIキャンバスに描画できます。

下の小さなプログラムは、turtleドキュメントに掲載されている例を少しだけ変更したものです。

この小さなコードからturtleの動作だけでなく、whileループとbreak文をどのように使えばよいかもわかります。このコードは予想どおりに動きますが、forループと内包表記ほどわかりやすくありません。

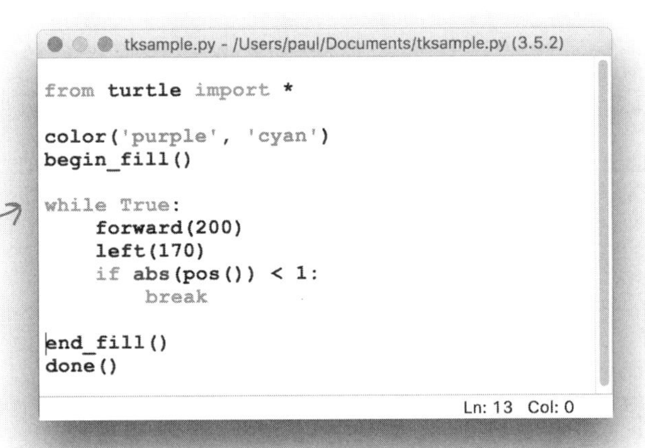

このプログラムを実行すると、下のような美しい図形が描画されます。

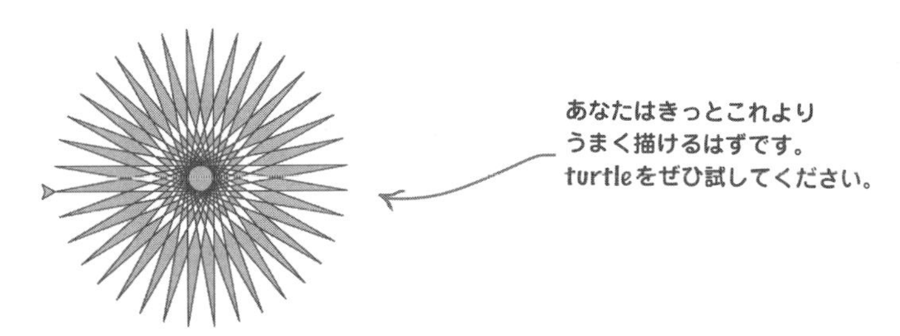

あなたはきっとこれよりうまく描けるはずです。turtleをぜひ試してください。

9. テストするまで終わらない

この本では、(4章の最後で) PEP 8準拠を調べるための`py.test`ツールを少し紹介した以外は自動テストにはほとんど触れていません。これは自動テストを軽視しているわけではありません。**自動テストはとても重要だと考えています**。自動テストだけで1冊の書籍にしてもよいほど重要なトピックです。

それにもかかわらず、この本では意図的に自動テストツールを使いませんでした。理由は、自動テストを軽視しているわけではなく、実際にはとても重要だと考えているのですが、新しく学ぶプログラミング言語で自動テストを使うと、かえって混乱してしまうと考えたからです。テストの作成はテスト対象をよく理解していることが前提です。それなのに、初めての慣れない言語でテストすることになったとしたら、結果はだいたい想像できますよね？ これは鶏が先か卵が先かということに少し似ています。プログラミングの学習とテスト方法の学習のどちらを先にすべきでしょうか？

ちょっと、こっちを
見ないでよ。私が
置いたんじゃないよ。

もちろん、あなたはもう本物のPythonプログラマなので、Pythonの標準ライブラリでテストがどのように簡単かを理解できるでしょう。テスト用の優れたモジュールが2つあります。

- `doctest`：テストをモジュールのdocstringに埋め込むことができます。これは思ったほど奇妙ではなく、とても便利です。
- `unittest`：別の言語ですでにunittestライブラリを使ったことがあるかもしれませんが、Pythonにも独自のunittestライブラリがあります（予想どおりに動作します）。

`doctest`モジュールは人気があります。`unittest`モジュールは他の多くの言語のunittestライブラリと同じように動作し、Pythonプログラマの多くはあまりPythonic (Pythonらしい) ではないと不満があるようです。このことが大変人気のある`py.test`の作成につながっています（`py.test`については次の付録で詳しく取り上げます）。

次のページに進む前に、
Pythonの自動テストツールを
使って書いたコードの正確さを
調べる方法について考えてみよう。

10. デバッグ、デバッグ、デバッグ

ほとんどのPythonプログラマは何か問題が発生するとコードにprintを追加するものだと思ったかもしれません。これはなかなか核心を突いています。printを使うデバッグは一般的です。

他には>>>プロンプトで試す方法があります。これはトレースを観察してブレークポイントを設定するという通常のデバッグ作業を伴わないデバッグセッションのようなものです。>>>プロンプトでPythonプログラマの生産性がどのくらい向上するかを定量化することはできません。わかっているのは、Pythonの将来のリリースで対話型プロンプトがなくなることになったら事態が悪化するということだけです。

実行すべきと思っていることが実行されず、print呼び出しの追加と>>>プロンプトでの実験でも依然として解明できなければ、Python組み込みのデバッガpdbの使用を検討してください。

次のようなコマンドを使うと、OSのターミナルウィンドウからpdbデバッガを直接実行できます（ここで、pyprog.pyは修正する必要のあるプログラムです）。

pdbドキュメントを読むと、トレースとブレークポイントのすべてを学習できる。

```
python3 -m pdb myprog.py
```

いつものように、Windowsユーザは「python3」ではなく「py -3」（py、スペース、ハイフン3）を使います。

また、>>>プロンプトからpdbとやりとりすることもできます。これは、これまで登場した中で最も「両方のいいとこどり」をしています。そのやり方の詳細と通常の全デバッガコマンド（ブレークポイントの設定、スキップ、実行など）の説明は、次のドキュメントに含まれています。

https://docs.python.jp/3/library/pdb.html

pdbは「取るに足らないもの」でも後からの思い付きでもありません。Python用の優れたフル機能デバッガです（しかもPythonに組み込まれています）。

ツールキットにPythonのpdbデバッガの知識が入っていることを確認しましょう。

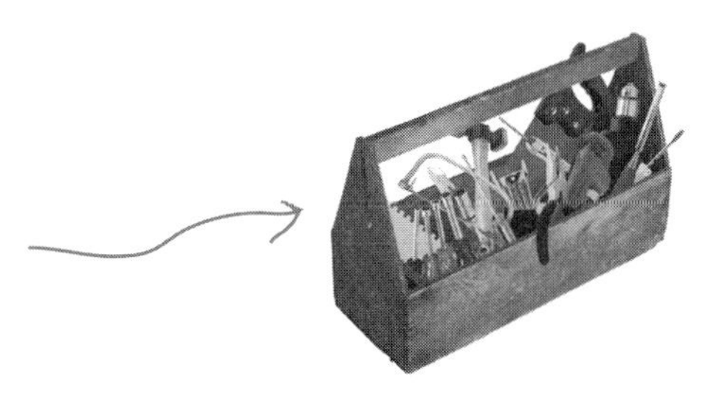

付録D　取り上げなかった上位10個のプロジェクト

さらなるツール、ライブラリ、モジュール

どんな仕事でも、
正しい道具選びが
一番重要なのさ。

この付録に対するあなたの反応は手に取るようにわかります。

一体どうして付録Cのタイトルを「取り上げなかった上位20個のトピック」としなかったのでしょうか？ なぜここでも10個なのでしょうか？ 付録Cでは、Pythonに組み込まれたもの（「バッテリー付属」の一部）の説明に限定しました。この付録では、さらに範囲を広げ、Pythonであるからこそ利用できる多くの優れた機能を取り上げます。付録Cと同様、短いので苦痛なく読むことができます。

1. >>>の以外の手段

この本では、ターミナルウィンドウやIDLEでPythonの組み込み>>>プロンプトを使いました。アイデアやライブラリの調査、コードを試す際に>>>プロンプトを使うといかに効果的であるかが実感できたと思います。

組み込みの>>>プロンプトに代わる手段はたくさんありますが、特に興味深いのはIPythonです。>>>プロンプトでは物足りない場合には、IPythonを試す価値があります。IPythonは多くのPythonプログラマに使われています。**特に**科学コミュニティで人気です。

IPythonがいかに高機能であるかを、次の短い対話型のIPythonセッションを使って紹介しましょう。

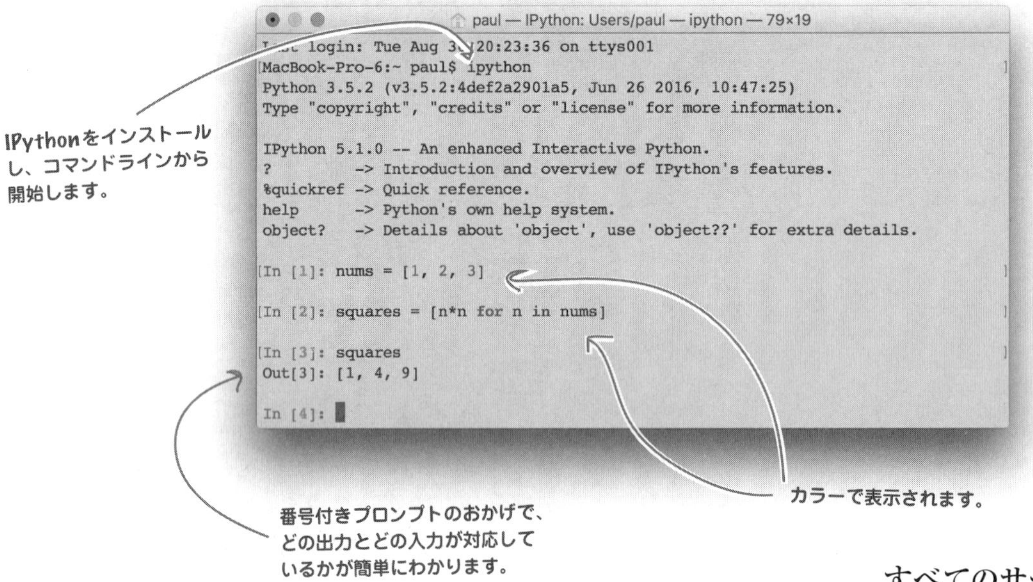

すべてのサードパーティモジュールと同様、IPythonとptpythonはどちらもpipでインストールできる。

IPythonについての詳細はhttps://ipython.orgを参照してください。

他にも>>>プロンプト以外の手段はありますが、IPythonのに匹敵するのは、ptpythonだけです（詳しくはhttps://pypi.org/project/ptpython/を参照してください）。

Paulはptpythonを知ってからというもの、毎日使っています。

2. IDLEの以外の手段

残念ながらIDLEには弱点があります。Pythonは>>>プロンプトだけでなく、GUIベースのクロスプラットフォームエディタとデバッガも搭載している素晴らしい言語です。デフォルトインストールの一部として同様の機能を提供する言語は他にはほとんどありません。

しかし、IDLEはさらに高機能な「プロフェッショナル」IDEと比べると機能が劣るので、Pythonコミュニティから厳しく批判されています。IDLEはこの分野で競うことを目的としていないので、この批判は**不公平**だと私は感じています。IDLEの主な目的は新規ユーザができるだけ簡単に始められるように敷居を低くするすることで、その目的は**確実に**果たされています。そのため、IDLEはPythonコミュニティでもっと評価されるべきです。

プロフェッショナルIDEが必要な場合には、いくつか選択肢があります。人気のあるIDEには次のようなものがあります。

- Eclips：**https://www.eclipse.org**
- PyCharm：**https://www.jetbrains.com/pycharm/**
- WingWare：**https://wingware.com**

Eclipseは完全にオープンソースで、ダウンロード以外のコストは一切かかりません。EclipseのPythonサポートはとても優れています。しかし、Eclipseのファンで現在使っているわけでなければ、PyCharmやWingWareの方がお勧めです。

PyCharmとWingWareはどちらも商用ですが、「コミュニティバージョン」なら無料でダウンロードできます（ただし、制限が少しあります）。多くの言語を対象とするEclipseとは異なり、PyCharmとWingWareはどちらもPython専用で、他のIDEと同様にプロジェクトのサポート、バージョン管理ツール（gitなど）へのリンク、チームのサポート、Pythonドキュメントへのリンクなどがあります。両方試してみてから使いやすい方を選択するとよいでしょう。

気に入るIDEがなくても心配ありません。世界中のほとんどのテキストエディタが、Pythonプログラミングに対応しています。

Paulの使っているもの

Paulのテキストエディタは`vim`（MacVim）です。Pythonのプロジェクトでは、コードを試す際は`ptpython`で`vim`を補います。PaulはIDLEも愛用しています。ローカルのバージョン管理にはgitを使います。

なお、Paulはフル機能のIDEは使いませんが、彼の生徒たちはPyCharmを使っています。PaulはJupyter Notebookも使用（および推奨）しています。詳しくは次で説明します。

3. Jupyter Notebook：WebベースのIDE

552ページの1ではIPythonを取り上げました（>>>の優れた代替手段です）。Jupyter Notebookは、IPythonと同じプロジェクトチームが開発したものです（以前はiPython Notebookという名前でした）。

次世代のJupyter NotebookはJupyter Labと呼ばれます。執筆時点では「アルファ」バージョンでした。Jupyter Labプロジェクトは常にウオッチしてください。とても特別なものになるでしょう。

Jupyter Notebook（通称「ノートブック」）は、Webベースの対話型IPythonと言えます。Jupyter Notebookの素晴らしい点は、ノートブック内でコードを編集・実行できる点です。また、テキストやグラフィックスも追加できます。

次に示すのは、12章のコードをJupyter Notebook内で実行した様子です。説明のテキストをノートブックに追加し、何を行っているかを示しています。

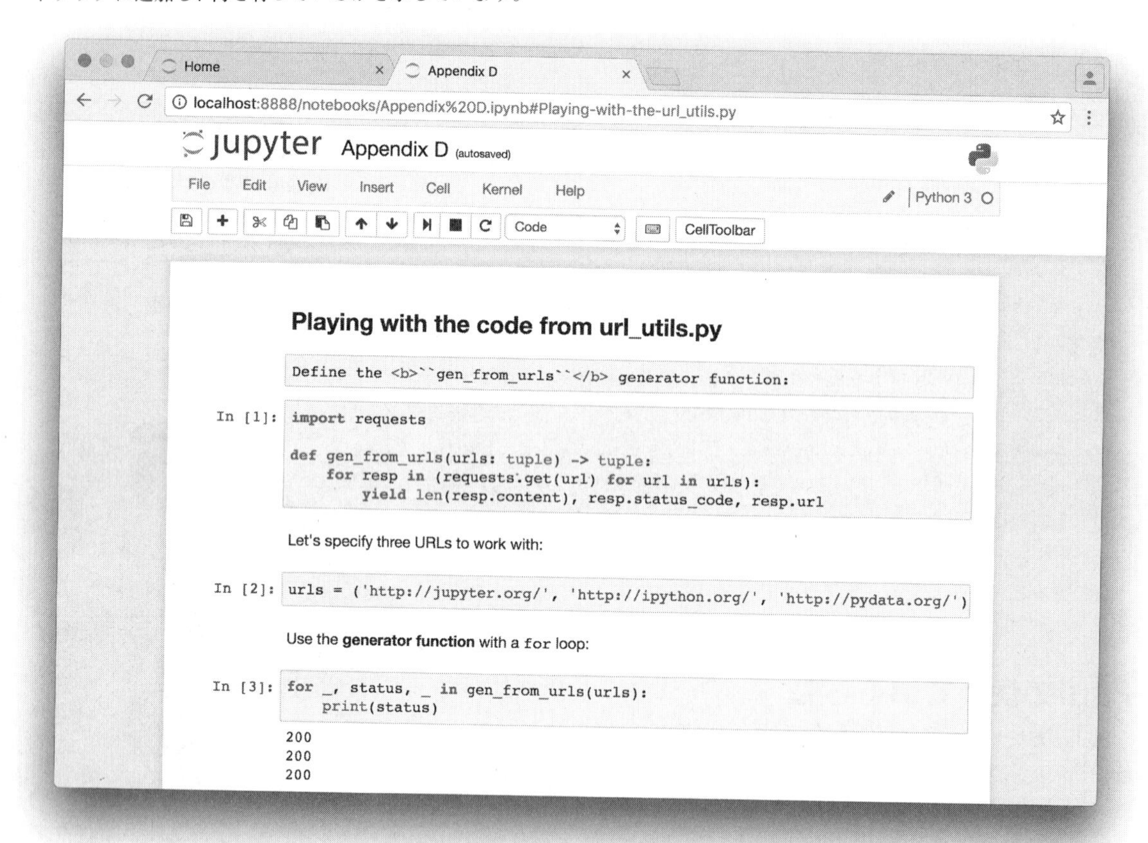

Webサイト（http://jupyter.org）でJupyter Notebookについて詳しく調べ、`pip`でマシンにインストールしたら、さっそく使ってみましょう。きっと使ってよかったと思うはずです。Jupyter NotebookはPythonの**キラー**アプリケーションなのですから。

4. データサイエンスを行う

Pythonの採用や利用に関しては、爆発的な成長を遂げ続けている1つの分野があります。それは**データサイエンス**です。

これは偶然ではありません。データサイエンスに利用できるPythonのツールは世界的に認められています（そして、多くの他のプログラミングコミュニティの羨望の的です）。データサイエンティスト以外にとって素晴らしい点は、プロがよく使うツールが**ビッグデータ**分野以外でも広く応用できることです。

データサイエンス分野におけるPythonの使い方だけで1冊分の内容で、次々にPythonによるデータサイエンスの書籍が出版されています。特にO'Reilly Media社のこの分野のラインナップはとても充実しています。O'Reilly Media社はデータサイエンス業界が向かう先を見極め、さらに学びたい人たちが利用できる優れた高品質の教材を数多く提供し続けています。

マーケティング担当者からのコメント：これは私たちのメモを見たということですね（笑）。

データサイエンスだけでなく、他のあらゆる科学計算に利用できるライブラリとモジュールを厳選して紹介します。**データサイエンス**に興味がなくても、とにかく調べてみてください。気に入ることがたくさんあります。

- `bokeh`：Webページにインタラクティブなグラフィックスを描画できる。
- `matplotlib/seaborn`：総合的なグラフモジュール（`ipython`やJupyter Notebookと統合される）。
- `numpy`：多次元データの格納と操作を効率的に行える。行列計算で右に出るものはない。
- `scipy`：数値データ分析に最適化された科学モジュール。`numpy`を補完し拡張する。
- `pandas`：R言語からPythonに移行した人にはおなじみ。最適化された分析データ構造とツールを提供する（`numpy`と`matplotlib`をベースに構築されている）。`pandas`を使う必要があるために多くのデータサイエンティストがPythonコミュニティに加わった（この流入は長く続くと思われる）。`pandas`はPythonのもう1つの**キラー**アプリケーション。
- `scikit-learn`：Pythonで実装された機械学習アルゴリズムと機能。

注：上のライブラリとモジュールのほとんどは`pip`でインストールできます。

Pythonと**データサイエンス**の接点について学ぶには、PyDataのサイト（http://pydata.org）が最適です。[Downloads]をクリックすると、利用できる機能に驚嘆します（すべてオープンソースです）。楽しんでください！

5. Web開発

Pythonは Webの世界ではとても強力です。サーバサイドWebアプリケーションの構築に関しては、特に要求がそれほど高くなければ一般的にはFlaskが選ばれますが、Flask(およびJinja2)の他にも選択肢はあります。

最も有名なツールはDjangoです。Djangoは高機能で優れているので、Pythonプログラマの間でとても人気があります。この本でDjangoを使わなかったのは、Flaskとは違って初めてWebアプリケーションを作成する前に相当の勉強と理解が必要だからです(そのため、この本のようにPythonの基礎を**きっちり**教える本には、Djangoは適しません)。

「Web開発者」であると自認するなら、時間を取って少なくともDjangoのチュートリアルは読んでおきましょう。Flaskを使い続けるべきか、Djangoに移行するべきかの判断材料が得られるでしょう。

Djangoに移行するなら、とても素晴らしい仲間がいます。Djangoは、より広範なPythonコミュニティの中で独自のカンファレンスDjangoConを開催できるほど大きなコミュニティです。DjangoConは、これまで米国、ヨーロッパ、オーストラリアで開催されています。詳しく知るためのリンクを挙げます。

- Djangoのランディングページ(チュートリアルへのリンクが含まれる):
  https://www.djangoproject.com
- DjangoCon米国:
  https://djangocon.us
- DjangoConヨーロッパ
  https://djangocon.eu
- DjangoConオーストラリア
  http://djangocon.com.au
- DjangoCongress JP
  https://djangocongress.jp/

Djangoは私たちのような
締め切り至上主義者のための
Webフレームワークです!

ちょっと待って、まだあります。

FlaskやDjangoの他にもWebフレームワークはあります(誰かのお気に入りにはあえて触れていません)。よく聞くのはPyramid、TurboGears、web2py、CherryPy、Bottleといった名前です。Webフレームワークの一覧はPythonのウィキを参照してください。

https://wiki.python.org/moin/WebFrameworks

6. Webデータ

12章では、`requests`ライブラリを使って、(同等の内包表記と比べた)ジェネレータの素晴らしさを証明しました。`requests`の選択は偶然ではありません。Webに関わるPython開発者によく使うPyPIモジュールを聞けば、大多数が「requests」と答えるでしょう。

PyPI：Python Package Indexはhttps://pypi.org/にある。

`requests`モジュールを使うと、シンプルながらも強力なPython APIでHTTPやWebサービスを扱えます。本業でWebを直接扱うことがなくても、`requests`のコードを見るだけで多くのことを学べます(`requests`プロジェクト全体が、Python的なやり方のお手本とみなされています)。

`requests`についての詳細は次のサイトを参照してください。

http://docs.python-requests.org/en/master/

Webデータのスクレイピング

Webはもともとテキストベースのプラットフォームなので、Pythonは常にうまく機能します。標準ライブラリはJSON、HTML、XML、その他の同様のテキストベースフォーマットやすべての関連するインターネットプロトコルを扱うためのモジュールを備えています。標準ライブラリに含まれ、Web/インターネットプログラマが最も詳しく知りたいモジュールの一覧をPythonドキュメントで確認してください。

- インターネットデータ処理
  https://docs.python.jp/3/library/netdata.html
- 構造化マークアップ処理ツール
  https://docs.python.jp/3/library/markup.html
- インターネットプロトコルとサポート
  https://docs.python.jp/3/library/internet.html

静的なWebページを介してのみ入手できるデータを扱う必要がある場合には、おそらくそのデータを**スクレイピング**したいでしょう(簡単なスクレイピング入門はhttps://en.wikipedia.org/wiki/Web_scrapingを参照してください)。Pythonには、時間が大幅に節約できる2つのサードパーティモジュールがあります。

- Beautiful Soup：
  https://www.crummy.com/software/BeautifulSoup/
- Scrapy
  http://scrapy.org

両方を試してどちらの方が問題解決に適しているかを確かめ、うまくスクレイピングしてください。

Soup？Soup！誰がスープのことを話したんだい？スープを「素晴らしい(beautiful)」と言ったのか？何てことだ。

7. さらなるデータソース

状況を(シンプルに保ちつつ)できるだけ実用的なものにしたいので、この本ではデータベースとしてMySQLを使いました。SQLに時間がかかっているなら(どのデータベースベンダを選択するかにかかわらず)、現在行っていることを止め、2分をかけてpipでsqlalchemyをインストールしてください。これは、これまでで最高の2分間のインストールになるかもしれません。

SQLを使う人にとってのsqlalchemyモジュールは、Web開発者にとってのrequestsのようなもので、よく使われます。SQLAlchemyプロジェクトは、(MySQL、PostgreSQL、Oracle、SQL Serverなどに格納された)表形式データを扱うためのPythonに触発された高水準な技術を提供します。DBcmモジュールが好きならSQLAlchemyを好きになるでしょう。SQLAlchemyはPython用の**最高**のデータベースツールキットと自称しています。

SQLAlchemyプロジェクトの詳細は次のサイトを調べてください。

http://www.sqlalchemy.org

SQL以外にもクエリの方法はある

必要なデータがすべてデータベースにあるわけではないので、SQLAlchemyでは役に立たないこともあります。現在はNoSQLデータベースがデータセンターで採用される有効なデータベースとして認められているので、(多くの選択肢があるにもかかわらず)NoSQLの代表例でもあるMongoDBは最も人気があります。

JSONや表形式ではない(しかし構造化された)フォーマットのデータを渡されたら、MongoDB(または類似したもの)が探し求めているものかもしれません。MongoDBの詳細は次のサイトを参照してください。

https://www.mongodb.com

また、pymongoを使ったMongoDBプログラミングのPythonサポートについては、次のPyMongoドキュメントページを調べてください。

https://api.mongodb.com/python/current/

8. プログラミングツール

正しいと思っていても、バグは生じます。

Pythonには、バグに対応できる機能がたくさんあります。>>>プロンプト、pdbデバッガ、IDLE、print文、unittest、doctestなどです。これでも不十分なら、サードパーティモジュールを利用します。

過去に誰もがやってしまうよくある間違いをしてしまうこともあるでしょう。または、もしかすると必要なモジュールをインポートし忘れていて、大勢の人にコードの素晴らしさを見せるまで問題が発覚しないこともあります。

このような事態を避けるには、Pythonのコード解析ツールPyLintを使います。

https://www.pylint.org

PyLintはコードを解釈し、実行する**前**にコードの問題点を指摘してくれます。

大勢の人の前でコードを実行する前にPyLintを使っておくと、多分恥をかかずに済むでしょう。でも、一定の水準に達していないと言われるのは誰でも嫌なものなので、PyLintに気分を害されることもありますが、その苦痛に値するメリットがあります（公衆の面前で恥をかくよりはマシでしょう）。

少し混乱している人がいると思うわ。「lintをきれいにしなさい」と言われたけど、PyLintを使ってコードをきれいにするという意味だと思うわ。何てことかしら、最初にpy.testを書いていたらよかったのに。

テストに利用できるものもたくさんある

付録Cの9では、Pythonが提供する自動テストのための組み込みサポートを説明しました。他にも同様のツールはあります。py.testはその代表的なものです（4章ではpy.testを使ってコードのPEP 8準拠を調べました）。

テストフレームワークはWebフレームワークに似ています。誰にも好みがあります。とはいえ、py.testを使うPythonプログラマの方が多いので、さらに詳しく調べることをお勧めします。

http://doc.pytest.org/en/latest/

9. Kivy：「これまでの最上級プロジェクト」に選んだもの

Pythonがあまり得意ではない分野の1つがモバイルタッチデバイスの世界です。これには多くの理由があります（ここではその理由には触れません）。この本の出版時点では、PythonだけでAndroidやiOSのアプリを作成するのはいまだに課題であるとだけ言っておきます。

あるプロジェクトがこの分野で進歩を遂げています。それがKivyです。

Kivyは、マルチタッチインタフェースを使うアプリケーションを開発できるPythonライブラリです。Kivyのランディングページにアクセスし、機能を確認してください。

https://kivy.org

アクセスしたら、[Gallery]リンクをクリックしてページがロードされるまで少し待ちます。面白そうなプロジェクトがあれば、グラフィックをクリックして詳しい情報とデモを入手しましょう。デモが**すべてがPythonでコーディングされている**ことに注目してください。[Blog]リンクにも素晴らしい資料があります。

本当に優れている点は、Kivyユーザインタフェースのコードを一度書いてしまえば、サポートするすべてのプラットフォームに**変更なしで**デプロイできることです。

Pythonのプロジェクトに貢献したいと思うなら、Kivyはいかがでしょうか。Kivyは優れたプロジェクトです。開発チームは優秀で、技術的に得るものが多く、やりがいがあります。少なくとも、退屈はしないでしょう。

Kivyのデプロイの1つを示すKivyランディングページフォーム2016のスナップショット：完全没入型のタッチインタフェース体験

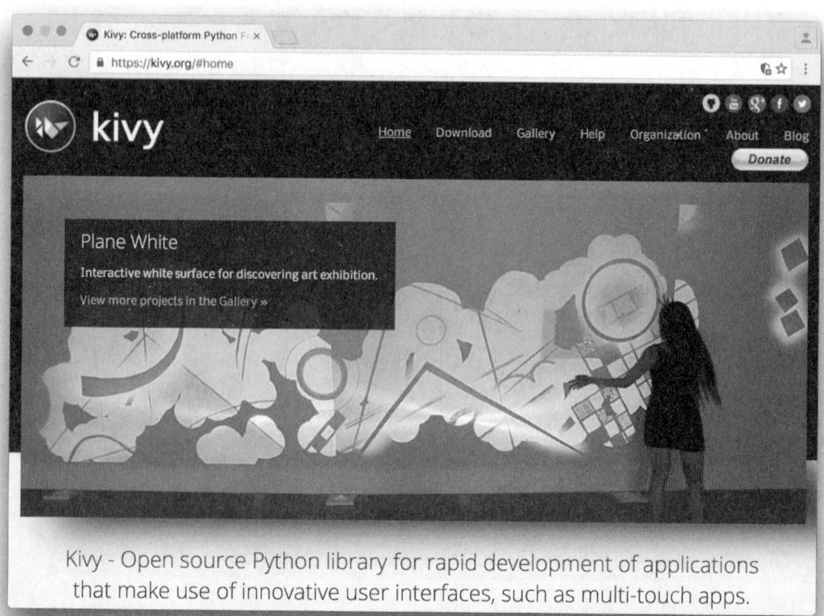

10. 代替となる実装

付録Cの1で、複数のPythonリリース（Python 2とPython 3）があることはすでに述べました。つまり、**少なくとも**2つのPythonインタプリタがあるのです。Python 2のコードを実行するインタプリタと、Python 3のコードを実行するインタプリタ（この本で使ってきたインタプリタ）です。付録Aで行ったように、Pythonのサイトからダウンロードしてインストールするインタプリタは**CPython参照実装**と呼ばれます。CPythonはPythonのコア開発者が配布しているバージョンのPythonです。CPythonという名前はポータブルCコードで書かれていることに由来します。ポータブルCは、他の計算プラットフォームに簡単に移植できるように設計されています。付録Aで説明したように、WindowsとmacOS用のインストーラをダウンロードしたり、Linuxディストリビューションにプリインストールされているインタプリタを探すこともできます。こうしたインタプリタはすべてCPythonをベースにしています。

Pythonはオープンソースなので、誰でも自由にCPythonを入手して好きなように変更できます。開発者は、Pythonを入手して好きなコンパイラを使って思いどおりのプログラミング言語用に独自のインタプリタを実装し、どのプラットフォームでも実行することもできます。これを実行するのは少々勇気が必要ですが、多くの開発者が行っています（それが「楽しい」と言う開発者もいます）。活発なプロジェクトを紹介しましょう。

- PyPy（「パイパイ」と読みます）は、Pythonコードを実行時（JIT：Just-In-Time）コンパイルし、多くの場合にCPythonよりも高速で動作します。詳しい情報は次のサイトを調べてください。

  http://pypy.org

- IronPythonは.NETプラットフォーム用のPython 2バージョンです。

  http://ironpython.net

- JythonはJavaのJVMで動作するPython 2バージョンです。

  http://www.jython.org

- MicroPythonは、pyboardマイクロコントローラで使うための移植版Python 3です。pyboardは親指を2つ並べたくらいの小ささで、これまで登場した中で最も小さく優れたものでしょう。次のリンクを参照してください。

  http://micropython.org

上に挙げたような代替Pythonインタプリタがあるにもかかわらず、多くのPythonプログラマはCPythonを選択しています。そしてさらに多くの開発者がPython 3を選んでいます。

付録E　参加する

Pythonコミュニティ

いいえ、ここには
誰もいません。みんな
PyConに行っています。

Pythonは優れたプログラミング言語であるだけではありません。

Pythonは素晴らしいコミュニティでもあります。Pythonコミュニティは快適で、多様性があり、オープンで、親切で、分かち合いの精神があり、寛大です。今まで誰もそのことをアピールしようと思わなかったことに驚いています。しかし、冗談抜きでPythonによるプログラミングには言語以上の意味があります。Pythonを取り巻くエコシステム全体が、優れた書籍、ブログ、Webサイト、カンファレンス、ミートアップ、ユーザグループ、人物という形で成長しています。この付録では、Pythonコミュニティが何を提供しているかを調べます。自力でプログラミングをするだけで満足していてはいけません。**参加するのです！**

BDFL（Benevolent Dictator for Life：慈悲深き終身独裁者）

Guido van Rossumは、Pythonを世に送り出したオランダ人プログラマです（彼は1980年代後半に「趣味」として開発を始めました）。進行中の開発とPythonの方向性はPythonのコア開発者が決めますが、Guidoはその1人にすぎません（とても重要な1人ではありますが）。Guidoの「慈悲深き終身独裁者（Benevolent Dictator for Life）」という称号は、Pythonの日常で彼が果たし続ける中心的役割に対する評価です。Pythonに関するBDFLという文字を見たら、それはGuidoを指しています。

Guidoは、「Python」という名前はイギリスのコメディ番組「Monty Python's Flying Circus（空飛ぶモンティ・パイソン）」に由来していると公言しています。Pythonドキュメントに登場する多くの変数名が`spam`であることも、モンティ・パイソンに由来しています。

Guidoは指導的立場にありますが、Pythonのオーナーではありません。誰もPythonを所有しているわけではありません。しかし、Pythonの利益はPSFによって守られています。

PSF（Python Software Foundation：Pythonソフトウェア財団）

PSFはPythonの利益を監督する非営利団体で、推薦または選任された理事会が運営しています。PSFは、Pythonの継続的な開発を促進し出資しています。次は、PSFの綱領の抜粋です。

> Pythonソフトウェア財団の使命はPythonの促進、保護、進展を図り、Pythonプログラマの多様な国際的コミュニティの発展をサポートして促進することである。

誰でもPSFに参加し、関わることができます。詳細は次のPSFのWebサイトを参照してください。

https://www.python.org/psf/

PSFの主な活動の1つは、毎年のPythonカンファレンスPyConへの関与（および支援）です。

ご意見をどうぞ：PSFに参加しよう。

PyCon：Pythonカンファレンス

誰でもPyConに参加（そして講演）できます。2016年はオレゴン州ポートランドで開催され、数千人が参加しました（過去2回のPyConはカナダのモントリオールで開催されました）。PyConは最大のPythonカンファレンスですが、唯一のカンファレンスではありません。世界中には、小規模な地域的カンファレンス（数十人の参加者）から全国規模のカンファレンス（数百人の参加者）、EuroPython（数千人の参加者）にいたるまでさまざまなカンファレンスがあります（訳注：日本ではPyConJPが開催されています）。

関与する：PyConに参加しよう。

近くでPyConがあるかを調べるには、「PyCon」と近隣の都市名（または国名）で検索してください。おそらく、その結果は嬉しい驚きでしょう。地域のPyConに参加することは、志を同じくする開発者に出会い交流できる素晴らしい手段です。また、さまざまなPyConで行われた多くの講演やセッションが録画され、公開されています。YouTubeで「PyCon」と入力して視聴してみてください。

寛容なコミュニティ：多様性の尊重

現在開催されているすべてのプログラミングカンファレンスの中で、PyConは初めて**行動規範**を取り入れて主張したカンファレンスの1つです。2016年の行動規範は次のサイトを参照してください。

https://us.pycon.org/2016/about/code-of-conduct/

このような風潮は**とても素晴らしいことです**。歓迎すべきことに、小規模な地域PyConも次々に行動規範を採用しています。許容できることとできないことに関する明確な指針があると、コミュニティは強固かつ開放的に成長することができ、世界中のPyConをこの上なく快適なものにしてくれます。

誰もが歓迎されるよう努めるだけではなく、新たな挑戦がPythonコミュニティ内の特定のグループ（特に従来は過小評価されていたグループ）の評価を高めようとしています。最もよく知られているのがPyLadiesで、「Pythonオープンソースコミュニティにおける積極的な女性の参加者やリーダーを増やす」ことを使命として設立されました。運がよければ、PyLadiesの支部が近くにあるでしょう。まずは次のPyLadiesのWebサイトを検索して探してください。

http://www.pyladies.com

Pythonコミュニティと同様、PyLadiesもスタートは小規模でしたが、瞬く間に世界的な規模まで成長しました（本当に感動的なことです）。

Pythonコミュニティの多様性を尊重し、サポートしよう。

言語に向かい、コミュニティに留まる

Pythonの経験が浅いプログラマの多くは、Pythonコミュニティの開放性についていろいろな意見を述べています。このような姿勢の多くはGuidoの指導と手本によるものです。毅然としていますが、好意的なのです。Guidoの他にも指導的立場にある人は何人かいます。また、心を打つ話が多くあります。

EuroPythonでNaomi Cederが行った講演ほど心を揺さぶられるものはありません（NaomiはPyConアイルランドなどの地域のカンファレンスでも同じ講演を行いました）。下はNaomiの講演へのリンクです。一見の価値ありです。

https://www.youtube.com/watch?v=cCCiA-IlVco

Naomiの講演はPythonにおける生活を調査し、Pythonコミュニティがどのように多様性を支援し、メンバーの仕事はいくらでもあることを説明しています。

コミュニティについてさらに学ぶためには、参加者が作成したポッドキャストを聞く方法もあります。次のページでは2つのポッドキャストを紹介します。

Pythonポッドキャスト

最近ではポッドキャストがあり、**あらゆること**をカバーしています。登録して視聴する価値があるポッドキャストは2つあります。どちらのポッドキャストも、運転、サイクリング、ランニング、またはリラックスの最中に聞いてもいいでしょう。

- Talk Python to Me：**https://talkpython.fm**
- Podcast.__init__：**http://pythonpodcast.com**

この2つのポッドキャストのツイッターをフォローし、友達に教えて、このポッドキャストを配信してくれる人たちを全面的に応援してください。「Talk Python to Me」と「Podcast.__init__」はどちらも、私たち全員のために（営利目的では**なく**）Pythonコミュニティの常連メンバーが配信しています。

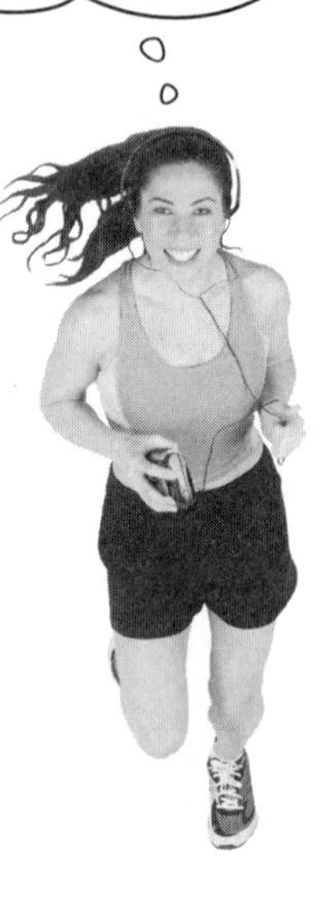

Pythonニュースレター

ポッドキャストは好きではないけれども、やはりPythonの世界で起こっている最新情報を把握しておきたい場合は、次の3つの週刊ニュースレターをチェックするとよいでしょう。

- Pycoder's Weekly：**http://pycoders.com**
- Python Weekly：**http://www.pythonweekly.com**
- Import Python：**http://importpython.com/newsletter**

上の情報を集約したニュースレターは、あらゆる種類の資料のリンクがあります。ブログ、ブイログ（vlog）、記事、書籍、ビデオ、講演、新規モジュール、プロジェクトなどです。さらに、これらの毎週のお知らせはメールで届きます。さっそく登録しましょう。

財団、多数のカンファレンス、PyLadiesなどのグループ、行動規範、多様性の尊重、ポッドキャスト、ニュースレターの他にも、Pythonには「Zen」（禅）という独自の概念もあります。

「Zen of Python」を暗唱すると集中できるわ。

Zen of Python（Pythonの禅）

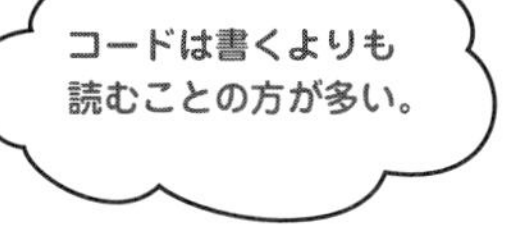

ずいぶん昔に、Tim Peters（Python初期の指導的立場の1人）は「何がPythonをPythonたらしめているのだろうか」と考えました。

Timはこの答えを「Zen of Python」にまとめました。これは、どんなインタプリタでも>>>プロンプトに次のおまじないを入力すると表示されます。

```
import this
```

この行を実行した結果がページの下のスクリーンショットです。「Zen of Python」を月に最低1回は必ず読みましょう。

多くの人々が「Zen of Python」を理解しやすいものに書き直そうとしています。xkcdも挑戦しています。インターネットに接続して、>>>プロンプトに次の1行を入力してみてください。わかりやすくなっているでしょうか。

```
import antigravity
```

Python 3.5.2 Shell

```
>>>
>>> import this
The Zen of Python, by Tim Peters

Beautiful is better than ugly.
Explicit is better than implicit.
Simple is better than complex.
Complex is better than complicated.
Flat is better than nested.
Sparse is better than dense.
Readability counts.
Special cases aren't special enough to break the rules.
Although practicality beats purity.
Errors should never pass silently.
Unless explicitly silenced.
In the face of ambiguity, refuse the temptation to guess.
There should be one-- and preferably only one --obvious way to do it.
Although that way may not be obvious at first unless you're Dutch.
Now is better than never.
Although never is often better than *right* now.
If the implementation is hard to explain, it's a bad idea.
If the implementation is easy to explain, it may be a good idea.
Namespaces are one honking great idea -- let's do more of those!
>>>
```

Ln: 28　Col: 4

醜いより美しい方がよい。
暗示より明示の方がよい。
複雑よりシンプルの方がよい。
でも、わかりにくいよりは複雑な方がよい。
入れ子より平坦の方がよい。
密より疎の方がよい。
読みやすさが重要である。
特殊な場合でもルールを破るほどではない。
ただし、実用性は純粋さに勝る。
エラーを黙って見過ごしてはいけない。
ただし、明示的に黙らせた場合は除く。
曖昧さに出くわしたら、推測したくなる誘惑を退けよ。
1つの（なるべくならたった1つの）明白なやり方があるはずだ。
ただし、オランダ人でなければそのやり方は最初はわかりにくいかもしれない。
今やる方がやらないよりよい。
しかし、今「すぐ」にやるよりはやらない方がよいことが多い。
実装の説明が難しければ、悪い実装である。
実装の説明が簡単なら、おそらくよい実装である。
名前空間は優れたアイデアなので、どんどん利用しよう！

少なくとも月に1回は読みましょう。

次にどの本を読むべき?

お勧めのPython書籍

Pythonの人気は最近とても高くなっています。それに伴い、Python関連の書籍も増えています。世の中に数多くあるPython書籍の中で、必読の書籍が2冊あります。

付録CでDavid Beazleyの業績について触れました。この本では、DavidはBrian K. Jonesと共著で素晴らしいレシピ集を執筆しています。Pythonでどのように書くか調べる際は、もう悩む必要はありません。Pythonクックブックで答えを探せばよいのです。

Recipes from the Python Community
第2版
Python
クックブック
O'REILLY®
オライリー・ジャパン
Alex Martelli
Anna Martelli Ravenscroft
David Ascher　著
鴨澤 眞夫、當山 仁健、吉田 聡、吉宗 貞紀、他　訳

O'REILLY®
オライリー・ジャパン
Fluent
Python
Pythonicな思考とコーディング手法
Luciano Ramalho　著
豊沢 聡
桑井 博之　監訳
梶原 玲子　訳

さらに深い知識が得たいなら、この素晴らしい本がお勧めです。多くのことが書かれていますが、すべてが優れています（そして、さらに優れたPythonプログラマになるでしょう）。

索引

D

E

F

G

H

I

J

K

L

M

N

O

P

Q

R

S

T

X

xkcd 567
XSS（クロスサイトスクリプティング） 419, 422

Y

year属性（date.today） 11

Z

Zen of Python（Pythonの禅） 567
ZIPファイル 180

あ行

アクセス制限（access restriction） 408
アスタリスク（asterisk） 390-393
値による引数渡し（by-value argument passing） 184-185
アドレスによる引数渡し（by-address argument passing） 184, 186-187
アノテーション（annotation） 162-163
位置引数（positional assignment） 171
違反メッセージ（failure message） 192
入れ子関数（nested function） 388, 400
インクリメント演算子（increment operator） 106, 318
インスタンス化（instantiation） 312, 323
インタプリタ（interpreter）
- OSを確認 10
- site-packageの位置 174
- 大文字小文字の区別 116
- 概要 7-8
- 関数 148
- コマンドプロンプトから実行 175-177
- 辞書のキー 108
- シンタックスエラー 5, 57
- 代替となる実装 561
- 内部順序 52, 108
- ヘルプ 31, 41
- ホワイトスペース 40

インストール（installing）
- Flask 202
- MySQL 283
- Python 521-527
- Python Anywhere 533
- データベースドライバ 285
- テストツール 190
- パッケージ 182

インタプリタの検索条件（interpreter search considerations） 174-177
- threadingモジュール 465
- Zen of Python 567
- 場所 303
- モジュールの共有 173
- リスト 63, 75

インデント（indentation） 40
インデント解除（unindenting） 27
インポート（import） 303
埋め込まれた辞書（embedded dictionary） 136-140
エスケープ（escape） 77, 257
演算子（operator）
- in演算子 15, 56, 59, 117-119
- インクリメント 106, 318
- 三項 117
- 乗算 87
- スーパー 15
- 代入 13, 55, 72-74
- デクリメント 106
- 比較 13, 15
- 連結 543

オープン、処理、クローズ（open, process, close）
- with文 247-248
- 概要 245
- 既存ファイルからデータを読み込む 246
- ロギング関数の呼び出し 250, 253

大文字小文字の区別と規約（case sensitivity and convention） 116, 312
オブジェクト（object）
- Webアプリケーション 206
- 概要 48-53

関数 386-389, 395, 397-398
キーと値のペア 96
クラス 312-313
作成 312, 323
シーケンス 24-25, 124
属性 313, 315, 322
重複 53, 59
表現を定義 328-329
メソッド 313, 315, 322
リストから取り出す 63
リストからの削除 62
リストを拡張 64
オブジェクトが1つのタプル（single-object tuple） 134
オブジェクト指向プログラミング
（object-oriented programming：OOP） 311, 324, 542
オブジェクトのシーケンス（sequence of object） 24-25, 124
オペレーティングシステム（operating system） 10

か行

開始値（start value） 41, 76, 78
開発ツールのテスト（testing developer tool） 189-190, 548
角かっこ（square brackets、[]）
辞書 99-101, 141
タプル 133
比較 506
リスト 13, 54, 66, 74-80, 85
カスタム例外（custom exception） 444
仮想プログラミング環境
（virtual programming environment） 541
型ヒント（type hint） 162-163
かっこ（()）
return文 158
オブジェクトインスタンス化 312
関数の引数 149
タプル 132, 134
比較 506
空のクラス（empty class） 312, 444
空の辞書（empty dictionary） 104, 136, 161
空の集合（empty set） 160-161
空のタプル（empty tuple） 161
空の文（empty statement） 312
空のリスト（empty list） 55, 58, 161
環境変数（environment variable） 10
関数（function） .... 引数も参照
入れ子 388, 400
インポート 9, 28-29
概要 9, 147-148
関数から返す 389
関数を渡す 386
共有 173
組み込み 161
結果を返す 156-159
コードの再利用 146, 173
作成 149, 166-169
ジェネレータを埋め込む 511-516
ドキュメント 162-163
トラブルシューティング 184, 187
名前 149, 165, 312
複数のURLと対応付ける 236
ベストプラクティス 153
編集 150-151
変数 321-322
メソッド 316, 322
モジュール 9, 173
文字列クォート 152
呼び出し 150
例外処理 421-422
渡した関数を呼び出す 387
関数オブジェクト（function object）
.... 386-389, 395, 397-398
関数デコレータ（function decorator）
URL 207, 209, 211, 218, 223, 396, 408
概要 209, 385
書く上で理解すること 385-394
コンテキストマネージャ 407
作成 395-410
追加 217-218
引数 223, 390-395, 401
振る舞いを追加する 207

カンマ（,）.......54, 123, 134
キーと値のペア（key/value pair）
　インタプリタの処理.......108
　概要.......52, 96
　作成.......115-120
　追加.......101
キーボードショートカット（keyboard shortcut）.......27
キーワード引数（keyword assignment）.......171
刻み値（step value）.......41, 76, 79
キャメルケース（camel case）.......312
キャレット（^）.......192
空文字列（empty string）.......157
クォート（quotation mark）
　コメント.......147
　文字列.......77, 152
区切り文字（delimiter）.......262, 506
組み込み関数（built-in function：BIF）.......161
組み込みデータ構造（built-in data structure）.......50
クライアントエラーメッセージ（client error message）.......222
クラス（class）
　with文.......305, 310, 337-338
　オブジェクト.......312-313
　概要.......311-312
　機能を定義.......313-314
　空.......312, 444
　作成.......310
　属性.......311-312, 322
　名前.......312
　メソッド.......311-312, 318
グローバル変数（global variable）.......366
クロスサイトスクリプティング（Cross-site Scripting：XSS）
.......419, 422
結果（result）
　Webアプリケーション.......229-230
　関数.......156-159
攻撃（attack）.......419
行動規範（Code of Conduct）.......565
コード内を探す（spotting in code）.......123
コードの実行（executing code）.......実行時も参照
　1行ずつ実行する.......8
　[Alt]＋[P]キー.......31, 118
　[Ctrl]＋[P]キー.......31, 118
　[F5]キー.......4, 6, 151
　インタプリタの処理.......8
　関数呼び出し.......150
　実行の一時停止.......20, 28
　すぐに実行.......7, 22
　何度も実行.......20
　並列実行.......546
コードブロックのインデント（indenting suites of code）
　forループ.......24, 27
　概要.......15-18, 40
　関数.......147
コマンドプロンプト（command-prompt）.......175-177, 190
コミュニティ（community）.......563-569
コメント（comment）.......147
コロン（:）
　関数.......149, 162
　コードのブロック.......16-17
　辞書.......98, 123, 506
　比較.......506
　リスト.......76
コンストラクタ（constructor）.......323
コンテキストマネジメントプロトコル（context management protocol）
　Webアプリケーションコードを再考する.......348-358
　with文.......335
　後処理.......338-340, 345
　概要.......305-306, 310, 338-339
　関数デコレータ.......407
　コンテキストマネージャクラスの作成.......340
　コンテキストマネージャクラスの初期化.......338-342
　コンテキストマネージャの作成.......337, 339
　コンテキストマネージャのテスト.......346-347
　前処理.......338-340, 343-344
　例外処理.......440-441
コンパイル（compilation）.......7

さ行

サーバエラーメッセージ（server error message）..............222
作業ディレクトリ（current working directory）........9-10, 174
サブモジュール（submodule）..8
三項演算子（ternary operator）.......................................117
参照による引数渡し（by-reference argument passing）
.... 184, 186-187
ジェネレータ（generator).. 508, 510
シェル（shell）
    Enterキーで文を終了する..24
    最後のコマンドを確認 31
    インタプリタの実行 175-177
    エディタにコピー 57
    概要 4
    代替 552
    試す 21, 23-32
    プロンプトを使う 10, 21-22
    ヘルプ 31, 41
辞書（dictionary）
    CSVデータを辞書として読み込む 480-484
    概要 52, 103
    角かっこ 99-101
    拡張 101
    キーと値のペア 52, 96, 115-120
    キーと値を反復処理..108
    空..104, 136, 161
    コード内で見分ける 98
    辞書を含む辞書 136-140
    出力順を指定 109-110
    データの行を反復処理する 110
    動的 114
    パターン..489
    反復処理..107
    引数 392-393
    頻度のカウント 102-106, 131
    メンバーかどうかを調べる 117-119
    読みやすい..97
    リスト 485-486
辞書内包表記（dictionary comprehension）
.... 493-496, 499-502, 506
実行時（run-time）
    辞書の拡張 101
    リストの拡張..58
    例外処理.................................... 115-121, 423-424, 474
実行の一時停止（pausing execution）..........................20, 28
自動テスト（automated testing）......................................548
自動リロード（automatic reloading）................................227
慈悲深き終身独裁者（BDFL：Benevolent Dictator for Life）
....564
集合（set）
    概要 53, 123
    共通点...125, 128
    空...160-161
    結合 125-126
    効率的に作成 124
    シーケンスから作成 124
    違い 125, 127
    オブジェクトの重複 53, 59, 123
集合内包表記（set comprehension）..........................504-505
終了値（stop value)..41, 76, 78
出力表示（output display）
    Jinja2で読みやすい出力にする 276
    生のデータから読みやすいデータに変換
    ....265-266, 274
    シェル 22
    辞書の出力順を指定 109-110
    例外処理...255
順序付きデータ構造（ordered data structure)................50-51
順序なしデータ構造（unordered data structure)...........52-53
乗算演算子（multiplication operator）................................87
情報メッセージ（informational message）.........................222
シンタックスエラー（syntax error）......................... 5, 57, 312
スイート（suite）... ブロックを参照
数値（number）
    変数に代入...48
    乱数生成 20, 30-31
スーパー演算子（super operator）..15
ステータスコード（status code)..222

ステートレス（stateless）……365
スペースとタブ（space versus tab）……40
スライス表記（slice notation）
for ループ……87-88
__slots__ ディレクティブ……542
sorted 組み込み関数
概要……544
辞書……109-110
集合……123, 126
リスト……77-81, 85
スラッシュ（/）……207
スレッド（thread）……461-476
制御文（control statement）……16
成功メッセージ（success message）……222, 235
整列（sort）……544
セッション（sessions）
概要……367
ステータス……368-373
ログイン/ログアウトの管理……374-381
セッションの辞書（session dictionary）……368-379
全捕捉例外ハンドラ（catch-all exception handler）…428, 431
属性（attribute）
Flask のセッション……368
オブジェクト……313, 315, 322
概要……49
クラス……311-312, 322
辞書検索で取得……369
初期値……323-325
表示……30
メソッド……322

た行

代入演算子（assignment operator）……13, 55, 72-74
代入文（assignment statement）……13-14
タブとスペース（tab versus space）……40
タプル（tuple）
オブジェクトが 1 つ……134
概要……51, 132-133
空……161
コード内で見分ける……132
内包表記……507
比較……504, 507
リスト……51, 132
ダンダー（dunder name）…… 206, 238-239, 324-325, 338-345
重複オブジェクト（duplicate object）……53, 59
データ構造（data structure）
組み込み……13, 50, 161
コピー……73
辞書……ディクショナリを参照
集合……集合を参照
タプル……タプル
複合……135-142, 266-267
リスト……リストを参照
データサイエンス（Data Science）……555
データの格納（storing data）
データ構造……50-53
データベースとテーブル……287-295
テキストファイル……245
データベース対応（database-enabling）
MySQL サーバのインストール……283
MySQL データベースドライバをインストールする……285
MySQL-Connector/Python のインストール……286
Python の DB API……284
コードの共有……コンテキストマネジメントプロトコルを参照
コードの再利用……301
データの格納……300
データベースコードの再利用……301-306
データベースとテーブルの作成……287-295
データベースとテーブルを扱うコードを作成……296
例外処理……418, 420, 422, 440
テーブル（table）……288-289, 296, 辞書も参照
テキストファイル（text file）……245
テキストモード（text mode）……247
デクリメント演算子（decrement operator）……106
デコレータ（decorator）……関数デコレータを参照
デバッグ（debugging）……224, 549
デフォルト値（default value）……170-171

な行

は行

ま行

や行

ら行

わ行

● 監訳者紹介

嶋田 健志（しまだ たけし）
主にWebシステムの開発に携わるフリーランスのエンジニア。共著書に『Pythonエンジニア養成読本』、『Pythonエンジニアファーストブック』（以上、技術評論社）、技術監修書に『PythonによるWebスクレイピング』、『Pythonではじめるデータラングリング』、監訳書に『PythonとJavaScriptではじめるデータビジュアライゼーション』、共訳書に『初めてのPerl第7版』（以上、オライリー・ジャパン）。
Twitter：@TakesxiSximada

● 訳者紹介

木下 哲也（きのした　てつや）
1967年、川崎市生まれ。早稲田大学理工学部卒業。1991年、松下電器産業株式会社に入社。全文検索技術とその技術を利用したWebアプリケーション、VoIPによるネットワークシステムなどの研究開発に従事。2000年に退社し、現在は主にIT関連の技術書の翻訳、監訳に従事。訳書、監訳書に『Enterprise JavaBeans 3.1 第6版』、『大規模Webアプリケーション開発入門』、『キャパシティプランニング—リソースを最大限に活かすサイト分析・予測・配置』、『XML Hacks』、『Head Firstデザインパターン』、『Web解析Hacks』、『アート・オブ・SQL』、『ネットワークウォリア』、『Head First C#』、『Head First ソフトウェア開発』、『Head Firstデータ解析』、『Rクックブック』、『JavaScriptクイックリファレンス第6版』、『アート・オブ・Rプログラミング』、『入門データ構造とアルゴリズム』、『Rクイックリファレンス第2版』、『入門 機械学習』、『データサイエンス講義』、『グラフデータベース』、『マイクロサービスアーキテクチャ』、『スケーラブルリアルタイムデータ分析入門』、『初めてのPHP』、『PythonとJavaScriptではじめるデータビジュアライゼーション』（以上すべてオライリー・ジャパン）などがある。

Head First Python 第2版
頭とからだで覚えるPythonの基本

2018年 3 月22日　　初版第 1 刷発行

著　　　者　　Paul Barry（ポール・バリー）
監　訳　者　　嶋田 健志（しまだ たけし）
訳　　　者　　木下 哲也（きのした てつや）
発　行　人　　ティム・オライリー
制　　　作　　ビーンズ・ネットワークス
印刷・製本　　日経印刷株式会社
発　行　所　　株式会社オライリー・ジャパン
〒160-0002　東京都新宿区四谷坂町12番22号
Tel　(03)3356-5227
Fax　(03)3356-5263
電子メール　japan@oreilly.co.jp
発　売　元　　株式会社オーム社
〒101-8460　東京都千代田区神田錦町 3-1
Tel　(03)3233-0641（代表）
Fax　(03)3233-3440

Printed in Japan（ISBN978-4-87311-829-1）
乱丁本、落丁本はお取り替え致します。